温室工程设计手册

（第二版）

周长吉　主编

中国农业出版社

北　京

图书在版编目（CIP）数据

温室工程设计手册／周长吉主编. -- 2 版. --

北京：中国农业出版社，2024. 6. -- ISBN 978 - 7 - 109

- 32154 - 0

Ⅰ. TU261 - 62

中国国家版本馆 CIP 数据核字第 2024R4S460 号

温室工程设计手册

WENSHI GONGCHENG SHEJI SHOUCE

中国农业出版社出版

地址：北京市朝阳区麦子店街 18 号楼

邮编：100125

责任编辑：周锦玉

版式设计：杨　婧　责任校对：周丽芳

印刷：北京通州皇家印刷厂

版次：2024 年 6 月第 2 版

印次：2024 年 6 月第 2 版北京第 1 次印刷

发行：新华书店北京发行所

开本：787mm×1092mm　1/16

印张：36　插页：2

字数：876 千字

定价：148.00 元

—— 第二版编写人员 ——

主　编　周长吉

编　者　（以姓氏笔画为序）

　　　　王　莉　杜孝明　李思博　张月红　张秋生

　　　　周长吉　徐开亮　黄松超　富建鲁　蔡　峰

—— 第一版编写人员 ——

主　编　周长吉

编　者　（以姓氏笔画为序）

　　　　王　莉　杜孝明　吴政文　张书谦　张学军

　　　　张秋生　周长吉　周新群　郭爱东　蔡　峰

第二版前言

《温室工程设计手册》自 2007 年 6 月出版以来，一直是行业内温室工程设计的重要参考书，很多高校也将其作为设施农业工程相关专业的教材或教学参考书。早几年前出版社就告知该书已售罄，但行业内的需求仍很旺盛，很多温室工程设计人员和一些大学仍希望该书能够重印发行。

2007 年本书第一次出版至今已经 17 年过去了。这 17 年，我国温室工程不仅经历了日光温室的高速发展，而且连栋温室也开始大规模普及，虽然温室工程设计的基础理论没有太大突破，但伴随温室工程的大规模建设，温室技术及相应的温室设备在不断创新，尤其是随着物联网和人工智能技术的发展，温室自动控制技术与设备更是日新月异。

为了使本书内容跟上时代的步伐，借此次再版的机会，我们对书中内容进行了大幅度修订，删除了过时或淘汰的产品，更新补充了最新的技术和装备。

这 17 年，我国逐步完善了温室工程设计标准体系，在农业行业标准《温室地基基础设计、施工与验收技术规范》（NY/T 1145—2006）的基础上，先后提出了国家标准《种植塑料大棚工程技术规范》（GB/T 51057—2015）、《农业温室结构荷载规范》（GB/T 51183—2016）、《农业温室结构设计标准》（GB/T 51424—2022）和农业行业标准《日光温室设计规范》（NY/T 3223—2018）、《温室灌溉系统设计规范》（NY/T 2132—2012）、《温室热气联供系统设计规范》（NY/T 4317—2023）等，修订了农业行业标准《温室通风设计规范》（NY/T 1451—2007），机械行业相关设计标准《温室电气布线设计规范》（JB/T 10296—2013）、《温室加温系统设计规范》（JB/T 10297—2014）、《温室控制系统设计规范》（JB/T 10306—2013）等，此外还涌现出很多新产品的团体标准。这些标准的提出和制修订为我国温室工程设计提供了更多的理论支持。本书修订过程中，补充了这些标准的方法和要求，同时将原书附录一

"温室工程设计相关标准"进行了更新。

这 17 年，我国的温室企业也在迅速发展壮大，新型高科技企业不断涌现，传统制造企业重组更替，全国和各省市成立了多个行业协会或行业联盟。由于温室企业发生了很大变化，本书修订过程中删除了附录二"中国温室行业主要企业一览表"，更换为"行业协会或联盟一览表"；删除了已经注销的企业及其产品，更新了新开发的同类产品的规格和技术参数，新增了温室热气联供的 CO_2 施肥技术。

这 17 年，本书的编写人员也发生了较大变化，有人退休了，有人调离原工作岗位从事其他行业了。为此，本书修订过程中，在最大限度保留原编写人员的基础上，增加了近几年成长起来的新的专业人员。本书修订人员及分工为第一章周长吉、徐开亮，第二章张秋生，第三章和第四章蔡峰、黄松超，第五章富建鲁，第六章王莉，第七章张月红，第八章杜孝明、李思博，附录周长吉，全书由周长吉统稿并定稿。

本书修订过程中，保留了原书的结构和风格，突出手册的特点，以更新知识和产品为重点，删除了淘汰产品和过时的内容，补充了最新的资料，修正了原书中的错误。由于时间紧，市场产品和技术更新速度快，编写人员掌握的资料有限，或许有许多新产品、新技术没有汇集在本书中，再加上作者水平有限，书中难免有缺点和错误，恳请读者批评指正。

周长吉

2024 年 1 月于北京

第一版前言

　　温室在中国虽有几千年的发展历史，但现代温室的兴起仅起步于20世纪50年代末，真正大规模发展开始于80年代中国改革开放之后，到90年代温室设施的种植面积已经跃居世界前列，跨入21世纪后，中国的温室面积已经稳居世界之首，成为了世界设施农业大国。经过20多年的快速发展，中国的现代温室已经从起步时期的完全依赖进口发展到全面国产化，并向第三世界国家出口，同时也成为发达国家温室的重要加工和生产基地。此外，在日光温室设计和建造方面已经形成了具有自主知识产权的高效节能温室建筑形式，被命名为"中国式日光温室"，为世界温室的发展做出了杰出的贡献。随着各类温室设计和建造技术的不断完善和日趋成熟，一些标准化的产品和材料也逐步定型，温室设计开始向着标准化方向发展。

　　设施农业作为现代农业的重要组成部分，未来几十年里，将在中国得到前所未有的重视和发展，尤其在中国新农村建设中，作为"生产发展"的重要技术支撑，在农民增收致富，实现"生活宽裕"的道路上将扮演至关重要的角色。设施农业是人类战胜自然的典范，是解决农业生产产品总量供应不足和周年供应不均的有效途径。作为设施农业在种植业领域的代表，温室工程汇集了现代农业的精髓，代表着现代农业的发展方向。为了更好地服务"三农"，促进中国现代农业的快速发展，作者在农业部规划设计研究院设施农业研究所长期研究成果的基础上，结合"十一五"国家科技支撑计划"现代高效设施农业工程技术研究与示范"，提出并组织编写了《温室工程设计手册》一书。

　　为方便工程设计，本书在阐述温室设计基本原理的基础上，收集汇总了国内温室建设中常用的国内外温室产品形式和规格以及温室建设配套材料与设备。本书适用于温室设计工作者作为工具书查阅和参考；对温室生产企业在选用温室配套设备和材料时具有一定的参考价值；对温室种植者在了解温室性能并进行温室设备维修和材料更换时，也能起到一定的作用。作为一本工具资料，本书也可作为大专院校教师和学生学习和研究温室设计方法之用。

参加本书编写的作者均是在温室行业工作多年，在各自的专业积累了大量的素材，具有丰富设计经验的专家和技术人员。在写作上力求突出"手册"的特点，最大限度汇集温室设备和材料的技术参数和设计选用中的注意事项，努力体现"手册"的实用性。本书共分八章，分别汇集了温室建筑结构、温室透光覆盖材料、温室开窗系统、温室拉幕系统、温室加温系统、温室通风降温系统、温室灌溉系统和温室电气控制系统的设计原理、设计方法和设计选用的材料和设备规格性能。为了便于在设计中快捷地找到产品的生产厂家，本书在编写中尽量就近给出产品的生产企业，并在本书的附录中罗列了相关产品的生产企业联系信息。由于我国现代温室研究和设计的历史不长，有关温室设计的标准和规范非常不完善，而且标准的编写单位和发布部门也较多，为便于工程技术人员了解和检索温室相关标准，本书的附录专门汇集了到目前为止我国已经颁布和正在制定的各项标准名称和标准号。本书在编写过程中尽量采纳了相关标准的内容，但必须指出的是，即使已经颁布的标准，对具体设计的指导作用也存在这样那样的缺陷，本书在编写中也没有完全按照标准的要求生搬硬套，设计工作者在具体设计中应结合现代温室工程技术的发展动态，及时调整和修正标准的相关条文，以便工程设计更加理论联系实际，符合温室建设者的要求。

本书编写分工为第一章周长吉、路滨、郭爱东；第二章周新群、张秋生；第三章张书谦、蔡峰；第四章张书谦、蔡峰；第五章周长吉；第六章王莉；第七章张学军、吴政文；第八章杜孝明；附录和附图由周长吉汇总整理。全书由周长吉通稿并定稿。

本书在编写过程中得到农业部规划设计研究院设施农业研究所的大力支持，很多温室企业和资材厂家提供了相关产品的技术规格和技术参数，为完善和充实本书做出了积极的贡献，在此深表谢意！

伴随着现代温室技术的日新月异，各种温室材料和设备定会层出不穷。加之现代温室技术的发展在我国还不完全成熟，一些设计方法和技术还在不断探索之中。恳请读者对其中缺点、错误、疏漏和谬误提出批评指正。

周长吉

2007 年 3 月于北京

目 录

第一章 温室建筑与结构设计

第一节 温室的分类与命名

采用透光覆盖材料作为全部或部分围护结构，具有一定环境调控设备，用于抵御不良天气条件，保证作物正常生长发育的设施，统称为温室。

一、根据温室的用途分类

1. 生产温室 以生产为目的的温室称为生产温室。根据生产的内容和功能不同，生产温室又分为育苗温室、蔬菜温室、花卉温室、果树温室、食用菌温室、水产养殖温室、畜禽越冬温室，防雨棚、荫棚、种养结合棚等。工程设计中经常将网室也划归到生产温室的行列，但严格意义讲，网室不属于温室。

2. 试验温室 专门用于科学试验的温室称为试验温室，其中包括科研教育温室、人工气候室、作物表型组学研究温室等。这类温室的设计专业性强，要求差异大，必须进行针对性的个性化设计。

3. 商业零售温室 专门用于花卉等批发、零售的温室。花卉在温室内展览和销售能够具有适宜的生长环境，但同时室内有大量的交通通道和展览销售台架，便于顾客选购。这类温室从形式上与普通生产温室一样，但在室内交通组织上要充分考虑人流疏散和消防，在水电走线和供电、给水方面要充分考虑销售单元和货架的布置。

4. 餐厅温室 专门用于公众就餐的温室，又称阳光温室或生态餐厅等，室内布置各种花卉、盆景、园林造景或立体种植形式，使就餐人员仿佛置身于大自然的环境中，给人以回归自然的感觉。这种温室借用温室的形式，主要用于绿色植物的养护，但由于是公众大量出入的地方，有的温室内还布置了厨房设施，设计上应该按照民用建筑的要求进行诸如防火、消防、安全疏散、环境舒适度等方面的安全设计。

5. 观赏温室 室内种植观赏作物、建筑外观独特的温室。植物园中的大量造型温室、热带雨林温室等均属于这类。由于室内种植高大树木，这类温室往往室内空间较高，也对温室的外形设计提出了要求。与餐厅温室一样，观赏温室也是公众大量出入的场所，设计中应遵从民用建筑防火和安全设计的要求。

6. 病虫害检疫隔离温室 用于暂养从境外引进作物专门进行病虫害检疫的温室。这种温室一般要求室内为负压，进出温室的人员、物资都要求消毒，室内外空气交换要求过滤、消毒，不得向外排放室内生产废水或污染水。

二、根据室内温度分类

1. 高温温室 室内温度冬季一般保持在 18～36 ℃，主要用于种植原产热带地区的植物，如北方地区的热带雨林温室（室内主要种植喜高温高湿的热带雨林植物）、高温沙漠温室（室内主要种植高温干旱地区仙人掌类植物）等。

2. 中温温室 室内温度冬季一般保持在 12～25 ℃，主要用于种植热带与亚热带连接地带和热带高原原产植物。

3. 低温温室 室内温度冬季一般保持在 5～20 ℃，主要用于种植亚热带和温带地区的原产植物。

4. 冷室 室内温度冬季一般保持在 0～15 ℃，主要用于种植和贮藏温带以及原产本地区而作为盆景的植物。

三、根据主体结构建筑材料分类

1. 竹木结构温室 以毛竹、竹片、圆木等竹木材料做温室屋面梁或室内柱等承力结构的温室。

2. 钢筋混凝土结构温室 用钢筋混凝土构件做温室屋面承力结构的温室。以钢筋混凝土构件为室内柱，竹木材料为屋面结构构件的温室仍划分为竹木结构温室。

3. 钢结构温室 以钢筋、钢管、钢板或型钢等钢结构材料做温室主体承力结构的温室。

4. 铝合金温室 温室全部承力结构均由铝合金型材制成的温室。屋面承重构件为铝合金型材，但支撑屋面的梁、桁架、柱等采用钢结构的温室仍划归为钢结构温室。

5. 其他材料温室 由于新型建材的不断出现，采用这些材料做承力结构的温室也不断涌现，如玻璃纤维做温室骨架的连栋温室、玻璃纤维增强水泥（GRC）骨架日光温室、钢塑复合材料塑料大棚、回收塑料制作的木塑材料骨架大棚或日光温室等。

四、根据温室透光覆盖材料分类

1. 玻璃温室 以玻璃为主要透光覆盖材料的温室。采用单层玻璃覆盖的温室称为单层玻璃温室，采用双层玻璃覆盖的温室称为双层中空玻璃温室。

2. 塑料温室 凡是以透光塑料材料为覆盖材料的温室统称为塑料温室。根据塑料材料的性质，塑料温室进一步分类为塑料薄膜温室和硬质板塑料温室。塑料薄膜温室根据温室体积分为塑料中小拱棚、塑料大棚和大型塑料薄膜温室（通常直接称后者为塑料薄膜温室或塑料温室）。为增强塑料薄膜温室的保温性，常采用双层塑料膜覆盖，两层塑料膜分别用骨架支撑的温室称为双层结构塑料温室；两层塑料膜依靠中间充气分离的温室称为双层充气膜温室。硬质板塑料温室根据板材不同又分为聚碳酸酯（PC）板温室（包括 PC 中空板温室和 PC 浪板温室）、玻璃钢（包括玻璃纤维增强聚酯板 FRP 和玻璃纤维增强丙烯酸树脂板 FRA）温室等。

需要说明的是，如果一栋温室的透光覆盖材料不是单一材料，而是有两种或两种以上材料覆盖，温室按透光覆盖材料划分时应按屋面透光材料进行，并以屋面上用材面积最大的材料为最终划分依据。

3. 光伏温室 屋面布置光伏发电板的温室，称为光伏温室。光伏发电板有完全不透光的晶硅光伏板和部分透光的非晶硅光伏板之分。光伏板在温室屋面上布置有条带形、棋盘形等多种形式。光伏温室一般屋脊东西走向，光伏板布置在南侧屋面。也有大量日光温室将光伏板布置在温室后屋面之上，光伏发电与温室采光互不影响，真正实现了光伏农业双效生产。日光温室后屋面上的光伏板一般沿温室长度方向通长布置，沿光伏板的宽度方向可布置1块板、2块板、3块板，通常光伏板固定设置，但为了增加光伏发电，也有可旋转的光伏支架，能使光伏板始终面向太阳实现太阳能跟踪。光伏温室内种植作物应与温室屋面的透光性能相适应，对温室生产而言应优先满足作物采光。

五、根据温室是否连跨分类

1. 单栋温室 温室长度不受限制，但跨度仅有1跨的温室，又称单跨温室。塑料大棚、日光温室等都是单栋温室。

2. 连栋温室 2跨及2跨以上，通过天沟连接起来的温室，又称连跨温室。大量的现代化生产温室都是连栋温室。连栋温室土地利用率高、室内作业机械化程度高、单位面积能源消耗少、室内温光环境均匀。

六、根据屋面上采光面数量分类

1. 单屋面温室 屋面以屋脊为分界线，一侧为采光面，另一侧为保温屋面，并具有保温墙体的温室。单屋面温室一般为单跨，东西走向，坐北朝南。温室南侧可以有透光立窗（墙），也可以不用立窗而直接将屋面延伸到基础墙，具有采光立窗的温室又分为直立窗和斜立窗两种。根据采光屋面水平投影面积占整个温室室内面积的比例不同，单屋面温室又分为1/2式、2/3式、3/4式和全坡式。根据采光面的形状，单屋面温室还分为坡屋面温室和拱屋面温室，坡屋面温室中还有一坡式、二折式和三折式温室。从建筑形式看，日光温室是最典型的单屋面温室；单窗面温室和一面坡温室是两种极端变形的单屋面温室，前者没有了采光屋面，仅有采光立窗；后者则没有了保温屋面。

2. 双屋面温室 屋脊两侧均为采光面的温室，又称全光温室。连栋温室基本为双屋面温室。

七、按照温室加温方式分类

1. 连续加温温室 配备采暖设施，冬季室内温度始终保持在10℃以上的温室。这种温室必须始终有人值班或有温度报警系统，以备在加热系统出现故障时能及时报警；此外，温室屋面材料的热阻值R必须小于$0.35\ (m^2 \cdot K)/W$。

2. 不加温温室 不配备采暖设施的温室称为不加温温室。

3. 临时加温温室 配备采暖设施，但不满足连续加温温室条件的温室称为临时加温温室或称为间断（间歇）加温温室。

这种分类不仅仅为了区分温室是否配备了采暖设施，同时也为了便于温室屋面雪荷载的计算。

八、按照温室通风形式分类

1. 自然通风温室 温室完全依靠室内外风压差或热压差为动力，通过通风窗进行气流交换的温室。自然通风温室是一种最节能的温室。塑料大棚、日光温室基本都是自然通风温室，传统的荷兰文洛（Venlo）型温室也是自然通风温室。自然通风温室的极端形式是全开屋面温室，即温室的屋面可以全部开启，室内外空气交换没有任何阻力。

2. 正压通风温室 依靠送风风机向室内输送新鲜空气，并通过温室通风窗向室外排除室内废气的温室。正压送风温室室内空气压力与室外空气压力之间的压差始终保持为正压。正压送风温室可以有效防止室外害虫随通风系统进入温室，具有良好的防虫效果。将风机与湿帘组成箱体向温室送风进行温室降温的温室是典型的正压通风温室。目前大规模文洛型玻璃温室中盛行的一种半封闭温室也是典型的正压通风温室，其进风侧设置有气候调节室，在气候调节室内对进入温室的空气进行加温、降温、加湿、除湿或增施 CO_2 等空气质量调节，之后再通过送风风机连接均匀送风管将调节后的空气送入温室。这种温室在室外空气质量适宜时可进行室内外空气交换，而当室外空气质量不适宜时，温室内空气只在气候调节室与温室之间循环，因此这类温室称其为半封闭温室。

3. 负压通风温室 温室内空气压力始终低于室外空气压力的温室称为负压通风温室。负压通风温室可保证室内有害物质或病虫不会溢出温室。检疫隔离温室是典型的负压通风温室。负压通风温室一般做成夹套式，通过回廊实现室内外隔离，温室进风口一般应设高效过滤系统。

九、按照温室屋面形式分类

1. "人"字形屋面温室 屋顶形式为"人"字形的温室，也称为尖屋顶温室。玻璃和 PC 中空板等硬质透光覆盖材料覆盖的温室基本都是"人"字形屋面温室。这种温室每跨可以是 1 个"人"字形屋面，如门式钢架结构玻璃温室，也可以是 2 个或 2 个以上的"人"字形屋面，典型的文洛型温室就是每跨 2 个或 3 个"人"字形小屋面。

2. 拱圆屋面温室 屋顶形式为拱圆形的温室。由 2 个半圆弧组成的尖屋顶温室称为桃形屋面温室，也统一划归为拱圆屋面温室。塑料大棚和塑料薄膜温室基本都是拱圆屋面温室。

3. 锯齿形温室 屋面上有竖直通风口出现的温室统称为锯齿形温室。锯齿形温室的通风口可以是屋脊直通天沟，称为全锯齿，也可以是从屋脊到屋面的某一部位或从屋面的某一部位到天沟，称为半锯齿，前者为尖锯齿，后者为钝锯齿。钝锯齿型温室每个屋面一般设置 2 个天沟。竖直通风口一侧或两侧的屋面可以是坡屋面，称为坡屋面锯齿温室，也可以是圆拱屋面，称为拱屋面锯齿温室。

4. 平屋顶温室 屋面为水平或近似水平的温室。防虫网室、遮阳棚经常做成这种形式，近来在欧洲推行的平拉幕活动屋面温室也是一种典型的平屋顶温室。但如屋面材料为防水密封材料时应充分考虑屋面的排水和结构的承载。

5. 造型屋面温室 屋面和（或）立面由丘形、三角形、多边形等不规则图形组成的具有一定建筑造型的温室。这类温室主要用于观赏温室和展览温室，一些餐厅温室也经常应用各种造型来追求个性化特点。

十、按照温室生产性能分类

1. 中小拱棚　用塑料薄膜覆盖的单跨圆拱形温室，一般跨度小于 3 m，高度小于 1.5 m，室内作业人员不能直立行走，覆盖塑料薄膜后作业机具基本无法进入作业。主要用于叶菜等低矮作物春提早或秋延后种植，也可用于高秧作物提早栽培。具有防风、防雨雪和保温的功能。棚体结构主要为竹木材料，也有用圆管材料的。这种棚结构简单、建造方便、造价低廉，不破坏耕地耕作层。

2. 塑料大棚　跨度大于 6 m，脊高大于 1.8 m，作业人员可以在室内直立行走，作业机具可进入室内作业的单跨塑料薄膜温室。按照屋面形式不同，可将塑料大棚分为圆拱屋面塑料大棚和桃形屋面塑料大棚。按照有无侧墙，可将塑料大棚分为带肩塑料大棚和落地式塑料大棚，前者侧墙和屋面之间有明显的拐点，后者则是屋面和侧墙为一体化圆弧过渡；带肩塑料大棚根据侧墙的倾斜度分为直立侧墙塑料大棚和斜立侧墙塑料大棚，前者室内种植空间大，便于机械化作业，后者抗风雪能力强。早期的塑料大棚多采用竹木结构、钢筋混凝土结构，但目前的塑料大棚基本都采用热浸镀锌钢管做承力骨架，可以是圆管、方管、C 形钢等，可以是单管，也可以是组装双管，工厂生产、现场组装。为适应机械化和轻简化作业的要求，目前塑料大棚的高度大都在 3 m 以上，并设有宽度和高度大于 2 m专供作业机具进入的作业门。塑料大棚一般不加温，北方地区主要用于春提早、秋延后生产，南方地区可周年生产。为提高土地利用率和塑料大棚的使用效率，近年来在北方地区发展形成了一种大跨度外保温塑料大棚，跨度在 15～20 m，甚至更大，屋面外设置保温被，白天卷起，夜间展开，用于种植果树可越冬生产，在室外温度高于 −10 ℃ 的地区种植蔬菜也可安全越冬。

3. 日光温室　由保温或保温蓄热墙体、保温后屋面和采光前屋面构成的可充分利用太阳能，夜间用保温材料对采光屋面外覆盖保温，可进行作物越冬生产的单屋面温室称为日光温室。这种温室冬季不加温或少加温，可在北方地区越冬生产喜温果菜。根据墙体的储放热性能，可将日光温室分为主动储放热日光温室和被动储放热日光温室；根据墙体材料不同，可将日光温室分为土墙温室、砖墙温室、石墙温室、草墙温室、EPS 空心墙温室、柔性保温墙温室等，其中土墙温室又分为机打土墙温室和干打垒土墙温室；对于多层材料墙体，可分为砖墙夹心复合墙温室、空心砖墙温室、砖墙外贴保温板温室；按照温室后屋面的采光和保温性能，可将日光温室分为固定保温后屋面温室和活动后屋面温室；根据后屋面投影宽度，可将日光温室分为长后屋面温室、短后屋面温室和无后屋面温室；根据日光温室的结构形式及用材，可将日光温室分为琴弦结构温室、桁架结构温室、单管结构温室、钢筋混凝土结构温室等；根据保温被的设置位置，可将日光温室分为外保温日光温室和内保温日光温室；根据前屋面保温被和塑料薄膜的设置层数和设置位置不同，可将日光温室分为单膜单被日光温室、双膜单被日光温室、双膜双被日光温室等。日光温室保温性能好、运行能耗低，但土地利用率低、作业效率不高，被动储放热温室环境调控的能力还不足。

4. 连栋温室　根据透光覆盖材料不同，分为塑料薄膜温室、PC 板温室、玻璃温室；根据屋面形状不同分为圆拱屋面温室、锯齿屋面温室和大屋面温室、文洛型温室，其中圆拱屋面温室和锯齿屋面温室主要为塑料薄膜温室，大屋面温室和文洛型温室主要为玻璃温室或 PC 板温室。连栋温室一般配置有通风、加温、遮阳、降温、水肥一体化设备，目前大型的连栋玻璃温室基本都配备 CO_2 施肥设备，有的还配置人工补光设施。连栋温室土地利用率高、建设标准化程度高、运行环境调控能力强、作业机械化水平高，可周年生产蔬菜、花卉等多种作物，但温室运行能耗高，保温和节能是这种温室面临的主要问题。

随着世界温室技术、使用要求和新材料的不断发展，各种新型的温室也不断出现，如折叠式可开闭屋面温室、卷膜式开敞屋面温室、全开窗屋面温室、无支柱充气温室等在世界某些地区，特别是经济发达地区迅速发展，为古老而又年轻的温室家族又增添了新的成员。这些新型的温室结构克服了传统温室在自然资源利用方面的局限性（主要是光、热等），通过采用新方法、新材料，将固定式围护（屋面、侧墙、内隔墙等）改为可活动式围护，使用者可根据天气情况决定围护的开闭或开闭程度，从而最大限度地增加了温室使用的灵活性，充分利用了光、热等自然资源，最终达到节能降耗、增加产量、提高品质的目的。

第二节　温室的规格与编号

一、装配式钢管骨架塑料大棚的规格与编号

以竹、木、钢材等材料做骨架（一般为拱形），以塑料薄膜为透光覆盖材料，内部无环境调控设备的单跨结构设施，称为塑料棚。塑料棚根据跨度和脊高的尺寸分为塑料大棚和中小拱棚。小拱棚的尺寸一般为跨度 1～3 m，高度 1.0～1.5 m，长度 10～30 m。中拱棚的跨度一般为 3～6 m；在跨度 6 m 时，以高度 2.0～2.3 m，肩高 1.1～1.5 m 为宜；跨度 4.5 m 时，以高度 1.7～1.8 m，肩高 1.0 m 为宜；在跨度 3 m 时，以高度 1.5 m，肩高 0.8 m 为宜。大棚跨度一般为 8～12 m，高度 2.4～3.2 m，长度 40～60 m。中小拱棚基本以农户就地取材建设为主，缺乏工厂化生产的条件和要求，对其实施编号没有太大的现实意义，本书只给出能够工厂化生产、现场安装的装配式结构塑料大棚的编号方法，以便能够统一规格，提高大棚生产的标准化程度。

1984 年钢管骨架塑料大棚在各地推广时，国家发布了一项标准，即《农用塑料棚装配式钢管骨架》（GB 4176—1984）（该标准目前变更为农业行业标准，编号为 NY/T 7—1984）。该标准对装配式钢管骨架塑料大棚规定了产品型号编制方法（图 1-1）。其中"GP"表示钢管塑料大棚，棚型代号中"C"代表拱圆顶，"D"代表单屋面，后者主要用在日光温室类的大棚骨架中。

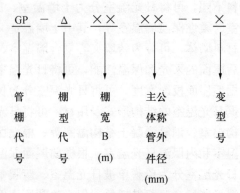

图 1-1　塑料大棚规格标识方法

如 GP-C625，"C"表示圆拱顶，"6"表示跨度 6 m，"25"表示拱杆外径为 25 mm。按标准规定，这种大棚骨架的风荷载承载力为 0.31～0.35 kN/m²，雪荷载承载力为 0.23～0.25 kN/m²，作物吊重为 0.15 kN/m²，故在命名中不再列出荷载分级标识，只以"625"隐含表征。

国内生产各种热浸镀锌装配式塑料大棚的厂家较多，常用规格见表 1-1。

表 1-1 装配式镀锌钢管骨架塑料大棚规格

型号	跨度(m)	脊高(m)	肩高(m)	拱距(m)	长度(m)	备注
GP-C2.525	2.5	2.0	1.0	0.66	10	
GP-C425	4.0	2.1	1.2	0.65	20	
GP-C525	5.0	2.1	1.0	0.65	32.5	
GP-C625	6.0	2.5	1.2	0.65	30	单拱，3道纵梁，2道纵向卡槽
GP-C7.525	7.5	2.6	1.0	0.60	44.4	
GP-C825	8.0	3.0	1.0	0.50	42	单拱，5道纵梁，2道纵向卡槽
GP-C832	8.0	3.0	1.2	0.80	42	单拱，5道纵梁，2道纵向卡槽
GP-C1025	10.0	3.0	0.7	0.50	51	
GP-C1025S	10.0	3.0	1.2	1.0	66	双拱，上圆下方，7道纵梁
GP-C10H	10.0	3.0	1.2	1.0	66	上弦6分管，下弦4分管，腹杆Φ8圆钢，7道纵梁
GP-C1225S	12.0	3.0	1.0	1.0	55	双拱，上圆下方，7道纵梁，一排中间立柱
GP-C12H	12.0	3.0	1.2	1.0	50	上弦6分管，下弦4分管，腹杆Φ8圆钢，7道纵梁
GP-D425	4.0	2.3	0.8	0.65	36	
GP-D525	5.0	2.3	0.8	0.65	36	
GP-D625	6.0	2.3	0.8	0.65	50	

注：大棚的长度可按拱距的倍数任意增减。表中大棚的生产厂家有河北沧州温室制造有限公司、上海长征温室制造有限公司等。

二、连栋温室规格与编号

1. 连栋温室的编号 连栋温室没有统一的国家或行业标准规定其规格和命名方法。本书提出的方法仅供参考。表征连栋温室特征的主要参数有温室结构型式、覆盖材料、荷载等级和主要几何尺寸。参照 NY/T 7—1984 的编号方法，连栋温室的规格编号采用 4 个部分的文字和数字来标识（图 1-2）。

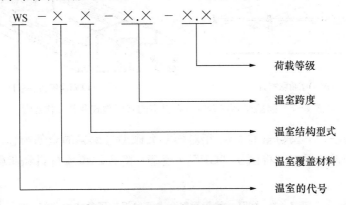

图 1-2 连栋温室规格标识方法

其中，荷载等级的第一位为风荷载，第二位为雪荷载；温室跨度以"m"为单位，表示出小数点后一位；温室结构型式主要表现在屋面形状和屋架结构的差异上，温室屋面形状能给人一种直观的感觉，但同一种屋面型式可能会采用不同的屋架结构或同种屋面型式存在不同的变种，为区别各种屋面变种型式和各种屋架型式，标号中以温室结构型式为第一要素，如拱圆屋面温室（Y）、"人"字形屋面温室（R）、锯齿形屋面温室（J）等，可用第一个汉字的汉语拼音第一个韵母大写表示，以后缀数字1、2、3、…表示其各种变型，以此区别不同屋架结构型式或屋面的变型，如文洛型小屋面温室为"人"字形屋面，每跨有2个或3个小屋面，其结构类型可分别用R2和R3来表示。图1-3为几种圆拱形屋面和锯齿形屋面的型式。实际生产中其变种型式可能更多，可依照上述原则顺序标号，温室覆盖材料有玻璃（B）、塑料膜（S）、PC中空板（PCK）、PC浪板（PCL），仍以字母表示（方法同温室结构型式）。对于像屋面和围护结构，甚至围护结构的山墙和侧墙都用不同透光覆盖材料的温室，温室覆盖材料的区分将主要以屋面覆盖材料为主。

综上所述，如给出编号为 WS-SY1-8.0-1.1 的温室，它表示此为 8 m 跨、1 型圆拱屋面塑料温室，荷载等级为 1.1。有关设计荷载的等级划分，目前还没有国家或行业标准可循。笔者周长吉在分析全国民用建筑风雪设计荷载的基础上提出了温室设计荷载的划分等级（表1-2）。根据其划分，1.1 级即表示设计风荷载 0.40 kN/m²，设计雪荷载 0.30 kN/m²。

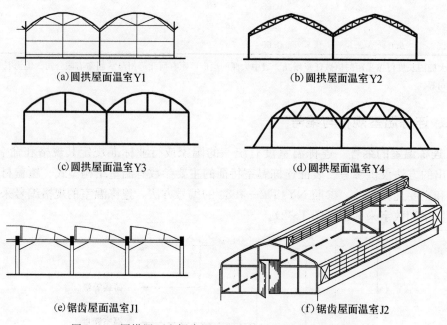

(a) 圆拱屋面温室Y1 (b) 圆拱屋面温室Y2

(c) 圆拱屋面温室Y3 (d) 圆拱屋面温室Y4

(e) 锯齿屋面温室J1 (f) 锯齿屋面温室J2

图1-3　圆拱屋面和锯齿屋面温室的屋面型式及其结构标号

此种编制方法，不仅涵盖了1984年对塑料大棚型号编制的全部内容，而且延伸到当前的塑料温室和玻璃温室，将国标"GP"（棚型）隐含的覆盖材料和荷载等级明确显示出来。

表1-2　按风、雪荷载组合进行的温室承载能力分级

级别	名称	设计风荷载（kPa）	设计雪荷载（kPa）	适合地区*
1.1	普通型温室	0.40	0.30	华北、华南地区
1.2			0.50	华中地区

（续）

级别	名称	设计风荷载（kPa）	设计雪荷载（kPa）	适合地区*
2.1	北方型温室	0.55	0.50	东北大部
2.2			0.80	东北和西北局部
3.1	抗台风温室	0.70	0.30	东南沿海地区
3.2			0.75	新疆北部
4.1	超强级别温室	0.80	0.30	沿海地区
4.2			0.75	新疆乌鲁木齐和石河子一带

* 本表中准确的"适合地区"应参照《农业温室结构荷载规范》（GB/T 51183—2016）和《建筑结构荷载规范》（GB 50009—2012）中的全国基本风压分布图和全国基本雪压分布图确定。

2. 连栋温室的规格　由于连栋温室所具有的建筑特性与机械产品特性二者并存，同时在全球范围内又缺乏统一的模数标准，在其发展过程中产生了多种尺寸规格，加之英制与公制的混用也增加了统一尺寸模数的难度，因此，目前对于温室建筑尺寸模数只能由各国或各地区进行局部规范，我国目前的温室建筑模数通常采用 100 mm 进制。

一般情况下，采用温室的单元尺寸和总体尺寸两个方面描述温室的建筑尺寸特点。

（1）温室的单元尺寸　温室的单体尺寸参数主要包括跨度、开间、檐高、脊高等（图 1-4）。

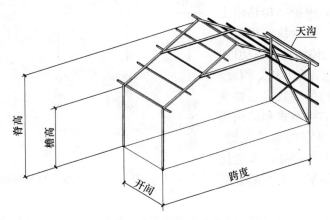

图 1-4　温室单体尺寸的定义

① 跨度：垂直天沟方向温室内两相邻柱轴线之间的水平距离。通常，温室跨度规格尺寸为 6.00 m、6.40 m、7.00 m、8.00 m、9.00 m、9.60 m、10.80 m、12.80 m。

② 开间：沿天沟方向、温室内两相邻柱轴线之间的水平距离。通常，温室开间规格尺寸为 3.00 m、4.00 m、4.50 m、5.00 m。

③ 檐高：从室内地坪标高到天沟下檐的垂直距离。通常，温室檐高规格尺寸为 3.00 m、3.50 m、4.00 m、4.50 m、5.00 m、5.50 m、6.00 m、6.50 m、7.00 m。

④ 脊高：指温室室内地坪标高到温室屋架最高点之间的距离。通常为檐高和屋盖高度的总和。

（2）温室的总体尺寸和温室的规模　温室的总体尺寸主要包括温室的长度、宽度、总高等。

① 长度：指温室在整体尺寸较大方向的总长。

② 宽度：指温室在整体尺寸较小方向的总长。

③ 总高：指温室室内地坪标高到温室最高处之间的距离，最高处可以是温室屋面的最高处或温室屋面外其他构件（如外遮阳系统等）的最高点。

温室的总体尺寸决定了温室的平面与空间规模。一般来讲，温室规模越大，其室内气候稳定性越好，单位造价也相应降低，但总投资增大，管理难度增加。因此，对于温室的适宜规模难以做出定论，只能根据种植要求、场地条件、投资等因素综合确定，但从满足温室通风的角度考虑，自然通风温室通风方向尺寸不宜大于 40 m，单体建筑面积宜为 1 000～3 000 m²；机械通风温室进排气口的距离宜小于 60 m，单体建筑面积宜为 3 000～5 000 m²。随着 2015 年后国内大面积引进荷兰玻璃温室，温室单体面积不断增大，从 3 hm² 到 5 hm²、10 hm² 甚至 20 hm² 不等，尤其是半封闭温室的兴起，温室通风方向的距离可达 150 m，双侧送风温室的长度可达 300 m，温室在跨度方向的长度可达到 300～500 m，由此大大增大了温室的单体面积。

三、日光温室规格与编号

1. 日光温室的编号 描述日光温室特征的参数主要有几何参数、结构型式、主体结构材料和围护结构热阻等。对于土建结构日光温室，围护结构热阻主要是土建的内容，作为统一规范工厂化生产的温室主体结构受力构件，土建的内容可不包含在其中。因此，标识日光温室的特征参数将主要集中在几何参数、结构型式和结构用材上。参照连栋温室的编号规则，结合日光温室的具体特征，本文提出日光温室的规格编号由 3 部分组成（图 1-5）。

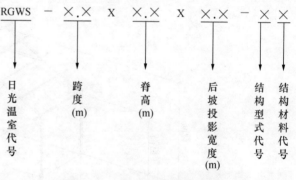

图 1-5 日光温室规格标识方法

其中，第一部分"RGWS"为"日光温室"的冠词；第二部分为日光温室的"几何尺寸"，包括跨度、脊高和后屋面投影宽度；第三部分为"结构型式"和"结构材料"。其中，结构型式有两层含义：一是温室内有无立柱，有则加字母"Z"标识，无则什么也不加；二是指前屋面的型式，若为拱圆形则用字母"Y"标识，若为多折式平面则用字母"P"标识。结构材料指温室主体受力构件的材料，有钢材（G）、钢筋混凝土（H）、竹木（M）材料等，其中钢结构的骨架型式有多种，如钢筋焊接桁架、钢管组装桁架、C 形钢组装桁架、椭圆管单管骨架、C 形钢单管骨架等，为区别起见，在材料符号后再加变型号 1，2，3，…。

例如，编号 RGWS-7.0×3.0×1.2-YZG1，即表示跨度为 7.0 m、脊高为 3.0 m、后屋面投影宽度为 1.2 m 的拱圆形有立柱钢结构日光温室。这种编号规则实际上也将一面坡玻璃温室或其他透光覆盖材料的温室统一划归为日光温室的行列，为标识这些材料与普

· 10 ·

通以塑料薄膜为透光覆盖材料之间的差别，可参照通用温室的编号方法，在其中再加入透光覆盖材料的标识符，但由于用其他覆盖材料的日光温室数量极少，所以在编号中通常可不考虑覆盖材料的辨识。

近年来大量发展柔性保温屋面和后墙的日光温室，是对传统被动储放热的土墙、砖墙、石墙等土建墙体温室的重大革新或革命。为了能将这种温室体现在编号中，可在RGWS后加"（）"表达墙体材料，如机打土墙用"JT"、干打垒土墙用"DT"、模块土墙用"MT"、石墙用"S"、EPS空性砖墙用"EPS"、草墙用"C"，保温被围护墙可用保温被的材料名称，如橡塑材料为"XS"、针刺毡保温被用"ZC"等。对于柔性保温被或刚性保温板做温室后墙或后屋面保温围护的日光温室，如果配套了主动储放热系统，也可在编号中增加"A"加以标识；如果是被动储放热系统可用"P"标识，一般可不加任何标识符即代表被动储放热温室。如上述 RGWS—7.0×3.0×1.2—YZG1 要表达出墙体材料为橡塑保温被围护并配套有主动储放热系统时，可标识为 RGWS（XS）A—7.0×3.0×1.2—YZG1。

2. 日光温室的规格 全国各地日光温室的规格较多，但各省都制定了地方标准，表1-3和表1-4分别为山东省和辽宁省地方标准规定的日光温室规格。工业和信息化部行业规范《日光温室技术条件》（JB/T 10286—2013）按照日光温室跨度 B 和高度 H 的组合提出了日光温室的规格化参数（表1-5），其中，除跨度和高度参数外，还规定了跨度与后屋面水平投影宽度之间的对应关系（表1-6），同时规定日光温室跨度应按地理纬度取值：北纬35°以南，跨度为8～10 m；北纬35°～40°，跨度为7～8 m；北纬40°以北，跨度为6～7 m。温室后屋面仰角应按大于当地冬至日正午太阳高度角5°～8°取值。

表1-3 山东日光温室主要结构参数

名称	脊高（m）	前跨（m）	后跨（m）	采光屋面角（°）	后墙高（m）	后屋面仰角（°）
山东Ⅰ型	3.1～3.2	6.2～6.3	0.7～0.8	26.2～27.3	2.1～2.2	45
山东Ⅱ型	3.3～3.4	6.9～7.1	0.9～1.0	24.9～25.9	2.3～2.4	45
山东Ⅲ型	3.6～3.7	7.9～8.0	1.0～1.1	24.2～25.1	2.4～2.6	45～47
山东Ⅳ型	3.8～4.0	8.8～9.0	1.0～1.2	22.9～24.4	2.6～2.8	45～47

引自：《山东ⅠⅡⅢⅣⅤ型日光温室（冬暖大棚）建造技术规范》（DB37/T 391—2004）。

表1-4 辽宁日光温室主要结构参数

地理纬度	跨度（m）	脊高（m）	后墙高（m）	后屋面水平投影宽度（m）
42°～44°	9.0	4.4～5.0	3.0～3.6	1.6～1.8
	8.0	4.0～4.5	2.5～3.3	1.4～1.7
	7.0	3.4～3.9	1.9～2.5	1.2～1.5
40°～42°	9.0	4.3～4.9	2.8～3.4	1.6～1.8
	8.0	3.8～4.3	2.4～3.0	1.4～1.6
	7.0	3.4～3.8	1.9～2.4	1.2～1.4

（续）

地理纬度	跨度（m）	脊高（m）	后墙高（m）	后屋面水平投影宽度（m）
38°～40°	9.0	4.2～4.6	2.5～3.0	1.6～1.8
	8.0	3.7～4.1	2.0～2.5	1.4～1.6
	7.0	3.2～3.6	1.8～2.3	1.2～1.4

引自：《辽沈Ⅰ型节能日光温室设计与建造技术规范》（DB21/T 1975—2012）。

表 1-5　日光温室标准规格

跨度 B （m）	高度 H （m）						
	2.6	2.8	3.0	3.2	3.4	3.6	4.2
6.0	◎	◎	◎	—	—	—	—
6.5	◎	◎	◎	—	—	—	—
7.0	—	◎	◎	◎	—	—	—
7.5	—	—	◎	◎	◎	—	—
8.0	—	—	◎	◎	◎	◎	—
8.5	—	—	—	◎	◎	◎	◎
9.0	—	—	—	◎	◎	◎	◎
10.0	—	—	—	—	—	—	◎

优先采用"◎"的规格

引自：《日光温室技术条件》（JB/T 10286—2013）。

表 1-6　日光温室跨度 B 与后屋面水平投影宽度 b 之间的对应关系（单位：m）

B	6.0	6.5	7.0	7.5	8.0	8.5	9.0	10.0
b	1.4	1.5	1.6	1.7	1.8	1.9	2.0	2.1

引自：《日光温室技术条件》（JB/T 10286—2013）。

对日光温室参数的取值方法，农业行业标准《日光温室设计规范》（NY/T 3223—2018）按照地理纬度确定温室跨度：纬度在 35°以南，跨度取 10～12 m；纬度在 35°—39°，跨度取 9～12 m；纬度在 39°—45°，跨度取 8～10 m；纬度在 45°以北，跨度取 6～9 m。在跨度确定的条件下，按照以下两个原则确定温室的脊高、后屋面投影宽度、温室后墙高度等几何参数：

①保证越冬生产时，冬至日正午前后至少 4 h 时段（10:00—14:00）内，太阳直射光线与温室前屋面从前底脚到屋脊连线，形成平面的入射角不大于 43°。

②保证越夏生产时，夏至日温室种植区靠后墙最近一株作物的冠层，全天能接受到太阳直射光照射。

（1）日光温室的脊高　按式（1-1）至式（1-7）计算：

$$H=\frac{L_0+(H_1-D_p)(\sin^{-2}h_x-1)^{1/2}-P_1}{(\sin^{-2}\alpha-1)^{1/2}+(\sin^{-2}h_x-1)^{1/2}} \tag{1-1}$$

式中 H——日光温室脊高，单位为米（m）；

L_0——日光温室净跨，单位为米（m）；

H_1——夏季温室内作物的植株高度，单位为米（m），吊蔓作物一般取 2.0 m；

D_p——日光温室室内外地面高差，单位为米（m），下挖地面为正；

h_x——夏季计算日正午太阳高度角，单位为度（°）；

P_1——日光温室走道宽度，单位为米（m），一般取 0.6～0.8 m；

α——温室前屋面角，单位为度（°）。

$$\alpha = \arcsin\left[\frac{\sin(47° - h_d)}{\cos\gamma}\right] \qquad (1-2)$$

式中 h_d——冬季计算日上午 10 时太阳高度角，单位为度（°）；

γ——冬季计算日上午 10 时的太阳方位角，单位为度（°）。

$$h_x = \arcsin(\sin\varphi\sin\delta_x + \cos\varphi\cos\delta_x) \qquad (1-3)$$

式中 φ——温室建设地的地理纬度，单位为度（°）；

δ_x——夏季计算日太阳赤纬角，单位为度（°），周年生产温室取夏至日，$\delta_x = 23.45°$。

$$h_d = \arcsin\left(\sin\varphi\sin\delta_d + \frac{\sqrt{3}}{2} \times \cos\varphi\cos\delta_d\right) \qquad (1-4)$$

式中 δ_d——冬季计算日太阳赤纬角，单位为度（°），越冬生产温室取冬至日，$\delta_d = -23.45°$。

$$\delta_x = 23.45\sin\left(360 \times \frac{284 + N_x}{365}\right) \qquad (1-5)$$

式中 N_x——夏季计算日的日序数，周年生产温室取夏至日，$N_x = 175$。

$$\delta_d = 23.45\sin\left(360 \times \frac{284 + N_d}{365}\right) \qquad (1-6)$$

式中 N_d——冬季计算日的日序数，越冬生产温室取冬至日，$N_d = 354$。

$$\gamma = \arcsin\left(\frac{\cos\delta_d}{2\cos h_d}\right) \qquad (1-7)$$

（2）日光温室后屋面水平投影宽度 按式（1-8）计算：

$$P = P_1 + (H + D_p - H_1)\sqrt{\sin^{-2}h_x - 1} \qquad (1-8)$$

式中 P——日光温室后屋面水平投影宽度，单位为米（m）。

（3）日光温室后墙高度 按式（1-9）计算，且不宜低于 1.80 m。

$$H_2 = H + D_p - P\tan\theta \qquad (1-9)$$

式中 H_2——日光温室后墙高度，单位为米（m）；

θ——日光温室后屋面仰角，单位为度（°），应满足建设地日光温室春季作物定植时，后屋面白天都有太阳直射光照射的要求，一般取 40°～45°，在纬度高的地区取小值，纬度低的地区取大值。

第三节 温室的结构形式

一、塑料大棚的结构形式

塑料大棚的结构形式从外形上分主要有落地式和侧墙式两种，从用材上分有竹木结构、钢筋焊接桁架结构、钢筋混凝土结构和装配式镀锌钢管结构等。落地式塑料大棚结构没有明显的侧墙，从屋顶到地面结构采用单调的圆拱结构（图1-6a）；侧墙式塑料大棚则有明显的侧墙，这种侧墙可以是直立的（图1-6b），也可以是倾斜的（图1-6c）。直立侧墙塑料大棚因侧墙所受风荷载较大，一般应有专门的基础固定，而其他种类的大棚则可将骨架直接插入土壤，用专用螺旋锚固与地面固定。

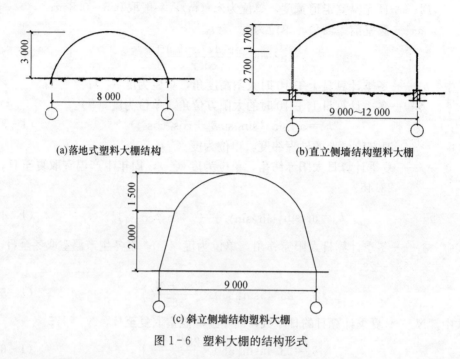

(a)落地式塑料大棚结构　　　　　　　　(b)直立侧墙结构塑料大棚

(c)斜立侧墙结构塑料大棚

图1-6　塑料大棚的结构形式

　　竹木结构塑料大棚在农村有大量应用，但很少做结构强度计算。本文对这种形式的结构计算也不做详细分析，而重点对钢结构和钢筋混凝土结构进行分析。

　　1. 焊接桁架结构　　国内最早的钢结构大棚结构为钢筋焊接桁架结构。这种结构解决了竹木结构塑料大棚内部多柱、操作不方便的问题。根据大棚跨度的大小，桁架结构有平面桁架和空间桁架之分（图1-7）。大棚结构基本为现场焊接，工厂化水平较低。结构表面防腐处理技术基本为刷银粉或刷油

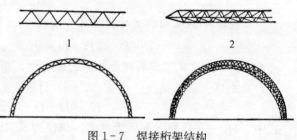

图1-7　焊接桁架结构
1. 平面拱架　2. 三角拱架

漆，防腐能力较差。这种结构形式没有形成定型产品，但能适应各种场合，在蔬菜种植和水产养殖中使用较多，尤其在水产养殖中可将跨度设计到 20 m 以上。

　　2. 钢筋混凝土结构　　钢筋混凝土结构的塑料大棚骨架是为了克服钢筋焊接桁架结构防腐能力差的问题而提出，其跨度一般不大于 12 m。结构力学模型为半圆拱，一般不采用专门的基础，所以，与地面交界处可视为铰接。由于混凝土结构的抗压能力较强，而抗拉能力较差，所以，在结构设计中应尽量避免结构内部出现拉应力。这种结构一般在工厂

生产，由于构件的长细比很大，运输和安装过程中很容易扭曲或开裂，限制了产品的供应半径和使用安全度，此外，由于结构构件的截面面积较大，室内阴影面积多，不利于温室作物的采光，因此，这种结构逐步被淘汰。

3. 装配式镀锌钢管结构　是为了克服焊接桁架结构表面防腐能力差和钢筋混凝土结构强度低、产品运输半径小的缺点而设计。其结构形式为，跨度小于 10 m 时室内无柱，跨度大于 10 m 时室内中部增设一排立柱。拱杆结构有单管结构和双管组合结构两种形式（图 1-8），所有钢管构件都用专用卡具连接（图 1-9）。单管结构多用圆管，主要有 $\Phi22$ 和 $\Phi25$ 薄壁镀锌管，壁厚 1.8～2.2 mm；双管结构构件有圆管和方管两种材料，一般为上圆下方。

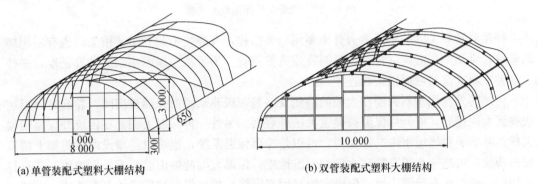

(a) 单管装配式塑料大棚结构　　　　(b) 双管装配式塑料大棚结构

图 1-8　钢管装配式塑料大棚结构

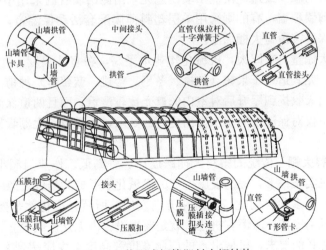

图 1-9　装配式钢管塑料大棚结构

4. 外保温塑料大棚　传统的塑料大棚在北方地区使用主要用于春提早和秋延后生产，无法越冬生产。为了提高塑料大棚的保温性能，延长生产季节，大跨度外保温塑料大棚被开发出来。

这种大棚的跨度为 12～30 m，甚至更大，室内多设置立柱，跨度越大，室内立柱越多，一般在跨中设置作业走道，走道的一旁或两旁设置立柱，大跨度的大棚在走道立柱两侧再设置 2～4 排立柱（图 1-10）。由于跨度加大，大棚的脊高也相应提高，一般为 3～6 m，跨度越大，脊高越高。

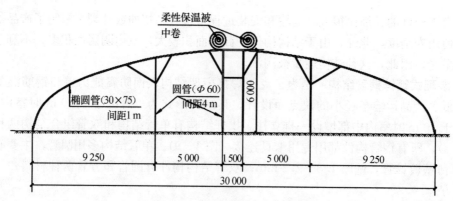

图 1-10　大跨度外保温塑料大棚

外保温塑料大棚的屋面承力骨架多用桁架结构，有焊接桁架和组装桁架，也有采用椭圆管单管骨架的。室内立柱可以是圆管或方管钢管。为了减小屋面拱架的计算长度，立柱上多伸出斜支撑与屋面拱架相连。

传统的外保温塑料大棚在大棚的两侧安装卷帘机驱动屋面保温被启闭，卷起时保温被收拢到大棚屋脊，展开后保温被覆盖大棚外表面。另外一种保温大棚是在传统外保温塑料大棚的基础上再增设室内二道保温，可以是拉幕保温系统，也可以是增设内层骨架上覆盖塑料薄膜，可进一步提高塑料大棚的保温性能。保温大棚两侧山墙要求是保温墙，有机打土墙的山墙，也有砖墙山墙，但更多的是用双层结构覆盖保温被形成的保温墙体。大棚一般屋脊南北走向，为减少或避免南侧山墙的遮光，南侧山墙有的采用中空 PC 板，有的采用双层结构塑料薄膜覆盖，有的则采用单层塑料薄膜配套活动保温帘，白天保温帘打开，大棚采光，夜间保温帘覆盖大棚保温。

外保温塑料大棚室内空间大，机械化作业水平高，在室外温度−10 ℃以上的地区基本可以越冬生产，尤其适用于果树（如桃、冬枣、樱桃、蓝莓等）种植。但这种大棚最大的缺点是保温被白天收拢到屋脊后对室内的遮光比较严重，而且两道保温被之间的积水或积雪难以排出，不仅对保温被的防水提出更高的要求，而且也给大棚骨架的承载增加了额外负担。

5. 宜机化塑料大棚　传统的塑料大棚跨度小、脊高低、作业门洞小，在农村劳动力成本不断攀升的现实条件下，提高设施生产的机械化水平成为当务之急。为此，对传统塑料大棚的改造提升更多向轻简化、宜机化方向发展。所谓轻简化就是要求结构为组装结构，工厂生产、现场安装；所谓宜机化，就是要求设施内无立柱或少立柱，进出大棚的作业门应满足作业机具的要求，机械出入的门洞宽度和高度至少应达到 2 m×2 m。为减少作业机具在大棚内作业的调头频次，可在大棚两端山墙均设置机械作业门，日常管理机械作业门常闭，在机械作业门旁开设作业人员出入门，作业人员出入门的宽度一般 1.0～1.2 m，高度 1.8～2.0 m。为适应机械化作业的要求，大棚的侧墙要求直立，或者侧墙与地面的倾角至少达到 80°。大棚的环境控制应配置自动化控制的侧墙或屋面通风窗，条件要求高的大棚还应配套加温或降温设施。

二、日光温室结构形式

按照室内有无立柱，可将日光温室结构分为有柱结构和无柱结构两种形式。有柱结构室内可以是一排柱或多排柱，单立柱一般支撑在日光温室的后屋面部位。竹木结构温室，由于材料自身承载能力小，往往室内多柱，立柱多用钢筋混凝土材料，也有用圆管或圆木做温室立柱的。钢材或钢筋混凝土结构的温室，为增大室内操作空间，往往室内无柱。无柱式温室是未来日光温室发展的方向。

　　按照承力构件的材料分类，日光温室结构分为竹木结构日光温室、悬索结构日光温室、钢筋混凝土结构日光温室、钢结构日光温室。其中，钢结构日光温室骨架又分为钢筋焊接桁架结构日光温室、钢管装配式结构日光温室（圆管、椭圆管）和薄壁型钢结构（矩形钢管、外卷边 C 形钢、内卷边 C 形钢）日光温室。钢管装配式结构日光温室可以是单管骨架，也可以是组装桁架结构。生产中还经常有不同材料的混合结构，如钢木结构、钢筋-钢筋混凝土结构等（图 1-11）。

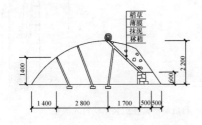

(a) 竹木结构日光温室

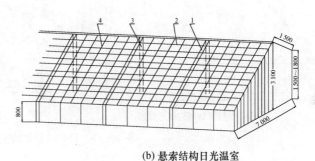

(b) 悬索结构日光温室

1. 钢管桁架　2. 纵向铁丝　3. 室内中柱　4. 竹竿骨架

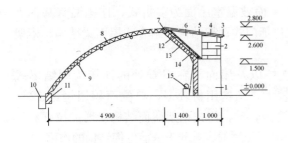

(c) 钢筋 - 钢筋混凝土结构日光温室

1. 土墙　2. 土坯墙　3. 红砖檐　4. 草泥　5. 细土
6. 碎草　7. 木梁　8. 桁架　9. 横拉杆　10. 防寒沟　11. 基墩
12. 苇帘　13. 钢筋混凝土弯柱　14. 木杉　15. 烟道

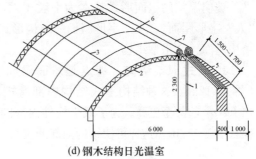

(d) 钢木结构日光温室

1. 中柱　2. 骨架　3. 横向拉杆　4. 拱杆
5. 后墙、后屋面　6. 纸被　7. 草苫

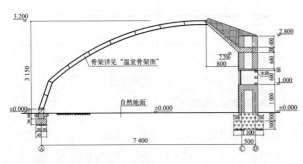

(e) 钢管装配式结构日光温室

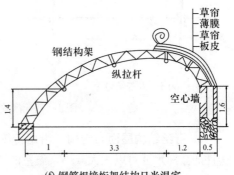

(f) 钢筋焊接桁架结构日光温室

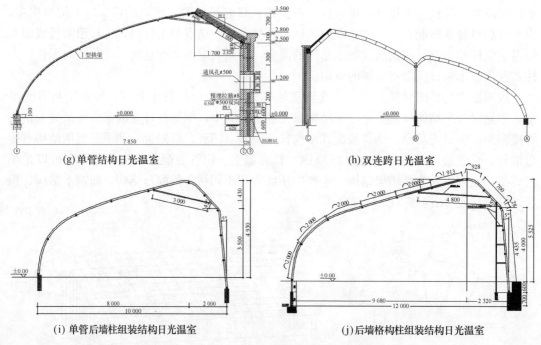

(g)单管结构日光温室

(h)双连跨日光温室

(i) 单管后墙柱组装结构日光温室

(j)后墙格构柱组装结构日光温室

图 1-11　日光温室结构形式

三、玻璃温室结构形式

玻璃温室的屋面形式基本为平坡屋面,一面坡温室屋面为多折式,连栋温室基本为"人"字形屋面。"人"字形屋面的结构形式包括门式钢架结构、组合式屋面梁结构、桁架结构屋面、文洛型结构。

1. 门式钢架结构　特点是屋面梁和立柱以及屋面梁在屋脊处的连接为固结形式 (图 1-12a)。这种结构形式结构内部弯矩较大,结构用材较多,单位面积用钢量 12～ 14 kg/m²,甚至更高。为了减少构件内部的弯矩,常在门式钢架屋面结构上增加拉杆和吊杆 (图 1-12b)。这样可使结构内部的应力分配更加均匀,有利于全面发挥结构的作用。

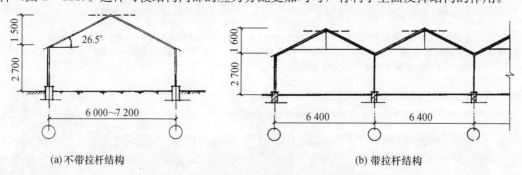

(a)不带拉杆结构

(b)带拉杆结构

图 1-12　门式钢架结构玻璃温室结构形式

2. 桁架结构屋面梁结构　沿用传统民用建筑的结构形式 (图 1-13)。采用这种结构, 构件的截面尺寸可以大大减小,温室的跨度可以扩大到 10 m 以上,温室结构的最大跨度可达 21～24 m,大大增大了温室的内部空间。一些展览温室、养殖温室等常采用这种结构形式。

3. 屋面组合梁结构　屋面梁采用了桁架，拉杆和腹杆采用简单的钢管或型钢，使温室的承载力大大加强，温室同样可以做成大跨度形式（图1-14）。

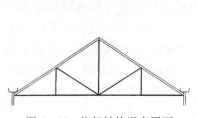

图1-13　桁架结构温室屋面

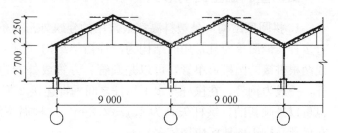

图1-14　屋面组合梁结构玻璃温室结构形式

4. 文洛型结构　是目前比较流行的一种结构形式。这种结构采用水平桁架做主要承力构件，与立柱形成稳定结构。水平桁架与立柱之间为固结，立柱与基础之间的连接采用铰接。水平桁架上承担2个以上小屋面。传统的文洛型结构每跨水平桁架上支撑2～4个3.2 m跨的小屋面，形成标准的6.4 m、9.6 m、12.8 m跨温室（图1-15）。这种结构的屋面承力材料选用铝合金材料，既当屋面结构材料，又做玻璃镶嵌材料。结构计算中，由于铝合金和钢材的强度差异很大，所以，屋面铝合金材料按三角拱结构单独计算，下部水平桁架和立柱组成新的受力体系，再进行单独计算。

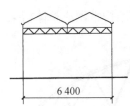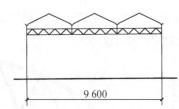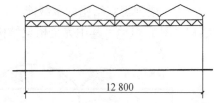

图1-15　文洛型温室结构常见形式

近来国内对传统的文洛型结构进行了改进，改变了传统的3.2 m小跨度，做成3.6 m或4.0 m小跨度，由此演绎出8.0 m和10.8 m跨度的温室。由于小屋面跨度的加大，屋面承力结构采用单纯的铝合金材料强度不足，所以，屋面承力构件改用小截面的方管，传统铝合金的双重作用简化成只起玻璃镶嵌的作用。这样，减小了铝合金材料的断面尺寸和用量，但结构强度计算中，应将屋面构件和水平桁架以及立柱结合在一起，形成整体结构计算模型进行内力分析和强度验算。

除了加大温室跨度之外，对文洛型结构的改进还可以加大温室的开间，从传统的3.0 m增大到4.0 m、4.5 m，甚至6 m、8 m。由于开间方向尺寸加大，温室在开间方向传统的天沟支撑屋面的结构方案材料的强度将严重不足，为此，对这种形式的温室多采用双向桁架（图1-16），即开间和跨度方向温室柱顶均采用桁架

图1-16　双向桁架文洛型温室结构

结构。这种结构室内立柱少，空间大，尤其适合展览或餐厅用温室。

四、塑料温室结构形式

1. 拱圆顶结构 是塑料温室最常用的建筑外形，但组成这种建筑外形的结构形式却有多种。最简单而且常用的结构为吊杆桁架结构（图 1-17）。这种结构屋面梁采用单根或两根拼接的圆拱形单管，可以是圆管、方管或外卷边 C 形钢。拱杆底部有一根水平拉杆，一般为钢管。在拱杆与水平拉杆之间垂直连接 2 根或 3 根吊杆，吊杆可以是竖直的，也可以是倾斜的。拱杆矢高为 1.7～2.2 m。这种温室结构简洁、受力明确、用材量少，在风荷载较小的地区应用较多。

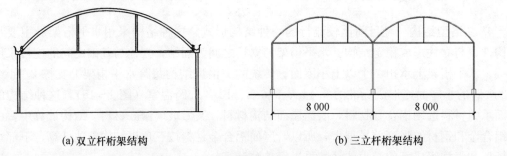

(a) 双立杆桁架结构   (b) 三立杆桁架结构

图 1-17 塑料温室拱圆顶立杆桁架结构

为了增强温室结构的承载能力，在大风或多雪地区，温室的屋面结构常做成整体桁架结构（图 1-18），其中完全桁架结构也用于大跨度温室。

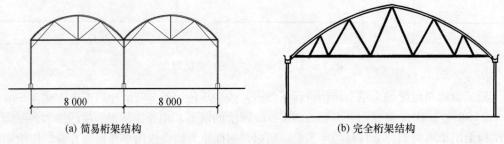

(a) 简易桁架结构   (b) 完全桁架结构

图 1-18 塑料温室拱圆顶桁架屋面结构

上述两种形式温室结构的共同特点是具有水平拉杆，这在一定程度上影响了温室的室内空间，限制了温室的高度，为此，一种改进的桁架屋面梁结构应运而生（图 1-19）。根据屋面梁桁架的截面变化分为等截面桁架屋面梁和变截面桁架屋面梁两种。这种结构室内空间大、结构承载能力强，但拱梁对立柱的水平推力大，尤其侧墙立柱的截面更大，温室的用钢量较大。

事实上水平拉杆的存在不仅可以减小拱杆对立柱的水平推力，而且为室内安装遮阳保温幕、环流风机以及悬挂作物等提供了方便。图 1-20 是利用文洛型玻璃温室的结构，并充分考虑了水平拉杆的作用，将其演化为水平桁架，不仅方便了室内设备的安装和作物的吊挂，而且大大简化了上部拱架。与传统的文洛型温室一样，水平桁架上可以安装 2 个或 3 个小屋面，不仅大大减小了拱杆的截面尺寸，使安装更为方便快捷，而且室内光照分布也更加均匀。

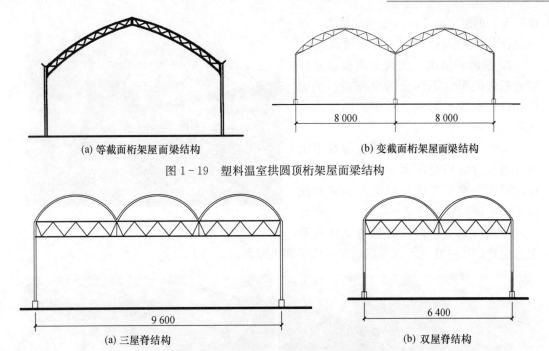

(a) 等截面桁架屋面梁结构

(b) 变截面桁架屋面梁结构

图 1-19 塑料温室拱圆顶桁架屋面梁结构

(a) 三屋脊结构

(b) 双屋脊结构

图 1-20 塑料温室拱圆顶文洛型结构

拱圆形结构温室中还有一种主副梁形式的结构（图 1-21a）。主梁与立柱直接相连，副梁则连接到天沟上。主梁间距是温室的开间尺寸，一般为 3～4 m。有的温室主梁和副梁结构完全相同，主、副梁间隔布置；有的温室副梁仅用 1 根简单的拱杆，每 2 道主梁之间一般设置 2～3 根副梁。这种结构的一种极限变化就是整个屋面上没有主梁（图 1-21b），称为全副梁结构，类似落地式塑料大棚安装在天沟上，这种形式拱杆布置间距多在 1 m 以内。

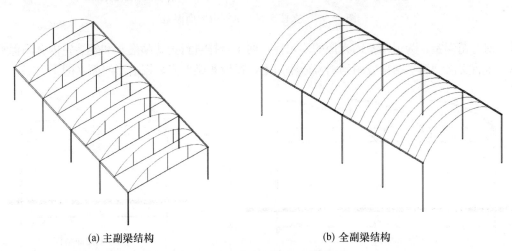

(a) 主副梁结构

(b) 全副梁结构

图 1-21 塑料温室拱圆顶副梁结构

还有一种称为互插式结构，即将独立的带倾斜立柱大棚拱架直接拼接在一起，在室内形成相互交叉的双立柱，在双立柱的交叉点安装温室天沟，将相邻跨连接在一起形成连栋温室（图 1-22）。这种结构联合立柱的强度高，拱架截面小，标准化程度高，相应造价也较低。但温室双立柱占地空间较大，在一定程度上会影响地面的有效种植面积。

2. 锯齿形结构 锯齿形屋面温室按屋面锯齿的形式不同分为全锯齿、尖锯齿和钝锯齿 3 种形式，对应的结构形式也各有不同。

全锯齿屋面的锯齿口是从屋脊至天沟竖直设立。根据屋面的形状，可将全锯齿屋面温室分为坡屋面锯齿温室和拱形屋面锯齿温室（图 1-23）。不论哪种屋面形式，温室结构一般是将立柱直通温室屋脊，从屋脊到天沟形成坡屋面或半圆拱屋面。

图 1-22　立柱互插式圆拱屋面结构

(a) 坡屋面锯齿温室

(b) 圆拱屋面锯齿温室

图 1-23　立柱支撑的全锯齿屋面温室

对育苗温室，为追求室内光照的均匀性，便于悬挂自行走式喷灌车和安装室内遮阳保温幕，也将文洛型温室结构应用到锯齿形屋面上，在桁架梁上安装锯齿形屋面（图 1-24）。

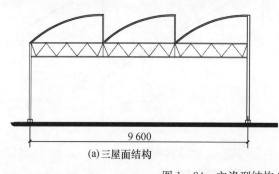

9 600

(a)三屋面结构

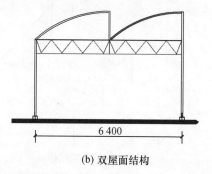

6 400

(b) 双屋面结构

图 1-24　文洛型结构全锯齿形塑料温室

钝锯齿屋面的锯齿口也开设在天沟边，但锯齿口的上沿不是直通到温室屋脊，而是到圆拱屋面的中部。其结构形式有完全屋面桁架结构和屋面梁桁架结构之分（图 1-25）。对于温室跨度较小的温室，屋面梁桁架也可以用单管替代，单管可以是圆管、椭圆管或 C 形钢。

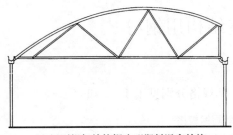
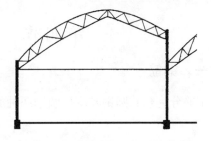

(a) 屋面桁架结构锯齿形塑料温室结构　　　　(b) 屋面梁桁架结构锯齿形塑料温室结构

图 1-25　桁架结构钝锯齿形塑料温室结构

　　尖锯齿屋面的锯齿口是从温室的屋脊向温室屋面中部设锯齿口。如果温室屋脊在跨中，可形成高低屋脊的非对称温室屋面。屋脊在跨中时，可在立柱水平拉杆上设置立杆，立杆与左右屋面拱杆相连接形成跨中锯齿（图 1-26a），也可以在温室跨中立柱，在立柱的柱顶和中上部分别连接立柱两侧的屋面拱杆，形成跨中锯齿（图 1-26b）。前者室内立柱少，作业空间大，而后者则结构的强度高。温室拱杆可完全采用圆拱屋面的拱杆做法。

(a) 在水平拉杆上设置垂直立杆形成屋面锯齿　　　(b) 在室内跨中设立柱形成屋面锯齿

图 1-26　锯齿口设置在跨中的尖锯齿温室结构

　　屋脊不在跨中时，屋面结构采用两侧不等高且非对称的拱架，两侧屋面拱杆相交后自然形成高屋面和低屋面之间的锯齿口（图 1-27a），但也有采用在标准的圆拱屋面拱架上再单设屋脊通风口的做法（图 1-27b）。

(a) 非对称屋面拱杆交叉连接形成锯齿屋面　　　(b) 传统圆拱屋面上单独设置锯齿通风窗

图 1-27　锯齿口偏离温室跨中的尖锯齿温室结构

第四节　温室结构用钢材

一、钢筋

钢筋分为热轧圆钢和冷拉圆钢两种类型，其规格分别见表1-7和表1-8。

表1-7　热轧圆钢规格

直径 d (mm)	截面面积 (cm^2)	理论质量 (kg/m)	直径 d (mm)	截面面积 (cm^2)	理论质量 (kg/m)	直径 d (mm)	截面面积 (cm^2)	理论质量 (kg/m)
5.5	0.237 6	0.186	16	2.010 6	1.58	30	7.065	5.55
6	0.282 7	0.222	17	2.269 8	1.78	32	8.038 4	6.31
6.5	0.331 8	0.260	18	2.544 7	2.00	34	9.079	7.13
7	0.384 8	0.302	19	2.835 3	2.23	36	10.173 6	7.99
8	0.502 7	0.395	20	3.141 6	2.47	38	11.335 4	8.90
9	0.636 2	0.499	21	3.463 6	2.72	40	12.56	9.86
10	0.785 4	0.617	22	3.801 3	2.98	42	13.847 4	10.9
12	1.131	0.888	24	4.523 9	3.55	45	15.896 3	12.5
13	1.327 3	1.04	25	4.908 7	3.85	48	18.086 4	14.2
14	1.539 4	1.21	26	5.309 3	4.17	50	19.625	15.4
15	1.767 1	1.39	28	6.157 5	4.83			

表1-8　冷拉圆钢规格

直径 d (mm)	截面面积 (mm^2)	理论质量 (kg/m)	直径 d (mm)	截面面积 (mm^2)	理论质量 (kg/m)	直径 d (mm)	截面面积 (mm^2)	理论质量 (kg/m)
3.0	7.069	0.055 5	11.5	103.9	0.815	34.0	907.9	7.13
3.2	8.042	0.063 1	12.0	113.1	0.888	35.0	962.1	7.55
3.5	9.621	0.075 5	13.0	132.7	1.04	38.0	1 134	8.90
4.0	12.57	0.098 6	14.0	153.9	1.21	40.0	1 257	9.86
4.5	15.90	0.125	15.0	176.7	1.39	42.0	1 385	10.9
5.0	19.63	0.154	16.0	201.1	1.58	45.0	1 590	12.5
5.5	23.76	0.187	17.0	227.0	1.78	48.0	1 810	14.2
6.0	28.27	0.222	18.0	254.5	2.00	50.0	1 968	15.4
6.3	31.17	0.245	19.0	283.5	2.23	52.0	2 206	17.3
7.0	38.48	0.302	20.0	314.2	2.47	56.0	2 463	19.3
7.5	44.18	0.347	21.0	346.4	2.72	60.0	2 827	22.2
8.0	50.27	0.395	22.0	380.1	2.98	63.0	3 117	24.5
8.5	56.75	0.445	24.0	452.4	3.55	67.0	3 526	27.7
9.0	63.62	0.499	25.0	490.9	3.85	70.0	3 848	30.2
9.5	70.88	0.556	26.0	530.9	4.17	75.0	4 418	34.7
10.0	78.54	0.617	28.0	615.8	4.83	80.0	5 027	39.5
10.5	86.59	0.680	30.0	706.9	5.55			
11.0	95.03	0.746	32.0	804.2	6.31			

二、钢丝与钢绞线

钢丝与钢绞线的规格分别见表1-9和表1-10。

表1-9 钢丝公称直径、公称截面面积及理论重量

公称直径 （mm）	公称截面面积 （mm²）	理论重量 （kg/m）	公称直径 （mm）	公称截面面积 （mm²）	理论重量 （kg/m）
4.0	12.57	0.099	7.0	38.48	0.302
5.0	19.63	0.154	8.0	50.26	0.394
6.0	28.27	0.222	9.0	63.62	0.499

表1-10 钢绞线公称直径、公称截面面积及理论重量

种类	公称直径 （mm）	公称截面面积 （mm²）	理论重量 （kg/m）	种类	公称直径 （mm）	公称截面面积 （mm²）	理论重量 （kg/m）
	8.6	37.7	0.296		9.5	54.8	0.430
	10.8	58.9	0.462	1×7 标准型	11.1	74.2	0.580
1×3	12.9	84.8	0.666		12.7	98.7	0.775
					15.2	140	1.101

三、热轧型钢

热轧型钢包括普通工字钢、槽钢和角钢，角钢又包括等肢角钢和不等肢角钢。其规格与截面参数分别见表1-11至表1-14。

表1-11 普通工字钢

符号：h——高度；   I——惯性矩；

d——腹板厚；   W——截面抵抗矩；

b——翼缘宽度；   r——回转半径；

t——翼缘平均厚度；   s——半截面的静力矩。

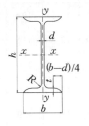

长度：

型号：10～18，长5～19 m；

型号：20～63，长6～19 m。

型号	尺寸（mm）					截面积 （cm²）	重量 （kg/m）	x-x轴				y-y轴		
	h	b	d	t	r			I_x （cm⁴）	W_x （cm³）	r_x （cm）	I_x/s_x （cm）	I_y （cm⁴）	W_y （cm³）	r_y （cm）
10	100	68	4.5	7.6	6.5	14.3	11.2	245	49	4.14	8.59	33	9.7	1.52
12.6	126	74	5.0	8.4	7.0	18.1	14.2	488	77	5.19	10.8	47	12.7	1.61
14	140	80	5.5	9.1	7.5	21.5	16.9	712	102	5.76	12.0	64	16.1	1.73
16	160	88	6.0	9.9	8.0	26.1	20.5	1 130	141	6.58	13.8	93	21.2	1.89
18	180	94	6.5	10.7	8.5	30.6	24.1	1 660	185	7.36	15.4	122	26.0	2.00

型号	尺寸（mm）					截面积	重量	$x-x$ 轴				$y-y$ 轴		
	h	b	d	t	r	（cm²）	（kg/m）	I_x（cm⁴）	W_x（cm³）	r_x（cm）	I_x/s_x（cm）	I_y（cm⁴）	W_y（cm³）	r_y（cm）
20a	200	100	7.0	11.4	9.0	35.5	27.9	2 370	237	8.15	17.2	158	31.5	2.12
20b		102	9.0	11.4	9.0	39.5	31.1	2 500	250	7.96	16.9	169	33.1	2.06
22a	220	110	7.5	12.3	9.5	42.0	33.0	3 400	309	8.99	18.9	225	40.9	2.31
22b		112	9.5	12.3	9.5	46.4	36.4	3 570	325	8.78	18.7	239	42.7	2.27
25a	250	116	8.0	13.0	10.0	48.5	38.1	5 020	402	10.18	21.6	280	48.3	2.40
25b		118	10.0	13.0	10.0	53.5	42.0	5 280	423	9.94	21.3	309	52.4	2.40
28a	280	122	8.5	13.7	10.5	55.4	43.4	7 110	508	11.3	24.6	345	56.6	2.49
28b		124	10.5	13.7	10.5	61.0	47.9	7 480	534	11.1	24.2	379	61.2	2.49
32a	320	130	9.5	15.0	11.5	67.0	52.7	11 080	692	12.8	27.5	460	70.8	2.62
32b		132	11.5	15.0	11.5	73.4	57.7	11 620	726	12.6	27.1	502	76.0	2.61
32c		134	13.5	15.0	11.5	79.9	62.8	12 170	760	12.3	26.8	544	81.2	2.61
36a	360	136	10.0	15.8	12.0	76.3	59.9	15 760	875	14.4	30.7	552	81.2	2.69
36b		138	12.0	15.8	12.0	83.5	65.6	16 530	919	14.1	30.3	582	84.3	2.64
36c		140	14.0	15.8	12.0	90.7	71.2	17 310	962	13.8	29.9	612	87.4	2.60
40a	400	142	10.5	16.5	12.5	86.1	67.6	21 720	1 090	15.9	34.1	660	93.2	2.77
40b		144	12.5	16.5	12.5	94.1	73.8	22 780	1 140	15.6	33.6	692	96.2	2.71
40c		146	14.5	16.5	12.5	102	80.1	23 850	1 190	15.2	33.2	727	99.6	2.65
45a	450	150	11.5	18.0	13.5	102	80.4	32 240	1 430	17.7	38.6	855	114	2.89
45b		152	13.5	18.0	13.5	111	87.4	33 760	1 500	17.4	38.0	894	118	2.84
45c		154	15.5	18.0	13.5	120	94.5	35 280	1 570	17.1	37.6	938	122	2.79
50a	500	158	12.0	20.0	14.0	119	93.6	46 470	1 860	19.7	42.8	1 120	142	3.07
50b		160	14.0	20.0	14.0	129	101	48 560	1 940	19.4	42.4	1 170	146	3.01
50c		162	16.0	20.0	14.0	139	109	50 640	2 080	19.0	41.8	1 220	151	2.96
56a	560	166	12.5	21.0	14.5	135	106	65 590	2 342	22.0	47.7	1 370	165	3.18
56b		168	14.5	21.0	14.5	146	105	68 510	2 447	21.6	47.2	1 487	174	3.16
56c		170	16.5	21.0	14.5	158	124	71 440	2 551	21.3	46.7	1 558	183	3.16
63a	630	176	13.0	22.0	15.0	155	122	93 920	2 981	24.6	54.2	1 701	193	3.31
63b		178	15.0	22.0	15.0	167	131	98 080	3 164	24.2	53.5	1 812	204	3.29
63c		180	17.0	22.0	15.0	180	141	102 250	3 298	23.8	52.9	1 925	214	3.27

表 1-12　普通槽钢

符号：h——高度；　　　　W——截面抵抗矩；

　　　d——腹板厚；　　　　r——回转半径；

　　　b——翼缘宽度；　　　s——半截面的静力矩；

　　　t——翼缘平均厚度；　z₀——重心距。

　　　I——惯性矩；

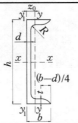

长度：

型号：5～8，长 5～12 m；

型号：10～18，长 5～19 m；

型号：20～40，长 6～19 m。

型号	尺寸（mm）					截面积 (cm²)	重量 (kg/m)	$x-x$ 轴			$y-y$ 轴			y_1-y_1 轴 I_{y1} (cm⁴)	z_0
	h	b	d	t	r			I_x (cm⁴)	W_x (cm³)	r_x (cm)	I_y (cm⁴)	W_y (cm³)	r_y (cm)		
5	50	37	4.5	7.0	7.0	6.9	5.4	26	10.4	1.94	8.3	3.55	1.10	20.9	1.35
6.3	63	40	4.8	7.5	7.5	8.4	6.6	51	16.1	2.45	11.9	4.50	1.18	28.4	1.36
8	80	43	5.0	8.0	8.0	10.2	8.0	101	25.3	3.15	16.6	5.79	1.27	37.4	1.43
10	100	48	5.3	8.5	8.5	12.7	10.0	198	39.7	3.95	25.6	7.8	1.41	55	1.52
12.6	126	53	5.5	9.0	9.0	15.7	12.4	391	62.1	4.95	38.0	10.2	1.57	77	1.59
14a	140	58	6.0	9.5	9.5	18.5	14.5	564	80.5	5.52	53.2	13.0	1.70	107	1.71
14b	140	60	6.8	9.5	9.5	21.3	16.7	609	87.1	5.35	61.1	14.1	1.69	121	1.67
16a	160	63	6.5	10.0	10.0	21.9	17.2	866	108	6.28	73.3	16.3	1.83	144	1.80
16b	160	65	8.5	10.0	10.0	25.1	19.7	934	117	6.10	83.4	17.5	1.82	161	1.75
18a	180	68	7.0	10.5	10.5	25.7	20.2	1 273	141	7.04	98.6	20.0	1.96	190	1.88
18b	180	70	9.0	10.5	10.5	29.3	23.0	1 370	152	6.84	111	21.5	1.95	210	1.84
20a	200	73	7.0	11.0	11.0	28.8	22.6	1 780	178	7.86	128	24.2	2.11	244	2.01
20b	200	75	9.0	11.0	11.0	32.8	25.8	1 914	191	7.64	144	25.9	2.09	268	1.95
22a	220	77	7.0	11.5	11.5	31.8	25.0	2 394	218	8.67	158	28.2	2.23	298	2.10
22b	220	79	9.0	11.5	11.5	36.2	28.4	2 571	234	8.42	176	30.0	2.21	326	2.03
25a	250	78	7.0	12.0	12.0	34.9	27.5	3 370	270	9.82	175	30.6	2.24	322	2.07
25b	250	80	9.0	12.0	12.0	39.9	31.4	3 530	282	9.40	196	32.7	2.22	353	1.98
25c	250	82	11.0	12.0	12.0	44.9	35.3	3 690	295	9.07	218	35.9	2.21	384	1.92
28a	280	82	7.5	12.5	12.5	40.0	31.4	4 765	340	10.9	218	35.7	2.33	388	2.10
28b	280	84	9.5	12.5	12.5	45.6	35.8	5 130	366	10.6	242	37.9	2.30	428	2.02
28c	280	86	11.5	12.5	12.5	51.2	40.2	5 496	393	10.3	268	40.3	2.29	463	1.95
32a	320	88	8.0	14.0	14.0	48.7	38.2	7 598	475	12.5	305	46.5	2.50	552	2.24
32b	320	90	10.0	14.0	14.0	55.1	43.2	8 144	509	12.1	336	49.2	2.47	593	2.16
32c	320	92	12.0	14.0	14.0	61.5	48.3	8 690	543	11.9	374	52.6	2.47	643	2.09
36a	360	96	9.0	16.0	16.0	60.9	47.8	11 870	660	14.0	455	63.5	2.73	818	2.44
36b	360	98	11.0	16.0	16.0	68.1	53.4	12 650	703	13.6	497	66.8	2.70	880	2.37
36c	360	100	13.0	16.0	16.0	75.3	59.1	13 430	746	13.4	536	70.0	2.67	948	2.34
40a	400	100	10.5	18.0	18.0	75.0	58.9	17 580	879	15.3	592	78.8	2.81	1 068	2.49
40b	400	102	12.5	18.0	18.0	83.0	65.2	18 640	932	15.0	640	82.5	2.78	1 136	2.44
40c	400	104	14.5	18.0	18.0	91.0	71.5	19 710	986	14.7	688	86.2	2.75	1 221	2.42

表 1－13 等肢角钢

单角钢　　双角钢

角钢型号	圆角 R (mm)	重心距 z_0 (mm)	截面积 (cm²)	重量 (kg/cm)	惯性矩 I (cm⁴)	截面抵抗矩 (cm³)		回转半径 (cm)			r_y，当 a 为下列数值 (cm)			
						$W_{x\max}$	$W_{x\min}$	r_x	r_{x_0}	r_{y_0}	6 mm	8 mm	10 mm	12 mm
∟20×3	3.5	6.0	1.13	0.89	0.4	0.67	0.29	0.59	0.75	0.39	1.08	1.16	1.25	1.34
∟20×4		6.4	1.46	1.14	0.5	0.78	0.36	0.58	0.73	0.38	1.11	1.19	1.28	1.37
∟25×3	3.5	6.3	1.43	1.12	0.81	1.12	0.46	0.76	0.95	0.49	1.28	1.36	1.44	1.53
∟25×4		7.6	1.86	1.46	1.03	1.36	0.59	0.74	0.93	0.48	1.30	1.38	1.46	1.55
∟30×3		8.5	1.75	1.37	1.46	1.72	0.68	0.91	1.15	0.59	1.47	1.55	1.63	1.71
∟30×4		8.9	2.28	1.79	1.84	2.06	0.87	0.90	1.13	0.58	1.49	1.57	1.66	1.74
∟36×3	4.5	10.0	2.11	1.65	2.58	2.58	0.99	1.11	1.39	0.71	1.71	1.75	1.86	1.95
∟36×4		10.4	2.76	2.16	3.29	3.16	1.28	1.09	1.38	0.70	1.73	1.81	1.89	1.97
∟36×5		10.7	3.38	2.65	3.95	3.70	1.56	1.08	1.36	0.70	1.74	1.82	1.91	1.99
∟40×3		10.9	2.36	1.85	3.59	3.3	1.23	1.23	1.55	0.79	1.85	1.93	2.01	2.09
∟40×4		11.3	3.09	2.42	4.6	4.07	1.60	1.22	1.54	0.79	1.88	1.96	2.04	2.12
∟40×5		11.7	3.79	2.98	5.53	4.73	1.96	1.21	1.52	0.78	1.90	1.98	2.06	2.14
∟45×3	5	12.2	2.66	2.09	5.17	4.24	1.58	1.40	1.76	0.90	2.06	2.14	2.21	2.29
∟45×4		12.6	3.49	2.74	6.65	5.28	2.05	1.38	1.74	0.89	2.08	2.16	2.24	2.32
∟45×5		13.0	4.29	3.37	8.04	6.19	2.51	1.37	1.72	0.88	2.11	2.18	2.26	2.34
∟45×6		13.3	5.08	3.98	9.33	7.0	2.95	1.36	1.70	0.88	2.12	2.20	2.28	2.36
∟50×3	5.5	13.4	2.97	2.33	7.18	5.36	1.96	1.55	1.96	1.00	2.26	2.33	2.41	2.49
∟50×4		13.8	3.90	3.06	9.26	6.71	2.56	1.54	1.94	0.99	2.28	2.35	2.43	2.51
∟50×5		14.2	4.80	3.77	11.21	7.89	3.13	1.53	1.92	0.98	2.30	2.38	2.45	2.53
∟50×6		14.6	5.69	4.46	13.05	8.94	3.68	1.52	1.91	0.98	2.32	2.40	2.48	2.56
∟56×3	6	14.8	3.34	2.62	10.2	6.89	2.48	1.75	2.20	1.13	2.49	2.57	2.64	2.71
∟56×4		15.3	4.39	3.45	13.2	8.63	3.24	1.73	2.18	1.11	2.52	2.59	2.67	2.75
∟56×5		15.7	5.41	4.25	16.0	10.2	3.97	1.72	2.17	1.10	2.54	2.62	2.69	2.77
∟56×8		16.8	8.37	6.57	23.6	14.0	6.03	1.68	2.11	1.09	2.60	2.67	2.75	2.83

（续）

角钢型号	圆角 R (mm)	重心距 z_0 (mm)	截面积 (cm²)	重量 (kg/cm)	惯性矩 I (cm⁴)	截面抵抗矩 (cm³)		回转半径 (cm)			r_y，当 a 为下列数值 (cm)			
						$W_{x\max}$	$W_{x\min}$	r_x	r_{x0}	r_{y0}	6 mm	8 mm	10 mm	12 mm
∟ 63×4		17.0	4.98	3.91	19.0	11.2	4.13	1.96	2.46	1.26	2.80	2.87	2.94	3.02
∟ 63×5		17.4	6.14	4.82	23.2	13.3	5.08	1.94	2.45	1.25	2.82	2.89	2.97	3.04
∟ 63×6	7	17.8	7.29	5.72	27.1	15.2	6.0	1.93	2.43	1.24	2.84	2.91	2.99	3.06
∟ 63×8		18.5	9.51	7.47	34.5	18.6	7.75	1.90	2.40	1.23	2.87	2.95	3.02	3.10
∟ 63×10		19.3	11.66	9.15	41.1	21.3	9.39	1.88	2.36	1.22	2.91	2.99	3.07	3.15
∟ 70×4		18.6	5.57	4.37	26.4	14.2	5.14	2.18	2.74	1.40	3.07	3.14	3.21	3.28
∟ 70×5		19.1	6.87	5.40	32.2	16.8	6.32	2.16	2.73	1.39	3.09	3.17	3.24	3.31
∟ 70×6	8	19.5	8.16	6.41	37.8	19.4	7.48	2.15	2.71	1.38	3.11	3.19	3.26	3.34
∟ 70×7		19.9	9.42	7.40	43.1	21.6	8.95	2.14	2.69	1.38	3.11	3.21	3.28	3.36
∟ 70×8		20.3	10.7	8.37	48.2	23.8	9.68	2.12	2.68	1.37	3.15	3.23	3.30	3.38
∟ 75×5		20.4	7.37	5.82	40.0	19.6	7.32	2.33	2.92	1.50	3.30	3.37	3.45	3.52
∟ 75×6		20.7	8.80	6.90	47.0	22.7	8.64	2.31	2.90	1.49	3.31	3.38	3.46	3.53
∟ 75×7		21.7	10.2	7.98	53.6	25.4	9.93	2.30	2.89	1.48	3.33	3.40	3.48	3.55
∟ 75×8		21.5	11.5	9.03	60.0	27.9	11.2	2.28	2.88	1.47	3.36	3.42	3.50	3.57
∟ 75×10	9	22.2	14.1	11.1	72.0	32.4	13.6	2.26	2.84	1.46	3.38	3.46	3.53	3.61
∟ 80×5		21.5	7.91	6.21	48.8	22.7	8.34	2.48	3.13	1.60	3.49	3.56	3.63	3.71
∟ 80×6		21.9	9.40	7.38	57.3	26.1	9.87	2.47	3.11	1.59	3.51	3.58	3.65	3.72
∟ 80×7		22.3	10.9	8.52	65.6	29.4	11.4	2.46	3.10	1.58	3.53	3.60	3 367	3.75
∟ 80×8		22.7	12.3	9.66	73.5	32.4	12.8	2.44	3.08	1.57	3.55	3.62	3.69	3.77
∟ 80×10		23.5	15.1	11.9	88.4	37.6	15.6	2.42	3.04	1.56	3.59	3.66	3.74	3.81
∟ 90×6		24.4	10.6	8.35	82.8	33.9	12.6	2.79	3.51	1.80	3.91	3.98	4.05	4.13
∟ 90×7		24.8	12.3	9.66	94.8	38.2	14.5	2.78	3.50	1.78	3.93	4.00	4.07	4.15
∟ 90×8	10	25.2	13.9	10.9	106	42.1	16.4	2.76	3.48	1.78	3.95	4.02	4.09	4.17
∟ 90×10		25.9	17.2	13.5	129	49.7	20.1	2.74	3.45	1.76	3.98	4.05	4.13	4.20
∟ 90×12		26.7	20.3	15.9	149	56.0	23.6	2.71	3.41	1.75	4.02	4.10	4.17	4.25
∟ 100×6		26.7	11.9	9.37	115	43.1	15.7	3.10	3.90	2.00	4.30	4.37	4.44	4.51
∟ 100×7		27.1	13.8	10.8	132	48.6	18.1	3.09	3.89	1.99	4.31	4.39	4.46	4.53
∟ 100×8	12	27.6	15.6	12.3	148	53.7	20.5	3.08	3.88	1.98	4.34	4.41	4.48	4.56
∟ 100×10		28.4	19.3	15.1	179	63.2	25.1	3.05	3.84	1.96	4.38	4.45	4.52	4.60

（续）

角钢型号	圆角 R (mm)	重心距 z_0 (mm)	截面积 (cm²)	重量 (kg/cm)	惯性矩 I (cm⁴)	截面抵抗矩 (cm³)		回转半径 (cm)			r_y，当 a 为下列数值 (cm)			
						$W_{x\max}$	$W_{x\min}$	r_x	r_{x0}	r_{y0}	6 mm	8 mm	10 mm	12 mm
∟100×12		29.1	22.8	17.9	209	71.9	29.5	3.03	3.81	1.95	4.41	4.49	4.56	4.63
∟100×14		29.9	26.3	20.6	236	79.1	33.7	3.00	3.77	1.94	4.45	4.53	4.60	4.68
∟100×16		30.6	29.6	23.3	262	89.6	37.8	2.98	3.74	1.94	4.49	4.56	4.64	4.72
∟110×7		29.9	15.2	11.9	177	59.9	22.0	3.41	4.30	2.20	4.72	4.79	4.86	4.92
∟110×8	12	30.1	17.2	13.5	199	64.7	25.0	3.40	4.28	2.19	4.75	4.82	4.89	4.96
∟110×10		30.9	21.3	16.7	242	78.4	30.6	3.38	4.25	2.17	4.78	4.86	4.93	5.00
∟110×12		31.6	25.2	19.8	283	89.4	36.0	3.35	4.22	2.15	4.81	4.89	4.96	5.03
∟110×14		32.4	29.1	22.8	321	99.2	41.3	3.32	4.18	2.14	4.85	4.93	5.00	5.07
∟125×8		33.7	19.7	15.5	297	88.1	32.5	3.88	4.88	2.50	5.34	5.41	5.48	5.55
∟125×10		34.5	24.4	19.1	362	105	40.0	3.85	4.85	2.48	5.38	5.45	5.52	5.59
∟125×12		35.3	28.9	22.7	623	120	41.2	3.83	4.82	2.46	5.41	5.48	5.56	5.63
∟125×14		36.1	33.4	26.2	682	133	54.2	3.80	4.78	2.45	5.45	5.52	5.60	5.67
∟140×10	14	38.2	27.4	21.5	515	135	50.6	4.34	5.46	2.78	5.98	6.05	6.12	6.19
∟140×12		39.0	32.5	25.5	604	155	59.8	4.31	5.43	2.76	6.02	6.09	6.16	6.23
∟140×14		39.8	37.6	29.5	689	173	68.7	4.28	5.40	2.75	6.05	6.12	6.20	6.27
∟140×16		40.6	42.5	33.4	770	190	77.5	4.26	5.36	2.74	6.09	6.16	6.24	6.31
∟160×10		43.1	31.5	24.7	779	180	66.7	4.98	6.27	3.20	6.78	6.85	6.92	6.99
∟160×12		43.9	37.4	29.4	917	208	79.0	4.95	6.24	3.18	6.82	6.89	6.96	7.02
∟160×14		44.7	43.2	34.0	1 048	234	90.9	4.92	6.20	3.16	6.85	6.92	6.99	7.07
∟160×16	16	45.5	49.1	38.5	1 175	258	103	4.89	6.17	3.14	6.89	6.96	7.03	7.10
∟180×12		48.9	42.2	33.2	1 321	271	101	5.59	7.05	3.58	7.63	7.70	7.77	7.84
∟180×14		49.7	48.9	38.4	1 514	305	116	5.56	7.02	3.56	7.66	7.73	7.81	7.87
∟180×16		50.5	55.5	43.5	1 701	338	131	5.54	6.98	3.55	7.70	7.77	7.84	7.91
∟180×18		51.3	62.0	48.6	1 875	365	146	5.50	6.94	3.51	7.73	7.80	7.87	7.94
∟200×14		54.6	54.6	42.9	2 104	387	145	6.20	7.82	3.98	8.47	8.53	8.60	8.67
∟200×16		55.4	62.0	48.7	2 366	428	164	6.18	7.79	3.96	8.50	8.57	8.64	8.71
∟200×18	18	56.2	69.3	54.4	2 621	467	182	6.15	7.75	3.94	8.54	8.61	8.67	8.75
∟200×20		56.9	76.5	60.1	2 867	503	200	6.12	7.72	3.93	8.56	8.64	8.71	8.78
∟200×24		58.7	90.7	71.2	3 338	570	236	6.07	7.64	3.90	8.65	8.73	8.80	8.87

表1-14 不等肢角钢

角钢型号	圆角R (mm)	重心距 (mm) z_x	重心距 (mm) z_y	截面积 (cm²)	重量 (kg/m)	惯性矩 (cm⁴) I_x	惯性矩 (cm⁴) I_y	回转半径 (cm) r_x	回转半径 (cm) r_y	回转半径 (cm) r_{y0}	r_{y1}，当 a 为下列数值 (cm) 6 mm	8 mm	10 mm	12 mm	r_{y2}，当 a 为下列数值 (cm) 6 mm	8 mm	10 mm	12 mm
∟25×16×3	3.5	4.2	8.6	1.16	0.91	0.22	0.70	0.44	0.78	0.34	0.84	0.93	1.02	1.11	1.40	1.48	1.57	1.65
∟25×16×4		4.6	9.0	1.50	1.18	0.27	0.88	0.43	0.77	0.34	0.87	0.96	1.05	1.14	1.42	1.51	1.60	1.68
∟32×20×3		4.9	10.8	1.49	1.17	0.46	1.53	0.55	1.01	0.43	0.97	1.05	1.14	1.22	1.71	1.79	1.88	1.96
∟32×20×4		5.3	11.2	1.94	1.52	0.57	1.93	0.54	1.00	0.42	0.99	1.08	1.16	1.25	1.74	1.82	1.90	1.99
∟40×25×3	4	5.9	13.2	1.89	1.48	0.93	3.08	0.70	1.28	0.54	1.13	1.21	1.30	1.38	2.06	2.14	2.22	2.31
∟40×25×4		6.3	13.7	2.47	1.94	1.18	3.93	0.69	1.26	0.54	1.16	1.24	1.32	1.41	2.09	2.17	2.26	2.34
∟45×28×3	5	6.4	14.7	2.15	1.69	1.34	4.45	0.79	1.44	0.61	1.23	1.31	1.39	1.47	2.28	2.36	2.44	2.52
∟45×28×4		6.8	15.1	2.81	2.20	1.70	5.69	0.78	1.42	0.60	1.25	1.33	1.41	1.50	2.30	2.38	2.45	2.55
∟50×32×3	5.5	7.3	16.0	2.43	1.91	2.02	6.24	0.91	1.60	0.70	1.38	1.45	1.53	1.61	2.49	2.56	2.64	2.72
∟50×32×4		7.7	16.5	3.18	2.49	2.58	8.02	0.90	1.59	0.69	1.40	1.48	1.56	1.64	2.52	2.59	2.67	2.75
∟56×36×3	6	8.0	17.8	2.74	2.15	2.92	8.88	1.03	1.80	0.79	1.51	1.58	1.66	1.74	2.75	2.83	2.91	2.98
∟56×36×4		8.5	18.2	3.59	2.82	3.76	11.4	1.02	1.79	0.79	1.54	1.62	1.69	1.77	2.77	2.85	2.93	3.01
∟56×36×5		8.8	18.7	4.41	3.47	4.49	13.9	1.01	1.77	0.78	1.55	1.63	1.71	1.79	2.80	2.87	2.96	3.04
∟63×40×4	7	9.2	20.4	4.06	3.18	5.23	16.5	1.14	2.02	0.88	1.67	1.74	1.82	1.90	3.09	3.16	3.24	3.32
∟63×40×5		9.5	20.8	4.99	3.92	6.31	20.0	1.12	2.00	0.87	1.68	1.76	1.83	1.91	3.11	3.19	3.27	3.35
∟63×40×6		9.9	21.2	5.91	4.64	7.29	23.4	1.11	1.98	0.86	1.70	1.78	1.86	1.94	3.13	3.21	3.29	3.37
∟63×40×7		10.3	21.5	6.80	5.34	8.24	26.5	1.10	1.96	0.86	1.73	1.80	1.88	1.97	3.15	3.23	3.30	3.39

单角钢 双角钢

（续）

单角钢　　双角钢

角钢型号	圆角R (mm)	重心距 (mm)		截面积 (cm²)	重量 (kg/m)	惯性矩 (cm⁴)		回转半径 (cm)			r_{y1}，当 a 为下列数值 (cm)				r_{y2}，当 a 为下列数值 (cm)			
		z_x	z_y			I_x	I_y	r_x	r_y	r_{y0}	6 mm	8 mm	10 mm	12 mm	6 mm	8 mm	10 mm	12 mm
∟70×45×4	7.5	10.2	22.4	4.55	3.57	7.55	23.2	1.29	2.26	0.98	1.84	1.92	1.99	2.07	3.40	3.48	3.56	3.62
∟70×45×5		10.6	22.8	5.61	4.40	9.13	27.9	1.28	2.23	0.98	1.86	1.94	2.01	2.09	3.41	3.49	3.57	3.64
∟70×45×6		10.9	23.2	6.65	5.22	10.6	32.5	1.26	2.21	0.98	1.88	1.95	2.03	2.11	3.43	3.51	3.58	3.66
∟70×45×7		11.3	23.6	7.66	6.01	12.0	37.2	1.25	2.20	0.97	1.90	1.98	2.06	2.14	3.45	3.53	3.61	3.69
∟75×50×5	8	11.7	24.0	6.12	4.81	12.6	34.9	1.44	2.39	1.10	2.05	2.13	2.20	2.28	3.60	3.68	3.76	3.83
∟75×50×6		12.1	24.4	7.26	5.70	14.7	41.1	1.42	2.38	1.08	2.07	2.15	2.22	2.30	3.63	3.71	3.78	3.86
∟75×50×8		12.9	25.2	9.47	7.43	18.5	52.4	1.40	2.35	1.07	2.12	2.19	2.27	2.35	3.67	3.75	3.83	3.91
∟75×50×10		13.6	26.0	11.6	9.10	22.0	62.7	1.38	2.33	1.06	2.16	2.23	2.31	2.40	3.72	3.80	3.88	3.96
∟80×50×5	8	11.4	26.0	6.37	5.00	12.8	42.0	1.42	2.56	1.10	2.02	2.09	2.17	2.24	3.87	3.95	4.02	4.10
∟80×50×6		11.8	26.5	7.56	5.93	14.9	49.5	1.41	2.55	1.08	2.04	2.12	2.19	2.27	3.90	3.98	4.06	4.14
∟80×50×7		12.1	26.9	8.72	6.85	17.0	56.2	1.39	2.54	1.08	2.06	2.13	2.21	2.28	3.92	4.00	4.08	4.15
∟80×50×8		12.5	27.3	9.87	7.74	18.8	62.8	1.38	2.52	1.07	2.08	2.15	2.23	2.31	3.94	4.02	4.10	4.18
∟90×56×5	9	12.5	29.1	7.21	5.66	18.3	60.4	1.59	2.90	1.23	2.22	2.29	2.37	2.44	4.32	4.40	4.47	4.55
∟90×56×6		12.9	29.5	8.56	6.72	21.4	71.0	1.58	2.88	1.23	2.24	2.32	2.39	2.46	4.34	4.42	4.49	4.57
∟90×56×7		13.3	30.0	9.83	7.76	24.4	81.0	1.57	2.86	1.22	2.26	2.34	2.41	2.49	4.37	4.45	4.52	4.60
∟90×56×8		13.6	30.4	11.2	8.78	27.1	91.0	1.56	2.85	1.21	2.28	2.35	2.43	2.50	4.39	4.47	4.55	4.62

（续）

双角钢

单 角 钢

角钢型号	圆角R (mm)	重心距 (mm) z_x	重心距 (mm) z_y	截面积 (cm²)	重量 (kg/m)	惯性矩 (cm⁴) I_x	惯性矩 (cm⁴) I_y	回转半径 (cm) r_x	回转半径 (cm) r_y	回转半径 (cm) r_{y0}	r_{y1},当a为下列数值 (cm) 6mm	8mm	10mm	12mm	r_{y2},当a为下列数值 (cm) 6mm	8mm	10mm	12mm
∟100×63×6	10	14.3	32.4	9.62	7.55	30.9	99.1	1.79	3.21	1.38	2.49	2.56	2.63	2.71	4.78	4.85	4.93	5.00
∟100×63×7		14.7	32.8	11.1	8.72	35.3	113	1.78	3.20	1.38	2.51	2.58	2.66	2.73	4.80	4.87	4.95	5.03
∟100×63×8		15.0	33.2	12.6	9.88	39.4	127	1.77	3.18	1.37	2.52	2.60	2.67	2.75	4.82	4.89	4.97	5.05
∟100×63×10		15.8	34.0	15.5	12.1	47.1	154	1.74	3.15	1.35	2.57	2.64	2.72	2.79	4.86	4.94	5.02	5.09
∟100×80×6		19.7	29.5	10.6	8.35	61.2	107	2.40	3.17	1.72	3.30	3.37	3.44	3.52	4.54	4.61	4.69	4.76
∟100×80×7		20.1	30.0	12.3	9.66	70.1	123	2.39	3.16	1.72	3.32	3.39	3.46	3.54	4.57	4.64	4.71	4.79
∟100×80×8		20.5	30.4	13.9	10.9	78.6	138	2.37	3.14	1.71	3.34	3.41	3.48	3.56	4.59	4.66	4.74	4.81
∟100×80×10		21.3	31.2	17.2	13.5	94.6	167	2.35	3.12	1.69	3.38	3.45	3.53	3.60	4.63	4.70	4.78	4.85
∟110×70×6		15.7	35.3	10.6	8.35	42.9	133	2.01	3.54	1.54	2.74	2.81	2.88	2.97	5.22	5.29	5.36	5.44
∟110×70×7		16.1	35.7	12.3	9.66	49.0	153	2.00	3.53	1.53	2.76	2.83	2.90	2.98	5.24	5.31	5.39	5.46
∟110×70×8		16.5	36.2	13.9	10.9	54.9	172	1.98	3.51	1.53	2.78	2.85	2.93	3.00	5.26	5.34	5.41	5.49
∟110×70×10		17.2	37.0	17.2	13.5	65.9	208	1.90	3.48	1.51	2.81	2.89	2.96	3.04	5.30	5.38	5.46	5.53
∟125×80×7	11	18.0	40.1	14.1	11.1	74.4	228	2.30	4.02	1.76	3.11	3.18	3.25	3.32	5.89	5.97	6.04	6.12
∟125×80×8		18.4	40.6	16.0	12.6	83.5	257	2.28	4.01	1.75	3.13	3.20	3.27	3.34	5.92	6.00	6.07	6.15
∟125×80×10		19.2	41.4	19.7	15.5	101	312	2.26	3.98	1.74	3.17	3.24	3.31	3.38	5.96	6.04	6.11	6.19
∟125×80×12		20.0	42.2	23.4	18.3	117	364	2.24	3.95	1.72	3.21	3.28	3.35	3.43	6.00	6.08	6.15	6.23

（续）

单 角 钢　　　　双角钢

角钢型号	圆角R (mm)	重心距 (mm) z_x	重心距 (mm) z_y	截面积 (cm²)	重量 (kg/m)	惯性矩 (cm⁴) I_x	惯性矩 (cm⁴) I_y	回转半径 (cm) r_x	回转半径 (cm) r_y	回转半径 (cm) r_{y0}	r_{y_1}，当 a 为下列数值 (cm) 6 mm	8 mm	10 mm	12 mm	r_{y_2}，当 a 为下列数值 (cm) 6 mm	8 mm	10 mm	12 mm
∟140×90×8	12	20.4	45.0	18.0	14.2	121	366	2.59	4.50	1.98	3.49	3.56	3.63	3.70	6.58	6.65	6.72	6.79
∟140×90×10		21.2	45.8	22.3	17.5	146	445	2.56	4.47	1.96	3.52	3.59	3.66	3.74	6.62	6.69	6.77	6.84
∟140×90×12		21.9	46.6	26.4	20.7	170	522	2.54	4.44	1.95	3.55	3.62	3.70	3.77	6.66	6.74	6.81	6.89
∟140×90×14		22.7	47.4	30.5	23.9	192	594	2.51	4.42	1.94	3.59	3.67	3.74	3.81	6.70	6.78	6.85	6.93
∟160×100×10	13	22.8	52.4	25.3	19.9	205	669	2.85	5.14	2.19	3.84	3.91	3.98	4.05	7.56	7.63	7.70	7.78
∟160×100×12		23.6	53.2	30.1	23.6	239	785	2.82	5.11	2.17	3.88	3.95	4.02	4.09	7.60	7.67	7.75	7.82
∟160×100×14		24.3	54.0	34.7	27.2	271	896	2.80	5.08	2.16	3.91	3.98	4.05	4.12	7.64	7.71	7.79	7.86
∟160×100×16		25.1	54.8	39.3	30.8	302	1003	2.77	5.05	2.16	3.95	4.02	4.09	4.17	7.68	7.75	7.83	7.91
∟180×110×10	14	24.4	58.9	28.4	22.3	278	956	3.13	5.80	2.42	4.16	4.23	4.29	4.36	8.47	8.56	8.63	8.71
∟180×110×12		25.2	59.8	33.7	26.5	325	1125	3.10	5.78	2.40	4.19	4.26	4.33	4.40	8.53	8.61	8.68	8.76
∟180×110×14		25.9	60.6	39.0	30.6	370	1287	3.08	5.75	2.39	4.22	4.29	4.36	4.43	8.57	8.65	8.72	8.80
∟180×110×16		26.7	61.4	44.1	34.6	412	1443	3.06	5.72	2.38	4.26	4.33	4.40	4.47	8.61	8.69	8.76	8.84
∟200×125×12		28.3	65.4	37.9	29.8	483	1571	3.57	6.44	2.74	4.75	4.81	4.88	4.95	9.39	9.47	9.54	9.61
∟200×125×14		29.1	66.2	43.9	34.4	551	1801	3.54	6.41	2.73	4.78	4.85	4.92	4.99	9.43	9.50	9.58	9.65
∟200×125×16		29.9	67.0	49.7	39.0	615	2023	3.52	6.38	2.71	4.82	4.89	4.96	5.03	9.47	9.54	9.62	9.69
∟200×125×18		30.6	67.8	55.5	43.6	677	2238	3.49	6.35	2.70	4.85	4.92	4.99	5.07	9.51	9.58	9.66	9.74

四、冷弯薄壁型钢

冷弯薄壁型钢包括焊接薄壁钢管、方钢管、矩形钢管、槽钢、等边角钢、卷边等边角钢、卷边槽钢、卷边 Z 形钢、椭圆管等。其规格和截面参数分别见表 1-15 至表 1-24，其简化的截面参数计算方法见表 1-25。

表 1-15　焊接薄壁钢管

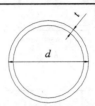

尺寸 (mm)		截面面积 (cm²)	每米质量 (kg/m)	I (cm⁴)	i (cm)	W (cm³)	尺寸 (mm)		截面面积 (cm²)	每米质量 (kg/m)	I (cm⁴)	i (cm)	W (cm³)
d	t						d	t					
25	1.5	1.11	0.87	0.77	0.83	0.61	133	2.5	10.25	8.05	218.2	4.62	32.81
30	1.5	1.34	1.05	1.37	1.01	0.91	133	3.0	12.25	9.62	259.0	4.60	38.95
30	2.0	1.76	1.38	1.73	0.99	1.16	133	3.5	14.24	1.18	298.7	4.58	44.92
40	1.5	1.81	1.42	3.37	1.36	1.68	140	2.5	10.80	8.48	255.3	4.86	36.47
40	2.0	2.39	1.88	4.32	1.35	2.16	140	3.0	12.91	10.13	303.1	4.85	43.29
51	2.0	3.08	2.42	9.26	1.73	3.63	140	3.5	15.01	11.78	349.8	4.83	49.97
57	2.0	3.46	2.71	13.08	1.95	4.59	152	3.0	14.04	11.02	389.9	5.27	51.30
60	2.0	3.64	2.86	15.34	2.05	5.10	152	3.5	16.33	12.82	450.3	5.25	59.25
70	2.0	4.27	3.35	24.72	2.41	7.06	152	4.0	18.60	14.60	509.6	5.24	67.05
76	2.0	4.65	3.65	31.85	2.62	8.38	159	3.0	14.70	11.54	447.4	5.52	56.27
83	2.0	5.09	4.00	41.76	2.87	10.06	159	3.5	17.10	13.42	517.0	5.50	65.02
83	2.5	6.32	4.96	51.26	2.85	12.36	159	4.0	19.48	15.29	585.3	5.48	73.62
89	2.0	5.47	4.29	51.74	3.08	11.63	168	3.0	15.55	12.21	529.4	5.84	63.02
89	2.5	6.79	5.33	63.59	3.06	14.29	168	3.5	18.09	14.20	612.1	5.82	72.87
95	2.0	5.84	4.59	63.20	3.29	13.31	168	4.0	20.61	16.18	693.3	5.80	82.53
95	2.5	7.26	5.70	77.76	3.27	16.37	180	3.0	16.68	13.09	653.5	6.26	72.61
102	2.0	6.28	4.93	78.55	3.54	15.40	180	3.5	19.41	15.24	756.0	6.24	84.00
102	2.5	7.81	6.14	96.76	3.52	18.97	180	4.0	22.12	17.36	856.8	6.22	95.20
102	3.0	9.33	7.33	114.4	3.50	22.43	194	3.0	18.00	14.13	821.1	6.75	84.64
108	2.0	6.66	5.23	93.60	3.75	17.33	194	3.5	20.95	16.45	950.5	6.74	97.99
108	2.5	8.29	6.51	115.4	3.73	21.37	194	4.0	23.88	18.75	1 078	6.72	111.1
108	3.0	9.90	7.77	136.5	3.72	25.28	203	3.0	18.85	15.00	943	7.07	92.87
114	2.0	7.04	5.52	110.4	3.96	19.37	203	3.5	21.94	17.22	1 092	7.06	107.55
114	2.5	8.76	6.87	136.2	3.94	23.89	203	4.0	25.01	19.63	1 238	7.04	122.01
114	3.0	10.46	8.21	161.3	3.93	28.30	219	3.0	20.36	15.98	1 187	7.64	108.44
121	2.0	7.48	5.87	132.4	4.21	21.88	219	3.5	23.70	18.61	1 376	7.62	125.65
121	2.5	9.31	7.31	163.5	4.19	27.02	219	4.0	27.02	21.81	1 562	7.60	142.62
121	3.0	11.12	8.73	193.7	4.17	32.02	245	3.0	22.81	17.91	1 670	8.56	136.3
127	2.0	7.85	6.17	153.4	4.42	24.16	245	3.5	26.55	20.84	1 936	8.54	158.1
127	2.5	9.78	7.68	189.5	4.40	29.84	245	4.0	30.28	23.77	2 199	8.52	179.5
127	3.0	11.69	9.18	224.7	4.39	35.39							

表 1-16   方 钢 管

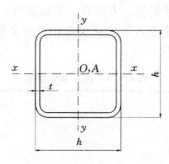

尺寸（mm）		截面面积	每米质量	I_x	i_x	W_x
h	t	（cm²）	（kg/m）	（cm⁴）	（cm）	（cm³）
25	1.5	1.31	1.03	1.16	0.94	0.92
30	1.5	1.61	1.27	2.11	1.14	1.40
40	1.5	2.21	1.74	5.33	1.55	2.67
40	2.0	2.87	2.25	6.66	1.52	3.33
50	1.5	2.81	2.21	10.82	1.96	4.33
50	2.0	3.67	2.88	13.71	1.93	5.48
60	2.0	4.47	3.51	24.51	2.34	8.17
60	2.5	5.48	4.30	29.36	2.31	9.79
80	2.0	6.07	4.76	60.58	3.16	15.15
80	2.5	7.48	5.87	73.40	3.13	18.35
100	2.5	9.48	7.44	147.91	3.95	29.58
100	3.0	11.25	8.83	173.12	9.92	34.62
120	2.5	11.48	9.01	260.88	4.77	43.48
120	3.0	13.65	10.72	306.71	4.74	51.12
140	3.0	16.05	12.60	495.68	5.56	70.81
140	3.5	18.58	14.59	568.22	5.53	81.17
140	4.0	21.07	16.44	637.97	5.50	91.14
160	3.0	18.45	14.49	749.64	6.37	93.71
160	3.5	21.38	16.77	861.34	6.35	107.67
160	4.0	24.27	19.05	969.35	6.32	121.17
160	4.5	27.12	21.05	1 073.66	6.29	134.21
160	5.0	29.93	23.35	1 174.44	6.26	146.81

表 1-17 矩形钢管尺寸规格

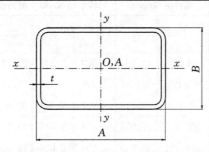

边长 (mm)		壁厚 (mm)	理论重量 (kg/m)	截面面积 (cm²)	惯性矩 (cm⁴)		回转半径 (cm)		截面模量 (cm³)		扭转常数	
A	B				I_x	I_y	r_x	r_y	W_x	W_y	I_t (cm⁴)	W_t (cm³)
50	25	1.2	1.338	1.705	5.502	1.875	1.796	1.048	2.200	1.500	4.534	2.780
		1.5	1.650	2.102	6.653	2.253	1.779	1.035	2.661	1.802	5.519	3.406
	30	2.5	2.817	3.589	11.296	5.050	1.774	1.186	4.518	3.366	11.666	6.470
		3.0	3.303	4.208	12.827	5.696	1.745	1.163	5.130	3.797	13.401	7.509
		4.0	4.198	5.347	15.239	6.682	1.688	1.117	6.095	4.455	16.244	9.320
60	30	2.5	3.209	4.089	17.933	5.998	2.094	1.211	5.977	3.998	15.054	7.845
		3.0	3.774	4.808	20.496	6.794	2.064	1.188	6.832	4.529	17.335	9.129
		4.0	4.826	6.147	24.691	8.045	2.004	1.143	8.230	5.363	21.141	11.400
	40	2.5	3.602	4.589	22.069	11.734	2.192	1.599	7.356	5.867	25.045	10.720
		3.0	4.245	5.408	25.374	13.436	2.166	1.576	8.458	6.718	29.121	12.549
		4.0	5.454	6.947	30.974	16.269	2.111	1.530	10.324	8.134	36.298	15.880
70	50	3.0	5.187	6.608	44.046	26.099	2.518	1.987	12.584	10.439	53.426	18.789
		4.0	6.710	8.547	54.663	32.210	2.528	1.941	15.618	12.884	67.613	24.040
		5.0	8.129	10.356	63.435	37.179	2.474	1.894	18.124	14.871	79.908	28.767
80	40	2.5	4.387	5.589	45.103	15.255	2.840	1.652	11.275	7.627	37.467	14.470
		3.0	5.187	6.608	52.246	17.552	2.811	1.629	13.061	8.776	43.680	19.989
		4.0	6.710	8.547	64.780	21.474	2.752	1.585	16.195	10.737	54.787	21.640
		5.0	8.129	10.356	75.080	24.567	2.692	1.540	18.770	12.283	64.110	25.767
	60	3.0	6.129	7.808	70.042	44.886	2.995	2.397	17.510	14.962	88.111	26.229
		4.0	7.966	10.147	87.905	56.105	2.943	2.351	21.976	18.701	112.583	33.800
		5.0	9.699	12.356	103.247	65.634	2.890	2.304	25.811	21.878	134.503	40.767
90	40	3.0	5.658	7.208	70.487	19.610	3.127	1.649	15.663	9.805	51.193	19.209
		4.0	7.338	9.347	87.894	24.077	3.066	1.604	19.532	12.038	64.320	24.520
		5.0	8.914	11.356	102.487	27.651	3.004	1.560	22.774	13.825	75.426	29.267
	50	3.0	6.129	7.808	81.845	32.735	3.237	2.047	18.187	13.094	76.433	24.429
		4.0	7.966	10.147	102.696	40.695	3.181	2.002	22.821	16.278	97.162	31.400
		5.0	9.699	12.356	120.570	47.345	3.123	1.957	26.793	18.938	115.436	37.767

（续）

边长（mm）		壁厚（mm）	理论重量（kg/m）	截面面积（cm²）	惯性矩（cm⁴）		回转半径（cm）		截面模量（cm³）		扭转常数	
A	B				I_x	I_y	r_x	r_y	W_x	W_y	I_t(cm⁴)	W_t(cm³)
90	60	3.0	6.600	8.408	93.203	49.764	3.329	2.432	20.711	16.588	104.552	29.649
		4.0	8.594	10.947	117.499	62.387	3.276	2.387	26.111	20.795	133.852	38.280
		5.0	10.484	13.356	138.653	73.218	3.222	2.341	30.811	24.406	160.273	46.267
100	50	3.0	6.600	8.408	106.451	36.053	3.558	2.070	21.290	14.421	88.311	27.249
		4.0	8.594	10.947	134.124	44.938	3.500	2.026	26.824	17.975	112.409	35.080
		5.0	10.484	13.356	158.155	52.429	3.441	1.981	31.631	20.971	133.758	42.267
120	60	3.0	8.013	10.208	189.113	64.398	4.304	2.511	31.518	21.466	156.029	39.909
		4.0	10.478	13.347	240.724	81.235	4.246	2.466	40.120	27.078	200.407	51.720
		5.0	12.839	16.356	286.941	95.968	4.188	2.422	47.823	31.989	240.869	62.767
		6.0	15.097	19.232	327.950	108.716	4.129	2.377	54.658	36.238	277.361	73.037
	80	3.0	8.955	11.408	230.189	123.430	4.491	3.289	38.364	30.857	255.128	53.949
		4.0	11.734	14.947	294.569	157.281	4.439	3.234	49.094	39.320	330.438	70.280
		5.0	14.409	18.356	353.108	187.747	4.385	3.198	58.851	46.936	400.735	85.767
		6.0	16.981	21.632	405.998	214.977	4.332	3.152	67.666	53.744	465.940	100.397
140	80	4.0	12.990	16.547	429.582	180.407	5.095	3.301	61.368	45.101	410.713	82.440
		5.0	15.979	20.356	517.023	215.914	5.039	3.256	73.860	53.978	498.815	100.767
		6.0	18.865	24.032	596.935	247.905	4.983	3.211	85.276	61.976	580.919	118.157
150	100	4.0	14.874	18.947	594.585	318.551	5.601	4.100	79.278	63.710	660.613	111.880
		5.0	18.334	23.356	719.164	383.988	5.549	4.054	95.888	76.797	806.733	137.267
		6.0	21.691	27.632	834.615	444.135	5.495	4.009	111.282	88.827	945.022	161.597
		8.0	28.096	35.791	1 039.101	549.308	5.388	3.917	138.546	109.861	1 197.701	207.046
160	80	4.0	14.246	18.147	597.691	203.532	5.738	3.348	74.711	50.883	493.129	94.600
		5.0	17.549	22.356	721.650	244.080	5.681	3.304	90.206	61.020	599.475	115.767
		6.0	20.749	26.432	835.936	280.833	5.623	3.259	104.492	70.208	698.884	135.917
		8.0	26.840	34.191	1 036.485	343.599	5.505	3.170	129.560	85.899	876.599	173.126
180	100	4.0	16.758	21.347	926.020	373.879	6.586	4.184	102.891	74.775	852.708	134.920
		5.0	20.689	26.356	1 124.156	451.738	6.530	4.140	124.906	90.347	1 042.589	165.767
		6.0	24.517	31.232	1 809.531	523.767	6.475	4.095	145.503	104.753	1 222.933	195.437
		8.0	31.864	40.591	1 643.149	651.132	6.362	4.005	182.572	130.226	1 554.606	251.206
200	100	4.0	18.014	22.947	1 199.680	410.764	7.230	4.230	119.968	82.152	984.151	150.280
		5.0	22.259	28.356	1 459.207	496.905	7.173	4.186	145.920	99.381	1 203.928	184.767
		6.0	26.401	33.632	1 703.224	576.855	7.116	4.141	170.322	115.371	1 412.986	217.997
		8.0	34.376	43.791	2 145.993	719.041	7.000	4.052	214.599	143.802	1 798.554	280.646

表 1-18 等边角钢

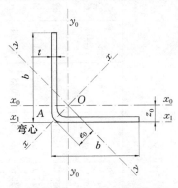

尺寸 (mm)		截面面积 (cm²)	每米质量 (kg/m)	z_0 (cm)	x_0-x_0 轴				$x-x$ 轴		$y-y$ 轴		x_1-x_1 轴	e_0 (cm)	I_t (cm⁴)
b	t				I_{x0} (cm⁴)	i_{x0} (cm)	$W_{x0\max}$ (cm³)	$W_{x0\min}$ (cm³)	I_x (cm⁴)	i_x (cm)	I_y (cm⁴)	i_y (cm)	I_{x1} (cm⁴)		
30	1.5	0.85	0.67	0.828	0.77	0.95	0.93	0.35	1.25	1.21	0.29	0.58	1.35	1.07	0.006 4
30	2.0	1.12	0.88	0.855	0.99	0.94	1.16	0.46	1.63	1.21	0.36	0.57	1.81	1.07	0.014 9
40	2.0	1.52	1.19	1.105	2.43	1.27	2.20	0.84	3.95	1.61	0.90	0.77	4.28	1.42	0.020 3
40	2.5	1.87	1.47	1.132	2.96	1.26	2.62	1.03	4.85	1.61	1.07	0.76	5.36	1.42	0.039 0
50	2.5	2.37	1.86	1.381	5.93	1.58	4.29	1.64	9.65	2.02	2.20	0.96	10.44	1.78	0.049 4
50	3.0	2.81	2.21	1.408	6.97	1.57	4.95	1.94	11.40	2.01	2.54	0.95	12.55	1.78	0.084 3
60	2.5	2.87	2.25	1.630	10.41	1.90	6.38	2.38	16.90	2.43	3.91	1.17	18.03	2.13	0.059 8
60	3.0	3.41	2.68	1.657	12.29	1.90	7.42	2.83	20.02	2.42	4.56	1.16	21.66	2.13	0.102 3
75	2.5	3.62	2.84	2.005	20.65	2.39	10.30	3.76	33.43	3.04	7.87	1.48	35.20	2.66	0.075 5
75	3.0	4.31	3.39	2.031	24.47	2.38	12.05	4.47	39.70	3.03	9.23	1.46	42.26	2.66	0.129 3

表 1-19 卷边等边角钢

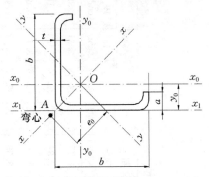

尺寸 (mm)			截面面积 (cm²)	每米质量 (kg/m)	y_0 (cm)	x_0-x_0 轴				$z-z$ 轴		$y-y$ 轴		x_1-x_1 轴	e_0 (cm)	I_t (cm⁴)	I_ω (cm⁴)
b	a	t				I_{x0} (cm⁴)	i_{x0} (cm⁴)	$W_{x0\max}$ (cm³)	$W_{x0\min}$ (cm³)	I_x (cm⁴)	i_x (cm)	I_y (cm⁴)	i_y (cm)	I_{x1} (cm⁴)			
40	15	2.0	1.95	1.53	1.404	3.93	1.42	2.80	1.51	5.74	1.72	2.12	1.04	7.78	2.37	0.026 0	3.83
60	20	2.0	2.95	2.32	2.026	13.83	2.17	6.83	3.48	20.56	2.64	7.11	1.55	25.94	3.38	0.039 4	22.64
75	20	2.0	3.55	2.79	2.396	25.6	2.69	10.68	5.02	39.01	3.31	12.19	1.85	45.99	3.82	0.047 3	36.55
75	20	2.5	4.36	3.42	2.401	30.76	2.66	12.81	6.08	46.91	3.28	14.60	1.83	55.90	3.80	0.090 9	43.33

表 1-20 槽　钢

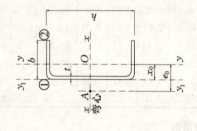

尺寸(mm)			截面面积 (cm^2)	每米质量 (kg/m)	x_0 (cm)	x-x轴			y-y轴				y_1-y_1轴	e_0 (cm)	I_t (cm^4)	I_ω (cm^4)	k (cm^{-1})	w_{ω_1} (cm^4)	w_{ω_2} (cm^4)
h	b	t				I_x (cm^4)	i_x (cm)	W_x (cm^3)	I_y (cm^4)	I_{y_3} (cm^4)	$W_{y_6 max}$ (cm^3)	$W_{y_6 min}$ (cm^3)	I_{y_3} (cm^4)						
60	30	2.5	2.74	2.15	0.883	14.38	2.31	4.89	2.40	0.94	2.71	1.13	4.53	1.88	0.057 1	12.21	0.042 5	4.72	2.51
80	40	2.5	3.74	2.94	1.132	36.70	3.13	9.18	5.92	1.26	5.23	2.06	10.71	2.51	0.077 9	57.36	0.022 9	11.61	6.37
80	40	3.0	4.43	3.48	1.159	42.66	3.10	10.67	6.93	1.25	5.98	2.44	12.87	2.51	0.132 8	64.58	0.028 2	13.64	7.34
100	40	2.5	4.24	3.33	1.013	62.07	3.83	12.41	6.37	1.23	6.29	2.13	10.72	2.30	0.088 4	99.70	0.018 5	17.07	8.44
100	40	3.0	5.03	3.95	1.039	72.44	3.80	14.49	7.47	1.22	7.19	2.52	12.89	2.30	0.150 8	113.23	0.022 7	20.20	9.79
120	40	2.5	4.74	3.72	0.919	95.92	4.50	15.99	6.72	1.19	7.82	2.18	10.73	2.13	0.098 8	158.19	0. 015 8	23.62	10.59
120	40	3.0	5.63	4.42	0.944	112.28	4.47	18.71	7.90	1.19	8.37	2.50	12.91	2.12	0.168 8	178.19	0.019 1	28.13	2.33
140	50	3.0	6.83	5.36	1.187	191.53	5.30	27.36	15.52	1.51	15.08	4.07	25.13	2.75	0.204 8	487.60	0.012 8	42.39	22.92
140	50	3.5	7.89	6.20	1.211	218.88	5.27	31.27	17.79	1.50	14.69	4.70	29.37	2.74	0.322 3	545.44	0.015 1	56.72	26.09
150	60	3.0	8.03	6.30	1.432	300.87	6.12	37.61	26.90	1.83	18.79	5.89	48.35	3.37	0.240 8	1119.78	0.009 1	78.25	38.21
150	60	3.5	9.29	7.29	1.456	344.94	6.09	43.12	30.92	1.82	21.23	6.81	50.63	3.37	0.379 4	1264.16	0.010 8	90.71	43.68

表 1-21 卷边槽钢

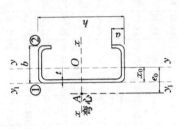

尺寸(mm)				截面面积 (cm²)	每米质量 (kg/m)	x_0 (cm)	x-x轴			y-y轴				y_1-y_1轴	e_0 (cm)	I_t (cm⁴)	I_w (cm⁴)	k (cm⁻¹)	ω_{w_1} (cm⁴)	ω_{w_2} (cm⁴)
h	b	a	t				I_x (cm⁴)	i_x (cm)	W_x (cm³)	I_y (cm⁴)	i_y (cm)	W_{ymax} (cm³)	W_{ymin} (cm³)	I_{y_1} (cm⁴)						
80	40	15	2.0	3.47	2.72	1.452	34.16	3.14	8.54	7.79	1.50	5.36	3.06	15.10	3.36	0.046 2	112.9	0.012 5	16.03	15.74
100	50	15	2.5	5.23	4.11	1.706	81.34	3.94	16.27	17.19	1.81	10.08	5.22	32.41	3.94	0.109 0	352.8	0.010 9	34.47	29.44
120	50	20	2.5	5.98	4.70	1.706	129.40	4.65	21.57	20.96	1.87	12.28	6.36	38.36	4.03	0.124 6	660.9	0.008 5	51.04	48.36
120	60	20	3.0	7.65	6.01	2.106	170.68	4.72	28.45	37.36	2.21	17.74	9.59	71.31	4.87	0.229 6	1 153.2	0.008 7	75.68	68.44
140	60	20	3.0	8.25	6.48	1.964	245.42	5.45	35.06	39.49	2.19	20.11	9.79	71.33	4.61	0.247 6	1 589.8	0.007 8	92.69	79.00
160	70	20	3.0	9.45	7.42	2.224	373.64	6.29	48.71	60.42	2.53	27.17	12.65	107.20	5.25	0.283 6	3 070.5	0.006 0	135.49	109.92

表1-22 卷边Z型钢

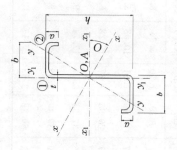

尺寸(mm) h	b	a	t	面积(cm²)	每米质量(kg/m)	θ	x_1-x_1轴 I_{x_1}(cm⁴)	i_{x_1}(cm)	W_{x_1}(cm³)	y_1-y_1轴 I_{y_1}(cm⁴)	i_{y_1}(cm)	W_{y_1}(cm³)	x-x轴 I_x(cm⁴)	i_x(cm)	W_{x_1}(cm³)	W_{x_2}(cm³)	y-y轴 I_y(cm⁴)	i_y(cm)	W_{y_1}(cm³)	W_{y_2}(cm³)	$I_{x_1 y_1}$(cm⁴)	I_t(cm⁴)	L_ω(cm⁴)	k(cm⁴)	W_{ω_1}(cm⁴)	W_{ω_2}(cm⁴)
100	40	20	2.0	4.07	3.19	24°1′	60.04	3.84	12.01	17.02	2.05	4.36	70.70	4.17	15.93	11.94	6.36	1.25	3.36	4.42	23.93	0.0542	325.0	0.0081	49.97	29.16
100	40	20	2.5	4.98	3.91	23°46′	72.10	3.80	14.42	20.02	2.00	5.17	84.63	4.12	19.18	14.47	7.49	1.23	4.07	5.28	28.45	0.1038	381.9	0.0102	62.25	35.03
120	50	20	2.0	4.87	3.82	24°3′	102.97	4.69	17.83	30.23	2.49	6.17	126.06	5.09	23.55	17.40	11.14	1.51	4.83	5.74	42.77	0.0649	785.2	0.0057	84.05	43.96
120	50	20	2.5	5.98	4.70	23°50′	129.39	4.65	21.57	35.91	2.45	7.37	152.05	5.04	28.55	21.21	13.25	1.49	5.89	6.89	51.30	0.1246	930.9	0.0072	104.68	52.94
120	50	20	3.0	7.05	5.54	23°36′	150.14	4.61	25.02	40.88	2.41	8.43	175.92	4.99	33.18	24.80	15.11	1.46	6.89	7.92	58.99	0.2116	1058.9	0.0087	125.37	61.22
140	50	20	2.5	6.48	5.09	19°25′	186.77	5.37	26.68	35.91	2.35	7.37	209.19	5.67	32.55	26.63	14.48	1.49	6.69	6.78	60.75	0.135	1289.0	0.0064	137.04	60.03
140	50	20	3.0	7.65	6.01	19°12′	217.26	5.33	31.04	40.83	2.31	8.43	241.62	5.62	37.76	30.70	16.52	1.47	7.84	7.81	69.93	0.2206	1468.2	0.0077	164.94	69.51
160	50	20	2.5	7.48	5.87	19°59′	288.12	6.21	36.01	58.15	2.79	9.90	323.13	6.57	44.00	34.95	23.14	1.76	9.00	8.71	98.32	0.1559	2634.3	0.0048	205.98	86.28
160	60	20	3.0	8.85	6.95	19°47′	366.65	6.17	42.08	66.66	2.74	11.39	376.76	6.52	51.48	41.08	26.55	1.73	10.58	10.07	111.51	0.2656	3019.4	0.0058	247.41	100.15
160	60	20	2.5	7.98	6.27	23°46′	319.13	6.32	39.89	87.84	3.32	12.76	374.76	6.85	52.35	38.23	32.11	2.01	10.53	10.86	126.87	0.1663	3793.3	0.0041	238.87	106.91
160	70	20	3.0	9.45	7.42	23°34′	373.64	6.29	46.71	101.10	3.27	14.76	437.72	6.80	61.33	45.01	37.03	1.98	12.39	12.58	146.86	0.2836	4365.0	0.0050	285.78	123.26
180	70	20	2.5	8.48	6.66	20°22′	420.18	7.04	46.69	87.74	3.22	12.76	473.34	7.47	57.27	44.88	34.58	2.02	11.66	10.86	143.18	0.1767	4907.9	0.0037	294.53	119.41
180	70	20	3.0	10.05	7.89	20°11′	492.61	7.00	54.73	101.11	3.17	14.76	553.83	7.42	67.22	52.89	39.89	1.99	13.72	12.59	166.47	0.3016	5652.2	0.0045	353.32	188.92

表 1 - 23 椭圆管

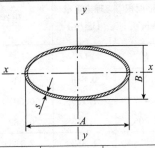

基本尺寸（mm）			截面面积（cm²）	理论重量（kg/m）	惯性矩（cm⁴）		截面模数（cm³）	
A	B	S	F	G	I_x	I_y	W_x	W_y
10	5	0.5	0.110	0.086	0.003	0.011	0.013	0.021
		0.8	0.168	0.132	0.005	0.015	0.018	0.030
		1	0.204	0.160	0.005	0.018	0.021	0.035
	7	0.5	0.126	0.099	0.007	0.013	0.021	0.026
		0.8	0.195	0.152	0.010	0.019	0.030	0.038
		1	0.236	0.185	0.012	0.022	0.034	0.044
12	6	0.5	0.134	0.105	0.006	0.019	0.020	0.031
		0.8	0.206	0.162	0.009	0.028	0.028	0.046
		1.2	0.294	0.231	0.011	0.036	0.036	0.061
	8	0.5	0.149	0.117	0.012	0.022	0.029	0.037
		0.8	0.231	0.182	0.017	0.033	0.042	0.055
		1.2	0.332	0.260	0.022	0.044	0.055	0.073
18	9	0.8	0.319	0.251	0.032	0.101	0.072	0.112
		1.2	0.464	0.364	0.043	0.139	0.096	0.155
		1.5	0.565	0.444	0.049	0.164	0.109	0.182
	12	0.8	0.357	0.280	0.063	0.120	0.104	0.133
		1.2	0.520	0.408	0.086	0.166	0.143	0.185
		1.5	0.636	0.499	0.100	0.197	0.166	0.218
24	8	0.8	0.382	0.300	0.033	0.208	0.081	0.174
		1.2	0.558	0.438	0.043	0.292	0.107	0.243
		1.5	0.683	0.536	0.049	0.346	0.121	0.289
	12	0.8	0.432	0.339	0.081	0.249	0.136	0.208
		1.2	0.633	0.497	0.112	0.352	0.186	0.293
		1.5	0.778	0.610	0.131	0.420	0.218	0.350
30	18	1	0.723	0.567	0.299	0.674	0.333	0.449
		1.5	1.060	0.832	0.416	0.954	0.462	0.636
		2	1.382	1.085	0.514	1.199	0.571	0.800

（续）

基本尺寸（mm）			截面面积（cm²）	理论重量（kg/m）	惯性矩（cm⁴）		截面模数（cm³）	
A	B	S	F	G	I_x	I_y	W_x	W_y
34	17	1.5	1.131	0.888	0.410	1.277	0.482	0.751
		2	1.477	1.159	0.505	1.613	0.594	0.949
		2.5	1.806	1.418	0.583	1.909	0.685	1.123
43	32	1.5	1.696	1.332	2.138	3.398	1.336	1.581
		2	2.231	1.751	2.726	4.361	1.704	2.028
		2.5	2.749	2.158	3.259	5.247	2.037	2.440
50	25	1.5	1.696	1.332	1.405	4.278	1.124	1.711
		2	2.231	1.751	1.776	5.498	1.421	2.199
		2.5	2.749	2.158	2.104	6.624	1.683	2.650
55	35	1.5	2.050	1.609	3.243	6.592	1.853	2.397
		2	2.702	2.121	4.157	8.520	2.375	3.098
		2.5	3.338	2.620	4.995	10.32	2.854	3.754
60	30	1.5	2.050	1.609	2.494	7.528	1.663	2.509
		2	2.702	2.121	3.181	9.736	2.120	3.245
		2.5	3.338	2.620	3.802	11.80	2.535	3.934
65	35	1.5	2.286	1.794	3.770	10.02	2.154	3.084
		2	3.016	2.368	4.838	13.00	2.764	4.001
		2.5	3.731	2.929	5.818	15.81	3.325	4.865
70	35	1.5	2.403	1.887	4.036	12.11	2.306	3.460
		2	3.173	2.491	5.181	15.73	2.960	4.495
		2.5	3.927	3.083	6.234	19.16	3.562	5.474
76	38	1.5	2.615	2.053	5.212	15.60	2.743	4.104
		2	3.456	2.713	6.710	20.30	3.532	5.342
		2.5	4.280	3.360	8.099	24.77	4.263	6.519
80	40	1.5	2.757	2.164	6.110	18.25	3.055	4.564
		2	3.644	2.861	7.881	23.79	3.941	5.948
		2.5	4.516	3.545	9.529	29.07	4.765	7.267
84	56	1.5	3.228	2.534	13.33	24.95	4.760	5.942
		2	4.273	3.354	17.34	32.61	6.192	7.765
		2.5	5.301	4.162	21.14	39.95	7.550	9.513
90	40	1.5	2.992	2.349	6.817	24.74	3.409	5.497
		2	3.958	3.107	8.797	32.30	4.399	7.178
		2.5	4.909	3.853	10.64	39.54	5.321	8.787

表 1-24 平椭圆管

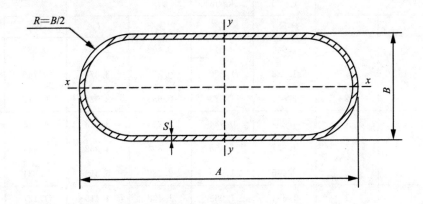

基本尺寸（mm）			截面面积（cm²）	理论重量（kg/m）	惯性矩（cm⁴）		截面模数（cm³）	
A	B	S	F	G	I_x	I_y	W_x	W_y
10	5	0.8	0.186	0.146	0.006	0.007	0.024	0.014
		1	0.226	0.177	0.018	0.021	0.071	0.042
14	7	0.8	0.268	0.210	0.018	0.053	0.053	0.076
		1	0.328	0.258	0.021	0.063	0.061	0.090
18	12	1	0.466	0.365	0.089	0.160	0.149	0.178
		1.5	0.675	0.530	0.120	0.219	0.199	0.244
		2	0.868	0.682	0.142	0.267	0.237	0.297
24	12	1	0.586	0.460	0.126	0.352	0.209	0.293
		1.5	0.855	0.671	0.169	0.491	0.282	0.409
		2	1.108	0.870	0.203	0.609	0.339	0.507
30	15	1	0.740	0.581	0.256	0.706	0.341	0.471
		1.5	1.086	0.853	0.353	1.001	0.470	0.667
		2	1.417	1.112	0.432	1.260	0.576	0.840
35	25	1	0.954	0.749	0.832	1.325	0.666	0.757
		1.5	1.407	1.105	1.182	1.899	0.946	1.085
		2	1.845	1.448	1.493	2.418	1.195	1.382
40	25	1	1.054	0.827	0.976	1.889	0.781	0.944
		1.5	1.557	1.223	1.390	2.719	1.112	1.360
		2	2.045	1.605	1.758	3.479	1.407	1.740

（续）

基本尺寸（mm）			截面面积（cm²）	理论重量（kg/m）	惯性矩（cm⁴）		截面模数（cm³）	
A	B	S	F	G	I_x	I_y	W_x	W_y
45	15	1	1.040	0.816	0.403	2.137	0.537	0.950
		1.5	1.536	1.206	0.558	3.077	0.745	1.367
		2	2.017	1.583	0.688	3.936	0.917	1.750
50	25	1	1.254	0.984	1.264	3.423	1.011	1.369
		1.5	1.857	1.458	1.804	4.962	1.444	1.985
		2	2.445	1.919	2.289	6.393	1.831	2.557
55	25	1	1.354	1.063	1.408	4.419	1.127	1.607
		1.5	2.007	1.576	2.012	6.423	1.609	2.336
		2	2.645	2.076	2.554	8.296	2.043	3.017
60	30	1	1.511	1.186	2.221	5.983	1.481	1.994
		1.5	2.243	1.761	3.197	8.723	2.131	2.908
		2	2.959	2.323	4.089	11.30	2.726	3.768
63	10	1	1.343	1.054	0.245	4.927	0.489	1.564
		1.5	1.991	1.563	0.327	7.152	0.655	2.271
		2	2.623	2.059	0.389	9.228	0.778	2.929
70	35	1.5	2.629	2.063	5.167	14.02	2.952	4.006
		2	3.473	2.727	6.649	18.24	3.799	5.213
		2.5	4.303	3.378	8.020	22.25	4.583	6.358
75	35	1.5	2.779	2.181	5.588	16.87	3.193	4.499
		2	3.673	2.884	7.194	21.98	4.111	5.862
		2.5	4.553	3.574	8.682	26.85	4.961	7.160
80	30	1.5	2.843	2.232	4.416	18.98	2.944	4.746
		2	3.759	2.951	5.660	24.75	3.773	6.187
		2.5	4.660	3.658	6.798	30.25	4.532	7.561
85	25	1.5	2.907	2.282	3.256	21.11	2.605	4.967
		2	3.845	3.018	4.145	27.53	3.316	6.478
		2.5	4.767	3.742	4.945	33.66	3.956	7.920
90	30	1.5	3.143	2.467	5.026	26.17	3.351	5.816
		2	4.159	3.265	6.445	34.19	4.297	7.598
		2.5	5.160	4.050	7.746	41.87	5.164	9.305

表 1-25　截面特性的近似计算公式

（下列近似计算公式均按截面中心线进行计算。x 轴向右为正，y 轴线上为正）

1. 半圆钢管 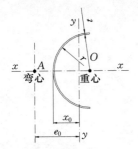	$A=\pi rt$ $I_x=1.571r^3t$ $I_y=0.298r^3t$ $I_t=1.047rt^3$ $I_\omega=0.0347r^5t$ $e_0=0.636r$ $z_0=0.363r$
2. 等边角钢 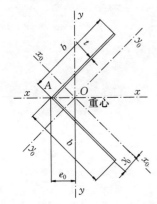	$A=2bt$ $e_0=\dfrac{b}{2\sqrt{2}}$ $I_x=\dfrac{1}{3}b^3t$ $I_y=\dfrac{1}{12}b^3t$ $I_t=\dfrac{2}{3}bt^3$ $I_\omega=0$ $I_{x0}=I_{y0}=\dfrac{5}{24}b^3t$ $y_0=\dfrac{b}{4}$ $U_y=\dfrac{b^4t}{12\sqrt{2}}$
3. 卷边等边角钢 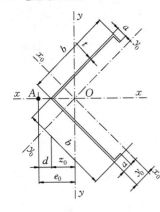	$A=2(b+a)t$ $z_0=\dfrac{b+a}{2\sqrt{2}}$ $I_x=\dfrac{1}{3}(b^3+a^3)t+ba(b-a)t$ $I_y=\dfrac{1}{12}(b+a)^3t$ $I_t=\dfrac{2}{3}(b+a)t^3$ $I_\omega=d^2b^2\left(\dfrac{b}{3}+\dfrac{a}{4}\right)t+\dfrac{2}{3}a\left[\dfrac{d}{\sqrt{2}}\left(\dfrac{3}{2}b-a\right)-ba\right]^2t$ $d=\dfrac{ba^2(3b-2a)}{3\sqrt{2}\cdot I_x}\cdot t$ $e_0=d+z_0$ $y_0=\dfrac{a+b}{4}$ $I_{x0}=I_{y0}=\dfrac{5}{24}(a-b)^3t+\dfrac{a^2bt}{4}+\dfrac{5}{12}b^3t$ $U_y=\dfrac{t}{12\sqrt{2}}(b^4+4b^3a-6b^2a^2+a^4)$

（续）

4. 槽钢	$A=(2b+h)t$
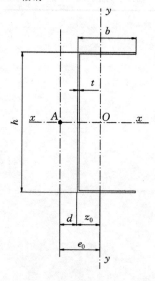	$z_0=\dfrac{b^2}{2b+h}$
	$I_x=\dfrac{1}{12}h^3t+\dfrac{1}{2}bh^2t$
	$I_y=hz_0^2t+\dfrac{1}{6}b^3t+2b\left(\dfrac{b}{2}-z_0\right)^2t$
	$I_t=\dfrac{1}{3}(2b+h)t^3$
	$I_\omega=\dfrac{b^3h^2t}{12}\cdot\dfrac{2h+3b}{6b+h}$
	$e_0=d+z_0$
	$d=\dfrac{3b^2}{6b+h}$
	$U_y=\dfrac{1}{2}(b-z_0)^4t-\dfrac{1}{2}z_0^4t-z_0^3ht+\dfrac{1}{4}(b-z_0)^2h^2t-$
	$\qquad\dfrac{1}{4}z_0^2h^2t-\dfrac{1}{12}z_0h^3t$

5. 向外卷边槽钢	$A=(h+2b+2a)t$
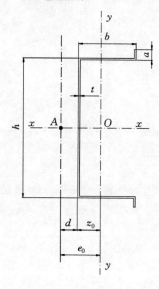	$z_0=\dfrac{b(b+2a)}{h+2b+2a}$
	$d=\dfrac{b}{I_x}\left(\dfrac{1}{4}bh^2+\dfrac{1}{2}ah^2-\dfrac{2}{3}a^3\right)t$
	$e_0=d+z_0$
	$I_x=\dfrac{1}{12}h^3t+\dfrac{1}{2}bh^2t+\dfrac{1}{6}a^3t+\dfrac{1}{2}a(h+a)^2t$
	$I_y=hz_0^2t+\dfrac{1}{6}b^3t+2b\left(\dfrac{b}{2}-z_0\right)^2t+2a(b-z_0)^2t$
	$I_t=\dfrac{1}{3}(h+2b+2a)t^3$

$$I_\omega=\dfrac{1}{12}d^2h^3t+\dfrac{1}{6}h^2\left[d^3+(b-d)^3\right]t+\dfrac{a}{6}\left[3h^2(d-b)^2+6ha(d^2-b^2)+4a^2(d+b)^2\right]t$$

$$U_y=t\left[\dfrac{1}{2}(b+z_0)^4-\dfrac{1}{2}z_0^4-z_0^3h+\dfrac{1}{4}(b-z_0)^2h^2-\dfrac{1}{4}z_0^2h^2-\dfrac{1}{12}z_0h^3+2a(b-z_0)^3+2(b-z_0)\left(\dfrac{a^3}{3}+\dfrac{a^2h}{2}+\dfrac{ah^2}{4}\right)\right]$$

（续）

6. 向内卷边槽钢	$A=(h+2b+2a)t$
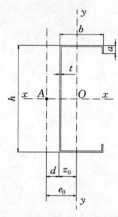	$z_0=\dfrac{b(b+2a)}{h+2b+2a}$
	$e_0=d+z_0$
	$d=\dfrac{b}{I_x}\left(\dfrac{1}{4}bh^2+\dfrac{1}{2}ah^2-\dfrac{2}{3}a^3\right)t$
	$I_x=\dfrac{1}{12}h^3t+\dfrac{1}{2}bh^2t+\dfrac{1}{6}a^3t+\dfrac{1}{2}a(h-a)^2t$
	$I_y=hz_0^2t+\dfrac{1}{6}b^3t+2b\left(\dfrac{b}{2}-z_0\right)^2t+2a(b-z_0)^2t$
	$I_t=\dfrac{1}{3}(h+2b+2a)t^3$

$$I_\omega=\dfrac{1}{12}d^2h^3t+\dfrac{1}{6}h^2\left[d^3+(b-d)^3\right]t+\dfrac{a}{6}\left[3h^2(d-b)^2-6ha(d^2-b^2)+4a^2(d+b)^2\right]t$$

$$U_y=t\left[\dfrac{1}{2}(b-z_0)^4-\dfrac{1}{2}z_0^4-z_0^3h+\dfrac{1}{4}(b-z_0)^2h^2-\dfrac{1}{4}z_0^2h^2-\dfrac{1}{12}z_0h^3+2a(b-z_0)^3+2a(b-z_0)\left(\dfrac{a^2}{3}-\dfrac{ha}{2}+\dfrac{h^2}{4}\right)\right]$$

7. Z形钢	$A=(h+2b)t$
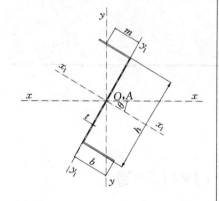	$I_{x_1}=\dfrac{h^3t}{12}+\dfrac{bh^2t}{2}$
	$I_{y_1}=\dfrac{2}{3}b^3t$
	$I_t=\dfrac{1}{3}(h+2b)t^3$
	$I_{x_1y_1}=-\dfrac{1}{2}b^2ht$
	$\mathrm{tg}2\theta=\dfrac{2I_{x_1y_1}}{I_{y_1}-I_{x_1}}$
	$I_x=I_{x_1}\cos^2\theta+I_{y_1}\sin^2\theta-2I_{x_1y_1}\sin\theta\cos\theta$
	$I_y=I_x\sin^2\theta+I_{y_1}\cos^2\theta+2I_{x_1y_1}\sin\theta\cos\theta$
	$I_\omega=\dfrac{b^3h^2t}{12}\cdot\dfrac{b+2h}{h+2b}$
	$m=\dfrac{b^2}{h+2b}$

（续）

8. 卷边 Z 形钢 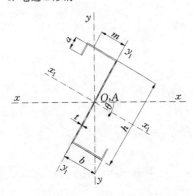	$A = (h + 2b + 2a)t$ $I_{x_1} = \dfrac{h^3 t}{12} + \dfrac{bh^2 t}{2} + \dfrac{a^3 t}{6} + \dfrac{at}{2}(h-a)^2$ $I_{y_1} = b^2 t\left(\dfrac{2}{3}b + 2a\right)$ $I_{x_1 y_1} = -\dfrac{bt}{2}\left[bh + 2a(h-a)\right]$ $\mathrm{tg}2\theta = \dfrac{2I_{x_1 y_1}}{I_{y_1} - I_{x_1}}$ $I_x = I_{x_1}\cos^2\theta + I_{y_1}\sin^2\theta - 2I_{x_1 y_1}\sin\theta\cos\theta$ $I_y = I_{x_1}\sin^2\theta + I_{y_1}\cos^2\theta + 2I_{x_1 y_1}\sin\theta\cos\theta$ $I_c = \dfrac{1}{3}(h + 2b + 2a)t^3$ $I_\omega = \dfrac{b^2 t}{12(h + 2b + 2a)}\left[h^2 b(2h+b) + 2ah(3h^2 + 6ah + 4a^2) + 4a^3(4b+a)\right]$ $m = \dfrac{2ab(h+a) + b^2 h}{(h + 2b + 2a)h}$
9. 圆钢管 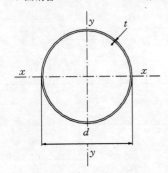	$A = \pi d t$ $I_x = I_y = \dfrac{1}{8}\pi t d^3$ $i_x = \dfrac{d}{2\sqrt{2}}$ $I_\omega = 0$
10. 平椭圆管 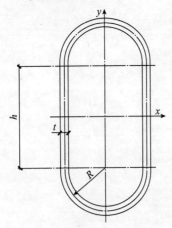	$A_s = 2(\pi R + h)t$ $y_1 = R + \dfrac{1}{2}(h + t)$ $y_2 = R + \dfrac{1}{2}t$ $I_x = \pi R^3 t + 2thR^2$ $I_y = \pi R^3 t + 4thR^2 + \dfrac{\pi R t}{2}h^2 + \dfrac{t}{6}h^3 + \left(\dfrac{\pi R}{4} + \dfrac{h}{3}\right)t^3$ $i_x = \sqrt{\dfrac{I_x}{A_s}}$ $i_y = \sqrt{\dfrac{I_y}{A_s}}$ $I_t = \dfrac{4A^2 t}{S}$ $A = \pi R^2 + 2hR$ $S = 2(\pi R + h)$

（续）

11. 椭圆管 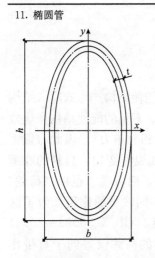	$h_1 = h - 2t$ $b_1 = b - 2t$ $A_s = \dfrac{\pi}{4}(bh - b_1 h_1)$ $I_x = \dfrac{\pi}{64}(bh^3 - b_1 h_1^3)$ $I_y = \dfrac{\pi}{64}(bh^3 - h_1 b_1^3)$ $i_x = \sqrt{\dfrac{I_x}{A_s}}$ $i_y = \sqrt{\dfrac{I_y}{A_s}}$ $I_t = \dfrac{4A^2 t}{S}$ $A = \pi(b-t)(h-t)$ $S = \pi(b-t) + 2(h-b)$

五、螺栓

用于连接温室钢结构的螺栓规格如表 1-26。用于连接温室基础的锚栓规格如表 1-27。

表 1-26　普通螺栓规格

项目	公称直径 d（mm）								
	12	(14)	16	(18)	20	(22)	24	(27)	30
螺距 t（mm）	1.75	2.0	2.0	2.5	2.5	2.5	3.0	3.0	3.5
中径 d_2（mm）	10.863	12.701	14.701	16.376	18.376	20.376	22.052	25.052	27.727
内径 d_1（mm）	10.106	11.835	13.835	15.294	17.294	19.294	20.752	23.752	26.211
计算净截面面积 A_j（cm²）	0.84	1.15	1.57	1.92	2.45	3.03	3.53	4.59	5.61

注：①带括号的直径属于第二系列；

②计算净截面积按下式算得：$A_j = \dfrac{\pi}{4}\left(\dfrac{d_2 + d_3}{2}\right)^2$，式中 $d_3 = d_1 - 0.1444\,t$。

表 1-27　锚栓规格

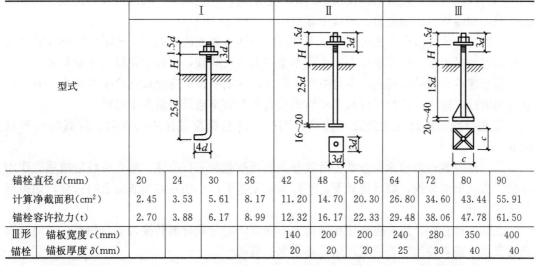

型式	I				II			III			
锚栓直径 d（mm）	20	24	30	36	42	48	56	64	72	80	90
计算净截面面积（cm²）	2.45	3.53	5.61	8.17	11.20	14.70	20.30	26.80	34.60	43.44	55.91
锚栓容许拉力（t）	2.70	3.88	6.17	8.99	12.32	16.17	22.33	29.48	38.06	47.78	61.50
III形 锚栓　锚板宽度 c（mm）					140	200	200	240	280	350	400
锚板厚度 δ（mm）					20	20	20	25	30	40	40

第五节 温室设计荷载

一、荷载分类与取值

(一)荷载的概念

荷载是指施加在建筑结构上的各种作用。结构上的作用是指能使结构产生效应(结构或构件的内力、应力、应变、位移、裂缝等)的各种原因的总称。常见的能使结构产生效应的原因,多数可归结为直接作用在结构上的力集(包括集中力和分布力),因此习惯上都将结构上的各种作用统称为荷载(也有称为载荷或负荷)。但如温度变化、材料的收缩和徐变、地基变形、地面运动等作用不是直接以力集的形式出现,而习惯上也以"荷载"一词来概括,称之为温度荷载、地震荷载等,这就混淆了两种不同性质的作用。为了区别这两种不同性质的作用,根据《工程结构设计基本术语标准》(GB/T 50083—2014)的术语,将这两类作用分别称为直接作用和间接作用。这里讲的荷载仅等同于直接作用。在温室结构设计中,除了考虑直接作用外,也要根据实际可能出现的情况考虑间接作用。

(二)温室结构上作用荷载的分类

1. 按荷载性质分类 直接作用在温室结构上的荷载分为永久荷载、可变荷载和偶然荷载3类。

(1)永久荷载 又称恒载,是指结构使用期间,其值不随时间变化,或其变化与平均值相比可忽略不计,或其变化是单调的并能趋于极限的荷载,如温室、大棚结构的自重,温室透光覆盖材料的自重,温室结构上安装的各种附属设备(包括如加热、降温、遮阳、灌溉、通风、补光等永久性设备)的自重,土压力,水压力,预应力等。

(2)可变荷载 又称活载,是指结构使用期间,其值随时间变化,且其变化与平均值相比不可忽略的荷载,主要有风荷载、雪荷载、作物荷载、楼面活荷载、屋面活荷载和积灰荷载、竖向集中荷载(工作人员维修荷载)、安装在结构构件上的移动设备荷载(室内吊车、屋面清洗设备等)。

(3)偶然荷载 是指结构使用期间不一定出现,一旦出现,其值很大且持续时间很短的荷载,如爆炸力、撞击力、地震力等。

土压力和预应力作为永久荷载是因其均随时间单调变化且能趋于极限,其标准值为其可能出现的最大值。对于水压力,水位不变时为永久荷载,水位变化时为可变荷载。

温室建筑多为单层建筑,本身不产生积灰,规划中也不应建设在产生大量粉尘的工业建筑的附近,所以,楼面活荷载和屋面积灰荷载在温室建筑中基本不出现。

2. 按荷载作用的方式分类 荷载作用的方式包括荷载作用的方向、荷载的分布状况等。

(1)按荷载作用的方向分类 荷载分为垂直荷载和平行荷载。垂直荷载是指垂直作用在结构表面上的荷载,如风荷载等;平行荷载是指平行作用在结构表面上的荷载,如吊车刹车荷载等。

在结构计算中,经常将作用在结构上不同方向的荷载分解转换为垂直和平行于地球表面的荷载,前者称为竖直荷载,后者称为水平荷载。

（2）**按荷载分布状况分类** 荷载分为集中荷载和分布荷载。

① 集中荷载：当作用荷载在结构构件上分布范围远小于构件的长度时，便可简化为作用于一点的集中力，这个集中力称为集中荷载，如悬挂在温室屋架下弦杆上的环流风机对下弦杆形成的作用力、检修人员在温室天沟上行走时对天沟的作用力等。集中荷载常用 P 表示，单位为 kN。

② 分布荷载：是沿结构构件的长度或部分长度连续分布的荷载。分布荷载的大小和分布方式，以作用在构件单位长度上的荷载值，即荷载集度来表示，按荷载集度在构件长度上的分布是否等于常量而分别称为均布荷载和非均布荷载。温室结构设计中常见的非均布荷载主要有三角形分布荷载和梯形分布荷载。均布荷载一般用 q 表示，单位为 kN/m^2 或 kN/m。对于作用在屋面、墙面等作用面上的面荷载，在结构计算时，一般按结构构件承载面积转化为作用在构件长度上的线分布荷载。

结构设计时，构件上经常有不连续分布的实际荷载，而且又不满足集中荷载的条件，这种情况下，一般采用等效均布荷载代替。所谓等效均布荷载系指在结构上所得的荷载效应能与实际的荷载效应保持一致的均布荷载。

（三）荷载取值方法

荷载大小是结构设计的基本依据。取值过大则结构粗大，浪费材料，还增加阴影，影响作物采光；取值过小，经不起风雪袭击，而发生损坏倒塌，对生产和人身安全造成严重后果。因此，确定设计荷载是一项慎重而周密的工作。

确定荷载的大小是一项复杂的工作，因为设计采用荷载的大小与实际建设和运行中所产生的荷载具有很强的不一致性。例如，对于结构自重等永久荷载，虽可事先根据结构的设计尺寸和材料重力密度得出其自重，但由于施工时的尺寸偏差、材料重力密度变化等原因，以致实际自重并不完全与计算结果相吻合。至于可变荷载，其中的不确定因素就更多。实际结构设计中，荷载取值如果偏大，结构的安全性保证了，但经济性却降低了，也就是建造的成本加大了。安全性和经济性是矛盾统一体的两个方面，协调这一矛盾又与国家的经济实力、建筑结构对人身安全的影响程度以及建筑物运行期间所产生的经济效益等诸多因素关联。

1. 荷载取值的基准期 我国《建筑结构荷载规范》（GB 50009）规定，2002 年 3 月之前的风、雪荷载按 30 年一遇取值，2002 年 3 月之后按 50 年一遇取值，重要建筑物按 100 年一遇取值。这种变化首先就是我国国力不断强大的一种体现，具有强制性。

这里讲的"多少年一遇"，即荷载取值的设计基准期，又称为荷载重现期。设计基准期是针对可变荷载而提出，永久荷载由于在结构整个使用期内没有变化或趋于稳定，所以不存在设计基准期的问题。

考虑到我国温室的实际使用寿命和结构破坏造成的可能损失以及对社会的影响，《农业温室结构荷载规范》（GB/T 51183—2016）中对温室和大棚的设计基准期按 30 年取值。

荷载的设计基准期和温室结构的设计使用期限（或寿命）是两个不同的概念，前者是仅为确定可变荷载设计值而规定的荷载出现的概率统计期限；而后者则是包括承载能力之内的各种影响安全的因素综合作用的结果。一般荷载取值的设计基准期要大于温室结构设计使用寿命（年限）。我国《农业温室结构荷载规范》（GB/T 51183—2016）中规定的不同类型温室的设计使用年限见表 1-28。

表 1-28　不同类型温室的设计使用年限（年）

温室类型	玻璃温室	聚碳酸酯板温室	塑料薄膜温室	日光温室	塑料大棚
设计使用年限	20	20	15	10	10

注：日光温室若采用玻璃、聚碳酸酯板作为透光覆盖材料，应分别按玻璃温室或聚碳酸酯板温室考虑。

2. 温室设计荷载取值方法　确定设计荷载的基本方法是调查研究和必要的数理统计，经过整理、分析、归纳，确定出一个合理的取值。《农业温室结构荷载规范》（GB/T 51183—2016）中对连栋温室、日光温室和塑料大棚中常见的荷载都给出了具体的取值方法。

GB/T 51183—2016 中规定，在温室结构设计中，对不同荷载应采用不同的代表值。所谓荷载代表值就是在结构设计中用以验算极限状态所采用的荷载量值，温室结构设计中的荷载代表值有标准值、组合值和准永久值 3 种；对于一些要求较高的玻璃温室，在设计中如果考虑地震荷载的作用，代表值还有频遇值。同时规定，永久荷载应采用标准值作为代表值；可变荷载应根据设计要求采用标准值、组合值或准永久值作为代表值。荷载设计值是荷载代表值与荷载分项系数的乘积。

（1）荷载标准值　是荷载的基本代表值，为设计基准期内最大荷载统计的特征值（例如均值、众值、中值或某个分位值），即建筑结构在使用期间的正常使用条件下，所允许采用的和可能出现的最大荷载值，或使用和生产中的控制荷载。荷载本身具有随机性，因而使用期间的最大荷载也是随机变量，原则上也可用它的统计分布来描述。我国《建筑结构可靠性设计统一标准》（GB 50068）规定，荷载标准值统一由设计基准期最大荷载概率分布的某个分位值来确定。因此，对某类荷载，当有足够资料而有可能对其统计分布作出合理估计时，可在其设计基准期最大荷载的分布上，根据协议的百分位，取其分位值作为该荷载的代表值，原则上可取分布的特征值（例如均值、众值或中值）。

永久荷载的标准值，对结构自重，可按结构构件的设计尺寸和材料单位体积的密度计算确定。对于密度变异较大的材料和构件（如现场制作的保温材料、混凝土薄壁构件等），自重的标准值应根据对结构的不利状态，取上限值或下限值。可变荷载的标准值根据可变荷载的性质分别确定。

（2）组合值　对可变荷载，使组合后的荷载效用在设计基准期内的超越概率，能与该荷载单独出现时的相应概率趋于一致的荷载值；或使组合后的结构具有统一规定的可靠指标的荷载值。可变荷载的组合值是当结构承受两种以上可变荷载时，按承载能力极限状态基本组合及正常使用极限状态短期效应组合设计采用的荷载代表值。这是考虑到两种或两种以上可变荷载在结构上同时作用时，所有荷载同时达到其单独出现的最大值的可能性极小，因此取小于其标准值的组合值为荷载的代表值。可变荷载的组合值应为可变荷载标准值乘以荷载组合系数。

（3）频遇值　对可变荷载，在设计基准期内，其超越的总时间为规定的较小比率或超越频率为规定频率的荷载值。

（4）准永久值　对可变荷载，在设计基准期内，其超越的总时间约为设计基准期一半的荷载值。

（5）荷载分项系数 是在荷载标准值已给定的前提下，使按极限状态设计表达式所得的各类结构构件的可靠指标，与规定的目标可靠指标之间，以总体上误差最小为原则，经优化后确定的。荷载分项系数应根据荷载不同的变异系数和荷载的具体组合情况（包括不同荷载的效应比），以及与抗力有关的分项系数的取值水平等因素确定，以使在不同设计情况下的结构可靠度能趋于一致。

《建筑结构荷载规范》（GB 50009—2012）规定，永久荷载和可变荷载的分项系数分别按下述规定选取。

① 基本组合中永久荷载分项系数取值方法：

当其效应对结构不利时，取 1.3。

当其效应对结构有利时，取 1.0。

② 基本组合中可变荷载分项系数取值方法：

一般情况下，取 1.5。

③ 对结构的倾覆、滑移或漂浮验算，荷载的分项系数应按有关结构设计规范的规定采用。

温室结构的荷载分项系数与温室的安全水平密切相关，一般的农业温室内工作人员很少，因此，其结构设计的安全水平要低于工业与民用建筑结构要求，所以在《农业温室结构荷载规范》（GB/T 51183—2016）中对温室结构设计中各项荷载和温度作用的分项系数均进行了修正。其中，对基本风速的取值由 10 min 风速修订为 3 s 的风速，根据 30 年风荷载统计数据，通过可靠度分析计算，并参考国外温室规范，针对温室的特点，荷载组合中的风荷载分项系数从现行国家标准《建筑结构荷载规范》（GB 50009）修订为 1.00；考虑屋面覆盖材料热阻值小、传热快，对雪荷载分项系数做了适当调整，取 1.20；对作物荷载及其他活荷载因其变异性小，分项系数取 1.20（表 1 - 29）。

表 1 - 29 温室结构设计中各项荷载和温度作用的分项系数

项次	荷载名称	分项系数
1	永久荷载	1.00（0.95）
2	风荷载	1.00
3	雪荷载	1.20
4	屋面活荷载	1.20
5	作物荷载	1.20
6	移动设备荷载	1.20
7	温度作用	1.00

注：当永久荷载对结构有利时，永久荷载分项系数取括号中数值。

3. 荷载组合 结构上作用的荷载，在结构的整个使用过程中不可能单一存在，而是以不同的方式组合出现，所以，在结构设计中要找到各种荷载组合下结构的最不利受力状态，以此为基础进行结构构件的截面设计。

但所有的荷载也不是都能同时发生，因此，在荷载组合中首先要排除结构使用过程中不可能同时出现的荷载。温室结构计算中，考虑到各种不可能的组合或者即使可能发生但发生的概率很小组合，《农业温室结构荷载规范》(GB/T 51183—2016) 中做出如下规定：

① 屋面均布活荷载不应与雪荷载同时计入，应取两者中的较大值；

② 施工检修集中荷载不应与屋面材料自重和作物荷载以外的其他荷载同时计入；

③ 风荷载不应与地震作用同时计入；

④ 屋面活荷载不应与地震作用同时计入；

⑤ 温度作用不应与地震作用同时计入。

温室结构设计应根据使用过程中结构上可能同时出现的荷载，依据温室结构的类型及使用要求，按承载能力极限状态和正常使用极限状态分别进行荷载组合，并应取各自最不利的组合进行设计。对不需要进行正常使用极限状态设计的温室和大棚，只对结构进行承载能力极限状态设计。

(1) 按承载能力极限状态设计时的荷载组合 结构的承载能力极限状态，就是结构构件内部的应力达到或超过了材料设计强度的允许应力。结构设计应保证任何构件不发生承载能力超过极限状态。按承载能力极限状态设计时，荷载效应应按荷载的基本组合计算，永久荷载按标准值取值，可变荷载按组合值取值，其中可变荷载的组合值为可变荷载标准值乘以荷载组合值系数（表1-30）。

表1-30 荷载和温度、地震作用的组合值系数及准永久值系数

项次	可变荷载种类	荷载和温度作用时		考虑地震作用时
		组合值系数	准永久值系数	组合值系数
1	风荷载	0.60	0.00	不计入
2	雪荷载	0.70	按现行国家标准《建筑结构荷载规范》(GB 50009) 的有关规定取值	0.50
3	屋面活荷载	0.70	0.00	不计入
4	作物荷载	0.70	0.50	0.50
5	移动设备荷载	0.70	0.50	0.50
6	温度作用	0.60	0.40	

承载能力极限状态设计时，结构的组合效应应符合下式要求：

$$\gamma_0 S_d \leqslant R_d \tag{1-10}$$

$$S_d = \gamma_G S_{Gk} + \gamma_{Q1} S_{Q1k} + \sum_{i=2}^{n} \gamma_{Qi} \Psi_{ci} S_{Qik} \tag{1-11}$$

式中 γ_0——结构重要性系数，温室钢结构安全等级为三级，结构重要性系数可取 0.90；

S_d——荷载组合的效应设计值；

R_d——结构构件抗力设计值，应按有关建筑结构设计规范的规定确定；

γ_G——永久荷载分项系数；

γ_{Qi}——第 i 个可变荷载分项系数，其中 γ_{Q1} 为主导可变荷载的分项系数，按表1-29采用；

S_{Gk}——永久荷载标准值计算的荷载效应值；

S_{Qik}——按第 i 个可变荷载标准值计算的荷载效应值，其中 S_{Q1k} 为诸可变荷载效应中起控制作用者，当对 S_{Q1k} 无法明显判断时，应轮次以各可变荷载效应作为 S_{Q1k}，并选取其中最不利的荷载组合的效应设计值；

Ψ_{ci}——第 i 个可变荷载的组合值系数，按表 1-30 采用；

n——参与组合的可变荷载数。

（2）按正常使用极限状态设计时的荷载组合　结构的正常使用极限状态，就是结构的变形达到或超过了正常使用允许的变形。温室结构计算正常使用状态的挠度时荷载采用标准组合，计算基础沉降时荷载采用准永久组合。可变荷载的准永久值，为可变荷载标准值乘以准永久值系数（表 1-30）。

正常使用极限状态荷载的标准组合或准永久组合设计时，荷载组合的效应值应符合下式要求：

$$S_d \leqslant C \tag{1-12}$$

式中　C——结构或结构构件达到正常使用要求的规定限值，如挠度、位移等的限值。

荷载标准组合的效应设计值 S_d 应按下式进行计算：

$$S_d = S_{Gk} + S_{Q1k} + \sum_{i=2}^{n} \Psi_{ci} S_{Qik} \tag{1-13}$$

荷载准永久组合的效应设计值 S_d 应按下式进行计算：

$$S_d = S_{Gk} + \sum_{i=1}^{n} \Psi_{qi} S_{Qik} \tag{1-14}$$

式中　Ψ_{qi}——第 i 个可变荷载的准永久值系数，按表 1-30 采用。

二、永久荷载

永久荷载指温室永久性结构或非结构元件的自重，包括墙体、屋架、覆盖材料和所有的固定设备。对温室结构材料的重量，可用永久荷载的标准值乘以分项系数获得。对于设备的重量，可按其设备运行期间的实际重量计算。永久荷载包括建筑结构或非结构元件自重、永久设备荷载等。

（一）结构或非结构构件自重

1. 建筑结构自重　根据用材种类和选取的构件截面面积乘以材料密度计算。表 1-31 是部分温室结构建筑材料的密度。

表 1-31　温室常用建筑结构材料密度（kN/m^3）

钢材	铝合金	水泥砂浆	钢筋混凝土	水泥空心砖	焦渣空心砖	蒸压粉煤灰砖
78.5	28	20	24~25	10.3	10	14.0~16.0
矿渣砖	焦渣砖	烟灰砖	加气混凝土	泡沫混凝土	机制普通砖	聚苯乙烯泡沫塑料
18.5	12~14	14~15	5.5~7.5	4~6	190	0.5
水	木材	卵石	灰沙砖	煤渣砖	石棉板	聚氯乙烯板（管）
10	5~7	16~18	18	17~18	13	13.6~16
彩色钢板夹聚苯乙烯保温板			GRC 增强水泥聚苯复合保温板			彩色钢板岩棉夹心板
0.12~0.15			1.13			0.24

2. 透光覆盖材料自重　根据覆盖材料种类及其相应的自重计算。表 1－32 为部分温室透光覆盖材料的自重。

表 1－32　温室常用透光覆盖材料自重（N/m²）

玻璃			PC 板			塑料薄膜
5 mm 单层	4 mm 单层	双层中空	8 mm 中空	10 mm 中空	1 mm 浪板	0.2 mm 厚
125	100	250	15	17	12	2

3. 设备自重　温室结构设计中的固定设备可包括加温、降温、遮阳、补光、通风和保温等设备。其自重应根据设计尺寸或咨询设备供应商确定，表 1－33 为温室中常用设备的自重。当温室内固定设备荷载尚未确定时，可按 0.07 kN/m² 的竖向均布荷载采用。

表 1－33　温室部分设备的自重

项次	名称		自重	备注
1	保温被 （kN/m²）	发泡聚乙烯保温被	0.006 5	13 mm 厚
			0.007	15 mm 厚
		发泡橡塑保温被	0.015	20 mm 厚
		针刺毡保温被	0.012	干燥状态，30 mm 厚
			0.030	潮湿状态
		草苫保温被	0.020	干燥状态，50 mm 厚
			0.050	潮湿状态
2	散热器 （kN/m）	圆翼散热器	0.052/0.055	DN20，管道未充水/充满水时重量
			0.060/0.065	DN25，管道未充水/充满水时重量
			0.086/0.095	DN32，管道未充水/充满水时重量
			0.085/0.098	DN40，管道未充水/充满水时重量
			0.115/0.137	DN50，管道未充水/充满水时重量
			0.150/0.186	DN65，管道未充水/充满水时重量
			0.195/0.245	DN80，管道未充水/充满水时重量
			0.235/0.310	DN100，管道未充水/充满水时重量
			0.285/0.405	DN125，管道未充水/充满水时重量
		光管散热器	0.016/0.019	DN20，管道未充水/充满水时重量
			0.022/0.027	DN25，管道未充水/充满水时重量
			0.033/0.043	DN32，管道未充水/充满水时重量
			0.041/0.056	DN40，管道未充水/充满水时重量
			0.049/0.071	DN50，管道未充水/充满水时重量
			0.071/0.107	DN65，管道未充水/充满水时重量
			0.104/0.153	DN80，管道未充水/充满水时重量
			0.127/0.202	DN100，管道未充水/充满水时重量
			0.158/0.276	DN125，管道未充水/充满水时重量

（续）

项次	名称		自重	备注
3	自行走式喷灌车及其配套设备	喷灌车（kN/台）	2.20	带施肥桶满负载，喷干长度按12 m计
		轨道转移车（kN/台）	0.56	——
		轨道（kN/m）	0.14	双轨道
4	日光温室吊挂运输车	自重（kN/台）	0.15	——
		载重（kN/台）	0.50	——
		轨道重（kN/m）	0.12	——
5	日光温室卷被机（kN/台）		0.50	侧卷式，不含卷轴
			0.90	中卷式，不含卷轴
6	循环风机（kN/台）		0.45	直径915 mm
			0.35	直径760 mm
			0.30	直径640 mm
			0.20	直径550 mm
			0.15	直径450 mm
7	轴流排风风机（kN/台）		1.35	1 550 mm×1 550 mm
			1.05	1 380 mm×1 380 mm
			0.80	1 068 mm×1 068 mm
			0.40	750 mm×750 mm
8	CO_2 发生器（kN/台）		0.15	燃气式
9	湿帘装置（kN/m）	湿帘	0.10	干态，100 mm厚、1 000 mm高湿帘，其他规格按湿帘单位体积质量0.25 kN/m^3 增减
			0.20	湿态，100 mm厚、1 000 mm高湿帘，其他规格按湿帘单位体积质量0.50 kN/m^3 增减
		湿帘框架	0.15	含湿帘上框架、下框架、喷水管、集水槽等
10	补光灯（kN/盏）		0.06	400 W高压钠灯，含灯头、灯罩和变压器

（1）压力水管　采暖系统和灌溉系统中供、回水主管，散热器等悬挂于温室结构上时，其荷载标准值取水管装满水和不装水时的自重分别按不利荷载组合计算。

（2）遮阳保温系统　其荷载按材料自重计算竖直荷载，并按压/托幕线或驱动线数量按照表1-34计算作用在拉幕梁上的水平力。材料的自重应采用供货商提供的数据，一般室外遮阳网的重量为0.25 N/m^2，室内遮阳幕的重量为0.1 N/m^2，托幕线的重量为0.1 N/m，如果室内采用无纺布做保温材料，其相应规格有1.00 N/m^2、1.65 N/m^2、1.80 N/m^2、2.00 N/m^2 和3.50 N/m^2。

表1-34　水平支撑线在其端部固定点的最小水平拉力

项次	类别	端部固定点的最小水平拉力（kN）	线间距（mm）
1	拉幕机钢缆驱动线	1.00	3 000~4 000
2	拉幕机托幕线	0.50	400~500
3	拉幕机压幕线	0.25	800~1 000
4	吊挂微喷灌系统的水平支撑线	1.25	2 000~4 000

在计算条件不充分的条件下，托/压幕线水平方向最小作用力按如下考虑：

托幕线/压幕线：500 N/根；

驱动线：1 000 N/根。

荷载计算中要考虑遮阳保温幕展开和收拢两种状态下的荷载组合。

（3）喷灌系统　采用水平钢丝绳悬挂时，除考虑供水管装满水和空管两种状态下的竖直荷载外，还应按表1-34计算每根钢丝作用在钢丝固定端的水平作用力。资料不充分时，水平方向最小作用力按2 500 N计算。采用自行走式喷灌车灌溉时，要考虑将荷载的作用点运动到结构承载最不利的位置。喷灌车的自重咨询供货商，资料不足时每台车按2 kN的竖向荷载计算。

（4）人工补光系统　补光系统设备的自重由供货商提供。400 W农用钠灯（含镇流器和灯罩）的重量可按0.1 kN计。

（5）通风降温系统　通风及降温系统设备自重由供货商提供。湿帘安装在温室骨架上时，按全部湿帘打湿考虑；风机安装在屋面或由墙面构件承载时，除考虑静态荷载外，还要考虑风机启动时的振动荷载。

（二）作物荷载

作物荷载指悬挂在温室结构上的作物自重对温室结构所产生的荷载。由于温室内经常种植一些攀蔓植物，需要用绳子或钢丝等柔性材料将其悬挂到温室屋面或屋架结构等部位；也有一些育苗或花卉生产温室经常将盆花直接悬挂在温室的结构上。不论采用什么样的悬挂方式，植物的自重都将对温室结构产生荷载。

1. 作物荷载的大小　与所栽培的作物品种、作物的生长时期、吊挂方式等有关。由于种植的作物品种不同，果实的数量、大小，植物藤蔓的长度有很大区别，吊挂植物的重量也不同。作物在生长初期没有结果，因而重量比较轻，随着植物的生长和果实的出现、生长，植物吊重不断增大，一般在作物生育高峰期或收获前达到最大值，因此，作物吊重荷载与其生长时期有关。作物吊重荷载还与作物吊挂方式有关，有些温室中采用将悬挂绳直接吊挂在屋架构件上，有些温室中将一垄所有植物吊在一根绳上，再挂到温室端部墙面或骨架，由此引起作物荷载的作用位置和作用大小都不相同。温室作物吊重荷载还与吊挂点的设置有关，吊挂点的布置不同，每个吊绳所承受的荷载不同，吊挂点对温室的组合荷载也不同。所以，不同的吊挂方式将影响到温室结构的受力，在设计悬挂方式时，应考虑结构安全因素，使结构设计更加合理。

作物荷载是温室的特有荷载。当悬挂在温室结构上的作物荷载持续时间超过30 d，则作物荷载应按照永久荷载考虑，表1-35为不同品种作物的吊挂荷载。结构计算中应明确作物荷载的吊挂位置和荷载作用的杆件。

表 1-35 作物荷载标准值

项次	类别	单点吊挂荷载 (kN/株、盆)	单位面积荷载 (kN/m²)	备注
1	茄果类、西甜瓜类	0.08	0.15	不含栽培容器及基质重量
2	小型盆栽类	0.10	0.30	含栽培容器及基质重量
3	大型盆栽类	0.30	1.00	含栽培容器及基质重量

注：1. 小型盆栽指直径 25 cm 以下的花盆，大型盆栽指直径大于 25 cm 的花盆。

2. 特殊种植的作物荷载应按实际情况计算。

2. 作物荷载在结构上的作用方式与作用位置

（1）盆栽作物独立吊挂　花卉生产温室或育苗温室中，经常在温室的下弦杆上吊挂花盆等盆栽植物。如果是吊挂轻质容器，可以将作物荷载转化为线荷载均匀分布在温室的下弦杆上；如果是重质容器，则应将荷载转化为集中荷载，作用在下弦杆或设计吊挂点上，必要时应对吊挂点进行加强设计。

（2）垄栽作物吊线悬挂　西红柿、黄瓜等垄栽作物在温室中生产时，经常采用水平吊线悬挂。在不同类型温室和大棚中作物的吊蔓方式可能不同，但一般不会超过三级吊蔓绳，即可将作物荷载传递到温室骨架上（图 1-28 至图 1-30）。其中，三级吊线是沿着作

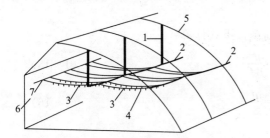

图 1-28　日光温室中的吊挂模式

1. 一级吊线　2. 二级吊线　3. 三级吊线

4. 吊蔓线　5. 骨架　6. 后墙　7. 后墙上的固定点

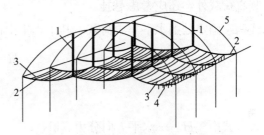

图 1-29　塑料大棚中的吊挂模式

1. 一级吊线　2. 二级吊线

3. 三级吊线　4. 吊蔓线　5. 骨架

物垄向水平布置的直接吊挂作物的吊蔓线；二级吊线是垂直于三级吊线水平布置并支撑三级吊线的吊蔓线；一级吊线垂直布置吊挂二级吊线或三级吊线的吊蔓线。温室实际生产中可能只有三级吊蔓线一种形式，也可能只有三级吊蔓线和一级吊蔓线，没有二级吊蔓线，具体设计中应与种植工艺相结合。

（3）树式栽培作物荷载　近年来，在大型连栋温室形成的观光或科普教育温室中经常种植番茄树、黄瓜树等各种树式栽培作物，由于每株栽培作物占用

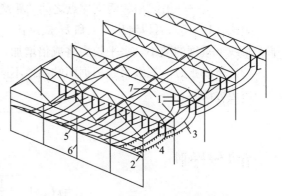

图 1-30　连栋温室中的吊挂模式

1. 一级吊线　2. 二级吊线　3. 三级吊线

4. 吊蔓线　5. 端部吊线梁　6. 立柱　7. 桁架

面积较大，且荷载分布很不均匀，目前还没有统一的荷载取值方法，设计中应根据经验取值，并单独设计支撑体系，避免将其直接吊挂在温室主体结构上。

3. 吊蔓线在骨架上的作用力　除了直接吊挂在温室结构上的作物荷载，依据作物实际的吊挂方式，按照均布荷载或集中荷载计算外，大部分的攀蔓作物都是通过三级吊线模式将作物荷载传递到温室骨架上的。

（1）水平吊蔓线端部的荷载　水平吊蔓线包括二级吊蔓线和三级吊蔓线。日光温室的水平吊蔓线一般固定在温室墙体、立柱或温室前部的骨架上；塑料大棚的水平吊蔓线固定在大棚靠近肩部的骨架上；对南北走向连栋温室采用南北走向垄栽时，一般将水平吊线的两端固定在两侧山墙的水平横梁上，对于长度较长或作物荷载较大的温室，为了避免两侧山墙上水平横梁承受过大的拉力引起横梁，甚至整个山墙产生过大的变形，往往在两侧山墙上单独设计作物吊挂梁。

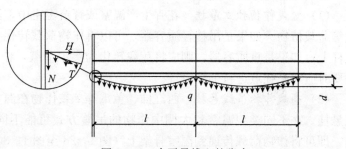

图 1-31　水平吊线上的张力

采用水平线吊挂时，在水平线的固定端将发生张力（图 1-31）。设计中除考虑竖直荷载外，还应考虑悬挂线两端固定处的水平集中荷载。其中，集中荷载按下式计算：

$$H = \frac{ql^2}{8f} \tag{1-15}$$

$$N = \frac{ql}{2} \tag{1-16}$$

式中　H——水平方向分力（kN）；

　　　N——竖直方向分力（kN）；

　　　f——吊线的下垂度（m），可取吊线相邻两支撑点之间的距离 l 的 1/30～1/20；

　　　q——作物荷载（kN/m）；

　　　l——吊线相邻两支撑点之间的距离（m）。

由式（1-15）可以看出，f 和 H 成反比，如果 f 减少一半，H 就要增加 2 倍，亦即随着吊线下垂度的减小，水平拉力将成倍增加，所以在设计中水平吊线不能拉得太紧。

（2）吊线张力　三级吊线根据两端高差不同，分别按下式计算内部张力：

两边等高时：

$$T = H\sqrt{1 + 16\frac{f^2}{l^2}} \tag{1-17}$$

两边不等高时：

$$T = H\sqrt{1 + \left(\frac{4f}{l} + \frac{c}{l}\right)^2} \tag{1-18}$$

式中　T——吊线张力（kN）；

　　　c——吊线两端固定点之间高差（m）。

二级吊线张力，可将作用其上的三级吊线荷载等效转化为均布荷载，替代作物荷载后按上述三级吊线的计算方法计算。

一级吊线张力，应按其作用范围内全部作物的吊挂重量计算。一级吊线的张力实际上也是作用在温室结构上的集中竖直力。

三、屋面可变荷载

(一)屋面可变荷载

我国《建筑结构荷载规范》(GB 50009)规定，不上人屋面水平投影面上的屋面均布可变荷载为 $0.5\ kN/m^2$，上人屋面为 $2.0\ kN/m^2$。这一规定适合于日光温室的操作间和后屋面设计。

不上人屋面，当施工或维修荷载较大时，应按实际情况采用；对不同结构应按有关设计规范的规定，将标准值做 $0.2\ kN/m^2$ 的增减。上人屋面，当兼作其他用途时，应按相应用途楼面可变荷载计算。对于因屋面排水不畅、堵塞等引起的积水荷载，应采用构造措施加以防止；必要时，应按积水的可能深度确定屋面可变荷载。

连栋温室的屋面，一般为不上人屋面，其屋面均布荷载是一种控制荷载，其水平投影面上的屋面均布可变荷载，可取 $0.3\ kN/m^2$ 的标准值。

(二)施工和检修荷载

设计屋面板、檩条、天沟、钢筋混凝土挑檐、雨篷和预制小梁时，施工或检修荷载(人和小工具的自重)应取 $1.0\ kN$，并应在最不利位置处进行验算。对于轻型构件，当施工荷载超过上述荷载时，应按实际情况验算，或采用加垫板、支撑等临时设施承受。

当计算挑檐、雨篷等结构的承载力时，应沿板宽每隔 $1.0\ m$ 取一个集中荷载；在验算挑檐、雨篷倾覆时，应沿板宽每隔 $2.5\sim3.0\ m$ 取一个集中荷载。

当采用荷载准永久组合时，可不考虑施工和检修荷载。

四、风荷载

(一)风荷载的特点

风是一种无规律的突发和平息交替的气流。气流与地面的摩擦，以及绕许多障碍物(树木、结构物等)流动而形成巨大的漩涡，导致风具有旋转性。但对于建筑物，风并不是经常作用的，因而从统计学意义上讲，风荷载是偶然性的气象荷载，是随机变量。

垂直于温室大棚等建筑物表面、单位面积上作用的风压力称为风荷载。风荷载与风速的平方成正比，与作用高度、建筑物的形状、尺寸有关。

对于建筑物的承载结构，是根据风压稳定情况下的静压作用这一假设来计算风荷载的。通常情况下，摩擦力影响很小，因此可以说空气静力主要是由于气流中的流线，为了绕越温室建筑而必须改变其速度和方向而引起的。风荷载计算中，没有附加考虑空气动力作用的影响，因为在大多数情况下，其值很小，在温室结构设计中可忽略不计。

风荷载的大小还与温室周围地面的粗糙程度，包括自然地形、植被以及现有建筑物有关。气流掠过粗糙的地面时，地面的粗糙度越大，气流的动能消耗越大，风压与风速的削弱亦越明显。在温室周围空旷地面进行绿化后，不论种植乔木或灌木，对温室都有不同程度的避风作用，使得气流在地面的摩擦力以及树冠的摇动上消耗一部分动能，削弱了气流对温室的冲击力，降低了风压。在建筑物比较密集地区建造温室时，应该考虑周围建筑物的避风作用。

山区中由于地形的影响，风荷载的大小也有变化。山间盆地、谷地由于四面高山对大风有屏障作用，因此风荷载都有所减少。而谷口、山口由于两岸山比较高，气流由敞开区流入峡谷，流区产生压缩，因此风荷载会增大，这种情况在高大建筑群中设计温室时也会出现。

（二）风荷载标准值计算方法

垂直于温室表面的风荷载标准值，当计算主要承重结构时，按式（1-19）计算，当计算围护结构构件时，按式（1-20）计算：

$$w_k = \mu_s \mu_z w_0 \tag{1-19}$$

$$w_k = \mu_{s1} \mu_z w_0 \tag{1-20}$$

式中　w_k——风荷载标准值（kN/m^2）；

　　　μ_s——风荷载体型系数；

　　　μ_{s1}——风荷载局部体型系数；

　　　μ_z——风压高度变化系数；

　　　w_0——基本风压（kN/m^2）。

1. 基本风压　温室属于轻型结构，特别是塑料连栋温室，覆盖材料抵抗屋面风吸力的能力较低，而且骨架的整体刚度一般不大，因此，对瞬时的最大风速比较敏感。实践证明，往往数秒钟的大风就可以将温室覆盖材料破坏。《农业温室结构荷载规范》（GB/T 51183—2016）中对温室结构设计采用的基本风压是按照空旷平坦地形离地 10 m 高处时距为 3 s 风速确定的风压值，且不应小于 0.25 kN/m^2。全国各地温室不同设计重现期的基本风压详见《农业温室结构荷载规范》附录 D。表 1-36 列出了部分地区的温室结构设计基本风压。

表 1-36　温室结构设计基本风雪荷载

城市	地理纬度			基本风压（kN/m^2）			基本雪压（kN/m^2）			雪荷载准永久值系数分区
	海拔高度	经度	纬度	$n=10$	$n=15$	$n=20$	$n=10$	$n=15$	$n=20$	
北京	54.0	116°09′	39°48′	0.30	0.45	0.50	0.25	0.40	0.45	II
天津	3.3	117°04′	39°05′	0.30	0.50	0.60	0.25	0.40	0.45	II
上海	2.8	121°48′	31°10′	0.40	0.55	0.60	0.10	0.20	0.25	III
重庆	259.1	106°29′	29°31′	0.25	0.40	0.45				
石家庄	80.5	114°25′	38°02′	0.25	0.35	0.40	0.20	0.30	0.35	II
太原	778.3	112°33′	37°47′	0.30	0.40	0.45	0.25	0.35	0.40	II
呼和浩特	1 063.0	111°41′	40°49′	0.35	0.55	0.60	0.25	0.40	0.45	II
沈阳	42.8	123°31′	41°44′	0.40	0.55	0.60	0.30	0.50	0.55	I
吉林	183.4	126°28′	43°57′	0.40	0.50	0.55	0.40	0.45	0.50	I
哈尔滨	142.3	126°46′	45°45′	0.35	0.50	0.55	0.30	0.40	0.45	I
济南	51.6	117°03′	36°36′	0.30	0.45	0.50	0.20	0.30	0.35	II
南京	8.9	118°48′	32°00′	0.25	0.40	0.45	0.40	0.65	0.75	II
杭州	41.7	120°10′	30°14′	0.30	0.45	0.50	0.30	0.45	0.50	III
合肥	27.9	117°18′	31°47′	0.25	0.35	0.40	0.40	0.60	0.70	II
南昌	46.7	115°55′	28°36′	0.30	0.45	0.55	0.30	0.45	0.50	III
福州	83.8	119°17′	26°05′	0.40	0.70	0.85				

（续）

城市	地理纬度			基本风压（kN/m²）			基本雪压（kN/m²）			雪荷载准永久值系数分区
	海拔高度	经度	纬度	$n=10$	$n=15$	$n=20$	$n=10$	$n=15$	$n=20$	
西安	397.5	108°59′	34°18′	0.25	0.35	0.40	0.20	0.25	0.30	Ⅱ
兰州	1 517.2	103°53′	36°03′	0.20	0.30	0.35	0.10	0.15	0.20	Ⅱ
银川	1 111.4	106°13′	38°29′	0.40	0.65	0.75	0.15	0.20	0.25	Ⅱ
西宁	2 261.2	101°45′	36°43′	0.25	0.35	0.40	0.15	0.20	0.25	Ⅱ
乌鲁木齐	917.9	87°39′	43°47′	0.40	0.60	0.70	0.60	0.80	0.90	Ⅰ
郑州	110.4	113°39′	34°43′	0.30	0.45	0.50	0.25	0.40	0.45	Ⅱ
武汉	23.3	114°08′	30°37′	0.25	0.35	0.40	0.30	0.50	0.60	Ⅱ
长沙	44.9	113°05′	28°12′	0.25	0.35	0.40	0.30	0.45	0.50	Ⅲ
广州	6.6	113°20′	23°10′	0.20	0.50	0.60				
南宁	73.1	108°13′	22°38′	0.20	0.35	0.40				
海口	14.1	110°15′	20°00′	0.45	0.75	0.90				
成都	506.1	104°01′	30°40′	0.20	0.30	0.35	0.10	0.10	0.15	Ⅲ
贵阳	1 074.3	106°44′	26°35′	0.20	0.30	0.35	0.15	0.20	0.25	Ⅲ
昆明	1 891.4	102°39′	25°00′	0.20	0.30	0.35	0.20	0.30	0.35	Ⅲ
拉萨	3 658.0	91°08′	29°40′	0.20	0.30	0.35	0.10	0.15	0.20	Ⅲ

当建设地点的基本风压值在《农业温室结构荷载规范》附录 D 中未给出时，可按下列方法计算：

（1）根据当地至少 10 年以上的 3 s 瞬时风速资料，按照现行国家标准《建筑结构荷载规范》(GB 50009) 的规定，通过统计分析确定。如果当地没有瞬时最大风速统计资料，可将 10 min 平均最大风速按表 1-37 的方法折算成瞬时最大风速。

表 1-37 瞬时最大风速与 10 min 平均最大风速换算关系

地点	回归方程	30 m/s 风速比值	地点	回归方程	30 m/s 风速比值
京津塘沽	$v_{10}=0.65v_i+0.50$	1.500	福建	$v_{10}=0.63v_i+1.00$	1.508
云贵高原	$v_{10}=0.70v_i-1.66$	1.551	上海	$v_{10}=0.69v_i-1.38$	1.533
广东	$v_{10}=0.73v_i-2.80$	1.571	浙江	$v_{10}=0.70v_i-0.10$	1.435
四川	$v_{10}=0.66v_i+0.80$	1.456	渤海海面	$v_{10}=0.75v_i+1.00$	1.277

注：表中 v_{10} 为 10 min 平均最大风速；v_i 为瞬时最大风速。

无风速资料时，可根据附近地区规定的基本风压或长期资料，通过气象和地形条件的对比分析确定。

（2）可按照 30 年基准期根据现行国家标准《建筑结构荷载规范》(GB 50009) 规定的时距为 10 min 风速确定的基本风压乘以阵风系数确定，阵风系数可取 1.50。

GB 50009 给出的是全国各气象台站在不考虑结构重要性系数条件下，基准期分别为 10 年、50 年和 100 年 10 m 高空处时距为 10 min 平均风速下的基本风压值。

①按照基准期计算。温室设计是按照 30 年基准期确定基本风压的，为此，可按式（1-21）换算出计算结构的时距为 10 min 的设计基本风压：

· 65 ·

$$x_R = x_{10} + (x_{100} - x_{10}) \left(\frac{\ln R}{\ln 10} - 1 \right) \tag{1-21}$$

式中　　　　　R——设计基准期，年，$R = 30$；

x_R、x_{10}、x_{100}——分别代表设计基准期为 R 年、10 年和 100 年的基本风压值。

② 按照风速计算。给出建设地区的设计风速，按式（1-22）计算设计基本风压。

$$w_0 = \frac{1}{2} \rho v_0^2 \tag{1-22}$$

式中　w_0——基本风压，kN/m^2；

ρ——空气密度，t/m^3；

v_0——风速，m/s。

标准空气的密度为 $1.25\,kg/m^3$，当采用风杯仪测量风速时，应考虑空气密度的变化，一般可近似按照海拔高度确定：

$$\rho = 0.001\,25 e^{-0.000\,1z} \tag{1-23}$$

式中　e——水汽压，kPa；

z——海拔高度，m。

当采用标准空气近似计算时，基本风压与风速的关系可表示为：

$$w_0 = v_0^2 / 1\,600 \tag{1-24}$$

（3）根据风力级别计算。如果用户提出温室设计的抗风级别要求，查表 1-38 可得到对应的风速和设计基本风压。

表 1-38　根据风力级别计算风速和基本风压

风级	风名	相当风速（m/s）	相当基本风压（kN/m²）	地面上物体的象征
0	无风	0～0.2	0 (0.00)	炊烟直上，树叶不动
1	软风	0.3～1.5	0 (0.00)	风信不动，烟能表示方向
2	轻风	1.6～3.3	0 (0.01)	脸感觉有微风，树叶微响，风信开始转动
3	微风	3.4～5.4	0 (0.02)	树叶及微枝摇动不息，旌旗飘展
4	和风	5.5～7.9	0.05 (0.04)	地面尘土及纸片飞扬，树的小枝摇动
5	清风	8.0～10.7	0.10 (0.07)	小树摇动，水面起波
6	强风	10.8～13.8	0.15 (0.12)	大树枝摇动，电线呼呼作响，举伞困难
7	疾风	13.9～17.1	0.20 (0.18)	大树摇动，迎风步行感到阻力
8	大风	17.2～20.7	0.30 (0.27)	可折断树枝，迎风步行感到阻力很大
9	烈风	20.8～24.4	0.40 (0.37)	屋瓦吹落，稍有破坏
10	狂风	24.5～28.4	0.50 (0.50)	树木连根拔起或摧毁建筑物，陆上少见
11	暴风	28.5～32.6	0.65 (0.66)	有严重破坏力，陆上很少见
12	飓风	32.7～36.9	0.85 (0.85)	摧毁力极大，陆上极少见
13	台风	37.0～41.4	1.10 (1.07)	
14	强台风	41.5～46.0	1.35 (1.33)	
15	强台风	46.1～50.9	1.65 (1.62)	
16	超强台风	51.0 以上	1.65	

注：基本风压为根据式（1-24）计算，并按照 0.05 的级差进行调整后的数据，"（）"内数据为按照式（1-24）计算的实际结果。

2. 风压高度变化系数 根据温室构件距离地面的高度、建设地区的地形条件（地面粗糙度）和距离地面或海平面的位置确定（表1-39）。

对于拱屋面或坡屋面温室，在主体结构强度计算中，屋面风压高度变化系数按温室平均高度计算。温室平均高度是指室外地面到温室屋面中点的高度，即温室檐高与屋面矢高一半的和；在计算围护结构构件强度时，墙面构件风压高度变化系数按屋檐高度计算，屋面构件风压高度变化系数按屋脊高度计算。

地面粗糙度是风在到达建筑物以前吹越过2km范围内的地面时，描述该地面上不规则障碍物分布状况的等级，分为A、B、C、D4类：

A类指近海海面和海岛、海岸、湖岸及沙漠、戈壁地区；

B类指田野、乡村、丛林、丘陵以及房屋比较稀疏的乡镇和城市郊区；

C类指有密集建筑群的城市市区；

D类指有密集建筑群且房屋较高的城市市区。

生产温室一般不会建设在密集建筑群的D类地区，所以，表1-39只给出了A、B、C3类地区地面粗糙度的风压高度变化系数。

① 对于平坦或稍有起伏的地形：风压高度变化系数可根据地面粗糙度类型按表1-39查值求得。

表1-39 风压高度变化系数

离地面高度（m）	地面粗糙度类别		
	A	B	C
3.0	1.00	0.70	0.60
4.0	1.03	0.76	0.60
5.0	1.09	0.81	0.60
6.0	1.14	0.86	0.60
8.0	1.22	0.94	0.60
10.0	1.28	1.00	0.65

② 对于山区地形：如图1-32，风压高度变化系数可在平坦地面粗糙度类别的基础上，考虑地形条件修正。

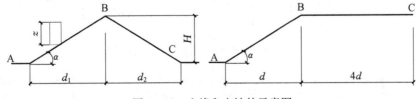

图1-32 山峰和山坡的示意图

山峰处（图1-32的B点）修正系数为：

$$\eta_B = \left[1 + \kappa \tan\alpha \left(1 - \frac{z}{2.5H} \right) \right]^2 \qquad (1-25)$$

式中 α——山峰或山坡在迎风面一侧的坡度，当$\tan\alpha > 0.3$时，取$\tan\alpha = 0.3$；

κ——系数，对山峰取 2.2，对山坡取 1.4；

H——山顶或山坡全高，m；

z——温室结构风荷载计算位置离地面的高度，m。

山峰或山坡的其他部位，A、C 两点修正系数 η 取 1，其他部位在 A（C）、B 间插值。

③ 对于山间盆地、谷底等闭塞地形：风压高度变化系数在平坦地面粗糙度类别的基础上附加 0.75～0.85 的修正系数，而与风向一致的谷口或山口，附加修正系数取 1.20～1.50。

④ 对于建设在远海海面或海岛的温室：风压高度变化系数在平坦地面 A 类粗糙度的基础上，再附加海岛修正系数（表 1-40）。

表 1-40 远海海面或海岛温室风压高度变化系数的修正系数

距海岸距离（km）	<40	40～60	60～100
修正系数 η	1.0	1.0～1.1	1.1～1.2

3. 风荷载体型系数 计算温室主体结构强度和稳定性时，不同外形温室的风荷载体型系数依照不同风向分别按表 1-41 和表 1-42 采用。

计算围护结构构件及其连接件的强度时，按下列规定采用局部风压体型系数：外表面正压区按表 1-41 采用，外表面负压区墙面 $\mu_s = -1.0$，墙角边 $\mu_s = -1.5$，屋面局部（周边和屋面坡度大于 10° 的屋脊部位）$\mu_s = -1.5$，檐口、雨棚、遮阳板等突出构件 $\mu_s = -2.0$，屋面其他部位按表 1-41 采用，墙角边和屋面局部的位置取 2 m 宽度，见图 1-33；温室内表面的风荷载体型系数根据外表面体型系数的正负情况按不利原则考虑取 $\mu_s = \pm 0.2$。

表 1-41 温室风荷载体型系数

项次	类别	体型及体型系数 μ_s	备注
1	单跨双坡屋面		1. 中间值按线性插值法计算； 2. μ_s 的绝对值不小于 0.1
2	单坡屋面		μ_s 按本表第 1 项规定采用

（续）

项次	类别	体型及体型系数 μ_s	备注
3	单跨落地拱形屋面	0°风 μ_s −0.8 −0.5 f $l/4$ $l/2$ $l/4$ l　　f/l ＼ μ_s：0.1 →+0.1；0.2 →+0.2；0.5 →+0.6	中间值按线性插值法计算
4	拱形屋面	0°风 μ_s −0.8 −0.5 f +0.8 −0.5 $l/4$ $l/2$ $l/4$ l　　f/l ＼ μ_s：0.1 →−0.8；0.2 →0.0；0.5 →+0.6	1. 中间值按线性插值法计算；2. μ_s 的绝对值不小于 0.1
5	多跨双坡屋面	0°风 μ_s α −0.5 −0.6 −0.5 −0.4 −0.5 +0.8 −0.4	μ_s 按本表第 1 项规定采用
6	多跨拱形屋面	0°风 μ_s −0.8 −0.5 −0.7 −0.4 −0.6 −0.4 f +0.8 −0.5 $l/4$ $l/2$ $l/4$ l $l/4$ $l/2$ $l/4$ l $l/4$ $l/2$ $l/4$ l	μ_s 按本表第 4 项规定采用
7	多跨Ⅰ型锯齿形屋面	0°风 μ_s −0.6 −0.6 −0.5 −0.5 −0.4 −0.4 +0.8 −0.4 ； 0°风 −0.6 −0.6 −0.5 −0.5 −0.4 −0.4 +0.8 −0.4	μ_s 按本表第 1 项规定采用

（续）

项次	类别	体型及体型系数 μ_s	备注
8	多跨Ⅱ型锯齿形屋面		μ_s 按本表第 4 项规定采用
9	多跨Ⅲ型锯齿形屋面		μ_s 按本表第 4 项规定采用
10	日光温室屋面		1. $\mu_{s,b}$ 按本表第 1 项规定采用； 2. μ_s 按本表第 3 项规定采用

（续）

项次	类别	体型及体型系数 μ_s	备注
11	阴阳型日光温室屋面	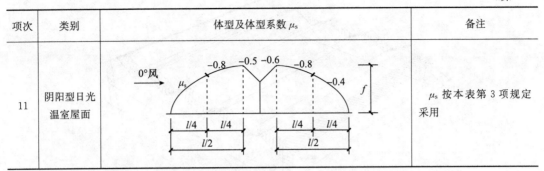	μ_s 按本表第 3 项规定采用

注：1. 表中未注明的形式可参照现行国家标准《建筑结构荷载规范》(GB 50009) 的有关规定取值。

2. 表中未标明形式山墙的风荷载体型系数参照本表第 1 项规定采用。

3. 表中结构均为封闭结构。

4. 0° 风方向指风向垂直于温室屋脊方向。

表 1-42　90° 风方向风荷载体型系数

项次	类别	体型及体型系数 μ_s	备注
1	多跨双坡屋面	−0.2　−0.2 −0.2　−0.2　−0.2 −0.2 −0.2　　　　　　　　　　−0.2 −0.3 −0.2　　　　　　　　　　−0.2 +0.7 90° 风 ↑	—
2	单跨落地拱形屋面	−0.3	山墙的风荷载体型系数按本表第 1 项规定采用
3	多跨拱形屋面	−0.3　−0.3　−0.3 −0.3　　　　　　−0.3	山墙的风荷载体型系数按本表第 1 项规定采用

注：1. 坡屋面温室的风荷载体型系数可按本表第 1 项规定取值。

2. 日光温室屋面及阴阳型日光温室屋面的风荷载体型系数可按本表第 2 项规定取值。

3. 90° 风方向指风向平行于屋脊方向。

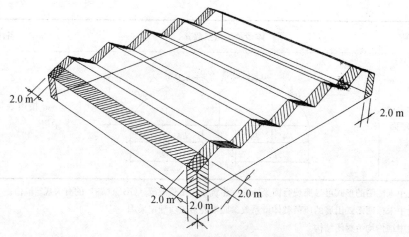

图 1-33　建筑物局部附加风载

五、雪荷载

(一)雪荷载的特点

雪荷载主要取决于依据气象资料而得的各地区降雪量、屋面的几何尺寸等因素。我国大部分地区处在温带,一般地区降雪期不到 4 个月。积雪比较严重的包括吉林、辽宁、黑龙江、内蒙古、新疆、青海等地区,冬季严寒时间长,温度低,积雪厚;华北、西北地区冬季严寒时间较长,温度也低,但水汽不足,降雪量并不大;长江中下游及淮海流域,冬季严寒时间虽不长,有时一冬无雪,但有时遇到寒流南下,温度较低,水汽充足时可降大雪;华南、东南两地区冬季很短,降雪很少,其中一大部分为无雪地区。因此,雪荷载的确定,应从各地区实际的气象条件出发,合理取值。

在确定温室的雪荷载时,应考虑已建成温室的设计与使用实践经验,查明与分析其他温室因积雪过多而坍塌或发生永久性变形过大的原因,实测各种情况下积雪量与积雪分布的情况,为确定基本雪荷载提供比较完整的资料。

温室建筑结构设计所需的是屋面雪载,而人们可以从气象部门得到的是地面雪压的资料,如何将地面雪压转换成屋面积雪是一个比较复杂的问题,因为屋面雪载受到温室朝向、屋面形状、采暖条件、周围环境、地形地势、风速、风向、人工清雪等的影响。建议在取得实际资料之前,屋面雪载暂按地面雪压减少 10% 处理。

温室屋面上的雪荷载除直接降落到温室自身屋面的积雪形成的屋面基本雪荷载外,还可能有高层屋面向温室低层屋面的漂移积雪和滑落积雪形成的局部附加雪荷载。

(二)屋面基本雪荷载

屋面基本雪荷载就是作用在温室结构屋面水平投影面上的雪压,其标准值计算如下:

$$S_k = S_0 \times \mu_r \times C_t \qquad (1-26)$$

式中　S_k——屋面基本雪压标准值,kN/m^2;

$\quad\quad\quad S_0$——地面基本雪压,kN/m^2;

$\quad\quad\quad C_t$——加热影响系数;

$\quad\quad\quad \mu_r$——屋面积雪分布系数。

1. 地面基本雪压 全国各地温室不同设计重现期的地面基本雪压详见《农业温室结构荷载规范》(GB/T 51183—2016) 附录 C。表 1-36 为部分地区的温室结构设计地面基本雪压。当建设地点的基本雪压在规范中没有给出时，可根据当地年最大降雪深度计算：

$$S_0 = \rho g h \tag{1-27}$$

式中 ρ——积雪密度，t/m^3；

g——重力加速度，$9.8 \, m/s^2$；

h——积雪深度，指从积雪表面到地面的垂直深度，m。

我国各地积雪平均密度：东北及新疆北部 $0.15 \, t/m^3$；华北及西北 $0.13 \, t/m^3$，其中青海 $0.12 \, t/m^3$；淮河、秦岭以南一般 $0.15 \, t/m^3$，其中江西、浙江 $0.20 \, t/m^3$。

当地没有积雪深度的气象资料时，可根据附近地区规定的基本雪压和长期资料，通过气象和地形条件的对比分析确定。山区的雪荷载应通过实际调查后确定，当无实测资料时，可按当地邻近空旷地面的雪荷载乘以系数 1.2 采用。

需要注意的是上述计算方法中，基本雪压是考虑了整个冬季的陈积雪。对于加温温室，往往是一次降雪后即迅速融化，温室屋面上基本不存在陈积雪，因此，在温室设计基本雪压选取中，如果能够获得当地一次最大降雪量的可靠数据，可以此为基准，确定地面基本雪压值。但在计算地面雪压值时积雪的密度要按新雪考虑，因为新雪与陈雪的密度差可从 $0.10 \, t/m^3$ 以下到 $0.50 \, t/m^3$ 以上，主要取决于积雪时间和气候条件。对室内温度长期保持在 4 ℃ 以上的加温温室，屋面积雪可按新雪考虑，积雪深度与积雪密度之间的关系按表 1-43 换算。

表 1-43　新雪积雪深度与密度的关系

积雪深 (cm)	<50	100	200	400
密度（对水平面）[kg/(cm·m²)]	1.0	1.5	2.2	3.5

2. 加热影响系数 研究表明，热屋面上的雪载比冷屋面上的低。由于大量的传热使得降雪能够很快融化，连续加温温室的玻璃或塑料屋面很少遭受大的雪载。

加热影响系数是针对屋面结构热阻很小的温室建筑提出的，对其他类型的保温屋面 C_t 取为 1。温室由于透光覆盖材料的热阻较小，当室内温度较高时，热量会很快从透光覆盖材料传出，促使屋面积雪融化，进而造成屋面积雪分布的不同和数值变化。因此，温室加温方式对屋面雪载的影响必须加以考虑，并且加温方式的选择应该能代表温室整个使用寿命期内的实际发生状况。如不能确认其整个寿命期内的加温方式，则须按间歇加温方式选择采用。表 1-44 为不同透光覆盖材料温室屋面的加温影响系数。

表 1-44　不同屋面覆盖材料的加热影响系数 C_t

屋面覆盖材料类型	加热影响系数 C_t		屋面覆盖材料类型	加热影响系数 C_t	
	加热温室	不加热温室		加热温室	不加热温室
单层玻璃	0.6	1.0	多层塑料板	0.7	1.0
双层密封玻璃板	0.7	1.0	单层塑料薄膜	0.6	1.0
单层塑料板	0.6	1.0	双层充气塑料薄膜	0.6	1.0

注：1. 配有屋面融雪装置且下雪时能自动打开进行融雪作业的温室可按加温温室取值。

2. 如施工和使用期间室内气温低于 10 ℃，设计时应按其他温室计算。

3. 屋面积雪分布系数 根据温室结构的屋面形状按表1-45选取。

对于单坡屋面,规定屋面坡度大于60°时,屋面积雪分布系数为0,表示全部积雪都将自由滑落脱离屋面;当屋面坡度小于30°时,自由滑落停止,屋面积雪分布系数为1.0;屋面坡度为30°~60°时,采用线性内插的方法确定屋面积雪分布系数。对于圆拱形屋顶,积雪自由滑落的起始点也规定为屋面切线的坡度为60°处,与单坡屋面一致,屋面积雪分布系数取圆拱屋面的总跨度和总矢高之比的1/8按均布荷载考虑,同时规定该值不得大于1.0或小于0.4,如果超出该范围,则按照上限或下限取值。

对双坡面单跨温室,屋面积雪分布系数除考虑均布荷载外,还应考虑迎风面积雪会被吹到背风面而形成非均布荷载,这种雪荷载的迁移按总积雪荷载的25%计算。

对连栋温室,除屋面均布荷载外,还要考虑屋面凹处范围内会出现局部滑落积雪而产生的非均布荷载。

表1-45　屋面积雪分布系数

项次	类别	屋面形式及积雪分布系数 μ_r	备注
1	单跨单坡屋面	 | α	$\leqslant 30°$	$30°<\alpha<60°$	$\geqslant 60°$ | | μ_r | 0.8 | 0.8 (60−α) /30 | 0 |	—
2	单跨双坡屋面		μ_r 按本表第1项规定采用
3	单跨拱形屋面	 $\mu_r=l/$ (8f) $(0.4\leqslant\mu_r\leqslant 0.8)$ $\mu_{r,m}=0.2+10f/l$ $(\mu_{r,m}\leqslant 1.0)$	—

（续）

项次	类别	屋面形式及积雪分布系数 μ_r	备注
4	双跨双坡屋面	均匀分布的情况 0.8 不均匀分布的情况 μ_r $2.0\mu_r$ μ_r α f l l	1. μ_r 按本表第 1 项规定采用； 2. 仅 α 不大于 25° 或 f/l 不大于 0.1 时，采用均匀分布情况； 3. 多跨双坡屋面的积雪分布系数参照该规定采用
5	双跨拱形屋面	均匀分布的情况 0.8 不均匀分布的情况 $0.5\mu_{r,m}$ $2.0\mu_{r,m}$ $\mu_{r,m}$ $l_e/4$ $l_e/4$ $l/2$ $l/2$ $l_e/4$ $l_e/4$ l_e l_e 60° 60° 60° 60° f l l	1. $\mu_{r,m}$ 按本表第 3 项规定采用； 2. 多跨拱形屋面的积雪分布系数参照该规定采用
6	多跨 I 型锯齿形屋面	均匀分布的情况 0.8 不均匀分布的情况 $2.0\mu_r$ μ_r $2.0\mu_r$ μ_r $2.0\mu_r$ $l/2$ $l/2$ α l l	μ_r 按本表第 1 项规定采用

(续)

项次	类别	屋面形式及积雪分布系数 μ_r	备注
7	单跨Ⅱ型锯齿形屋面	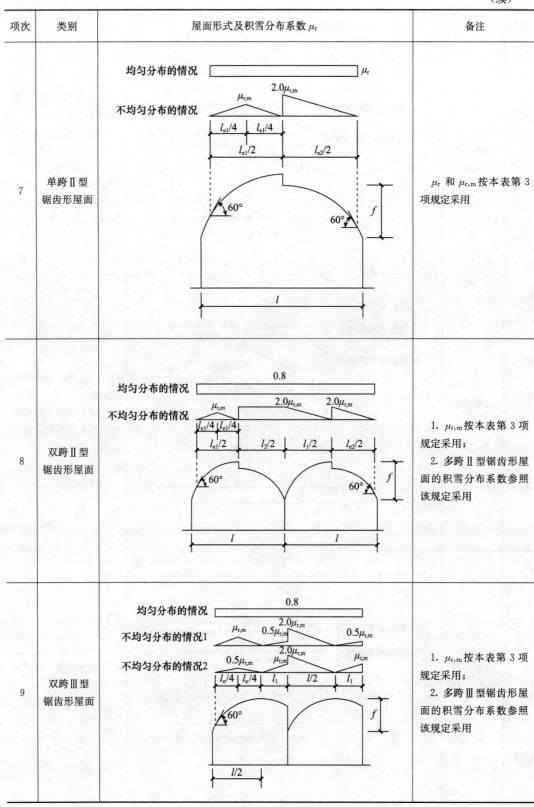	μ_r 和 $\mu_{r,m}$ 按本表第3项规定采用
8	双跨Ⅱ型锯齿形屋面		1. $\mu_{r,m}$ 按本表第3项规定采用； 2. 多跨Ⅱ型锯齿形屋面的积雪分布系数参照该规定采用
9	双跨Ⅲ型锯齿形屋面		1. $\mu_{r,m}$ 按本表第3项规定采用； 2. 多跨Ⅲ型锯齿形屋面的积雪分布系数参照该规定采用

（续）

项次	类别	屋面形式及积雪分布系数 μ_r	备注
10	Ⅰ型 高低屋面	 $a=1.5l$ （$l>5\text{m}$） $a=2.5l$ （$l\leqslant5\text{m}$）	—
11	Ⅱ型 高低屋面	 $a=2h$ （$4\text{ m}<a<8\text{ m}$）	低屋面还应按本表第4项规定考虑跨度方向不均匀分布的情况
12	日光温室屋面		1. $\mu_{r,b}$按本表第1项规定采用； 2. μ_r 和 $\mu_{r,m}$按本表第3项规定采用； 3. 覆盖保温被时，$\mu_{r,m}$最大值可取2.0

（续）

项次	类别	屋面形式及积雪分布系数 μ_r	备注
13	阴阳型日光温室屋面	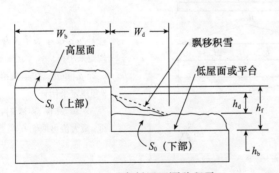	1. $\mu_{r,b}$ 按本表第1项规定采用； 2. μ_r 和 $\mu_{r,m}$ 按本表第3项规定采用； 3. 覆盖保温被时，前屋面雪荷载分布系数最大值可取 2.0

注：屋面透光覆盖材料为塑料薄膜时，积雪分布系数只有在采取相应措施防止其凹陷，避免形成局部积雪的条件下方可按本表采用。

（三）漂移积雪荷载

确定温室屋面的设计雪载时，考虑局部的飘移雪载非常重要。漂移雪载可以由同一建筑物的高屋面造成，也可能是由 6 m 以内的相邻建筑物的积雪漂移造成。因此，在现有高大建筑物周围 6 m 以内建造温室时，应充分考虑建筑物间的漂移积雪。

1. 联体建筑高屋面向低屋面的积雪漂移　我国北方地区建造连栋温室，从保温的角度考虑，经常在温室的北侧设计工作间或车间，而且往往是北侧建筑高度要高出温室建筑，加之我国北方地区冬季主要盛行西北风，从工作间的高屋面向低屋面的温室屋面发生漂移积雪将不可避免。

我国《农业温室结构荷载规范》(GB/T 51183—2016) 规定，高屋面向低屋面的附加漂移积雪荷载在紧邻高屋面的低屋面 4～8 m 范围内按 2 倍于地面基本雪压的均布荷载计算，具体覆盖范围为高低屋面高差的 2 倍，超过 4～8 m 范围按上下限取值，即最小不短于 4 m，最长不大于 8 m。

与我国不同，欧美国家在考虑高低屋面漂移积雪时，采用三角形分布的非均匀漂移雪载（图 1-34 和图 1-35）。其中，漂移积雪的大小按照漂移积雪的深度和对应的积雪密度计算。

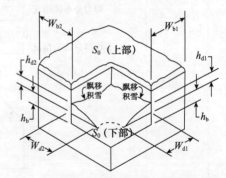

图 1-34　高低屋面漂移积雪　　　　图 1-35　高屋面向平台的交叉积雪漂移

（1）漂移积雪的覆盖范围与积雪深度　如图 1-34，按照三角形几何分布，漂移积雪的最大深度 h_d 由高屋面的宽度 W_b 和地面基本雪压决定：

$$h_d = 0.074 \ (W_b)^{1/3}(S_0 + 479.7)^{1/4} - 0.457 \qquad (1-28)$$

且：
$$h_d \leqslant h_f - h_b \qquad (1-29)$$

而漂移积雪分布的宽度为：
$$W_d = \min\{4h_d, \ 4(h_f - h_b)\} \qquad (1-30)$$

式中 　h_d——漂移积雪最大深度，m；

　　　　h_f——高低屋面或平台之间的高差，m；

　　　　h_b——低屋面或地面上基本雪压对应的积雪深度，m；

　　　　S_0——地面基本雪载，N/m²；

　　　　W_b——垂直于低屋面的高层屋面的水平尺寸，m；

　　　　W_d——漂移积雪的宽度，m。

只有当：
$$(h_f - h_b)/h_d > 0.2 \qquad (1-31)$$

时才考虑漂移积雪，其中：
$$h_b = S_0/D \qquad (1-32)$$

式中 　D——地面标准雪荷载的密度，kN/m³，按下式计算：
$$D = 0.426\,5S_0 + 2.2 \quad 且 \quad D \leqslant 5.5\ \text{kN/m}^3 \qquad (1-33)$$

（2）漂移积雪的雪压　漂移积雪最深处的最大积雪压力按下式计算：
$$S_m = D \ (h_d + h_b) \quad 且 \quad S_m \leqslant Dh_f \qquad (1-34)$$

式中 　S_m——漂移积雪最深处的最大积雪压力，kN/m²；

　　　　D——地面标准雪荷载的积雪密度，kN/m³。

2. 相邻建筑高屋面向低屋面的积雪漂移

当低层温室的屋面与相邻高层温室或建筑屋面的距离不满 6 m 时，应考虑来自高层屋面的漂移积雪（图 1-36）。

从高层屋面漂移到低层屋面的积雪深度为：

$$h = h_d(1 - S/6) \qquad (1-35)$$

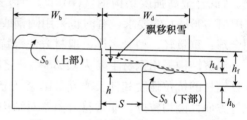

图 1-36　向相邻低建筑上的漂移积雪

式中 　h——低层屋面上的最大积雪深度，m；

　　　　h_d——不考虑建筑物之间间距，按式（1-28）计算得到的最大积雪深度，m；

　　　　S——两栋建筑之间水平间距，m。

漂移积雪的分布宽度 $W_d{}'$ 为：
$$W_d{}' = W_d - S \qquad (1-36)$$

（四）滑落积雪荷载

应尽量避免积雪向低层屋面滑落。如果实在难以避免，则要考虑对低层屋面的附加滑落雪载。积雪滑落最终位置与每个相关屋面的大小、位置和方向有关。滑落积雪的分布变化也很大。举例来说，如果两屋面之间有明显的垂直高差，滑落积雪可能在约 1.5 m 宽的范围内分布；如果两屋面之间的高差只有几米，那么滑落积雪的均匀分布宽度可能达到 6 m。

在有些情况下，部分滑落积雪可能会清除低屋面上的积雪。尽管如此，在设计低层屋面时，还是应该包括一定的滑落积雪荷载，以考虑积雪滑落时的动态效应。

我国《农业温室结构荷载规范》(GB/T 51183—2016) 没有对滑落积雪给出具体的计算方法，这里介绍的是美国温室制造业协会的推荐方法。当低层屋面位于坡度大于 20° 的高层屋面之下且总漂移积雪高度 $(h_d+0.4h_d)$ 不超过高层屋面的均布雪高 (h_f-h_b) 时，其设计雪载应增加 $0.4h_d$ 的厚度（图 1-37）。当高低层屋面的水平距离 S 大于高差 h_f 或 6 m 时，可以不考虑滑落积雪。

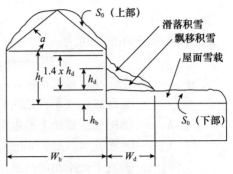

图 1-37 滑落积雪附加荷载

第六节 构件强度及稳定计算

一、设计指标

现代温室结构材料主要有钢材、铝材、钢筋混凝土等。多年以来，钢材、铝材在温室的设计和生产中得到了广泛的应用，并因其截面小、重量轻、加工便利、耐久性长等优点而成为最主要的温室结构材料。但在日光温室的立柱以及温室的基础设计中还大量使用钢筋混凝土，甚至砖石材料等。

1. 钢材 温室用钢材主要是满足国家现行标准《碳素结构钢》(GB/T 700) 的热轧型钢、《低合金高强度结构钢》(GB/T 1591) 的高强度钢和《冷弯薄壁型钢结构技术规范》(GB/T 50018) 的要求，有时也采用圆钢或无缝钢管等，特别是冷弯薄壁型钢，其由于截面合理、重量轻、型号多样、取材方便等特点而成为温室结构的主要钢品种。

温室结构采用钢材主要为 Q235 钢，这种钢材是按照机械性能（力学性能）供应，即保证钢材的抗拉强度和伸长率满足国家规定的标准，同时，由于这种钢在使用、加工、焊接等方面性能均较好，非常符合温室对结构钢的要求，也被大量应用于工业与民用建筑结构中，因此，还具有生产量大、取材容易的特点。虽然特种钢和普通低合金钢（如 Q345 钢）也偶尔应用在温室的某些部位，但因其价格高、机械加工能力差等原因而无法大量采用。对一些要求不高的塑料大棚或非承力构件，也可采用 Q195 或 Q215 钢，这种钢材易于加工，尤其适合拱杆折弯。

此类钢材的设计强度指标参见表 1-46，并按表 1-47 折减。表 1-48 和表 1-49 分别为钢材采用焊接和栓接时焊缝和普通螺栓的强度设计值，并按表 1-47 进行折减。

表 1-46 温室用钢材的强度设计值（N/mm²）

应力种类	符号	薄壁型钢结构				普通钢结构	
		Q195	Q225	Q235	Q355	Q235	Q355
抗拉、抗压、抗弯	f	165	185	205	300	215	315
抗剪	f_v	95	105	120	175	125	185
端面承压	f_{ce}			310	400	320	445

注：钢材的抗拉、抗压、抗弯及抗剪强度设计值对于 Q235 镇静钢可按本表中数值增加 5%。

表 1-47　钢材强度设计值折减系数

结构类别	考虑情况	折减系数
普通钢结构	单面连接的单角钢杆件： 　1. 按轴心受力计算强度和连接； 　2. 按轴心受压计算稳定性； 　（1）等边角钢　　　　　　　　$\lambda < 20$ 　（2）短边相连的不等边角钢　取 $\lambda = 20$ 　（3）长边相连的不等边角钢	0.85 $0.6 + 0.001\,5\lambda \leqslant 1.0$ $0.5 + 0.002\,5\lambda \leqslant 1.0$ 0.7
圆钢、小角钢结构	除按普通钢结构考虑外，还需考虑： 　1. 一般杆件和连接； 　2. 双圆钢拱拉杆及其连接； 　3. 平面桁架式檩条和三铰拱斜梁端部主要受压腹板	0.95 0.85 0.85
薄壁型钢结构	同普通钢结构，但式中 $0.001\,5\lambda$ 改为 $0.001\,4\lambda$，此外考虑： 　1. 在屋架、刚架横梁中采用槽钢等拼焊为方管的受压弦杆及支座斜杆； 　2. 无垫板的单面对接焊缝； 　3. 两构件连接采用搭接或其间填有垫板的连接以及单盖板的不对称连接	0.95 0.85 0.90

表 1-48　焊缝的强度设计值（N/mm²）

焊缝类型	应 力 种 类	符号	薄壁型钢结构		普通钢结构	
			Q235	Q355	Q235	Q345
对接焊接	抗压	f_c^w	205	300	215	315
	抗拉、抗弯	f_t^w	175	225		
	自动焊、半自动焊和手工焊，焊缝质量一级、二级				215	315
	自动焊、半自动焊和手工焊，焊缝质量三级				185	270
	抗剪	f_v^w	120	175	125	185
角焊缝	抗拉、抗压和抗剪	f_f^w	140	195	160	200

注：Q235 和 Q345 钢的手工焊分别采用 E43×× 和 E50×× 焊条。

表 1-49　普通螺栓的强度设计值（N/mm²）

应力种类	符号	薄壁型钢结构			普通钢结构			
		螺栓钢号	构件钢号		螺栓钢号	构件钢号		
		Q235 C级（A、B）	Q235	Q345	Q235 C级（A、B）	Q235 C级	Q235 A、B级	Q355 C级（A、B）
抗拉	f_t^b	165	—	—	170	—	—	—
抗剪	f_v^b	125	—	—	130（170）	—	—	—
承压	f_c^b	—	290	370	—	305	400	420（550）

2. 铝材　温室铝材主要用于温室的椽条（即镶嵌条）或直接用作温室屋面梁、天沟等。温室用铝型材主要选用锻铝 LD31-RCS，这种铝材主要用于诸如温室等制造强度较

低、耐腐蚀性能好、外形光滑美观的情况下，使用温度介于－70～50 ℃，其合金经过特殊机械处理后有较高强度和导电性能。其主要化学及力学等指标参见表1-50至表1-52。

表1-50　温室用铝材化学成分（GB 3190—2020）（％）

Si	Mg	Fe	Cu	Mn	Zn	Cr	Ti	其他杂质		Al
								单个	合计	
0.2～0.6	0.45～0.9	<0.35	<0.1	<0.1	<0.1	<0.1	<0.1	<0.05	<0.05	余量

表1-51　温室用铝材力学性能

拉伸试验			硬度试验	
抗拉强度 σ_b（N/mm²）	屈服强度 $\sigma_{0.2}$（N/mm²）	伸长率 δ（％）	试件厚度（mm）	HV
157	108	>8	0.8	58

注：当铝材质量不能得到有效证明时，铝合金的屈服强度设计值 $\sigma_{0.2}$ 最大取为85 N/mm²。

表1-52　氧化膜厚度级别

级　别	AA10	AA15	AA20	AA25
最小平均膜厚（μm）	10	15	20	25
最小局部膜厚（μm）	8	12	16	20

注：除合同中特殊说明外，一般情况下膜厚级别按AA10级采用。

在温室结构发展过程中，为增加材料硬度等方面的原因，可根据国家有关标准对材料成分和力学性能等进行适当的改变，以满足设计要求。

3. 钢筋混凝土　除单屋面温室外，钢筋混凝土主要用于温室基础和基础圈梁，混凝土垫层可用C10或C15，混凝土构件应采用C20以上等级，钢筋采用HPB 300（Q235）或HRB 335（20MnSi）。其有关力学和物理指标参见表1-53和表1-54。

表1-53　混凝土强度设计值和弹性模量（N/mm²）

混凝土等级	轴心抗压 f_c	轴心抗拉 f_t	弹性模量 E（×10⁴）
C10	5	0.65	1.75
C15	7.2	0.91	2.20
C20	9.6	1.10	2.55
C25	11.9	1.27	2.80
C30	14.3	1.43	3.00
C35	16.7	1.57	3.15
C40	19.1	1.71	3.25

注：① C10级混凝土主要用于垫层；素混凝土结构的混凝土强度等级不应低于C20；

② 钢筋混凝土结构的混凝土强度等级不应低于C25；采用强度等级400 MPa及以上的钢筋时，混凝土强度等级不应低于C25。

表 1-54 温室用钢筋强度设计值和弹性模量（N/mm²）

钢筋种类	抗拉强度 f_y	抗压强度 f'_y	弹性模量 E（$\times 10^5$）	备注
HPB 300	270	270	2.10	直径 6~14 mm
HRB 335	300	300	2.00	直径 6~14 mm
HRB 400	360	360	2.00	
Ⅰ级冷拉	250	210	2.05	
钢绞线	1 390	390	1.95	
	1 320	390	1.95	
	1 220	390	1.95	
	1 110	390	1.95	

二、构件强度及稳定

（一）钢结构构件

1. 轴心受拉构件 强度按式（1-37）计算：

$$\sigma = \frac{N}{A_n} \leqslant f \tag{1-37}$$

式中 σ——正应力，N/m²；

N——轴力设计值，N；

A_n——净截面面积，不考虑截面削弱时，取 $A_n = A$，m²；

A——毛截面面积，m²；

f——钢材抗压、抗拉和抗弯强度设计值，N/m²。

计算开口截面的轴心受拉构件的强度时，若轴心力不通过截面弯心（或不通过 Z 形截面的扇性零点），则应考虑双力矩的影响。

2. 轴心受压构件

（1）轴心受压构件的强度 按式（1-38）计算：

$$\sigma = \frac{N}{A_{en}} \leqslant f \tag{1-38}$$

式中 A_{en}——有效净截面面积，不考虑截面削弱时，取 $A_{en} = A_e$，m²；

A_e——有效截面面积，m²。

（2）轴心受压构件的稳定性 按式（1-39）计算：

$$\frac{N}{\varphi A_{en}} \leqslant f \tag{1-39}$$

式中 A_e——有效截面面积，m²；

φ——轴心受压构件的稳定系数，根据构件的长细比 λ 按表 1-55 和表 1-56 查得。

表 1-55 Q235 钢轴心受压构件的稳定系数 φ

λ	0	1	2	3	4	5	6	7	8	9
0	1.000	0.997	0.995	0.992	0.989	0.987	0.984	0.981	0.979	0.976
10	0.974	0.971	0.968	0.966	0.963	0.960	0.958	0.955	0.952	0.949

(续)

λ	0	1	2	3	4	5	6	7	8	9
20	0.947	0.944	0.941	0.938	0.936	0.933	0.930	0.927	0.924	0.921
30	0.918	0.915	0.912	0.909	0.906	0.903	0.899	0.896	0.893	0.889
40	0.886	0.882	0.879	0.875	0.872	0.868	0.864	0.861	0.858	0.855
50	0.852	0.849	0.846	0.843	0.839	0.836	0.832	0.829	0.825	0.822
60	0.818	0.814	0.810	0.806	0.802	0.797	0.793	0.789	0.784	0.779
70	0.775	0.770	0.765	0.760	0.755	0.750	0.744	0.739	0.733	0.728
80	0.722	0.716	0.710	0.704	0.698	0.692	0.686	0.680	0.673	0.667
90	0.661	0.654	0.648	0.641	0.634	0.626	0.618	0.611	0.603	0.595
100	0.588	0.580	0.573	0.566	0.558	0.551	0.544	0.537	0.530	0.523
110	0.516	0.509	0.502	0.496	0.489	0.483	0.476	0.470	0.464	0.458
120	0.452	0.446	0.440	0.434	0.428	0.423	0.417	0.412	0.406	0.401
130	0.396	0.391	0.386	0.381	0.376	0.371	0.367	0.362	0.357	0.353
140	0.349	0.344	0.340	0.336	0.332	0.328	0.324	0.320	0.316	0.312
150	0.308	0.305	0.301	0.298	0.294	0.291	0.287	0.284	0.281	0.277
160	0.274	0.271	0.268	0.265	0.262	0.259	0.256	0.253	0.251	0.248
170	0.245	0.243	0.240	0.237	0.235	0.232	0.230	0.227	0.225	0.223
180	0.220	0.218	0.216	0.214	0.211	0.209	0.207	0.205	0.203	0.201
190	0.199	0.197	0.195	0.193	0.191	0.189	0.188	0.186	0.184	0.182
200	0.180	0.179	0.177	0.175	0.174	0.172	0.171	0.169	0.167	0.166
210	0.164	0.163	0.161	0.160	0.159	0.157	0.156	0.154	0.153	0.152
220	0.150	0.149	0.148	0.146	0.145	0.144	0.143	0.141	0.140	0.139
230	0.138	0.137	0.136	0.135	0.133	0.132	0.131	0.130	0.129	0.128
240	0.127	0.126	0.125	0.124	0.123	0.122	0.121	0.120	0.119	0.118
250	0.117									

表 1-56　Q355 钢轴心受压构件的稳定系数 φ

λ	0	1	2	3	4	5	6	7	8	9
0	1.000	0.997	0.994	0.991	0.988	0.985	0.982	0.979	0.976	0.973
10	0.971	0.968	0.965	0.962	0.959	0.956	0.952	0.949	0.946	0.943
20	0.940	0.937	0.934	0.930	0.927	0.924	0.920	0.917	0.913	0.909
30	0.906	0.902	0.898	0.894	0.890	0.886	0.882	0.878	0.874	0.870
40	0.867	0.864	0.860	0.857	0.853	0.849	0.845	0.841	0.837	0.833
50	0.829	0.824	0.819	0.815	0.810	0.805	0.800	0.794	0.789	0.783
60	0.777	0.771	0.765	0.759	0.752	0.746	0.739	0.732	0.725	0.718
70	0.710	0.703	0.695	0.688	0.680	0.672	0.664	0.656	0.648	0.640

（续）

λ	0	1	2	3	4	5	6	7	8	9
80	0.632	0.623	0.615	0.607	0.599	0.591	0.583	0.574	0.566	0.558
90	0.550	0.542	0.535	0.527	0.519	0.512	0.504	0.497	0.489	0.482
100	0.475	0.467	0.460	0.452	0.445	0.438	0.431	0.424	0.418	0.411
110	0.405	0.398	0.392	0.386	0.380	0.375	0.369	0.363	0.358	0.352
120	0.347	0.342	0.337	0.332	0.327	0.322	0.318	0.313	0.309	0.304
130	0.300	0.296	0.292	0.288	0.284	0.280	0.276	0.272	0.269	0.265
140	0.261	0.258	0.255	0.251	0.248	0.245	0.242	0.238	0.235	0.232
150	0.229	0.227	0.224	0.221	0.218	0.216	0.213	0.221	0.208	0.205
160	0.203	0.201	0.198	0.196	0.194	0.191	0.189	0.187	0.185	0.183
170	0.181	0.179	0.177	0.175	0.173	0.171	0.169	0.167	0.165	0.163
180	0.162	0.160	0.158	0.157	0.155	0.153	0.152	0.150	0.149	0.147
190	0.146	0.144	0.143	0.141	0.140	0.138	0.137	0.136	0.134	0.133
200	0.132	0.130	0.129	0.128	0.127	0.126	0.124	0.123	0.122	0.121
210	0.120	0.119	0.118	0.116	0.115	0.114	0.113	0.112	0.111	0.110
220	0.109	0.108	0.107	0.106	0.106	0.105	0.104	0.103	0.101	0.101
230	0.100	0.099	0.098	0.098	0.097	0.096	0.095	0.094	0.094	0.093
240	0.092	0.091	0.091	0.090	0.089	0.088	0.088	0.087	0.086	0.086
250	0.085									

（3）计算闭口截面、双轴对称的开口截面和截面全部有效的不卷边的等边单角钢轴心受压构件的稳定系数 其长细比取式（1-40）算得的较大值。

$$\lambda_x = l_{ax}/i_x \qquad \lambda_y = l_{oy}/i_y \qquad (1-40)$$

式中 λ_x，λ_y——构件对截面主轴 x 轴和 y 轴的长细比；

l_{ax}，l_{oy}——构件在垂直于截面主轴 x 轴和 y 轴平面内的计算长度；

i_x，i_y——构件毛截面对主轴 x 轴和 y 轴的回转半径。

（4）计算单轴对称开口截面（图 1-38）轴心受压构件的稳定系数 其长细比应取式（1-41）和式（1-42）算得的较大值。

$$\lambda_\omega = \lambda_x \sqrt{\frac{s^2 + i_0^2}{2s^2} + \sqrt{\left(\frac{s^2 + i_0^2}{2s^2}\right)^2 - \frac{i_0^2 - \alpha e_0^2}{s^2}}}$$

$$(1-41)$$

$$\lambda_y = l_{0y}/i_y \qquad (1-42)$$

$$s^2 = \frac{\lambda_x^2}{A}\left(\frac{I_\omega}{l_\omega^2} + 0.039 I_t\right) \qquad (1-43)$$

$$i_0^2 = e_0^2 + i_x^2 + i_y^2 \qquad (1-44)$$

式中 λ_ω——弯扭屈曲的换算长细比；

I_ω——毛截面扇形惯性矩；

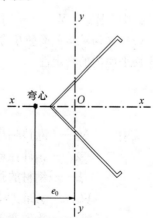

图 1-38 单轴对称开口截面示意图

I_t——毛截面抗扭惯性矩；

e_0——毛截面的弯心在对称轴上的坐标；

l_ω——扭转屈服的计算长度，$l_\omega = \beta l$；

l——无缀板时，为构件的几何长度；有缀板时，为相邻两缀板中心线的最大间距；

α、β——约束系数，按表 1-57 采用。

表 1-57　开口截面轴心受压和压弯构件的约束系数

项次	构件两端的支承情况	无缀板		有缀板	
		α	β	α	β
1	两端铰接，端部截面可以自由翘起	1.00	1.00	—	—
2	两端嵌固，端部截面的翘曲完全受到约束	1.00	0.50	0.80	1.00
3	两端铰接，端部截面的翘曲完全受到约束	0.72	0.50	0.80	1.00

（5）有缀板的单轴对称开口截面轴心受压构件弯扭屈曲的换算　长细比 λ_ω 可按式（1-41）计算，约束系数 α、β 可按表 1-57 采用，但扭转屈曲的计算长度 $l_\omega = \beta \cdot a$，a 为缀板中心线的最大间距。构件两支承点间至少应设置 2 块缀板（不包括构件支承点处的缀板或封头板）。

3. 拉弯构件　强度按式（1-45）计算：

$$\sigma = \frac{N}{A_n} \pm \frac{M_x}{W_{nx}} \pm \frac{M_y}{W_{ny}} \leqslant f \tag{1-45}$$

式中　M_x、M_y——对截面主轴 x 轴、y 轴的弯矩；

$\quad\quad W_{nx}$、W_{ny}——对截面主轴 x 轴、y 轴净截面抵抗矩。

若拉弯构件截面内出现受压区，且受压构件的宽厚比超过规范中规定的有效宽厚比，则在计算其净截面特性时，扣除受压板件的超出部分。

4. 压弯构件

（1）压弯构件的强度　按式（1-46）计算：

$$\sigma = \frac{N}{A_{en}} \pm \frac{M_x}{W_{enx}} \pm \frac{M_y}{W_{eny}} \leqslant f \tag{1-46}$$

式中　W_{enx}、W_{eny}——对截面主轴 x 轴、y 轴的有效净截面抵抗矩。

（2）双轴对称截面的压弯构件　当弯矩作用于对称平面内时，按式（1-47）计算弯矩作用平面内的稳定性：

$$\sigma = \frac{N}{\varphi A_e} \pm \frac{\beta_m M}{\left(1 - \frac{N}{N_e}\varphi\right) W_e} \leqslant f \tag{1-47}$$

式中　N_e——欧拉临界力，$N_e = \pi^2 EA / 1.165\lambda^2$；

$\quad\quad \lambda$——构件在弯矩作用平面内的长细比；

$\quad\quad E$——钢材的弹性模量；

$\quad\quad W_e$——对最大受压边缘的有效截面抵抗矩；

$\quad\quad \beta_m$——等效弯矩系数，当构件端部无侧移且无中间横向荷载时，$\beta_m = 0.6 + 0.4 M_2/M_1$，其他情况下，$\beta_m = 1$；

M_1、M_2——分别为绝对值较大和绝对值较小的端弯矩，当构件以单曲率弯曲时 M_2/M_1 取正值，当构件以双曲率弯曲时 M_2/M_1 取负值。

（3）双轴对称截面的压弯构件　当弯矩作用在最大刚度平面内（图 1-39）时，除按式（1-47）计算平面内稳定外，还应按式（1-48）计算构件弯矩作用平面外的稳定性。

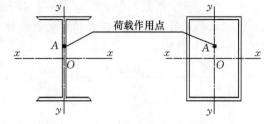

图 1-39　双轴对称截面示意图

$$\frac{N}{\varphi_y A_e} + \frac{\eta M_x}{\varphi_{bx} W_{ex}} \leqslant f \qquad (1-48)$$

式中　φ_y——对 y 轴的轴心受压构件的稳定系数，其长细比按 $\lambda_y = l_{oy}/i_y$ 计算；

φ_{bx}——受弯构件的整体稳定系数，对于闭口截面 $\varphi_{bx}=1.0$；

W_{ex}——对截面主轴 x 的有效截面抵抗矩；

η——截面系数，对闭口截面 $r=0.7$，对其他截面 $\eta=1.0$。

（4）单轴对称开口截面（图 1-41）的压弯构件　当弯矩作用于对称平面内时，除应按式（1-47）计算弯矩作用平面内的稳定性外，还应按式（1-48）计算其弯矩作用平面外的稳定性，此时，式（1-47）中的轴心受压构件稳定系数 φ 应按式（1-49）算得，弯扭屈曲的换算长细比 λ_ω 由表 1-55 或表 1-56 查得。

$$\lambda_\omega = \lambda_x \sqrt{\frac{s^2+a^2}{2s^2} + \sqrt{\left(\frac{s^2+a^2}{2s^2}\right)^2 - \frac{a^2-a(e_0-e_x)^2}{s^2}}} \qquad (1-49)$$

$$a^2 = e_0^2 + i_x^2 + 2e_x\left(\frac{U_y}{2I_y} - e_0 - \xi_2 e_a\right) \qquad (1-50)$$

$$U_y = \int_A x(x^2+y^2)\mathrm{d}A \qquad (1-51)$$

式中　e_x——等效偏心矩，$e_x = \pm\beta_m M/N$，当偏心在截面弯心一侧时 e_x 为负，当偏心在与截面弯心相对的另一侧时，e_x 为正，M 取构件计算段的最大弯矩；

ξ_2——横向荷载作用位置影响系数；

s——计算系数，按式（1-43）计算；

e_a——横向荷载作用点到弯心的距离：对于偏心压杆或当横向荷载作用在弯心时，$e_a=0$；当荷载不作用在弯心且荷载方向指向弯心时 e_a 为负，离开弯心时 e_a 为正。

（5）单轴对称开口截面压弯构件　当弯矩作用于非对称主平面内时（图 1-40），除应按式（1-52）计算其弯矩作用平面内的稳定性外，还应按式（1-53）计算其弯矩作用平面外的稳定性。

$$\frac{N}{\varphi_x A_e} + \frac{\beta_m M_x}{\left(1-\dfrac{N}{N'_{Ex}}\varphi_x\right)W_{ex}} + \frac{B}{W_\omega} \leqslant f \qquad (1-52)$$

$$\frac{N}{\varphi_y A_e} + \frac{M_x}{\varphi_{bx} W_{ex}} + \frac{B}{W_\omega} \leqslant f \qquad (1-53)$$

式中 φ_x——对 x 轴的轴心受压构件的稳定系数，其长细比
应按式（1-41）计算；

$N_{Ex}{}'$——系数，$N_{Ex}{}'=\pi^2EA/1.165\lambda_x^2$。

（6）双轴对称截面双向压弯构件的稳定性 应按式（1-54）
和式（1-55）计算：

荷载作用点

$$\frac{N}{\varphi_xA_e}+\frac{\beta_mM_x}{\left(1-\frac{N}{N'_{Ex}}\varphi_x\right)W_{ex}}+\frac{\eta M_y}{\varphi_{by}W_{ey}}\leqslant f \qquad (1-54)$$

$$\frac{N}{\varphi_xA_e}+\frac{\beta_{my}M_y}{\left(1-\frac{N}{N'_{Ey}}\varphi_y\right)W_{ey}}+\frac{\eta M_x}{\varphi_{bx}W_{ex}}\leqslant f \qquad (1-55)$$

式中 φ_{by}——当弯矩作用于最小刚度平面内时，受弯构件
的整体稳定系数；

β_{my}——对 x 轴的等效弯矩系数。

图 1-40 面绕对称轴弯曲
示意图

5. 受弯构件

（1）荷载通过截面弯心并与主轴平行的受弯构件（图 1-41） 强度按式（1-56）计
算，稳定性按式（1-57）计算：

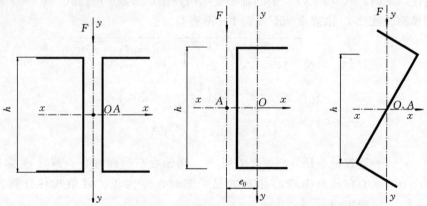

图 1-41 荷载通过弯心并与主轴平行的受弯构件截面示意图

$$\sigma=\frac{M_{max}}{W_{enx}}\leqslant f \quad \tau=\frac{V_{max}S}{It}\leqslant f_v \qquad (1-56)$$

$$\frac{M_{max}}{\varphi_{bx}W_{ex}}\leqslant f \qquad (1-57)$$

式中 W_{enx}——对主轴 x 轴的较小有效净截面模量；

τ——剪应力；

V_{max}——最大剪力；

M_{max}——跨间对主轴 x 轴的最大弯矩；

t——腹板厚度之和；

S——计算剪应力处以上截面对中和轴的面积矩；

I——毛截面惯性矩；

φ_{bx}——受弯构件的整体稳定系数；

W_{ex}——对截面主轴 x 轴的受压边缘的有效截面模量；

f_v——钢材抗剪强度设计值。

（2）荷载偏离截面弯心但与主轴平行的受弯构件（图 1-42） 强度按式（1-58）计算，稳定性按式（1-59）计算：

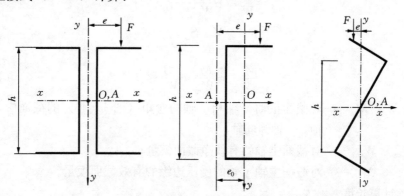

图 1-42 荷载偏离弯心但与主轴平行的受弯构件示意

$$\sigma = \frac{M}{W_{enx}} + \frac{B}{W_\omega} \leqslant f \qquad \tau = \frac{V_{max}S}{It} \leqslant f_v \qquad (1-58)$$

$$\frac{M_{max}}{\varphi_{bx}W_{ex}} + \frac{B}{W_\omega} \leqslant f \qquad (1-59)$$

式中 B——与所取弯矩同一截面的双弯矩，当受弯构件的受压翼缘上有铺板，且与受压翼缘牢固连接并能阻止受压翼缘侧向变位和扭转时，$B=0$，此时可不验算受弯构件的稳定性；其他情况按规范规定计算。

W_ω——与弯矩引起的应力同一验算点处的毛截面扇形抵抗矩。

（3）荷载偏离截面弯心且与主轴倾斜的受弯构件（图 1-43） 当在构造上能保证整体

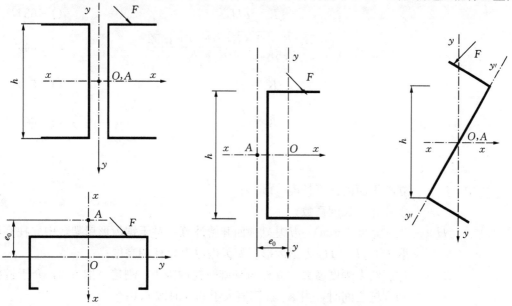

图 1-43 荷载偏离弯心且与主轴倾斜的受弯构件示意图

稳定性时，其强度可按式（1-60）和式（1-61）计算，不做稳定性验算，其中，按式（1-61）计算剪应力时，应分别验算 x 轴和 y 轴两个方向的剪应力；当不能在构造上保证整体稳定时，按式（1-62）计算其稳定性。

$$\sigma = \frac{M_x}{W_{enx}} + \frac{M_y}{W_{eny}} + \frac{B}{W_\omega} \leqslant f \qquad (1-60)$$

$$\tau = \frac{V_{max}S}{It} \leqslant f_v \qquad (1-61)$$

$$\frac{M_x}{\varphi_{bx}W_{ex}} + \frac{M_y}{W_{ey}} + \frac{B}{W_\omega} \leqslant f \qquad (1-62)$$

式中　M_x、M_y——对截面主轴 x 轴和 y 轴的弯矩（图 1-43）的截面中，x 轴为强轴，y 轴为弱轴；

　　　W_{enx}、W_{eny}——对截面主轴的有效净截面模量；

　　　W_{ey}——对截面主轴 y 轴的受压边缘的有效截面模量。

6. 杆件计算长度

（1）塑料大棚构件计算长度　塑料大棚拱架为桁架时，拱架上下弦杆平面内计算长度可取其节间几何长度，平面外计算长度可取其纵向支撑点之间的距离；腹杆平面内和平面外计算长度可取其几何长度。拱架为单管时，拱杆平面内计算长度可按其轴线长度的 1/3 取值；拱杆平面外计算长度可取其纵向支撑点之间的距离。

（2）日光温室构件计算长度应符合下列规定　日光温室拱架为桁架时，拱架上下弦杆平面内计算长度可取其节间几何长度，平面外计算长度可取其纵向支撑点之间的距离；腹杆平面内和平面外计算长度可取其几何长度。拱架为单管时，前屋面拱杆平面内计算长度可按其轴线长度的 2/3 取值，后屋面拱杆平面内计算长度可按其实际长度取值；拱杆平面外计算长度可取其纵向支撑点之间的距离。

（3）连栋温室立柱平面内计算长度　可按式（1-63）至式（1-67）计算：

$$L_0 = \mu H \qquad (1-63)$$

$$\mu = \sqrt{\frac{7.5K_1K_2 + 4(K_1 + K_2) + 1.52}{7.5K_1K_2 + K_1 + K_2}} \qquad (1-64)$$

$$K_1 = \frac{k_{z1}}{6i_c} \qquad (1-65)$$

$$K_2 = \frac{k_{z2}}{6i_c} \qquad (1-66)$$

$$i_c = \frac{EI_c}{H} \qquad (1-67)$$

式中　L_0——立柱平面内计算长度（mm）；

　　　μ——立柱计算长度系数；

　　　H——立柱高度（mm）；从基础顶面开始计算，对于锯齿形屋架，中立柱高度取 $H + H_2$，H_2 为锯齿形屋架天沟以上立柱的高度；

　　　K_1——柱底约束刚度参数，立柱与基础铰接时取 0，刚接时取 6.0，介于铰接和刚接之间时，当 K_1 计算值大于 6.0 时取 6.0；

　　　K_2——柱顶约束刚度参数；

k_{z1}——基础对立柱的转动约束（Nm）；

k_{z2}——屋架或桁架等效为实腹梁对立柱柱顶的转动约束（Nm）；

i_c——立柱的线刚度（Nm）；

E——材料的弹性模量（N/mm^2）；

I_c——立柱的截面惯性矩（mm^4）。

立柱与基础连接介于铰接和刚接之间时，基础对立柱的转动约束可按式（1-68）计算：

$$k_{z1}=\frac{1}{8}E_s\left\{\frac{1}{\left[1.95-0.0145\left(11-\frac{A}{B}\right)^2\right]}B^3+2B_1H_1^2\right\} \qquad (1-68)$$

式中　E_s——地基土的压缩模量，可取 2～4 N/mm^2，软土取小值，硬土取大值，介于两者之间线性插值；

A——垂直于跨度方向的基础底面尺寸（mm），条形基础时取 $A=3B$；

B——跨度方向的基础底面尺寸（mm）；

B_1——跨度方向的基础短柱尺寸（mm）；

H_1——基础埋深（mm），露出地面的不计入。

屋架或桁架等效为实腹梁对立柱柱顶的转动约束可按下列规定计算：

① 双坡屋面门式屋架（图 1-44）对立柱柱顶的转动约束按式（1-69）和式（1-70）计算。

$$k_{z2}=3n_zi_b \qquad (1-69)$$

$$i_b=\frac{EI_b}{s} \qquad (1-70)$$

式中　n_z——与立柱相连的斜梁数量，边立柱取 1，中立柱取 2；

i_b——斜梁或桁架等效为实腹梁的线刚度（Nm）；

I_b——斜梁的截面惯性矩（mm^4）；

s——斜梁的长度（mm）。

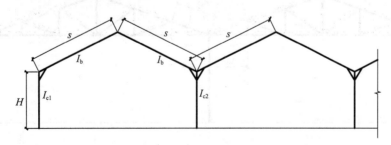

图 1-44　双坡屋面门式屋架

② 文洛型温室（图 1-45）的柱顶桁架可等效为实腹梁，等效截面惯性矩按式（1-71）计算，实腹梁对立柱柱顶的转动约束可按式（1-69）和式（1-72）计算。

$$I_b=\frac{A_1A_2}{A_1+A_2}h^2 \qquad (1-71)$$

$$i_b=\frac{0.9EI_b}{S_w} \qquad (1-72)$$

式中　　I_b——桁架等效为实腹梁的等效截面惯性矩（mm^4）；

　　A_1、A_2——桁架上下弦杆截面面积（mm^2）；

　　　　h——平行弦桁架上下弦杆中心距离（mm）；

　　　　S_w——文洛型温室跨度的一半（mm）。

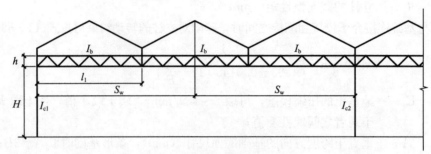

(a) 1跨3个尖顶

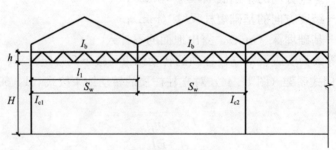

(b) 1跨2个尖顶

图1-45　文洛型屋架

③ 采用Ⅰ型三角形屋架（图1-46），立柱与基础应为刚接，屋架对立柱柱顶的转动约束按式（1-73）至式（1-75）计算。

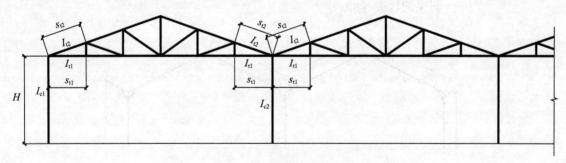

图1-46　Ⅰ型三角形屋架

$$k_{z2} = 4n_z(i_{t1} + i_{t2}) \qquad (1-73)$$

$$i_{t1} = \frac{EI_{t1}}{s_{t1}} \qquad (1-74)$$

$$i_{t2} = \frac{EI_{t2}}{s_{t2}} \qquad (1-75)$$

式中　　i_{t1}——屋架端部节间下弦杆的线刚度（Nm）；

　　　　i_{t2}——屋架端部节间上弦杆的线刚度（Nm）；

I_{t1}——屋架端部节间下弦杆的截面惯性矩（mm^4）；

s_{t1}——屋架端部节间下弦杆的长度（mm）；

I_{t2}——屋架端部节间上弦杆的截面惯性矩（mm^4）；

s_{t2}——屋架端部节间上弦杆的长度（mm）。

④ Ⅱ型三角形屋架（图1-47）对立柱柱顶的转动约束按式（1-69）和式（1-70）计算。其中 I_b 为屋面平行弦桁架等效为实腹梁的等效截面惯性矩，可不考虑水平拉杆和竖杆的作用，计算实腹梁的线刚度时，等效截面惯性矩可乘以0.9的折减系数。

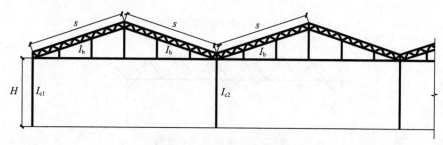

图1-47 Ⅱ型三角形屋架

⑤ 采用Ⅰ型圆拱形屋架（图1-48），立柱与基础应为刚接，屋架对立柱柱顶的转动约束可按式（1-73）计算。

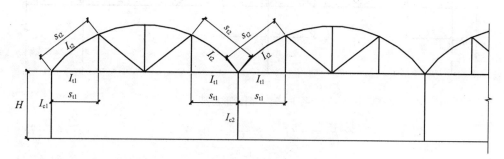

图1-48 Ⅰ型圆拱形屋架

⑥ 采用Ⅱ型圆拱形屋架（图1-49），立柱与基础应为刚接，屋架对立柱柱顶的转动约束，可不考虑水平拉杆和竖杆的作用，并按式（1-76）和式（1-77）计算。

$$k_{z2} = 3n_z i_{ar} \qquad (1-76)$$

$$i_{ar} = \frac{EI_{ar}}{S_1} \qquad (1-77)$$

式中 i_{ar}——拱杆的线刚度（Nm）；

I_{ar}——拱杆的截面惯性矩（mm^4）；

S_1——半个拱长（mm）。

⑦ 采用Ⅲ型圆拱形屋架（图1-50），立柱与基础应为刚接，柱顶约束刚度参数 K_2 可取2.0。

⑧ 采用锯齿形屋架（图1-51），立柱与基础应为刚接，屋架对边立柱柱顶的转动约束可按式（1-73）计算；屋架对中立柱的转动约束按式（1-78）至式（1-80）计算。

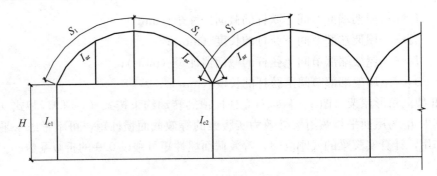

图 1-49 Ⅱ型圆拱形屋架

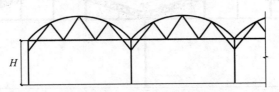

图 1-50 Ⅲ型圆拱形屋架

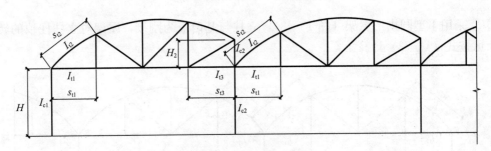

图 1-51 锯齿形屋架

$$k_{z2} = 4\ (i_{t1} + i_{t2} + i_{t3} + 0.9i'_{c2}) \tag{1-78}$$

$$i_{t3} = \frac{EI_{t3}}{s_{t3}} \tag{1-79}$$

$$i'_{c2} = \frac{EI'_{c2}}{H_2} \tag{1-80}$$

式中 i_{t3}——锯齿形屋架直角侧下弦杆的线刚度（Nm）；

I_{t3}——锯齿形屋架直角侧下弦杆的截面惯性矩（mm⁴）；

s_{t3}——锯齿形屋架直角侧下弦杆端部节间的长度（mm）；

I'_{c2}——锯齿形屋架天沟以上立柱的截面惯性矩（mm⁴）；

i'_{c2}——锯齿形屋架天沟以上立柱的线刚度（Nm）；

H_2——锯齿形屋架天沟以上立柱的高度（mm）。

当立柱为格构柱时，立柱的截面惯性矩应乘以 0.9 的折减系数。

（4）连栋温室屋面构件平面内和平面外计算长度

① 双坡屋面门式屋架的斜梁，平面内计算长度可取斜梁的长度，平面外计算长度可取屋面水平支撑点之间的距离。

② 文洛型温室桁架腹杆平面内和平面外计算长度可取其几何长度；弦杆的平面内计算长

度可取弦杆节点中心之间的距离；弦杆平面外计算长度可根据1跨内尖顶数按下列规定计算：

——1跨2个尖顶时，桁架上弦杆平面外计算长度按式（1-81）计算：

$$l_0 = \frac{0.75l_1}{\left(1+0.04\dfrac{l_1^2}{h^2}\right)^{0.25}} \tag{1-81}$$

式中 l_0——桁架上弦杆平面外计算长度（mm）；

l_1——单个尖顶屋面跨度（mm）。

——1跨3个或4个尖顶时，桁架上弦杆平面外计算长度按式（1-82）计算：

$$l_0 = \frac{0.9l_1}{\left(1+0.04\dfrac{l_1^2}{h^2}\right)^{0.25}} \tag{1-82}$$

——文洛型温室桁架下弦杆有阻止平面外位移的措施时，上下弦杆平面外计算长度可一致；下弦杆没有阻止平面外位移的措施时，下弦杆平面外计算长度可取上弦杆平面外计算长度的两倍。

③Ⅰ型三角形屋架构件的计算长度，可按现行国家标准《钢结构设计标准》（GB 50017）确定。确定桁架弦杆和腹杆的长细比时，其计算长度 l_0 应按表1-58采用。

表1-58 桁架弦杆和腹杆的计算长度 l_0

弯曲方向	弦杆	腹杆	
		支座斜杆和支座竖杆	其他腹杆
桁架平面内	l	l	$0.8l$
桁架平面外	l_1'	l	l

注：l 为构件的几何长度；l_1' 为桁架弦杆侧向支撑点之间的距离。上弦为圆拱形时，计算长度取节间弧长。

④Ⅱ型三角形屋架温室的桁架上下弦杆平面内计算长度可取弦杆节点中心之间的距离；平面外计算长度可取屋面水平支撑交叉点之间的距离；桁架腹杆平面内和平面外计算长度可取其几何长度，水平拉杆平面内计算长度可取拉杆节点中心之间的距离，平面外计算长度可取侧向支撑点之间的距离；竖杆平面内和平面外计算长度可取其杆件的几何长度。

⑤Ⅰ、Ⅲ型圆拱形温室屋面构件的计算长度可按Ⅰ型三角形屋架确定。

⑥Ⅱ型圆拱形温室的拱杆平面内计算长度可按其轴线长度的1/3；平面外计算长度可取纵向支撑点之间的距离。

⑦锯齿型屋面构件的计算长度可按Ⅰ型三角形屋架确定。

（二）钢筋混凝土构件

1. 钢筋混凝土结构构件的计算 温室建筑中常用的钢筋混凝土承重构件有梁、板、柱。

（1）梁 在结构的水平分体系中，应用最广泛的是各种承受竖向荷载的梁。温室建筑中常用的梁按其支承条件分为简支梁、悬臂梁、连续梁、拱梁等。梁是受弯构件，主要承受弯矩和剪力，有些梁还承受扭矩。

1）弯矩作用下钢筋混凝土构件正截面受弯承载力计算

① 矩形截面或翼缘位于受拉边的倒T形截面受弯构件，在弯矩作用下其正截面受弯承载力应符合式（1-83）的规定（图1-52）。

$$M \leqslant \alpha_1 f_c bx \left(h_0 - \frac{x}{2}\right) + f'_y A'_s (h_0 - a'_s) - (\sigma'_{p0} - f'_{py}) A'_p (h_0 - a'_p) \quad (1-83)$$

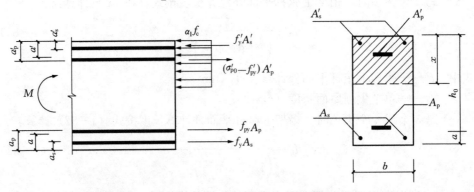

图 1-52 矩形截面受弯构件正截面受弯承载力计算

② 混凝土受压区高度应按式 (1-84) 确定:

$$\alpha_1 f_c bx = f_y A_s - f'_y A'_s + f_{py} A_p + (\sigma'_{p0} - f'_{py}) A'_p \quad (1-84)$$

③ 混凝土受压区高度尚应符合式 (1-85) 和式 (1-86) 的条件:

$$x \leqslant \xi_b h_0 \quad (1-85)$$

$$x \geqslant 2a' \quad (1-86)$$

式中　　M ——弯矩设计值;

α_1 ——系数,当混凝土强度等级不超过 C50 时 α_1 取为 1.0,当混凝土强度等级为 C80 时 α_1 取为 0.94,其间按线性内插法确定;

f_c ——混凝土轴心抗压强度设计值,查表 1-53;

f_y、f'_y ——钢筋抗拉强度和抗压强度设计值,查表 1-54;

f'_{py} ——预应力钢筋强度设计值,查表 1-54;

A_s、A'_s ——受拉区、受压区纵向普通钢筋的截面面积;

A_p、A'_p ——受拉区、受压区纵向预应力钢筋的截面面积;

σ'_{p0} ——受压区纵向预应力钢筋合力点处混凝土法向应力等于零时的预应力钢筋应力;

b ——矩形截面的宽度或倒 T 形截面的腹板宽度;

h_0 ——截面有效高度;

a'_s、a'_p ——受压区纵向普通钢筋合力点、预应力钢筋合力点至截面受压边缘的距离;

a_s、a_p ——受拉区纵向普通钢筋合力点、预应力钢筋合力点至截面受拉边缘的距离,mm。

a' ——受压区全部纵向钢筋合力点至截面受压边缘的距离,mm,当受压区未配置纵向预应力钢筋或受压区纵向预应力钢筋应力 $(\sigma'_{p0} - f'_{py})$ 为拉应力时,公式 $x \geqslant 2a'$ 中的 a' 用 a'_s 代替;

a ——受拉区全部纵向钢筋合力点至截面受拉边缘的距离;

ξ_b ——纵向受拉钢筋屈服与受压区混凝土破坏同时发生时的相对界限受压区高度;

x ——等效矩形应力图形的混凝土受压区高度。

2) 剪力作用下钢筋混凝土构件斜截面承载力计算

① 计算截面位置确定。在计算斜截面的受剪承载力时，其剪力设计值的计算截面位置应选择支座边缘处的截面位置（图 1-53 截面 1-1）和受拉区弯起钢筋弯起点处的截面位置（图 1-53 截面 2-2、3-3）。

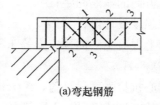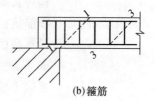

(a)弯起钢筋　　　　　　(b)箍筋

图 1-53　斜截面受剪承载力

② 矩形、T 形和 I 形截面的受弯构件，其受剪截面应符合下列条件：

当 $h_w/b \leqslant 4$ 时，$V \leqslant 0.25\beta_c f_c b h_0$；　　　　　　　　　（1-87）

当 $h_w/b \geqslant 6$ 时，$V \leqslant 0.20\beta_c f_c b h_0$；　　　　　　　　　（1-88）

当 $4 < h_w/b < 6$ 时，按线性内插法确定。

式中　V——构件最大剪力设计值；

β_c——系数，当混凝土强度等级不超过 C50 时，β_c 取 1.0，当混凝土强度等级为 C80 时，β_c 取 0.8，其间按线性内插法确定；

f_c——混凝土轴心抗压强度设计值，查表 1-53；

b——矩形截面的宽度或 T 形、I 形截面的腹板宽度；

h_0——截面的有效高度；

h_w——截面的腹板高度，矩形截面为 h_0；对 T 形截面，取有效高度减去翼缘高度；对 I 形截面，取腹板净高。

③ 不配置箍筋和弯起钢筋的一般受弯构件，其受剪截面应符合下列条件：

$$V \leqslant 0.7\beta_h f_t b h_0 \qquad\qquad (1-89)$$

$$\beta_h = \left(\frac{800}{h_0}\right)^{1/4} \qquad\qquad (1-90)$$

式中　V——构件最大剪力设计值；

β_h——截面高度影响系数，当 $h_0 \leqslant 800$ mm 时，取 $h_0 = 800$ mm；当 $h_0 > 2\,000$ mm 时，取 $h_0 = 2\,000$ mm；

f_t——混凝土轴心抗拉强度设计值，查表 1-53；

b——矩形截面的宽度或 T 形、I 形截面的腹板宽度；

h_0——截面的有效高度。

④ 仅配置箍筋的一般受弯构件，其受剪截面应符合下列条件：

$$V \leqslant V_{cs} + V_p \qquad\qquad (1-91)$$

$$V_{cs} = 0.7 f_t b h_0 + f_{yv}\frac{A_{sv}}{s}h_0 \qquad\qquad (1-92)$$

$$V_p = 0.05 N_{p0} \qquad\qquad (1-93)$$

式中　V——构件最大剪力设计值；

V_{cs}——构件斜截面上混凝土和箍筋的受剪承载力设计值；

V_p——由预加力所提高的构件受剪承载力设计值；

A_{sv}——配置在同一截面内的箍筋各肢的全部截面面积；

s——构件长度方向的箍筋间距；

f_{yv}——箍筋抗拉强度设计值；

N_{p0}——计算截面上混凝土法向预应力等于零时的预加力，当 $N_{p0}>0.3_{fc}A_0$ 时，取 $N_{p0}=0.3_{fc}A_0$；

f_t——混凝土轴心抗拉强度设计值，N/mm^2，查表 1-53；

b——矩形截面的宽度或 T 形、I 形截面的腹板宽度；

h_0——截面的有效高度。

⑤ 当配置箍筋和弯起钢筋时的一般受弯构件，其受剪截面应符合下列条件：

$$V \leqslant V_{cs}+V_p+0.8f_yA_{sb}\sin a_s+0.8f_{py}A_{pb}\sin a_p \qquad (1-94)$$

式中　A_{sb}、A_{pb}——同一弯起平面内的非预应力弯起钢筋、预应力弯起钢筋的截面面积，mm^2；

a_s、a_p——斜截面上非预应力弯起钢筋、预应力弯起钢筋的切线与构件纵向轴线的夹角。

3）受弯构件挠度计算　矩形、T 形、倒 T 形和 I 形截面受弯构件考虑荷载长期作用影响的刚度 B，可按下列公式计算：

$$B=\frac{M_k}{M_q(\theta-1)+M_k}B_s \qquad (1-95)$$

式中　M_k——按荷载效应的标准组合计算最大弯矩值；

M_q——按荷载效应的准永久组合计算最大弯矩值；

B_s——荷载效应的准永久组合计算的钢筋混凝土受弯构件或按标准组合计算的预应力混凝土受弯构件的短期刚度；

θ——考虑荷载长期作用对挠度增大的影响系数，当 $\rho'=0$ 时，取 $\theta=2.0$；当 $\rho'=\rho$ 时，$\theta=1.6$；当 ρ' 为 $0\sim\rho$ 中间数值时，θ 按线性内插法取用。此处，$\rho'=A'_s/(bh_0)$，$\rho=A_s/(bh_0)$。

对翼缘位于受拉区的倒 T 形截面，θ 应增大 20%；预应力混凝土受弯构件，$\theta=2.0$。

4）构造要求

① 钢筋混凝土梁纵向受力钢筋的直径，当梁高 $h\geqslant300$ mm 时，不应小于 10 mm；当梁高 $h<300$ mm 时，不应小于 8 mm；梁上部纵向钢筋水平方向的净间距（钢筋外边缘之间的最小距离）不应小于 30 mm 和 $1.5d$（d 表示钢筋的最大直径）；下部纵向钢筋水平方向的净间距不应小于 25 mm 和 d。梁的下部纵向钢筋配置多于两层时，两层以上钢筋水平方向的中距应比下面两层的中距增大一倍。各层钢筋之间的净间距不应小于 25 mm 和 d。伸入梁支座范围内的纵向受力钢筋根数，不应少于 2 根。

② 梁中箍筋的间距应符合表 1-59 的规定。

表 1-59　梁中箍筋的最大间距（mm）

梁高 h	$V>0.7f_tbh_0+0.05N_{p0}$	$V\leqslant0.7f_tbh_0+0.05N_{p0}$
$150<h\leqslant300$	150	200
$300<h\leqslant500$	200	300
$500<h\leqslant800$	250	350
$h>800$	300	400

③ 钢筋混凝土简支梁和连续梁简支端的下部纵向受力钢筋，其伸入梁支座范围内的锚固长度 l_{as}（图 1-54）应符合下列规定：

当 $V \leqslant 0.7 f_t b h_0$ 时，$l_{as} \geqslant 5d$；

当 $V > 0.7 f_t b h_0$ 时，带肋钢筋 $l_{as} \geqslant 12d$，光面钢筋 $l_{as} \geqslant 15d$。

式中 d——纵向受力钢筋的最大直径。

如纵向受力钢筋伸入梁支座范围内的锚固长度不符合上述要求，可采取弯钩或机械锚固等有效锚固措施，并应满足相关规定。

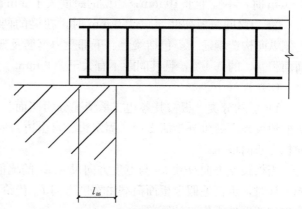

图 1-54 纵向受力钢筋伸入梁简支支座的锚固

支承在砌体结构上的钢筋混凝土独立梁，在纵向受力钢筋的锚固长度 l_{as} 范围内应配置不少于 2 根箍筋，其直径不宜小于纵向受力钢筋最大直径的 0.25 倍，间距不宜大于纵向受力钢筋最小直径的 10 倍；当采取机械锚固措施时，箍筋间距尚不宜大于纵向受力钢筋最小直径的 5 倍。

对混凝土强度等级为 C25 及以下的简支梁和连续梁的简支端，当距支座边 1.5h 范围内作用有集中荷载，且 $V > 0.7 f_t b h_0$ 时，对带肋钢筋宜采取有效的锚固措施，或取锚固长度 $l_{as} \geqslant 15d$。

④ 钢筋混凝土梁支座截面负弯矩纵向受拉钢筋不宜在受拉区截断。当必须截断时，应符合以下规定：

当 $V \leqslant 0.7 f_t b h_0$ 时，应延伸至按正截面受弯承载力计算不需要该钢筋的截面以外不小于 $20d$ 处截断，且从该钢筋强度充分利用截面伸出的长度不应小于 $1.2 l_a$（l_a 指受拉钢筋的锚固长度）。

当 $V > 0.7 f_t b h_0$ 时，应延伸至按正截面受弯承载力计算不需要该钢筋的截面以外不小于 h_0 且不小于 $20d$ 处截断，且从该钢筋强度充分利用截面伸出的长度不应小于 $1.2 l_a + h_0$。

若按上述规定确定的截断点仍位于负弯矩受拉区内，则应延伸至按正截面受弯承载力计算，不需要该钢筋的截面以外不小于 $1.3 h_0$ 且不小于 $20d$ 处截断，且从该钢筋强度充分利用截面伸出的长度不应小于 $1.2 l_a + 1.7 h_0$。

⑤ 在混凝土梁中，宜采用箍筋作为承受剪力的钢筋。当采用弯起钢筋时，其弯起角宜取 45° 或 60°；在弯起钢筋的弯终点外应留有平行于梁轴线方向的锚固长度，在受拉区不应小于 $20d$，在受压区不应小于 $10d$，此处，d 为弯起钢筋的直径；梁底层钢筋中的角部钢筋不应弯起，顶层钢筋中的角部钢筋不应弯下。

⑥ 按计算不需要箍筋的梁，当截面高度 $h > 300$ mm 时，应沿梁全长设置构造箍筋；当截面高度 h 为 150～300 mm 时，可仅在构件端部 1/4 跨度范围内设置构造箍筋；但当在构件中部 1/2 跨度范围内有集中荷载作用时，则应沿梁全长设置箍筋；当截面高度 $h < 150$ mm 时，可不设箍筋。

⑦ 梁内架立钢筋的直径：当梁的跨度小于 4 m 时，不宜小于 8 mm；当梁的跨度为

$4\sim6$ m 时，不宜小于 10 mm；当梁的跨度大于 6 m 时，不宜小于 12 mm。

⑧ 当梁的腹板高度 $h_w\geqslant450$ mm 时，在梁的两个侧面应沿高度配置纵向构造钢筋，每侧纵向构造钢筋（不包括梁上、下部受力钢筋及架立钢筋）的截面面积不应小于腹板截面面积 bh_w 的 0.1%，且其间距不宜大于 200 mm。

（2）板

1）板的分类　板按其各边支承情况分为四面、三面、一面和角点支承板；按其支承边的约束条件又可分为简支边、固定边、自由边。四边支承板按长短边的比值可以分为单向板和双向板。

当板长度方向尺寸 L_2 与宽度方向尺寸 L_1 的比值 $L_2/L_1\geqslant2$ 时，称为单向板。按单向板设计时，近似地假定板面荷载由宽度方向 L_1 传给长边支座，设计单向板时可沿长向 L_2 取单位宽度的板作为计算单元。

当板长度方向尺寸 L_2 与宽度方向尺寸 L_1 的比值 $L_2/L_1<2$ 时，称为双向板。按双向板设计，板面荷载沿两个方向传给各自的支座。

四边简支的双向板在均布荷载作用下的破坏方式表现为板的四边支座的压力沿边长是不均匀的，中部大、两端小。在裂缝出现前，双向板基本上处于弹性工作阶段，短跨方向的最大弯矩出现在中点，而长跨方向的最大正弯矩偏离跨中截面。

2）计算跨度　计算跨度 L_0 与支座反力分布有关，即与构件的支承长度和构件刚度有关（表 1-60）。

表 1-60　梁、板的计算跨度 L_0

支承情况	梁	板
两端与梁（柱）整体连接	净跨长 L_n	净跨长 L_n
两端支承在砖墙上	$1.05L_n$（$\leqslant L_n+b$）	L_n+h（$\leqslant L_n+a$）
一端与梁（柱）整体连接，一端支承在砖墙上	$1.025L_n$（$\leqslant L_n+b/2$）	$L_n+h/2$（$\leqslant L_n+a/2$）

注：h 为板的厚度，a 为板的支承长度，b 为梁的支承长度。

3）构造要求

① 现浇钢筋混凝土板的厚度，不应小于表 1-61 的规定。

表 1-61　现浇钢筋混凝土板的最小厚度

板的类别	最小厚度（mm）
单向板	60
双向板	80
悬臂板	
板的悬臂长度小于或等于 500 mm	60
板的悬臂长度 500～1 200 mm	100

② 板中受力钢筋的间距：当板厚 $h\leqslant150$ mm 时，不宜大于 200 mm；当板厚 $h>150$ mm时，不宜大于 $1.5h$，且不宜大于 250 mm。

③ 当按单向板设计时，除沿受力方向布置受力钢筋外，尚应在垂直受力方向布置分布钢筋。单位长度上分布钢筋的截面面积不宜小于单位宽度上受力钢筋截面面积的 15%，且不宜小于该方向板截面面积的 0.15%；分布钢筋的间距不宜大于 250 mm，直径不宜小于 6 mm。

④ 当多跨单向板、多跨双向板采用分离式配筋时，板底钢筋宜全部伸入支座；支座负弯矩钢筋向跨内的延伸长度应覆盖负弯矩图并满足钢筋锚固的要求。

⑤ 简支板或连续板下部纵向受力钢筋伸入支座的锚固长度不应小于 $5d$ 且宜伸过支座中心线（d 为下部纵向受力钢筋的直径）。当连续板内温度、收缩应力较大时，伸入支座的锚固长度宜适当增加。

⑥ 对与支承结构整体浇筑或嵌固在承重砌体墙内的现浇混凝土板，应沿支承周边配置上部构造钢筋，其直径不宜小于 8 mm，间距不宜大于 200 mm，并应符合下列规定：

嵌固在砌体墙内的现浇混凝土板，其上部与板边垂直的构造钢筋伸入板内的长度，从墙边算起不宜小于板短边跨度的 1/7；在两边嵌固于墙内的板角部分，应配置双向上部构造钢筋，该钢筋伸入板内的长度从墙边算起不宜小于板短边跨度的 1/4；沿板的受力方向配置的上部构造钢筋，其截面面积不宜小于该方向跨中受力钢筋截面面积的 1/3；沿非受力方向配置的上部构造钢筋，可根据经验适当减少。

⑦ 在温度、收缩应力较大的现浇板区域内，钢筋间距不宜大于 200 mm，并应在板的未配筋表面布置温度收缩钢筋，板的上、下表面沿纵、横两个方向的配筋率均不宜小于 0.1%。温度收缩钢筋可利用原有钢筋贯通布置，也可另行设置构造钢筋网，并与原有钢筋按受拉钢筋的要求搭接或在周边构件中锚固。

（3）柱　柱是受压构件，按其受力情况分轴心受压构件、单向偏心受压构件和双向偏心受压构件。受压构件常见的截面形状有矩形、正方形、圆形、环形、"工"字形等。

1）轴心受压柱

① 钢筋混凝土轴心受压构件（图 1-55），当配置箍筋时正截面受压承载力应符合下列规定：

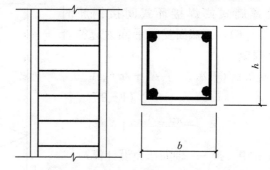

图 1-55　配置箍筋的轴心受压柱

$$N \leqslant 0.9\varphi(f_c A + f_y' A_s') \qquad (1-96)$$

式中　N——轴向压力设计值；

φ——钢筋混凝土构件的稳定系数，查表 1-62；

f_c——混凝土轴心抗压强度设计值，查表 1-53；

f_y'——普通钢筋强度设计值，查表 1-54；

A——构件截面面积，当纵向钢筋配筋率大于 3% 时，A 应改用（$A-A_s'$）代替；

A_s'——全部纵向钢筋的截面面积。

表 1-62　钢筋混凝土轴心受压构件的稳定系数 φ

l_0/b	$\leqslant 8$	10	12	14	16	18	20	22	24	26	28
l_0/d	$\leqslant 7$	8.5	10.5	12	14	15.5	17	19	21	22.5	24
l_0/i	$\leqslant 28$	35	42	48	55	62	69	76	83	90	97
φ	1.00	0.98	0.95	0.92	0.87	0.81	0.75	0.70	0.65	0.60	0.56

（续）

l_0/b	30	32	34	36	38	40	42	44	46	48	50
l_0/d	26	28	29.5	31	33	34.5	36.5	38	40	41.5	43
l_0/i	104	111	118	125	132	139	146	153	160	167	174
φ	0.52	0.48	0.44	0.40	0.36	0.32	0.29	0.26	0.23	0.21	0.19

注：表中 l_0 为构件的计算长度，对混凝土柱可按表 1-63 规定取用；b 为矩形截面的短边尺寸；d 为圆形截面的直径；i 为截面的最小回转半径。

表 1-63　钢筋混凝土柱的计算长度 l_0

柱的类别	排架方向	垂直排架方向	
		有柱间支撑	无柱间支撑
单跨	1.5H	1.0H	1.2H
多跨	1.25H	1.0H	1.2H

注：表中 H 为从基础顶面算起的柱子全高。

② 钢筋混凝土轴心受压构件，当配置螺旋式或焊接环式间接钢筋时（图 1-56），正截面受压承载力应符合下列规定：

$$N \leqslant 0.9\varphi(f_c A_{cor} + f'_y A'_s + 2\alpha f_{yv} A_{ss0}) \tag{1-97}$$

$$A_{ss0} = \frac{\pi d_{cor} A_{ss1}}{S} \tag{1-98}$$

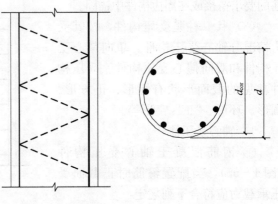

图 1-56　配置螺旋式或焊接环式间接钢筋轴心受压柱

式中　N——轴向压力设计值；

　　　f_c——混凝土轴心抗压强度设计值，查表 1-53；

　　　f_y、f'_y——间接钢筋的抗拉强度设计值，查表 1-54；

　　　A_{cor}——构件的核心截面面积，间接钢筋内表面范围内的混凝土面积；

　　　A_{ss0}——螺旋式或焊接环式间接钢筋的换算截面面积；

　　　A_{ss1}——螺旋式或焊接环式单根间接钢筋的截面面积；

　　　d_{cor}——构件的核心截面直径，间接钢筋内表面之间的距离；

　　　s——间接钢筋沿构件轴线方向的间距；

　　　α——间接钢筋对混凝土约束的折减系数，当混凝土强度等级不超过 C50 时，α 取 1.0，当混凝土强度等级为 C80 时，α 取 0.85，其间按线性内插法确定。

按式（1-98）算得的构件受压承载力设计值不应大于按式（1-97）算得的构件受压承载力设计值的 1.5 倍；当遇到下列任意一种情况时，不应计入间接钢筋的影响，而应按式（1-97）进行计算：

——当 $l_0/d > 12$ 时；

——按式（1-98）算得的受压承载力小于按式（1-97）算得的受压承载力；

——当间接钢筋的换算面积 A_{ss0} 小于纵向普通钢筋的全部截面面积的 25% 时。

2）偏心受压柱　矩形截面偏心受压构件正截面受压承载力应符合下列规定（图1-57）：

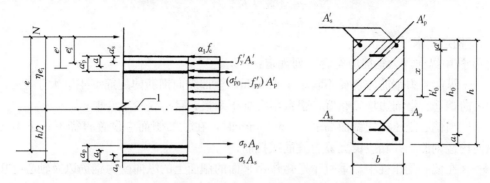

图1-57　矩形截面偏心受压构件正截面受压承载力计算

$$N \leqslant \alpha_1 f_c bx + f_y' A_s' - \sigma_s A_s - (\sigma_{p0}' - f_{py}')\ A_p' - \sigma_p A_p \tag{1-99}$$

$$Ne \leqslant \alpha_1 f_c bx\ \left(h_0 - \frac{x}{2}\right) + f_y' A_s'(h_0 - a_s') - (\sigma_{p0}' - f_{py}')\ A_P'(h_0 - a_p') \tag{1-100}$$

式中　N——轴向压力设计值；

α_1——系数，当混凝土强度等级不超过 C50 时，α_1 取为 1.0，当混凝土强度等级为 C80 时，α_1 取为 0.94，其间按线性内插法确定；

f_c——混凝土轴心抗压强度设计值，查表1-53；

f_y'——普通钢筋强度设计值，查表1-54；

f_{py}'——预应力钢筋强度设计值，查表1-54；

A_s、A_s'——受拉区、受压区纵向普通钢筋的截面面积；

A_p、A_p'——受拉区、受压区纵向预应力钢筋的截面面积；

σ_{p0}'——受压区纵向预应力钢筋合力点处混凝土法向应力等于零时的预应力钢筋应力；

σ_s、σ_p——受拉边或受压较小边的纵向普通钢筋、预应力钢筋的应力；

e——轴向压力作用点至纵向普通受拉钢筋和预应力受拉钢筋的合力点的距离；

$$e = e_i + \frac{h}{2} - a \tag{1-101}$$

e_i——初始偏心距 $e_i = e_0 + e_a$；

e_0——轴向压力对截面重心的偏心距 $e_0 = M/N$；

e_a——附加偏心距，其值应取 20 mm 和偏心方向截面最大尺寸的 1/30 两者中的较大值；

a——纵向普通受拉钢筋和预应力受拉钢筋的合力点至截面近边缘的距离；

矩形截面对称配筋的钢筋混凝土小偏心受压构件，可近似按下列公式计算纵向钢筋的截面面积：

$$A'_s = \frac{Ne - \xi(1 - 0.5\xi)\,\alpha_1 f_c b h_0^2}{f'_y(h_0 - a'_s)} \tag{1-102}$$

式中 ξ——相对受压区高度，可按式（1-103）计算：

$$\xi = \frac{N - \xi_b \alpha_1 f_c b h_0}{\dfrac{Ne - 0.43\alpha_1 f_c b h_0^2}{(\beta_1 - \xi_b)(h_0 - a'_s)} + \alpha_1 f_c b h_0} + \xi_b \tag{1-103}$$

3）构造要求

① 柱中纵向受力钢筋应符合下列规定：

——纵向受力钢筋的直径不宜小于 12 mm，全部纵向钢筋的配筋率不宜大于 5%；圆柱中纵向钢筋宜沿周边均匀布置，根数不宜少于 8 根，且不应少于 6 根；

——当偏心受压柱的截面高度 $h \geqslant 600$ mm 时，在柱的侧面应设置直径不小于 10 mm 的纵向构造钢筋，并相应设置复合箍筋或拉筋；

——在偏心受压柱中，垂直于弯矩作用平面的侧面上的纵向受力钢筋以及轴心受压柱中各边的纵向受力钢筋，其中距不宜大于 300 mm。

② 柱中箍筋应符合下列规定：

——柱及其他受压构件中的周边箍筋应做成封闭式；

——箍筋间距不应大于 400 mm 及构件截面的短边尺寸，且不应大于 15d，d 为纵向受力钢筋的最小直径；

——箍筋直径不应小于 1/4d，且不应小于 6 mm，d 为纵向钢筋的最大直径；

——当柱中全部纵向受力钢筋的配筋率大于 3% 时，箍筋直径不应小于 8 mm，间距不应大于纵向受力钢筋最小直径的 10 倍，且不应大于 200 mm；箍筋末端应做成 135°弯钩且弯钩末端平直段长度不应小于箍筋直径的 10 倍；箍筋也可焊成封闭环式；

——当柱截面短边尺寸大于 400 mm 且各边纵向钢筋多于 3 根时，或当柱截面短边尺寸不大于 400 mm 但各边纵向钢筋多于 4 根时，应设置复合箍筋；

——柱中纵向受力钢筋搭接长度范围内的箍筋，保护层厚度不大于 5d 时，其直径不应小于 1/4d，d 为纵向受力钢筋较大直径。箍筋间距不应大于搭接钢筋较小直径的 5 倍，且不应大于 100 mm；当受压钢筋直径 $d > 25$ mm 时，尚应在搭接接头两个端面外 100 mm 范围内各设置两道箍筋。

2. 钢筋混凝土结构构件的构造规定

（1）混凝土保护层 纵向受力的普通钢筋其混凝土保护层厚度（钢筋外边缘至混凝土表面的距离）应不小于钢筋的公称直径，且应符合表 1-64。

表 1-64 混凝土保护层最小厚度（mm）

环境类别		板		梁		柱	
		≤C20	C25~C45	≤C20	C25~C45	≤C20	C25~C45
一		20	15	25	20	25	20
二	a	—	20	—	25	—	25
	b	—	25	—	35	—	35
三		—	30	—	40	—	40

注：混凝土环境类别见表 1-65。

表 1-65 混凝土结构的环境类别

环境类别		条件
一		室内正常环境
二	a	室内潮湿环境；非严寒和非寒冷地区的露天环境、与无侵蚀性的水或土壤直接接触的环境
	b	严寒和寒冷地区的露天环境、与无侵蚀性的水或土壤直接接触的环境
三	a	使用除冰盐的环境；严寒和寒冷地区冬季水位变动的环境；滨海室外环境

（2）纵向受力钢筋的配筋率 应满足表 1-66 的规定。

表 1-66 纵向受力钢筋的最小配筋百分率

受力类型			最小配筋百分率（%）
受压构件	全部纵向钢筋	HPB300 和 HRB335	0.6
		HRB400	0.55
		HRB500	0.5
	一侧纵向钢筋		0.2
受弯构件、偏心受拉、轴心受拉构件一侧的受拉钢筋			0.2 和 $45f_t/f_y$ 中较大值

注：f_t 为混凝土轴心抗拉强度设计值，N/mm²，查表 1-53；f_y 为普通钢筋强度设计值，N/mm²，查表 1-54。

三、变形与构造要求

1. 变形规定 《农业温室结构荷载规范》（GB/T 51183—2016）规定，塑料大棚、日光温室和塑料薄膜温室的设计使用寿命均在 15 年以下，只有玻璃温室和聚碳酸酯板温室的设计使用寿命达到 20 年。按照《农业温室结构设计标准》（GB/T 51424—2022）的规定，设计使用寿命低于 20 年的温室主体结构仅按承载能力极限状态设计即可，只有设计使用寿命达到或超过 20 年的温室主体结构才要求在满足承载能力极限状态的同时还必须满足正常使用极限状态。由此，只有玻璃温室和聚碳酸酯板温室才进行变形验算。以下的变形规定也仅适用于玻璃温室和聚碳酸酯板温室。

（1）温室立柱柱顶的水平位移 玻璃温室和聚碳酸酯板温室立柱柱顶的水平位移不应大于表 1-67 的规定。

表 1-67 温室立柱柱顶的水平位移限值（mm）

温室类型	立柱柱顶水平位移限值	备注
聚碳酸酯板温室	$H/60$	H 为立柱高度
玻璃温室	$H/100$	H 为立柱高度

（2）受弯钢构件的挠度 屋面檩条、屋面梁、桁架、天沟等受弯构件在竖直方向和平面外的水平挠度不应大于表 1-68 的规定。此外，如果梁上架设有如喷灌车、屋面清洗机、设备转移吊挂轨道等移动设备，梁的变形尚应符合这些移动设备对温室结构变形的要求。

表 1-68　受弯钢构件的挠度限值（mm）

挠度方向	构件类别	挠度限值		备注
		玻璃温室	聚碳酸酯板温室	
竖向挠度	屋面檩条	取 $L_s/150$ 与 30 较小值	$L_s/150$	L_s 为构件跨度
	屋面梁和桁架	取 $L_s/250$ 与 30 较小值	$L_s/250$	
	天沟	取 $L_s/150$ 与 30 较小值	$L_s/150$	
	墙面檩条	取 $L_s/200$ 与 10 较小值	$L_s/200$	
平面外水平挠度	屋面梁和屋面檩条	$L_s/300$	$L_s/300$	L_s 为构件跨度
	桁架	取 $L_s/300$ 与 12 较小值	$L_s/300$	
	天沟	$L_s/300$	$L_s/300$	
	墙面檩条	$L_s/200$	$L_s/200$	

（3）铝合金型材做玻璃支撑框时的变形要求　独立支撑玻璃的铝合金支撑框在荷载作用下的挠度限值应符合下列规定：

① 支撑框平面内挠度不应大于跨度的 1/200，且不得大于 6 mm；

② 支撑框平面外挠度不应大于跨度的 1/100，且不得大于 10 mm；

③ 支撑框的扭转角不得大于 0.1 rad（rad 为相对平均偏差）。

（4）连栋温室桁架起拱要求　连栋温室（主要指文洛型温室）的柱顶水平桁架在设计和加工过程中应向上起拱，拱度可取跨度的 1/500。

2. 支撑布置　为保证承力构件在平面外的稳定，除了满足变形规定外，尚需要在承力构件排架结构的方向设置垂直和倾斜于构件的构造支撑，以减小承力构件的平面外计算长度及构件变形。

（1）塑料大棚支撑布置　塑料大棚拱杆间的支撑包括纵向系杆和斜支撑。纵向系杆设置在大棚长度方向，与拱杆在一个平面内且垂直于拱杆。单管拱架和桁架拱架与纵向系杆的连接方式可分别参考图 1-58 和图 1-59。要求屋面纵向系杆不得少于 3 道，且系杆之间间距不宜大于 2 m。斜支撑是设置在大棚端部或中部，与拱杆在一个平面内且与拱杆倾斜交叉的支杆。塑料大棚长度不大于 50 m 时，要求从山墙端第 1 个开间开始的 3～5 个开间

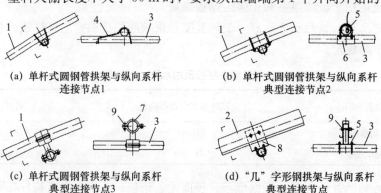

(a) 单杆式圆钢管拱架与纵向系杆
连接节点1

(b) 单杆式圆钢管拱架与纵向系杆
典型连接节点2

(c) 单杆式圆钢管拱架与纵向系杆
典型连接节点3

(d) "几"字形钢拱架与纵向系杆
典型连接节点

图 1-58　单管拱架与纵向系杆的典型连接形式

1. 圆钢管拱架　2."几"字形钢拱架　3. 圆钢管纵向系杆　4. 弹簧钢丝卡　5.U 型螺栓
6. 抱箍　7. 冲压扣件　8."几"字形钢拱架与纵向系杆连接件　9. 螺栓副

内设置斜撑；长度大于 50 m 时，在塑料大棚中部还应增加 1 组斜撑，斜撑与拱杆的夹角不宜小于 25°，对于山墙抗风要求较高的大棚，每组斜撑可设置平行的 2 道支杆。

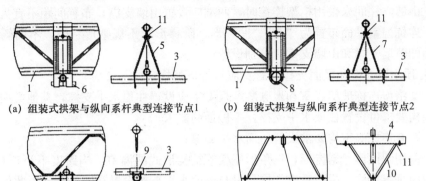

图 1-59 桁架式拱架与纵向系杆的典型连接形式

1. 焊接式拱架 2. 组装式拱架 3. 圆钢管纵向系杆 4. U 形钢纵向系杆 5. "人"字形连接卡 1
6. 楔形卡 7. "人"字形连接卡 2 8. U 形螺栓 9. 抱箍 10. 隔撑 11. 螺栓副

（2）日光温室支撑布置 日光温室由于大部分山墙为土建结构（包括土墙、砖墙或石墙），自身承载能力强，承力拱架可不设端部斜支撑，而只在屋面（包括前屋面和后屋面）拱杆设水平支撑。根据屋面拱杆的不同用材，拱杆与纵向系杆之间的连接可参考图 1-58 和图 1-59。要求沿温室长度布置在屋面拱杆的下部，间距不宜大于 2 m，且屋脊处应设置纵向系杆，但两端山墙采用砖墙或土墙且纵向系杆与山墙无可靠连接时，温室屋面结构纵向两端应设置斜撑，且斜撑布置间距不宜大于 50 m。对于非土建墙体的组装结构日光温室，后墙和山墙立柱采用单管柱或格构柱时，除了在温室屋面上按照塑料大棚的要求设置斜撑外，在温室山墙以及后墙立柱与屋面拱杆对应的位置应设置斜撑，斜撑的形式可以是 X 形、V 形或连接相邻两个拱杆或立柱的平行杆。斜撑之间的距离一般不超过 50 m。

（3）连栋温室支撑布置 连栋温室支撑包括室内柱间支撑、侧墙支撑、山墙支撑、柱顶水平支撑、屋面水平支撑、屋面垂直支撑及外遮阳结构支撑等。

① 连栋温室支撑设置：总体上应符合下列要求。

——对分区或分期建设的温室，应分别设置能独立构成空间稳定结构的支撑体系；

——变形缝两边的单元应分别设置能独立构成空间稳定结构的支撑体系；

——室内柱间支撑、侧墙支撑、屋面水平支撑和柱顶水平支撑宜设置在同一开间；

——连栋温室支撑与构件的夹角宜为 35°～55°。

② 室内柱间支撑布置：应符合下列规定。

——室内柱间支撑布置间距不宜大于 50 m；

——室内柱间支撑宜设置在端部第一或第二开间，无法设置在同一开间时，应设置可靠的传递内力构件，且不宜错开两个以上的开间；

——室内柱间支撑位置的基础或立柱下端宜相互连接，连接杆件应按刚性系杆设计；

——室内柱间支撑宜采用"十"字交叉形式，当不允许设置"十"字交叉形式时，可设置其他形式的支撑或采用刚架形式。

③ 连栋温室侧墙和山墙支撑布置：应符合下列规定。

——侧墙支撑布置间距不宜大于 50 m；

——山墙立柱间未采用桁架连接时，两端应设置山墙支撑，布置间距不宜大于 80 m；

——连栋温室平面布置为"凸""凹"形、阶梯形等不规则形状时，不同侧墙墙面和山墙墙面的侧墙支撑和山墙支撑应分别设置。

④ 柱顶水平支撑和屋面支撑布置：应符合下列规定。

——文洛型连栋玻璃温室和聚碳酸酯板温室应设置柱顶水平支撑，其他类型连栋温室视承力结构要求可设置柱顶水平支撑，不做强制要求；

——所有连栋温室均要求设置屋面水平支撑；

——采用圆拱形、锯齿形、三角形屋架等结构形式的温室，当跨度不小于 7.5 m 时，应设置屋面垂直支撑，屋面垂直支撑尽量与屋面水平支撑设置在同一开间，此外，当屋面垂直支撑设置在温室两端或温度变形缝区段两端第二个开间时，端部第一个开间的下弦纵向系杆应采用刚性系杆。

⑤ 外遮阳结构支撑布置：应符合下列规定。

——外遮阳立柱之间纵向和横向均宜设置柱间支撑；

——外遮阳立柱横向间距不小于 7.5 m 时，应设置柱顶水平支撑；

——外遮阳结构纵向柱间支撑和水平支撑应设在温室两端或变形缝区段两端的第一个开间或第二个开间内，布置间距不宜大于 60 m。

3. 构造要求

（1）温室钢结构构件的壁厚　应符合下列规定。

——主要承重构件的壁厚不应小于 1.5 mm；

——用于屋面和墙面檩条的冷弯薄壁型钢，壁厚不宜小于 1.5 mm；

——钢板天沟作为受力构件时，壁厚不宜小于 2.0 mm；不作为受力构件时，壁厚不宜小于 1.5 mm；

——用于支撑的构件，壁厚不宜小于 1.5 mm；

——钢板厚度的质量等级不应低于 B 级。

（2）温室钢结构构件长细比　应符合下列规定。

① 受压构件的长细比：不宜大于表 1-69 的规定。

表 1-69　受压构件的长细比限值

构件类别	长细比限值
立柱、桁架、屋架等主要承重构件	200
拱杆	220
其他构件及支撑	250

② 受拉构件的长细比：不宜大于表 1-70 的规定。

表 1-70　受拉构件的长细比限值

构件类别	长细比限值
立柱、桁架等主要承重构件	350
其他	400

③ 张紧的圆钢或钢索可不受表 1-69 和表 1-70 的限制。

（3）**受压构件的宽厚比** 不宜大于表 1-71 的规定。

表 1-71 受压构件的宽厚比限值

截面类别	宽厚比限值
方钢管	$48\sqrt{235/f_y}$
圆钢管	$70\sqrt{235/f_y}$
角钢	$15\sqrt{235/f_y}$
"工"字形钢翼缘	$15\sqrt{235/f_y}$
"工"字形钢腹板	$80\sqrt{235/f_y}$

注：圆钢管指径厚比。

（4）**钢结构防腐要求** 温室钢结构构件应有可靠的防腐措施。采用热浸镀锌时，镀锌质量应符合现行国家标准《金属覆盖层 钢铁制件热浸镀锌层技术要求及试验方法》（GB/T 13912）的规定。

第七节 温室基础设计

基础是温室上部荷载传向地基的承重结构，是温室结构不可缺少的组成部分。基础设计是否合理将直接影响到温室结构的安全和使用性能，因此，对温室基础的设计必须给予足够的重视。基础设计属于土建设计的范畴，应根据土建基础设计的有关要求进行设计，而且要根据建设地区当地的材料供应情况因地制宜选择材料，以保证在结构安全的前提下，最大限度降低基础的土建造价。

温室基础设计的内容包括确定基础材料、基础类型、基础埋深、基础底面尺寸等，此外还要满足一定的基础构造措施要求。

进行基础设计的前提是首先要知道基础所要承受的荷载类型及其大小，其次要准确掌握地基持力层的埋深、地基承载力的大小和基础影响范围内各土层的土壤性质，此外，还应了解地下水位高低以及地下水对建筑材料的侵蚀性等，场地冻结深度也是基础设计的一个重要参数。

一、基础埋置深度

一般情况下，基础的埋置深度应按下列条件确定：①温室的结构类型，有无地下设施，基础的型式和构造；②作用在地基上荷载的大小和性质；③工程地质和水文地质条件；④相邻温室的基础埋深；⑤地基土冻胀和融陷的影响。

在满足地基稳定和变形要求前提下，基础应尽量浅埋，当上层地基的承载力大于下层土时，宜利用上层土做持力层。除岩石地基外，基础埋深不宜小于 0.5 m。

基础宜埋置在地下水位以上。当必须埋在地下水位以下时，应采取措施保证地基土在施工时不受扰动；当基础埋置在易风化的软质岩石层上，施工时应在基坑挖好后立即铺筑垫层。

当存在相邻温室时，新建温室的基础埋深不宜大于原有温室基础。当埋深大于原有温室基础时，两基础间应保持一定净距，其数值应根据荷载大小和土质情况而定，一般取相邻两基础底面高差的 $1\sim2$ 倍。

温室外围护墙面的基础埋深应在季节性冻土层以下。当冻土层深度较深（大于 $1.50\,\text{m}$）时，为节约投资，可将基础埋深设计在冻土层以上 $10\sim20\,\text{cm}$；对于室内柱基或墙基，一般考虑温室应冬季运行，室内不会出现冻土，基础埋深可不受冻土层深度的影响，主要应考虑不影响室内作物耕作和满足地基持力层的要求，一般可埋设在地面以下 $0.80\sim1.00\,\text{m}$ 深度。

二、基础设计

基础设计的目标是根据地基承载力特征值的大小确定基础底面积的大小，首先保证地基承载力的要求，在此基础上，根据基础材料和类型，确定基础的配筋和放脚，达到基础设计的目的。

1. 基础底面压力计算 根据基础顶面承受荷载的不同，基础底面压力，可按式（1-104）和式（1-109）、式（1-110）确定。

（1）当轴心荷载作用时

$$p=\frac{N+G}{A} \tag{1-104}$$

式中 p——相应于作用的标准组合时，基础底面处的平均压力值，kPa；

N——上部结构传至基础顶面的竖向力标准组合值，kN；

G——基础自重和基础上的土重，kN；

$$G=\overline{\gamma}DA \tag{1-105}$$

初步计算时，可假定基础与土的平均容重 $\overline{\gamma}=20\,\text{kN/m}^2$，在地下水位以下部分应考虑浮力影响；

D——设计室外地面至基础底面的距离，m；

A——基础底面面积，m^2。

① 对条形基础：取 $1\,\text{m}$ 长为计算单位，底面积 $A=1\times B$，

$$B\geqslant\frac{N}{p-\overline{\gamma}D} \tag{1-106}$$

当荷载较小而地基的承载力又比较高时，按上式计算，可能基础需要的宽度很小。但为了保证安全和便于施工，承重墙下的基础宽度不得小于 $600\,\text{mm}$，非承重墙下的基础宽度不得小于 $500\,\text{mm}$。

② 对正方形基础：$A=B^2$

$$B\geqslant\sqrt{\frac{N}{p-\overline{\gamma}D}} \tag{1-107}$$

③ 对矩形基础：

$$A\geqslant\frac{N}{p-\overline{\gamma}D} \tag{1-108}$$

（2）当偏心荷载作用时

$$p_{\max}=\frac{N+G}{A}+\frac{M}{W} \tag{1-109}$$

$$p_{min} = \frac{N+G}{A} - \frac{M}{W} \tag{1-110}$$

式中　M——相应于作用的标准组合时，作用于基础底面的力矩值，kNm；

　　　W——基础底面的抵抗矩，m^3；

　　　p_{max}——相应于作用的标准组合时，基础底面边缘的最大压力值，kPa；

　　　p_{mim}——相应于作用的标准组合时，基础底面边缘的最小压力值，kPa。

2. 基础底面承载力要求　　上述计算出的基础底面承载力，其轴心荷载和偏心荷载，应满足式（1-111）和式（1-112）的要求。

（1）当轴心荷载作用时

$$p \leqslant f \tag{1-111}$$

式中　f——地基允许承载力，kPa。

（2）当偏心荷载作用时　除满足式（1-111）的要求外，尚应符合式（1-112）的要求：

$$p_{max} \leqslant 1.2f \tag{1-112}$$

三、基础类型及其构造要求

民用建筑基础类型较多，但用于温室的基础主要以条形基础和独立基础为主。

1. 条形基础

（1）条形基础的材料选择与构造要求　　在温室中常采用无筋条形基础用于温室外墙，除承受上部结构传来的荷载外，还起围护和保温作用。温室内如有隔断墙时也常采用条形基础。条形基础的材料可根据当地情况因地制宜，常采用砖、毛石、混凝土。垫层可采用灰土、三合土、素混凝土。用这些材料砌筑的基础，抗压性能好，而抗拉性能差。设计这种类型的基础有一定的构造要求，主要是限制刚性角的大小，使其不超过允许的最大刚性角，或宽高比不超过允许值，否则当基础外伸长度较大时，可能由于基础材料抗拉强度不足而开裂破坏。高宽比的允许值按基础材料及基底压力大小而定（表1-72）。刚性基础的理论截面应按刚性角放坡，为施工方便，常做成阶梯形。分阶时每一台阶均应保证刚性角要求。当根据刚性角的要求，基础所需高度超过埋深或基础顶面离地面不足100 mm时，应加大埋深，或改用有筋扩展基础。

表1-72　刚性基础台阶宽高比的允许值（tgα）

基础材料	质量要求	台阶宽高比（b/h）的允许值		
		$p \leqslant 100$	$100 < p \leqslant 200$	$200 < p \leqslant 300$
混凝土基础	C15 混凝土	1:1.00	1:1.00	1:1.25
毛石混凝土基础	C15 混凝土	1:1.00	1:1.25	1:1.50
砖基础	砖不低于 MU10，砂浆不低于 M5	1:1.50	1:1.50	1:1.50
毛石基础	砂浆不低于 M5	1:1.25	1:1.50	—
灰土基础	体积比为 3:7 或 2:8 的灰土，其最小干密度： 粉土 1.55 t/m³ 粉质黏土 1.50 t/m³ 黏土 1.45 t/m³	1:1.25	1:1.50	—

（续）

基础材料	质量要求	台阶宽高比 (b/h) 的允许值		
		$p \leqslant 100$	$100 < p \leqslant 200$	$200 < p \leqslant 300$
三合土基础	体积比为石灰：砂：骨料＝1：2：4 到 1：3：6，每层约虚铺 220 mm，夯至 150 mm	1：1.50	1：2.00	—

注：① p 为基础底面处的平均压力，kPa；

② 阶梯形毛石基础的每阶伸出宽度，不宜大于 200 mm；

③ 当基础由不同材料叠合组成时，应对接触部分做抗压验算。

④ 混凝土基础单侧扩展范围内基础底面处的平均压力值超过 300 kPa 时，尚应进行抗剪验算；对基底反力集中于立柱附近的岩石基础，应进行局部受压承载力验算。

各种条形基础刚性角构造要求如图 1-60。

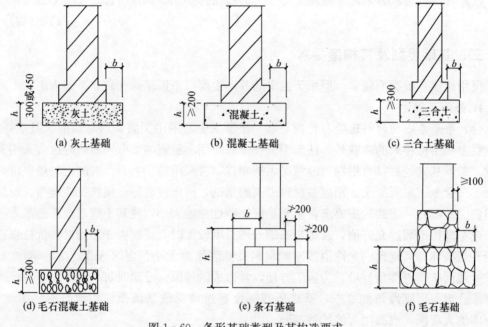

(a) 灰土基础   (b) 混凝土基础   (c) 三合土基础

(d) 毛石混凝土基础   (e) 条石基础   (f) 毛石基础

图 1-60　条形基础类型及其构造要求

按照民用建筑的定义，基础应是地面以下部分，超过地面以上部分为墙体。但由于温室的墙体主要采用透光覆盖材料，材料性能和功能与基础有很大的差别。一般，为了增强温室保温，常常将温室基础伸出地面以上 200～500 mm。在温室设计中，一般将伸出地面部分的墙体一并归入基础考虑。墙内立柱位置可砌筑尺寸大于 180 mm×180 mm×240 mm 混凝土垫块，用不小于 M5 水泥砂浆砌筑，垫块中预留钢埋件用于安装钢柱；跨度及上部荷载较大、地基较差的温室，为了增强温室的整体刚度，防止由于地基的不均匀沉降对温室引起的不利影响，在地面以上沿外墙浇筑钢筋混凝土圈梁，内构造配纵向钢筋 $\geqslant 4\phi10$、箍筋 $\geqslant \phi6@250$；在圈梁顶面预留钢埋件与上部柱相连接。

（2）无筋条形基础地面宽度确定　基础底面的宽度，应符合下式要求：

$$B \leqslant b_0 + 2h\mathrm{tg}\alpha \qquad (1-113)$$

式中　B——基础底面宽度，m；

b_0——基础顶面的砌体宽度，m；

h——基础高度，m；

$tg\alpha$——基础台阶宽高比的允许值，可按表 1-72 选用。

2. 独立基础 温室室内独立柱下基础一般都是独立基础。常用于温室独立基础的形式主要有现浇钢筋混凝土基础和预制钢筋混凝土基础，还有一些特殊形式的基础，如短桩基础和可调节基础等。

（1）现浇钢筋混凝土基础 现浇钢筋混凝土独立基础的形式一般采用锥形和阶梯形。基础尺寸应为 100 mm 的倍数。承受轴心荷载时，一般为正方形，承受偏心荷载时，一般采用矩形，其长宽比一般不大于 2，最大不超过 3。

锥形基础可做成一阶或两阶，根据坡角的限值与基础总高度而定，其边缘高度 H_1 不宜小于 200 mm，也不宜大于 500 mm，且两个方向的坡度不宜大于 1∶3［图 1-61（a）］。

阶梯形基础的阶数，一般不多于三阶，其阶高一般为 300～500 mm。H 小于 500 mm 为一阶，500～900 mm 为二阶，大于 900 mm 为三阶，基础下阶以 $b_1 \leqslant 1.75h_1$ 为宜，其余各阶以 $b_2/h_2 \leqslant 1$ 及 $b_3/h_3 \leqslant 1$ 为宜。当基础长短边相差过大时，短边方向可减少一阶［图 1-61（b）］。

垫层的厚度不宜小于 70 mm，混凝土强度等级不宜低于 C10。

此类基础常用于跨度或上部荷载较大、地基较差的温室。如变形要求高的玻璃温室、风荷载较大的沿海地区温室和雪荷载较大，冻深较深地区的温室。

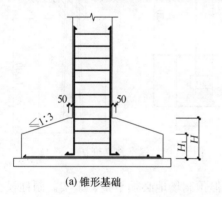

（a）锥形基础

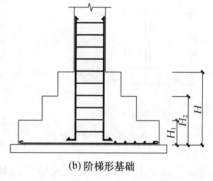

（b）阶梯形基础

图 1-61　现浇钢筋混凝土独立基础

（2）预制柱混凝土基础 此类基础常规做法：预制钢筋混凝土短柱截面一般为 200 mm×200 mm，柱长 900～1 100 mm。短柱内配有纵向钢筋及箍筋，其大小根据不同荷载计算而定。当上部传来荷载很小时，可构造配纵向钢筋≥4ϕ10、箍筋≥ϕ6@250；在短柱顶面预埋钢板，其大小一般为 150 mm×150 mm。施工时柱下采用标号不低于 C20 现浇混凝土浇筑，其截面常用 600 mm×600 mm 的矩形或直径为 600 mm，埋深不小于 600 mm（图 1-62）。

此基础特点是施工时可用基础找坡，坡度

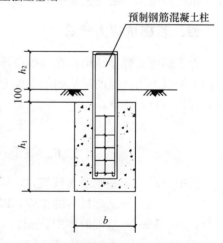

图 1-62　预制钢筋混凝土柱独立基础

5‰，温室上部钢柱直接焊接在基础预埋件上，不再用钢柱找坡，有利于上部结构的工厂化生产。

（3）可调节式现浇混凝土基础　此基础采用可调节式套筒地脚，即先采用1.5 m长的地脚，将其埋入基础坑中并浇注第一层混凝土，同时调整地脚的垂直与水平，之后再将温室立柱套入地脚中并与之固定，这样可非常方便地调整温室天沟的坡度和保证温室所有立柱的垂直与水平。这种安装方式与一般将温室立柱直接埋入地脚坑的方式相比，能够更准确地达到安装技术要求，保证安装质量。

此类基础的通常做法：预埋件70 mm×40 mm×2 mm矩形镀锌管（与上部柱规格相匹配），山墙抗风立柱基础坑直径45 cm，深60 cm，其他立柱基础直径60 cm，深80 cm（图1-63）。具体设计中应根据上部荷载和地基承载力状况作相应的调整。

（4）温室内部桩基　常规内部独立柱基础做法是将一预制混凝土柱脚插入地下一定深度现浇混凝土块，即混凝土垫块中（图1-64）。混凝土块的尺寸依温室高度、连跨数量、斜撑数量、土壤性质等参数确定。

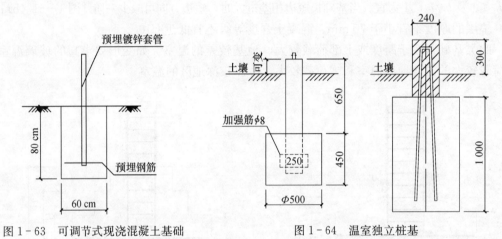

图1-63　可调节式现浇混凝土基础　　　　图1-64　温室独立桩基

混凝土预制柱可以在工厂或施工现场预制，但预制场地必须平整、坚实。制柱模板可用木模板或钢模，必须保证平整牢靠，尺寸准确。

四、基础抗拔力验算

由于温室是轻型结构，在基础设计中，除验算地基的承载力外，还要考虑结构受风荷载向上的吸力而产生的对基础的上拔力。对混凝土独立基础，其抗拔力按照式（1-114）和式（1-115）计算：

$$F_u = \rho_f V_f + \rho_s V_s + F_F \tag{1-114}$$

$$F_F = S \left[\rho_s (D + \frac{1}{2} H) K_0 \tan\Phi + c \right] \tag{1-115}$$

式中　F_u——基础最大抗拔力，kN；

ρ_f——基础材料的密度，kN/m³；

V_f——基础的体积，m³；

ρ_s——土壤的密度，kN/m³；

V_s——基础顶面以上土壤的体积，m^3；

S——基础侧面与土壤摩擦面的面积，m^2；

D——基础顶面以上土壤的厚度，m；

H——基础的高度，m；

K_0——水平侧压力系数；

Φ——土壤剪切阻力角，°；

c——附着力，kN/m^2。

常见土壤的特性参数如表 1－73。

表 1－73　土壤特性参数

土壤类型	ρ_s（kN/m^3）	Φ（°）	C（kN/m^2）
沙土	20	30	0
沙壤土	18	20	0
黏土	18	20	4

五、基础与立柱的连接

温室基础与立柱的连接有铰接连接和固结连接两种形式。一般要求在钢筋混凝土基础中埋设预埋件，通过预埋件将基础与立柱连接在一起。钢筋混凝土基础与立柱之间连接的形式可参考图 1－65。

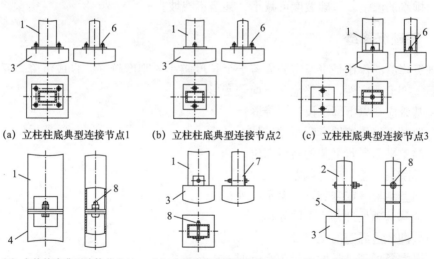

(a) 立柱柱底典型连接节点1　　(b) 立柱柱底典型连接节点2　　(c) 立柱柱底典型连接节点3

(d) 立柱柱底典型连接节点4　　(e) 立柱柱底典型连接节点5　　(f) 立柱柱底典型连接节点6

图 1－65　温室基础与立柱的典型连接方式

1. 方钢管立柱　2. 圆钢管立柱　3. 混凝土基础　4. 预埋方钢管　5. 预埋圆钢管
6. 预埋螺栓　7. 预埋扁钢　8. 螺栓副

六、基础坡度

为顺畅排泄温室屋面雨水，温室的天沟必须保证一定的坡度。设计天沟坡度的方法有两种，一种是采用水平基础，改变温室立柱长度；另一种是保持相同立柱长度，采用基础找坡。前者现场施工方便，但工厂加工立柱的规格较多，后者可显著减少工厂生产立柱长度的规格品种，是目前温室设计和施工中常采用的方案。

对于基础找坡天沟方向的找坡宜为 1：(200～500)，且要保证基础伸出地面高度不高于 0.5 m，具体坡度应与天沟排水能力、建设地区的降水强度、温室类型和排水方式等相协调。

对于长度大于 54 m 的温室，建议沿天沟方向双向找坡，最高点放在长度方向的中点。

为避免基础高差过大：对于单向排水温室，起始最高端 12 m 可以做成水平；对于双向排水温室，中部 12～15 m 可以做成水平。

为保证上部结构顺利安装，避免结构产生次应力，建造基础时应保证尺寸偏差不超过表 1-74 的要求。

表 1-74　基础上部柱间允许最大尺寸偏差

项　　目	最大尺寸偏差
长度和宽度方向柱距	±10 mm
总长度 L	±L/3 000
总宽度 B	±B/3 000
高度	±5 mm 按设计高度

对于允许雨水溢出天沟的硬质板屋面温室、经过天沟排水计算允许不找坡的温室以及天沟室内排水的温室，基础坡度可减小，甚至不找坡。

七、基础沉降缝

基础沉降缝的作用是将温室分成若干个长度较小、刚度较好、自成沉降体系的单元，以增加温室变形适应性，调整地基不均匀变形。

温室基础应在以下部位设计沉降缝：

——地基土的压缩性有明显差异处；

——温室平面形状复杂的转折部位；

——温室高度差异或荷载差异处；

——温室结构（或基础）类型不同处；

——地基基础处理方法不同处；

——分期建造温室的交界处；

——温室条形基础长度超过 100 m 时。

温室基础沉降缝宽一般为 30～50 mm。

在工作间与温室交接处，宜将两者隔开一定距离，采用能自由沉降的连接体或简支、悬挑结构连接，有可能时，连接体部分在工作间沉降稳定后再做。

第二章　温室透光覆盖材料

第一节　玻璃覆盖的强度校核

作为传统的透光材料，玻璃在大多数地处寒冷气候的国家仍然是温室常用的覆盖材料。荷兰 90％的温室采用玻璃覆盖。

建造玻璃温室采用的普通玻璃一般为平板玻璃，通常选用厚度 4 mm、5 mm 两种规格，欧美等地区常用厚度 4 mm 玻璃，仅在多雹地区选用厚度 5 mm 的规格。在我国，由于厚度 5 mm 的玻璃符合民用建筑市场的要求而沿用成为玻璃温室覆盖的常用规格。随着进口温室的逐渐增多以及国外玻璃温室生产厂家在华投资的加大，厚度 4 mm 玻璃也逐渐用于我国的玻璃温室中。

温室玻璃除了承受本身的自重外，作为温室围护结构主要承受风荷载。屋顶斜面安装的玻璃除了承受风荷载外，还承受雪荷载等落物荷载，如果是上人屋面，还需要承受检修荷载。此外，现代建筑中，玻璃覆盖一般还要考虑其承受热应力的能力以及抗人为冲击破坏的能力。建筑玻璃由于外部约束使玻璃升温所产生的膨胀不能自由发生，或由于玻璃板面内接受光照的情况不同，或是由于玻璃板面内的散热情况不同，而使玻璃内部形成热应力，当热应力积聚超过玻璃边缘的抗拉强度时，热炸裂发生。热炸裂是一个多因素问题，受到玻璃自身性能、质量和外部条件的复杂影响。在温室生产建筑中，通常采用平板玻璃，基本上不采用吸热玻璃，在保证选用的玻璃质量符合相关产品标准以及玻璃的安装固定符合规范程序的基础上，温室上的玻璃覆盖基本可以不考虑热应力破坏。对于人为冲击破坏，由于温室功能的特殊性，大部分并不是人流很大的场所，用夹层玻璃类安全玻璃成本太高，大规模采用是不现实的，只能在人流量大的温室内局部采用，最好通过其他措施（如加强管理、加装保护栏杆或花盆等装饰物、贴醒目标志、玻璃底边与地面保持一定距离等）来避免玻璃破裂对人体伤害事故的发生。近几年建设的大型连栋玻璃温室，屋面几乎都采用钢化玻璃。

一、玻璃的强度特征

玻璃是最具有代表性的脆性材料。其破坏特征是由于拉应力产生表面裂纹而破裂，且到破坏为止，其应力、应变都几乎呈线性关系（图 2-1），弹性模量约为 7.2×10^7 kPa；破裂时荷载的大小不一，同一批、同一尺寸规格的玻璃受弯试件测得的弯曲抗拉强度范围为 70～160 N/mm²，破坏强度是离散的；玻璃强度值与玻璃的热处理和化学处理方式，测试条件如加载方式、加载速率、加载持续时间等都有关系。玻璃强度如此分散的原因在于玻璃表面存在着无数用肉眼无法看到的微小裂纹。在拉应力作用下，微裂纹产生应力集中，使裂纹尖端处的应力远远超出平均应力，当达到并超过临界应力时，引发裂纹迅速扩展，最终导致玻璃破损。

玻璃的破裂起源于表面微裂纹，而微裂纹的数量、尺寸、形状不一且分布无规则，决定了玻璃断裂强度本质上具有统计性。为了安全使用玻璃，必须充分考虑玻璃强度的离散性。

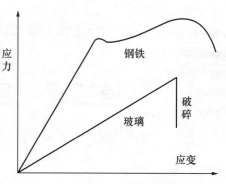

图 2-1　玻璃的应力应变曲线

通常是将几百片玻璃的破坏试验结果进行统计处理，求出平均值和标准偏差，再来推断玻璃的强度。因此，玻璃的强度应由生产厂家根据试验资料提供给设计人员作为设计依据。在国内缺乏足够试验数据的情况下，目前只能参考国外的玻璃强度取值作为基本数据，再根据我国的安全度要求和多系数表达方法予以调整，确定出玻璃材料的强度设计值（允许的荷载值）等力学性能作为设计依据。

玻璃的强度设计值与玻璃类型、面积、厚度、边长比、失效概率或安全因子等因素有关。根据建筑物的重要性和玻璃的使用数量，选定玻璃强度的失效概率，并进一步确定安全因子。我国建筑标准中规定安全因子取值为 2.5。安全因子与失效概率的关系见表 2-1。

表 2-1　玻璃安全因子与失效概率的关系

安全因子	1.0	1.5	2.0	2.5	3.0	3.3
失效概率（%）	50	9	1	0.1	0.01	0.003

二、玻璃抗风压设计

1. 风荷载标准值　风荷载作用是所有玻璃覆盖设计时必须考虑的，通常也是玻璃承受的最主要荷载。玻璃围护结构的风荷载标准值可采用公式（2-1）计算。

$$w_k = \mu_s \mu_z w_0 \qquad (2-1)$$

式中　　w_k——风荷载标准值，kPa；

μ_s——风荷载体型系数；

μ_z——风压高度变化系数；

w_0——基本风压，kPa。

我国规定最小风荷载标准值取 0.75 kPa。当玻璃受到小于 0.75 kPa 的风荷载作用时，为安全起见，也应按 0.75 kPa 进行计算。

（1）基本风压 w_0　对基本风压的确定，目前国际尚无统一的规定。各国根据各自国家的地理位置、气象特点予以制定。我国的《建筑结构荷载规范》（GB 50009）中，按 50 年一遇 10 min 时距的风速确定基本风压，列出了全国各地的基本风压值；《农业温室结构荷载规范》（GB/T 51183）中，按 30 年一遇 3 s 瞬时风速确定基本风压，列出了我国部分地区不同设计使用年限的基本风压值。风速与基本风压的变换关系见公式（2-2）。

$$w_0 = \frac{1}{1\ 600}v^2 \tag{2-2}$$

式中 w_0——风压，kPa；

v——风速，m/s。

（2）阵风系数 β_{gz} 作用在建筑物表面的风力是随时间变动的荷载，因此具有阵风性质。《建筑结构荷载规范》（GB 50009）的基本风压是按 10 m 高空处 10 min 平均风速通过概率统计计算而来，设计中如果按该规范选取温室建设地的基本风压，则必须考虑阵风系数，并按照规范给出的不同地面粗糙度类别（A、B、C、D）按温室不同部位的高度确定阵风系数。《农业温室结构荷载规范》（GB/T 51183）的基本风压是 10 m 高空处 3 s 瞬时风速通过概率统计确定的，3 s 瞬时风速实际上已经隐含了阵风的作用，所以，按该标准选取基本风压时，阵风系数 β_{gz} 可取 1.0。

（3）风荷载体型系数 μ_s 当风吹向建筑物时，对建筑物迎风面产生正风压，对建筑物背风面产生负风压。不同体型的建筑物，其表面围护结构的风荷载体型系数不同，所受的风荷载大小也就不同。图 2-2 为常见玻璃温室的风荷载体型系数。《农业温室结构荷载规范》（GB/T 51183）列出了更多温室类型的风荷载体型系数。

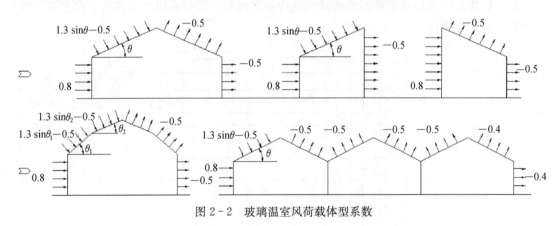

图 2-2 玻璃温室风荷载体型系数

（4）风压高度变化系数 μ_z 风压高度变化系数的取值与建筑物所在的地面粗糙度有关。一般来说，温室都建设在房屋比较稀疏的农村乡镇或城市郊区（B 类地面粗糙度），且温室建筑高度小于 10 m，因此，取 $\mu_z = 1$。

2. 玻璃抗风压强度校核计算 由于玻璃强度本质上具有统计性，美国、日本、英国、澳大利亚等国都是在大量玻璃风压破坏试验的基础上，采用统计的方法分析得出风压设计图或强度计算公式，其中日本、澳大利亚标准给出了风压强度计算公式，从本质上说它们是一种半理论半经验的解析式。我国标准中也对四边支撑的玻璃和两对边支撑的玻璃给出了经验计算公式，见公式（2-3）至（2-5）。

（1）四边支撑的玻璃

当玻璃厚度 $t \leqslant 6$ mm 时，$w_k A = 0.5 \cdot \alpha \cdot t^{1.8}/F$ （2-3）

当玻璃厚度 $t > 6$ mm 时，$w_k A = \alpha(0.5 \cdot t^{1.6} + 2)/F$ （2-4）

式中　w_k——风荷载标准值，kPa；

　　　A——玻璃的允许使用面积，m²；

　　　t——玻璃的厚度，mm；

　　　α——抗风压调整系数，见表2-2；

　　　F——安全因子，一般取2.50。

表2-2　不同玻璃类型的抗风压调整系数

玻璃类型	普通玻璃	半钢化玻璃	钢化玻璃	夹层玻璃	中空玻璃
调整系数 α	1.0	1.6	1.5~3.0	0.8	1.5

（2）两对边支撑的玻璃　两对边支撑玻璃的强度校核按公式（2-5）进行。

$$w_k L^2 = 0.5 \cdot \alpha \cdot t^2 / F \qquad (2-5)$$

式中　w_k——风荷载标准值，kPa；

　　　L——玻璃的跨度，m；

　　　t——玻璃的厚度，mm；

　　　α——抗风压调整系数，见表2-2；

　　　F——安全因子，一般取2.50。

为了快速简便求得玻璃的厚度或最大允许使用面积，以便提供方案进行工程预算，特制出玻璃风荷载设计图2-3和图2-4。

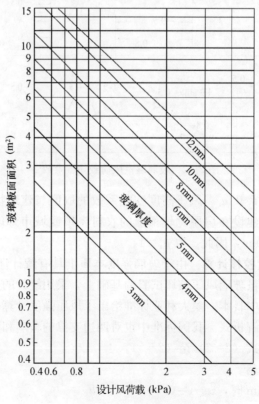

图2-3　四边支承普通退火玻璃风压设计

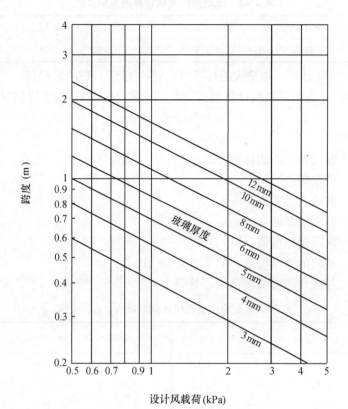

图 2-4 两对边支承玻璃设计

3. 玻璃抗风挠度校核

（1）挠度限定 玻璃受风荷载作用会产生变形，变形过大会对周边约束结构产生一系列不利作用，造成玻璃边缘脱落等现象或引起结构破坏，因此，对玻璃的变形量应有所限制。澳大利亚标准中规定，玻璃板面最大挠度不超过跨度的 1/60；玻璃框架支座系统最大位移不超过跨度的 1/180。美国标准中规定，玻璃框架支座系统最大位移不超过跨度的 1/175。在温室设计中：对于玻璃支座最大位移，通常采用不超过跨度的 1/180 进行设计；对于玻璃板面的最大挠度，一般采用不超过跨度的 1/70 进行设计。

（2）挠度校核计算

① 两对边支撑挠度计算。对于两对边支撑的玻璃板面，其挠度可采用公式（2-6）计算。

$$\mu = \beta w_k L^4 / (E \cdot t^3) \tag{2-6}$$

式中 μ——玻璃板中心的挠度，mm；

L——支撑边的跨度，mm；

t——玻璃的厚度，mm；

w_k——风荷载标准值，kPa；

E——玻璃的弹性模量，取 7.2×10^7 kPa；

β——系数，见表 2-3。

表 2-3　玻璃挠度校核计算的系数 β 值

支撑边/自由边	0.1	0.3	0.5	0.7	1.0	1.6	2.0	∞
β	0.156	0.158	0.159	0.161	0.163	0.164	0.165	0.165

② 四边支撑挠度计算。加拿大的标准（CAN/CGSB—12.20—M89）中，根据玻璃的非线性板变形理论，提出了经验计算公式（2-7）和（2-8），与实际情况较为吻合。

$$\mu = t\exp(c_1 + c_2 x + c_3 x^2) \tag{2-7}$$

$$x = \ln[\ln w_k \ (ab)^2 / (Et^4)] \tag{2-8}$$

式中　μ——玻璃板中心的挠度，mm；

　　　a——玻璃短边边长，mm；

　　　b——玻璃长边边长，mm；

　　　t——玻璃的厚度，mm；

　　　w_k——风荷载标准值，kPa；

　　　E——玻璃的弹性模量，取 7.2×10^7 kPa；

c_1、c_2、c_3——与边长比有关的系数，见表 2-4。

表 2-4　玻璃挠度校核计算系数 c_1、c_2、c_3 值

$\lambda = a/b$	c_1	c_2	c_3	$\lambda = a/b$	c_1	c_2	c_3
1.0	−2.26	1.58	0.31	1.8	−3.31	2.38	0.22
1.2	−2.61	1.94	0.23	2.0	−3.44	2.34	0.27
1.4	−2.90	2.19	0.185	2.5	−3.60	1.96	0.53
1.6	−3.13	2.33	0.18	3.0	−3.56	1.25	0.88

三、倾斜玻璃屋面的强度计算

温室屋面的玻璃覆盖除了像四周垂直安装的围护玻璃墙面那样承受风荷载外，还要承受雪荷载、冰雹等落物荷载。因此，温室玻璃屋面应根据实际情况，选择适当的设计荷载，并进行刚度核算。

1. 温室玻璃屋面的设计荷载　根据《建筑玻璃应用技术规程》（JGJ 113）的规定，温室玻璃屋面的设计荷载取值如下。

（1）上人屋面玻璃的设计荷载　设计荷载按中央集中活荷载和均布活荷载两种情况给出，设计计算时，需要同时考虑两种情况的结果，并取结果较为保守的数值。

① 中央集中活荷载：在玻璃板中心点直径 150 mm 区域内，应能够承受垂直于玻璃表面的活荷载 1.8 kN；

② 均布活荷载：按非居住建筑考虑，温室玻璃屋面应能承受 3 kPa 的均布活荷载。

（2）不上人屋面玻璃的设计荷载　由于温室屋面的倾角一般小于 30°，此时，屋面玻璃板中心点直径 150 mm 的区域内应能承受垂直于玻璃表面的集中活荷载 1.1 kN。

2. 玻璃的设计允许应力　目前，可用于温室屋面的玻璃种类较多，玻璃的强度各不相同。设计时，为了避免无谓的浪费，可参照表 2-5 给出的几种玻璃设计允许应力和表 2-6 给出的不同玻璃板厚对应的圆柱刚度进行计算校核。

表 2-5 各种玻璃的设计允许应力

玻璃种类	普通退火玻璃	钢化玻璃	夹层玻璃	中空玻璃
设计允许应力（MPa）	15.2	43	与单片玻璃相同	与单片玻璃相同

表 2-6 各种板厚的圆柱刚度

厚度 t（mm）	4	5	6	7	8	10	12	15
圆柱刚度 D（Nm）	172	796	1 370	2 180	3 260	6 360	11 000	21 500

3. 设计计算 倾斜玻璃屋面的设计校核一般对其应力和刚度进行验算，要求玻璃的最大应力不超过其设计应力，最大挠度不超过跨度的 1/70。根据玻璃的设计荷载、玻璃支撑情况及玻璃的种类，应在设定玻璃的板面尺寸和厚度的情况下，验算玻璃最大应力是否超过其设计应力要求。如果超过，则应重新设定尺寸进行验算。

（1）均布荷载，玻璃四边简支 如图 2-5 所示，玻璃板的最大挠度和最大应力在板下中点产生，分别按公式（2-9）和（2-10）计算。

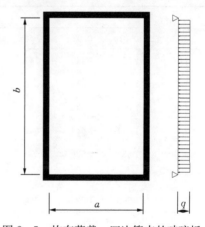

$$\omega_{max} = \alpha_1 \cdot q \cdot a^4 / D \qquad (2-9)$$

$$\sigma_{max} = \beta_1 \cdot q \cdot a^2 / t^2 \qquad (2-10)$$

式中 ω_{max}——最大挠度，mm；

    σ_{max}——最大应力，kPa；

    α_1、β_1——计算参数，其数值与玻璃的长宽比有关，见表 2-7 和表 2-8。

    q——均布荷载，kPa；

    a——玻璃短边长，mm；

    t——玻璃厚度，mm；

    D——圆柱刚度，Nm，见表 2-6。

图 2-5 均布荷载、四边简支的玻璃板

表 2-7 倾斜屋面玻璃强度计算的系数 $\alpha_1 \times 10^{-5}$

b/a	1.0	1.1	1.2	1.3	1.4	1.5	1.6	1.7	1.8	1.9	2.0	2.5	3.0	4.0
α_1	406	487	565	639	709	772	831	884	932	975	1 013	1 150	1 223	1 282

表 2-8 倾斜屋面玻璃强度计算的系数 $\beta_1 \times 10^{-3}$

b/a	1.0	1.1	1.2	1.3	1.4	1.5	1.6	1.7	1.8	1.9	2.0	2.5	3.0	4.0
β_1	276	322	366	407	444	479	509	538	563	585	605	674	712	740

（2）中央集中荷载，玻璃四边简支 如图 2-6 所示。玻璃板的最大挠度和最大应力可按公式（2-11）至（2-13）计算。

$$\omega_{max} = \alpha_2 \cdot p \cdot a^2 / D \quad (2-11)$$

$$p = u^2 \cdot q \quad (2-12)$$

$$\sigma_{max} = \beta_2 \cdot p / t^2 \quad (2-13)$$

式中　α_2、β_2——计算参数，其数值与玻璃的长宽比有关，见表 2-9 和表 2-10；

　　　　p——作用荷载强度，N；

　　　　a——玻璃短边长，mm；

　　　　t——玻璃厚度，mm；

　　　　D——圆柱刚度，Nm，见表 2-6；

　　　　u——荷载作用的正方形边长，m，可取 0.133；

　　　　q——单位面积荷载强度，kPa。

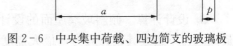

图 2-6　中央集中荷载、四边简支的玻璃板

表 2-9　倾斜屋面玻璃强度计算的系数 $\alpha_2 \times 10^{-5}$

b/a	u/a									
	0.01	0.02	0.04	0.06	0.08	0.1	0.15	0.2	0.3	0.4
1.0	1 150	1 149	1 147	1 144	1 139	1 133	1 113	1 087	1 019	940
1.5	1 516	1 516	1 514	1 511	1 506	150	1 480	1 454	1 385	1 299
2.0	1 625	1 625	1 623	1 620	1 616	1 610	1 591	1 566	1 499	1 415
2.5	1 644	1 644	1 642	1 639	1 635	1 630	1 613	1 589	1 525	1 444
3.0	1 636	1 636	1 634	1 631	1 628	1 623	1 606	1 584	1 523	1 445
3.5	1 618	1 618	1 616	1 614	1 610	1 606	1 590	1 569	1 511	1 434
4.0	1 596	1 596	1 594	1 592	1 589	1 584	1 570	1 550	1 495	1 424

表 2-10　倾斜屋面玻璃强度计算的系数 $\beta_2 \times 10^{-3}$

b/a	u/a									
	0.01	0.02	0.04	0.06	0.08	0.1	0.15	0.2	0.3	0.4
1.0	3 013	2 600	2 186	1 944	1 772	1 639	1 397	1 225	983	812
1.5	3 211	2 797	2 383	2 142	1 970	1 836	1 594	1 423	1 181	1 009
2.0	3 270	2 857	2 443	2 201	2 029	1 896	1 654	1 482	1 240	1 069
2.5	3 286	2 873	2 459	2 217	2 045	1 912	1 670	1 498	1 256	1 085
3.0	3 290	2 877	2 463	2 221	2 049	1 916	1 674	1 502	1 260	1 089
3.5	3 291	2 877	2 464	2 222	2 050	1 917	1 675	1 503	1 261	1 089
4.0	3 291	2 878	2 464	2 222	2 050	1 917	1 675	1 503	1 261	1 090

4. 温室玻璃覆盖的构造设计　温室屋面及周边围护用玻璃的长宽比例通常为 $1.8 \leqslant b/a \leqslant 3$，且 $a \leqslant 1.1$ m（其中 a 为玻璃的短边，b 为玻璃的长边）。由于温室屋面和四角 2 m 的范围内存在风荷载的局部叠加，故该区域内的玻璃分隔宽度宜小于 0.63 m（图 2-7）。

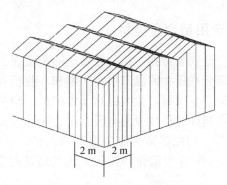

图 2-7 玻璃分隔加密部位

第二节 玻璃安装

一、玻璃的安装结构

玻璃的安装结构分为有框架安装结构和无框架安装结构两种。有框架安装结构是指玻璃周边都有框架支撑，并且要求玻璃边缘全部被框架槽口或凹槽包围封闭，同时框架具有足够的承载强度和刚度；不满足这一要求则被视为无框架安装结构。温室上基本都采用有框架安装结构，但近几年国外温室公司设计的玻璃温室屋面窗户已出现无框架安装结构。

玻璃有框架安装结构由框架上的安装槽口或凹槽和玻璃安装材料构成。

1. 玻璃安装的原则 温室上一般使用专用铝合金型材将玻璃固定在温室骨架上。玻璃安装后，必然受到风荷载、雨雪荷载、地震作用或其他有效荷载的作用，由于玻璃独特的强度特性，当应力超过其弹性界限后，不同于聚碳酸酯板、薄膜等材料具有塑性变形能力，而是立即断裂。为了保证整个安装结构的安全性、可靠性和耐久性，安装时遵循以下原则：

（1）玻璃的板面、厚度尺寸应根据玻璃承受的有效荷载强度确定，玻璃受荷载作用最大弯曲变形挠度不应大于跨度的 1/70。

（2）固定玻璃的框架应有足够强度，防止因框架变形使玻璃破碎。框架变形一般采用不超过跨度的 1/180 进行设计。

（3）玻璃周边应与框架留有合适的间隙，局部用弹性材料填充，应避免安装应力。《温室透光覆盖材料安装与验收规范 玻璃》（NY/T 2708）对玻璃安装质量进行了规定。

2. 玻璃的选择 作为温室覆盖材料，大部分选用 4 mm、5 mm 两种规格的平板玻璃，其技术要求应符合我国国家标准《平板玻璃》（GB 11614）中的有关规定。为减少安装时玻璃的损耗和现场加工量，玻璃采购时应认真分析温室用材特点，选用适宜的规格，且规格不宜过多。有些特殊要求的温室也选用中空玻璃做覆盖材料。

3. 玻璃安装材料 包括安装块和密封材料两大类。

（1）**安装块** 作用是防止玻璃与框架的直接接触，保护玻璃周边不受损坏，包括支承块、定位块、间距片 3 种。

（2）**密封材料** 用于玻璃与框架结合部位的连接，在玻璃安装结构中起密封和辅助固定作用。温室上的大部分密封胶条可直接起到密封和固定玻璃的双重作用。密封材料应有足够的承载和抗拉强度，同时具有良好的弹性、耐久性、黏合强度和相容性等，以保证在恶劣的环境气候条件下玻璃安装结构对温室的水密性和气密性等功能作用。

二、玻璃温室安装专用铝合金型材

温室上大部分采用铝合金安装结构。荷兰等发达国家实现了温室铝合金型材的专业化设计和规模化生产，国内部分规模大的温室生产厂家和专业温室配件公司也开发了具有很大通用性和互换性的成套铝合金型材，大大提高了生产加工和安装效率，如北京兴业华农农业设备有限公司、北京京鹏环球科技股份有限公司、天津市大港金星铝业有限公司、河南明信温室材料有限公司等。目前温室天沟主要分为两种，一种为镀锌钢板天沟，另一种为铝合金型材天沟。图2-8为采用镀锌钢板天沟的玻璃温室透光覆盖面安装示意图，

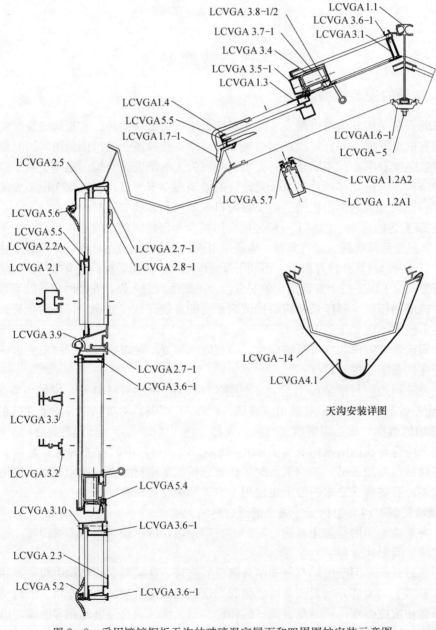

天沟安装详图

图2-8　采用镀锌钢板天沟的玻璃温室屋面和四周围护安装示意图

表 2-11 为北京兴业华农农业设备有限公司开发的采用镀锌钢板天沟的玻璃安装专用铝合金型材系列产品；图 2-9 为采用铝合金型材天沟的玻璃温室透光覆盖面安装示意图，表 2-12 为北京兴业华农农业设备有限公司开发的采用铝合金型材天沟的玻璃安装专用铝合金型材系列产品。

表 2-11　采用镀锌钢板天沟的玻璃安装专用铝合金型材系列产品

序号	代号	名称	图例	备注
1	LCVGA1.1	屋脊（一）		屋顶开窗时一侧固定顶窗，一侧固定玻璃
2	LCVGA1.2A1	屋面竖撑		用于屋顶玻璃垂直于天沟对接，与 LCVGA1.2A2 共用
3	LCVGA1.2A2	屋面竖撑盖板		用于屋顶玻璃垂直于天沟对接，与 LCVGA1.2A1 共用
4	LCVGA1.3	屋面横撑		相当于顶窗固定窗框
5	LCVGA1.4	屋面底边		用于天沟位置固定玻璃
6	LCVGA2.1	立面竖撑		山墙、侧墙玻璃对接
7	LCVGA2.2A	立面横撑		山墙、侧墙玻璃上下对接
8	LCVGA2.3	立面底边		山墙、侧墙底部，与基础固定后，固定玻璃下端

（续）

序号	代号	名称	图例	备注
9	LCVGA2.4	山墙顶边		山墙与屋面相交处
10	LCVGA2.5	侧墙顶边（一）		侧墙顶部天沟位置，固定玻璃上端
11	LCVGA3.1	窗顶边		顶窗、侧窗的上边框，固定玻璃上端
12	LCVGA3.2	窗侧边		顶窗、侧窗的侧边框
13	LCVGA3.3	窗中撑		顶窗、侧窗内用于玻璃对接
14	LCVGA3.4	窗底边		顶窗、侧窗的底边框，固定活动窗侧边框和窗框中撑
15	LCVGA3.5-1	窗底边扣		顶窗、侧窗的底边框，固定玻璃下端

（续）

序号	代号	名称	图例	备注
16	LCVGA3.9	侧窗挂钩		悬挂侧窗和固定侧窗上端玻璃
17	LCVGA3.10	侧窗横撑		侧窗底部和两侧窗框
18	LCVGA4.1	集露槽		装在天沟下，收集天沟产生的冷凝水
19	LCVGA5.2	密封胶条		
20	LCVGA5.4	窗边密封		用于顶窗、侧窗与固定窗框密封，用于 LCVGA3.4 上
21	LCVGA5.5	立面中部密封		垫在玻璃底部（下端），起支承块的作用
22	LCVGA5.6	山墙顶边密封		与 LCVGA2.4 共用，用于屋面端部及山墙顶部密封
23	LCVGA5.7	屋面密封胶条		与 LCVGA1.2A 及 LCV-GA1.2A1 共用，用于屋面密封

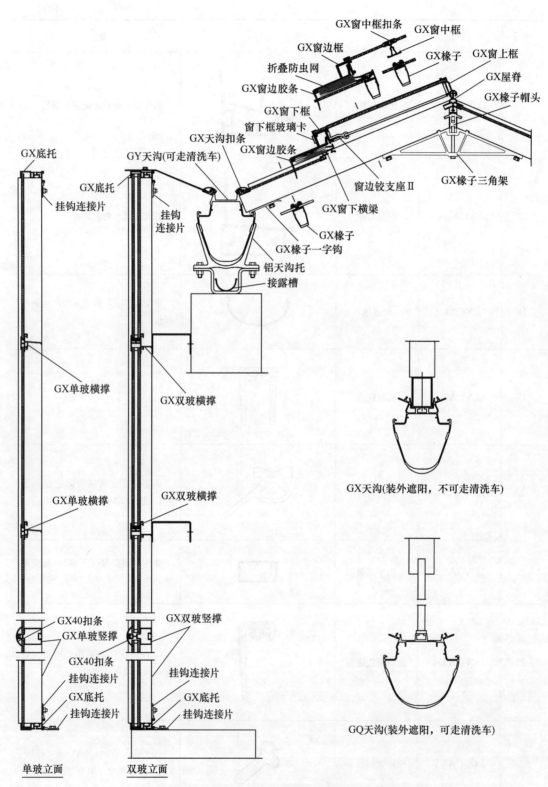

图 2-9　采用铝合金型材天沟的玻璃温室屋面和四周围护安装示意图

表 2 - 12　采用铝合金型材天沟的玻璃安装专用铝合金型材系列产品

序号	名称	图例	备注
1	GX 铝天沟		能装外遮阳,不能走清洗车
2	GY 铝天沟		不能装外遮阳,可走清洗车
3	GQ 铝天沟		能装外遮阳,能走清洗车
4	铝天沟托		用于支撑铝天沟
5	GX 屋脊		与 GX 窗上框配合,可实现屋面开窗

（续）

序号	名称	图例	备注
6	GX 椽子		用于屋顶玻璃，垂直于天沟对接
7	GX 椽子帽头及三脚架		用于椽子与屋脊的对接
8	GX 窗上框		顶窗窗上框，固定窗玻璃上端
9	GX 窗下框		顶窗窗下框，与窗下玻璃卡一起固定窗玻璃下端，可安装折叠防虫网
10	窗下框玻璃卡		与 GX 窗下框一起固定窗玻璃下端
11	GX 窗边框		顶窗的窗边框铝材，可安装折叠防虫网

（续）

序号	名称	图例	备注
12	GX 窗中框		顶窗的窗中框铝材，连接窗上框和窗下框
13	GX 窗下横梁		顶窗下固定底框，用于安装窗下玻璃，可安装折叠防虫网
14	GX 窗下纵梁		顶窗下固定侧框，用于安装窗侧玻璃，可安装折叠防虫网
15	GX 双玻竖撑		山墙、侧墙双层中空玻璃对接竖向铝材
16	GX 双玻横撑		山墙、侧墙双层中空玻璃上下对接横向铝材
17	GX 单玻竖撑		山墙、侧墙单层玻璃对接竖向铝材

(续)

序号	名称	图例	备注
18	GX 单玻横撑		山墙、侧墙单层玻璃上下对接横向铝材
19	GX 底托		山墙、侧墙底部及顶部固定铝材
20	GX 封边		山墙面与屋面搭接密封铝材
21	挂钩连接片		用于竖撑、底托铝材的连接及固定
22	集露槽		装在铝天沟下,收集铝天沟产生的冷凝水
23	GX 窗中框扣条		与 GX 窗中框配合
24	GX 窗边胶条		顶窗两侧及底框安装,用于窗的密封

（续）

序号	名称	图例	备注
25	GX 天沟扣条		与铝天沟配合，用于屋面玻璃底部的密封及固定
26	GX40 扣条		与 GX 双玻竖撑、单玻竖撑配合，用于四周玻璃覆盖的密封及固定

三、玻璃安装尺寸的确定

安装尺寸是玻璃与槽口的配合尺寸，一般有 3 个，分别用 a、b、c 表示（图 2-10）。

1. 间隙（a） 也称为侧面间隙，是玻璃平面与槽口或凹槽竖壁之间的距离。作用是给密封材料留出施工空间，使其充分发挥密封作用；同时允许玻璃受荷载作用产生的翘曲变形，使玻璃边缘不至于因弯曲变形而碰到槽口。

2. 间隙（b） 也称为边缘覆盖，是玻璃深入到槽口或凹槽竖壁的距离。作用是使玻璃与间距片或其他起抗风压作用的材料有足够的接触面积，同时保证玻璃受风压作用后不至于因为弯曲变形而脱出框架。

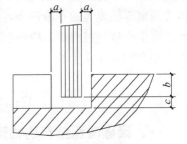

图 2-10 玻璃的安装尺寸示意图

3. 间隙（c） 也称为边缘间隙，是玻璃边缘到槽口底部平台之间的距离。作用是允许玻璃受热膨胀使玻璃边缘不能与槽口底部接触。

温室中常用的单片玻璃和中空玻璃的最小安装尺寸应符合表 2-13 和表 2-14 的规定。

表 2-13 单片玻璃的最小安装尺寸（mm）

玻璃标称厚度（mm）	间隙 a	间隙 b	间隙 c
4	2.5	8	3
5	2.5	8	3

表 2-14 中空玻璃的最小安装尺寸（mm）

中空玻璃整体厚度（mm）	固定部分					可动部分				
	a	b	c 下边	c 上边	c 两侧	a	b	c 下边	c 上边	c 两侧
3+A+3	5	12	7	6	5	5	12	7	3	3
4+A+4		13					13			
5+A+5		14					14			
6+A+6		15					15			

注：$A = 6$、9、12 mm，为空气层的厚度。

四、玻璃的维护与保养

为了降低破损率，保证玻璃的使用寿命和在使用期间正常发挥其功用，在整个施工过程中和安装完成后，应对玻璃进行适当的维护与保养。

1. 施工前的贮存和维护 玻璃应贮放在干燥、防雨的场所，远离水和阳光照射。尽量采用立放，放在木制或橡胶垫的架子上。

叠放时，应在玻璃之间垫上一层纸，以防再次搬运时，两块玻璃相互吸附在一起，绝对禁止玻璃之间进水，因为玻璃之间的水膜几乎不会蒸发，会吸收玻璃的碱成分。

2. 施工过程中的注意事项 在搬运玻璃之前，必须查明玻璃边缘没有容易造成破裂的伤痕，没有裂纹。在施工过程中，不要让玻璃碰上坚硬的物体，不应在玻璃下面垫坚硬的物体，可垫上木块或橡胶垫。

焊接时避免焊接火花落在玻璃上，也应防止涂料、砂浆对玻璃的污染。

在一天内一部分玻璃安装未完时，应在已经安装的玻璃上写字或贴纸，以防意外撞击。

3. 使用中的清洗和维护 大部分温室用于花卉和蔬菜等植物的生产，玻璃在没有污染的状态下，温室内采光充分，适宜植物的生长和发育。随着使用时间的推移，玻璃表面将受到烟雾粉尘等的不断污染，引起玻璃透光性能的下降，从而影响温室的使用。因此，在温室生产使用过程中，应根据受污染的程度，适时清洗玻璃覆盖表面，保证温室的正常采光和作物的正常生长。

第三节 聚碳酸酯板的设计与安装

一、聚碳酸酯塑料的物理性能

聚碳酸酯（PC）是一种无定形热塑性工程塑料。它具有极为优良的韧性、透明性、抗冲击性、耐蠕变性和极优的尺寸稳定性、耐热性、阻燃性、加工性、隔音性等（表2-15），广泛应用于建筑装饰业、交通运输（公路、铁路、民航）业、广告业和农业等领域。

表2-15 聚碳酸酯板的基本物理性能参数

序号	特性	单位	参数
1	比重（specific gravity）	g/cm^3	1.2
2	透光率（light transmission）	%	88
3	冲击强度（impact strength）	J/m	850
4	弯曲强度（flexural strength）	N/mm^2	100
5	拉伸强度（tensile strength）	N/mm^2	≥60
6	断裂拉伸应力（tensile stress at break）	MPa	≥65
7	比热（specific heat）	$kJ/(kg \cdot K)$	1.17
8	导热系数（heat conductivity）	$W/(m \cdot K)$	0.2
9	热变形温度（heat deflection temperature）	℃	135
10	热膨胀系数（coefficient of thermal expansion）	$mm/(m \cdot ℃)$	0.067
11	使用温度（range of temperature）	℃	−40～120

二、温室覆盖用聚碳酸酯板的常用规格及特性

作为农业温室覆盖材料的聚碳酸酯板产品一般分为中空板（两层或三层）和波纹板（也称浪板）两大系列。为满足采光需求，温室通常选用无色透明板材。

目前国内生产聚碳酸酯板的厂家有煜阳建材科技（天津）有限公司、上海汇丽-塔格板材有限公司、中山固莱尔阳光板有限公司等。其生产的温室常用板材规格与特性见表 2-16。

表 2-16　温室常用聚碳酸酯板材规格与特性

品种		厚度（mm）	板长（mm）	板宽（mm）	透光率（%）	传热系数 K [W/(m² · K)]
中空板	双层	6	5 800，6 000	2 100	≥78	
		8	5 800，6 000	2 100	≥78	3.3
		10	5 800，6 000	2 100	≥78	3.0
	三层	10	5 800，6 000	2 100	≥75	2.4
浪板		0.8	5 800，6 000	860，1 260	≥80	

注：中空板的板宽指与加强筋垂直方向的尺寸，板长指与加强筋平行方向的尺寸。

三、中空板的设计与安装

1. 中空板的安装准备

（1）板材切割、钻孔　中空板可用普通工具切割、钻孔。如用普通电动圆锯、钢锯、锋利的裁纸刀来切割，切割时不要揭掉保护膜，切割后须吹掉板内的锯屑。用普通麻花钻或斜角楔形刃钻在中空板上钻孔时，应先钻出小孔，然后逐步扩大到所需直径，钻孔离板边缘的尺寸应大于 50 mm，钻孔直径应大于螺钉直径 30%～50%，以适应板的热胀冷缩，并且下面要有支撑以免晃动。由于板的热胀冷缩，从实际调查看，冬季施工效果不如夏季施工好。

（2）分清板材正反面　安装时首先分清板材的正、反面。中空板的双面皆有 PE 保护膜，一般有印刷标志的一面是具有防紫外线的防护表面，安装时此面务必朝外。由于保护膜会影响支撑材料与中空板的结合，故在嵌入安装前，先把保护膜四周揭起 5 cm 左右以便施工。

（3）板材两端开口的密封处理　安装最重要的问题是板两端开口的密封处理，中空板里面如有潮气、尘埃、小虫或其他物质，都会影响到中空板的透光率、隔热性和美观性。出厂时厂家提供的板材的彩色封边胶带只是在运输中起临时保护作用，不是用来防水和安装的，安装前应撕掉，板顶边更换为密封式防尘胶带，底边用透气式防尘胶带（图 2-11和图 2-12），使板内形成的冷凝水可以流走并防止灰尘、昆虫等进入。

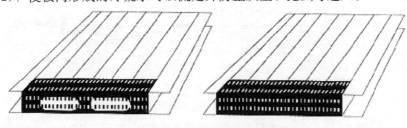

图 2-11　防尘胶带种类

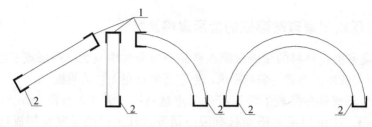

图 2-12　防尘胶带密封形式
1. 密封式防尘胶带　2. 透气式防尘胶带

2. 中空板的强度校核　作为温室的透光覆盖材料，聚碳酸酯板的强度设计过程中同样需要考虑风荷载与雪荷载的影响，其荷载计算可以参照玻璃覆盖的计算方法。总的作用荷载会导致板材弯曲变形，从安全和美观角度考虑，板材的最大变形不应大于板材短边尺寸的5%。

聚碳酸酯板强度校核的目的是获得覆盖板材的合理安装尺寸（支撑的布置间距），以保证聚碳酸酯板安装的可靠性。为方便起见，一般厂家都会为客户提供很好的安装建议，如板材支撑布置间距速查表、板材安装强度校核图等，有的厂家还有设计软件，只要输入板厚（规格）、布置形式等参数，软件会提供支撑的最佳布置间距。

以某公司提供的10 mm厚双层中空板安装强度校核图为例（图2-13），来说明中空板的强度校核过程。

① 根据当地基本风压、雪压并参照玻璃覆盖的荷载计算方法，计算作用在温室覆盖板材上的荷载值。

② 已知支撑框架尺寸，如长度500 mm，宽度750 mm。

③ 确定板材的支撑情况：四边支撑。

④ 验证承载能力：根据板材的长宽比例（500/750＝0.67）在图2-13上找到对应曲线，在图中横坐标上标出宽度线，然后找到与0.67曲线相交的点，该点在纵坐标上的垂足显示出最大允许荷载值为1.6 kPa，该值若不小于计算的荷载值，则说明安装支撑能够满足强度校核要求，否则必须改变板材支撑框架的尺寸或选择刚度更好的板材。

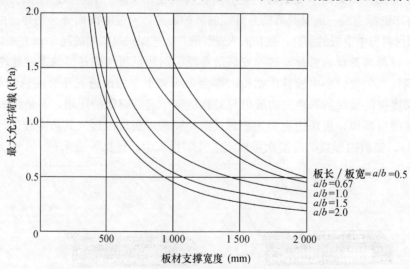

图 2-13　10 mm双层中空板安装强度校核图（拜耳公司提供）

3. 中空板的安装方式　可分为平面安装和弯曲安装方式两种。

（1）平面安装形式　又可分为倾斜式安装（如坡屋面）和直立式安装（如墙面）。不论哪种安装方式，中空板都应顺加强筋方向安装，使内部产生的冷凝水滴下滑，避免发霉而影响透光率。

设计平面安装的主要任务是确定板材支撑的布置间距，以防止过大间距而使板材产生过大的弯曲变形。一般温室中，板材多为四边固定的支撑方式，这种支撑条件下决定中空板挠曲特性的主要因素是两支撑材料的距离 a 与 b 之比（板宽与板长之比）。

在一定荷载条件下，板材安装不至于超过挠度设计值的最大允许尺寸见表 2-17（上海汇丽-塔格板材公司提供）。

表 2-17　四边支撑、中空板宽度 a 的使用值（mm）

中空板规格（mm）	板宽/板长（a/b）														
	1:1	1:1.5	1:>1.5	1:1	1:1.5	1:>1.5	1:1	1:1.5	1:>1.5	1:1	1:1.5	1:>1.5	1:1	1:1.5	1:>1.5
6	1 050	920	610	950	850	570	900	780	530						
8	1 250	1 100	720	1 050	1 020	655	1 075	940	610	1 020	900	570	970	830	535
10	1 500	1 150	815	1 375	1 070	730	1 280	950	670	1 215	920	620	1 160	850	585
16	1 700	1 420	1 100	1 600	1 310	980	1 500	1 210	880	1 450	1 120	810	1 400	1 060	750
20	1 800	1 650	1 200	1 700	1 550	1 160	1 600	1 400	1 070	1 550	1 310	980	1 500	1 220	920
荷载（N/m²）	600			800			1 000			1 200			1 400		

中空板通过自钻自攻螺钉直接固定在板材支撑结构上（图 2-14）或是通过铝合金连接密封型材固定在支撑结构上（图 2-15）。由于铝合金连接密封型材成本较高，在温室安装过程中常用自钻自攻螺钉直接固定代替部分铝合金型材，以降低成本。自钻自攻螺钉布置间距见表 2-18。

另外，平面安装时，为了便于雨水排出，建议中空板倾斜角最少为 $5°$，即每 $1 m$ 的安装高差约为 $9 cm$。

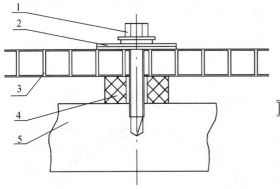

图 2-14　自钻自攻螺钉直接固定中空板节点
1. 自钻自攻螺钉　2. 大帽垫　3. 中空板
4. 橡胶垫块　5. 钢构件

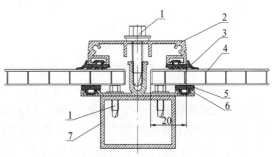

图 2-15　专用铝合金型材固定中空板节点
1. 自钻自攻螺钉　2. 铝合金压条　3. 外用橡胶条
4. 中空板　5. 内用橡胶条　6 铝合金托条　7. 钢构件

表 2-18 自钻自攻螺钉布置间距

坡屋面和山墙、侧墙		圆拱屋面	
部位	间距（mm）	部位	间距（mm）
板中间	400	板中间	400
板两端	300	板两端	200
窗户内	300		

（2）弯曲安装形式

① 中空板允许最小弯曲半径：中空板可以在常温下顺加强筋方向进行冷弯成型，弯曲成平滑的弧形（图 2-16）。不同厚度的中空板弯曲时允许的最小弯曲半径不同，在常温下双层中空板的最小弯曲半径可达板厚的 175 倍。表 2-19 为常见中空板材的最小弯曲半径。

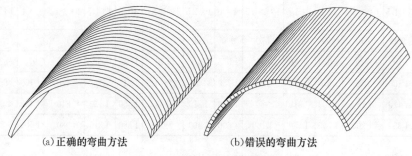

(a)正确的弯曲方法   (b)错误的弯曲方法

图 2-16 中空板的弯曲方法

表 2-19 常见板材的最小弯曲半径

板材厚度（mm）	最小弯曲半径（mm）
6	1 050
8	1 400
10	1 750
16	2 800

② 安装半径的计算方法：实际设计中，弯曲半径的计算方法见公式（2-14）。

$$R=(W^2+4H^2)/8H \qquad (2-14)$$

式中　H ——拱高，m；

　　　W ——跨度，m；

　　　R ——板材的实际弯曲半径（图 2-17），m。

根据跨度和拱高，计算出板材的弯曲半径后，与厂家建议的最小弯曲半径比较，判断弯曲半径是否超出要求，据此，进一步修改跨度或拱高。另外，要注意中空板的弯曲方向，板材要沿着加强筋的方向弯曲（图 2-16），以免造成板材折痕。

确定弯曲安装的剖面尺寸（跨度、拱高

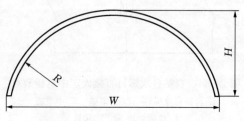

图 2-17 弯曲半径的计算方法

和弯曲半径）后，下一步需要确定的是支撑拱面的拱梁间距。按照承受荷载能力大小，不同板厚材料在不同弯曲半径条件下的最大支撑拱梁间距如表2-20。

与平面安装不同，板材作为圆拱屋面安装时，尽量少用自钻自攻螺钉代替铝合金连接固定，否则容易引起集中应力而在板材上产生裂纹，影响使用效果。

表2-20 常用中空板支撑拱梁距离（mm）速查表

板材规格	弯曲半径（mm）	荷载（N/m²）			
		600	750	900	1 200
6 mm 中空板	1 100	1 400	1 100	1 050	900
	1 200	1 300	1 100	1 050	800
	1 300	1 200	900	700	500
	1 500	1 200	900	700	500
	1 700	800	500	—	—
	1 800	600	500	—	—
8 mm 中空板	1 400	2 000	1 500	1 500	1 050
	1 500	1 800	1 400	1 220	1 050
	1 700	1 700	1 220	1 100	900
	2 000	1 400	1 220	1 050	600
	2 300	1 100	1 050	800	580
	2 500	800	600	—	—
	2 700	600	500	—	—
10 mm 中空板	1 800	1 800	1 600	1 500	1 200
	2 000	1 500	1 400	1 400	1 050
	2 100	1 400	1 300	1 200	900
	2 500	1 300	1 050	900	700
	2 700	1 050	900	700	600
	3 000	800	700	500	500

4. 中空板安装注意事项

（1）边缘固定

① 安装时，为防止产生弯曲和内应力，应给板材预留一定的热膨胀间隙，间隙值见图2-18。例如板材长度为1 000 mm时，应留间隙3 mm。

② 将板边缘至少伸入支撑固定框架中20 mm以上。

（2）密封材料 聚碳酸酯板材安装时，必须选用适用于聚碳酸酯塑料的密封胶或橡胶密封条。建议采用中空板生产厂家提供的中空板专用硅酮密封胶，其他种类的密封胶

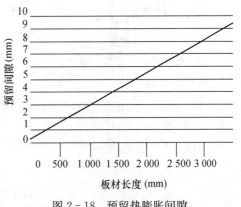

图2-18 预留热膨胀间隙

可能会对板材造成腐蚀，使板材变脆，容易断裂。橡胶密封条一般用三元乙丙橡胶（EP-DM），不可以用 PVC 材料进行密封。

5. 中空板温室安装专用铝合金型材 与玻璃温室的安装相似，温室上中空板也多采用专用的铝合金型材进行安装。图 2-19 为中空板温室透光覆盖面安装示意图，表 2-21 为北京兴业华农农业设备有限公司开发的中空板安装专用铝合金型材系列产品。

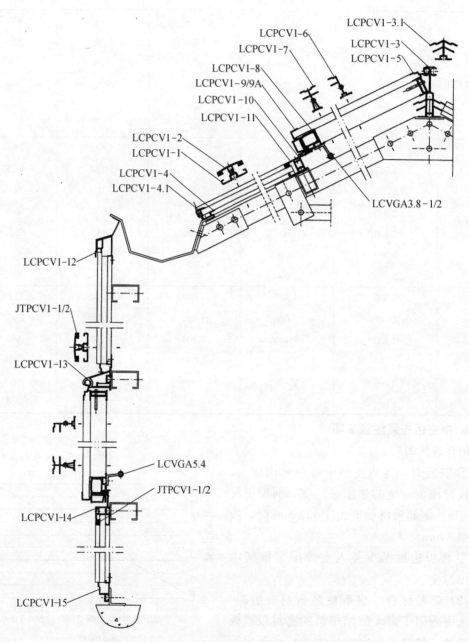

图 2-19　中空板温室屋面和四周围护安装示意图

表 2 - 21　中空板安装专用铝合金型材系列产品

序号	代号	名称	图例	备注
1	LCPCV1 - 1	托条		与 LCPCV1 - 2 共用，用于中空板对接
2	LCPCV1 - 2	压条		与 LCPCV1 - 1 共用，用于中空板对接
3	LCPCV1 - 3	开窗屋脊		屋顶开窗时一侧固定顶窗，一侧固定中空板
4	LCPCV1 - 3.1	无窗屋脊		屋顶不开窗时，双侧固定中空板
5	LCPCV1 - 4	天沟上边		与 LCPCV1 - 4.1 共用，在天沟位置固定中空板
6	LCPCV1 - 4.1	天沟上边压条		与 LCPCV1 - 4 共用，在天沟位置固定中空板
7	LCPCV1 - 5	活动窗上边框		顶窗、侧窗的上边框，固定中空板上端

（续）

序号	代号	名称	图例	备注
8	LCPCV1-6	活动窗侧边框		顶窗、侧窗的侧边框
9	LCPCV1-7	窗框中撑		顶窗、侧窗内用于中空板对接
10	LCPCV1-8	活动窗底边框		顶窗、侧窗的底边框，固定活动窗侧边框和窗框中撑
11	LCPCV1-9	底框扣边		顶窗、侧窗的底边框，固定中空板下端，适用于 10 mm 中空板
12	LCPCV1-9A	底框扣边		顶窗、侧窗的底边框，固定中空板下端，适用于 8 mm 中空板
13	LCPCV1-10	屋面固定窗框		顶窗底部和两侧窗框，与 LCPCV1-11 共用

（续）

序号	代号	名称	图例	备注
14	LCPCV1-11	固定窗框压条		与 LCPCV1-10（14）共用，固定中空板
15	LCPCV1-12	侧墙上边		侧墙顶部天沟位置，固定中空板上端
16	LCPCV1-13	侧窗上框		悬挂侧窗和固定侧窗上端中空板
17	LCPCV1-14	侧窗固定边框		侧窗底部和两侧窗框，与 LCPCV1-11 共用
18	LCPCV1-15	侧墙底边		山墙、侧墙底部，与基础固定后，固定中空板下端
19	LCPCV1-16	侧墙拐角		用于山墙与侧墙、山墙与屋面相交处

（续）

序号	代号	名称	图例	备注
20	LCPCV1-17	PC板封边		与LCPCV1-15功能相同
21	JTPCV1-1	密封胶条（10 mm）		用于LCPCV1-2、LCPCV1-11上，适用于10 mm中空板
22	JTPCV1-2	密封胶条（8 mm）		用于LCPCV1-2、LCPCV1-11上，适用于8 mm中空板
23	LCVGA5.4	窗边密封		用于顶窗、侧窗与固定窗框密封，用于LCPCV1-8上

6. 中空板的运输和储存 中空板在运输时应小心轻放，妥善衬垫包装。注意保持运输车厢内清洁，防止对板边和保护膜的擦伤和损害。大部分厂家的中空板宽度在2.1 m，在长度方向上可以根据客户要求，定尺加工。考虑卡车长度限制，一般最长也就在12 m之内。

中空板应存放在室内，避免长期存放于日光直晒和雨淋的地方，室内应通风良好，清洁无尘。

7. 中空板的清洗 按照一定的方法和适宜的工具正确地定期清洗，能延长中空板的使用寿命。

板面禁忌接触碱性物质及有腐蚀性的有机溶剂，如碱、碱性盐、胺、酮、醛、酯、醚、卤化烃、甲醇及异丙醇等。如果板面有油脂、未干油漆、胶迹等，可用蘸有无水酒精、煤油、汽油的软布擦掉。

小面积板材可按以下方法清洗：

——用温清水（60 ℃以下）冲洗；

——用中性肥皂或家用洗涤剂兑温水进行冲洗，用软布或海绵去除灰尘和污垢；

——用冷水冲洗并在干后用软布擦除水干后的斑点。

大面积板材应按下述方法清洗：

——用高压水或蒸汽清洗表面；

——水中附加物应与中空板相容。注意：不要打磨或用强碱清洗中空板，不要用干硬布或硬刷子擦表面以免产生拉毛现象，不要用丁基溶纤剂和异丙醇溶液清洗防紫外线的中空板。

四、波纹板（浪板）的安装

聚碳酸酯波纹板（浪板）由于良好的透光性能和机械性能，在温室中多用作屋面透光覆盖材料。其设计安装过程中，主要考虑板材的支撑与固定，避免板材在荷载作用下产生过大的变形。

1. 安装准备　浪板安装前，首先应分清板材的正反面，一般板材上印有文字的保护膜覆盖的一面应朝外安装。安装完成之前不得损坏或揭掉保护膜。当保护膜被撕掉或旧的浪板拆掉后重新应用于其他场所时，板材正反面正确安装的方式是板边缘折角朝下。

浪板切割时，应将板材固定到工作台面上，使用手提锯或电动圆盘锯（10~12齿/英寸）切割。

2. 浪板安装

（1）浪板的支撑与固定　浪板安装一般采用木质支撑结构或轻钢支撑结构。采用木质结构时，一般用木螺钉固定浪板；采用轻钢结构时，一般用自钻自攻螺钉固定浪板。

温室上常用的浪板厚度为 0.8 mm 左右，支撑檩条的分布间距应根据不同地点的各种荷载计算后确定，一般山墙和侧墙檩条的分布间距不超过 1 200 mm，坡屋面檩条的分布间距不超过 600 mm，半圆拱形檩条的分布间距不超过 1 000 mm。若檩条间距过大，可能会引起浪板翘曲变形而导致漏水。具体布置形式见图 2-20。

支撑檩条布置好后，通过自钻自攻螺钉将浪板固定在檩条上。一般间隔 3 个波形的波峰处（图 2-20）或 4 个波形的波谷处安排自钻自攻螺钉固定浪板，在屋脊、天沟处或屋

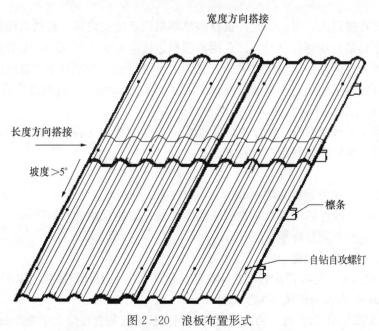

图 2-20　浪板布置形式

檐的浪板边缘部位应该间隔2个波形安排1组自钻自攻螺钉。

倾斜坡面安装时，自钻自攻螺钉应固定在板材波峰处（图2-21），沿着板材长度方向的间距为200～300 mm，两端适当减小。垂直立面安装时，自钻自攻螺钉固定于板材波谷（图2-22），间距300～400 mm，两端适当减小。当在波峰处固定时，板材与檩条之间应加专用的增高垫，尽量避免板材与钢结构或木结构直接接触（图2-23至图2-24）。当在波谷处固定时，板材与檩条之间应加适合于聚碳酸酯板的氯丁橡胶密封垫（图2-25）。

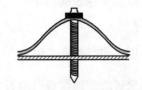

图2-21　螺钉固定在板材波峰

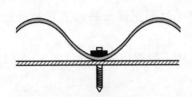

图2-22　螺钉固定在板材波谷

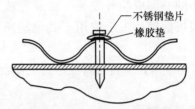

图2-23　浪板波峰处的固定方式

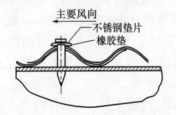

图2-24　浪板搭接时波峰处的固定

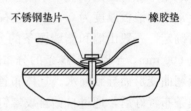

图2-25　浪板波谷处的固定方式

用自钻自攻螺钉固定时，为允许板材因热膨胀而产生的位移，板材必须预先钻孔，钻孔直径应大于自钻自攻螺钉直径，钻孔距离板材边缘应不少于15 mm。安装时注意自钻自攻螺钉的旋紧力应保证垂直于板材平面，且固定不可过紧，否则可能引发应力，引起板面局部裂纹。固定时采用适合于聚碳酸酯的氯丁橡胶密封垫，以避免钉头直接压迫板面，不得使用PVC或其他不适合聚碳酸酯的密封材料。

（2）浪板安装预留间隙　由于聚碳酸酯板的热胀冷缩，安装时应根据当地温差预留足够的伸缩余量。预留膨胀间隙的计算如公式（2-15）：

$$\Delta l = \varepsilon \cdot l \cdot \Delta t \tag{2-15}$$

式中　Δl——预留膨胀间隙，mm；

　　　ε——线性膨胀系数，聚碳酸酯板的线性膨胀系数为0.067 mm/(m·℃)；

　　　l——聚碳酸酯板长度，m；

　　　Δt——温差变化。

例如：长度1 m的聚碳酸酯板，如日夜温差有30 ℃，则其预留膨胀间隙用公式（2-15）计算为2.0 mm，即预留膨胀空间至少要2 mm。

因此，如果用ST 5.5的自钻自攻螺钉，则浪板钻孔的直径应大于2.0 mm+5.5 mm=

7.5 mm，并且自钻自攻螺钉必须固定在孔中间，否则由于热胀冷缩时位移不足，会引起自钻自攻螺钉周围的板出现裂纹或板面收缩变形。

（3）浪板搭接　浪板安装应尽量使用整张板材，如必须在沿板材长度方向上进行搭接，则搭接部分应大于 100 mm（图 2-26）。在板材宽度方向上进行搭接时，搭接部分尺寸应大于 1.5 个波，在该处固定点应加密（图 2-27）。板材搭接时应顺风向、顺坡面。搭接部分下端应有支撑骨架。

图 2-26　板材长度方向上搭接　　　　　图 2-27　板材宽度方向上搭接

在板材搭接的安装过程中，不可先固定两端、后固定中间，应先固定一端并沿同一方向施工，否则会引起中间应力集中，导致板材变形或开裂。

（4）其他安装事项

① 浪板可以冷弯，最小弯曲半径为 4 m，弯曲方向应沿波浪方向。

② 浪板与土壤地面接触时，可以埋入土壤 150 mm 左右，既方便安装又便于密封，还能防止病虫害。

③ 浪板在屋脊或山墙与屋面交界处、屋面与天沟交界处，应用专用的泡沫填充条密封。

第四节　塑料薄膜的安装与使用

塑料薄膜由于价格低廉、使用方便，能较好地改善农作物生长发育条件，提高产量，改善品质，因而在国内外温室覆盖上得以迅速发展。

目前，用于温室覆盖材料的薄膜产品主要有 PVC 薄膜、PE 薄膜、PO 膜和 EVA 薄膜。我国农用塑料薄膜的总产量中，以 PE 薄膜占主导地位。PVC 薄膜由于生产幅宽的限制和静电污染等缺点，其应用受到较大的局限。

温室园艺的发展对塑料薄膜提出了各方面新的性能要求。20 世纪 90 年代以来，我国三层共挤复合吹塑 PE 薄膜（表 2-22）发展迅速，薄膜幅宽可达 12～20 m，机械性能良好。在树脂中添加耐老化剂、防露滴剂和保温母料等方法，改变了原来普通 PE 薄膜在抗老化、防露滴和保温等性能方面的不足，可更好地满足温室的生产要求。

表 2-22　三层共挤复合吹塑 PE 薄膜的基本性能

项　目	性能指标
拉伸强度（MPa）	≥18
断裂伸长率（%）	≥400
直角撕裂强度（kN/m）	≥70

（续）

项　　目	性能指标
透光率（％）	≥88
红外线透过率（％）	36.5
断裂伸长保留率（自然气候暴露 8 个月，％）	96
防露滴持效期（月）	3～4

一、塑料薄膜的固定方式

1. 固膜方式　温室所使用的塑料薄膜多为温室专用的高强度复合多功能膜，既可以单层使用也可以双层使用。早期的塑料薄膜固定比较简单，利用木条直接将其压紧在温室骨架上。目前国内普遍使用卡槽加卡簧的方式来固定塑料薄膜［图 2-28（a）和图 2-28（b）］。在一些引进的双层充气温室中也有使用专用卡槽固定塑料膜的［图 2-28（c）和图 2-28（d）］。另外，一些从日本和韩国引进的塑料温室，在生产钢骨架的过程中，梁和柱被轧制成卡槽的形状，直接用于固定塑料薄膜。

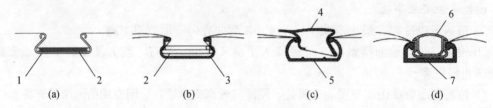

图 2-28　卡槽几种形式

1. 镀锌板卡槽　2. 卡簧　3. 铝合金卡槽　4. 卡槽上盖　5. 铝合金卡槽　6. PVC上盖　7. 铝合金卡槽

2. 卡槽的结构形式　卡槽的材料可分为镀锌板和铝合金型材两种，根据塑料薄膜的厚度和安装方式分成不同的形状（图 2-28）。其中图 2-28（a）为单层膜固定用卡槽，使用单层卡簧。图 2-28（b）为双层膜卡簧卡槽，使用双层卡簧。图 2-28（c）、图 2-28（d）为双层膜专用卡槽。

卡簧为弹簧钢丝（65 Mn），外表面包塑或浸塑处理，以增加卡簧的抗腐蚀性能并增加表面的光滑程度，避免损伤薄膜（图 2-29）。

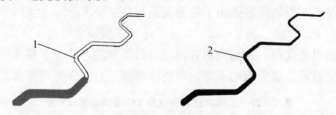

图 2-29　卡簧的形式

1. 包塑卡簧　2. 浸塑卡簧

3. 卡槽与骨架的连接　温室的骨架一般为热镀锌方钢管或圆管，卡槽与骨架的连接可使用自钻自攻螺钉或抽芯铆钉，也可以使用专用的卡件（图 2-30）。《温室覆盖材料安装与验收规范　塑料薄膜》（NY/T 1966）中有对卡槽安装质量的规定。

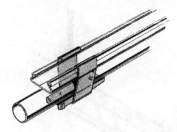
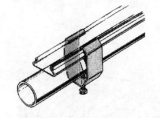
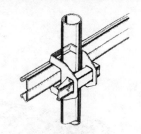

图 2-30 卡槽与骨架连接的几种形式

4. 塑料薄膜与卷膜轴的固定 对于需要卷膜通风的温室来说，可设置顶部及侧部卷膜通风窗，塑料薄膜与卷膜轴的连接是通过塑料膜卡实现的。塑料膜卡按照卷膜轴的外径常用 Φ22 mm、Φ25 mm 两种规格，一般膜卡的安装间距为 0.3～0.5 m（图 2-31）。另外，进口塑料温室中也有使用管状电机来卷膜的，其卷膜轴为特殊形状铝合金圆管，管上本身带有卡槽，另配有 PVC 或铝合金扣板，其截面如图 2-32。

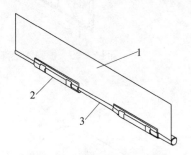

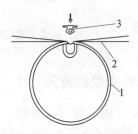

图 2-31 膜卡的固定示意图
1. 塑料薄膜 2. 膜卡 3. 卷膜轴

图 2-32 特殊形状的卷膜轴
1. 铝合金卷膜轴 2. 塑料薄膜 3. 扣板

固定塑料薄膜时将塑料薄膜沿卷膜轴铺平，由卷膜轴中部向两边安装膜卡或扣板，注意塑料薄膜不要过度绷紧，更不要起皱。安装完全部膜卡后应试运转卷膜器，如发现卷膜轴出现弯曲，应重新调整膜卡的位置，直至调直。

5. 压膜线的安装 对于温室顶部的单层覆盖塑料薄膜，沿温室跨度方向应设压膜线将塑料薄膜压紧在骨架上，以防止大风对塑料薄膜的损害。压膜线一般是钢丝芯的塑料线，一些进口的压膜线是用树脂尼龙为原料加工而成，具有高强度、抗老化等优点。压膜线的间距根据顶部骨架的疏密程度确定，一般为 1～2 m。其在天沟上的固定较简单，如图 2-33 所示。

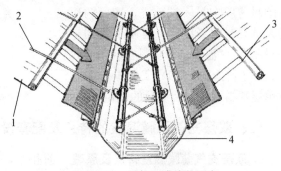

图 2-33 顶部压膜线的固定
1. 塑料薄膜 2. 压膜线 3. 温室骨架 4. 天沟

在侧墙通风窗上应该加装护膜线，目的是防止卷膜轴在风力的作用下摆动，造成塑料薄膜损坏或密封不严。护膜线可竖直安装也可斜拉成网状（图 2-34）。上下两端头可通过弹簧挂钩固定在卡槽中（图 2-35）。《温室覆盖材料安装与验收规范 塑料薄膜》（NY/T 1966）中有对压膜线安装质量的规定。

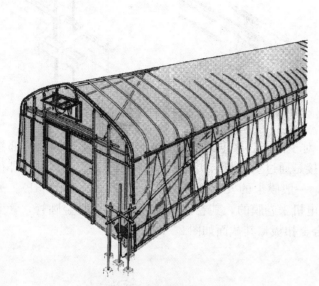

图 2-34　侧墙护膜线的布置

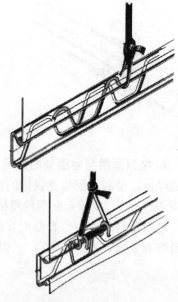

图 2-35　护膜线端部的固定

二、塑料薄膜的铺装

连栋温室在铺装塑料薄膜时，通常需要 4～6 人同时进行（图 2-36），将塑料薄膜卷放在一跨温室的端部，朝外的一面向上放置，并用支架支撑起来。留两个人在端部（注意端部的骨架不得有尖锐的毛刺，以免划伤塑料薄膜），其余的安装人员沿天沟拉着塑料薄膜向另一端前进。屋面两边的人员同时将膜绷紧，再用卡簧固定塑料薄膜。《温室覆盖材料安装与验收规范　塑料薄膜》（NY/T 1966）中有对单层塑料薄膜安装质量的规定。

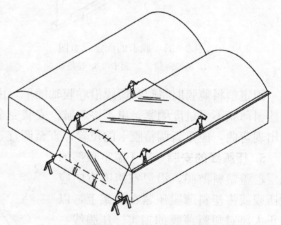

图 2-36　塑料薄膜的铺装

三、双层充气薄膜温室的特点及配套设备

1. 双层充气薄膜温室特点及原理　前几年，引进的温室中出现了不少双层充气薄膜温室，它是一种节能型温室，与单层塑料薄膜温室相比具有显著的节能保温效果（一般节能率在 40% 以上）。从温室结构上讲，双层充气薄膜温室与单层塑料薄膜温室没有太大区别，其主要区别在塑料薄膜的固膜构造上。双层充气薄膜温室不用压膜线，只在塑料薄膜的四周固定，靠充气泵或鼓风机向两层膜之间充气来支撑塑料薄膜，使内层塑料薄膜紧贴温室骨架，外层塑料薄膜靠气压与内层塑料薄膜隔离，从而形成空气夹层，产生保温作用。由此也看出，双层充气薄膜的固定主要在塑料薄膜的四周，要求固定牢固，不漏气。传

统的弹簧卡槽固膜技术，虽然也能牢固固定塑料薄膜，但一般达不到不漏气的水平。所以，设计专用的双层充气膜卡具是必需的。

2. 双层充气薄膜温室的材料及设备特点 为了保证双层充气薄膜的充气效果，即保温效果，双层充气薄膜温室在塑料薄膜、充气泵或鼓风机等的选择上必须满足其特殊要求。《温室覆盖材料安装与验收规范 塑料薄膜》（NY/T 1966）中有对双层充气薄膜和充气泵安装质量的规定。

（1）塑料薄膜 双层充气薄膜温室用的塑料薄膜必须保证有足够的强度，且具有良好的抗老化和无滴性能，一般要求塑料薄膜的使用寿命在 2 年以上。我国双层充气薄膜温室常用厚 0.15 mm 以上的三层共挤 PE 复合膜。

配套塑料薄膜使用的胶带是双层充气薄膜必需的。因为双层充气薄膜一旦出现破裂或漏气必须及时修补，否则，由于充气泵或鼓风机的压力和流量有限，难以长时间维持层间压力，势必会破坏整个隔热空气层，造成保温系统的失效。

（2）充气泵的使用与安装 双层充气薄膜温室常使用温室专用充气泵，它具有功率小、能耗低、可连续运转、噪音小、可靠性高等特点，目前国内已有厂家进行生产，可代替进口产品。

对于双层充气薄膜，一般要求层间空气压力为 300～500 Pa，最多不超过 600 Pa。调节空气压力的方法比较简单，当进风口安装在室内时，可利用充气泵进风口处的挡流板调节风量和薄膜层间的空气压力；当进风口安装在室外时，可利用时间控制器调节充气泵工作的时间，以达到调节风量和压力的作用。层间压力可利用简单的 U 形管气压计进行测量，维持适当的层间压力以保证塑料薄膜和充气泵正常的使用。

值得注意的是，如果双层充气薄膜温室顶部设置通风窗，一定要根据层间压力计算开关窗过程中骨架及开窗齿条的受力，以避免由于充气的原因造成骨架受力变形。

双层充气薄膜层间的空气尽量引自室外，这样可以减少外层塑料薄膜上凝结水滴，增加温室的透光率，也可以避免凝结水在温室内层薄膜上积水，降低透光率。充气泵应避免安装在冷凝水集中的地方，如天沟下方、横梁下方等位置，以免充气泵电机被水淋湿，造成烧毁。具体安装方法见图 2 - 37。

一般双层充气薄膜温室所用的充气泵要求能不间断工作。由于拆换塑料薄膜费工、费时，而且容易损伤薄膜，双层充气

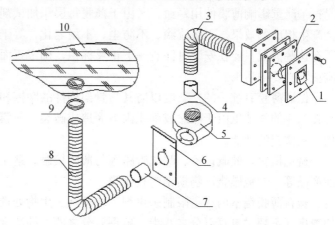

图 2 - 37 充气泵的安装（室外进风）
1. 进风雨斗 2. 方胶垫 3. 进风软管 4. 进风口法兰盘 5. 充气泵
6. 充气泵安装板 7. 出风口法兰盘 8. 出风软管 9. 圆胶垫 10. 薄膜

薄膜即使在夏季也依然维持运行。这样就要求充气泵在长期不间断运行时，不能出现故障。为避免由于可能的电压波动或长时间机械磨损出现个别充气泵工作失效，必须有备用充气泵以便及时更换。

（3）备用电源　稳定可靠的电源是维持充气泵或鼓风机不间断运行的前提。一般要求有双路供电。对于农村和郊区，供电不能保证的地区，最好要有备用发电机组，而且在正常供电中断时，要及时发出警报，启动备用发电机组，以维持连续供电。备用电源也可以用蓄电池代替，供电时要求电机为交直流两用电机。而且，直流电源电压一般为 12 V 或 24 V。在控制设备上要求在交流电断电时能及时将供电电源切换到蓄电池，并发出报警信号，以便操作者及时发现供电中断，从而在较短的时间内及时修复交流供电。

四、塑料薄膜使用维护

薄膜在安装使用之前应存储在遮阳、干燥的地方，不得日晒雨淋，并且存储时间不宜超过 6 个月。如在冬季安装，安装前将薄膜放置在室温下 2～3 天为宜。

在温室骨架结构中，应该避免暴露的金属线和锐角，以防止划破薄膜。在建设中应注意观察骨架表面是否有毛刺、锈斑等，如果有，必须在安装薄膜前予以剔除。暴露的金属线、生锈的构件等问题很可能会造成安装中断。结构中的钢材和金属构件应该有很好的表面防护，如镀锌等，确保不使用弄脏和生锈的构件。特别要注意的是应尽可能避免薄膜与温室构件直接连接。如果无法避免，应在连接区域涂抹白色的丙烯酸-乙烯基，但不得涂抹混合的有机溶剂。

不应在一天中最热的时候安装薄膜，因为此时的薄膜受热膨胀，而当温度降低时薄膜会收缩，可能会造成断裂和撕扯。

在打开薄膜卷时检查地面状况（避免物体刺破或划伤薄膜）。不要在土地上拖拽薄膜卷以防薄膜破裂。出于同样的原因，既不应该在薄膜上行走，也不应该把装配工具或其他物体放在薄膜上以防弄破薄膜。安装时，需将薄膜拉紧拉平，以最好地发挥其防流滴效果。

切勿将薄膜装反，否则将不能发挥薄膜的有效功能。若薄膜安装反了，会发生以下情况：①严重影响薄膜使用寿命；②由于薄膜每层添加试剂不一样，功效不一，薄膜装反则会产生相反的效果。不防流滴、不防尘、不耐老化，等于用高价位购买一块普通薄膜。但所有这些情况只要在安装时注意一下正反标识，确定正面朝上即可避免。多一点关注即可避免不必要的后果。

保证薄膜有统一的松紧度以防其与骨架构件的摩擦和撞击，但不应该绷得太紧，否则会在寒冷的季节里由于收缩或堆积雨雪而造成破裂。薄膜破裂后，需用专用胶带修补，以免影响薄膜的功能。

避免植物，灌溉设备、暖气管路等与薄膜接触。禁止在温室内外燃烧蔬菜的残叶及汽油产品等，避免燃烧产物损伤塑料薄膜。

塑料薄膜温室内尽量限制杀虫剂、除草剂、生物处理制品的使用量，控制硫氢混合物的浓度（不超过氯百万分之八十、硫百万分之四百的浓度标准）。

对作物喷洒杀虫剂时，防止喷洒在薄膜上。避免杀虫剂在薄膜与温室构件接触位置上的富集。使用杀虫剂后，尽快对温室进行通风处理。

第三章　开窗系统设计

温室开窗系统是指在温室中使用电力或人工，通过开窗传动机构将温室顶窗或侧窗开启和关闭的设备系统。本章主要讲述现代温室中常用的，依靠电力驱动的齿轮齿条开窗系统和卷膜器开窗系统的设计。

温室开窗系统主要用于温室的自然通风。自然通风是指当室外存在自然风力时，由于温室的阻挡，气流发生绕流，在温室周围呈现变化的气流压力分布。温室迎风面气流受阻，流速降低，静压升高；而侧面和背风面气流流速增大并产生涡流，静压降低。这种空气静压的升高和降低使温室内外出现空气压力差，称为风压。由于风压的作用，温室迎风面室内空气压力小于室外，侧面和背风面室内空气压力大于室外，外部空气便从迎风面温室上的开口进入室内，从侧面或背风面开口流出，从而完成自然通风过程。

自然通风对温室的使用和种植是非常有必要的，它可以有效调控室内气温、湿度和CO_2浓度，达到满足室内栽培植物正常生长要求的需要，而且自然通风所需的开窗系统设备投资费用不高，运行管理费用也很低，遮阳面积小，不妨碍室内的生产作业。

第一节　齿轮齿条开窗系统设计

一、特点及分类

1. 特点　齿轮齿条开窗机构是目前最常用的一种开窗机构，其核心部件为齿轮齿条和减速电机，附属配件随着机构整体的不同而有差异。齿轮齿条机构性能稳定、运行可靠安全、承载力强、传动效率高、运转精确、便于实现自动控制，因此是大型连栋温室开窗机构的首选型式。

2. 分类　根据传动原理和齿轮齿条布置的差异，可将齿轮齿条开窗机分为排齿开窗机和推杆开窗机（图 3-1）。排齿开窗机是由齿条直接推动窗户启闭；而推杆开窗机则是由齿轮齿条将动力传递至推杆，再由推杆传递至开窗支杆，由开窗支杆推动窗户启闭。

排齿开窗机，按其安装部位、驱动方式的不同，又可分为墙面内推外翻窗、墙面外拉外翻窗、墙面垂直提拉窗、屋脊连续外开窗、屋脊扭矩分配式外开窗、屋脊顶升窗、排齿式全开启屋面；推杆开窗主要用在温室屋面开窗，按驱动方式的不同，可分为轨道式交错开窗、摆臂式交错开窗、轨道式双向蝶形开窗和轨道式全开启屋面。

墙面翻窗的窗体形式是活动窗扇的上框铝材与固定窗框上框铝材铰接，齿条推拉窗扇

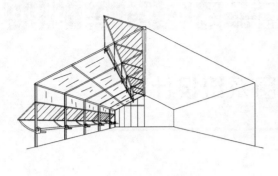
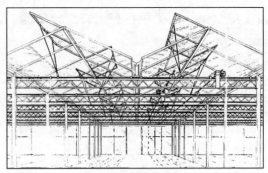

（a）排齿开窗机示意图　　　　　　　　　（b）推杆开窗机示意图

图3-1　排齿和推杆开窗机

下框实现窗扇的启闭。内推外翻窗的齿条驱动机构设置在室内，外拉外翻窗则布置在室外，外拉翻窗需要在室外立柱以固定开窗的驱动机构。墙面翻窗，一般窗扇开启的角度（活动窗扇和垂直面的夹角）为40°左右。如果需要更大的通风量，可以选择采用垂直提拉窗，在相同的开口面积下，上悬翻窗的通风量只有垂直提拉窗的70%。

屋脊连续开窗可以在屋脊单侧或双侧开窗。轨道式交错开窗和摆臂式交错开窗一般以间隔交错的方式布置。屋脊顶升窗是将屋脊处窗扇顶起离开屋脊一定距离。全开启屋面是将整个屋面打开，在相同条件下，交错开窗、屋脊顶升窗、单侧连续开窗、双侧连续开窗、全开启屋面的开窗面积比列大致是0.2、0.25、0.25、0.5、1。排齿开窗中的屋脊顶升窗一般用于塑料薄膜温室，屋脊连续开窗一般适用于塑料温室、PC板温室或有较高通风要求的大跨度单屋脊玻璃温室，而推杆开窗主要适用于小屋面（文洛型）温室。当小屋面温室需要增大通风量时，可以选用排齿连续开窗、轨道式双向蝶形开窗或全开启屋面。

轨道式交错开窗和摆臂式交错开窗的主要区别：前者的驱动齿轮、齿条安装于温室的桁架弦杆上，而后者的驱动齿轮、齿条安装在温室天沟上；后者的每扇窗开窗支杆比前者多2支，推杆和桁架水平投影不在一个位置，挡光比前者多一些，也没有前者美观整洁；另外轨道式开窗机推力大，最大推力可达13 000 N，而摆臂式开窗机最大推力为5 200 N，所以前者的应用更广泛。

二、系统组成与工作原理

1. 排齿开窗机

（1）等比传动排齿开窗机　排齿开窗机中的墙面内推外翻窗、墙面外拉外翻窗、墙面垂直提拉窗、屋脊连续开窗、屋脊顶升窗、排齿式全开启屋面均是以双排齿型为基本特征的等比传动开窗系统，其组成基本相同，它们的区别只是在温室中的安装位置和机构零件组成有所不同。排齿开窗的工作原理比较简单（图3-2和图3-3）：减速电机和轴承座固定在温室骨架上，减速电机输出端与传动轴相连，传动轴从轴承座中间穿过，并可以转动，轴承座起到支撑传动轴的作用。齿轮固定在传动轴上，齿条与齿轮咬合。齿条的一端与通风窗边由铰接件相连。当减速电机转动时，带动传动轴转动，传动轴带动齿轮转动，齿轮带动齿条移动，从而实现窗户的启闭。该类开窗的主要部件见表 3-1 和表 3-2。

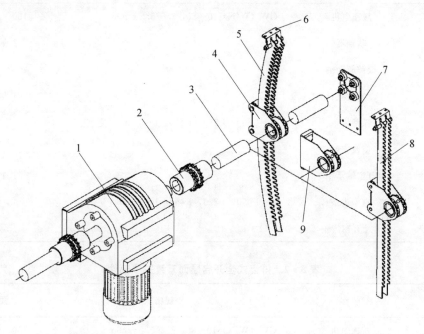

图 3-2　墙面内推外翻窗、外拉外翻窗、垂直提拉窗、屋脊连续开窗、屋脊顶升窗系统组成
1. 减速电机　2. 联轴器　3. 镀锌驱动轴　4. A 型开窗齿轮　5. 弧型齿条
6. 外翻窗铰支座　7. 开窗轴承座　8. 直型齿条　9.B 型开窗齿轮

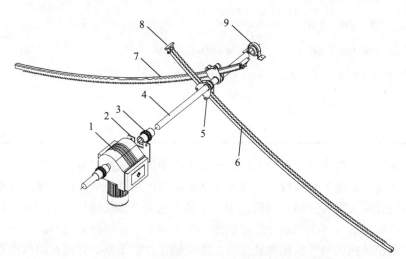

图 3-3　排齿式全开启屋面系统组成
1. 减速电机　2. 电机支架　3. 联轴器　4. 驱动轴　5. 开窗齿轮
6. 开窗齿条（正弧）　7. 开窗齿条（反弧）　8. 窗铰支座　9. 轴承座 1″

表 3-1　墙面内推外翻窗、外拉外翻窗、垂直提拉窗、屋脊连续开窗、屋脊顶升窗主要部件

编号	名称	规格	适用范围
1	减速电机	GW（WJN）10～80，2.6/5.2 r/min	100～800 Nm
2	联轴器	1″	1″驱动轴
3	镀锌驱动轴	1″	
4	A 型开窗齿轮	$i=1:1$	1″驱动轴
5	弧型齿条	$L=1\,050$，1 250，1 450，1 650 mm，定制	
6	窗铰支座		
7	开窗轴承座	1″	1″驱动轴
8	直型齿条	$L=1\,050$，1 250，1 450，1 650 mm，定制	
9	B 型开窗齿轮	$i=1:1$	1″驱动轴

表 3-2　排齿式全开启屋面系统主要部件

编号	名称	规格	适用范围
1	减速电机	GW（WJN）10～80，2.6/5.2 r/min	100～800 Nm
2	电机支架		
3	联轴器	1″	1″驱动轴
4	镀锌驱动轴	1″	
5	开窗齿轮（A 型）	$i=1:1$	1″驱动轴
6	开窗齿条（正弧）	正弧，弧半径和长度定制	
7	开窗齿条（反弧）	反弧，弧半径和长度定制	
8	窗铰支座		
9	轴承座	1″	1″驱动轴

　　（2）扭矩分配式排齿开窗机构　排齿开窗机构中的屋顶扭矩分配式开窗是一种结构比较复杂的开窗方式，维护费用较高，成本虽然比屋顶连续开窗低，但总体性价比并不是很高，所以国内并未大规模使用。屋顶扭矩分配式开窗的原理如图 3-4，减速电机固定在温室骨架上，输出端与多个扭矩分配器相连，每个扭矩分配器再通过万向节与一个蜗轮减速箱相连，蜗轮减速箱与开窗传动轴连接，传动轴穿过轴承座，并通过轴承座支撑在温室骨架上，但可以转动。齿轮固定在传动轴上，齿条与齿轮咬合。齿条的一端与通风窗边由连接件相连。当减速电机转动时，带动扭矩分配器、蜗轮减速箱转动，蜗轮减速箱再把动力传递到开窗传动轴上，开窗传动轴带动齿轮转动，齿轮带动齿条移动，从而实现窗户的启闭。该类开窗的主要部件见表 3-3。

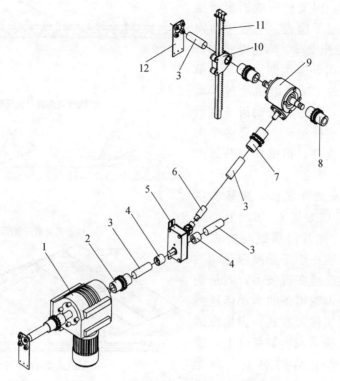

图 3-4 屋顶扭矩分配式开窗系统组成

1. 减速电机 2. 联轴器 3. 镀锌驱动轴 4. 焊合接头 5. 扭矩分配器 6. 万向节接头

7. 联轴器 8. 联轴器 9. 蜗轮减速箱 10. 开窗齿轮 11. 开窗齿条 12. 开窗轴承座

表 3-3 屋顶扭矩分配式开窗主要部件

编号	名 称	规 格	适 用 范 围
1	减速电机	GW10~30，GW20~30	100~200 Nm, 30 r/min
2	联轴器	1″	1″驱动轴
3	镀锌驱动轴	1″	
4	焊合接头	1″	
5	扭矩分配器	THG30. R/L，$i=1:1$	1″
6	万向节接头	1″	
7	联轴器	1″-GWK，接输入端	
8	联轴器	1″-GW，接输出端	
9	蜗轮减速箱	GWK240. L/R，$i=35:1$	输入 19.6 Nm，输出 240 Nm
10	开窗齿轮	A 型或 B 型 $i=1:1$	1″驱动轴
11	开窗齿条	直形或弧形	
12	开窗轴承座	1″	1″驱动轴

2. 推杆开窗机 其工作原理是推杆与齿条顺序相连，窗支杆一端固定于推杆上，另一端固定于窗边。一般一扇窗户由2~4支窗支杆支撑。减速电机和传动轴的安装与排齿开窗类似，固定于温室骨架上。工作时，减速电机通过传动轴带动齿轮转动，齿轮再带动齿条前后移动，齿条推动推杆运动，推杆将推力或拉力传递至窗支杆，将窗户打开或关闭（图3-5）。

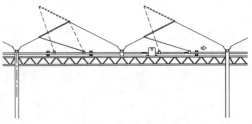

(a) 轨道式交错开窗原理图

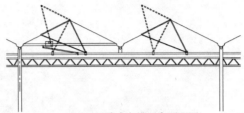

(b) 摆臂式交错开窗原理图

（1）轨道式交错开窗机 其基本特征和传动系统组成如图3-6，主要部件如表3-4。这种开窗系统与排齿开窗系统最大的区别在于带动窗扇运动的支撑臂不是直接连接在齿条上，而是通过推杆过渡，将齿轮齿条的运动传递到推杆，是一种间接传力方式，齿轮座的安装直接固定在横梁或桁架弦杆上，适用于文洛型有桁架结构的小屋脊型温室。

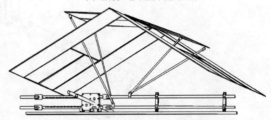

(c) 轨道式双向蝶形开窗原理图

图3-5 推杆开窗机构原理图

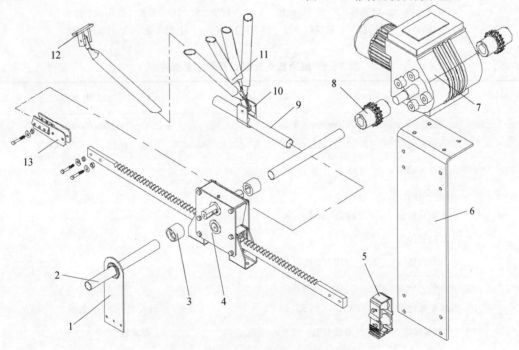

图3-6 轨道式交错开窗系统组成

1. 开窗轴承座 2. 驱动轴 3. 焊合接头 4. 开窗齿轮齿条 5. 开窗支撑滚轮 6. 电机支架 7. 减速电机
8. 联轴器 9. 推杆 10. 推杆支座 11. 推杆开窗支撑臂组 12. 窗边铰支座 13. 齿条推杆接头

表 3 - 4 轨道式交错开窗主要部件

编号	名 称	规 格	适 用 范 围
1	开窗轴承座	1″或 5/4″	1″或 5/4″驱动轴
2	驱动轴	1″或 5/4″	
3	焊合接头	1″或 5/4″	1″或 5/4″驱动轴
4	开窗齿轮齿条	THG25R/THG42R	行程 $S=750$、900、1 100 mm
5	开窗支撑滚轮		$\Phi27$ 和 $\Phi32$ 推杆
6	电机支架		安装减速电机
7	减速电机	GW（WJN）10～80，2.6/5.2 r/min	100～800 Nm
8	联轴器	1″或 5/4″	1″或 5/4″驱动轴
9	推杆	$\Phi27$ 或 $\Phi32\times1.5$ mm	推杆
10	推杆支座	$\Phi27$ 或 $\Phi32$	$\Phi27$ 或 $\Phi32$ 推杆
11	推杆开窗支撑臂组		
12	窗边铰支座		
13	齿条推杆接头	$\Phi27$ 或 $\Phi32$	$\Phi27$ 或 $\Phi32$ 推杆

（2）摆臂式交错开窗机　其基本特征和传动系统组成如图 3-7，主要部件如表 3-5。这种开窗系统与轨道式交错开窗系统最大的区别在于减速电机和齿轮座的安装均不固定在横梁或桁架弦杆上，而是固定在小屋脊两侧的天沟上，它也是通过推杆过渡，将齿轮齿条的运动传递到推杆，再通过推杆带动窗扇运动的一种间接传力方式，适用于文洛型结构的小屋脊型温室。

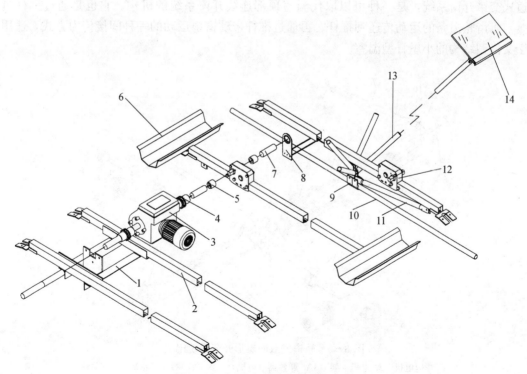

图 3 - 7 摆臂式交错开窗系统组成

1. 电机支架　2. 电机固定 C 形梁　3. 减速电机　4. 联轴器　5. 焊合接头　6. 天沟　7. 驱动轴

8. 开窗轴承座　9. 推杆支座　10. 推杆　11. 摆臂　12. 摆臂开窗齿轮齿条　13. 摆臂开窗支撑臂组　14. 天窗

表 3 - 5 摆臂式交错开窗主要部件

编号	名 称	规 格	适用范围
1	电机支架		安装减速电机
2	电机固定 C 形梁		
3	减速电机	GW（WJN）10~80，2.6/5.2 r/min	100~800 Nm
4	联轴器	1″或 5/4″	1″或 5/4″驱动轴
5	焊合接头	1″或 5/4″	1″或 5/4″驱动轴
6	天沟		
7	驱动轴	1″或 5/4″	
8	开窗轴承座	1″或 5/4″	1″或 5/4″驱动轴
9	推杆支座	$\Phi 27$ 或 $\Phi 32$	$\Phi 27$ 或 $\Phi 32$ 推杆
10	推杆	$\Phi 27$ 或 $\Phi 32$	
11	摆臂	$\Phi 27$ 或 $\Phi 32$	
12	摆臂开窗齿轮齿条	THG24S/THG49S	行程 S＝750、900、1 100 mm
13	摆臂开窗支撑臂组		
14	天窗		

（3）轨道式双向蝶形开窗机 其基本特征和传动系统组成如图 3 - 8，主要部件如表 3 - 6。这种开窗系统的原理和安装方式与轨道式交错开窗系统类似，但它的开窗率却远远大于轨道式交错开窗系统，是一种可以取代温室顶部连续开窗系统的机构。它也是通过推杆过渡，将齿轮齿条的运动传递到推杆，再通过推杆带动窗扇运动的一种间接传力方式，适用于文洛型结构的小屋脊型温室。

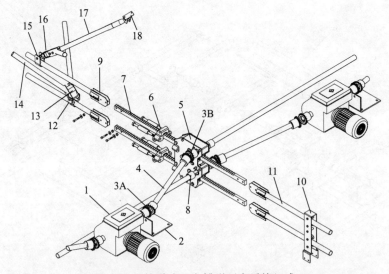

图 3 - 8 轨道式双向蝶形开窗系统组成

1. 减速电机 2. 电机支架 3A. 联轴器（电机） 3B. 联轴器（齿轮） 4. 驱动轴
5. 轨道开窗齿轮（双向抱柱式） 6. 抱柱式固定件 7. 实心齿条 8. 焊合接头 9. 齿条推杆接头
10. 开窗支撑滚轮（双层） 11. 推杆 12. 推杆支座（下层） 13. 支撑臂垫块
14. 支撑臂（下层） 15. 推杆支座 16. 支撑臂加高件 17. 支撑臂（上层） 18. 窗边铰支座

表 3-6　轨道式双向蝶形开窗主要部件

编号	名　称	规　格	适用范围
1	减速电机	GW（WJN）10～80，2.6/5.2 r/min	100～800 Nm
2	电机支架		
3A	联轴器（6°，电机）	1″，5/4″（补偿角6°）	
3B	联轴器（6°，齿轮）	1″，5/4″（补偿角6°）	
4	镀锌驱动轴	1″，5/4″	
5	轨道开窗齿轮（双向抱柱式）	额定推力5 200 N、10 000 N、13 000 N	
6	抱柱式固定件		柱截面尺寸50（60/70/80）mm×100（120/140）mm
7	实心齿条	长度1 050～1 700 mm，额定推力5 200 N、10 000 N、13 000 N	
8	焊合接头	1″，5/4″	
9	齿条推杆接头	Φ27或Φ32	Φ27或Φ32推杆
10	开窗支撑滚轮（双层）	Φ27或Φ32	
11	推杆	Φ27或Φ32	
12	推杆支座（下层）	Φ27或Φ32	
13	支撑臂垫块		
14	支撑臂（下层）		
15	推杆支座	Φ27或Φ32	
16	支撑臂加高件		
17	支撑臂（上层）		
18	窗边铰支座		

三、主要部件产品规格与系统参数选择

1. 主要部件产品规格　齿轮齿条开窗系统的主要部件包括减速电机、齿轮座和齿条、扭矩分配器、蜗轮减速箱等。减速电机的规格和技术参数见表 4-4，齿轮座和齿条的规格和技术参数见表 3-7 至表 3-9，扭矩分配器的规格和技术参数见表 3-10，蜗轮减速箱的规格和技术参数见表 3-11。

表 3-7　Degier 公司开窗齿轮座与齿条技术参数

分类	型号	长度/行程（mm）	推力（N）	扭矩（Nm）	速比	单圈行程（mm）	重量（kg）
A型排齿齿轮	THG30 UNIT				1∶1	138.2	0.5
B型排齿齿轮	THG30 UNIT.E				1∶1	138.2	0.5
排齿直齿条	THG30.2.1	L1 048／858	350	7.7			1.3

（续）

分类	型号	长度/行程（mm）	推力（N）	扭矩（Nm）	速比	单圈行程（mm）	重量（kg）
排齿直齿条	THG30.2.2	L1 250 / 1 060	350	7.7			1.5
排齿直齿条	THG30.2.3	L1 451 / 1 261	350	7.7			1.7
排齿直齿条	THG30.2.4	L1 652 / 1 462	350	7.7			1.9
排齿弧形齿条	THG30.2.5	L1 048 / 858	350	7.7			1.3
排齿弧形齿条	THG30.2.6	L1 250 / 1 060	350	7.7			1.5
排齿弧形齿条	THG30.2.7	L1 451 / 1 261	350	7.7			1.7
排齿弧形齿条	THG30.2.8	L1 652 / 1 462	350	7.7			1.9
轨道式齿轮齿条	THG25R.1	L1 050 / 750	5 000	32.5	2.76	36.4	9
轨道式齿轮齿条	THG25R.2	L1 200 / 900	5 000	32.5	2.76	36.4	9.5
轨道式齿轮齿条	THG25R.3	L1 400 / 110	5 000	32.5	2.76	36.4	10.0
轨道式齿轮齿条	THG42R.1	L1 050 / 750	8 500	55.25	2.76	36.4	10
轨道式齿轮齿条	THG42R.2	L1 200 / 900	8 500	55.25	2.76	36.4	10.5
轨道式齿轮齿条	THG42R.3	L1 400 / 1 100	8 500	55.25	2.76	36.4	11
摆臂式齿轮齿条	THG24S.1	L3 200 / 750	2 400	17.36	2.76	40.91	14.5
摆臂式齿轮齿条	THG24S.2	L3 200 / 900	2 400	17.36	2.76	40.91	16.5
摆臂式齿轮齿条	THG24S.3	L4 000 / 750	2 400	17.36	2.76	40.91	17
摆臂式齿轮齿条	THG24S.4	L4 000 / 900	2 400	17.36	2.76	40.91	19
摆臂式齿轮齿条	THG49S.1	L3 200 / 750	4 200	25.32	2.76	34.09	15
摆臂式齿轮齿条	THG49S.2	L3 200 / 900	4 200	25.32	2.76	34.09	17
摆臂式齿轮齿条	THG49S.3	L4 000 / 750	4 200	25.32	2.76	34.09	17.5
摆臂式齿轮齿条	THG49S.4	L4 000 / 900	4 200	25.32	2.76	34.09	19.5

表 3-8　华农公司开窗齿轮座与齿条技术参数

分类	型号	长度/行程（mm）	推力（N）	扭矩（Nm）	速比	单圈行程（mm）	重量（kg）
A 型排齿齿轮	Bluky-A				1:1	138.2	0.5
排齿直齿条	BlukyL1050	L1 048 / 858	350	7.7			1.1
排齿直齿条	BlukyL1250	L1 250 / 1 060	350	7.7			1.3
排齿直齿条	BlukyL1450	L1 451 / 1 261	350	7.7			1.5
排齿直齿条	BlukyL1650	L1 652 / 1 462	350	7.7			1.7
排齿弧形齿条	BlukyL1050	L1 048 / 858	350	7.7			1.1
排齿弧形齿条	BlukyL1250	L1 250 / 1 060	350	7.7			1.3
排齿弧形齿条	BlukyL1450	L1 451 / 1 261	350	7.7			1.5
排齿弧形齿条	BlukyL1650	L1 652 / 1 462	350	7.7			1.7

表 3 - 9 **Ridder 公司开窗齿轮座与齿条技术参数**

分类	型号	长度/行程（mm）	推力（N）	扭矩（Nm）	速比	单圈行程（mm）	重量（kg）
排齿齿轮	TU11 - 30				1：1	138.2	0.5
排齿直齿条	H30 - 3.1	L1 048 / 858	450				1.9
	H30 - 3.2	L1 250 / 1 060	450				2.3
	H30 - 3.3	L1 451 / 1 261	450				2.5
	H30 - 3.4	L1 652 / 1 462	450				2.9
排齿弧形齿条	H30 - 3.5	L1 048 / 858	450				1.9
	H30 - 3.6	L1 250 / 1 060	450				2.3
	H30 - 3.7	L1 451 / 1 261	450				2.5
	H30 - 3.8	L1 652 / 1 462	450				2.9
轨道式齿轮齿条	TRN520S - H60.1	L1 050 / 750	5 200	37.7	2.76	36.4	7.6
	TRN520S - H60.2	L1 250 / 950	5 200	37.7	2.76	36.4	8.2
	TRN520S - H60.3	L1 400 / 110	5 200	37.7	2.76	36.4	8.7
	TRN1000S - H60.4	L1 050 / 750	10 000	58	2.76	36.4	9
	TRN1000S - H60.5	L1 250 / 950	10 000	58	2.76	36.4	9.8
	TRN1000S - H60.6	L1 400 / 1100	10 000	58	2.76	36.4	10.5
摆臂式齿轮齿条	TR25l/24.1	L3 000 / 750	2 200	18.3	2.76	41	14.5
	TR25l/24.2	L3 000 / 900	2 200	18.3	2.76	41	15
	TR25l/24.3	L3 800 / 750	2 200	18.3	2.76	41	23
	TR25l/24.4	L3 800 / 900	2 200	18.3	2.76	41	23.5
	TR25l/46.1	L3 000 / 750	4 200	29.2	2.76	34	14.5
	TR25l/46.2	L3 800 / 750	4 200	29.2	2.76	34	23
	TR25l/46.3	L3 800 / 900	4 200	29.2	2.76	34	23.5

表 3 - 10 **Degier 公司扭矩分配器技术参数**

名 称	额定扭矩（Nm）	额定转速（r/min）	速比	重量（kg）
THG30 扭矩分配器（R）	50	42	1：1	2.75
THG30 扭矩分配器（L）	50	42	1：1	2.75

表 3 - 11 **Degier 公司蜗轮减速箱技术参数**

名 称	额定扭矩（Nm）	额定转速（r/min）	速比	重量（kg）
GWK240 蜗轮减速箱（L）	240	19.6	35：1	11.0
GWK240 蜗轮减速箱（R）	240	19.6	35：1	11.0

2. 系统参数选择 温室齿轮齿条开窗系统参数的选择主要根据开窗方式、齿轮座的型式以及窗户的大小和数量确定，在上述参数确定后，按照选用覆盖材料和屋面荷载，通过查表确定电机扭矩以及齿轮齿条和驱动轴规格。

（1）排齿开窗系统 在墙面内推外翻窗、墙面外拉外翻窗、屋脊连续开窗、屋脊扭矩分配式开窗 4 种开窗型式中，系统的参数如图 3-9 所示。当覆盖材料为 4 mm 玻璃，基本参数满足表 3-12 时，开窗系统的设计参数可按表 3-13 直接选用。

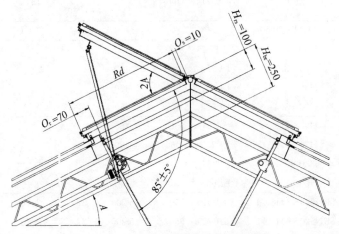

图 3-9　排齿开窗系统参数图例

表 3-12　4 mm 玻璃排齿开窗系统基本参数

参数名称	代号	数值	单位
玻璃厚度	S_g	4	mm
窗户重量	P_r	125	N/m²
单屋脊跨度	L_k	<12.8	m
屋面角	A	22	°
柱高	H_k	≤5.0	m
驱动管距窗距离	H_{br}	250	mm
窗与齿条夹角	G	85	°
每开间齿条数量	N_h	2	个
校正参数　60 Hz	—	80	%

表 3-13　排齿开窗系统参数选择（4 mm 玻璃覆盖）

窗宽度（mm）	齿条间距（m）		减速电机/蜗轮减速箱驱动开窗长度（m）							齿条行程和转数		
	THG30 2 mm	THG30 3 mm	GW10 2.6~5.2 r/min	GW30 2.6~5.2 r/min	GW(WJN)40 2.6~5.2 r/min	GW(WJN)80 2.6~5.2 r/min	GWK240	GW10 30.0 r/min	GW20 30.0 r/min	齿条行程（mm）	转数（直接传动）(r/min)	转数（扭矩分配型传动）(r/min)
	350 N	450 N	100 Nm	300 Nm	400 Nm	800 Nm	240 Nm	100 Nm	200 Nm			
1 000	3.3	4.3	33	99	132	263	79	331	662	807	5.9	206.5
1 100	3.1	4.0	30	91	121	242	73	306	612	894	6.5	227.5
1 200	2.8	3.7	28	84	122	224	67	280	561	981	7.2	252.0
1 300	2.7	3.4	26	78	104	209	63	264	528	1 068	7.8	273.0
1 400	2.5	3.2	24	73	98	195	59	247	494	1 155	8.4	294.0

（续）

窗宽度（mm）	齿条间距（m）		减速电机/蜗轮减速箱驱动开窗长度（m）							齿条行程和转数		
	THG30 2 mm	THG30 3 mm	GW10 2.6~5.2 r/min	GW30 2.6~5.2 r/min	GW(WJN)40 2.6~5.2 r/min	GW(WJN)80 2.6~5.2 r/min	GWK240	GW10 30.0 r/min	GW20 30.0 r/min	齿条行程（mm）	转数（直接传动）（r/min）	转数（扭矩分配型传动）（r/min）
	350 N	450 N	100 Nm	300 Nm	400 Nm	800 Nm	240 Nm	100 Nm	200 Nm			
1 500	2.3	3.0	23	69	92	184	55	230	461	1 243	9.0	315.0
1 600	2.2	2.8	22	65	86	173	52	218	436	1 330	9.7	339.5
1 700	2.1	2.7	20	61	82	164	49	205	410	1 418	10.8	360.5
1 800	2.0	2.5	19	58	78	155	47	197	394	1 505	10.9	381.5
1 900	1.9	2.4	18	55	74	148	44	184	368	1 592	11.6	406.0
2 000	1.8	2.3	18	53	70	141	42	176	352	1 680	12.2	427.0

（2）推杆开窗系统

① 轨道式交错开窗：参数选择可参照图 3-10、图 3-11、表 3-14、表 3-15。

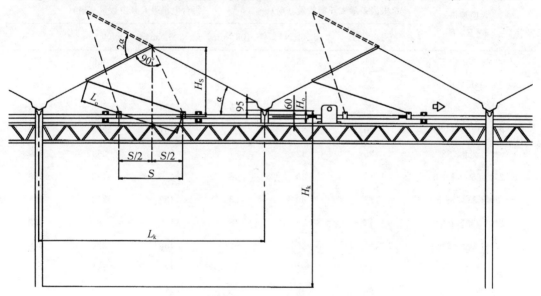

图 3-10　轨道式交错开窗系统参数图例一

S. 齿条行程　L_0. 支撑臂垂直面的投影长度　H_0. 上弦至天沟底面距离　H_s. 上弦至屋脊铰接点距离

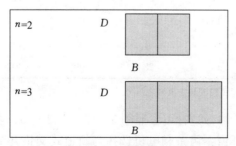

图 3-11　轨道式交错开窗系统参数图例二

n. 窗分格数　D. 窗宽度　B. 每窗格长度

表 3-14　轨道式交错开窗配套温室结构基本参数

参数名称	代号	数值	单位
覆盖材料：玻璃		4	mm
荷载		115	N/m²
温室柱高	H_k	5	m
天沟间距	L_k	3.2	m
天沟宽度	L_g	142	mm
天沟-桁架距离	H_o	150	mm
屋面角	α	22±1	°
每尖脊间支撑滚轮个数		3	个
风速	v	22.8	m/s

表 3-15　轨道式交错开窗齿轮齿条及减速电机选型

天窗规格 $n \times B \times D$	每根齿条最大开窗数量（扇）		每台电机最大开窗数量（扇）			
	5 000 N	8 500 N	100 Nm	300 Nm	400 Nm	800 Nm
2×1 000×825	31	53	84	252	336	672
2×1 000×1 000	22	38	60	181	241	482
2×1 125×825	27	47	75	224	299	589
2×1 125×1 000	20	34	54	161	214	429
2×1 250×825	25	42	67	202	269	539
2×1 250×1 000	18	30	48	145	193	386
2×1 333×825	23	39	63	189	252	504
2×1 333×1 000	17	28	45	136	181	362
2×1 500×825	21	35	56	168	224	448
2×1 500×1 000	15	25	40	121	161	321
3×800×825	26	44	70	210	280	560
3×800×1 000	18	31	50	151	201	402
3×1 000×825	21	35	56	168	224	448
3×1 000×1 000	15	25	40	121	161	321
3×1 125×825	18	31	50	149	199	398
3×1 125×1 000	13	22	36	107	143	286

注：本表提供数据不包括温室顶窗安装防虫网之情况。

②摆臂式交错开窗：参数选择可参照图 3-12、表 3-16、表 3-17。

③轨道式双向蝶形开窗：齿条和电机选择与轨道式交错开窗类似，参数选择仍可参照图 3-10、图 3-11、表 3-14、表 3-15。

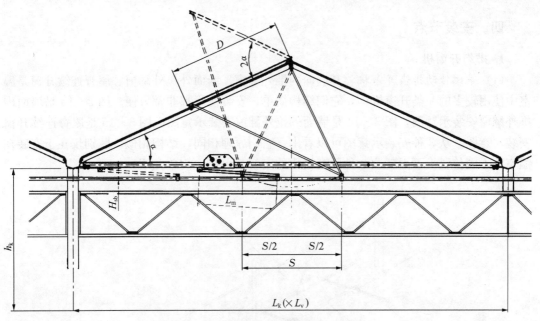

图 3-12　摆臂式交错开窗系统参数图例一

表 3-16　摆臂式交错开窗基本参数

参数名称	符号	数值	单位	参数名称	符号	数值	单位
覆盖材料：玻璃		4	mm	开间距离	L_v		m
荷载		115	N/m^2	天沟宽度	L_g	142	mm
窗分格数	n			天沟至推杆垂直距离	H_{sb}	100	mm
每窗格长度	B		mm	屋面角	α	22	°
窗宽度	D		mm	摆臂长度	L_m	715	mm
温室柱高	h_k	5	m	风速	v	22.8	m/s
每尖脊天沟间距	L_k	3.2	m				

表 3-17　摆臂式交错开窗齿轮齿条及减速电机选型

天窗规格 ($n \times B \times D$) (mm)	齿条间距（m）		单台减速电机最多开启窗扇数量（扇）				行程和转数	
	2 200 N	4 200 N	100 Nm	240 Nm	400 Nm	600 Nm	行程（mm）	驱动轴转数（r/min）
2×1 000×825	16	28	89	238	397	595	640	19
2×1 000×1 000	11	20	63	169	282	424	640	19
2×1 125×825	15	26	80	215	358	537	640	19
2×1 125×1 000	10	18	57	152	254	381	640	19
3×1 000×825	11	20	62	166	277	416	640	19
3×1 000×1 000	8	14	43	116	194	292	640	19
3×1 125×825	10	18	56	149	249	373	640	19
3×1 125×1 000	7	12	39	104	174	261	640	19

四、安装节点

1. 排齿开窗机

（1）等比传动排齿开窗机　其墙面内推外翻窗、墙面外拉外翻窗、屋脊连续开窗是温室中使用较多的一类开窗机构，它们结构简单、安装使用都非常方便。图3-13是墙面内推外翻窗安装示意图，图3-14是墙面外拉外翻窗安装示意图，图3-15是屋脊连续开窗安装示意图。从3种安装示意图可以看出，它们原理相同，结构相似，区别仅在于安装在温室的不同位置。下面就这3种开窗机构的安装节点作一简单介绍。

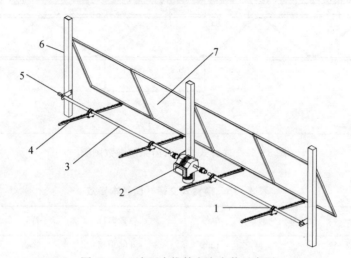

图3-13　墙面内推外翻窗安装示意图

1.开窗齿轮　2.减速电机　3.驱动轴　4.齿条　5.开窗轴承座　6.温室立柱　7.窗户

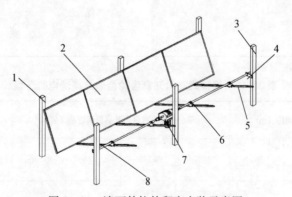

图3-14　墙面外拉外翻窗安装示意图

1.温室立柱　2.外翻窗　3.外翻窗立柱　4.开窗轴承座　5.开窗齿条　6.开窗齿轮　7.减速电机　8.驱动轴

①开窗减速电机的安装。开窗减速电机固定架原则上安装于整个窗扇中部的立柱或拱梁上，安装时，按照设计的高度和位置在安装固定架的立柱或拱梁上打孔，孔间距与固定架上的孔要一致，然后用螺栓将固定架固定于立柱上，再将减速电机用螺栓安装于电机固定架上（图3-16）。电机固定架也可以用U形螺栓按照设计的高度和位置固定在立柱或拱梁上（图3-17）。

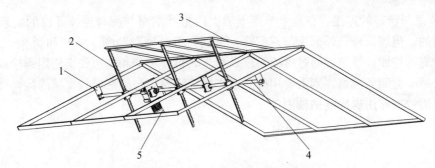

图 3-15 屋顶连续开窗安装示意图

1. 开窗轴承座 2. 齿轮齿条 3. 屋面窗 4. 驱动轴 5. 开窗电机

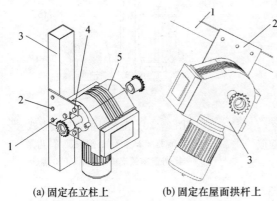

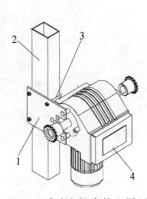

(a) 固定在立柱上　　(b) 固定在屋面拱杆上

图 3-16 减速电机在柱上打孔固定

(a) 1. 电机固定架 2. M8 螺栓 3. 立柱 4. M10×15 mm 螺栓

5. 减速电机

(b) 1. 拱杆 2. 电机固定架 3. 减速电机

图 3-17 减速电机在柱上用 U 形
螺栓固定

1. 电机固定架 2. 立柱

3. U 形螺栓 4. 减速电机

② 开窗轴承座的安装。在立面侧开窗、湿帘外翻窗、屋顶连续开窗三种开窗方式中，每个齿轮边上都应该有一个轴承座支撑驱动轴和齿轮齿条，轴承座一般通过 ST5.5 的自钻自攻钉固定于立柱或拱杆上，当然也可以在立柱或拱杆上打孔，使用螺栓来固定。安装时必须保证轴承座的中心孔与减速电机的输出轴中心成一条直线（图 3-18）。

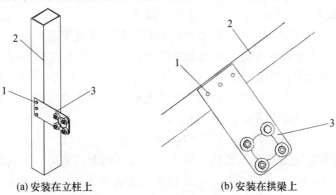

(a) 安装在立柱上　　　　　(b) 安装在拱梁上

图 3-18 开窗轴承座安装方式

(a) 1. 自钻自攻钉 2. 立柱 3. 开窗轴承座

(b) 1. 自钻自攻钉 2. 拱杆 3. 开窗轴承座

③ 齿条与窗扇的连接。在这个节点上墙面内推外翻窗与屋脊连续开窗的处理方式一般是相同的，但墙面外拉外翻窗与它们略有不同，可分别参照图 3-19 和图 3-20 处理。将窗边铰支座按照设计位置通过螺栓与窗扇相连，再将齿条和窗边铰支座用螺栓或销轴固定即可。对于立面外翻窗，则需要用外翻窗连接板将窗扇与外翻窗铰支座连接，然后再将齿条和窗边铰支座用螺栓或销轴固定。

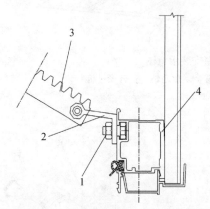

图 3-19　侧窗（顶窗）连接方式

1. M6 螺栓　2. 窗边铰支座　3. 开窗齿条　4. 窗框

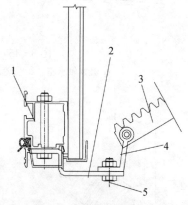

图 3-20　湿帘外翻窗连接方式

1. 窗框　2. 外翻窗连接板　3. 齿条
4. 外翻窗铰支座　5. M5×20 螺栓

④ 安装驱动轴。驱动轴可使用 1″（Φ33.5 mm×3.25 mm）热镀锌焊接钢管，通长布置；一端和减速电机通过链式联轴器相连，中间用开窗轴承座支撑。驱动轴连接处一般采用抱箍型轴接头（图 3-21）。在驱动轴安装完毕后，应在每个抱箍型轴接头上对称交错打 2 个 ST5.5×25 mm 的自钻自攻钉，以加强驱动轴的刚度和同步性。应当注意的是，驱动轴安装时必须在有齿条的位置事先将齿轮套在驱动轴上。

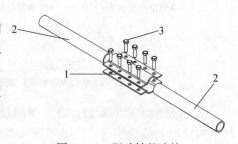

图 3-21　驱动轴的连接

1. 抱箍型轴接头　2. 驱动轴　3. M8×30 mm 螺栓

⑤ 安装开窗齿条。安装齿条时，应当让窗户处于关闭的状态。在安装好的窗边铰支座或外翻窗铰支座处安装齿条，齿条间距原则上不能超过 2 m，以利于窗户的密封。齿条先穿过齿轮，然后让有孔的一端通过带孔销轴、开口销与窗边铰支座或外翻窗铰支座连接在一起（图 3-19、图 3-20）。左右调节齿轮使得齿条与驱动轴成垂直状态，用内六角扳手紧固齿轮上的 2 个紧定螺钉，使它与驱动轴连接（图 3-22），依次将所有齿条齿轮固定好。

⑥ 外翻窗电机安装防雨板。目前市场上使用的减速电机，其防护等级多数是 IP44，所以在室外使用时必须进行防雨处理。图 3-23 是一种电机防雨板的安装方式，即利用电机底部 4 个螺丝孔，用 4 只 M10×15 mm 螺栓将电机防雨板固定于电机上。

⑦ 连接配电控制箱运行调试。将电机动力线和控制线接到电机接线端子。图 3-24 为 GW 系列电机行程开关部分的接线方式。图 3-25 是 WJN 系列电机行程开关部分的接线方式。

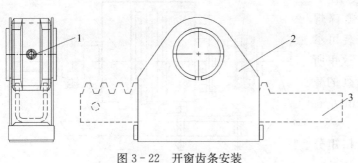

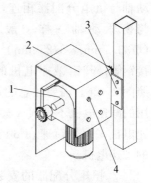

图 3-22 开窗齿条安装

1. 紧定螺钉 2. 开窗齿轮 3. 开窗齿条

图 3-23 电机防雨板的安装

1. 减速电机 2. 电机防雨板

3. 电机固定架 4. M10×15 mm 螺栓

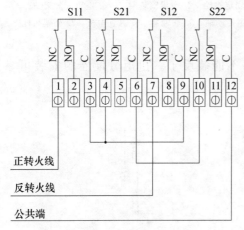

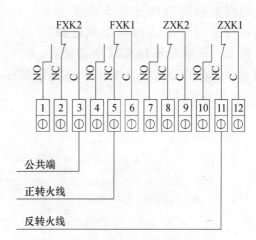

图 3-24 GW 系列电机接线方式

图 3-25 WJN 系列电机接线方式

电机线接好之后，在通电前需认真仔细检查整个系统是否有干涉之处。然后点动电机开关，测试电机正反转是否正常。测试正常后，点动电机使其往复运行一次，运行过程中仔细观察系统的运行状态，听运行的声音是否正常，如有异常应立即停机，检查并清除故障。

（2）扭矩分配式开窗机 排齿开窗机中的扭矩分配式开窗机是温室屋顶开窗中使用不多的一类开窗机构，它的特点在于能够使用一台减速电机，同时驱动多排屋顶连续开窗（图 3-3），但一台减速电机只能驱动一个方向的连续开窗，如果要实现屋面的双向连续开窗，至少需要两台减速电机。这种开窗机构的缺点是结构较复杂，安装、维护费用较高，而且系统中任何一个节点出现问题，整个系统将不能运行，因此在国内未得到广泛使用。

屋顶扭矩分配式开窗在齿轮齿条的安装方式上与其他屋顶连续开窗相同，此处不再赘述。这里仅就此类结构中的减速电机、扭矩分配器、蜗轮减速箱等的安装方式做一简述。

① 开窗减速电机的安装。开窗减速电机一般要尽量靠近温室立柱安装，它通过主传

动轴与扭矩分配器相连，主传动轴与窗驱动轴一样一般也使用 1″（Φ33.5 mm×3.25 mm）热镀锌焊接钢管。开窗减速电机的安装可参照图 3-26。需要注意的是，这里所用的减速电机不是表 4-4 所列的减速电机，而是转速在 30 r/min 左右的减速电机。

② 扭矩分配器的安装。扭矩分配器要根据设计的位置进行安装，一般通过固定架安装在桁架上。扭矩分配器的作用仅在于将减速电机的扭矩通过万向连轴节改变方向，并平均分配到每一个蜗轮减速箱上，它本身不存在减速功能，

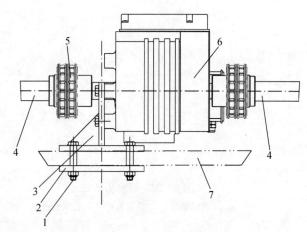

图 3-26 减速电机安装示意图
1. 固定螺栓 2. 电机安装架二 3. 电机安装架一
4. 1″主传动轴 5. 联轴器 6. 减速电机 7. 桁架弦杆

但需要注意的是扭矩分配器安装时分左右，不能装反了。扭矩分配器的安装可参照图 3-27。

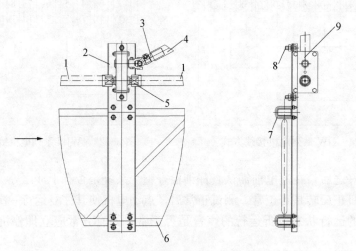

图 3-27 扭矩分配器安装示意图
1. 1″主传动轴 2. 固定架 3. 万向节接头 4. 1″辅传动轴 5. 1″焊合接头
6. 桁架 7. 连接 U 形螺栓 8. 连接螺栓 9. 扭矩分配器

③ 蜗轮减速箱的安装。蜗轮减速箱的输入端与扭矩分配器相连，输出端与屋顶窗驱动轴相连，它的功能实际上相当于屋顶连续开窗机构中的减速电机。蜗轮减速箱是一个带有减速装置的设备，其减速比一般是 35，它通过固定架安装在屋面杆件上，图 3-28 是一种可供参考的安装方式。

④ 主驱动轴支撑用轴承座的安装。和减速电机相连的主驱动轴是通过轴承座来支撑的，轴承座的安装需保证减速电机输出轴的中心与轴承座的中心在同一直线上，图 3-29 为一种可参考的轴承座安装方式。

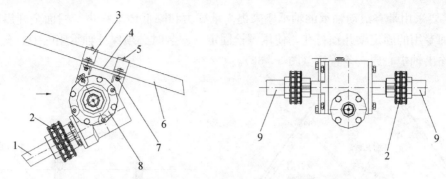

图 3-28 蜗轮减速箱安装示意图

1. 1″辅传动轴（接扭矩分配器） 2. 联轴器 3. 固定架连接件 4. 固定架
5. 固定用自攻钉 6. 屋面杆件 7. 固定螺栓 8. 蜗杆减速机 9. 1″顶窗驱动轴

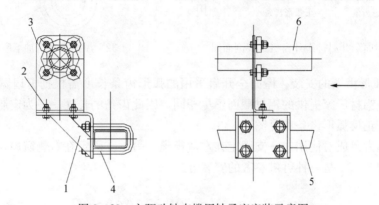

图 3-29 主驱动轴支撑用轴承座安装示意图

1. 固定架 2. 固定螺栓 3. 1″轴承座 4. 固定用 U 形螺栓 5. 桁架弦杆 6. 1″主驱动轴

（3）屋面全开启排齿开窗机 屋面全开启排齿开窗一般适用于文洛型结构的温室，能使屋面完全打开（图 3-30），屋面透光覆盖材料可以是塑料薄膜、PC 板，也可以是玻璃；其特征是单个屋面的左右两扇窗框通过正、反弧形齿条同时运动，从而实现使用一台电机驱动相邻两扇窗扇同时开启或者关闭，其安装剖面图见图 3-31。

屋面全开启排齿开窗在减速电机、驱动轴的安装方式上与其他排齿开窗相同，此处不再赘述。这里仅就此类结构中的全开启轴承座、正反弧形齿条、齿条与窗扇连接等的安装方式做一简述。

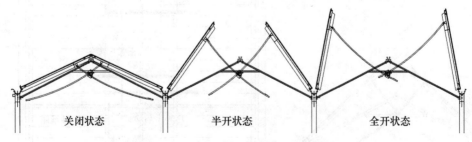

关闭状态　　　　半开状态　　　　全开状态

图 3-30 屋面全开启排齿开窗机效果

① 屋面全开启轴承座的安装。屋面全开启轴承座与其他排齿开窗的轴承座作用相同，均对传动轴起支撑的作用，但是屋面全开启传动轴驱动的窗扇面积为其他排齿开窗的 2～

4倍，需要采用带有滚动轴承的轴承座来提高承载力和降低传动噪声。屋面全开启轴承座需要增加专用的固定梁并预打孔，使用螺栓固定。安装时必须保证轴承座的中心孔与减速电机的输出轴中心成一条直线（图3-32）。

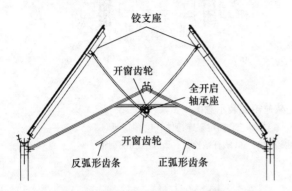

图3-31　屋面全开启排齿开窗机安装剖面图　　　　图3-32　屋面全开启轴承座安装示意图

　　② 正反弧形齿条的安装。屋面全开启采用的弧形齿条长度需根据窗扇宽度及窗口大小来确定，各铝材厂家提供的铝材截面不尽相同，因此齿条的长度一般为定制生产，暂未有统一规格。正反弧形齿条参见图3-33。

　　正反弧形齿条成对使用，一支固定在左侧窗扇，另一支固定在右侧窗扇，然后穿入开窗齿轮中，图3-34是一种可供参考的安装方式。

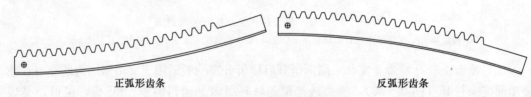

图3-33　正反弧形齿条示意图

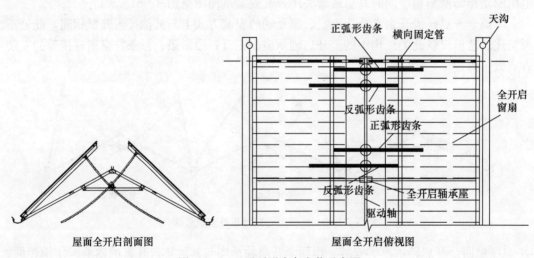

图3-34　正反弧形齿条安装示意图

③ 齿条与窗扇的连接。屋面全开启的齿条并不是与窗扇直接相连接的，而是先固定在一根通长的横向固定管上，然后横向固定管再与窗扇铝材相连，从而使窗扇的整体性更强，图 3-35 为一种可参考的齿条与窗扇的连接方式。

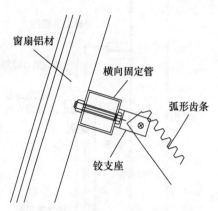

图 3-35 齿条与窗扇连接示意图

（4）墙面垂直提拉窗排齿开窗机 墙面垂直提拉窗不需要占用额外空间，开窗通风面积大，流量系数高，并且外形美观，因而受到客户的青睐；垂直提拉窗按窗体的移动方向又分为垂直上拉窗和垂直下滑窗，其中垂直上拉窗因窗体上移会导致窗体上部密封不严，因而较少采用。本章主要介绍垂直下滑窗，具体参见图 3-36。

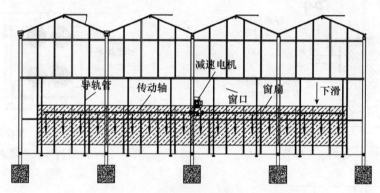

图 3-36 垂直下滑窗示意图

垂直下滑窗不同于其他排齿开窗的是整个窗扇均固定在导轨驱动器上，齿条再与导轨驱动器相连；齿轮带动齿条在导轨驱动器的约束下沿着导轨管上下移动，从而实现窗扇的关闭和打开。导轨驱动器、导轨管、导轨生根件共同组成了导轨系统，具体参见图 3-37。

① 导轨系统的安装。安装导轨系统要先安装导轨生根件，导轨生根件分为上、下两个，根据骨架类型的不同可以设计成不同的样式，上、下生根件要求水平放置；将导轨驱动器穿在导轨管上，然后将导轨管固定在上、下生根件上，导轨管要竖直无倾斜。

② 窗扇与导轨系统的固定。导轨系统的导轨驱动器分为上、下两种，上导轨驱动器与窗扇的上框铝材固定，下导轨驱动器与窗扇的下框铝材固定。图 3-38 为一种可供参考的安装方式。

③驱动系统的安装。垂直下滑窗的驱动系统主要包括减速电机、传动轴、滑窗轴承座、齿轮及齿条。齿条穿入齿轮中，然后将齿条的两端分别与上、下导轨驱动器相连接。滑窗轴承座一边与温室骨架自攻钉或者螺栓固定，另一边与导轨管通过 U 形螺栓固定，增加导轨管的抗弯性能，图 3-39 为一种可供参考的安装方式。传动轴穿过滑窗轴承座和齿轮与减速电机通过联轴器相连。需要注意的是垂直下滑窗的驱动系统是安装在窗扇内部的，当垂直窗位于湿帘外时，窗扇与湿帘之间的宽度限制了减速电机的安装空间，此时减速电机只能采用垂直的安装方式，需要采购支持垂直安装的减速电机类型，具体参见图 3-40。

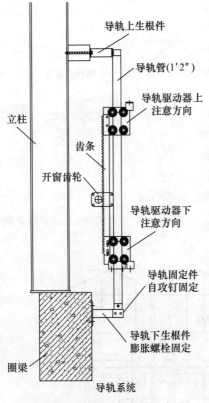

图 3-37 导轨系统安装示意图

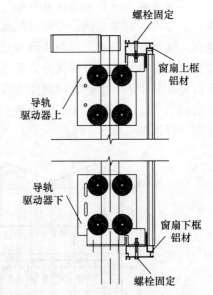

图 3-38 窗扇与导轨系统固定示意图

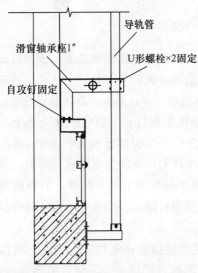

图 3-39 滑窗轴承座安装示意图

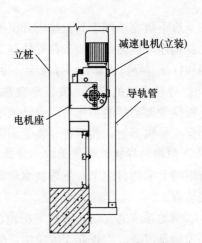

图 3-40 减速电机安装示意图

(5) 屋脊顶升开窗机　垂直屋脊顶升窗的活动窗体扣在屋脊上,依靠齿轮齿条垂直顶起升降,实现窗口的开启和闭合。按照顶起活动窗体的传动机构不同,分为齿条竖直运动支撑活动窗体起落的开窗系统(图 3-41)和推杆水平推拉摆臂杆支撑活动窗体起落的开窗系统(图 3-42)两种形式。前者窗扇和窗洞尺寸基本相同,而后者窗扇要长于窗洞。

窗扇关闭时，一端凸出温室一侧山墙；窗扇打开时，另一侧又凸出温室另一侧山墙。由于窗扇凸出温室山墙，大风时窗扇受力增大，固定不牢容易造成窗扇扭曲变形。屋脊顶升开窗机主要使用在圆拱顶塑料薄膜温室。这种开窗方式目前使用不多，作为一种新型的开窗方式，本书只做概要性介绍。

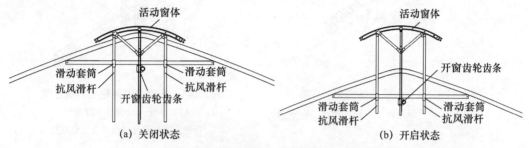

图 3-41 齿条垂直运动支撑活动窗体启闭的屋脊顶升开窗机

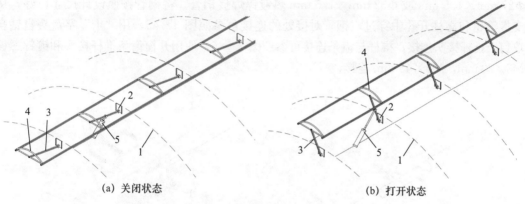

图 3-42 摆臂杆支撑活动窗体启闭的屋脊顶升开窗机
1. 温室拱杆 2. 铰接安装板 3. 摆臂 4. 拱形活动窗体 5. 驱动液压缸

2. 推杆开窗机 主要应用于温室的屋顶开窗，目前使用较多的有轨道式交错开窗机和摆臂式交错开窗机，它们的开窗原理是一致的，所不同的是安装方法和在温室中的安装位置有差异。轨道式双向蝶形开窗机也属于推杆开窗的一种，近些年使用越来越普遍。

（1）轨道式交错开窗机 是文洛型温室中使用较早的一种比较成熟的屋顶开窗方式。它的驱动系统都安装在温室的桁架弦杆上，主要由减速电机、轨道式开窗齿轮齿条、推杆、支撑臂和驱动轴组成，其系统组成可参见图 3-6。

① 开窗齿轮齿条的安装。开窗齿轮按照设计位置使用螺栓固定在桁架弦杆上，齿条装于齿轮内（图 3-43）。齿轮通过驱动轴与减速电机输出端相连接，齿条通过接头与推杆相连接。这里所用的齿条根据推力大小有两种，可根据屋顶开窗的大小和数量分别选用。

② 开窗支撑滚轮的安装。开窗支撑滚轮是用来支撑屋顶窗推杆的，一般在文洛型温室中，每小尖顶安装 2～3 个支撑滚轮。安装时按照设计位置将开窗支撑滚轮用开窗支撑滚轮连接板和自钻自攻钉固定于温室桁架弦杆上（图 3-44）。安装时要注意使每排支撑滚轮成一直线，以保证屋顶窗推杆的平直。

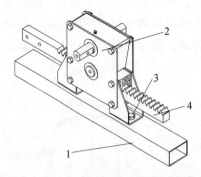

图 3-43 开窗齿轮齿条安装示意图

1. 桁架弦杆 2. 开窗齿轮 3. 固定螺栓 4. 齿条

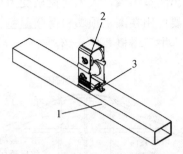

图 3-44 开窗支撑滚轮安装示意图

1. 桁架弦杆 2. 开窗支撑滚轮

3. 开窗支撑滚轮连接板及自钻自攻钉

③ 推杆的安装。开窗齿轮齿条和支撑滚轮安装完毕后,安装推杆。推杆一般使用 $\Phi 27$ mm×1.5 mm 或 $\Phi 32$ mm×1.5 mm 热镀锌焊接钢管。将钢管按照设计尺寸切好,从支撑滚轮和立柱开孔中穿过,钢管对接处的连接可参照图 3-45,用"十"字盘头自钻自攻钉及推杆接头连接,推杆与齿条连接可参照图 3-46,使用开窗齿条推杆接头和镀锌螺栓 M6×30 mm,M6×45 mm 连接。

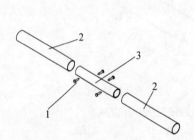

图 3-45 开窗推杆连接示意图

1. "十"字盘头自攻钉 4.2 mm×19 mm

2. 推杆 3. 推杆接头

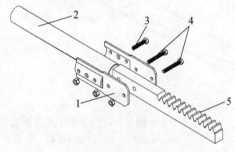

图 3-46 开窗推杆齿条连接示意图

1. 开窗齿条推杆接头 2. 推杆 3. M6×30 mm 螺栓

4. M6×45 mm 螺栓 5. 齿条

④ 开窗减速电机的安装。开窗减速电机的位置由开窗齿轮齿条的安装位置决定,减速电机通过开窗电机固定架和 U 形螺栓固定于温室桁架上(图 3-47)。电机与驱动轴通过链式联轴器连接,驱动轴与联轴器间一般使用焊接,以利于提高驱动系统的整体刚度。这里需要注意的是,电机输出轴中心线的高度要与开窗齿轮输入轴中心线一致。

⑤ 开窗驱动轴的安装。开窗驱动轴一般使用 1.2″ ($\Phi 42.3$ mm×3.25 mm) 的热镀锌焊接钢管,通过焊合接头与齿轮连接(图 3-48),在没有齿轮的桁架处,用开窗轴承座支撑驱动轴(图 3-49)。

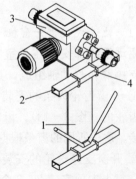

图 3-47 减速电机安装示意图

1. 开窗电机固定架 2. 温室桁架

3. 减速电机 4. U 形螺栓

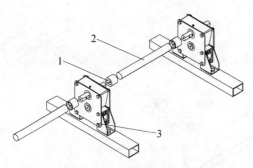

图 3 - 48 开窗驱动轴安装示意图
1. 焊合接头 2. 驱动轴 3. 开窗齿轮

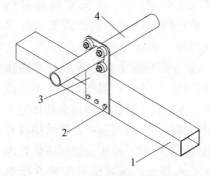

图 3 - 49 开窗轴承座安装示意图
1. 桁架上弦杆 2. 自攻钉 3. 开窗轴承座 4. 驱动轴

⑥ 开窗支撑臂的安装。根据天窗大小的不同，窗支撑臂有 2～4 支不等。安装支撑臂时，先按照设计位置将窗边铰支座固定于窗活动框铝合金上，通过销轴及开口销将支撑臂连接于窗边铰支座上（图 3 - 50），支撑臂下端通过螺栓及推杆支座固定于推杆上（图 3 - 51）。这里需要注意的是，固定支撑臂时应将所有活动窗处于完全关闭状态，保证活动窗下框平直并压紧固定窗框。

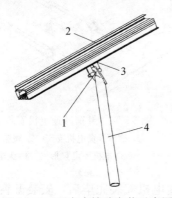

图 3 - 50 开窗支撑臂安装示意图
1. 带孔销轴和开口销 2. 活动窗框
3. 开窗铰支座 4. 支撑臂

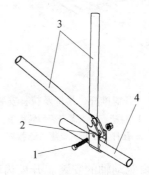

图 3 - 51 开窗推杆支座安装示意图
1. M8 螺栓 2. 推杆支座
3. 窗支撑臂 4. 推杆

⑦ 连接配电控制箱运行调试。轨道式交错开窗机的配电控制箱和减速电机限位的调试与排齿开窗的完全类似，可参照排齿开窗的进行，此处不再赘述。

（2）摆臂式交错开窗机 是文洛型温室中使用较早的一种比较成熟的屋顶开窗方式，它的驱动系统都安装在温室的天沟上，主要由摆臂式开窗齿轮齿条、电机固定 C 形梁、推杆、支撑臂、驱动轴和减速电机组成，其系统组成可参见图 3 - 7。

① 开窗齿轮齿条的安装。按照预先设计好的位置，在温室天沟上相应位置制作连接孔，将摆臂开窗齿轮齿条用螺栓与天沟相连接（图 3 - 52）。

② 开窗推杆、吊杆及拉杆的安装。摆臂式交错开窗系统中不再像轨道式交错开窗系统中使用支撑滚轮来支撑推杆，而是使用吊杆将推杆吊装在温室屋脊上；推杆与齿条的连接也不再使用齿条推杆接头，而是使用拉杆（图 3 - 53）。推杆一般使用 $\Phi 27$ mm×1.5 mm

或 Φ32 mm×1.5 mm 热镀锌焊接钢管，推杆间的对接与轨道式交错开窗完全相同（图3-45）。

③ 开窗减速电机的安装。按照预先设计好的位置，在温室天沟上相应位置制作连接孔，将摆臂开窗电机固定C形梁用螺栓与天沟相连接，再将摆臂开窗电机支架按照开窗齿轮的相应位置固定在C形梁上，减速电机安装在摆臂开窗电机支架上（图3-54）。这里需要注意的是，减速电机输出轴中心线应与摆臂开窗齿轮输入轴中心线对齐。

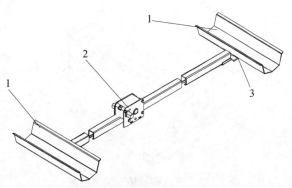

图3-52　开窗齿轮齿条安装示意图
1. 温室天沟　2. 摆臂开窗齿轮齿条　3. M8 螺栓与天沟连接

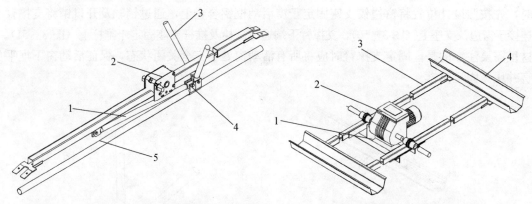

图3-53　开窗推杆、吊杆及拉杆安装示意图
1. 拉杆　2. 摆臂开窗齿轮齿条
3. 吊杆　4. 推杆支座　5. 推杆

图3-54　开窗减速电机安装示意图
1. 摆臂开窗电机支架　2. 减速电机
3. 电机固定C形梁　4. 天沟

④ 开窗驱动轴的安装。开窗齿轮齿条和减速电机安装完毕后，安装开窗驱动轴。开窗驱动轴一般使用1.2″（Φ42.3 mm×3.25 mm）的热镀锌焊接钢管，通过焊合接头与齿轮连接，当开窗齿轮间距大于4 m时，需在两齿轮中间增加开窗轴承座来支撑驱动轴，以提高系统的整体刚度。开窗轴承座固定在C形梁上，C形梁与天沟连接（图3-55）。

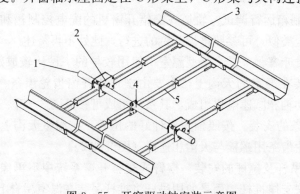

图3-55　开窗驱动轴安装示意图
1. 驱动轴　2. 齿轮座　3. 天沟　4. 天窗支撑座　5. C形梁

⑤ 开窗支撑臂的安装。摆臂式交错开窗中支撑臂的安装与轨道式交错开窗相似，可分别参照图 3-50 和图 3-51。

⑥ 连接配电控制箱运行调试。摆臂式交错开窗的配电控制箱和减速电机限位的调试与排齿开窗类似，可参照排齿开窗相应操作进行，此处不再赘述。

（3）轨道式双向蝶形开窗机　轨道式双向蝶形开窗机的运行原理和安装方式均与轨道式交错开窗相似，许多节点的处理均可参照轨道式交错开窗。下面就其与轨道式交错开窗的不同部分做一简单介绍。

① 开窗齿轮齿条的安装。开窗齿轮按照设计位置使用螺栓固定在桁架弦杆上，齿条装于齿轮内（图 3-56）。

② 开窗支撑滚轮的安装。开窗支撑滚轮用来支撑屋顶窗推杆，在文洛型温室中，每小尖顶一般安装 2～3 个支撑滚轮。安装时按照设计位置将开窗支撑滚轮用开窗支撑滚轮连接板和自钻自攻钉固定于温室桁架上弦杆上（图 3-57）。

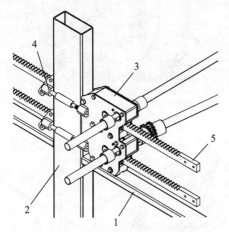

图 3-56　开窗齿轮齿条安装示意图

1. 温室桁架上弦或横梁　2. 温室立柱　3. 轨道开窗齿轮（双向抱柱式）　4. 抱柱式固定件　5. 实心齿条

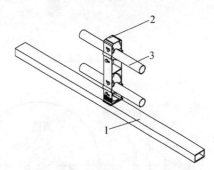

图 3-57　开窗支撑滚轮安装示意图

1. 温室桁架或横梁　2. 蝶形开窗支撑滚轮　3. 推杆

③ 开窗减速电机的安装。由于齿轮齿条抱柱安装，该位置空间不足以容纳减速电机，因此，常规将电机偏离立柱一定位置。减速电机输出端和齿轮齿条连接的驱动轴是偏斜的，需要使用带 6°偏斜补偿角的链轮联轴器进行安装。

第二节　卷膜开窗系统设计

一、特点与分类

1. 特点　卷膜开窗机构是目前最普及的一种开窗机构，其核心部件为卷膜电机和卷膜轴，附属配件随着机构整体的不同而有差异。卷膜机构性能稳定、运行可靠安全、成本低廉、可以实现大面积的通风换气，因此是塑料温室开窗机构的首选型式。

2. 分类　根据提供动力的方式和安装位置的差异，可将卷膜开窗机构分为手动卷膜机构和电动卷膜机构，也可以分为屋顶卷膜机构和侧墙卷膜机构（图 3-58）。

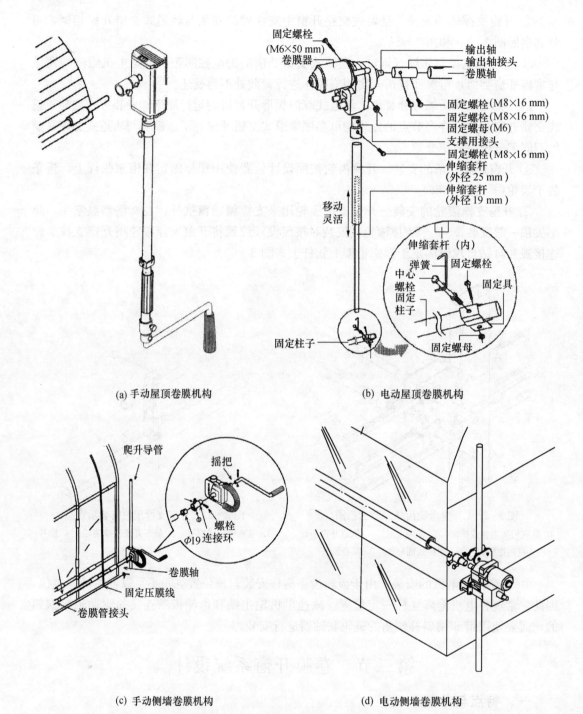

图 3-58　卷膜开窗机分类

电动卷膜机构按照使用电动卷膜器的类型可以分为三种类型：

（1）直流电动卷膜器　实质上是一个带有限位开关的直流减速电机，国内常用的电动卷膜器如图 3-58（b）所示。它可用于温室圆拱通风口和竖直通风口两种位置通风。为保证电动卷膜器平稳运行，常采用直流小功率电机，使用中需要配置变压器和整流器等相关配电设备。

电动卷膜器造价低，控制灵活，便于维护和维修，是电动卷膜设备中最常用的一种。

（2）**软轴卷膜系统** 软轴卷膜系统是几年前在日本、韩国发展起来的一种卷膜通风机构。它的工作原理是，一台减速电机通过驱动轴带动一组扭矩分配器转动，再由扭矩分配器通过钢丝软轴将扭矩传递至一组卷膜输出器，卷膜输出器对一排圆拱屋面进行卷膜操作。

软轴卷膜系统可以一台电机实现数个屋面的卷膜，在投入使用初期受到广泛欢迎，但随着使用增多，它的致命缺点就暴露出来，以钢丝为主要材料的软轴始终不能避免在室外生锈，生锈后带来的阻力增大、软轴易断等问题最终使这种系统成为性能最不稳定的卷膜系统。该系统正逐步被淘汰。

（3）**交流电动卷膜器** 目前市场上的电动卷膜器绝大部分都采用直流24 V电源驱动，北京丰隆温室科技有限公司在调查研究的基础上，研发并推出了220 V交流电动卷膜器，丰富了电卷产品类别，方便了用户使用。交流电动卷膜器主要应用于薄膜温室及畜牧业畜禽舍，应用场景包括卷膜、卷帘、拉幕等，可起到温度调节、通风换气、控制采光等作用。交流电动卷膜器可直连交流220 V电源，无须使用变压器转换电源，安装使用更便捷。

（4）**管状电机卷膜** 近年来，民用建筑中使用的管状电机（tube motor）（图3-59）被广泛应用于温室的卷膜系统。将管状电机套于卷膜轴中，电机即可带动卷膜轴进行卷膜。

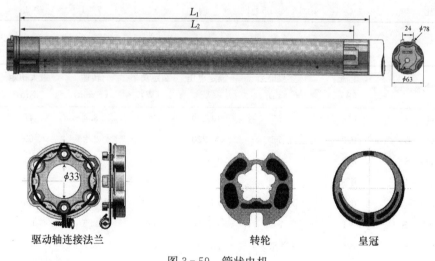

图3-59 管状电机

管状电机的主要优点是功率大，极限卷膜长度是一般电动卷膜器难以达到的，而且管直无翘曲。

二、系统组成与传动原理

1. 系统组成 卷膜开窗系统因卷膜电机或手动卷膜器厂家和型号的不同，其系统组成和连接方式有较大的区别，但基本组成部分大致相同，都有卷膜电机（卷膜器）、卷膜轴、固膜卡、伸缩套杆或导杆等部件（图 3-58）。

2. 传动原理　卷膜电机（手动卷膜器）输出端与卷膜轴相连，卷膜轴通过固膜卡与塑料膜底端或中部相连，电机启动带动卷膜轴转动，塑料膜被卷膜轴一层一层卷起，从而实现通风窗的启闭。

三、主要部件产品规格与系统参数选择

1. 主要部件产品规格　用于卷膜开窗的产品主要有手动卷膜器、电动卷膜器和管状电机三大类，其中手动卷膜器因其成本低廉，结构简单，特别适合于小规模生产使用，其技术参数见表 3-18。电动卷膜器是卷膜开窗中使用最为广泛的产品，在我国南方应用非常普遍。它一般有直流 24 V 和交流 220 V 两种电源，自带安全限位装置，安全可靠。表 3-19 是目前国内市场使用较多的两类电动卷膜器的技术参数。管状电机一般应用于要求比较高的场所，目前国内市场能够提供国产产品厂家并不多，表 3-20 是国内市场使用较多的几种电动管状电机的技术参数。

表 3-18　手动卷膜器技术参数（北京丰隆公司）

型号	BS104	NA104	NS105	NSA105	NA105	BS107	BSA107	BA107
用途	侧卷膜	顶侧卷膜	侧卷膜	高位侧卷膜	顶卷膜	侧卷膜	高位侧卷膜	顶卷膜
最大卷膜长度（m）	90	100	100	100	100	130	100	130
额定扭矩（Nm）	30	30	50	40	50	60	50	60
速比	4∶1	4∶1	5∶1	5∶1	5∶1	7∶1	7∶1	7∶1

表 3-19　电动卷膜器技术参数

型号	电流（A）	卷膜能力（m）	额定电压（V）	额定功率（W）	转速（r/min）	最大扭矩（Nm）	行程（圈）
GMA40-S	0.4	65	AC220	40	3.4	45	45
GMA60-S	0.5	75	AC220	60	2.8	60	45
GMA80-S	0.7	90	AC220	80	2.8	80	45
GMA100-S	0.8	100	AC220	100	2.8	100	45
GMA100-S-80	0.8	70	AC220	100	2.8	100	80
GMA120-S	0.9	100	AC220	120	2.5	120	45
GMA300-S-45	3.0	卷帘 80×4	AC220	300	3.3	300	45
GMA300-S-80	3.0	拉幕 2 000 m²	AC220	300	3.3	300	80
GMD40-S	3.0	65	DC24	40	3.1	45	45
GMD60-S	3.0	75	DC24	60	2.8	60	45
GMD100-S	6.2	100	DC24	100	2.8	100	45
GMD100-S-80	6.2	70	DC24	100	2.8	100	80
GMD180-S	11.0	100	DC24	180	2.8	180	45
GMD300-S-45	20.0	卷帘 80×4	DC24	300	3.5	300	45

表 3 - 20　管状电机技术参数

型号	额定电压 (V)	额定功率 (W)	输出转速 (r/min)	扭矩 (Nm)	行程 (圈)	外形尺寸 (mm)	备注
RB50 - 3.4	AC230	0.15	3.4	50	45	$\Phi50\times730$	Ridder
RB120 - 11	AC230	0.48	11	120	45	$\Phi63\times900$	Ridder
LT60Vega	AC230	0.28	12	60	31	$\Phi60\times614$	Somfy
LT60Sirius	AC230	0.32	12	80	31	$\Phi60\times614$	Somfy
LT60Titan	AC230	0.41	12	100	31	$\Phi60\times659$	Somfy
LT60Taurus	AC230	0.45	12	120	31	$\Phi60\times659$	Somfy
GDJ50 - 60 - 4 - 40	DC24	60	4	60	40	$\Phi50\times800$	丰隆
GDJ50 - 60 - 4 - 40	AC220	60	4	60	40	$\Phi50\times800$	丰隆

2. 系统参数选择

（1）管状电机卷膜系统　手动卷膜器和直流电动卷膜器可根据其额定扭矩，按照卷膜长度和卷膜高度以及卷膜的位置直接查表 3 - 19 和表 3 - 20 获得。这里以 Ridder 公司和北京丰隆公司 GDJ50 - 60 - 4 - 40 产品为例介绍管状电机的选用。

根据 Ridder 公司和北京丰隆公司产品手册，卷膜系统参数选择计算分为单轴垂直、双轴垂直（图 3 - 60）和屋顶斜面三种受力位置，考虑到薄膜污损和温湿度的影响以及其他因素，计算中引入负载安全系数 1.3。

（2）卷膜电机参数设计　卷膜电机在表 3 - 20 的

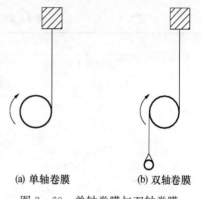

(a) 单轴卷膜　　(b) 双轴卷膜

图 3 - 60　单轴卷膜与双轴卷膜

基本参数条件下，RB50 - 3.4、RB120 - 11、GDJ50 - 60 - 4 - 40 三种电机的系统设计参数选择见表 3 - 22 至表 3 - 24。

表 3 - 21　卷膜电机计算基本参数

项目名称	RB50 - 3.4	RB120 - 11	GDJ50 - 60 - 4 - 40
电机重量（kg）	5	8.5	4
卷轴直径（mm）	$\Phi50$	$\Phi63$	$\Phi50$
卷轴重量（kg/m）	0.8	1.1	0.8
薄膜厚度（mm）	0.5	0.5	0.5
负载安全系数	1.3	1.3	1.3
系统效率（%）	90	90	90
导向机构效率（%）	80	80	80

表 3 - 22　卷膜电机 RB50 - 3.4 参数选择

卷膜高度 (m)	卷膜长度 (m)							
	薄膜重 100 g/m²		薄膜重 150 g/m²		薄膜重 200 g/m²		薄膜重 250 g/m²	
	单轴卷膜	双轴卷膜	单轴卷膜	双轴卷膜	单轴卷膜	双轴卷膜	单轴卷膜	双轴卷膜
1.0	—	61	100	59	96	57	91	55
1.5	96	56	88	54	82	52	77	49
2.0	86	53	78	49	72	47	76	44
2.5	78	49	70	46	63	43	57	41
3.0	72	47	63	43	56	40	51	37
3.5	66	45	57	41	51	38	45	34
4.0	61	43	52	39	45	36	41	32
4.5	56	41	48	37	41	34	36	30
5.0	52	40	44	35	38	32	33	29

表 3 - 23　卷膜电机 RB120 - 11 参数选择

卷膜高度 (m)	卷膜长度 (m)							
	薄膜重 100 g/m²		薄膜重 150 g/m²		薄膜重 200 g/m²		薄膜重 250 g/m²	
	单轴卷膜	双轴卷膜	单轴卷膜	双轴卷膜	单轴卷膜	双轴卷膜	单轴卷膜	双轴卷膜
1.0	—	102	—	99	147	96	142	94
1.5	147	96	139	93	132	88	126	86
2.0	137	91	127	86	119	81	111	78
2.5	127	86	117	81	108	76	100	73
3.0	119	83	108	77	98	71	90	67
3.5	112	79	99	73	90	67	82	63
4.0	105	76	92	70	82	63	76	59
4.5	99	74	86	67	77	59	69	56
5.0	93	72	81	64	71	57	63	53

表 3 - 24　卷膜电机 GDJ50 - 60 - 4 - 40 参数选择（卷覆材料：帘布、保温被、膜、遮阳网）

材料克重 (g/m²)	≤200	≤240	≤320
高度 (m)	≤6	≤6	≤6
长度 (m)	≤120	≤100	≤60

第四章 拉幕系统设计

温室拉幕系统主要用于连栋温室的外遮阳和内保温系统中，利用具有一定遮光率的材料遮挡多余的光照，或者利用保温材料使温室内部形成局部的封闭空间，起到调节光照、降温或保温的作用。拉幕系统按照驱动机构的类型可分为齿轮齿条拉幕机构、钢索拉幕机构和链式拉幕机构等，其中前两种机构最为常见。

拉幕系统在连栋温室中的应用可以追溯到 20 世纪 70 年代，当时由于石油等燃料价格的上升，西方种植者开始尝试在温室内顶部覆盖保温帘以减少室内热量损失，降低加温费用。到了 20 世纪 80 年代，种植者不仅将保温帘幕用于温室夜间保温，而且用于白天的遮阳降温，帘幕的材料也由尼龙无纺布发展到目前的塑料编织幕和缀铝遮阳保温幕。现在拉幕系统已经大量用于现代化温室，成为不可或缺的设备。

第一节 齿轮齿条拉幕系统设计

一、特点与分类

1. 主要用途及特点　齿轮齿条拉幕机是温室拉幕机的一种，其主要传动部件为齿轮齿条机构，利用齿轮齿条机构将驱动电机的旋转运动转化为齿条的直线运动，实现遮阳网或保温幕的展开和收拢。其特点是传动平稳可靠、传动精度高。但由于受齿条长度和安装方式的限制，对于行程大于 5 m 或安装条件受限的场合不适合。

2. 分类　常见齿轮齿条拉幕机按照齿轮座的形式分为 A 型、B 型和简易 B 型三种（图 4-1）。A 型齿轮座为减速齿轮机构，速比为 1.8∶1。B 型齿轮座为单个齿轮结构，利用传动轴将其进行固定，速比为 1∶1。简易 B 型用的齿轮座与 B 型相同。A 型齿轮齿条机构具有一级减速，因此在同样的电机驱动下其带动的拉幕面积要比 B 型和简易 B 型齿轮齿条机构大，稳定性更好。

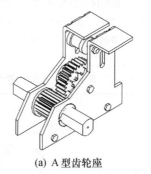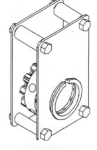

(a) A 型齿轮座　　　　　(b) B 型齿轮座

图 4-1　齿轮齿条拉幕机的齿轮座型式

二、传动原理与系统组成

1. 传动原理　齿轮齿条拉幕机主要由减速电机、驱动轴、齿轮齿条总成、支撑滚轮、推拉杆、幕布驱动边等部件组成,其传动原理是驱动轴与减速电机、齿轮相连,当减速电机输出轴转动时,驱动轴带动齿轮转动。齿轮的转动带动了齿条的行走,推拉杆由支撑滚轮支撑并与齿条相连,当减速电机往复转动时,可带动推拉杆实现往复运动。当遮阳幕一端固定在梁柱处,另一端固定在与推拉杆相连的驱动边型材上时,可实现遮阳幕的展开、收拢。

2. A型齿轮齿条拉幕机的组成 以A型齿轮座为基本特征的一级减速拉幕机的组成如图4-2,其主要部件如表4-1。实际安装时,电机布置在拉幕单元的中部,安装在立柱上,齿轮座、推杆支撑滚轮安装在温室的横梁上。对桁架结构温室,齿轮座、推杆支撑滚轮一般安装在桁架的上弦或下弦杆上,电机也可以安装在桁架上。遮阳(保温)幕的一端固定在横梁上(对桁架结构温室,固定端一般是在温室桁架的上弦或下弦杆上),另一端固定在驱动边铝型材上。

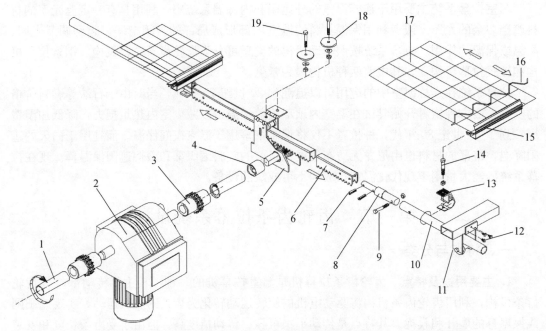

图4-2 A型齿轮齿条拉幕机系统组成

1. 镀锌驱动轴 2. 减速电机 3. 联轴器 4. 焊合接头 5. A型齿轮座 6. 齿条 7. 弹性圆柱销
8. 拉幕齿条-推杆接头 9. 螺栓 10. 推杆 11. 支撑滚轮 12. 六角头自钻自攻钉 13. 推杆-导杆连接卡
14. T形螺栓 15. 驱动边铝型材 16. 卡簧 17. 遮阳或保温幕 18. A型齿轮座垫片 19. 螺栓

表4-1 A型齿轮齿条拉幕机主要部件

编号	名 称	规 格	适用范围	备 注
1	镀锌驱动轴	$1''$,$5/4''$		
2	减速电机		转速 5.2 r/min	
3	联轴器	$1''$,$5/4''$	$1''$,$5/4''$镀锌驱动轴	
4	焊合接头	$1''$,$5/4''$	$1''$,$5/4''$镀锌驱动轴	
5	A型齿轮座	速比 $i=1.8:1$		
6	齿条		行程 3~5 m	

（续）

编号	名 称	规 格	适用范围	备 注
7	弹性圆柱销	$\Phi 6\,mm \times 28\,mm$		
8	拉幕齿条-推杆接头	$\Phi 27$，$\Phi 32$	$\Phi 27\,mm$ 推杆或 $\Phi 32\,mm$ 推杆	
9	螺栓	M8		
10	推杆	$\Phi 27\,mm \times 1.5\,mm$ 或 $\Phi 32\,mm \times 1.5\,mm$		
11	支撑滚轮	单轮型		
12	六角头自钻自攻钉	$ST5.5 \times 25\,mm$		
13	推杆-导杆连接卡	$\Phi 27\,mm$，$\Phi 32\,mm$	$\Phi 27\,mm$ 推杆或 $\Phi 32\,mm$ 推杆	
14	T 形螺栓	$M6 \times 75\,mm$（配防松母）		
15	驱动边铝型材			
16	卡簧	$\phi 2.0\,mm$ 包塑，$L=2\,m$		固定遮阳幕
17	遮阳或保温幕			
18	A 型齿轮座垫片	$\Phi 46.5\,mm \times 3\,mm$		
19	螺栓	M8		

3. B 型齿轮齿条拉幕机的组成　以 B 型齿轮座为基本特征的等比传动拉幕机的组成如图 4-3，其主要部件如表 4-2。这种拉幕机与 A 型齿轮齿条拉幕机的最大区别在于带动

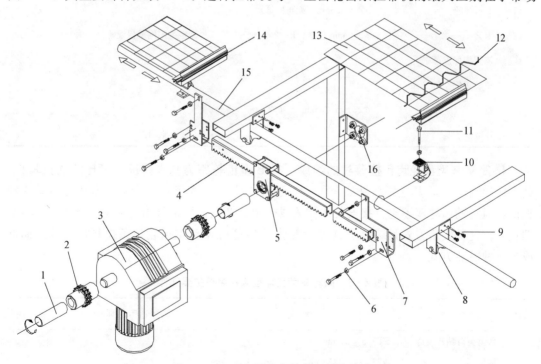

图 4-3　B 型齿轮齿条拉幕机系统组成

1. 镀锌驱动轴　2. 联轴器　3. 减速电机　4. 齿条　5. B 型齿轮座　6. 螺栓　7. B 型拉幕机齿轮连接件
8. 支撑滚轮　9. 六角头自钻自攻钉　10. 推杆-导杆连接卡　11. T 形螺栓　12. 卡簧
13. 遮阳或保温幕　14. 驱动边铝型材　15. 推杆　16. B 型轴承座

遮阳（保温）幕运动的推杆不是直接连接在齿条上，而是通过一个连接件（图4-3中7）过渡，将齿轮齿条的运动间接传递到推杆；此外，齿轮座不是直接固定在横梁或桁架弦杆上，而是固定在用轴承座支撑的驱动轴上。

表4-2　B型齿轮齿条拉幕机主要部件

编号	名　称	规　格	适用范围	备　注
1	镀锌驱动轴	$1''$（Φ33.4 mm×3.25 mm）		
2	联轴器	$1''$	$1''$镀锌驱动轴	
3	减速电机	转速 2.6 r/min		
4	齿条		温室开间 3～5 m	
5	B型齿轮座	速比 i=1:1		
6	螺栓	8-M6×40 mm		
7	B型拉幕机齿轮连接件	四件套		
8	支撑滚轮	单轮型		
9	六角头自钻自攻钉	ST5.5×25 mm		
10	推杆-导杆连接卡	Φ27 mm，Φ32 mm	Φ27 mm推杆或Φ32 mm推杆	
11	T形螺栓	M6×75 mm（配防松母）		
12	卡簧	ϕ2.0 mm包塑，L=2 m	固定遮阳网或保温幕	
13	遮阳或保温幕			
14	驱动边铝型材			
15	推杆	Φ27 mm×1.5 mm、Φ32 mm×1.5 mm		
16	B型轴承座	$1''$	$1''$镀锌驱动轴	

4. 简易B型齿轮齿条拉幕机的组成　以B型齿轮座为基本特征的等比传动拉幕机，其组成如图4-4，其主要部件如表4-3。这种拉幕机与A型齿轮齿条拉幕机的传动原理相似，但它的齿轮座不是直接安装在横梁或桁架弦杆上，而是仍固定在用轴承座支撑的驱动轴上。这种安装方式是综合了A型齿轮齿条拉幕机和B型齿轮齿条拉幕机的特点而形成的一种安装方式。

表4-3　简易B型齿轮齿条拉幕机主要部件

编号	名　称	规　格	适用范围	备　注
1	六角头自钻自攻钉	ST5.5×25 mm		
2	推杆	Φ27 mm×1.5 mm、Φ32 mm×1.5 mm		
3	支撑滚轮	单轮型		
4	推杆-导杆连接卡	Φ27 mm，Φ32 mm	Φ27 mm推杆或Φ32 mm推杆	
5	T形螺栓	M6×75 mm（配防松母）		

（续）

编号	名　称	规　格	适用范围	备　注
6	螺栓	M8		
7	拉幕齿条推杆接头	$\Phi27$，$\Phi32$	$\Phi27\ mm$推杆或$\Phi32\ mm$推杆	
8	弹性圆柱销	$\Phi6\ mm\times28\ mm$		
9	齿条		温室开间 3～5 m	
10	B 型齿轮座	速比 $i=1:1$		
11	B 型轴承座	1″	1″镀锌驱动轴	
12	镀锌驱动轴	1″（$\Phi33.4\ mm\times3.25\ mm$）		
13	驱动边型材			
14	遮阳或保温幕			
15	减速电机		转速 2.6 r/min	
16	联轴器	1″	1″镀锌驱动轴	
17	卡簧	$\phi2.0\ mm$包塑，$L=2\ m$	固定遮阳网或保温幕	

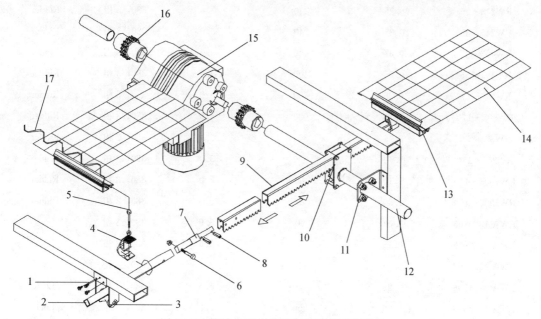

图 4-4　简易 B 型齿轮齿条拉幕机系统组成

1. 六角头自钻自攻钉　2. 推杆　3. 支撑滚轮　4. 推杆-导杆连接卡　5. T 形螺栓　6. 螺栓
7. 拉幕齿条推杆接头　8. 弹性圆柱销　9. 齿条　10. B 型齿轮座　11. B 型轴承座　12. 镀锌驱动轴
13. 驱动边型材　14. 遮阳或保温幕　15. 减速电机　16. 联轴器　17. 卡簧

三、主要部件产品规格与系统参数选择

1. 主要部件产品技术规格　齿轮齿条拉幕机的主要部件包括减速电机、齿轮座和齿条等，其规格和技术参数见表 4-4 至表 4-6。

表 4 - 4 温室拉幕机减速电机技术参数

型号	功率（kW）	输出扭矩（Nm）	转速（r/min）	电压（V）	生产厂家
GW10	0.09	100	2.6	380，3 相	Degier
GW10	0.18	100	5.2	380，3 相	Degier
GW30	0.26	300	2.6	380，3 相	Degier
GW30	0.37	300	5.2	380，3 相	Degier
GW40	0.37	400	2.6	380，3 相	Degier
GW40	0.37	400	5.2	380，3 相	Degier
GW80	0.75	800	2.6	380，3 相	Degier
GW80	0.75	800	5.2	380，3 相	Degier
WJNA40	0.37	400	2.6	380，3 相	华农
WJNA40	0.55	400	5.2	380，3 相	华农
WJNA80	0.75	800	2.6	380，3 相	华农
WJNA80	0.75	800	5.2	380，3 相	华农
RW243 - 25	0.25	240	3.0	380，3 相	Ridder
RW245 - 37	0.37	240	5.0	380，3 相	Ridder
RW403 - 37	0.37	400	3.0	380，3 相	Ridder
RW405 - 55	0.55	400	5.0	380，3 相	Ridder
RW603 - 55	0.55	600	3.0	380，3 相	Ridder
RW605 - 110	1.10	600	5.0	380，3 相	Ridder
RW803 - 75	0.75	800	3.0	380，3 相	Ridder
RW805 - 110	1.10	800	5.0	380，3 相	Ridder
RW1000 - 110	1.10	1 000	3.0	380，3 相	Ridder
RW1000 - 150	1.50	1 000	5.0	380，3 相	Ridder
EWA 10.0903	0.08	90	3.6	380，3 相	Lock
EWA 10.0905	0.13	90	5.6	380，3 相	Lock
EWA 12.1503	0.15	150	3.2	380，3 相	Lock
EWA 12.1506	0.25	150	6.5	380，3 相	Lock
EWA 12.2503	0.26	250	3.2	380，3 相	Lock
EWA 12.2506	0.5	250	6.5	380，3 相	Lock
EWA 14.3503	0.2	350	3.2	380，3 相	Lock
EWA 14.3506	0.6	350	6.5	380，3 相	Lock
EWA 14.4503	0.3	450	3.2	380，3 相	Lock
EWA 14.4506	0.75	450	6.5	380，3 相	Lock
EWA 14.6003	0.4	600	3.2	380，3 相	Lock
EWA 14.6006	1.0	600	6.5	380，3 相	Lock
EWA 16.9003	0.52	900	2.4	380，3 相	Lock

（续）

型号	功率（kW）	输出扭矩（Nm）	转速（r/min）	电压（V）	生产厂家
EWA 16.9005	0.9	900	4.9	380，3 相	Lock
EWA 16.9203	0.8	1 200	2.4	380，3 相	Lock
EWA 16.9205	1.3	1 200	4.9	380，3 相	Lock
EWA 16.9503	1.0	1 500	2.4	380，3 相	Lock
EWA 16.9505	1.6	1 500	4.9	380，3 相	Lock

表 4-5 温室拉幕机齿条技术参数

型号	长度（mm）	壁厚（mm）	推力（N）	重量（kg）	生产厂家
THG40	2 959	3	450	6.0	Degier
THG40	3 160	3	450	6.4	Degier
THG40	3 965	3	450	8.0	Degier
THG40	4 467	3	450	9.0	Degier
THG40	4 970	3	450	10.1	Degier
BLUKY L2959	2 959	3	450	6.0	华农
BLUKY L3965	3 965	3	450	8.0	华农
BLUKY L4467	4 467	3	450	9.0	华农
BLUKY L4970	4 970	3	450	10.1	华农
H40-3	2 959	3	450	6.0	Ridder
H40-3	3 160	3	450	6.4	Ridder
H40-3	3 965	3	450	8	Ridder
H40-3	4 467	3	450	9	Ridder

表 4-6 温室拉幕机齿轮座技术参数

	型号	速比（i）	扭矩（Nm）	单圈行程（mm）	重量（kg）	生产厂家
A 型	THG40. UNIT	1.82	5.71	75.8	2.15	Degier
	Bluk A	1.8	6.0	76	2.2	华农
	TUS25-40	1.8	6.7	79.2	2.1	Ridder
B 型	THG40. UNIT. V	1	10.4	138.23	0.55	Degier
	Bluk B	1	10	138	0.54	华农
	TU21-40	1		138.2	0.55	Ridder

2. 拉幕机设计参数选择 温室齿轮齿条拉幕机参数的选择主要根据齿轮座的型式和齿条的长度确定，在上述两个参数确定后，按照选用幕布的重量和拉幕机驱动幕布的面积，通过查表确定电机扭矩以及推杆和驱动轴规格。表 4-7 至表 4-12 分别为 A 型齿轮座和 B 型齿轮座根据齿条间距（拉幕开间距离）确定拉幕机主要参数的设计参数选择表。简易 B 型齿轮座在参数选择上与 B 型齿轮座相似，可参照表 4-10 至表 4-12 选取。

表4-7 A型齿轮座、3.0m开间拉幕机设计参数选择

齿条间距 (m)	幕布重量 (N/m²)	齿条推力 450N (m²)	拉幕机驱动幕布的面积 (m²) 减速电机输出扭矩							推杆类型 (m²)		驱动轴 (m²)		推杆行程 (m)
			90 Nm	100 Nm	240 Nm	300 Nm	400 Nm	600 Nm	800 Nm	Φ27 mm×1.5 mm	Φ32 mm×1.5 mm	Φ33.5 mm×3.25 mm	Φ42.3 mm×3.25 mm	
3.2	0.50	230	1 112	1 233	2 966	3 699	4 943	7 415	9 865	230	394	3 341	5 549	2.88
	0.75	230	1 070	1 183	2 854	3 550	4 757	7 136	9 467	221	374	3 216	5 338	2.88
	1.00	221	1 032	1 143	2 751	3 431	4 585	6 877	9 150	211	365	3 103	5 146	2.88
	1.25	211	996	1 101	2 655	3 305	4 425	6 637	8 814	211	346	2 995	4 963	2.88
	1.50	202	962	1 047	2 565	3 142	4 275	6 412	8 380	202	336	2 890	4 800	2.88
	1.75	192	930	1 055	2 481	3 166	4 032	6 203	8 443	192	326	2 803	4 637	2.88
	2.00	192	901	1 014	2 403	3 043	4 004	6 006	8 116	182	317	2 707	4 493	2.88
4.0	0.50	252	1 176	1 311	3 136	3 933	5 226	7 839	10 488	240	408	3 540	5 868	2.88
	0.75	240	1 129	1 237	3 011	3 711	5 019	7 528	9 897	240	396	3 396	5 628	2.88
	1.00	228	1 086	1 197	2 896	3 591	4 827	7 241	9 577	228	384	3 264	5 412	2.88
	1.25	216	1 046	1 176	2 790	3 528	4 650	6 974	9 408	216	372	3 144	5 220	2.88
	1.50	216	1 009	1 141	2 691	3 425	4 485	6 727	9 134	204	360	3 036	5 028	2.88
	1.75	204	974	1 097	2 599	3 292	4 331	6 497	8 780	204	348	2 928	4 860	2.88
	2.00	204	942	1 088	2 513	3 265	4 188	6 281	8 708	192	336	2 832	4 704	2.88

表4-8 A型齿轮座、4.0m开间拉幕机设计参数选择

齿条间距 (m)	幕布重量 (N/m²)	齿条推力 450N (m²)	拉幕机驱动幕布的面积 (m²) 减速电机输出扭矩							推杆类型 (m²)		驱动轴 (m²)		推杆行程 (m)
			90 Nm	100 Nm	240 Nm	300 Nm	400 Nm	600 Nm	800 Nm	Φ27 mm×1.5 mm	Φ32 mm×1.5 mm	Φ33.5 mm×3.25 mm	Φ42.3 mm×3.25 mm	
3.2	0.50	282	1 329	1 498	3 543	4 494	5 905	8 858	1 1984	141	243	3 994	6 630	3.88
	0.75	269	1 269	1 412	3 385	4 236	5 642	8 463	11 296	141	230	3 814	6 336	3.88
	1.00	256	1 215	1 344	3 241	4 033	5 401	8 101	10 756	128	218	3 661	6 067	3.88
	1.25	243	1 165	1 281	3 108	3 844	5 180	7 769	10 251	128	205	3 507	5 811	3.88
	1.50	230	1 120	1 200	2 986	3 601	4 976	7 464	9 603	115	205	3 366	5 581	3.88
	1.75	230	1 077	1 199	2 872	3 599	4 787	7 181	9 598	115	192	3 238	5 376	3.88
	2.00	218	1 038	1 142	2 768	3 428	4 613	6 919	9 141	115	192	3 123	5 171	3.88
4.0	0.50	304	1 420	1 592	3 788	4 777	6 313	9 469	12 740	144	256	4 272	7 088	3.88
	0.75	288	1 353	1 476	3 608	4 428	6 013	9 019	11 810	144	240	4 064	6 752	3.88
	1.00	272	1 291	1 407	3 444	4 222	5 740	8 610	11 259	128	240	3 888	6 448	3.88
	1.25	256	1 235	1 367	3 294	4 103	5 491	8 236	10 941	128	224	3 712	6 160	3.88
	1.50	256	1 184	1 308	3 157	3 925	5 262	7 893	10 467	128	208	3 568	5 904	3.88
	1.75	240	1 137	1 247	3 031	3 743	5 052	7 578	9 982	112	208	3 238	5 664	3.88
	2.00	224	1 093	1 226	2 915	3 678	4 858	7 287	9 808	112	192	3 080	5 456	3.88

表 4-9 A型齿轮座、4.5m开间拉幕机设计参数选择

齿条间距(m)	幕布重量(N/m²)	齿条推力450N(m²)	拉幕机驱动幕布的面积(m²) 减速电机输出扭矩							推杆类型(m²)		驱动轴(m²)		推杆行程(m)
			90 Nm	100 Nm	240 Nm	300 Nm	400 Nm	600 Nm	800 Nm	Φ27 mm×1.5 mm	Φ32 mm×1.5 mm	Φ33.5 mm×3.25 mm	Φ42.3 mm×3.25 mm	
3.2	0.50	302	1 421	1 651	3 789	4 954	6 315	9 472	13 211	115	187	4 277	7 085	4.38
	0.75	288	1 353	1 543	3 609	4 631	6 014	9 022	12 350	101	187	4 075	6 754	4.38
	1.00	274	1 292	1 460	3 445	4 380	5 741	8 612	11 680	101	173	3 888	6 437	4.38
	1.25	259	1 236	1 384	3 295	4 154	5 492	8 238	11 079	101	173	3 715	6 163	4.38
	1.50	245	1 184	1 289	3 158	3 867	5 263	7 894	10 312	86	158	3 557	5 904	4.38
	1.75	245	1 137	1 284	3 032	3 852	5 053	7 580	10 272	86	158	3 413	5 674	4.38
	2.00	230	1 093	1 218	2 915	3 654	4 859	7 289	9 744	86	144	3 283	5 458	4.38
4.0	0.50	324	1 526	1 755	4 070	5 266	6 783	10 175	14 044	126	198	4 590	7 614	4.38
	0.75	306	1 449	1 613	3 863	4 841	6 438	9 657	12 911	108	198	4 356	7 218	4.38
	1.00	288	1 378	1 528	3 676	4 584	6 126	9 189	12 226	108	180	4 140	6 876	4.38
	1.25	270	1 315	1 478	3 506	4 434	5 843	8 765	11 825	108	180	3 960	6 552	4.38
	1.50	270	1 357	1 405	3 351	4 215	5 585	8 377	11 240	90	162	3 780	6 264	4.38
	1.75	252	1 203	1 335	3 209	4 006	5 349	8 023	10 683	90	162	3 618	5 994	4.38
	2.00	252	1 155	1 306	3 079	3 920	5 132	7 698	10 454	90	162	3 474	5 760	4.38
4.8	0.50	346	1 606	1 771	4 282	5 314	7 136	10 704	14 172	130	216	5 054	8 014	4.38
	0.75	324	1 520	1 674	4 053	5 024	6 755	10 133	13 399	108	194	4 774	7 582	4.38
	1.00	302	1 443	1 572	3 847	4 717	6 412	9 619	12 579	108	194	4 516	6 523	4.38
	1.25	281	1 373	1 507	3 662	4 521	6 103	9 155	12 057	108	194	4 277	6 847	4.38
	1.50	281	1 310	1 433	3 493	4 301	5 822	8 733	11 469	108	173	4 082	6 523	4.38
	1.75	259	1 252	1 391	3 339	4 173	5 566	8 349	11 128	86	173	3 888	6 242	4.38
	2.00	259	1 200	1 334	3 199	4 003	5 331	7 997	10 677	86	151	3 737	5 983	4.38

表 4-10 B型齿轮座、3.0m开间拉幕机设计参数选择

齿条间距(m)	幕布重量(N/m²)	齿条推力450N(m²)	拉幕机驱动幕布的面积(m²) 减速电机输出扭矩							推杆类型(m²) Φ27 mm×1.5 mm	驱动轴(m²) Φ33.5 mm×3.25 mm	推杆行程(m)
			90 Nm	100 Nm	240 Nm	300 Nm	400 Nm	600 Nm	800 Nm			
3.2	0.50	250	907	1 026	2 419	3 078	4 031	6 046	8 208	317	2 726	2.88
	0.75	240	871	984	2 324	2 953	3 873	5 809	7 876	298	2 621	2.88
	1.00	230	838	951	2 236	2 854	3 726	5 589	7 612	288	2 525	2.88
	1.25	221	808	916	2 154	2 750	3 590	5 386	7 333	278	2 429	2.88
	1.50	211	779	871	2 079	2 614	3 464	5 196	6 972	269	2 342	2.88
	1.75	202	753	878	2 008	2 634	3 347	5 020	7 024	260	2 266	2.88
	2.00	202	728	844	1 842	2 532	3 237	4 855	6 753	250	2 189	2.88

（续）

齿条间距（m）	幕布重量（N/m²）	齿条推力450 N（m²）	拉幕机驱动幕布的面积（m²） 减速电机输出扭矩							推杆类型（m²） Φ27 mm×1.5 mm	驱动轴（m²） Φ33.5 mm×3.25 mm	推杆行程（m）
			90 Nm	100 Nm	240 Nm	300 Nm	400 Nm	600 Nm	800 Nm			
4.0	0.50	252	952	1 090	2 539	3 272	4 231	6 347	8 725	336	2 868	2.88
	0.75	252	913	1 029	2 434	3 088	4 057	6 085	8 234	312	2 748	2.88
	1.00	240	877	996	2 338	2 988	3 897	5 845	7 968	300	2 640	2.88
	1.25	228	843	978	2 249	2 935	3 748	5 622	7 827	288	2 532	2.88
	1.50	216	812	948	2 167	2 849	3 611	5 416	7 599	276	2 448	2.88
	1.75	216	784	913	2 090	2 739	3 483	5 225	7 305	276	2 352	2.88
	2.00	204	757	905	2 019	2 717	3 364	5 047	7 245	264	2 280	2.88

表 4-11 B 型齿轮座、4.0 m 开间拉幕机设计参数选择

齿条间距（m）	幕布重量（N/m²）	齿条推力450 N（m²）	拉幕机驱动幕布的面积（m²） 减速电机输出扭矩							推杆类型（m²） Φ27 mm×1.5 mm	驱动轴（m²） Φ33.5 mm×3.25 mm	推杆行程（m）
			90 Nm	100 Nm	240 Nm	300 Nm	400 Nm	600 Nm	800 Nm			
3.2	0.50	294	1 093	1 217	2 915	3 651	4 859	7 289	9 738	192	3 290	3.88
	0.75	282	1 042	1 147	2 778	3 442	4 631	6 946	9 179	179	3 136	3.88
	1.00	267	995	1 092	2 654	3 277	4 423	6 634	8 740	179	2 995	3.88
	1.25	256	952	1 041	2 540	3 132	4 233	6 349	8 330	166	2 867	3.88
	1.50	243	913	975	2 435	2 926	4 059	6 088	7 803	154	2 752	3.88
	1.75	243	877	974	2 339	2 924	3 898	5 847	7 799	154	2 637	3.88
	2.00	230	844	928	2 250	2 785	3 750	5 625	7 428	154	2 534	3.88
4.0	0.50	320	1 159	1 294	3 092	3 882	5 153	7 729	10 352	208	3 488	3.88
	0.75	304	1 102	1 199	2 938	3 598	4 897	7 345	9 596	192	3 312	3.88
	1.00	288	1 050	1 143	2 799	3 430	4 665	6 998	9 148	176	3 152	3.88
	1.25	272	1 002	1 111	2 673	3 334	4 454	6 681	8 890	176	3 008	3.88
	1.50	256	959	1 063	2 557	3 189	4 262	6 392	8 505	160	2 880	3.88
	1.75	256	919	1 013	2 451	3 041	4 085	6 127	8 111	160	2 768	3.88
	2.00	240	883	996	2 353	2 988	3 992	5 884	7 969	160	2 656	3.88

表 4-12 B 型齿轮座、4.5 m 开间拉幕机设计参数选择

齿条间距（m）	幕布重量（N/m²）	齿条推力450 N（m²）	拉幕机驱动幕布的面积（m²） 减速电机输出扭矩							推杆类型（m²） Φ27 mm×1.5 mm	驱动轴（m²） Φ33.5 mm×3.25 mm	推杆行程（m）
			90 Nm	100 Nm	240 Nm	300 Nm	400 Nm	600 Nm	800 Nm			
3.2	0.50	317	1 174	1 342	3 130	4 026	5 216	7 824	10 735	158	3 528	4.38
	0.75	302	1 115	1 254	2 972	3 763	4 954	7 431	10 036	144	3 355	4.38

（续）

齿条间距（m）	幕布重量（N/m²）	齿条推力450 N（m²）	拉幕机驱动幕布的面积（m²）							推杆类型（m²）	驱动轴（m²）	推杆行程（m）
			减速电机输出扭矩							Φ27 mm×1.5 mm	Φ33.5 mm×3.25 mm	
			90 Nm	100 Nm	240 Nm	300 Nm	400 Nm	600 Nm	800 Nm			
3.2	1.00	288	1 061	1 186	2 830	3 559	4 717	7 075	9 491	144	3 197	4.38
	1.25	274	1 013	1 125	2 701	3 376	4 502	6 752	9 003	130	3 053	4.38
	1.50	259	969	1 047	2 583	3 142	4 305	6 457	8 379	130	2 909	4.38
	1.75	245	928	1 043	2 475	3 130	4 125	6 187	8 347	115	2 794	4.38
	2.00	245	891	990	2 375	2 969	3 959	5 939	7 918	115	2 678	4.38
4.0	0.50	342	1 250	1 427	3 334	4 280	5 556	8 335	11 412	162	3 762	4.38
	0.75	324	1 183	1 311	3 156	3 934	5 260	7 890	10 492	162	3 564	4.38
	1.00	306	1 124	1 242	2 996	3 726	4 993	7 490	9 935	144	3 384	4.38
	1.25	288	1 069	1 201	2 852	3 603	4 753	7 129	9 609	144	3 222	4.38
	1.50	270	1 020	1 142	2 720	3 425	4 534	6 801	9 134	126	3 060	4.38
	1.75	270	975	1 085	2 601	3 255	4 334	6 502	8 681	126	2 934	4.38
	2.00	252	934	1 062	2 491	3 186	4 152	6 228	8 495	126	2 808	4.38

第二节　钢索拉幕系统设计

一、特点与分类

1. 主要用途及特点　钢索拉幕机是温室拉幕机的一种，其主要传动部件为换向轮和缠绕在驱动轴上的闭合驱动钢缆，利用钢缆和换向轮将驱动电机的旋转运动转化为钢缆的直线运动，实现遮阳网或保温幕的展开和收拢。其特点为传动形式简单，造价低廉。它不受安装方式的限制，使用场合灵活，尤其适用于行程较大、安装条件受限制的场所。

2. 分类　钢缆驱动遮阳系统按照驱动轴粗细的不同分为普通钢缆驱动遮阳系统和简易钢缆驱动遮阳系统。简易钢缆驱动遮阳系统主要是在满足使用功能的前提下，使用了一些更经济的零配件，以达到降低成本的目的。

二、传动原理与系统组成

1. 传动原理　钢索拉幕机主要由减速电机、驱动轴、卷线套筒、驱动钢索、换向轮、幕布驱动边等部件组成。其原理是驱动轴与减速电机、卷线套筒相连，驱动钢索经过两端拉幕梁上换向轮换向，缠绕并固定在卷线套筒上。当减速电机输出轴转动时，驱动轴带动卷线套筒转动，卷线套筒转动带动钢索行走，幕布驱动边与钢索相连。因而，在减速电机往复转动时，幕布驱动边便可实现往复运动。当遮阳幕一端固定在梁柱处，另一端固定在与钢索相连的驱动边上时，便可实现遮阳幕的展开、收拢。

2. 钢索拉幕机的组成　驱动杆式钢索拉幕机的组成如图 4-5，其主要部件如表 4-13。驱动线式钢索拉幕机的组成基本与之相同，将驱动杆换为驱动线固定上钢索后，两种拉幕机的其他部件就完全相同了。

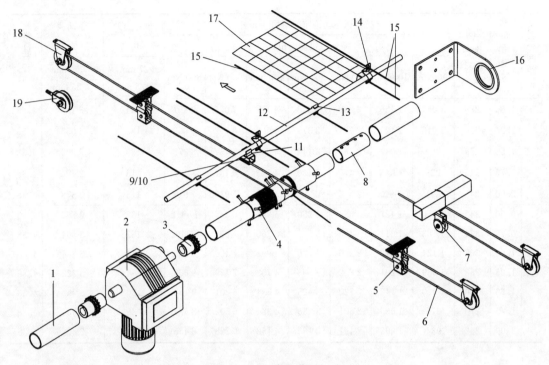

图 4-5   钢索拉幕机组成

1. 镀锌驱动轴   2. 减速电机   3. 联轴器   4. 紧线套筒   5. 托线轮   6. 驱动钢索   7. 吊线轮   8. 轴接头
9. 铝制驱动卡   10. 镀锌螺栓   11. 拉杆夹   12. 驱动边铝管   13. 小定位导向夹   14. 大定位导向夹
15. 托/压幕线   16. 轴承座   17. 遮阳网   18. 换向轮   19. 换向轮

表 4-13   主要组成部件

编号	名　称	规　格	适用范围	备　注
1	镀锌驱动轴	$1-1/2''$, $2''$		
2	减速电机	转速 2.6 r/min		
3	联轴器	$1-1/2''$, $2''$		
4	紧线套筒	$\Phi60$ mm, $\Phi70$ mm	适用 $1-1/2''$, $2''$轴	
5	托线轮	双轮型		
6	驱动钢索	镀锌钢丝绳 $\phi3$ mm		
7	吊线轮	单轮型		
8	轴接头	$\Phi40$ mm, $\Phi52.5$ mm		
9	铝制驱动卡	$\phi3$ mm 钢缆用		
10	镀锌螺栓	M6×40 mm（配防松母）		
11	拉杆夹			
12	驱动边铝管	6 m/根		
13	小定位导向夹			
14	大定位导向夹			

（续）

编号	名　　称	规　　格	适用范围	备　注
15	内用托/压幕线（透明）	聚酯线，ϕ2.05 mm	抗拉强度 175 N	
	外用托/压幕线（黑色）	聚酯线，ϕ2.6 mm	抗拉强度 270 N	
16	轴承座	1-1/2″，2″		
17	遮阳网			
18	换向轮	双眼，轮径 Φ70 mm		
19	换向轮	单眼，轮径 Φ70 mm		

3. 系统参数选择　温室钢索驱动拉幕机参数的选择主要根据卷线套筒直径确定。卷线套筒直径 Φ60 mm 和 Φ70 mm 的钢索驱动拉幕机设计参数选择见表 4-14 和表 4-15。

表 4-14　Φ60 mm 卷线套筒钢索驱动拉幕机设计参数选择

温室开间	幕布重量		减速电机输出扭矩							轴直径 Φ60 mm× 3 mm	单向行程	电机行程
			90 Nm	100 Nm	240 Nm	300 Nm	400 Nm	600 Nm	800 Nm			
m	N/m²	g/m²	拉幕机驱动幕布的面积（m²）							m²	m	圈
3.0	0.50	51	495	551	1 319	1 652	2 198	3 298	4 396	7 557	2.9	14.4
	0.75	76	474	535	1 265	1 605	2 108	3 162	4 216	7 248	2.9	14.4
	1.00	102	455	515	1 215	1 546	2 025	3 038	4 050	6 960	2.9	14.4
	1.25	127	438	498	1 169	1 495	1 948	2 922	3 897	6 696	2.9	14.4
	1.50	153	422	483	1 126	1 449	1 877	2 815	3 753	6 453	2.9	14.4
	1.75	178	405	466	1 086	1 397	1 811	2 716	3 621	6 225	2.9	14.4
	2.00	204	393	450	1 049	1 351	1 749	2 624	3 498	6 012	2.9	14.4
4.0	0.50	51	629	698	1 678	2 094	2 797	4 196	5 595	9 616	3.9	19.3
	0.75	76	597	665	1 592	1 994	2 653	3 979	5 304	9 120	3.9	19.3
	1.00	102	567	630	1 513	1 889	2 522	3 783	5 044	8 672	3.9	19.3
	1.25	127	540	602	1 443	1 805	2 404	3 606	4 808	8 264	3.9	19.3
	1.50	153	517	574	1 378	1 722	2 297	3 445	4 593	7 896	3.9	19.3
	1.75	178	494	549	1 319	1 647	2 198	3 298	4 396	7 556	3.9	19.3
	2.00	204	474	525	1 265	1 576	2 108	3 162	4 216	7 248	3.9	19.3
4.5	0.50	51	692	766	1 845	2 299	3 076	4 614	6 152	10 575	4.4	21.8
	0.75	76	652	723	1 741	2 169	2 902	4 354	5 804	9 977	4.4	21.8
	1.00	102	618	680	1 648	2 039	2 747	4 121	5 494	9 446	4.4	21.8
	1.25	127	586	646	1 565	1 939	2 608	3 912	5 215	8 964	4.4	21.8
	1.50	153	558	612	1 489	1 837	2 482	3 723	4 963	8 532	4.4	21.8
	1.75	178	532	584	1 420	1 751	2 367	3 551	4 734	8 136	4.4	21.8
	2.00	204	510	556	1 358	1 669	2 263	3 394	4 525	7 781	4.4	21.8

（续）

温室开间	幕布重量		减速电机输出扭矩							轴直径 Φ60 mm×3 mm	单向行程	电机行程
		90 Nm	100 Nm	240 Nm	300 Nm	400 Nm	600 Nm	800 Nm				
5.0	0.50	51	752	832	2 006	2 495	3 343	5 015	6 686	11 495	4.9	24.3
	0.75	76	706	778	1 883	2 333	3 139	4 709	6 278	10 790	4.9	24.3
	1.00	102	665	726	1 775	2 178	2 958	4 437	5 916	10 170	4.9	24.3
	1.25	127	629	687	1 678	2 061	2 797	4 196	5 594	9 615	4.9	24.3
	1.50	153	596	647	1 592	1 941	2 653	3 979	5 304	9 120	4.9	24.3
	1.75	178	567	615	1 513	1 844	2 522	3 783	5 044	8 670	4.9	24.3
	2.00	204	541	584	1 443	1 752	2 404	3 606	4 808	8 265	4.9	24.3

表 4-15　Φ70 mm 卷线套筒钢索驱动拉幕机设计参数选择

温室开间	幕布重量		减速电机输出扭矩							轴直径 Φ70 mm×3 mm	单向行程	电机行程
		90 Nm	100 Nm	240 Nm	300 Nm	400 Nm	600 Nm	800 Nm				
m	N/m²	g/m²	拉幕机驱动幕布的面积（m²）							m²	m	圈
3.0	0.50	51	428	477	1 144	1 432	1 906	2 859	3 812	6 552	2.9	12.5
	0.75	76	411	464	1 097	1 392	1 828	2 742	3 656	6 285	2.9	12.5
	1.00	102	395	447	1 054	1 341	1 756	2 634	3 512	6 036	2.9	12.5
	1.25	127	380	432	1 014	1 296	1 689	2 534	3 378	5 808	2.9	12.5
	1.50	153	366	419	977	1 256	1 628	2 441	3 255	5 595	2.9	12.5
	1.75	178	353	404	942	1 212	1 570	2 355	3 140	5 397	2.9	12.5
	2.00	204	341	390	910	1 171	1 517	2 275	3 033	5 214	2.9	12.5
4.0	0.50	51	545	605	1 445	1 816	2 425	3 638	4 851	8 336	3.9	16.8
	0.75	76	517	576	1 380	1 729	2 300	3 450	4 600	7 908	3.9	16.8
	1.00	102	492	546	1 312	1 638	2 187	3 281	4 374	7 520	3.9	16.8
	1.25	127	469	522	1 251	1 565	2 085	3 127	4 170	7 168	3.9	16.8
	1.50	153	448	498	1 195	1 493	1 992	2 987	3 980	6 848	3.9	16.8
	1.75	178	428	476	1 144	1 428	1 906	2 859	3 812	6 552	3.9	16.8
	2.00	204	411	456	1 097	1 367	1 828	2 742	3 656	6 284	3.9	16.8
4.5	0.50	51	600	665	1 601	1 994	2 668	4 001	5 335	9 171	4.4	18.9
	0.75	76	566	627	1 510	1 881	2 517	3 775	5 033	8 654	4.4	18.9
	1.00	102	535	589	1 429	1 768	2 382	3 573	4 764	8 190	4.4	18.9
	1.25	127	508	560	1 357	1 681	2 261	3 392	4 522	7 772	4.4	18.9
	1.50	153	484	531	1 291	1 593	2 152	3 228	4 304	7 398	4.4	18.9
	1.75	178	460	506	1 232	1 518	2 053	3 079	4 105	7 056	4.4	18.9
	2.00	204	441	482	1 177	1 447	1 962	2 943	3 924	6 746	4.4	18.9

（续）

温室开间	幕布重量		减速电机输出扭矩							轴直径 Φ70 mm×3 mm	单向行程	电机行程
			90 Nm	100 Nm	240 Nm	300 Nm	400 Nm	600 Nm	800 Nm			
5.0	0.50	51	652	721	1 739	2 163	2 899	4 349	5 798	9 965	4.9	21.1
	0.75	76	612	674	1 633	2 023	2 722	4 083	5 444	9 355	4.9	21.1
	1.00	102	577	630	1 539	1 889	2 565	3 848	5 130	8 820	4.9	21.1
	1.25	127	545	596	1 455	1 787	2 425	3 638	4 851	8 340	4.9	21.1
	1.50	153	517	561	1 380	1 683	2 300	3 450	4 600	7 905	4.9	21.1
	1.75	178	492	533	1 312	1 599	2 187	3 281	4 374	7 520	4.9	21.1
	2.00	204	469	506	1 251	1 519	2 085	3 127	4 169	7 165	4.9	21.1

第三节　拉幕机安装节点设计

一、齿轮齿条拉幕机的安装节点设计

1. 托（压）幕线的布置与固定　托（压）幕线沿幕布运行方向固定，沿拉幕梁方向均匀布置，一般托幕线每 500 mm 一道，压幕线每 1 000 mm 一道，托（压）幕线沿幕布运动方向从一端拉幕梁通长拉到另一端拉幕梁，中间在桁架弦杆或中间横梁上支撑并固定（图 4-6），托（压）幕线在端部拉幕梁上的固定方法如图 4-7。

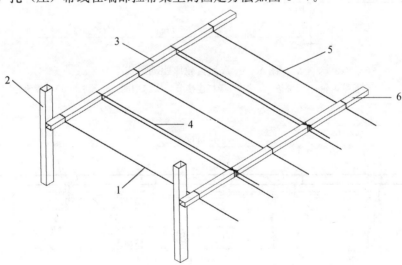

图 4-6　托（压）幕线的布置

1. 聚酯涂层钢缆或镀锌钢丝绳　2. 边柱　3. 拉幕梁　4. 压幕线　5. 托幕线　6. 中间横梁

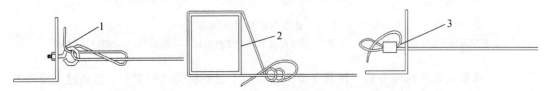

图 4-7　托（压）幕线端部固定方法

1. 托（压）幕线　2. 拉幕梁　3. 线夹

为提高系统的稳定性和抗风能力，遮阳幕最外两侧的托幕线应用聚酯涂层钢缆或镀锌钢丝绳代替。其在拉幕梁上的固定一端用紧线器，另一端先在拉幕梁上缠绕两圈后，再用钢丝绳夹固定。安装时可用扳手转动紧线器转轴，拉紧聚酯涂层钢缆或镀锌钢丝绳。为防止聚酯涂层钢缆或镀锌钢丝绳下垂，保证幕布侧边平直，可在拉紧聚酯涂层钢缆或镀锌钢丝绳后再用自攻钉在每个侧边立柱上加固。如果温室分成两个以上的独立拉幕分区，两个分区相邻侧边的聚酯涂层钢缆或镀锌钢丝绳间距要大于 300 mm，以保证两个分区遮阳幕运动时互不影响。如为内遮阳时，两个分区之间可采用密封兜连接。

2. 驱动机构的安装 驱动机构由电机、驱动轴、拉幕齿轮齿条、推杆、支撑滚轮和活动边以及各种连接件组成，其驱动形式分别见图 4-8 至图 4-10。

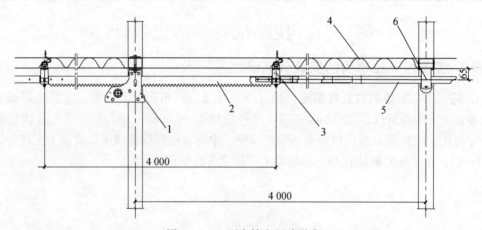

图 4-8 A 型齿轮座驱动形式

1. A 型拉幕齿轮　2. 齿条　3. 推杆-导杆连接卡　4. 遮阳网　5. 推杆　6. 支撑滚轮

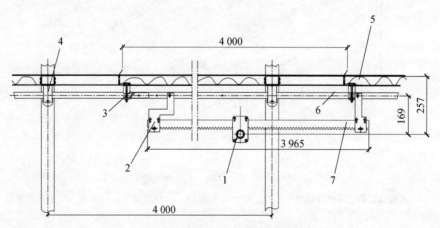

图 4-9 B 型齿轮座驱动形式

1. B 型齿轮　2. B 型齿轮连接件　3. 推杆-导杆连接卡　4. 支撑滚轮　5. 遮阳网　6. 推杆　7. 齿条

(1) 拉幕支撑滚轮的安装　拉幕支撑滚轮安装于温室横梁或桁架上，可通过支撑滚轮梁抱箍和螺栓或 ST 5.5×25 mm 自钻自攻钉固定于温室横梁或桁架弦杆（图 4-11）。支撑滚轮的布置间距与齿条布置间距相同。

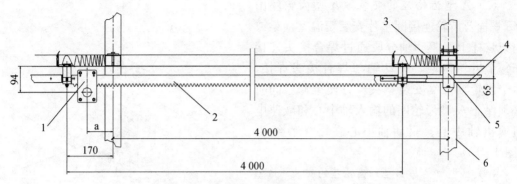

图 4-10 简易 B 型齿轮座驱动形式

1.B 型齿轮 2. 拉幕齿条 3. 遮阳网 4. 推杆 5. 拉幕支撑滚轮 6. 温室立柱

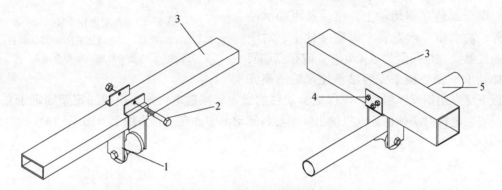

图 4-11 拉幕支撑滚轮安装示意

1. 拉幕支撑滚轮 2. 螺栓 3. 横梁 4.ST 5.5×25 mm 自钻自攻钉 5. 推杆

（2）减速电机布置与安装 电机安装于温室拉幕机平面临近中心的立柱上，安装高度按设计功能确定。安装电机采用电机安装架通过 U 形螺栓固定于立柱上（图 4-12）。

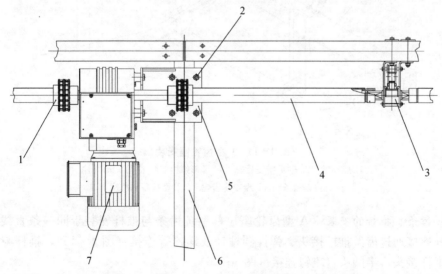

图 4-12 减速电机的安装

1. 联轴器 2.U 形螺栓 3.A 型齿轮座 4. 驱动轴 5. 电机安装架 6. 温室立柱 7. 减速电机

（3）A 型齿轮座的安装　A 型齿轮座由 M8 螺栓及齿轮连接圆垫片安装于温室横梁或桁架弦杆上，驱动轴分段通过焊合接头连接于每个齿轮两端，驱动轴与焊合接头焊接，每个齿轮轴两端安装钢夹，方便维修。同时必须保证 A 型齿轮座的输入轴中心和减速电机输出轴中心、驱动轴中心在一条直线上（图 4-13）。

（4）B 型（简易 B 型）齿轮座的安装　B 型（简易 B 型）齿轮拉幕系统驱动轴为 1″（Φ33.5 mm）轴，驱动轴为通长，B 型拉幕齿轮座全部装在驱动轴上。驱动轴由轴承座支撑，轴承座一般安装于温室立柱上。对于大跨度温室立柱间距超过 4 m 时，应在立柱间增加轴承座安装板来安装轴承座，轴承座安装板下部需用钢丝绳锚固，以保证驱动轴的稳定。减速电机通过电机固定架固定于立柱上，安装电机时必须保证电机输出轴中心与驱动轴中心在一条直线上（图 4-14）。

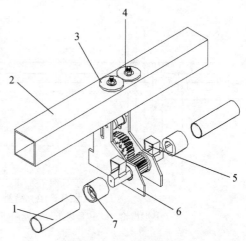

图 4-13　A 型齿轮安装

1. 驱动轴　2. 横梁　3. 连接圆垫片　4. M8 螺栓
5. 钢夹　6. A 型齿轮座　7. 焊合接头

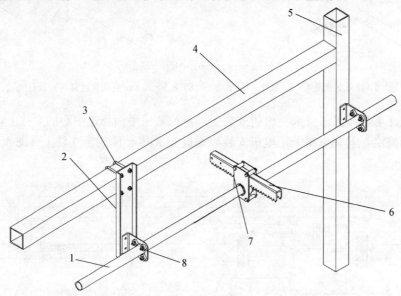

图 4-14　B 型齿轮座安装

1. 驱动轴　2. 轴承座安装板　3. U 形螺栓　4. 横梁　5. 立柱
6. 拉幕齿条　7. B 型拉幕齿轮　8. B 型拉幕轴承座

（5）齿条、推杆的安装　A 型齿轮座拉幕系统齿条与推杆安装于同一条直线上，齿条与推杆连接通过齿条推杆接头、弹性圆柱销及螺栓等连接（图 4-15），推杆与推杆连接通过推杆接头、半圆头自攻钉连接（图 4-16）。

B 型齿轮座拉幕系统齿条与推杆安装不在同一高度上，齿条通过齿轮连接件及螺栓与推杆连接在一起（图 4-17）。

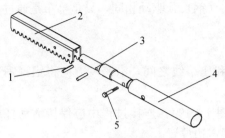

图 4-15 齿条推杆连接方式
1.弹性圆柱销 2.齿条 3.齿条推杆接头 4.推杆 5.螺栓

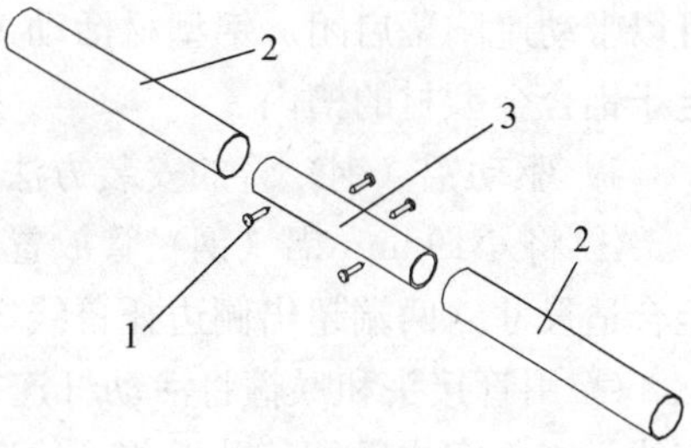

图 4-16 推杆连接方式
1."十"字盘头自攻钉 2.推杆 3.推杆接头

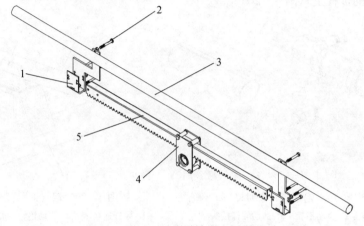

图 4-17 B型齿轮齿条推杆连接方式
1.B型齿轮连接件 2.M8 螺栓 3.推杆 4.B型拉幕齿轮 5.齿条

简易 B 型齿轮座拉幕系统齿条与推杆安装于同一条直线上,齿条与推杆通过齿条推杆接头、弹性圆柱销及螺栓等连接(图 4-18)。

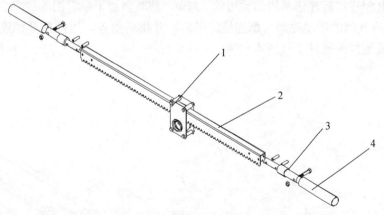

图 4-18 简易 B 型齿轮齿条推杆连接方式
1.B型拉幕齿轮 2.齿条 3.齿条推杆接头 4.推杆

(6) 活动边的安装 齿轮齿条拉幕机系统中活动边形式有两种:铝(钢)管驱动和铝型材活动边驱动。铝(钢)管驱动安装时将幕布缠绕在铝(钢)管上,用大小定位导向卡将幕布卡住,用拉杆夹、推杆导杆连接卡将铝(钢)管与推杆连接起来,随着推杆的运动可以带动遮阳幕启闭。铝型材活动边原理与铝（钢）管驱动相同，只是幕布是通过卡簧固定于铝合金型材的槽内。

1) 驱动铝（钢）管的安装方法与步骤

① 将 Φ19 mm 铝（钢）管放置在托幕线和压幕线之间，沿跨度方向将铝（钢）管截至合适尺寸（两端超出侧边托幕线 3～5 cm）。

② 用管接头和喉箍将活动杆连接起来（图 4-19），连接过程中应保持活动杆成一条直线，连接完成后将其贴近前一块遮阳幕的固定边放置。

③ 将所有开间铝（钢）管都连接好并排列整齐，用遮阳网拉杆夹及推杆导杆连接卡固定于安装好的推杆上（图 4-20）。

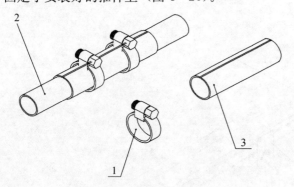
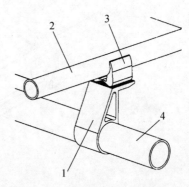

图 4-19 铝（钢）管对接
1. 喉箍 2. 驱动铝管 3. 活动导杆接头

图 4-20 铝（钢）管与推杆连接
1. 导杆连接卡 2. 驱动铝管 3. 拉杆夹 4. 推杆

2) 铝合金型材驱动边安装方法与步骤

① 将铝合金驱动边放置于托幕线和压幕线之间，沿跨度方向整齐排列好，两端超出侧边托幕线 3～5 cm。

② 用Ⅰ型连接板将铝合金活动边连接起来，连接时必须保证活动边成一条直线，两端头位置用Ⅱ型连接板连接两段活动边约 30 cm，使其竖直下垂（图 4-21）。

③ 将所有开间的活动边型材都连接好以后，并排列整齐，用推杆导杆连接卡及 T 形螺栓固定于安装好的推杆上（图 4-22）。

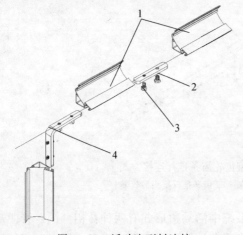
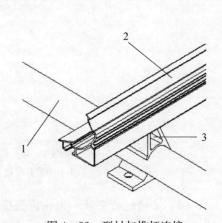

图 4-21 活动边型材连接
1. 活动边型材 2. Ⅰ型连接板 3. M6×12 mm 螺栓 4. Ⅱ型连接板

图 4-22 型材与推杆连接
1. 推杆 2. 活动边型材 3. 推杆-导杆连接卡

3. 遮阳幕布的安装　先安装遮阳幕活动端，即与铝（钢）管或活动边型材连接的一端，再安装遮阳幕固定的一端。活动端的安装因为铝（钢）管和型材的差别略有不同，固定边会因为骨架的结构有所不同。

（1）安装遮阳幕活动边　拉开小卷遮阳幕的一边，垂直幕布运动方向平铺于托幕线与压幕线之间。对缀铝遮阳网要注意铝箔反光面朝外。拉铺幕布过程中要随时注意观察，避免幕布刮到尖锐物品上。

从温室中部开始，首先将遮阳幕固定到活动端导杆上。注意在固定遮阳幕时一定要将遮阳幕的边撑平，不得出现褶皱。对于铝（钢）管驱动的遮阳系统，遮阳幕布在铝（钢）管上的固定主要依靠大定位导向夹和小定位导向夹，大、小定位导向夹的安装间距均为1 m，在托（压）幕线同时出现的位置安装大定位导向卡，只有托幕线的位置安装小定位导向卡（图4-23）。对于铝合金型材驱动的遮阳系统，遮阳幕布与活动边型材通过卡簧固定，活动边型材在托幕线上来回运动，依靠定位卡丝定位，定位卡丝分为上定位卡丝和下定位卡丝，下定位卡丝安装于有托幕线的位置，上定位卡丝安装于有压幕线的位置，上定位卡丝间距为1 000 mm，下定位卡丝间距为500 mm（图4-24）。

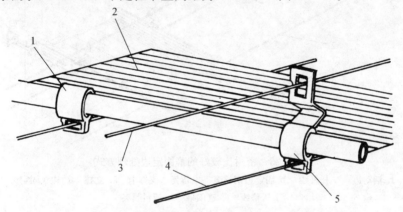

图4-23　铝（钢）管驱动遮阳幕安装方式

1. 小定位导向卡　2. 遮阳幕布　3. 压幕线　4. 托幕线　5. 大定位导向卡

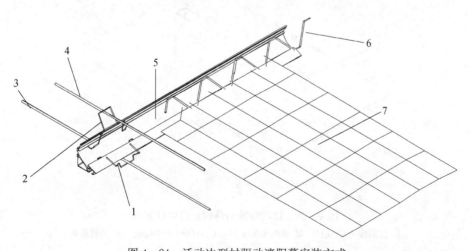

图4-24　活动边型材驱动遮阳幕安装方式

1. 下定位卡丝　2. 上定位卡丝　3. 托幕线　4. 压幕线　5. 活动边型材　6. 卡簧　7. 遮阳网

(2) 安装遮阳幕固定边 遮阳幕的固定边根据骨架的结构有所不同。温室骨架有横梁时，先将幕布缠绕在横梁上，然后再用不锈钢丝将其绑扎在横梁上。温室结构没有横梁时，可以使用钢丝绳、边线固定架以及塑料膜夹等安装幕布固定边（图 4-25 和图 4-26）。其中图 4-25 是一种密封比较好的固定边处理方式，图 4-26 是一种比较经济的固定边处理方式。安装时，幕布首先缠绕于固定边钢丝绳上，然后用塑料膜卡固定。需要注意的是遮阳幕在安装时必须铺展撑平，不锈钢丝上塑料膜夹间距一般为 300 mm。

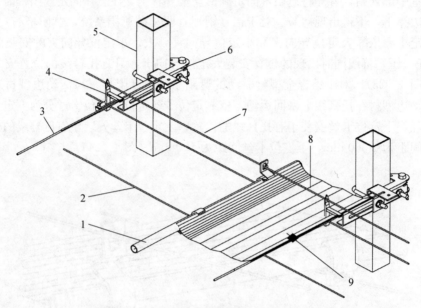

图 4-25 密封比较好的幕固定边处理方式

1. 活动边 2. 托幕线 3. 固定边钢丝绳 4. 固定边支撑卡 5. 立柱 6. 边线固定架
7. 压幕线 8. 遮阳幕 9. 塑料膜夹

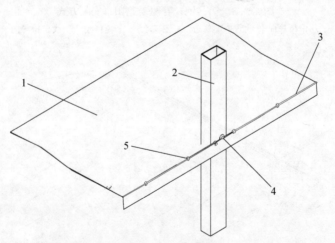

图 4-26 比较经济的幕固定边处理方式

1. 遮阳幕 2. 立柱 3. 聚酯涂层钢缆 4. 自攻钉＋大帽垫 5. 塑料膜夹

(3) 遮阳幕侧边的安装 遮阳幕的两侧边绕过最外侧聚酯涂层钢缆后应下垂 500 mm

左右。为了使幕布在打开、收拢过程中保证侧边均匀折叠、平稳移动，在距离幕布最下端5～10 cm 的位置内遮阳应安装配重（图 4-27），外遮阳应安装外遮阳挂钩（图 4-28）。

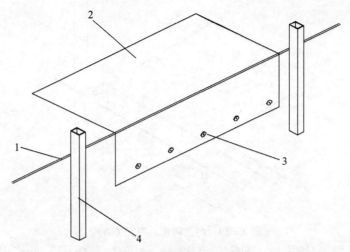

图 4-27　内遮阳幕布配重安装方式
1. 聚酯涂层钢缆　2. 遮阳网　3. 配重　4. 立柱

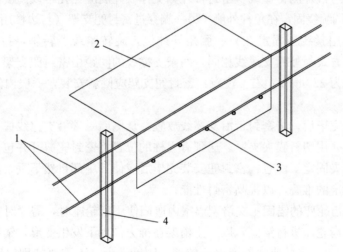

图 4-28　外遮阳幕布挂钩安装方式
1. 聚酯涂层钢缆　2. 遮阳幕　3. 外遮阳挂钩　4. 外遮阳柱

内遮阳配重包括 2 片钢制配重片和 1 套 M6×10 mm 的螺栓螺母，安装时应在幕侧边同一水平位置做标记，用 2 片配重在标记的位置夹住遮阳幕，将螺栓穿过幕布后拧紧，确保螺栓不会松动，配重安装间距一般为 30～40 cm。安装外遮阳挂钩时需要在安装挂钩高度设置一道聚酯涂层钢缆，用挂钩将幕布钩挂在钢缆上，外遮阳挂钩间距一般为 30～40 cm。

（4）安装内遮阳密封带　为了增加遮阳幕侧边与温室侧墙的密封性，应在侧墙增设遮阳网密封带。密封带由剪裁好的条状遮阳幕、支撑线（不锈钢丝）、密封兜支架和塑料膜夹构成（图 4-29）。

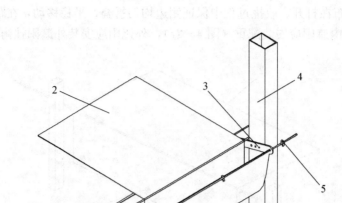

图 4 - 29　内遮阳密封兜安装方式
1. 聚酯涂层钢缆　2. 遮阳幕　3. 密封兜支架　4. 立柱　5. 塑料膜夹　6. 密封兜

首先安装密封带外侧支撑线。密封带外侧支撑线高度应比托幕线高度略低，沿温室开间方向安装，一端缠绕固定在角柱外侧，另一端穿过密封兜支架（与边柱用自攻钉 ST5.5×25 mm 连接）后用紧线器固定在另一侧角柱外侧，旋转紧线器转轴，拉紧外侧支撑线。内侧支撑线安装方式与外侧支撑线相同，两条支撑线的间距由密封兜支架上距离最大的孔决定，一般距离为 220 mm 左右。注意：密封兜支架应倾斜安装，一般内侧支撑线应低于托幕线 50 mm。

支撑线安装完毕后，将密封带沿支撑线放置，从侧墙一端沿支撑线撑平密封带，用其边缘包住支撑线并用塑料膜夹夹紧，遇到有立柱的位置将密封兜剪开并包住立柱，紧靠立柱两侧用塑料膜夹固定。注意：密封兜安装完毕后应使其中部自然下垂，且遮阳网侧边在密封兜内应有一定的堆叠，以提高密封性能。

4. A 型拉幕齿轮座的锚固　文洛型温室内遮阳使用齿轮座时，需要对安装于桁架弦杆上离立柱较远的齿轮座进行锚固，以防止桁架在推力作用下发生变形，锚固方法可参见图 4 - 30。而外遮阳由于齿轮座一般离立柱较近，刚度较大，不需要特别锚固。对大跨度温室，无论内、外遮阳，都应对远离立柱的齿轮座进行锚固，以保证温室横梁或桁架弦杆的刚度。锚固时使用钢丝绳、钢丝绳夹及花篮螺栓将齿轮座锚固于对角立柱上，并通过花篮螺栓来调节钢丝绳松紧使其受力平衡。

5. 连接配电控制箱运行调试　将电机动力线和控制线接到电机接线端子。图 4 - 31 为 GW 系列电机行程开关部分的接线方式。图 4 - 32 是 WJN 系列电机行程开关部分的接线方式。

电机线接好之后，在通电前需认真仔细检查整个系统，检查是否有干涉之处。然后点动电机开关，测试电机正反转是否正常。测试正常后，点动电机使其往复运行一次，运行过程中仔细观察系统的运行状态，听运行的声音是否正常，如有异常应立即停机，检查并清除故障。

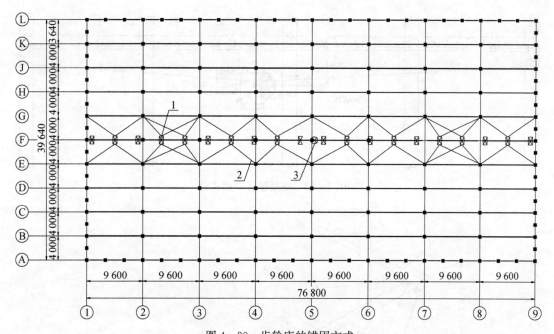

图 4-30　齿轮座的锚固方式

1. 齿轮座　2. 锚固钢丝绳　3. 电机

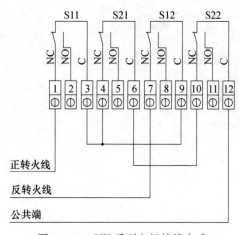

图 4-31　GW 系列电机接线方式

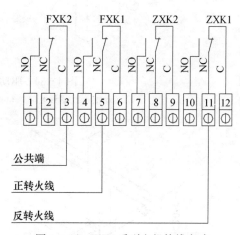

图 4-32　WJN 系列电机接线方式

二、钢索拉幕机的安装节点设计

钢索拉幕机中很多安装节点与齿轮齿条拉幕机相同，如托幕线、压幕线、幕布、活动边等，这里重点介绍钢索拉幕机驱动机构的安装。

1. 钢索拉幕机驱动机构的组成形式　根据减速电机安装位置不同，钢索拉幕机的驱动机构有轴居中和轴居边 2 种安装方式，分别见图 4-33 至图 4-35。

2. 钢索拉幕机驱动机构的安装步骤与安装方法

（1）换向轮安装　换向轮通过换向轮固定架安装在拉幕梁的下端。换向轮的间距与驱

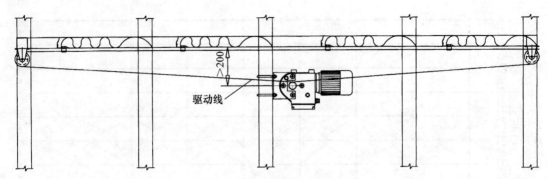

图 4-33　驱动轴居中型式

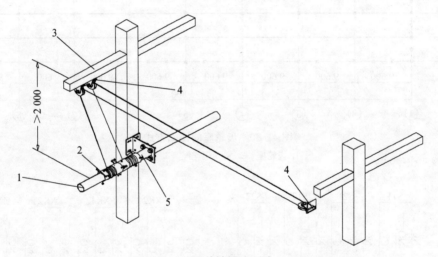

图 4-34　驱动轴居边型式（一）

1. 驱动轴　2. 紧线套筒　3. 端部横梁　4. 换向轮　5. 轴承座

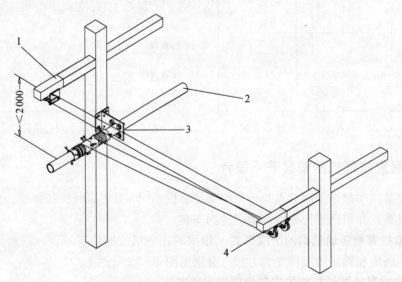

图 4-35　驱动轴居边型式（二）

1. 端部横梁　2. 驱动轴　3. 轴承座　4. 换向轮

动线的间距一致，每条驱动线两端对应安装一对换向轮。最外侧换向轮距离温室边柱外侧约 300 mm，中间换向轮间距根据驱动线的额定拉力以及驱动边型材的强度、刚度条件决定，一般 3 000～4 000 mm 居多，尽量均匀布置。不同驱动形式的换向轮安装方式分别如图 4 - 36 和图 4 - 37。

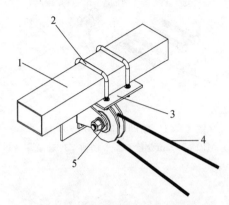

图 4 - 36　轴居中时换向轮的安装方式
1. 拉幕梁　2. U 形螺栓　3. 换向轮固定架
4. 驱动线　5. 换向轮

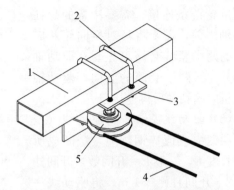

图 4 - 37　轴居边时换向轮的安装方式
1. 拉幕梁　2. U 形螺栓　3. 换向轮固定架
4. 驱动线　5. 换向轮

（2）减速电机安装　电机安装于温室遮阳幕平面邻近中心的立柱上（轴居中安装方式）或一边端墙的中部立柱上（轴居边安装方式）。电机由电机固定架通过 U 形螺栓固定于立柱上（图 4 - 38）。

（3）轴承座的安装　轴承座布置在温室中部开间的一排立柱上（安装电机的立柱除外）。当立柱间距大于 4 m 时，应在中间增加一个安装在梁上的轴承座，轴承座安装高度应使驱动轴中心线与输出轴中心线在同一直线上，轴承座在柱上和梁上的安装方式分别见图 4 - 39 和图 4 - 40。

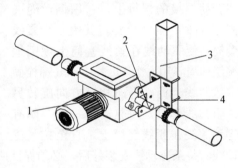

图 4 - 38　减速电机安装
1. 减速电机　2. 电机固定架　3. 温室立柱
4. U 形螺栓

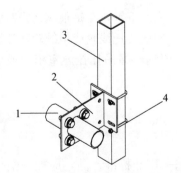

图 4 - 39　轴承座在柱上的安装方式
1. 驱动轴　2. 轴承座　3. 立柱　4. U 形螺栓

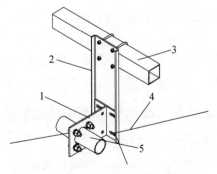

图 4 - 40　轴承座在梁上的安装方式
1. 轴承座　2. 轴承座安装板　3. 横梁　4. 钢丝绳锚固线　5. 驱动轴

（4）驱动轴的安装　驱动轴为普通镀锌钢管，一般有 Φ60 mm 钢管和 Φ48 mm 钢管两种。安装时将钢管从电机两侧分别穿入轴承座，钢管通过驱动轴接头连接（图4-41），与电机通过链轮链条连接。需要注意的是在连接轴之前，需要将每对换向轮对应位置的两个紧线套筒事先套在驱动轴上，并注意两个套筒的方向。驱动轴与电机应放到最后再连接。

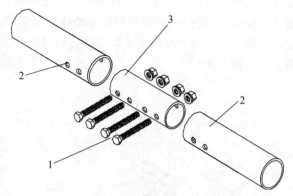

图4-41　驱动轴连接安装方式
1. M10×80 mm 螺栓　2. 驱动轴　3. 轴接头

（5）驱动线安装　将驱动线（聚酯涂层钢缆或镀锌钢丝绳）截断成所需的长度 L，一般 L=开间数×开间柱距×2+开间柱距+1 m。将驱动线一端用钢丝绳夹固定在紧线套筒的焊接螺母上，将驱动线另一端穿过托线轮及两个相应的换向轮再回到另一个紧线套筒焊接的螺母上，并用钢丝绳夹固定（图4-42）。旋转其中一个紧线套筒，使驱动线在紧线套筒上规则地缠绕两周，用6个 M8×15 mm 螺栓固定该紧线套筒，再向相反方向旋转另一个紧线套筒，使驱动线一圈一圈有序地缠绕在紧线套筒上，直至拉紧驱

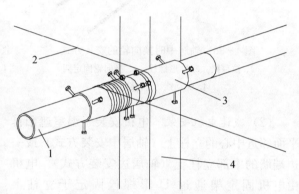

图4-42　驱动线及紧线套筒安装方式
1. 驱动轴　2. 驱动线　3. 紧线套筒　4. 立柱

动线。每条驱动线安装好后，必须保证所有驱动线拉紧力一致。

对于要求较高以及每趟驱动线较长（行程方向分区长度80～120 m）的驱动系统，为了降低驱动线松弛造成的绕线不稳定，以及热胀冷缩造成保温系统密封不严、出现缝隙的问题，可以给驱动线加上一定的预应力，并保证系统运行时松端的驱动线内力大于0，并适当预留一定安全度。

（6）托线轮及吊线轮的安装　为了防止驱动线较长造成的下垂，在每根驱动线对应的两个换向轮之间（桁架下弦或温室横拉杆下）沿驱动线方向安装托线轮或吊线轮，托线轮用自攻钉固定于桁架下弦或温室横拉杆下表面，吊线轮用钢丝绳吊挂在温室桁架或横杆上，间距一般为温室开间的2倍，但最多不超过16 m。

三、拉幕系统设计与安装注意事项

1. 减速电机与驱动轴

（1）减速电机应选用自带限位机构的标准产品，如采用非标准产品，应配备限位机构，保证拉幕系统的安全性。

（2）减速电机应安装在驱动轴的中部，当减速电机安装于幕布下方时，输出轴中心与

拉幕梁下表面的距离以 150～160 mm 为宜（距离太小电机安装空间不够；距离太大托线轮及吊线轮下垂分力太大，容易磨损）。

（3）当采用 B 型齿轮齿条拉幕机和钢索拉幕机为驱动系统时，轴承座的间距不宜大于 4 m，并且齿轮或者紧线套筒应尽量靠近轴承座，以防止驱动轴变形过大造成系统运行不稳定。

（4）驱动轴的连接宜采用焊接，但要做好防锈处理；也可以采用铰制孔螺栓连接，防止接头松动。

（5）驱动轴不得有明显变形；偏差小于 2%。

2. 传动部件

（1）驱动钢索宜采用聚酯涂层钢缆、热镀锌钢丝绳或不锈钢钢丝绳，抗拉强度不低于 380 kgf。

（2）驱动钢索之间的间距一般 3～4 m，并且与温室边柱间距大于 300 mm，驱动钢索布置应尽量均匀。

（3）换向轮布置在系统的两端拉幕梁上，应保证轮轴与驱动钢索垂直。一般来说，换向轮的轮径越大，换向轮的承载力越高，换向轮的设计应考虑驱动线加载预应力的影响。

（4）当驱动轴与换向轮间距大于 16 m 时，在驱动钢缆上加装托线轮或吊线轮，以支撑钢索。

（5）齿条不得有明显弯曲、扭曲变形。

（6）采用 A 型齿轮齿条拉幕机时，A 型齿轮的固定应牢固，并在水平面上加以固定，以增加水平面上的稳定性。

（7）齿条与推拉杆在垂直于地面的同一平面内，偏差不大于 10 mm。

3. 幕线与幕布

（1）托幕线间距一般为 400～500 mm，压幕线间距一般为 800～1 000 mm。特殊情况下可加密。

（2）幕线固定后，幕布下方不得观测到有幕线固定端头外露。

（3）单根幕线绷紧拉力大约为 15 kg。

（4）托幕线榀距中部，幕线各点下垂量不得超过榀距 1%。

（5）托幕线与压幕线的间距，内外遮阳系统一般都不大于 70 mm。

（6）在幕布行程范围内，幕线不应有接头。

（7）计算幕布长度时，应考虑材料的收缩和两侧下垂的长度，生产厂家应明确遮阳幕布的收缩量。计算长度时一般采取 1.02～1.03 倍的系数。

（8）幕布展开后幕布与温室横梁或弦杆间的合缝间距应小于 20 mm，对于有密封要求的系统，合缝间距应小于 5 mm。幕布收拢后的合拢尺寸应小于 300 mm，对于种植喜光作物的温室，如番茄温室，幕布收拢后的合拢尺寸应小于 200 mm。

4. 系统配电

（1）拉幕系统控制箱应具有防水功能。

（2）拉幕系统控制箱应具有电机过载保护功能，以防止限位失控造成系统损坏。

（3）拉幕系统控制箱应具有电源相序反接保护功能。

第五章 温室供暖与二氧化碳施肥

第一节 温室供暖设计热负荷

温室是生产性建筑，对供暖系统的设计应该满足以下要求：首先，供暖系统要有足够的供热能力，能够在室外计算温度下保持室内所需要的温度，保证温室内植物的正常生长；其次，供暖系统的一次性投资和日常运行费用要经济合理，保证正常生产能够盈利；再次，要求温室内温度均匀，散热设备遮阳少，占用空间小，设备运行安全可靠。

一、温室供暖系统设计热负荷的概念

温室供暖系统设计热负荷是指在室外计算温度下，为了达到作物生长要求的室内设计温度，供暖系统在单位时间内向温室提供的热量。温室供暖系统设计热负荷是供暖系统设计的最基本数据。

1. 温室热量平衡 设进入温室的热量为 Q，传出温室的热量为 U，由此引起温室内能的变化量为 ΔE，根据能量平衡原理，得到温室的能量变化方程为：

$$\Delta E = Q - U \tag{5-1}$$

在正常条件下，温室热量损失的途径：

(1) 经过屋顶、地面、墙、门窗等围护结构传热消耗的热量，设为 U_1；

(2) 加热经过门、窗、围护结构缝隙渗入冷空气所需的热量，设为 U_2；

(3) 加热进入温室内冷物料所需要的热量，设为 U_3；

(4) 由于温室内水分蒸发所消耗的热量，设为 U_4；

(5) 通风耗热量，设为 U_5；

(6) 作物生理生化转化交换的能量，设为 U_6。

在正常条件下，温室的得热量途径：

(1) 太阳辐射热量，设为 Q_1；

(2) 人体、照明、设备运行的发热量，设为 Q_2；

(3) 进入温室内热物体的散热量，设为 Q_3；

(4) 供暖系统的散热量，设为 Q_4。

根据温室能量变化方程式（5-1）可得到：

$$\Delta E = Q_1 + Q_2 + Q_3 + Q_4 - U_1 - U_2 - U_3 - U_4 - U_5 - U_6 \tag{5-2}$$

如果维持温室温度不变，则要求 $\Delta E = 0$

即：
$$Q_1+Q_2+Q_3+Q_4-U_1-U_2-U_3-U_4-U_5-U_6=0 \qquad (5-3)$$

温室的加温系统供热量为：
$$Q_4=U_1+U_2+U_3+U_4+U_5+U_6-Q_1-Q_2-Q_3 \qquad (5-4)$$

2. 温室设计供暖热负荷 供暖设计中，室外环境最低温度一般出现于后半夜至凌晨，此时的供热量要求最大，因此温室设计一般用此刻的供热量作为供暖设计热负荷。现分析在室外最低温度出现时段，温室的热平衡。

（1）温室传入的热量 夜间没有太阳辐射，现场一般不会有工作人员，即使有其发热量也非常有限；温室的照明或其他用电设备（如开窗、拉幕电机、循环风扇等）功率一般都很小，工作时间也很短，可不计其发热量，夜间一般没有物料进出温室，因此，简化式（5-4），令：
$$Q_1=Q_2=Q_3=0$$

但如果温室内有补光照明设备，尤其是有植物光合作用补光设备，设备发热量对温室供热量有一定影响，此时可根据设备工作周期考虑是否计算其发热量。

（2）温室传出的热量 一般情况下，夜间通风换气量很小，通风耗热量可忽略；夜间植物的蒸腾作用很微弱，作物生理生化能量转换相对而言微不足道；夜间温室内温度逐渐降低，水分的冷凝量一般大于蒸发量，理论上温室得热；夜间一般没有物料进出温室，因此，简化式（5-4），令：
$$U_3=U_4=U_5=U_6=0$$

这样，温室供暖系统设计热负荷便简化为：
$$Q=U_1+U_2 \qquad (5-5)$$

即温室供暖系统设计热负荷由经过屋顶、地面、墙、门窗等围护结构传热量和室外空气经过门、窗等围护结构缝隙渗入需要加热的热量两部分组成。

式中 Q——温室供暖系统设计热负荷，W；

U_1——由屋顶、地面、墙、门窗等围护结构传热损失的热量，简称围护结构热损失，W；

U_2——加热经过门、窗及围护结构缝隙等渗入的冷空气所需的热量，简称冷风渗透热损失，W。

二、温室供暖系统设计热负荷计算

1. 温室供暖室内外设计温度 根据传热学原理，温室散热量的大小与室内外温差成正比，温差越大，散热量越多，因此，合理选择温室的供暖室内外设计温度，对于正确确定温室供暖系统的设计热负荷有至关重要的作用，是进行供暖计算中首先要确定的参数。

（1）温室供暖室内设计温度 是温室内应该保证（在供暖设计条件下）达到的最低温度。

不同种作物或同种作物的不同品种或相同品种作物的不同生长阶段，对环境温度都有不同的要求。一般来讲，温室最大耗热量出现在冬季最寒冷的夜间，因此温室供暖室内设计温度一般应根据栽培作物正常生长发育所需要的夜间适宜温度来确定。

如果温室设计已经特定了某一品种，则应按照这种品种正常生长发育所要求的温度确定。部分蔬菜和花卉品种供暖要求的适宜温度范围，可参照表5-1至表5-4选取，也可咨询种植栽培专家或有关咨询服务机构。

表5-1　温室常见果菜的适宜温度范围（℃）

种类	白天气温		夜间气温		100 mm 深土温		
	最高	适宜	适宜	最低	最高	适宜	最低
番茄	35	20～25	8～13	5	25	15～18	13
茄子	35	23～28	13～18	10	25	18～20	13
辣椒	35	25～30	15～20	12	25	18～20	13
黄瓜	35	23～28	10～15	8	25	18～20	13
西瓜	35	23～28	13～18	10	25	18～20	13
甜瓜	35	25～30	18～23	15	25	18～20	13
南瓜	35	20～25	10～15	8	25	15～18	13
草莓	30	18～23	5～10	3			

部分引自：中华人民共和国机械行业标准《温室加热系统设计规范》（JB/T 10297—2014）。

表5-2　几种叶、根、花菜类蔬菜的生育适温及界限温度（℃）

蔬菜种类	最高气温	最适气温	最低气温	蔬菜种类	最高气温	最适气温	最低气温
菠菜	25	20～15	8	莴苣	25	20～15	8
萝卜	25	20～15	8	甘蓝	20	17～7	2
白菜	23	18～13	5	花椰菜	22	20～10	2
芹菜	23	18～13	5	韭菜	30	24～12	2
茼蒿	25	20～15	8	温室韭菜	30	27～17	10
生菜	25	20～15	8	油菜	23	18～13	5

引自：邹志荣，2002. 园艺设施学，中国农业出版社。

表5-3　部分温室生产花卉适宜温度指标

种类	繁殖适温（℃）		生育适温（℃）		成花适温（℃）		备　注
	种子发芽	插木发根	日气温	夜气温	日气温	夜气温	
惠兰			18～26	20～25		15～18	花芽形成需 15 ℃左右，6～8 周花蕾在 25～30 ℃可消蕾
仙客来	18～20		20～25	10～15		16～17	花蕾在 25 ℃以上将产生高温障碍
菊		18	17～21	16～17	17～20	16～20	
郁金香		20～25	16～18	9～13			
香石竹		16～18	18～25	9～14			夜温超过 15 ℃切花品质下降
蔷薇		13～20	21～26	12～18			
玫瑰	20～22	20～22	20～25	18～20	13～15	13～15	
铁炮百合			20～24	13～18	18～23	13～16	

引自：马承伟，苗香雯，2005. 农业生物环境工程，中国农业出版社。

表5-4 花卉植物夜间生长温度

作物种类	夜温（℃）	备 注
翠菊	10～12.8	生长早期需长日照
杜鹃	15.5～18.3	营养生长和促进栽培的温度
荷包花	15.5	营养生长温度
	10	花芽分化和发育温度，如果光照充足，高温也会诱导花芽分化
金盏菊	4.4～7.2	
马蹄莲	12.8～15.5	植株开花时温度降至12.8℃
康乃馨	10～11.1（冬季）	夜温应随季节变化而调整，春季12.8℃，夏季12.8～15.6℃
菊花	15.5（切花）	花芽分化期温度
	16.7～17.2（盆花）	花芽分化需要的临界温度，特别是对于盆栽菊花，菊花品种是根据花芽分化时的温度不同进行分类的
瓜叶菊	15.5	营养生长温度
	8.9～10	花芽分化、发育温度，在低温条件下生产，质量最佳
鸟尾花	23.9～26.7	发芽温度
	18.3	生长和开花温度
仙客来	15.5～18.3	发芽温度
	12.8	育苗温度
	10～11.1	生长和开花温度
观叶植物	18.3～21.1	不同种类的植物对温度和需要的辐射能量不同
倒挂金钟	11.1～12.8	长日照诱导开花
天竺葵	12.8～15.5	在高辐射光照下催熟温度15.5～18.3℃
栀子花	15.5～16.7	较低温度导致褪绿；较高温度增加花蕾脱落
大岩桐	18.3～21.1	较低温度增加花蕾的易损程度
八仙花	12.8～15.5	促花和生长期的温度
	15.5～21.1	促生长温度
鸢尾	7.2～15.5（促长）	促生长温度
长寿花	15.5	温度对花芽的发育和白粉病的发生程度有重要影响
百合	15.5	温度决定了花芽的发芽速率，不同品种的花芽分化对温度的要求不同
卡特兰	15.5	杂交品种对温度的要求与它们亲本的种类密切相关
蝴蝶兰	12.8	
墨兰	10	
构兰	10～12.8	
一品红	18.3	营养生长温度
	15.5～16.7	光照时间的需要随温度变化，温度影响苞的发育
玫瑰	15.5～16.7	
非洲紫罗兰	18.3～21.1	低于15.5℃，生长缓慢，枝条硬而脆（15.5℃）

（续）

作物种类	夜温（℃）	备 注
金鱼草	8.9~10	冬季
	12.8~15.5	春秋季；苗期宜在 15.5~18.3 ℃
紫罗兰	7.2~10	若每天高于 18.3 ℃的时间达到 6 h 以上，芽败育

　　引自：Mastalerz, J. W. 1977. The Greenhouse Environment. John Wiley., 温度从华氏温度换算得出并未进行圆整。

　　如果温室设计没有特定种植品种的计划，供暖室内设计温度应该以喜温作物为设计对象。同样是喜温作物，蔬菜和花卉所要求的最低温度可能不同。典型的喜温蔬菜如黄瓜和番茄，其最低生长发育温度在 12~16 ℃，有些品种可能要求 18 ℃，一般将室内设计温度设定为 15~16 ℃。花卉品种对温度的要求范围较宽，从 10~22 ℃不等，一般考虑将室内设计温度设定为 15~18 ℃。

　　供暖设计的室内温度具体取值应根据当地燃料价格、加热成本和种植产品市场情况以及销售价格，经过经济效益核算确定。另外温室的使用目的不同，室内设计温度选取也不同。如科研温室，由于试验要求可能需要模拟夏季的环境，室内设计温度可能要高一些，再如模拟热带雨林种植的温室，室内设计温度则要求达到 25~30 ℃，甚至更高。

　　（2）温室供暖室外计算温度　针对温室特殊要求的供暖室外计算温度全国还没有提出规范性的数据，最初工程设计中多参考民用建筑的相关参数。国家标准《民用建筑供暖通风与空气调节设计规范》（GB 50736—2012）对供暖室外计算温度按照历年平均不保证5 d的日平均温度计算，即将统计期内的历年日平均温度进行升序排列，按历年平均不保证5 d时间的原则对室外温度数据进行筛选计算得到。实践证明，这种不保证天数法对于保温蓄热性能较好的民用和工业建筑是非常适用的。但对于仅用单层玻璃或塑料薄膜围护的连栋温室而言，风险很大：一方面"不保证 5 d"的要求是基于民用建筑热惰性提出的，而温室覆盖材料热惰性小，室内外环境温度耦合度高；另一方面采用"日平均温度"的方法也不适合温室作物，因为日平均温度远高于日最低温度。温室是针对"作物"设计，作物没有像人一样的自我防御能力，如果室内温度低于作物生长的生理下限温度，将直接导致作物受冻，形成不可逆的生理障碍，引起作物减产，甚至绝收。

　　为此，农业行业标准《温室热气联供系统设计规范》（NY/T 4317—2023）在确定供暖室外计算温度时采用了周长吉和丁小明的研究成果，取"最近至少 20 年的累年最低室外温度平均值"，以保证温室作物安全生产（表 5-5）。

表 5-5　温室供暖室外计算温度推荐值（℃）

地名	温度	地名	温度	地名	温度	地名	温度	地名	温度
北京市	−12	哈尔滨	−31	齐齐哈尔	−32	绥芬河	−28	长春	−30
天津市	−12	漠河	−42	伊春	−34	佳木斯	−34	吉林	−34
上海市	−3	呼玛	−38	尚志	−33	安达	−34	四平	−29
重庆市	−3	黑河	−37	鸡西	−28	克山	−35	敦化	−30
黑龙江省		嫩江	−36	牡丹江	−30	**吉林省**		延吉	−24

（续）

地名	温度	地名	温度	地名	温度	地名	温度	地名	温度
通化	−30	东胜	−22	临汾	−18	喀什	−13	大柴旦	−23
双辽	−27	锡林浩特	−30	晋城	−17	和田	−17	共和	−21
白城	−28	通辽	−29	运城	−10	哈密	−23	**甘肃省**	
长白	−30	多伦	−30	介休	−16	富蕴	−38	兰州	−13
陕西省		赤峰	−21	**江苏省**		库车	−16	酒泉	−26
西安	−8	满洲里	−38	南京	−5	**山东省**		敦煌	−19
榆林	−23	博克图	−36	徐州	−8	济南	−11	张掖	−24
延安	−17	白云鄂博	−30	东台	−5	德州	−13	平凉	−15
宝鸡	−8	**宁夏回族自治区**		溧阳	−4	龙口	−9	天水	−11
江西省		银川	−18	连云港	−11	莘县	−12	**河南省**	
南昌	−2	中卫	−18	**西藏自治区**		长岛	−9	郑州	−6
吉安	−3	固原	−18	拉萨	−8	青岛	−9	安阳	−10
福建省		石嘴山	−18	噶尔	−25	烟台	−11	南阳	−7
福州	3	吴忠	−16	日喀则	−10	淄博	−12	驻马店	−6
厦门	6	**浙江省**		那曲	−23	潍坊	−12	信阳	−6
辽宁省		杭州	−3	林芝	−4	兖州	−10	濮阳	−12
沈阳	−27	丽水	−1	**湖南省**		日照	−9	新乡	−13
锦州	−21	**广东省**		长沙	−2	**安徽省**		洛阳	−9
营口	−23	广州	−1	邵阳	−3	合肥	−6	商丘	−10
丹东	−21	深圳	5	**湖北省**		阜阳	−9	开封	−6
大连	−16	**河北省**		武汉	−3	蚌埠	−7	**四川省**	
阜新	−23	石家庄	−10	荆州	−2	安庆	−4	成都	1
抚顺	−29	邢台	−9	**云南省**		芜湖	−4	泸州	2
朝阳	−22	丰宁	−18	昆明	−1	霍山	−6	稻城	−14
本溪	−25	张家口	−18	丽江	0	**广西壮族自治区**		西昌	0
锦州	−20	唐山	−14	**新疆维吾尔自治区**		南宁	5	南充	2
鞍山	−25	保定	−13	乌鲁木齐	−25	桂林	0	雅安	0
锦西	−19	邯郸	−13	克拉玛依	−27	柳州	2	甘孜	−16
内蒙古自治区		承德	−18	阿勒泰	−35	百色	5	康定	−10
呼和浩特	−23	**山西省**		塔城	−29	北海	4	宜宾	3
海拉尔	−41	太原	−16	哈密	−23	**青海省**		**贵州省**	
额济纳旗	−27	大同	−22	奇台	−31	西宁	−18	贵阳	−5
二连浩特	−29	长治	−22	伊宁	−21	玛多	−29	遵义	−3
朱日和	−27	五台山	−37	吐鲁番	−15	玉树	−21	毕节	−4
集宁	−23	阳泉	−16	库尔勒	−16	格尔木	−16	威宁	−7

对于热惰性较大的日光温室,供暖室外计算温度可适当提高,以考虑围护结构的保温蓄热能力。

2. 围护结构传热量计算 温室围护结构的传热量包括基本传热量和附加传热量两部分。基本传热量是通过温室各部分围护结构(屋面、墙体及地面等)由于室内外空气的温度差从室内传向室外的热量。附加传热量是由于温室结构材料、风力、气象条件等的不同,对基本传热量的修正。

(1) 基本传热量 围护结构的基本传热量根据稳定传热理论进行计算,即

$$q = KF(T_n - T_w) \tag{5-6}$$

整个温室的基本传热量等于它的各个围护结构基本传热量的总和,即

$$Q_1 = \sum q_i = \sum K_i F_i (T_n - T_w) \tag{5-7}$$

式中 Q_1——通过温室所有围护结构的总传热量,包括屋面、墙面、门、窗等外围护结构的传热量和地面传热量,W;

K_i——温室围护结构(屋面、墙面、门、窗及地面等)的传热系数,W/(m²·K);

F_i——温室围护结构(屋面、墙面、门、窗及地面等)的传热面积,m²;

T_n,T_w——分别为温室室内外供暖设计温度,℃。

(2) 围护结构的传热系数

① 单质材料传热系数。对于单一材料的围护结构,材料的传热系数 K 可直接从有关手册查取。表 5-6 为温室围护常用透光覆盖材料传热系数。对特殊温室透光覆盖材料,应咨询生产厂家。

表 5-6 温室围护结构常用材料传热系数 K [W/(m²·K)]

材料名称	传热系数 K	材料名称	传热系数 K
单层玻璃	6.4	FRP 瓦楞板	6.8
双层玻璃	4.0	聚碳酸酯双层中空(PC)板,16 mm 厚	3.3
单层塑料膜	6.8	聚碳酸酯三层中空(PC)板,16 mm 厚	3.1
双层充气塑料膜	4.0	聚碳酸酯双层中空(PC)板,10 mm 厚	3.7
单层玻璃上覆盖单层塑料膜	4.8	聚碳酸酯三层中空(PC)板,8 mm 厚	4.1
单层玻璃上覆盖双层塑料膜	3.4		

② 非均质及复合材料传热系数。如果围护结构的材料非单一均质材料,而是由多种材料复合而成,作为一个整体,复合结构材料的传热系数按下式计算:

$$K = \cfrac{1}{\cfrac{1}{\alpha_n} + \sum \cfrac{\delta_i}{\lambda_i} + \cfrac{1}{\alpha_w}} \tag{5-8}$$

式中 α_n——外围护结构内表面的对流换热系数,一般 $\alpha_n = 8.72$ W/(m²·K);

α_w——外围护结构外表面的对流换热系数,一般 $\alpha_w = 23.26$ W/(m²·K);

δ_i——外围护结构各层材料的厚度,m;

λ_i——外围护结构各层材料的导热系数,W/(m·K)。

温室常用建筑材料的导热系数见表 5-7。

表5-7 温室常用建筑材料导热系数（λ）

材料名称	干容重 （kg/m³）	导热系数 （W/m·K）	材料名称	干容重 （kg/m³）	导热系数 （W/m·K）
混凝土			炉渣砖砌体	1 700	0.81
钢筋混凝土 碎石、卵石混凝土	2 500	1.74	重砂浆砌筑26、33及36 孔黏土空心砖砌体	1 400	0.58
	2 300	1.51			
	2 100	1.28	**热绝缘材料**		
膨胀矿渣珠混凝土	2 000	0.77	矿棉、岩棉、玻璃棉板	<150	0.064
	1 800	0.63		150~300	0.07~0.093
	1 600	0.53	矿棉、岩棉、玻璃棉毡	≤150	0.058
自然煤矸石、 炉渣混凝土	1 700	1.00	松散矿棉、岩棉、玻璃棉	≤100	0.047
	1 500	0.76	麻刀	150	0.070
	1 300	0.56	水泥膨胀珍珠岩	800	0.26
粉煤灰陶粒混凝土	1 700	0.95		600	0.21
	1 500	0.70		400	0.16
	1 300	0.57	沥青、乳化沥青 膨胀珍珠岩	400	0.12
	1 100	0.44		300	0.093
黏土陶粒混凝土	1 600	0.84	水泥膨胀蛭石	350	0.14
	1 400	0.70	聚乙烯泡沫塑料	100	0.047
	1 200	0.53		30	0.042
页岩陶粒混凝土	1 500	0.77	聚氨酯硬泡沫塑料	50	0.037
	1 300	0.63		40	0.033
	1 100	0.55	聚氯乙烯硬泡沫塑料	130	0.048
浮石混凝土	1 500	0.67	钙塑	120	0.049
	1 300	0.53	泡沫玻璃	140	0.058
	1 100	0.42	泡沫石灰	300	0.116
加气、泡沫混凝土	700	0.22	炭化泡沫石灰	400	0.14
	500	0.19	泡沫石膏	500	0.19
砂浆和砌体			**木材、建筑板材**		
水泥砂浆	1 800	0.98	橡木、枫树（横木纹）	700	0.23
石灰、水泥、砂、砂浆	1 700	0.87	橡木、枫树（顺木纹）	700	0.41
石灰、砂、砂浆	1 600	0.81	松、枞木、云杉（横木纹）	500	0.17
石灰、石膏、砂、砂浆	1 500	0.76	松、枞木、云杉（顺木纹）	500	0.35
保温砂浆	800	0.29	胶合板	600	0.17
重砂浆砌筑黏土砖砌体	1 800	0.81	软木板	300	0.093
轻砂浆砌筑黏土砖砌体	1 700	0.76		150	0.058
灰砂砖砌体	1 900	1.10	纤维板	1 000	0.34
硅酸盐砖砌体	1 800	0.87		600	0.23

（续）

材料名称	干容重 (kg/m³)	导热系数 (W/m·K)	材料名称	干容重 (kg/m³)	导热系数 (W/m·K)
石棉水泥板	1 800	0.52	水泥刨花板	1 000	0.34
石棉水泥隔热板	500	0.16		700	0.19
石膏板	1 050	0.33	稻草板	300	0.105
松散材料			木屑板	200	0.065
锅炉渣	1 000	0.29	**其他材料**		
粉煤灰	1 000	0.23	夯实黏土	2 000	1.16
高炉炉渣	900	0.26		1 800	0.93
浮石、凝灰岩	600	0.23	加草黏土	1 600	0.76
膨胀蛭石	300	0.14		1 400	0.58
	200	0.10	轻质黏土	1 200	0.47
硅藻土	200	0.076	建筑用砂	1 600	0.58
膨胀珍珠岩	120	0.07	沥青油毡、油毡纸	600	0.17
	80	0.058	地沥青混凝土	2 100	1.05
木屑	250	0.093	石油沥青	1 400	0.27
稻壳	120	0.06		1 050	0.17
干草	100	0.047	平板玻璃	2 500	0.76
石材			玻璃钢	1 800	0.52
花岗岩、玄武岩	2 800	3.49	建筑钢材	7 850	58.2
大理石	2 800	2.91	铝	2 700	203.0
砾石、石灰岩	2 400	2.04	铸铁	7 250	49.9
石灰石	2 000	1.16	聚苯板	100	0.047

③ 温室地面的传热系数。分析温室空气向土壤的传热温度场发现，供暖期间温室地面温度接近室内空气温度。温室室内热量通过远离外墙地面传到室外的路程较长，热阻较大；而温室室内热量靠近温室外墙地面传到室外的路程短，热阻较小。因此，温室地面的传热系数随离外墙的远近发生变化，越靠近外墙，传热系数越大，温度场变化越大，传热量也越多，这部分热量主要是通过温室外墙传向室外（图5-1）。

由于上述温度场的变化比较复杂，要准确计算传热系数是很困难的。为此，在工程上一般采用简化计算方法。

根据实验知道：在距外墙6m以内的地面，其传热量与距外墙的距离有较显著的关系；6m以外则几乎与距离无关。因此，在工程中一般采用近似计算，将距外墙6m以内的地段分为每2m宽为一个地带（图5-2）。在地面无保温层的条件下，各带的传热系数如表5-8。

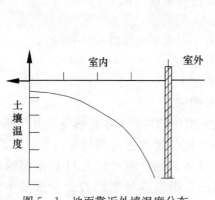

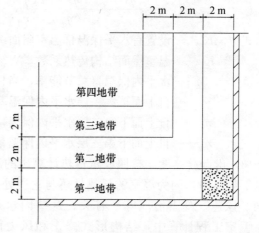

图 5-1 地面靠近外墙温度分布　　　　图 5-2 室内地面传热面的划分

表 5-8　地带划分及传热系数 [W/(m² · ℃)]

地带划分	第一地带	第二地带	第三地带	第四地带
距外墙内表面距离	0～2 m 区域	2～4 m 区域	4～6 m 区域	＞6 m 区域
传热系数 K	0.47	0.23	0.12	0.07

需要说明的是位于墙角第一个 2 m 内的 2 m×2 m 面积的热流量是较强的（图 5-2 中阴影地段），应加倍计算。如果温室采用半地下式，则上述地面的分段按图 5-3 执行，即将室外地坪以下的墙体作为地面，顺序推进。

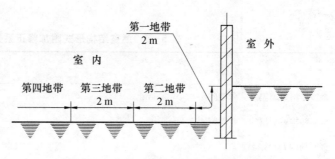

图 5-3　半地下式温室地面传热区域划分

④ 考虑保温幕的屋顶综合传热系数。内保温幕大量应用于连栋温室，近些年已成为不可或缺的产品。内保温幕有很好的节能效果，赵淑梅等整理了各种保温幕材料用作单层保温附加覆盖时的热节省率在 15%～70%，并推算验证了多层保温幕热节省率，证实了保温幕的节能效果。保温条件的改善必将影响温室供暖热负荷的计算。

对设置有水平内保温幕温室的屋顶传热系数可按式（5-9）至式（5-11）计算综合传热系数，单层保温幕的节能率一般按所选厂家产品样本查出，双层水平内保温幕总节能率按式（5-10）计算，三层内保温幕总节能率按式（5-11）计算：

$$K_z = K_1(1-\eta) \tag{5-9}$$

$$\eta = \frac{\eta_{s1} + \eta_{s2} - 2\eta_{s1}\eta_{s2}}{1 - \eta_{s1}\eta_{s2}} \tag{5-10}$$

$$或\quad \eta=\frac{(\eta_{s1}+\eta_{s2}+\eta_{s3})-2(\eta_{s1}\eta_{s2}+\eta_{s1}\eta_{s3}+\eta_{s2}\eta_{s3})+3\eta_{s1}\eta_{s2}\eta_{s3}}{1-(\eta_{s1}\eta_{s2}+\eta_{s1}\eta_{s3}+\eta_{s2}\eta_{s3})+2\eta_{s1}\eta_{s2}\eta_{s3}}\quad(5-11)$$

式中 K_z——设置有水平保温幕温室屋面综合传热系数，$W/(m^2 \cdot ℃)$；

$\quad K_1$——温室屋面结构传热系数，$W/(m^2 \cdot ℃)$；

$\quad\ \eta$——水平内保温幕总节能率，当只有一层水平内保温幕时 $\eta=\eta_{s1}$；

$\quad \eta_{s1}$——自上而下第一层水平内保温幕节能率；

$\quad \eta_{s2}$——自上而下第二层水平内保温幕节能率；

$\quad \eta_{s3}$——自上而下第三层水平内保温幕节能率。

（3）附加传热量 按照稳定传热计算出的温室围护结构的基本传热量，并不是温室的全部耗热量，因为温室的耗热量还与它所处的地理位置和它的现状等因素（如高度、朝向、风速、降雪情况等）有关。这些因素是很复杂的，不可能进行非常细致的计算。温室工程计算中，结构形式修正和风力修正是根据多年累积的经验按基本传热量的百分率进行附加修正。连栋温室附加传热量还需要在此基础上，增加天沟融雪耗热量。

① 结构形式附加修正系数（α_1）。温室透光覆盖材料必须有相应的结构支撑。目前支撑结构的材料多为金属，主要为铝合金。相比透光覆盖材料，镶嵌这些覆盖材料的金属材料其传热速度和传热量都高，而且镶嵌覆盖材料所用的铝合金条越多，附加传热量就越大。此外，温室的天沟、屋脊、窗框和骨架等都是增大传热量的因素。工程计算中，统一考虑上述因素，采用结构形式附加传热量进行修正，不同温室结构形式的附加修正系数见表 5-9。

表 5-9　温室结构形式附加修正系数 （α_1）

结构形式	修正系数
金属结构玻璃温室，骨架间距 0.4～0.6 m	1.08
金属结构玻璃温室，骨架间距 1.2 m	1.05
金属结构 PC 浪板温室	1.03
金属结构塑料薄膜温室	1.02
木结构塑料薄膜或 PC 浪板温室	1.00

② 风力附加修正系数（α_2）。风对温室的传热量影响较大，这是因为温室围护结构与外界的传热主要由围护结构的外表面与环境空气的对流换热和辐射两部分组成，其中对流换热与室外风速有关。室外风速直接影响围护结构外表面换热系数，风速越大，表面换热系数越大，相应传热越快。在计算围护结构基本传热量时，所选用的外表面换热系数是对应于某个固定的室外风速值得来的。工业与民用建筑由于围护结构传热热阻远高于温室，风速对外表面放热系数的影响在整个围护结构散热量中所占比例很小，一般不予考虑，但温室由于透光覆盖材料的热阻一般都较小，表面放热系数的变化对整个散热量影响较大，在冬季加温期间风力持续较大的地区，必须在供热计算中考虑风力影响因素。一般随风速变化采用风力附加修正系数来考虑风速对温室基本传热量的增量。表 5-10 为风力附加修正系数的取值范围。

表 5 - 10　风力附加修正系数（α_2）

风速（m/s）	修正系数
6.71	1.00
8.94	1.04
11.18	1.08
13.41	1.12
15.65	1.16

③ 天沟融雪附加耗热量。连栋温室的天沟对降落在温室屋面的雨水和融化后雪水的排放至关重要。我国北方地区尤其是寒冷、严寒地区，昼夜温差较大，白天太阳辐射强，积雪融化较快，雪水缓缓流入屋面天沟内；夜晚室外气温骤降，内保温幕关闭时，屋面散热减小，天沟内尚存的冰雪融水就会渐渐冻结，在天沟内形成阻挡，导致后续的雪水难以排放，时间久了天沟内就会形成积冰。积冰的形成一方面会增加温室屋面的局部荷载，另一方面由于水冻成冰，体积膨胀，易造成天沟局部结构破坏变形，轻则漏水，严重了还会影响温室安全和使用功能。天沟融雪耗热量的计算涉及气象条件、降雪等级和融雪速率等诸多因素，十分复杂。实际工程一般根据运行经验按以下简化的方法计算天沟融雪附加耗热量：

$$Q_2 = 80nL_T \tag{5-12}$$

式中　Q_2——天沟融雪附加耗热量，W；

　　　n——降雪强度修正因子，室外供暖设计温度低于$-10\ ℃$，$n=2$；室外供暖设计温度$-10\sim0\ ℃$，$n=1$；室外供暖设计温度$0\ ℃$以上区域，$n=0$；

　　　L_T——天沟总长度，m。

3. 冷风渗透热损失　冬季，室外冷空气经常会通过镶嵌透光覆盖材料的缝隙、门窗缝隙，或由于开门、开窗而进入室内。这部分冷空气从室外温度加热到室内温度所需的热量称为冷风渗透热损失，可按下式计算：

$$Q_3 = C_p m(T_n - T_w) = C_p NV\gamma(T_n - T_w) \tag{5-13}$$

式中　Q_3——温室冷风渗透热损失，W；

　　　C_p——空气的定压比热，$C_p=0.278(W \cdot h)/(kg \cdot ℃)$；

　　　m——冷风渗透进入温室的空气重量，kg/h，$m=NV\gamma$；

　　　N——温室与外界的空气交换率，亦称换气次数，以每小时的完全换气次数为单位；

　　　V——温室内部体积，m^3；

　　　γ——室外温度条件下空气的容重，kg/m^3。

式（5-13）中 N 与 V 的乘积是以 m^3/h 为单位的换气速率。不同结构温室的换气次数见表 5-11。不同温度下空气的容重如表 5-12。

4. 温室供暖系统设计总热负荷　按下式计算：

$$Q = \alpha_1\alpha_2 Q_1 + Q_2 + Q_3 \tag{5-14}$$

式中　Q——温室供暖系统设计总热负荷，W；

　　　α_1——结构附加系数，按表 5-9 选取；

α_2——风力附加系数，按表 5-10 选取；

Q_1——温室的围护结构基本传热量，W；

Q_2——温室的天沟融雪耗热量，W；

Q_3——温室的冷风渗透热损失，W。

表 5-11　不同结构温室设计换气次数

温室形式	换气次数（N）	温室形式	换气次数（N）
新温室		旧温室	
单层玻璃，玻璃搭接缝隙不密封	1.25	维护保养好	1.50
单层玻璃，玻璃搭接缝隙密封	1.00	维护保养差	2.00~4.00
塑料薄膜温室	0.60~1.00		
PC 中空板温室	1.00		
单层玻璃上覆盖塑料薄膜	0.90		

表 5-12　不同温度下空气的容重

温度（℃）	-20	0	10	20
容重（kg/m³）	1.365	1.252	1.206	1.164

第二节　热水和蒸汽供暖

一、概述

温室供暖就是选择适当的供热设备以满足温室室内温度要求。在计算求得温室供暖设计热负荷后，选择什么样的供暖方式是供暖设计中第二个需要解决的问题。供暖系统一般由热源、室内散热设备和热媒输送系统组成。目前用于温室的供暖方式主要有热水供暖、蒸汽供暖、热风供暖、电热供暖和辐射供暖等。实际应用中应根据温室建设当地的气候特点、温室的供暖负荷、当地燃料的供应情况和投资与管理水平等因素综合考虑选定。

以热水为热媒的供暖系统称为热水供暖系统，一般由提供热源的锅炉、热水输送管道、循环水泵、散热器以及各种控制和调节阀门等组成。该系统由于供热热媒的比热容较大，温度调节可达到较高的稳定性和均匀性，与热风和蒸汽供暖相比，虽一次性投资较多，循环动力较大，但热损失较小，运行较为经济。一般冬季室外供暖设计温度在 -10 ℃以下且加温时间超过 3 个月者，常采用热水供暖系统。我国北方地区大都采用热水供暖。对温室面积较大的温室群供暖，采用热水供暖在我国长江流域有时也是经济的。

以蒸汽为热媒的供暖系统称为蒸汽供暖系统，一般由提供热源的锅炉、蒸汽管路、凝水管路、凝水回收设备及各种控制和调节阀门等组成。与热水作为热媒相比，蒸汽供暖系统中蒸汽和凝水状态参数变化较大，还会伴随相态变化，因而蒸汽供暖系统较热水供暖系统在设计和运行管理方面更为复杂。因为蒸汽系统热媒平均温度比热水系统热媒平均温度高，对于相同热负荷，蒸汽供暖比热水供暖要节省散热设备面积。但是，蒸汽供暖系统散热器表面温度高、蒸汽和凝水状态参数变化大，易引起"跑、冒、滴、漏"等问题，降低其经济性和适用性。一般只有在生产工艺必须采用蒸汽，且生产工艺用热为主要热负荷时，才采用蒸汽作为统一的供热介质，温室供暖中很少使用，因此，本节着重介绍热水供暖系统。

热水和蒸汽属于同种物质——水（H_2O）的不同相态。水在加热过程中，自身的温度随着吸热量的增加不断提高，单位质量的水在很大的温度范围内，每升高 1℃ 所需要的热量几乎是相等的，因此水作为输热载体在计量和计算方面都很方便。1 kg 质量的水吸收 4.1868 kJ 热量，温度升高 1℃，反之 1 kg 质量的水放出 4.1868 kJ 热量，温度降低 1℃。

水在一定的压力环境下加热，达到一定温度时开始沸腾，沸腾时的温度称为水在该压力下的沸点。水在达到沸点以后，再继续给它加热，即开始汽化，变成与沸点温度相同的水蒸气，使每 1 kg 质量的水变成蒸汽所吸收的热量称为汽化热。水在不同的压力下汽化所需要的热量不同。

水在达到沸点以前的吸热过程中，温度是不断升高的，水中的热量变化可明显地用温度计测量出来，所以把这部分热量称为显热。到达沸点以后，水继续吸收的热量只是用来使水从液态转变为汽态，温度不再上升，因此这部分热量称为汽化潜热。常用压力下水的沸点和汽化潜热见表 5 - 13。

表 5 - 13　常用压力下水的沸点和汽化潜热

压力（Pa）	沸点（℃）	汽化潜热（kJ/kg）	压力（Pa）	沸点（℃）	汽化潜热（kJ/kg）
101 325	99.09	2 259.2	709 275	158.08	2 087.5
202 650	119.62	2 203.9	810 600	164.17	2 067.4
303 975	132.88	2 165.8	911 925	169.61	2 049.4
405 300	142.2	2 136.1	1 013 250	174.53	2 032.3
506 625	147.12	2 119.2	1 114 575	179.04	2 016.4
607 950	151.11	2 109.7			

如果在单位时间内使 G kg 水由初始温度 T_g 供入温室，并在温室经过散热器放出温室所需的热量后，使水温降至 T_h 后流出温室，则水在温室中的放热量为：

$$Q = \frac{1}{3.6} G(T_g - T_h)C \qquad (5-15)$$

式中　Q——热水放出的热量，即供暖系统的实际热负荷，W；

　　　G——供暖系统的热水循环量，kg/h；

　　　T_g——供暖系统给水温度，℃；

　　　T_h——供暖系统回水温度，℃；

　　　C——水的比热，4.1868 kJ/(kg·℃)。

如果供暖系统设计热负荷及供、回水温度已确定，则为满足热负荷所需要的热水流量（即循环量）为

$$G = \frac{3.6Q}{(T_g - T_h)C} \qquad (5-16)$$

分析式（5-16）可知，在供暖系统热负荷 Q 确定的条件下，热媒循环量 G 的大小取决于供、回水温度差，对同一设计热负荷而言，供、回水温度差越大，所需热媒循环量越小。理论上讲，温差大时，循环量小，可以缩小热媒输送管路断面尺寸，减少维持系统循环所需的动力和缩小水泵的容量，但是温差过大容易"水力失调"，造成冷热不均。在以前的供暖系统设计中，基本按供水温度 95 ℃、回水温度 70 ℃ 的热媒参数。多年的运行情况表明，合理降低供暖系统的热媒参数有利于降低能耗。近些年国内外的集中供热系统供、回水设计参数也存在向低温供暖发展的趋势，一般情况下供水温度不宜大于 85 ℃。

二、散热器类型选择

散热器是安装在温室中的散热设备，热水从热源通过管道输送到散热器中，散热器把热量以辐射和对流方式传递给空气，补偿温室的热损失，达到稳定室内温度的目的。

1. 温室对散热器的基本要求

（1）热工要求　要求散热器的传热系数高，散热器的散热方式应使温室在供暖时，植物生长区内温度均匀适宜（一般在温室下部）。散热器采用辐射传热方式时，温室下部区域受热情况较好；当散热器以对流传热为主时，热空气上升，易使温室上部过热，而下部空气温度较低。

（2）经济要求　要求放出单位有效热量的散热器价格和金属消耗量要低；制造散热器的材料来源要广；散热器的使用寿命要长。为了比较不同散热器的热工和经济性能，通常利用金属的热强度作为比较的指标。

（3）安装使用和制造工艺的要求　要求散热器规格齐全，可方便地组成所需的散热面积；占地面积小；具有足够的机械强度，可承受一定的压力；使用时不漏水、不漏气、耐腐蚀。温室对散热器还要求不遮光，不影响室内作业。

2. 热水供暖系统常用散热器规格　热水供暖系统采用的散热器主要有光管式、柱型、翼型、串片型几种，每种又有多种型号，如 M-132 型、四柱 813 型等（图 5-4）。日光温室中有使用四柱型铸铁散热器，但在大部分的连栋温室中大量使用的主要是光管散热器和圆翼散热器两种。选择这两种散热器主要是基于以下几个方面的原因：①与民用建筑供暖不同，生产温室一般面积较大，单位面积热负荷一般比民用建筑大 4～8 倍，对温度均

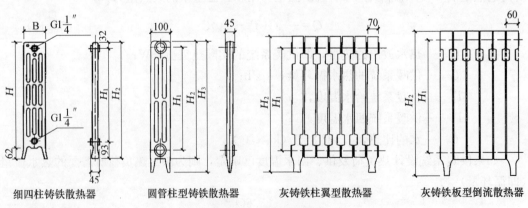

图 5-4　柱型散热器

匀性的要求也高。②民用散热器由于安装地点条件的限制，对散热器的长、宽方向尺寸要求尽量小，对高度要求不严，而温室由于植物采光要求，尽量避免遮光，对散热器高度方向要求小，而对长度方向要求不严。③民用建筑散热器对散热器长度方向的组合有限制，如铸铁散热器柱型（M132）的组装数量不得超过 20 片，柱型（细柱）不超过 25 片，长翼型不超过 7 片，这样势必采用很多组散热器，散热器分组布置可看成点散热，会对温室的温度均匀性有影响；而光管和圆翼散热器对长度方向的组合没有限制，可以组成比较长的散热器组，成为长度方向的连续供热，可以看成是长度方向的线供热，温度的均匀性显然高于点供热。④温室生产对散热器的美观性要求不严，这一点也为选择使用圆翼型散热器或光管散热器提供了条件。

　　圆翼散热器分铸铁圆翼散热器和热浸镀锌钢制圆翼散热器两种。前者单位长度散热面积小、造价便宜，但在温室高湿环境中易生锈，需要经常性地做好表面防腐处理，运输和安装过程中容易裂损；后者则是专门为温室供暖设计的专用散热器，由于经过热浸镀锌表面处理，而且钢制绕片韧性好，不易断裂，其使用寿命可达 20 年以上，是目前温室中最常用的散热器之一（图 5-5）。

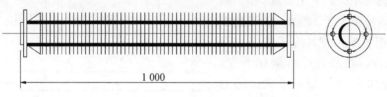

1 000

图 5-5　钢制圆翼散热器

三、供暖系统的布置

　　1. 散热器的布置　温室供暖的目的是使温室维持适宜的温度以满足作物的生长需要，因此散热器的安装要考虑能使温室内温度均匀，同时还要尽量避免遮挡太阳光照。为了达到这些要求，散热器常常布置在温室内柱间和温室四周，大型连栋温室也常常布置在栽培槽之间（或垄间）的地面、植株间或者苗床下等。将圆翼散热器和光管散热器混合布置是温室供暖系统常见的事例。在这种情况下，往往是将圆翼散热器布置在沿温室开间方向的柱间和温室周边，而将光管散热器布置在室内种植作物的垄间和冠层上部，而且冠层顶部散热器要求设计为活动式，能根据作物的生长高度调节安装高度，使散热器始终能最接近作物冠层，最大限度地发挥散热器的散热效率。布置在作物栽培槽或垄间的光管散热器还可以同时兼作室内作业车辆的交通轨道，起到一举两得的作用。

　　温室中散热器不宜按温室面积平均分配布置。从温室的散热情况分析，主要的散热部位为温室的屋面及四周围护结构，因此需要在温室的四周布置足够的散热器，以平衡四周的围护结构散热，尤其是温室的西北面，如果考虑不当，很容易造成温室西北部温度相对偏低。我国大部分地区，冬季主导风向为西北风，在风力较大、超过室外平均设计风速时，围护结构散热量的风力附加部分和冷风渗透部分，主要出现在温室的西北侧，这一点应该在散热器布置上有所考虑。

　　对于室内种植作物农艺比较复杂、要求室内空间空旷的温室，加温系统可采用光管散热器悬挂在空中。空中加热管道可兼作温室灌溉系统、光照系统以及植物或花盆悬挂的支撑结构，但空中加热大量热量集聚在温室上部，不利于提高温室的加热效率；此外，加热管在温室中造成阴影，影响作物的采光。

光管散热器除了布置在室内加热空气外，还可以布置在地下加热地面，起到直接加热作物根部，提高作物根区温度的作用。值得提出的是采用地面加热后，散热器的传热系数将有别于加热空气的传热系数。

2. 加温供水系统的布置　要保证温室加温的均匀性，除要求均匀布置散热器外，对供热热水的流向也必须作出相应的考虑。因为随着热水在散热器内的流动，管道内热水温度不断下降，实际的传热温差不断下降，散热器传热系数也在下降，导致实际散热量减少，如果水力组织不合理，将使温室进水口处温度偏高，而出水口处温度偏低。为此在供热设计上，应该尽量考虑热水的循环布置，即一供一回，减少由于供水温度的沿程变化，造成温室温度失衡。如果条件限制不能做到循环布置，应该由温室的北侧向南侧、西侧向东侧或双侧向中间安排供水方向。

温室供暖散热器双排或多排布置时，光管散热器的间距应该大于 200 mm，圆翼散热器间距应该大于 250 mm，减少散热器间的互相影响，并且应该将供水管道布置在上方，回水管道布置在下方，形成上供下回的形式，以减小供热动力消耗。

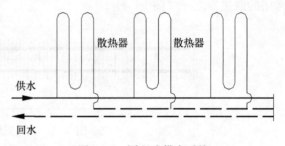

图 5-6　同程式供水系统

在供热管路设计上，为平衡各管道的阻力，避免各个管道内热水流量不一样，常采用同程式布管原理，尽量使温室各个部位供热管道内供、回水的温度互补。所谓同程式就是温室内所有散热器中水流的路径长度相同（图 5-6）。

3. 化雪加热管及其布置　在冬季降雪量较大的北方地区，为了减小雪荷载对温室主体结构的压力和尽快清除温室屋面积雪便于室内作物采光，建设永久性温室一般要单独设计和安装化雪系统。化雪系统常采用光管散热器，沿温室天沟方向布置在紧贴天沟的位置。这种加温化雪系统简称为化雪（加热）管。化雪管的设计没有精确的理论计算方法，一般根据经验设计。对于降雪量较小的地区，每个天沟下设单根化雪管，布置在天沟的下方或一侧；对于降雪量较大的地区，尤其是有暴雪的地区，多采用双根化雪管，布置在天沟的两侧。化雪管一般采用 $Dg32\sim Dg76$ 的钢管。化雪管供热系统与温室供暖系统应该能够各自独立控制。对化雪管供热控制常采用手动控制，对有室外降雪传感器的温室也可以采用自动控制。化雪管的供热负荷应考虑在温室总热负荷中。温室化雪系统也有采用电加热系统的，采用特制的电热线布置在天沟外，在下雪时进行加热。

四、供暖散热器数量选择

温室所需的供热量是通过安装在温室内的散热器散热得到的，因此，要根据所需的热量算出所要安装的散热器的数量，其计算公式如下：

$$F = \frac{Q}{K(t_1 - t_2)} \beta_1 \beta_2 \beta_3 \beta_4 \qquad (5-17)$$

式中 F——所需散热器的表面积，m^2；

Q——温室计算热负荷，W；

K——散热器的传热系数，$W/(m^2 \cdot ℃)$；

t_1——散热器内热水的平均温度，$℃$，按散热器进水温度加出水温度除以 2 计算；

t_2——温室室内供暖设计空气温度，$℃$；

β_1——散热器与供暖系统支管连接方式的修正系数；

β_2——散热器安装形式的修正系数；

β_3——散热器组装片数的修正系数；

β_4——散热器进水流量的修正系数。

根据式（5-17）求得所需散热器的总表面积，则可根据单位长度的散热器的表面积来算出需要散热器的长度。

1. 散热器内热水的平均温度 温室供暖常用 85 ℃/60 ℃ 的供、回水温度，故 $t_1 =$ 72.5 ℃，但对于大型连栋温室，在长管道找坡困难的情况下，常常会减小供、回水温差，采用 10～15 ℃ 的供、回水温差可增大流速利于排气。

2. 散热面积修正系数

（1）散热器与供暖系统支管连接方式的修正系数 β_1 β_1 与散热器的种类和连接方式有关，一般为 1～1.2，对于温室常用光管和圆翼散热器，可取 $\beta_1 = 1$。

（2）散热器安装形式的修正系数 β_2 β_2 与散热器的类型和安装方式有关，一般为 0.9～1.4。温室中散热器一般采用明装，$\beta_2 = 1.0$；只有散热器安装在封闭的栽培床下或安装在供暖沟中而影响散热时，采用 $\beta_2 = 1.25$。此外同样类型的散热器，如果采用多层布置，由于散热器的相互影响，其周围温度较高，会在一定程度上影响整体的散热效率，必须对其散热量进行修正。关于这部分散热量修正，将根据不同散热器类型直接在传热系数中给出。

（3）散热器组装片数的修正系数 β_3 β_3 一般按表 5-14 选取。对于一般组装式散热器，散热器的数量变化会影响散热器内部的水流的分配，从而影响散热器的传热系数 K。铸铁散热器的组装数量，不宜超过下列数值：柱型（M132）20 片、柱型（细柱）25 片、长翼型 7 片；温室经常采用的圆翼型散热器，由于其内部水流状况基本不随组装长度变化，因此对组装长度无限制，可取 $\beta_3 = 1$。

（4）散热器进水流量的修正系数 β_4 β_4 一般按表 5-15 选取。

表 5-14 散热器组装片数的修正系数 β_3

柱型散热器		板式散热器		闭式散热器	
组装片数（片/组）	修正系数 β_3	长度（mm/组）	修正系数 β_3	长度（mm/组）	修正系数 β_3
6	0.95	400	0.90	800	0.90
6～10	1.00	600～800	0.95	1 000	1.00
11～20	1.05	1 000	1.00	1 200	1.05
20～25	1.10	1 200～1 800	1.05	1 400	1.10

表 5 - 15　散热器进水流量的修正系数 β_4

水流途径	相对流量（无量纲）				
	0.5	1.0	3.0	5.0	7.0
同侧上进下出	1.10	1.00	0.97	0.95	0.94
同侧下进上出		1.00	0.92	0.88	0.86
双侧上进下出		1.00	0.90	0.85	0.82
下进下出		1.00	0.90	0.85	0.82

$$相对流量 = \frac{每平方米散热器面积的计算流量}{测定\ K\ 值时每平方米散热器面积的标准流量}$$

3. 散热器传热系数

（1）四柱型铸铁散热器　基本结构单元由内部连通柱状的单片散热器组成，根据需要可以把单片散热器组成一组散热器。选择散热器时，可根据最大设计热负荷和各种型号散热器的单片散热量，计算出所需要的片数。表 5 - 16 为铸铁柱型散热器各种规格单片的散热量。

表 5 - 16　铸铁柱型散热器单片散热量（W）

类型	室内温度（℃）										
	5	8	10	12	14	15	16	18	20	23	25
四柱 813	181	172	166	160	154	151	148	142	136	128	122
四柱 760	163	155	150	144	139	136	134	129	123	116	111
四柱 640	114	109	105	102	99	97	95	92	89	84	81
二柱 700	122	116	112	108	104	102	101	97	93	87	84

注：表中数值均为 70～95 ℃热水供暖条件下 1 片散热器的散热量。

（2）圆翼散热器　圆翼型散热器在各种温差条件下的传热系数如表 5 - 17。对于常用 D75 铸铁圆翼散热器和热浸镀锌钢制圆翼散热器，根据单位长度散热器的表面积，表 5 - 18 和表 5 - 19 直接给出了单位长度散热器的散热量，在实际设计中可以直接采用。

表 5 - 17　铸铁圆翼型散热器传热系数 $[W/(m^2 \cdot ℃)]$

安装方式	散热器内平均水温与室内气温的温差 Δt（℃）				
	40	50	60	70	80
单排	5.23	5.23	5.81	5.81	5.81
双排	4.65	4.65	4.94	5.23	5.23
三排	4.07	4.07	4.65	4.65	4.65

注：表中双排和三排散热器的传热系数系指其中一排。

表 5 - 18　D75 铸铁圆翼散热器在不同室内设计温度下的散热量（W/m）

安装方式	室内温度（℃）						
	10	12	14	15	16	18	20
单排	756	738	715	709	698	674	651
双排	680	663	640	622	610	593	564
三排	605	593	576	564	558	541	523

注：1. 表中数值均为 70～95 ℃热水供暖条件下 1 m 圆翼型散热器的散热量；

　　2. D75 圆翼散热器每米的散热表面积为 1.80 m^2。

表 5-19 热浸镀锌钢制圆翼散热器在不同温度下的散热量

Δt(℃)	35	40	45	50	55	60	65	70	75	80	85	90	95	100
Q(W/m)	252	300	351	404	480	514	566	631	692	753	816	881	946	1 013

注：散热管管径为 $1-1/2''$，$Q=2.247(\Delta t)^{1.327}$。

（3）光管散热器 对于光管散热器，式（5-17）可直接简化为：

$$L=Q/q=Q/fK\Delta t \qquad (5-18)$$

式中 L——光管散热器计算长度，m；

$\quad\quad Q$——供暖热负荷，W/m；

$\quad\quad q$——单位长度光管散热器的散热量，W/m；

$\quad\quad f$——每米长光管散热器的表面积，m^2；

$\quad\quad K$——光管散热器传热系数，$W/(m^2 \cdot ℃)$；

$\quad\quad \Delta t$——管道热媒温度与室内温度差，℃。

表 5-20 至表 5-22 分别给出了常用规格光管散热器的表面积、传热系数和散热量。

表 5-20 水煤气管及无缝钢管每米长的表面积

管径 Dg(mm)	15	20	25	32	40	50	76×3.5
表面积 f(m^2)	0.066 5	0.034	0.105	0.133	0.151	0.188	0.239
管径 Dg(mm)	89×3.5	108×4	114×4	133×4	159×4.5	168×5	180×5
表面积 f(m^2)	0.280	0.339	0.358	0.417	0.500	0.527	0.565

表 5-21 光管传热系数 K [$W/(m^2 \cdot ℃)$]

管径 Dg(mm)	管道内平均水温与室内气温的温差 Δt(℃)				
	40~50	50~60	60~70	70~80	80 以上
≤32	11.0	11.5	12.0	12.5	12.5
40~100	9.5	10.0	10.5	11.0	11.5
125~150	9.5	10.0	10.5	10.5	10.5
>150	8.5	8.5	8.5	8.5	8.5

表 5-22 各种管径钢管在不同室温下的散热量（W/m）

室温 (℃)	各种管径单位长度（m）散热量											
	15	20	25	32	40	50	76×3.5	89×3.5	108×4	114×4	133×4	159×4.5
	热媒为 70 ℃热水											
10	53	67	84	107	117	131	166	195	236	250	291	349
12	51	65	81	103	114	127	160	188	229	242	281	337

（续）

室温	各种管径单位长度（m）散热量											
(℃)	15	20	25	32	40	50	76×3.5	89×3.5	108×4	114×4	133×4	159×4.5
热媒为 70 ℃热水												
14	50	63	79	100	110	122	156	183	221	233	272	326
16	48	60	76	97	107	119	150	176	213	224	262	314
18	47	58	73	93	103	114	144	170	205	216	252	302
20	43	53	67	85	95	103	133	155	187	198	230	277
热媒为 95 ℃热水												
10	83	103	130	164	172	214	272	320	384	407	433	519
12	80	101	127	160	167	208	265	310	376	398	422	507
14	78	99	123	157	164	203	258	302	366	387	413	494
16	77	97	121	153	152	191	242	283	343	360	401	483
18	74	94	117	149	149	185	236	276	334	352	390	470
20	72	92	115	145	145	180	230	267	326	343	381	458

需要说明的是，散热器表面采用的涂料不同，对散热量会有影响。银粉等金属性涂料的辐射系数低于调和漆，当散热器表面刷调和漆时，传热系数比涂银粉漆时约高10%，因此温室光管散热器常常采用在焊接钢管或无缝钢管表面刷白色调和漆的方式进行防腐。

五、热水供暖系统水力计算

水力计算的目的是使供暖系统中各管段的水流量符合设计要求，以保证进入散热器的水流量符合需要；水力计算的任务是确定各管段的管径和压力损失。根据供暖系统水力计算的结果，不仅可以确定各管段的管径，还可以确定系统循环水泵的流量和扬程，为选择水泵提出依据。水力计算是在散热器选定并布置完毕后进行，一般要求应有散热器平面布置图和系统图。

热水在管道和散热器中流动时，其流速大小直接影响散热量，同时流速的大小也直接影响水流在管道和散热器中的阻力损失，最终影响供水水泵的功率和扬程以及运行成本。所以，供暖系统的水力计算结果也是管径、流量、水泵以及运行成本之间关系相互协调的结果。

根据流体力学原理，热水在管道和散热器中流动，其压力损失包括沿程阻力损失和局部阻力损失两部分，即：

$$\Delta P = RL + Z \qquad (5-19)$$

式中　ΔP——压力损失，Pa；

　　　R——每米长管道的沿程阻力损失，Pa/m；

L——管道长度，m；

Z——管道的局部阻力损失，Pa。

1. 沿程阻力损失　与管道的管径、流量、管道内壁粗糙度、流体黏度、流体密度等参数相关。单位长度管道流体的沿程阻力损失为：

$$R=\frac{\lambda}{d}\cdot\frac{\rho v^2}{2} \tag{5-20}$$

式中　R——单位长度管道流体的沿程阻力损失，Pa/m。

λ——管道的摩擦阻力系数，$\lambda=f(K/d)$。

K——管道内壁表面突出点高度绝对粗糙度，m；不同材质的管壁当量绝对粗糙度见表 5-23，热水供暖系统设计中室内管道采用钢管供暖时，一般 K 取 0.2 mm，室外管道 K 值一般取 0.5 mm。

d——管道直径，m。

ρ——流体的密度，kg/m³。

v——流体在管道中的流速，m/s，热水供暖系统为了保证系统运行的稳定性和经济性，对管道内水流的速度在工程上规定了最大允许流速（表 5-24）。

表 5-23　各类管材绝对粗糙度平均值

管道种类	设计 K 值（×10⁻³ m）	管道种类	设计 K 值（×10⁻³ m）
黄铜管	0.001 7	镀锌钢管	0.17
混凝土管	1.3	锻铁管	0.06
铸铁管	0.23	塑料管	0.001 5
涂沥青钢管	0.13	木料管	0.6

表 5-24　热水供暖管道的最大允许流速

管径（mm）	15	20	25	32	40	50	>50
最大允许流速（m/s）	0.8	1.0	1.2	1.4	1.8	2.0	3.0

工程设计中计算式（5-20）比较烦琐，一般根据管径和流速，制成速查表（表 5-25）。

2. 局部阻力损失　产生在管道弯头、三通、变径或阀门等管件上。局部阻力损失不但和管道形状有关，还与流体流速和流体密度有关，其数学表达式为：

$$Z=\frac{1}{2}\rho\xi v^2 \tag{5-21}$$

式中　ξ——局部阻力系数。

热水和蒸汽供暖系统中常见的局部阻力系数见表 5-26 和表 5-27。工程设计中，为简化计算，常把局部阻力折合成和阻力损失相当的长度阻力，称为当量长度。热水供暖系统中各种局部阻力折合成当量长度列入表 5-28。

表 5－25　室内热水供暖系统管径计算表 （70~90 ℃，$K=0.2$ mm）

[表中所用单位：水流量 G(kg/h)，单位摩阻 R(Pa/m)，流速 v(m/s)，动压头 h_d(Pa)]

公称直径 (mm)	15			20			25			32			40		
内径 (mm)	15.75			21.25			27.00			35.75			41.00		
G	R	v	h_d	R	v	h_d	R	v	h_d	R	v	h_d	R	v	h_d
24	1.167	0.035	0.602	0.488	0.019	0.182									
28	1.886	0.041	0.820	0.569	0.023	0.247									
32	2.156	0.047	1.071	0.651	0.026	0.323									
36	2.425	0.053	1.355	0.742	0.029	0.409									
40	3.019	0.059	1.673	0.813	0.032	0.505									
44	3.975	0.065	2.024	0.894	0.035	0.611									
48	5.012	0.070	2.409	0.976	0.039	0.727	0.374	0.024	0.279						
52	6.211	0.076	2.828	1.141	0.042	0.853	0.406	0.026	0.327						
56	7.586	0.082	3.279	1.387	0.045	0.990	0.437	0.028	0.380						
60	9.146	0.088	3.764	1.665	0.048	1.136	0.468	0.030	0.436						
64	12.41	0.094	4.283	1.977	0.052	1.293	0.512	0.032	0.496						
68	13.89	0.100	4.835	2.325	0.055	1.459	0.600	0.034	0.560						
72	15.45	0.106	5.421	2.712	0.058	1.636	0.698	0.036	0.628						
76	17.09	0.111	6.040	3.138	0.061	1.823	0.805	0.038	0.699						
80	18.81	0.117	6.692	3.606	0.064	2.020	0.923	0.040	0.775						
90	23.46	0.132	8.470	5.294	0.073	2.556	1.265	0.045	0.981						

（续）

公称直径（mm）	15			20			25			32			40			50			70		
内径（mm）	15.75			21.25			27.00			35.75			41.00								
G	R	v	h_d	R	v	h_d	R	v	h_d	R	v	h_d	R	v	h_d	R	v	h_d	R	v	h_d
100	28.61	0.147	10.457	6.430	0.081	3.156	1.682	0.050	1.211	0.341	0.028	0.394									
110	34.25	0.161	12.65	7.671	0.089	3.818	2.356	0.055	1.465	0.440	0.031	0.477									
120	40.38	0.176	15.06	9.016	0.097	4.544	2.762	0.060	1.744	0.555	0.034	0.567									
130	47.00	0.191	17.67	10.46	0.105	5.333	3.199	0.065	2.046	0.689	0.037	0.666									
140	54.13	0.205	20.50	12.02	0.113	6.185	3.666	0.070	2.373	0.843	0.040	0.772	0.386	0.030	0.446						
150	61.74	0.220	23.53	13.67	0.121	7.100	4.162	0.075	2.724	1.050	0.043	0.886	0.465	0.032	0.512						
160	69.85	0.235	26.77	15.43	0.129	8.078	4.689	0.080	3.100	1.180	0.046	1.008	0.554	0.035	0.583						
170	78.45	0.249	30.22	17.29	0.137	9.120	5.245	0.085	3.500	1.318	0.048	1.138	0.676	0.037	0.658						
180	87.54	0.264	33.88	19.26	0.145	10.22	5.831	0.090	3.923	1.462	0.051	1.276	0.749	0.039	0.738						
190	97.13	0.279	37.75	21.33	0.153	11.39	6.447	0.095	4.371	1.614	0.054	1.422	0.826	0.041	0.822						
200	107.2	0.293	41.83	23.50	0.161	12.62	7.092	0.100	4.843	1.773	0.057	1.576	0.907	0.043	0.911						
210	117.8	0.308	46.11	25.77	0.169	13.92	7.766	0.405	5.340	1.938	0.060	1.737	0.991	0.045	1.004						
220	128.8	0.323	50.61	28.15	0.177	15.37	8.471	0.110	5.860	2.111	0.063	1.907	1.078	0.048	1.102						
230	140.4	0.337	55.31	30.62	0.185	16.69	9.204	0.115	6.405	2.290	0.065	2.084	1.169	0.050	1.205						
240	152.4	0.352	60.23	33.20	0.193	18.18	9.967	0.120	6.974	2.470	0.068	2.269	1.263	0.052	1.312						
250	165.0	0.367	65.35	35.89	0.201	19.72	10.76	0.125	7.567	2.669	0.071	2.462	1.361	0.054	1.423						
260	178.0	0.381	70.69	38.67	0.210	21.33	11.58	0.130	8.158	2.869	0.074	0.663	1.462	0.056	1.539						
270	191.5	0.396	76.23	41.56	0.218	23.00	12.43	0.135	8.267	3.076	0.077	2.872	1.567	0.058	1.660						
280	205.5	0.411	81.98	44.55	0.226	24.74	13.31	0.140	9.492	3.290	0.080	3.088	1.674	0.061	1.785	0.477	0.036	0.639			
290	220.0	0.425	87.98	47.64	0.234	26.54	14.22	0.145	10.18	3.510	0.083	3.313	1.786	0.063	1.915	0.509	0.038	0.686			
300	235.0	0.440	94.11	50.84	0.242	28.40	15.16	0.150	10.90	3.738	0.085	3.545	1.900	0.065	2.049	0.541	0.039	0.743			

（续）

公称直径 (mm) / 内径 (mm)

公称直径 (mm)	15			20			25			32			40			50			70		
内径 (mm)	15.75			21.25			27.00			35.75			41.00								
G	R	v	h_d	R	v	h_d	R	v	h_d	R	v	h_d	R	v	h_d	R	v	h_d	R	v	h_d
320	266.4	0.469	107.1	57.73	0.258	32.31	17.13	0.160	12.40	4.213	0.091	4.034	2.140	0.069	2.332	0.608	0.041	0.835			
340	299.8	0.499	120.9	64.63	0.274	36.48	19.21	0.170	14.00	4.715	0.097	4.554	2.392	0.074	2.632	0.679	0.044	0.943			
360	335.2	0.528	135.5	72.14	0.290	40.90	21.41	0.180	15.69	5.244	0.102	5.105	2.658	0.078	2.951	0.753	0.047	1.057			
380	372.6	0.557	151.0	80.06	0.306	45.57	23.72	0.190	17.48	5.800	0.108	5.688	2.937	0.082	3.288	0.831	0.049	1.178			
400	411.9	0.587	167.3	88.39	0.322	50.49	26.15	0.200	19.37	6.384	0.114	6.303	3.230	0.087	3.643	0.912	0.052	1.305			
420	453.1	0.616	184.5	97.13	0.338	55.66	28.70	0.210	21.36	6.994	0.120	6.949	3.536	0.091	4.017	0.997	0.054	1.439			
440	496.4	0.645	202.4	106.3	0.355	61.09	31.37	0.220	23.44	7.631	0.125	7.626	3.855	0.095	4.408	1.086	0.057	1.579			
460	541.6	0.675	221.3	115.8	0.371	66.77	34.15	0.230	25.62	8.295	0.131	8.335	4.187	0.100	4.818	1.178	0.060	1.726			
480	588.7	0.704	240.9	125.8	0.387	72.71	37.04	0.240	27.90	8.986	0.137	9.076	4.532	0.104	5.246	1.273	0.062	1.879			
500	637.8	0.733	261.4	136.1	0.403	78.89	10.06	0.250	30.27	9.703	0.142	9.848	4.891	0.108	5.693	1.372	0.065	2.039			
540	742.0	0.792	304.9	158.1	0.435	92.02	46.43	0.270	35.31	11.22	0.154	11.49	5.647	0.117	6.640	1.580	0.070	2.378			

公称直径 (mm)	20			25			32			40			50			70			80		
内径 (mm)	21.25			27.00			35.75			41.00			53.00			68.00			80.50		
G	R	v	h_d	R	v	h_d	R	v	h_d	R	v	h_d	R	v	h_d	R	v	h_d	R	v	h_d
580	181.7	0.467	106.2	53.27	0.290	40.73	12.84	0.165	13.25	6.456	0.126	7.660	1.803	0.075	2.743	0.530	0.046	1.012			
620	206.9	0.500	121.3	60.58	0.310	46.54	14.57	0.177	15.14	7.318	0.134	8.753	2.039	0.080	3.135	0.599	0.049	1.157			
660	233.8	0.532	137.5	68.34	0.329	52.74	16.41	0.188	17.16	8.231	0.143	9.919	2.289	0.085	3.522	0.671	0.052	1.311			
700	262.2	0.564	154.6	76.58	0.349	59.33	18.35	0.199	19.30	9.197	0.152	11.16	2.553	0.091	3.996	0.747	0.055	1.475			
740	292.3	0.596	172.8	85.27	0.369	66.30	20.40	0.211	21.57	10.21	0.160	12.47	2.830	0.096	4.466	0.827	0.058	1.648			

公称直径（mm）	20			25			32			40			50			70			80		
内径（mm）	21.25			27.00			35.75			41.00			53.00			68.00			80.50		
G	R	v	h_d	R	v	h_d	R	v	h_d	R	v	h_d	R	v	h_d	R	v	h_d	R	v	h_d
780	324.1	0.629	192.0	94.43	0.389	73.66	22.56	0.222	23.97	11.28	0.169	13.85	3.122	0.101	4.961	0.910	0.061	1.831			
820	357.4	0.661	212.2	104.1	0.409	81.41	24.82	0.233	26.49	12.41	0.177	15.31	3.426	0.106	5.483	0.998	0.065	2.024			
860	392.4	0.693	233.4	114.1	0.429	89.55	27.19	0.245	29.13	13.58	0.186	16.84	3.745	0.111	6.031	1.089	0.068	2.226			
900	429.1	0.725	255.6	124.7	0.449	98.07	29.66	0.256	31.91	14.81	0.195	18.44	4.077	0.117	6.605	1.184	0.071	2.438	0.517	0.051	1.241
1 000	527.8	0.806	315.6	153.1	0.499	121.1	36.32	0.285	39.39	18.10	0.216	22.77	4.967	0.130	8.155	1.488	0.079	3.009	0.626	0.056	1.532
1 100	636.6	0.886	381.8	184.4	0.549	146.5	43.64	0.313	47.67	21.72	0.238	27.55	5.942	0.142	9.867	1.715	0.087	3.641	0.746	0.062	1.854
1 200				218.6	0.599	174.4	51.62	0.341	56.73	25.66	0.260	32.79	7.002	0.155	11.74	2.016	0.094	4.334	0.875	0.067	2.206
1 300				255.7	0.649	204.6	60.27	0.370	66.57	29.92	0.281	38.48	8.147	0.168	13.78	2.339	0.102	5.086	1.014	0.073	2.590
1 400				295.7	0.699	237.3	69.59	0.399	77.21	34.51	0.303	44.63	9.380	0.181	15.98	2.686	0.110	5.898	1.162	0.079	3.003
1 500				338.6	0.749	272.4	79.56	0.427	88.63	39.42	0.325	51.23	10.69	0.194	18.35	3.056	0.118	6.771	1.320	0.084	3.448
1 600				384.4	0.799	310.0	90.21	0.456	100.8	44.66	0.346	58.29	12.09	0.207	20.88	3.449	0.126	7.704	1.488	0.090	3.923

公称直径（mm）	25			32			40			50			70			80			100		
内径（mm）	27.00			35.75			41.00			53.00			68.00			80.50			106.00		
G	R	v	h_d	R	v	h_d	R	v	h_d	R	v	h_d	R	v	h_d	R	v	h_d	R	v	h_d
1 700	433.1	0.849	349.9	101.5	0.484	113.8	50.22	0.368	65.81	13.57	0.220	23.57	3.865	0.134	8.697	1.666	0.095	4.423			
1 800	484.7	0.898	392.3	113.5	0.512	127.6	56.10	0.390	73.78	15.14	0.233	26.42	4.303	0.142	9.750	1.852	0.101	4.965			
1 900	539.1	0.948	437.1	126.1	0.541	142.2	62.31	0.411	82.20	16.79	0.246	29.44	4.765	0.150	10.86	2.049	0.107	5.531			
2 000	596.5	0.988	484.3	139.4	0.569	157.6	68.84	0.433	91.08	18.52	0.259	32.62	5.249	0.157	12.04	2.255	0.112	6.129			
2 100				153.4	0.598	173.7	75.70	0.455	100.4	20.34	0.272	35.96	5.757	0.165	13.27	2.470	0.118	6.757	0.631	0.068	2.248

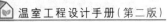

（续）

公称直径 (mm)	25			32			40			50			70			80			100		
内径 (mm)	27.00			35.75			41.00			53.00			68.00			80.50			106.00		
G	R	v	h_d	R	v	h_d	R	v	h_d	R	v	h_d	R	v	h_d	R	v	h_d	R	v	h_d
2 200	294.3	0.909	401.7	168.0	0.626	190.7	82.87	0.470	110.2	22.24	0.285	39.47	6.287	0.173	14.57	2.695	0.124	7.416	0.687	0.071	2.467
2 300	322.5	0.952	440.8	183.3	0.655	208.4	90.37	0.498	120.5	24.23	0.298	43.14	6.840	0.181	15.92	2.929	0.129	8.106	0.746	0.074	2.696
2 400	352.1	0.996	481.8	199.2	0.683	226.9	98.20	0.519	131.2	26.30	0.311	46.97	7.416	0.189	17.33	3.137	0.135	8.826	0.807	0.078	2.936
2 500				215.8	0.712	246.2	106.3	0.541	142.3	28.46	0.324	50.97	8.015	0.197	18.81	3.426	0.140	9.577	0.870	0.081	3.185
2 600				233.1	0.740	266.3	114.8	0.563	153.0	30.70	0.337	55.13	8.636	0.205	20.34	3.689	0.146	10.36	0.936	0.084	3.455
2 800				269.7	0.797	308.8	132.7	0.606	178.5	35.43	0.363	63.93	9.948	0.220	23.59	4.243	0.157	12.01	1.073	0.091	3.996
3 000				308.9	0.854	354.5	151.9	0.649	204.9	40.50	0.389	73.39	11.35	0.236	27.08	4.834	0.168	13.79	1.220	0.097	4.587
3 200				350.7	0.911	403.4	172.4	0.693	233.2	45.90	0.415	83.51	12.84	0.252	30.82	5.464	0.180	15.69	1.376	0.104	5.219
3 400				395.2	0.968	455.4	194.2	0.736	263.2	51.64	0.440	94.27	14.43	0.268	34.79	6.130	0.191	17.71	1.541	0.110	5.892
3 600				442.4	1.025	510.5	217.3	0.779	295.1	57.72	0.466	105.7	16.10	0.283	39.00	6.835	0.202	19.86	1.714	0.117	6.605
3 800				492.5	1.081	568.8	241.7	0.823	328.8	64.13	0.492	117.8	17.87	0.299	43.46	7.577	0.213	22.13	1.897	0.123	7.360
4 000				544.7	1.139	630.3	267.3	0.866	364.3	70.88	0.518	130.5	19.73	0.315	48.15	8.357	0.245	48.15	2.089	0.130	8.155

公称直径 (mm)	40			50			70			80			100			125			150		
内径 (mm)	41.00			53.00			68.00			80.50			106.00			131.00			156.00		
G	R	v	h_d	R	v	h_d	R	v	h_d	R	v	h_d	R	v	h_d	R	v	h_d	R	v	h_d
4 200	294.3	0.909	401.7	77.96	0.544	143.9	21.69	0.331	53.09	9.174	0.236	27.03	2.289	0.136	8.991						
4 400	322.5	0.952	440.8	85.38	0.570	157.9	23.72	0.346	58.26	10.03	0.247	29.66	2.498	0.142	9.867						
4 600	352.1	0.996	481.8	93.14	0.596	172.6	25.85	0.362	63.68	10.93	0.258	32.42	2.717	0.149	10.78						

（续）

公称直径 (mm)	40			50			70			80			100			125			150		
内径 (mm)	41.00			53.00			68.00			80.50			106.00			131.00			156.00		
G	R	v	h_d	R	v	h_d	R	v	h_d	R	v	h_d	R	v	h_d	R	v	h_d	R	v	h_d
4 800	382.94	1.039	524.6	101.2	0.622	187.9	28.07	0.378	69.34	11.85	0.270	35.30	2.944	0.155	11.74						
5 000	415.1	1.082	569.3	109.7	0.648	203.9	30.38	0.393	75.24	12.82	0.281	38.31	3.180	0.162	12.74						
5 400	483.2	1.169	664.0	127.5	0.699	237.8	35.28	0.425	87.75	14.87	0.303	44.68	3.679	0.175	14.86						
5 800	556.5	1.255	766.0	146.7	0.751	274.3	40.54	0.456	101.2	17.06	0.326	51.55	4.214	0.188	17.15						
6 200	635.0	1.342	875.3	167.3	0.803	313.5	46.16	0.488	115.7	19.41	0.348	58.90	4.784	0.201	19.59						
6 600	718.6	1.429	991.9	189.2	0.855	355.2	52.14	0.519	131.09	21.91	0.371	66.75	5.389	0.214	22.20						
7 000	807.5	1.515	1 115.8	212.4	0.907	399.6	58.49	0.551	147.5	24.55	0.393	75.08	6.030	0.227	24.97	2.300	0.157	11.96	0.959	0.111	5.950
7 400	901.5	1.602	1 246.9	237.0	0.959	446.6	65.21	0.582	164.8	27.35	0.416	83.91	6.706	0.240	27.91	2.540	0.165	13.29	1.058	0.117	6.610
7 800	1 000.6	1.688	1 385.4	262.9	1.010	496.1	72.28	0.614	183.1	30.30	0.438	93.22	7.418	0.253	31.01	2.793	0.174	14.69	1.162	0.123	7.305
8 200				290.2	1.062	548.3	79.72	0.645	202.4	33.39	0.460	103.0	8.165	0.266	34.27	3.057	0.182	16.16	1.271	0.129	8.036
8 600				318.8	1.114	603.1	87.52	0.677	222.6	36.64	0.483	113.3	8.948	0.279	37.70	3.333	0.191	17.70	1.384	0.135	8.800
9 000				348.8	1.166	660.5	95.69	0.708	243.8	40.03	0.505	124.1	9.766	0.291	41.28						

公称直径 (mm)	50			70			80			100			125			150		
内径 (mm)	53.00			68.00			80.50			106.00			131.00			156.00		
G	R	v	h_d	R	v	h_d	R	v	h_d	R	v	h_d	R	v	h_d	R	v	h_d
11 000	518.7	1.425	986.7	142.0	0.866	364.1	59.26	0.618	185.4	14.39	0.356	61.67	4.887	0.233	26.44	2.021	0.164	13.15
12 000	616.2	1.554	1 174	168.5	0.944	433.4	70.28	0.674	220.6	17.03	0.389	73.39	5.773	0.254	31.46	2.383	0.179	15.65
13 000	722.2	1.684	1 378	197.3	1.023	508.6	82.23	0.730	259.0	19.89	0.421	86.14	6.732	0.276	36.92	2.774	0.194	18.36

(续)

| 公称直径 (mm) | 50 | | | 70 | | | 80 | | | 100 | | | 125 | | | 150 | | |
| 内径 (mm) | 53.00 | | | 68.00 | | | 80.50 | | | 106.00 | | | 131.00 | | | 156.00 | | |
G	R	v	h_d	R	v	h_d	R	v	h_d	R	v	h_d	R	v	h_d	R	v	h_d
14 000	836.5	1.814	1 598	228.4	1.102	589.8	95.12	0.786	300.3	22.97	0.453	99.90	7.704	0.297	42.82	3.195	0.209	21.29
16 000				297.4	1.259	770.4	123.7	0.898	392.3	29.80	0.518	130.5	10.05	0.339	55.93	4.124	0.239	27.81
18 000				375.4	1.416	975.1	156.0	1.011	496.5	37.51	0.583	165.1	12.62	0.382	70.79	5.169	0.269	35.20
20 000				462.5	1.574	1 203	192.1	1.123	612.9	46.11	0.648	203.9	15.48	0.424	87.40	6.330	0.299	43.50
22 000				558.7	1.731	1 256	231.9	1.235	741.6	55.58	0.712	246.7	18.63	0.466	105.7	7.608	0.329	52.59
24 000				664.0	1.899	1 733	275.5	1.348	882.6	65.04	0.777	293.6	22.08	0.509	125.9	9.002	0.359	65.58
26 000							322.8	1.460	1 036	77.18	0.842	344.5	25.18	0.551	147.7	10.51	0.389	73.45
28 000							373.8	1.572	1 201	89.31	0.907	399.6	29.84	0.594	171.3	12.14	0.419	85.18
30 000							428.6	1.684	1 379	102.3	0.972	458.7	34.15	0.636	196.6	13.88	0.449	97.78
34 000										131.0	1.101	589.2	43.66	0.721	252.6	17.71	0.508	125.6
38 000													54.32	0.806	315.5	22.01	0.568	156.9
42 000													66.15	0.891	385.4	26.77	0.628	191.7
46 000													79.13	0.975	462.3	32.00	0.688	229.9
54 000													108.6	1.145	637.1	43.85	0.807	316.8
62 000													142.7	1.315	839.9	57.55	0.927	417.6
70 000													181.4	1.484	1 071	73.11	1.047	532.4
80 000													236.4	1.696	1 398	95.17	1.196	695.3
90 000																120.1	1.346	880.0

表 5 - 26　热水及蒸汽供暖局部阻力系数 ξ

局部阻力名称	局部阻力系数 ξ	备注	图例
柱型散热器	2.0	以管中流速为准	①
铸铁锅炉	2.5		
钢制锅炉	2.0		
骤然扩大	1.0	以其中较大流速为准	②
骤然缩小	0.5		
直流三通（图①）	1.0		③
旁流三通（图②）	1.5		
分（合）流三通（图③）	3.0		④
裤衩三通	1.5		
直流四通（图④）	2.0		
分（合）流四通（图⑤）	3.0		⑤
方形补偿器	2.0		
集气罐	1.5	以管中流速为准	
除污器	10.0		

表 5 - 27　热水及蒸汽供暖局部阻力系数 ξ

局部阻力名称	管径（mm）					
	15	20	25	32	40	≥50
截止阀	16.0	10.0	9.0	9.0	8.0	7.0
闸阀	1.5	0.5	0.5	0.5	0.5	0.5
弯头	2.0	2.0	1.5	1.5	1.0	1.0
90°煨弯	1.5	1.5	1.0	1.0	0.5	0.5
乙字管	1.5	1.5	1.0	1.0	0.5	0.5
括弯	3.0	2.0	2.0	2.0	2.0	2.0
急弯双弯头	2.0	2.0	2.0	2.0	2.0	2.0
缓弯双弯头	1.0	1.0	1.0	1.0	1.0	1.0

表 5 - 28　热水供暖系统局部阻力的当量长度（m）

局部阻力名称	简化符号	管径（mm）						
		15	20	25	32	40	50	70
柱型散热器	⊐□	0.7	1.0	1.3	2.0	—	—	—
铸铁锅炉	TG	—	—	—	2.5	3.2	4.4	5.8
钢制锅炉	GG	—	—	—	2.0	2.5	3.5	4.6
骤然扩大	⊏⌐	0.3	0.5	0.7	0.9	1.3	1.8	2.3

（续）

局部阻力名称	简化符号	管径（mm）						
		15	20	25	32	40	50	70
骤然缩小	⊐⊏	0.2	0.3	0.3	0.5	0.6	0.9	1.2
直流三通		0.3	0.5	0.7	1.0	1.3	1.8	2.3
旁流三通		0.5	0.8	1.0	1.5	1.9	2.6	3.5
分（合）流三通		1.0	1.6	2.0	3.0	3.8	5.3	6.5
裤衩三通		0.5	0.8	1.0	1.5	1.9	2.6	3.5
直流四通		0.7	1.0	1.3	2.0	2.5	3.5	4.6
分（合）流四通		1.0	1.6	2.0	3.0	3.8	5.3	6.9
"⊓"形补偿器	⊓	0.7	1.0	1.3	2.0	2.5	3.5	4.6
集气罐	J	0.5	0.8	1.0	1.5	1.9	2.6	3.5
除污器	Y	3.4	5.2	6.5	9.9	12.7	17.6	23.0
截止阀		5.2	5.5	5.9	8.9	10.1	12.3	16.1
闸阀		0.5	0.3	0.4	0.5	0.6	0.9	1.2
弯头		0.7	1.0	1.0	1.5	1.5	1.8	2.3
90°煨弯		0.5	0.8	0.7	1.0	0.6	0.9	1.2
乙字管		0.5	0.8	0.7	1.0	0.6	0.9	1.2
括弯		1.0	1.0	1.3	2.0	2.5	3.5	4.6
急弯双弯头		0.7	1.0	1.3	2.0	2.5	3.5	4.6
缓弯双弯头		0.3	0.5	0.7	1.0	1.3	1.8	2.3

六、热源与储能

随着能源供给侧结构性改革的持续推进，温室供暖热源设备的种类近些年也不断增加和更新。以前温室供暖常用的燃煤锅炉因使用受限，在新建项目中的应用越来越少。燃气锅炉、热电厂余热、工业余热、核能供热、深层地热能、地源（水源）热泵、空气源热泵、太阳能和直燃机等清洁能源和可再生能源利用设备越来越多地应用于温室供暖工程。

天然气作为一种清洁能源，其主要成分是甲烷（CH_4），燃烧后烟气的主要成分是二氧化碳（CO_2）和水（H_2O），以天然气为燃料的燃气锅炉不仅能为温室供暖，锅炉烟气经冷凝后还可直接用于温室作物二氧化碳施肥使用，因此在具备天然气供气条件的地区很多温室都会选择燃气锅炉作为温室供暖热源设备。

1. 燃气锅炉选型 燃气锅炉的热效率很高，设计效率一般都高于90%，有些带有余热回收装置锅炉的热效率甚至能达到100%以上。锅炉的装机容量：

$$Q_B = Q/\eta \qquad\qquad (5-22)$$

式中 Q_B——锅炉房总装机容量，W；

　　　Q——锅炉负担的供暖设计热负荷，包括所有供暖温室和其他生产、生活和办公用房的供暖负荷，W；

　　　η——室外管网输送效率，一般 $\eta=0.9$。

新建锅炉房选用锅炉一般应在 2 台以上，以便在不同的季节根据供热需要启动相应规模的锅炉数量，以达到最大限度节约能源的目的。

2. 储能 当利用燃气锅炉的烟气作为温室二氧化碳气源时，温室的热源设备中一般会配置储能水罐。二氧化碳施肥一般在白天晴天进行，此时光照充足，进入温室的太阳辐射量大，温室供暖热负荷小，按二氧化碳施肥量需求运行锅炉会出现供热量过大的情况，需要把多余的热量储存在储能水罐中待夜间使用，因而储能水罐能起到移动和调节供热负荷峰值的作用。储能水罐还可与锅炉联合工作，一定程度上减小锅炉设备的型号。储能罐容积：

$$V_x = \frac{N_r \times t_x \times 3\,600}{\Delta T_x \times \eta_1 \times \eta_2 \times \eta_3 \times \rho \times 4.18} \qquad\qquad (5-23)$$

式中 V_x——蓄热水罐容积，m^3；

　　　N_r——日间运行锅炉功率，kW；

　　　t_x——锅炉日间运行时间，h，一般等于烟气供应 CO_2 时间；

　　　ΔT_x——蓄热水罐可利用温差，℃，可按 40 ℃取值；

　　　η_1——蓄热水罐保温效率，宜取 95%；

　　　η_2——蓄热水罐容积利用系数，宜取 0.9；

　　　η_3——系统水膨胀系数，宜取 0.97；

　　　ρ——热水密度，宜取 1 000 kg/m^3。

3. 其他热源形式

（1）**工业余热** 指工业生产过程的产品和排放物料所含的热或设备的散热。工业余热的利用，可分为气态余热利用、液态余热利用和固态余热利用等几种类型。例如从各种化工设备、工业炉中排出的可燃气体、高温烟气、工业设备中蒸发出的蒸汽或动力设备中排出的乏汽；从工业炉或其他设备排出的冷却水，以及被加热到很高温度的工业产品所带有的物理热等。工业余热利用是节约能源的一个重要途径，当温室建设地点附近有工业余热可资利用时，可以通过对技术上的可行性和经济上合理性的分析来确定热源方案。

（2）**核能供热** 是以核裂变产生的能量为热源的新型供热方式。核能具有清洁无碳、能量密度大、供给可靠性高等特点。1 kW 的核电需要排出低品位余热 1.5 kW，有效利用这部分热量，可在冬季获得 12.9 GJ 的热量，核能具有巨大的综合利用潜力。核电站与供暖用户之间有多道回路进行隔离，每个回路之间只有热量的传递，没有水或水蒸气的交换，更不会有任何放射性物质进入用户暖气管道的可能，核能供热仅仅通过换热把热量从核岛供出，经过我国多个城市的实践证明是安全的。

（3）**地热水供热** 地热通常指陆地地表以下 5 000 m 深度内的热能。根据温度不同，可将地热水分为低温水（<40 ℃）、中温水（40～60 ℃）、高温水（60～100 ℃）和过热水（>100 ℃）。地热水的参数和成分差别很大，往往具有腐蚀性，需要注意传热表面和管路发生腐蚀或沉积的情况。对于一个具体的水井，地热水的温度几乎全年不变，与热负荷无关。为了提高地热水供热的经济性，通常在设计中会采取以下几种措施：供热系统中设置蓄能水罐，以调节短时期内的负荷变化；供热系统中设置尖峰热源（如燃气锅炉），地热水只承担基本热负荷；多级利用，如把供暖后的低温热水再用于提升地栽温室的地温等，尽量降低回灌水温度。

（4）空气源热泵　是以空气作为低温热源进行供热的装置。以环境空气作为低品位热源，取之不尽、用之不竭。安装灵活、使用方便、初投资相对较低是空气源热泵的优点，其比较适用于小型温室使用。但是，当室外空气相对湿度大于70％、温度3～5℃时，一般机组的室外换热器就会结霜，使空气源热泵的制热量、制热性能系数和可靠性下降，所以建设于严寒和寒冷地区的温室，冬季采暖时，应注意选用低温空气源热泵机组。低温空气源热泵采用喷气（液）增焓等技术，使机组能够在严寒−30℃情况下制热。

（5）水源热泵　利用地球表面浅层水中的热能作为低位热能，利用热泵原理，消耗少量高位电能，实现低位热能向高位热能转移。水源热泵根据取水位置不同，一般分地下水源热泵和地表水源热泵。地下水源热泵同时也属于地源热泵。水源热泵的应用需要一定的条件：可靠充足的水源水量；合适的水源水温；良好的水质。

（6）地源热泵　冬季供热时以大地作为热泵机组的低温热源，通过地埋盘管获取土壤中的热量而为温室供热，夏季制冷时把大地作为排热场所，将室内热量以及压缩机耗能通过地埋盘管排入大地，再通过土壤导热和土壤中水分的迁移把热量扩散出去。利用地源热泵时应注意使大地冬夏热量平衡。地源热泵属于可再生能源，机组利用效率高，节省运行费用；不足之处在于需要较大的换热面积，系统初期投资大，维修不太方便，各地区土壤性质差别引起的导热系数的差别较大，连续运行能力不强等。

七、集中供热系统

大型连栋温室或大型连栋温室集群一般采用集中供热系统。集中供热系统由热源、输配管网和各温室（或温室不同功能分区）用户三部分组成。热媒为热水的集中供热系统一般采用闭式系统，即热网中的循环热水仅作为热媒，供给温室热量，水不从热网中取出使用。

传统的热水供热系统一般由单一热源、单一系统循环泵、双管闭式管路组成。这种系统是在热源处设置一个大的水泵，同时完成热源、管网和末端装置的循环功能。随着技术的发展进步，这种设计方法的弊端开始显现出来。因为循环水泵的选择，无论循环流量还是扬程都是按照系统最大值选取，即实际上只有最末端温室用户的循环环路的压降才与循环水泵的扬程相等，其他温室或者功能区的循环环路压降都小于循环泵扬程，并且离热源越近的温室用户资用压头越大，显然，装机电功率一定远大于系统设计流量匹配所需的输配动力。这样一来，在热媒的输送过程中，不但多消耗了电能，还会造成水力失调、冷热不均等现象。

近些年，大型连栋温室的集中供热系统多采用分布式输配系统，即在热源、管网和温室用户处分别设置循环水泵。热源循环泵的设计扬程即热源内部水系统的总压力损失，包括锅炉、配套设备以及锅炉至分集水器间管路的压力损失之和。设计流量为供热系统的总设计流量。循环水泵的扬程和流量一般不需要增加余量系数。管网循环泵的设计扬程为分

（集）水器至温室热力入口的压力损失，设计流量为所在分支系统的设计流量。温室内循环泵的扬程为所在循环环路各管段的压降之和，流量为所在区段的设计流量。图5-7为常用的集中供热系统形式。

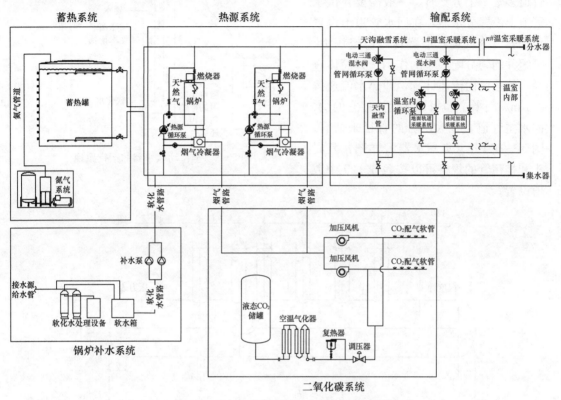

图5-7　大型温室常用集中供热系统形式

系统中对于热水而言，传统的热水供热系统循环水泵是"推着走"，因为传统循环水泵设置在热源处，即在循环的上游端，所以热水被循环泵产生的动力"推着走"很容易理解。分布式输配系统则是"抽着走"，因为为了避免多余资用压头的产生，分布式输配系统常把循环泵设置在各个小循环处。需要注意的是，分布式输配系统的循环水泵必须建立在变频调速的基础上。循环水泵通过变频调速进行各个小循环的流量调节和供热量调节，借此实现系统的水力平衡和热力工况稳定。分布式输配系统每个小循环需要的循环流量和热量，完全由自身的循环泵通过变频调速来自动选取。因此，整个系统的水力平衡和室温更容易调节。

八、系统中的其他常用设备

1. 水处理设备　供暖系统热源水质不良会在锅炉、换热器等设备上形成水垢，降低设备热效率，严重情况还会引起设备损坏、泄露等安全问题。因此供暖系统补给水需要软化。温室供暖系统的补水量一般按总循环水量的2%计算，最常用的软化办法是离子交换法。全自动软水器是一种运行和可再生过程实现自动控制的离子交换器，利用钠型阳离子交换树脂去除水中钙、镁离子，降低原水硬度。全自动软水器的循环过程主要有运行、反洗、再生、置换、正洗和盐箱补水等几个步骤,其运行原理见图5-8。

2. 分(集)水器 当热源的供水管道多于2个分支时,一般需要在供水管道上设置分水器,在回水管道上设置集水器。分(集)水器具有稳定压力、平缓并均匀分配水流的作用。其筒体直径一般按筒内流速计算,即热水流速按0.1m/s计算。也可以按比连接它的供、回水主管道直径大两号的直径来估算。图5-9为分(集)水器大样图,其封头和排污管的规格可以按表5-29中数值设置。

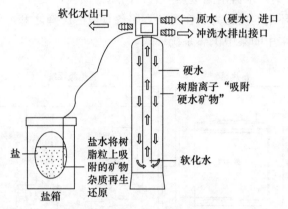

图5-8 全自动软水器的运行原理

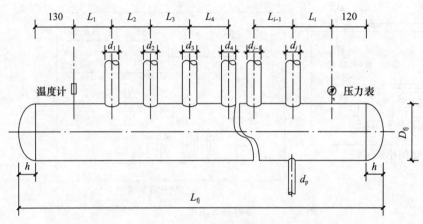

图5-9 分(集)水器大样

表5-29 分水器、集水器封头高度及排污管规格(mm)

D_{fj}	159	219	273	325	377	426	500	600	700	800	900	1 000
h	65	80	93	106	119	132	150	175	200	225	250	275
d_p	50						100					

第三节 热风供暖系统

一、概述

热风供暖是通过热交换器首先将空气加热,然后再用风机将加热空气直接送入温室提高室温的加热方式。这种加热方式由于是强制加热空气,一般加温的热效率较高。热风供暖加热空气的方法可以是热水或蒸汽通过换热器换热后由风机将热风吹入室内,也可以是加热炉直接燃烧加热空气,前者称为热风机,后者称为热风炉。热风机有电热热风机、热水热风机、蒸汽热风机,根据加热热媒的不同而有区别;热风炉有燃煤热风炉、燃油热风炉和燃气热风炉，根据燃烧的燃料不同而分类。输送热空气的方法有采用管道输送和不采用管道输送两种方式，前者输送管道上开设均匀送风孔，室内气温比较均匀，输送管道的材料可以是塑料薄膜筒或帆布缝制的筒；输送管道可以布置在空中，也可以在栽培床下，视种植需要确定。

热风供暖系统由于热风干燥，温室内相对湿度较低，此外由于空气的热惰性较小，加温时室内温度上升速度快，但在停止加温后，室内温度下降也比较快，易形成作物叶面结露积水，加温效果不及热水或蒸汽供暖系统稳定。由于加温筒内的空气温度较高，在风筒出风口附近容易出现高温，影响作物生长，设计中应控制风筒出风口温度，减小对作物的伤害。

相比热水加温系统，热风加温运行费用较高，但其一次性投资小，安装简单。主要使用在室外供暖设计温度较高（−10～−5℃及以上）、冬季供暖时间短的地区，尤其适合于小面积单栋温室。在我国主要使用在长江流域以南地区。

热风供暖系统设备的选型主要根据供暖热负荷和热风机或热风炉的产热量确定。一般要求热风供暖热负荷应大于温室计算供暖热负荷5%～10%。

二、温室常用热风机（炉）规格

目前国内外有关热风供暖的设备和规格都较多，有固定式的、可移动式的，还有可悬挂在空中的等形式。表5-30是目前国内燃油（气）热风炉的常用规格及其耗能参数，表5-31为一种固定在地面上的燃生物质热风炉的规格参数，表5-32为一种全自动燃油热风机的规格参数，表5-33为一种固定式燃气热风机的规格参数，表5-34为悬挂式热水（蒸汽）换热热风机的技术参数，表5-35为一种电热风机的规格参数，具体设计中可直接与生产厂家联系，以获得其准确的性能参数。

表5-30　燃油（气）加温机主要技术指标

额定发热量		设计风温	煤柴油	天然气	液化气	城市煤气
kcal/h	kW	（℃）	（kg/h）	（Nm³/h）	（Nm³/h）	（Nm³/h）
5×10^4	60	60	4.9	5.85	2.27	11
10×10^4	120	60	9.8	11.70	4.54	22
20×10^4	230	60	19.6	23.40	9.10	44

注：1 kcal=4.186 kJ，下同。

表5-31　地面固定式燃生物质热风炉主要规格参数

规格型号	额定发热量		出风量	电机功率	出风口温度	燃料消耗量	外形尺寸
	kW	kcal/h	（m³/h）	（kW）	（℃）	（kg/h）	长×宽×高（mm）
XNSWF-10	116	10×10^4	7 000	6	80～120	5～20	1 700×1 200×2 170
XNSWF-20	230	20×10^4	12 000	7.5	100～150	10～40	2 270×1 700×2 400
XNSWF-30	349	30×10^4	18 000	9	100～150	15～60	2 700×2 170×2 400
XNSWF-40	465	40×10^4	24 000	11	100～150	20～80	2 990×2 350×2 500

生产厂家：山东翔能温控设备有限公司。

表 5-32　固定式燃油热风机规格

项目		规格型号			
		JYL-5A	JYL-10AB	JYL-20A	JYL-30A
额定发热量	kcal/h	5×10^4	10×10^4	20×10^4	30×10^4
	kW	58	116	232	348
热风出口温度（℃）		≥70	≥70	≥70	≥70
额定热风量（m³/h）		3 000～4 000	4 000～5 500	5 000～8 000	8 000～12 000
额定耗油量（kg/h）		4～8	6～12	12～20	22～28
适用燃料		0号柴油			
功率（kW）		2.37	3.17	4.72	6.47
外形尺寸	长（mm）	1 900	2 110	2 200	2 460
	宽（mm）	820	920	1 280	1 480
	高（mm）	1 670	1 770	1 720	1 880
重量（kg）		240	300	360	500

生产厂家：山东杰诺温控设备制造有限公司。

表 5-33　固定式燃气热风机规格

项目		规格型号			
		JQL-5B	JQL-10B	JQL-20B	JQL-30B
额定发热量	kcal/h	5×10^4	10×10^4	20×10^4	30×10^4
	kW	58	116	232	348
热风出口温度（℃）		≥70	≥70	≥70	≥70
额定热风量（m³/h）		3 000～4 000	4 000～5 500	5 000～8 000	8 000～12 000
额定耗气量（Nm³/h）		4～8	6～11	12～23	18～35
适用燃料		天然气/液化气/沼气			
功率（kW）		2.33	3.17	4.72	6.47
外形尺寸	长（mm）	2 000	2 200	2 360	2 560
	宽（mm）	820	920	1 280	1 480
	高（mm）	1 670	1 770	1 720	1 880
重量（kg）		260	300	400	550

生产厂家：山东杰诺温控设备制造有限公司。

表 5-34　国产悬挂式热水（蒸汽）换热热风机技术规格

暖风机型号	热介质	产热量（kW）	流量（m³/h）	温度（℃）		风速（m/s）	电机功率（kW）	外形尺寸 长×宽×高（mm）
				进口	出口			
NC-30	蒸汽（98.1～392 kPa）	31.4～40.7	2 100	15	48～58.2	7.2	0.6	533×633×540
	热水（130～70℃）	11			26.5			
NC-60	蒸汽	58.1～75.5	5 000	15	50～60	6	1.0	689×611×696
	热水	23.8			29.5			

引自：崔引安，1994，《农业生物环境工程》，中国农业出版社。

表 5 - 35　电加热型暖风机主要规格参数

规格型号	电压 (V)	电加热功率 (kW)	电机功率 (kW)	风量 (m³/h)	温升 (℃)	重量 (kg)	外形尺寸 长×宽×高 (mm)
NF - ZHD03 - 3D - K	380	1.5/3	0.04	280	16/32	10	400×280×280
NF - ZHD05 - 3D - K	380	2.5/5	0.06	480	16/32	14	400×345×340
NF - ZHD09 - 3D - K	380	4.5/9	0.09	720	19/37	18	490×365×390
NF - ZHD15 - 3D - K	380	7.5/15	0.09	1 120	20/40	21	570×365×430
NF - ZHD20 - 3D—K	380	10/20	0.135	2 000	15/30	21	570×365×430
NF - ZHD30 - 3D - K	380	15/30	0.19	3 000	15/30	29	630×420×530

生产厂家：沈阳艾科特科技有限公司。

第四节　其他供暖系统

一、辐射供暖

温室辐射供暖技术是 20 世纪 70 年代初首先在美国开始应用的一种加热技术。它是利用辐射加热器释放的红外线直接对温室内空气、土壤和植物加热的方法。其加温原理就像白天太阳照射进温室一样，辐射红外线在照射到所遇到的物体后光能转换为热能，物体表面温度升高，进而通过对流和传导提高物体及周围空气温度。辐射加温管可以是电加热，也可以是燃烧天然气加热。辐射源的温度可高达 420～870 ℃。其优点是升温快（直接加热到作物和地面的表面）、效率高（不用加热整个温室空间），设备运行费用低，温室内种植作物叶面不易结露，有利于病虫害防治，对直接调节植物体温、光合作用及呼吸、蒸腾作用有明显效果，但设备要求较高，设计中必须详细计算辐射的均匀性，对反射罩及其材料特性要慎重选择。对单栋温室由于侧墙辐射损失较大，使用不经济。目前国内还没有专门的厂家生产温室专用的辐射供暖器。

二、地面供暖

1. 电热线供暖　利用电流通过电阻大的导体将电能转变为热能进行空气或土壤加温的加温方式。主要为电热线。温室中使用的电热线有空气加热线和地热加热线两种。加热线的长度是供暖设计的主要参数。其值取决于供暖负荷，由加温面积、加热线规格（材料、截面面积和电阻率大小）以及所用电源和电压等条件确定。表 5 - 36 是国产电加热线的主要规格及其主要参数。

表 5 - 36　电热线的主要规格及其主要参数

型号	电压 (V)	电流 (A)	功率 (W)	长度 (m)	包标	使用温度 (℃)
DV20410	220	2	400	100	黑	≤45
DV20406	220	2	400	60	棕	≤40
DV20608	220	3	600	80	蓝	≤40
DV20810	220	4	800	100	黄	≤40
DV21012	220	5	1 000	120	绿	≤40

生产厂家：上海市农业机械研究所。

表5-37为配套电热线使用的一种温控仪的技术参数。WKQ-1型温度控制器采用全塑壳结构，防潮绝缘性能良好，机内采用集成电路运算放大器，灵敏度高，运作可靠，适合于土壤和水体等加温场合中做二位通断式自动温度控制。

表5-37 WKQ-1型温度控制器主要技术参数

控温范围（℃）	面板刻度精度（℃）	工作环境		电压（V）	直接负载（A）
		温度（℃）	相对温度		
10～50	±2	-10～45	≤85%	AC220±15%	10

WKQ-1型温度控制器直接负载小，只能用于小面积加温区的控制，对大面积加温区控制，可采用多台WKQ-1型温度控制器，或直接采用组合箱式温度控制器。组合箱式温度控制器是WKQ-1型温度控制器的扩充组件，其电源形式采用三相四线制，线电压380V，负载功率为12kW，每相可接20A的负载。相比多台WKQ-1型温度控制器，使用组合箱式温度控制器可简化用户的接线工作，且安装方便、价格低廉、使用安全。

设计电热线时应注意：①地温电热线只用于床内土壤加热或水加热，不能作电缆使用，也不能在空气中使用；②电热线功率是额定的，不能剪短或接长使用；③布线时电热线不能重叠、缠绕、打结、交叉使用整根线（包括接头都埋入床土下）；④从土中取电热线时禁止用利器挖掘，以免损坏绝缘层，也禁止硬拉硬拔，防止拉断；⑤一般一台温控仪只能接电线2000W，如需多接，可在控温仪后连接40A的交流接触器；⑥电热线额定电压为220V时，不能随意增加或减小电压。在单相电源中使用多根电热线时必须并联（禁止串联）。

采用电热线供暖不受季节、地区限制，可根据种植作物的要求和天气条件控制加温的强度和加温时间。具有升温快，温度分布均匀、稳定、操作灵便等优点；缺点是耗电量大，运行费用高。多用于育苗温室的基质加温和实验温室的空气加温等。

2. 热水地面供暖 热水地面供暖系统将加热管道直接埋入地下加热，也可以采用热水在地下漫流的方式加热。

对于埋管系统，散热管一般布置在100mm厚多孔混凝土下或埋在300mm深的土壤中。为了避免耕作设备不致破坏加热管道，加热管上必须保证有足够的土层厚度。图5-10是典型的地面加热系统管道平面布置图。

地面漫流加热系统由防水

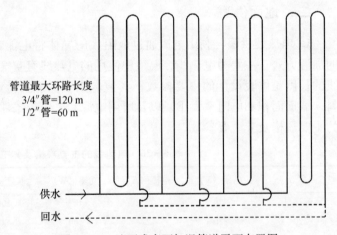

管道最大环路长度
3/4″管=120 m
1/2″管=60 m

供水
回水

图5-10 地面或床面加温管道平面布置图

膜、碎石层和多孔混凝土层组成。防水膜平铺在地表以下400mm的夯实基面上，四周卷起至地面，上铺300mm厚碎石，最上面是100mm厚多孔混凝土地面。碎石的孔隙中灌注热水，用作传热介质。热水在碎石层中保持一定的水位循环流动。图 5-11 为这种加热系统，其中也可以在碎石层中安装管路作为热交换器。

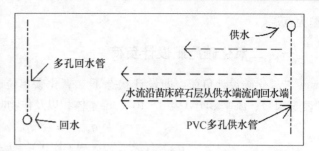

地面加热方式的散热量为 45～60 W/m²，土壤地面取高限值，混凝土地面取低限值。对温室供暖仅靠地面加温的供热负荷一般不能满足温室要求温度的全部热负荷，所以在温室内还必须再安装空气加热系统，以弥补地面加温的不足。

栽培床加热系统除加热管排列较密外，其他与地面加热系统基本相同。在地面加热系统和栽培床加热系统中都能应用的一种小管径（内径约为 5 mm）EPDM 高分子材料加热管，可以有 3 种布置形式：第一种是用单管；第二种是布置 2

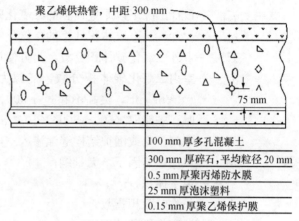

图 5-11　地面漫流加热系统

根或 4 根管，中距 20 mm；第三种是布置多根管，中距 10 mm。根据作物需要，底部加热系统的供水温度一般为 32～43 ℃，为保证较高的传热系数和较小的管道阻力损失，管道中平均水流速度应为 0.6～0.9 m/s。

第五节　二氧化碳施肥

二氧化碳（CO_2）施肥就是在自然状态下，温室二氧化碳浓度较低的时段，人为地向温室补充二氧化碳，使温室内的二氧化碳浓度维持在与温度和光照强度相适应的作物能进行较强光合作用的水平。多年的研究和实践表明，适度增加二氧化碳浓度有助于提高园艺作物的产量和品质。作物吸收二氧化碳浓度饱和点随光照不同变化，光照增强，饱和点浓度增大。一般在 50 000～100 000 lx 照度下，多数作物的二氧化碳饱和点为 800～1 800 μmol/mol（工程中常常会使用 800～1 800 ppm 的表达方式，下同）。温室设计二氧化碳施用浓度根据作物种类或者生长阶段不同一般为 600～1 500 μmol/mol，苗期二氧化碳施用浓度一般为 600～1 000 μmol/mol，开花结果期二氧化碳施用浓度一般为 800～1 500 μmol/mol。设施栽培二氧化碳增施方式多种多样，常见的有有机肥发酵法、施用二氧化碳固体颗粒、加强通风引入室外空气、化学反应法、燃气二氧化碳发生器、低温液体二氧化碳储罐以及燃天然气锅炉烟气等。

天然气燃烧的烟气中含有很高比例的二氧化碳，大约为 8％～10％。大型连栋温室二氧化碳施肥经常采用燃气锅炉产生的烟气冷凝后作为气源，因此二氧化碳系统通常与供暖工程同步设计。周年生产的大型温室非采暖季还会配套低温液态二氧化碳储罐作为气源。

一、二氧化碳施肥设计负荷

二氧化碳设计负荷，即设计状态下二氧化碳单位时间用气量，可根据温室换气次数（表 5-11）、风速影响（表 5-10）、温室体积以及作物叶面积指数（表 6-7）等参数计算：

$$q_{am} = 1.784 q_{av} \tag{5-24}$$

$$q_{av} = (C_i - C_o) \cdot N \cdot W \cdot V + LAI \cdot A_s \cdot q_{pr} \tag{5-25}$$

式中 q_{am}——设计工况下以质量计算的二氧化碳设计负荷，kg/h；

q_{av}——设计工况下以体积计算的二氧化碳设计负荷，m^3/h；

C_o——室外二氧化碳体积分数，为方便计算一般取 400×10^{-6} m^3/m^3；

C_i——室内二氧化碳体积分数，气源为锅炉烟气时一般取 $(800 \sim 1\,000) \times 10^{-6}$ m^3/m^3，最高不超过 $1\,500 \times 10^{-6}$ m^3/m^3，气源为液态二氧化碳时，一般取 $(500 \sim 600) \times 10^{-6}$ m^3/m^3；

N——经门、窗或围护结构缝隙渗入室内空气的换气次数，次/h；

W——风速影响因子，无量纲；

V——温室体积，m^3；

LAI——作物叶面积指数；

A_s——温室作物种植面积，m^2；

q_{pr}——作物单位叶面积净光合速率，$m^3/(m^2 \cdot h)$。

二、二氧化碳施肥系统

1. 系统组成 二氧化碳输配系统通常包括气源、输配管道、加压风机及监控设备等。

大型连栋温室一般按周年生产考虑，当冬季采暖采用燃气锅炉时，优先考虑利用其烟气为温室作物进行二氧化碳施肥。非采暖季时光照资源好，对二氧化碳的需求量比冬季更大，但此时往往没有免费的烟气气源提供，需要另外寻找气源。目前最常见的温室二氧化碳施肥系统采用双气源，即锅炉烟气和低温液态二氧化碳储罐并联使用，其工作原理见图 5-12。

采暖季，当温室内作物需要进行二氧化碳施肥时，自动控制系统向加压风机发送"启动"信号，风机开启。风机出口侧安装的压力传感器用来监测管道内最低压力。当压力传感器检测到的压力低于设定值时，三通调节阀调整空气气路打开，引入室外空气；当风管内压力超过设定值时，三通调节阀关闭室外空气气路，开启烟气气路。这样做可以有效防止加压风机后侧有管道泄漏，锅炉烟气进入锅炉房。此处还安装有温度传感器，监测的是管道内最高允许温度。一般情况下，最高允许温度设定值为 60 ℃。当烟气温度低于 60 ℃时，可以直接送入温室；当烟气温度高于 60 ℃时，需要通过调节三通阀引入一定量的室外空气与烟气混合来降低温度。此外，使用天然气燃烧烟气作为气源的二氧化碳输配系统，还应设置一氧化碳和氮氧化物监测装置，一氧化碳和氮氧化物超标对人员和作物都是有害的。

在不使用锅炉的非供暖季节，现代大型温室常常会使用低温液体二氧化碳储罐作为气源（图 5-13）。液体二氧化碳有利于储存和运输，但其最终使用状态必须是气态，因此低温液

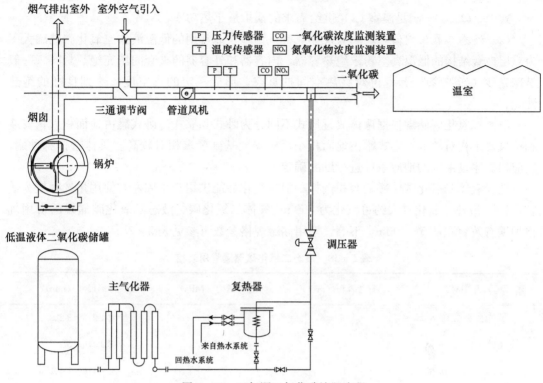

图 5 - 12　双气源二氧化碳施肥流程

体二氧化碳需要经过汽化调压调温后才可以接入二氧化碳输配系统（图 5 - 12）。低温液体二氧化碳储罐属于低温压力容器，是国家强制安全监察的特种设备，其设计、制造、安装和使用都应当经过特种设备安全监督管理部门的许可。

2. 气源设备规格的确定

（1）满足二氧化碳施肥用燃气锅炉规格　天然气燃料是天然蕴藏于地层中的烃类和非烃类气体的混合物，其组分有一定的差异，特别是来自不同产地的天然气，组分差异还是比较大的，但是

图 5 - 13　低温液体二氧化碳储罐为温室提供二氧化碳气源

其主要成分都是甲烷（CH_4），且含量相当高，因此通常将天然气作为甲烷处理。甲烷完全燃烧的化学方程式为：

$$CH_4 + 2O_2 \xrightarrow{\text{点燃}} CO_2 + 2H_2O$$

由此可知，制取 $1\ m^3 CO_2$ 需要 $1\ m^3 CH_4$。标准状态下，$1\ m^3 CH_4$ 的低位发热量是 $35.906\ MJ/m^3$，综合考虑锅炉燃烧效率，可以由式（5 - 26）推算出满足温室 CO_2 供给需求的锅炉最小热功率。

$$Q_{min} = 9.17 \times 10^{-3} q_{av} \qquad (5-26)$$

式中　Q_{min}——满足温室 CO_2 供给需求的锅炉最小热功率，MW。

（2）液态二氧化碳储罐及配套设备规格　设施农业常用的低温液体二氧化碳储罐大多为双层夹套结构的低温真空粉末绝热容器，内容器和外容器的夹套间填充绝热材料，一般是珠光砂（膨胀珍珠岩），再对绝热空间抽真空，形成一定的真空度，达到良好的绝热性能。

液态二氧化碳储罐根据罐体放置形式不同分为卧式和立式。卧式罐占地面积大，安装和抗风要求相对较低；立式罐占地面积小，对安装基础要求相对较高。具体选择哪种罐，还应根据建设地区的地质条件进行勘测确定。

低温液体二氧化碳储罐的容积选择一般按汽化后能供用户 1 周左右使用量选择较为适宜。1 m^3 液体二氧化碳大约可汽化为 560 m^3 气体二氧化碳。液态二氧化碳储罐的常用规格根据有效容积从 5～100 m^3 不等，常用储罐规格参数可参见表 5-38。

表 5-38　液态二氧化碳储罐常用规格

产品型号	有效容积（m^3）	工作压力（MPa）	外形尺寸（mm）
CFL-5/2.16	5	2.16	Φ1 916×5 229
CFL-10/2.16	10	2.16	Φ2 316×5 965
CFL-15/2.16	15	2.16	Φ2 416×7 402
CFL-20/2.16	20	2.16	Φ2 616×7 933
CFL-30/2.16	30	2.16	Φ2 920×8 914
CFL-50/2.16	50	2.16	Φ3 120×11 884
CFL-60/2.16	60	2.16	Φ3 324×12 460
CFL-100/2.16	100	2.16	Φ3 528×16 933

生产厂家：山东中杰特种装备股份有限公司。

（3）气化器　将液态二氧化碳汽化成气体的设备叫气化器。常用的二氧化碳气化器根据热源的不同主要有两种：空温式气化器和水浴式气化器。空温式气化器是以室外空气作为热媒，利用空气自然对流加热液态二氧化碳，使其汽化的装置。空温式气化器一般由铝合金翅片管制成，结构简单，运行费用低廉。水浴式气化器是以热水的热量加热液态二氧化碳，使其汽化的装置。水浴气化器又包括水浴式热水加热气化器、水浴式蒸汽加热气化器、水浴式电加热气化器等种类。

将液态二氧化碳汽化为常温的气态二氧化碳需要经历两个阶段：第一阶段是将液态二氧化碳汽化为同温度的低温气态二氧化碳；第二阶段是将低温气态二氧化碳升温至常温。这两个阶段中，需要外部的总热量为：

$$Q = Q_1 + Q_2 \qquad (5-27)$$

式中　Q——二氧化碳从液态汽化至常温气体所需要的总热量，kJ 或 kcal，（1 kJ = 0.238 9 kcal）；

Q_1——二氧化碳从液态汽化至同温度气态所需热量，kJ 或 kcal；

Q_2——低温气态二氧化碳升温至常温所需热量，kJ 或 kcal。

液态二氧化碳汽化成气态需要吸收的热 Q_1，可以按式（5-28）得出：

$$Q_1 = m \times r \tag{5-28}$$

式中　m——气化二氧化碳的质量，kg；

　　　r——二氧化碳的汽化热，kJ/kg，二氧化碳汽化热见表5-39。

表 5-39　二氧化碳汽化热

温度（K）	汽化热（kJ/kg）	温度（K）	汽化热（kJ/kg）	温度（K）	汽化热（kJ/kg）	温度（K）	汽化热（kJ/kg）
216.6	347.77	238.2	311.75	263.2	261.54	288.2	180.20
218.2	348.18	243.2	302.80	268.2	248.95	293.2	155.23
223.2	337.06	248.2	293.47	273.2	234.85	298.2	119.37
228.2	328.82	253.2	283.63	278.2	219.03	303.2	62.97
233.2	320.41	258.2	270.04	283.2	201.21	304.2	0.00

引自：黄建彬，《工业气体手册》，化学工业出版社，2002年。

将汽化后的低温二氧化碳加热至常温，所需要的热量可按式（5-29）计算得出：

$$Q_2 = m(\rho_2 c_{p2} t_2 - \rho_1 c_{p1} t_1) \tag{5-29}$$

式中　ρ_1、ρ_2——升温前后气态二氧化碳的密度，kg/m³；

　　　c_{p1}、c_{p2}——升温前后气态二氧化碳的定压比热容，见表5-40，kJ/(kg·K)；

　　　t_1、t_2——升温前后气态二氧化碳的温度，K。

设施农业用二氧化碳储罐的储液温度一般在−40～−30℃，气化器出口温度一般可以按室外环境温度减10℃确定。

夏天时空温式气化器可以单独使用，但当使用季节室外温度较低时，还需要增加复热器。复热器多采用水浴式气化器（图5-9）。

气化器的换热面积按式（5-30）计算：

$$F = \frac{\omega q}{K \Delta t} \tag{5-30}$$

式中　F——气化器的换热面积，m²；

　　　ω——气化器的汽化能力，kg/s；

　　　q——汽化单位质量液态二氧化碳所需要的热量，kJ/kg；

　　　K——气化器的总传热系数，kW/(m²·K)，咨询产品制造企业确定；

　　　Δt——加热介质与二氧化碳的平均温差，K。

空温气化器沿翅片管管长方向换热过程经过了液相区、气液两相区和气相区，换热温差在不断变化，因此空气与二氧化碳的平均温差按对数温差法（式5-31）计算：

$$\Delta t = (t_1 - t_2) / \ln[(t_1 - t_0) / (t_2 - t_0)] \tag{5-31}$$

式中　t_0、t_1、t_2——气化器工作期间室外空气温度、气化器进口温度、气化器出口温度，K。

表 5 - 40　二氧化碳定压比热容 $C_P[J/(g \cdot K)]$

压力 MPa	温度/K												
	193.15	203.15	213.15	223.15	233.15	243.15	253.15	263.15	273.15	283.15	293.15	303.15	313.15
0.050 7	0.766	0.775	0.783	0.791	0.800	0.808	0.816	0.825	0.833	0.842	0.850	0.858	0.867
0.101		0.808	0.808	0.812	0.816	0.821	0.825	0.829	0.837	0.846	0.854	0.862	0.871
0.203			0.846	0.846	0.846	0.846	0.850	0.850	0.854	0.858	0.862	0.871	0.879
0.304			0.862	0.883	0.875	0.871	0.867	0.867	0.867	0.871	0.875	0.879	0.883
0.405			0.942	0.921	0.908	0.900	0.892	0.888	0.883	0.888	0.888	0.892	0.896
0.507				1.005	0.942	0.925	0.913	0.904	0.900	0.900	0.900	0.904	0.904
0.608					0.976	0.955	0.938	0.925	0.921	0.917	0.913	0.913	0.913
0.811					1.047	1.013	0.984	0.967	0.955	0.946	0.938	0.934	0.934
1.103						1.080	1.038	1.009	0.988	0.976	0.963	0.959	0.955
1.216						1.160	1.097	1.055	1.026	1.005	0.992	0.980	0.976
1.520							1.202	1.126	1.084	1.055	1.034	1.014	1.005
2.026							2.085	1.256	1.202	1.151	0.946	1.089	1.063
2.533							2.077	—	—	1.273	1.210	1.164	1.126
3.040							2.064	2.202	—	1.470	1.315	1.243	1.189
4.053							2.043	2.169	2.437	—	1.792	1.432	1.323
5.066							2.022	2.140	2.361	—	—	1.851	1.516
6.080							2.001	2.114	2.311	2.747	—	—	1.830
8.106								2.252	2.479	—	—	—	—

引自：黄建彬，《工业气体手册》，化学工业出版社，2002 年。

3. 加压风机选择　由 CH_4 完全燃烧的化学方程式可知，完全燃烧 $1 m^3 CH_4$ 需要 $2 m^3 O_2$，即 $9.52 m^3$ 空气，生成 $1 m^3 CO_2$ 和 $2 m^3$ 水蒸气，即理论烟气量为 $10.52 m^3$。为确保充分燃烧，锅炉燃烧器的空气过剩系数一般取 1.2，因此实际上燃烧 $1 m^3$ 天然气按产生 $12.5 m^3$ 烟气计算。

管道加压风机的风量可以根据二氧化碳设计负荷计算确定：

$$Q_f = 1.10 \times \frac{q_{av}}{\varphi_c} \qquad (5 - 32)$$

式中　Q_f——加压风机风量，m^3/h；

　　　q_{av}——设计工况下以体积计算的二氧化碳设计负荷，m^3/h；

　　　φ_c——锅炉烟气中二氧化碳的体积分数，一般取 8%。

4. 二氧化碳输送管路　天然气燃烧后的烟气主要成分是二氧化碳和水蒸气，在输送烟气的过程中，偏酸性的水蒸气会大量的冷凝下来，因此输送管道一般选择耐腐蚀的管材，干管和支管一般选用硬聚氯乙烯管或者聚乙烯管，末端的配气毛管一般选用高压聚乙烯塑料薄膜管。种植无限生长型果菜的大型连栋温室二氧化碳干管和支管一般埋地敷设，配气毛管则悬挂在栽培槽下方，通过立管与地下支管相连。管道内的烟气流速对输配系统的经济性有较大影响。流速高，管径小，材料费用少，但是系统阻力大，动力消耗大，运行费用增加；相反，流速低，管径大，材料费用多，但系统阻力小，动力消耗少，运行费用降低。因此，需要通过全面的技术经济比较选定合理的流速。干管内气体流速一般控制在 6～12 m/s，支管流速 4～7 m/s，配气毛管流速 2～3 m/s。根据烟气流量和流速可以计算出各管段管径：

$$d_c = 18.8\sqrt{\frac{q_y}{v_y}} \qquad\qquad (5-33)$$

式中　d_c——二氧化碳管道内径，mm；

　　　　q_y——烟气流量，m^3/h；

　　　　v_y——烟气流速，m/s。

为了均匀分配二氧化碳，烟气输配系统末端的配气毛管大多使用侧壁带有若干细小孔洞的塑料薄膜管，是一种带有等面积孔口的等断面近似均匀送风管道。烟气在管道中的流动遵循流体力学的一般规律，孔口面积、数量等计算过程较为复杂，需要应用到流体力学中的连续性方程式、能量方程式和动量方程式等知识，对此感兴趣的读者可自行查阅相关书籍，本章节不再赘述。在种植无限生长型果菜的大型连栋温室中，最常用的配气毛管管径 Φ60 mm，每间隔 500 mm 围绕断面开 4 个直径为 0.8 mm 的小孔（图 5-14）。

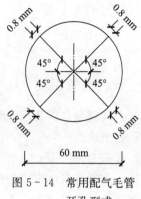

图 5-14　常用配气毛管
开孔型式

第六章 温室通风、降温系统设计

第一节 通风、降温设计基础

一、大气组成

大气就是包围地球的空气，由干空气、水蒸气混合而成的湿空气，以及烟雾、花粉等污染物组成。

1. 干空气 是除去水蒸气和污染物的大气空气，是由氮、氧、氩、二氧化碳、氖和其他一些微量气体组成的混合气体，成分相对稳定，但个别成分的数量会随时间、地理位置和海拔高度而发生微小变化。干空气中二氧化碳的含量随植物的生长状态、气象条件、海水表面温度、污染状态等的不同有较大差异，并随时间逐年增加，占据干空气的比例在1955年时约0.031 4%，2005年约0.037 9%，预计2036年可达到0.043 8%。二氧化碳的增加被氧气的减少所抵消，预计2036年的氧气百分比是20.935 2%。在研究空气物理性质时，允许将干空气作为一个整体来对待。据预测，至少在21世纪上半叶，基于碳-12标准（$C_{-12标准}$）的干空气的相对分子量是28.966，干空气的气体常数为287.042 J/($kg_{干空气}$·K)。海平面附近清洁干空气的组成成分见表6-1。

表6-1 海平面附近清洁干空气的标准成分

成分气体 （分子式）	成分体积百分比 （%）	相对分子质量 （$C_{-12标准}$）	成分气体 （分子式）	成分体积百分比 （%）	相对分子质量 （$C_{-12标准}$）
氮（N_2）	78.084	28.013	二氧化硫（SO_2）	0～0.000 1	64.082 8
氧（O_2）	20.947 6	31.998 8	二氧化氮（NO_2）	0～0.000 002	46.005 5
氩（Ar）	0.934	39.934	氨（NH_4）	0～微量	17.030 61
氖（Ne）	0.001 818	21.183	一氧化碳（CO）	0～微量	28.010 55
氦（He）	0.000 524	4.002 6	碘（I_2）	0～0.000 001	253.808 8
氪（Kr）	0.000 114	83.80	二氧化碳（CO_2）	0.037 9	44.009 95
氙（Xe）	0.000 008 7	131.30	氢（H_2）	0.000 05	2.015 94
臭氧（O_3） 夏	0～0.000 007	47.998 2	甲烷（CH_4）	0.000 15	16.043 03
臭氧（O_3） 冬	0～0.000 002	47.998 2	氧化氮（N_2O）	0.000 05	44.012 8
氡（Rn）	$6×10^{-13}$				

2. 水蒸气　大气中的水蒸气也称为水汽，在干旱的沙漠地区，占大气总容积不到万分之一，即便是在热带多雨地区，也不超过百分之四。然而，正是这含量很少的水汽，却在天气变化中扮演着主要角色。没有水汽，就没有云遮长空，雾漫江城；没有水汽，风、云、雷、电、雨、雪、冰雹等常见的天气现象都将不复存在。

水汽对地面和空气的温度产生重要影响。在低层大气中，水汽是大气中最能吸收太阳热辐射的气体，使大气获得较多的热能。同时，水汽能够吸收地面长波辐射，可以阻止地面的热量散发向太空。雷雨过后，雨滴蒸发成水汽时吸收空气中的热量，也引起气温的变化。

3. 湿空气　湿空气是干空气和水蒸气的二元混合物。水蒸气含量在零（干空气）与最大值（饱和湿空气）之间变化，取决于温度和气压。饱和湿空气是处于饱和状态的湿空气。饱和状态是湿空气与凝结水相（液体或固体表面）之间达到平衡的状态。水的相对分子质量为 18.015，水蒸气的气体常数是 461.524 $J/(kg_{水蒸气} \cdot K)$。

大气中水蒸气所占的比例是不稳定的，时常随海拔、地区、季节、气候、湿源等各种条件而变化。湿空气中水蒸气含量的变化，表明湿空气干、湿程度的改变，对作物生长产生直接影响，不容忽视。

湿空气是构成空气环境的主体，也是空气调节的基本工质，在温室通风、降温设计中，首先需要了解湿空气的性质和状态。在没有特别说明时，本章所说的空气指湿空气。

二、空气性质

空气性质主要指湿空气的热力学性质，由大气压、空气温度、空气湿度、空气含湿量及焓等参数来描述，这些参数也被称为湿空气的状态参数。

1. 大气压与标准大气压　地球表面的空气层在单位面积上承受的压力即大气压，也简称为气压，单位以帕（Pa）或千帕（kPa）表示（1 Pa＝1 N/m^2），气象上也常用毫巴或水银柱高度的毫米数表示。大气压不是一个定值，随各地海拔高度的不同存在差异，还随季节、天气的变化略有不同。

标准大气压是标准大气条件下海平面的气压，即海拔高度为 0 m、标准温度为 15 ℃时的气压，为 101.325 kPa。标准大气压常用符号"B"表示。

大气压随海拔高度的变化关系如图 6-1 所示。虽然标准大气条件为估计不同高度的气压特性提供了参考标准，但由于大气层空气的温度也是随海拔高度发生变化，所以图中不同海拔高度的气压并非为标准温度下的气压值。如，海拔 -0.5 km 的气

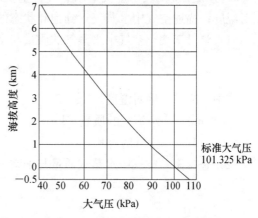

图 6-1　大气压与海拔高度的关系

温 18.2 ℃，气压为 107.478 kPa；海拔 0.5 km 的气温 11.8 ℃，气压为 95.461 kPa；海拔 1.0 km 的气温 8.5 ℃，气压为 89.875 kPa。

2. 水蒸气分压力与饱和水蒸气分压力　水蒸气分压力指一定温度下的湿空气中水蒸

气部分所产生的压力，即空气中水蒸气单独占有湿空气容积并具有与空气相同的温度时所产生的压力。根据道尔顿定律，湿空气的总压力等于干空气分压力与水蒸气分压力之和，即：

$$P = P_{da} + P_w \tag{6-1}$$

式中　P——空气压力，即大气压，kPa；

　　　P_{da}——干空气分压力，kPa；

　　　P_w——水蒸气分压力，kPa。

一定温度下，水蒸气分压力的大小反映了水蒸气含量的多少。空气中水蒸气达到饱和状态时的水蒸气分压力称为饱和水蒸气分压力。

3. 空气温度　没有特别说明时，空气温度一般指空气干球温度。度量温度的公认标尺简称"温标"，国际上通用的温标有热力学温标和摄氏温标，其他常用温标有华氏温标，均为衡量温度的标准。

在热力学温标中，温度以热力学温度表示，常用符号"T"，单位名称为开［尔文］，单位符号"K"。在摄氏温标中，温度以摄氏温度表示，单位名称为摄氏度，单位符号"℃"。在华氏温标中，温度以华氏温度表示，单位名称为华氏度，单位符号"℉"。热力学温度、摄氏温度与华氏温度之间的换算关系如式（6-2）和式（6-3）所示。

$$t = T + 273.15 \tag{6-2}$$

式中　t——摄氏温度，℃；

　　　T——开氏温度，K。

$$t = \frac{F-32}{1.8} \tag{6-3}$$

式中　t——摄氏温度，℃；

　　　F——华氏温度，℉。

4. 空气湿度　表示空气中水蒸气含量状况的物理量，常用的有绝对湿度、含湿率和相对湿度；描述空气中水蒸气达到饱和状态的参数有湿球温度和露点温度等。

（1）绝对湿度　空气中水蒸气的质量与空气所占容积之比，即

$$d_v = \frac{m_w}{V} \tag{6-4}$$

式中　d_v——绝对湿度，kg/m³；

　　　m_w——水蒸气的质量，kg；

　　　V——空气的容积，m³。

（2）含湿率　空气中水蒸气质量与干空气质量之比，也称含湿量，即

$$d = \frac{m_w}{m_{da}} \tag{6-5}$$

式中　d——含湿率，kg_{水蒸气}/kg_{干空气}；

　　　m_w——空气中水蒸气的质量，kg；

　　　m_{da}——空气中干空气的质量，kg。

（3）相对湿度　被定义为空气中水蒸气分压力与同温度下饱和水蒸气分压力之比，常以百分率表示，即

$$\varphi = \frac{P_\text{w}}{P_\text{ws}} \times 100\%$$ （6-6）

式中　φ——相对湿度，%；

P_w——空气的水蒸气分压力，kPa；

P_ws——同温度下空气的饱和水蒸气分压力，kPa。

相对湿度表征空气接近饱和的程度，不能表示水蒸气的含量。相对湿度与含湿率有如下关系式：

$$d = 0.622 \frac{\varphi P_\text{ws}}{P - \varphi P_\text{ws}}$$ （6-7）

（4）湿球温度　当空气与水直接接触时，水表面或水滴周围由于水分子不规则运动的结果，形成空气边界层，一部分水分子进入边界层成为水蒸气，一部分边界层的水蒸气分子也会离开边界层回到水中，达到平衡状态。当这个过程为严格的绝热过程时，水蒸发过程是绝热饱和的过程，总气压恒定下任何空气都存在一个温度 t'，在这个温度下，水以同空气等温度下蒸发到空气中达到饱和状态，饱和空气中水蒸气在与水温度相等的情况下回到水中，那么这个温度被定义为热力学湿球温度。热力学湿球温度是湿空气的独特属性，不依赖于测量技术而存在，在绝热恒压过程中，含湿率从初始值增加到饱和值，焓值从初始值增加到热力学湿球温度下的焓值，增加部分是水相变时的热交换量，即满足如下关系式：

$$h + (d'_\text{s} - d)h'_\text{w} = h'_\text{s}$$ （6-8）

式中　h——空气初始焓值，kJ/kg干空气；

h'_s——空气在热力学湿球温度下饱和状态的焓值，kJ/kg干空气；

d——空气初始含湿率，kg水蒸气/kg干空气；

d'_s——空气在热力学湿球温度下饱和状态的含湿率，kg水蒸气/kg干空气；

h'_w——热力学湿球温度下水蒸气的焓值，kJ/kg水蒸气。

湿球温度用干湿球温度计（仪）进行测量。干湿球温度计（仪）由2个温度计或2个感温元件组成，其中一个温度计的感温包（或感温元件）上包裹具有毛细作用的棉纱或灯芯草等材料，材料下端浸入盛有蒸馏水的容器中，在毛细作用下棉纱或灯芯草材料保持湿润状态，此温度计称为湿球温度计。由湿球温度计测得的温度与热力学湿球温度接近，该温度也被称为湿球温度，对湿球温度进行修正后可以得到热力学湿球温度。

（5）露点温度　指空气在水蒸气含量和气压都不改变的条件下，冷却到饱和时的温度，换言之也就是空气中的水蒸气结露时的温度。

5. 比焓　焓是热力学中表征物质系统能量的一个重要状态参数，单位质量物质的焓称为比焓。气体混合物的焓值等于各组成部分焓值之和。因此，在一定温度下，湿空气的比焓可以写成：

$$h = h_\text{da} + d \cdot h_\text{v}$$ （6-9）

式中　h——一定温度下空气的比焓，kJ/kg干空气；

h_da——一定温度下干空气的比焓，kJ/kg干空气；

d——一定温度下空气的含湿率，kg水蒸气/kg干空气；

h_v——一定温度下饱和水蒸气的比焓，kJ/kg水蒸气。

6. 密度与比体积 空气密度指空气总质量与总体积的比值，即

$$\rho = \frac{m_{da} + m_w}{V} \tag{6-10}$$

式中 ρ——空气密度，kg/m^3；

m_{da}——干空气的质量，kg；

m_w——水蒸气的质量，kg；

V——总体积，m^3。

比体积定义为空气总体积与干空气质量的比值，即

$$\nu = \frac{V}{m_{da}} \tag{6-11}$$

式中 ν——空气的比体积，$m^3/kg_{干空气}$；

m_{da}——干空气的质量，kg。

比体积与密度之间的关系为：

$$\rho = \frac{1}{\nu}(1+d) \tag{6-12}$$

空气比体积与空气温度、气压、含湿率之间存在下列关系：

$$\nu = 0.287\,042(t+273.15)(1+1.607\,858\,d)/P \tag{6-13}$$

标准大气压（B=101.325 kPa）下，温度为 0 ℃时，干空气的比体积为 0.773 3 $m^3/kg_{干空气}$，饱和水蒸气的比体积为 0.778 0 $m^3/kg_{干空气}$；温度 15 ℃时，干空气的比体积为 0.815 9 $m^3/kg_{干空气}$，饱和水蒸气的比体积为 0.829 9 $m^3/kg_{干空气}$；温度 30 ℃时，干空气的比体积为 0.858 5 $m^3/kg_{干空气}$，饱和水蒸气的比体积为 0.896 1 $m^3/kg_{干空气}$。

三、焓湿图与湿空气状态变化

1. 焓湿图 是为了直观表示湿空气的热力学特性而绘制的曲线图。焓湿图可以任意选择参数进行绘制，而以比焓和含湿率为斜角坐标绘制的焓湿图可以对空气状态和空气状态变化过程进行直观描述。以焓和含湿率为坐标绘制的焓湿图也称为 $h-d$ 图（附图 3），图 6-2 所示为焓湿图的构成简图。在给定的大气压力下，湿空气的温度、相对湿度、湿球温度、水蒸气分压力均与比焓和含湿率存在函数关系，因而图中还可以构建出等温线、等相对湿度线等，已知两个参数就能确定湿空气状态，在图中可以方便查出其他参数。

通常在焓湿图中还体现了热湿比线。热湿比定义为空气从一个状态变化到另一状态时，比焓的变化与含湿率变化之比，即：

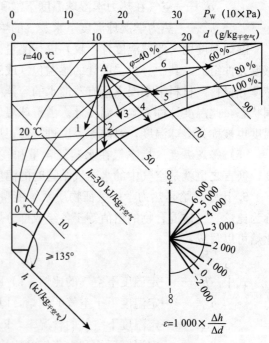

图 6-2 焓湿图构成简图

$$\varepsilon = 1\,000 \times \Delta h / \Delta d \tag{6-14}$$

式中 ε——热湿比，kJ/g$_{水蒸气}$；

Δh——比焓变化量，kJ/kg$_{干空气}$；

Δd——含湿率变化量，kg$_{水蒸气}$/kg$_{干空气}$。

热湿比有正有负，代表湿空气状态变化的方向。当某一状态下湿空气（焓湿图中某一点）的 ε 值已知时，则可以通过做平行于 ε 等值线的直线来估计湿空气状态变化的趋势。

2. 湿空气状态变化过程 不仅可以在焓湿图上直观看到各种空气状态及其参数，还能利用焓湿图分析湿空气的变化过程或多种空气混合的状态变化。图 6-2 中的 A 点代表一种湿空气状态，沿 A-2、A-4 的两条线为两种典型的湿空气降温过程，沿 A-6 线为等温加湿过程。A-2 线的减焓等湿降温过程，利用冷媒通过换热器对湿空气冷却，在冷表面温度等于或大于湿空气露点温度时，空气中的水蒸气不会凝结，含湿率也不会变化，只是空气温度降低。A-4 线的等焓加湿降温过程，利用定量的水与某一状态的湿空气长时间直接接触，水或水滴表面的饱和空气层温度等于湿空气的湿球温度，此时空气状态的变化过程就近似于等焓过程，空气含湿率增加，温度下降。

其他 A-1、A-3、A-5 线位于上述的 3 条线典型过程形成的象限之间，湿空气降温是多变的过程，视冷却手段和条件而定。如 A-1 的减焓减湿降温过程，当湿空气与低于其露点温度的表面接触时，湿空气不仅降温而且凝水，也称为冷却干燥过程。

各种湿空气变化过程的特点见表 6-2。

表 6-2 湿空气变化过程的特点

过程线	水温特点	空气干球温度（t）	空气含湿率（d）	空气比焓（h）	过程特点
A-1	$t_w < t_l$	减	减	减	减焓减湿冷却
A-2	$t_w = t_l$	减	不变	减	减焓等湿冷却
A-3	$t_l < t_w < t$	减	增	减	减焓加湿冷却
A-4	$t_w = t_s$	减	增	不变	等焓加湿冷却
A-5	$t_s < t_w < t$	减	增	增	增焓加湿冷却
A-6	$t_w = t$	不变	增	增	增焓等温加湿

注：表中 t_s、t_l 为空气的湿球温度和露点温度，t_w 为水温。

四、空气与水直接接触时的热湿交换

1. 空气与水直接接触过程 当空气遇到敞开的水面或飞溅的水滴时，与水表面之间发生热、湿交换。根据水温的不同，可能仅发生显热交换，也可能既有显热交换，又有湿交换（质交换），而与湿交换同时将发生潜热交换。显热交换是由于空气与水之间存在温差，因导热、对流和辐射作用而进行换热的结果，而潜热交换是空气中的水蒸气凝结（或蒸发）而放出（或吸收）汽化潜热的结果。总热交换量是显热交换量与潜热交换量的和。

如图 6-3，当空气与敞开水面或水滴表面接触时，在贴近水表面处存在一个温度等于水表面温度的饱和空气边界层。当空气流经水面或水滴周围时，就会把边界层中的饱和空气带走一部分，而补充新的空气继续达到饱和，因而饱和空气层将不断与流过的那部分未饱和空气相混合，使整个空气状态发生变化。因此，空气与水直接接触时的热湿交换过程可以看作是初始状态的空气与水滴边界层中饱和空气的混合过程。

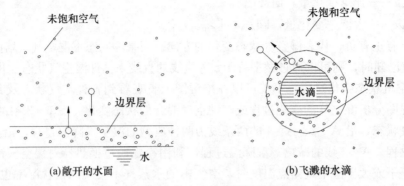

(a)敞开的水面   (b)飞溅的水滴

图 6-3 空气与水直接接触过程示意图

2. 空气与水直接接触时的热湿交换

实际应用中，可以通过直接向湿空气中射入蒸汽或液态水，也可以通过湿帘装置等对空气进行处理，这些处理都可看作空气与水蒸气的混合过程（图 6-4）。

如果混合是绝热过程，那么以下公式适用：

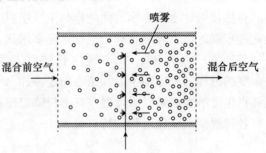

图 6-4 空气与水蒸气混合示意图

$$M_{da}h_1 + M_w h_w = M_{da}h_2 \tag{6-15}$$

$$M_{da}d_1 + M_w = M_{da}d_2 \tag{6-16}$$

因此：

$$(h_2 - h_1)/(d_2 - d_1) = h_w \tag{6-17}$$

式中 M_{da}——空气中干空气质量流量，$\text{kg}_{干空气}/\text{s}$；

      M_w——水蒸气质量流量，$\text{kg}_{水蒸气}/\text{s}$；

      h_1——混合前空气的比焓，$\text{kJ}/\text{kg}_{干空气}$；

      h_2——混合后空气的比焓，$\text{kJ}/\text{kg}_{干空气}$；

      d_1——混合前空气的含湿率，$\text{kg}_{水蒸气}/\text{kg}_{干空气}$；

      d_2——混合后空气的含湿率，$\text{kg}_{水蒸气}/\text{kg}_{干空气}$；

      h_w——水蒸气的比焓，$\text{kJ}/\text{kg}_{水蒸气}$。

可见，湿空气的最终状态取决于湿空气的初始状态和注入水蒸气的焓值，即通过初始状态点与注入水焓值决定的 ε 等值线上。

由于实际空气处理过程与空气接触的水量有限，空气与水接触的时间不可能无限长，空气状态和水温也是不断变化的，因此实际的空气状态变化过程并非直线。但因为实际应用中所关心的只是处理后的空气状态，所以还是用连接空气初、终状态点的直线来表示空气状态的变化过程。

3. 热交换效率 对于表 6-2 中的减焓减湿冷却过程，空气的状态变化和水温变化如

图 6-5 所示。空气与水接触时，如果热、湿交换充分，具有状态点 1 的空气最终可变到状态点 3。但是由于实际过程中热、湿交换不够充分，空气的终状态很难达到饱和，如只能到达状态点 2。与空气接触水的初温为 t_{w1}，因为水量有限，与空气接触之后水温将升高，理想条件下水终温也应达到状态点 3，实际上只能达到状态点 4，温度 t_{w2}。

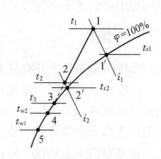

图 6-5 减焓减湿冷却过程空气与水的状态变化

为了反映空气与水进行热湿交换的实际过程与理想过程的接近程度，在采用空气与水直接接触进行蒸发降温的实际工程的热工计算中，是把实际过程与理想过程进行比较，将比较结果用热交换效率系数和换热效率（接触系数）表示，以此来评价其热工性能。

热交换效率系数 η_1，也称第一热交换效率或全热交换效率，是同时考虑空气和水的状态变化的。如果把空气的状态变化过程线沿等焓线投影到饱和曲线上，并近似将这段饱和曲线看成直线，则热交换效率系数可表示为：

$$\eta_1 = \frac{\overline{1'2'} + \overline{45}}{\overline{1'5}} = \frac{(t_{s1} - t_{s2}) + (t_{w2} - t_{w1})}{t_{s1} - t_{w1}}$$

$$= \frac{(t_{s1} - t_{w1}) - (t_{s2} - t_{w2})}{t_{s1} - t_{w1}} \tag{6-18}$$

即：

$$\eta_1 = 1 - \frac{t_{s2} - t_{w2}}{t_{s1} - t_{w1}} \tag{6-19}$$

空气与水接触时的换热效率，也称接触系数或第二热交换效率，用 η_2 表示，只考虑空气状态变化，表示为：

$$\eta_2 = \frac{\overline{12}}{\overline{13}} \tag{6-20}$$

如果也把 i_1 与 i_3 之间一段饱和曲线近似地看成直线，则有：

$$\eta_2 = \frac{\overline{12}}{\overline{13}} = \frac{\overline{1'2'}}{\overline{1'3}} = 1 - \frac{\overline{2'3}}{\overline{1'3}}$$

$$= 1 - \frac{t_2 - t_{s2}}{t_1 - t_{s1}} \tag{6-21}$$

对于等焓加湿冷却过程，空气初、终状态的湿球温度相等，而且水温不变，并等于空气的湿球温度，即空气的状态变化过程在饱和曲线上的投影成了一个点（图 6-6）。在这种情况下，η_1 已无意义，热交换效果只能用表示 η_2，即：

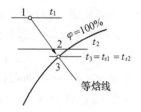

图 6-6 等焓加湿冷却过程空气与水的状态变化

$$\eta_2 = \frac{\overline{12}}{\overline{13}} = \frac{t_1 - t_2}{t_1 - t_3} = 1 - \frac{t_2 - t_{s1}}{t_1 - t_{s1}} \tag{6-22}$$

第二节　温室通风降温应考虑的作物生长环境要求

作物生长需要适宜的温度、湿度、CO_2 含量，并且要求室内有害气体含量低于会对作物生长产生危害的最低限。温室的基本功能是为作物创造一个可控环境，通风在温室环境调控中起到了不可替代的作用。

一、温度

温度对于作物生长有显著影响，常用的温度指标有最适温度、最低温度、最高温度、受害温度和致死温度。设施对作物生长小环境温度的调控可起到重要作用，温室内气温会受到进入室内的辐射传热、对流换热和作物表面蒸腾蒸发的影响。对于密闭的温室，室内气温可能高于作物适宜温度甚至最高温度。温室通风可有效引入室外相对较低温度的空气，排除室内多余热量，防止室内出现过高的气温。

不同作物生长对温度有不同的要求，通常情况下白天的气温至少要比夜间气温高出 $5\sim8\ ℃$。温室大棚内气温应根据作物种类按适温界限进行调控。果菜类的生育适温及界限温度见表 5-1，塑料棚冬春季节不加温生产的叶菜及根菜类的生育适温及界限温度见表 5-2，部分花卉类植物生长适宜温度见表 5-3。

二、空气相对湿度

空气相对湿度通过影响植物叶面与周围空气之间的水蒸气压差而影响植物的蒸腾。正常的植物生长要求相对湿度为 $20\%\sim80\%$。相对湿度的另一个作用是影响病原体组织，例如，绝大多数病原体的孢子在相对湿度低于 95% 时不能发育。

一般情况下，温室湿度白昼应限制在 80% 以下，夜间应限制在 95% 以下。

当温室处于完全密闭时，土壤中水分的蒸发和植物的蒸腾作用促使室内空气中水蒸气含量增加，当室内气温不发生变化或下降时，空气相对湿度明显增加，夜间室内相对湿度甚至可达 96% 以上。

温室通风可以通过引入相对湿度较低的室外空气与室内空气交换，排除室内空气中多余的水蒸气，降低室内空气的相对湿度等方式实现。

三、二氧化碳含量

二氧化碳（CO_2）是植物进行光合作用所必需的，通过光合作用，植物从空气中吸收 CO_2，产生植物生长需要的碳水化合物。这个过程只有当植物吸收大量的可见光辐射时才进行。因此，CO_2 是温室环境控制中的限制因素。在密封的温室中，日出之前 CO_2 含量可能是 $400\ \mu L/L$，而在日出后的很短时间内 CO_2 含量会迅速下降到 $150\ \mu L/L$，低于室外空气中 CO_2 含量（为 $320\sim360\ \mu L/L$）。

温室通风可以通过室内外空气交换补充 CO_2，维持必要的 CO_2 含量。温室空气中的 CO_2 含量应不低于 $250\ \mu L/L$，相当于 CO_2 质量含量为 $0.458\ g/m^3$。

四、气流速度

气流速度影响作物生长的许多因素，如呼吸作用、蒸腾作用、叶面温度和 CO_2 含量等。一般叶面周围空气速度在 $0.1\sim0.25\ m/s$ 时能够促进叶面对 CO_2 的吸收，当气流速度达到 $0.5\ m/s$ 时，CO_2 的吸收速度将会降低，而当气流速度超过 $1.0\ m/s$ 时，植物生长吸收 CO_2 将会受阻。

温室通风换气时，室内气流速度一般控制在 $0.5\ m/s$ 以下；高湿、高光照度下，气流速度不超过 0.7 m/s。作物生长区域内，推荐最小气流速度为 0.1 m/s。

五、有害气体污染

温室中可能出现的常见污染物有光化学剂、氧化剂、乙烯、二氧化硫、氟化物、氨和农药等，还会出现因某些塑料制品及农药挥发和残留的有害气体，如农用聚氯乙烯薄膜中的增塑剂和稳定剂像正丁酯、邻苯二甲酸二异丁酯（DIBP）、己二酸二辛酯等，这些都可使作物受到侵害。

乙烯是在燃烧气体或液体燃料时产生的，其含量在 1 μL/L 甚至更小时，就能对某些植物造成伤害。二氧化硫（SO_2）是在燃烧含硫燃料时产生的，对于大部分作物而言，1 μL/L 的二氧化硫含量在 1～7 h 内就会引起作物伤害。非常微量的汞蒸气对植物就可产生伤害。酚醛树脂对植物也是有害的，其主要是从木材防腐剂中挥发出来的，其主要危害是烧伤植物叶片和花瓣。肥料分解过程中产生氨气（NH_3）和二氧化氮（NO_2^-），此外在加温温室中烧煤或燃油易产生 NO_2 等。氨气的危害，表现为植物水浸状，其后变成黑色而渐至枯死。NO_2 气体的危害主要是使中上部叶片的背面发生水浸状不规则的白绿色斑点，有时全部叶片发生褐色小粒状斑点，最后逐渐枯死。在设施内使用炉火加温的过程中会产生的 CO 或 SO_2 等有害气体。过量的 CO 会使作物呼吸困难导致中毒，SO_2 会使蔬菜幼苗子叶变白、凋落。氯气（Cl_2）对蔬菜危害十分剧烈，空气中氯气含量仅为 0.1 μL/L 时，经 2 h 接触即可使敏感的萝卜叶片受害。对氯气敏感的蔬菜有大白菜、洋葱、萝卜，抗性中等的有黄瓜、番茄、辣椒等，抗性较强的有茄子、甘蓝、韭菜等。

虽然在进行通风系统的设计时，有害气体含量不是考虑的主要因素，但是对于温室的空气环境调控，应该避免室内存留过多的有害污染物。表 6-3 中给出了可造成作物伤害的最低空气污染水平，也是温室中有害气体含量的限值。温室中有害气体含量超标，可通过加大通风换气量的措施对环境空气进行调控。

表 6-3 有害气体含量限值

有害气体名称	有害气体含量限值		有害气体名称	有害气体含量限值	
	体积含量（μL/L）	质量含量（mg/m³）		体积含量（μL/L）	质量含量（mg/m³）
乙炔（C_2H_2）	1	1.1	丙烷（C_3H_8）	50	91.7
一氧化碳（CO）	50	58.2	二氧化硫（SO_2）	1	2.66
氯化氢（HCl）	0.1	0.15	氨气（NH_3）	5	3.54
乙烯（C_2H_4）	0.05	0.058	二氧化氮（NO_2）	2	3.8
甲烷（CH_4）	1 000	667	氯气（Cl_2）	0.1	0.29
氧化亚氮（N_2O）	2	3.7	臭氧（O_3）	4	7.98

第三节 温室通风的必要通风量

温室通风是温室内部空气与室外空气进行交换的过程，主要采用的是自然通风和风机通风两种形式。连栋温室自然通风一般是在屋面通长或间断设置自动启闭通风窗，风机通风一般是在山墙设置通风机；日光温室多数采用自然通风，在温室的顶部或前部设置手动或电动卷膜机启闭塑料膜形成通风口，也有少数日光温室在山墙设置通风机进行通风。

温室通风在温室设计中占据重要地位，是温室生产环境调控必须采取的措施，以调控温室内温度、湿度、二氧化碳含量和排出有害气体为目的。在温室工程设计中，通风设计涉及通风能力设计和通风调控设计两方面。通风能力设计的两项主要任务，一是确定通风窗口的尺寸和位置；二是确定通风机的规格和数量。确定通风窗口尺寸、位置以及通风机的规格、数量，是工程设计人员首先需要解决的问题。通风调控设计则是在通风机和通风口等硬件设施确定之后，对风机风量和窗口开启大小的日常管理调控措施。

通风窗口尺寸、位置以及通风机规格、数量的确定，取决于温室环境调控对通风量的需求，而通风量需求一般认为应满足排热、除湿和增加 CO_2 3 方面目标，也称为排除多余热量、排除多余湿气和增加 CO_2 必要通风量，3 种必要通风量的理论计算均基于物质平衡和能量平衡原理，反映的是瞬时规律。

一、温室必要通风量和通风率

温室通风量指单位时间进入温室或从温室内排出的空气量。必要通风量是考虑作物在不同生育时期的正常生育需要，为使温室内空气温度、湿度、CO_2 含量维持在某一水平或排出有害气体所必需的通风量。

换气次数是单位时间温室内空气的更换次数，即通风量与温室容积的比值。

温室通风率是以温室地面单位面积计的通风量，即通风量与温室地面面积的比值。

通风量和通风率的关系式：

$$L = A_s q \tag{6-23}$$

式中　　L——通风量，m^3/s；

　　　　A_s——温室地面面积，m^2；

　　　　q——温室通风率，$m^3/(m^2 \cdot s)$。

通风系统设计通风量应不低于温室使用期最大必要通风量，如式（6-24）。

$$Q_S \geqslant Q_{b,max} \tag{6-24}$$

式中　　Q_S——设计通风量，m^3/s；

　　　　$Q_{b,max}$——最大必要通风量，m^3/s。

二、必要通风率计算

1. 排除多余热量、防止室内高温的必要通风率　为了使温室内维持一定的温度，排除室内多余热量的必要通风率按下式计算：

$$q_b = \frac{a\tau E(1-\gamma)(1-\beta) - \sum_{k=1}^{n} K_k \dfrac{A_{gk}}{A_s}(t_i - t_o)}{c_p \rho_a (t_p - t_j)} \tag{6-25}$$

式中　　q_b——必要通风率，$m^3/(m^2 \cdot s)$；

　　　　a——温室受热面积修正系数；

　　　　τ——温室覆盖层的太阳辐射透射率；

　　　　E——辐射照度，指室外水平面太阳总辐射照度，W/m^2；

γ——室内太阳辐射反射率，一般取 $\gamma=0.1$；

β——蒸腾蒸发潜热与温室吸收的太阳辐射热之比；

K_k——温室各部分覆盖层的传热系数，$W/(m^2 \cdot \text{℃})$，$k=1, 2, \cdots, n$；

A_{gk}——温室围护结构覆盖层各部分面积，m^2，$k=1, 2, \cdots, n$；

A_s——温室地面面积，m^2；

t_i——室内空气干球温度，℃；

t_o——室外空气干球温度，℃；

t_p——排出温室的空气温度，℃；

t_j——进入温室的空气温度，℃；

c_p——空气的质量定压热容，$J/(kg \cdot \text{℃})$，对于温室通风工程常见情况 $c_p=1\,030\,J/(kg \cdot \text{℃})$；

ρ_a——空气密度，kg/m^3。

2. 维持室内 CO_2 含量的必要通风率　为了使温室内维持需要的 CO_2 含量的必要通风率计算如下：

$$q_b = \frac{\dfrac{A_p}{A_s} LAI \cdot I_p - I_s}{\rho_{Co} - \rho_{Ci}} \qquad (6-26)$$

式中　A_p——温室内植物栽培面积，m^2；

A_s——温室地面面积，m^2；

LAI——叶面积指数，指作物的总叶面积与作物所占据的栽培床面积的比值；

I_p——单位植物叶面积对 CO_2 的平均吸收强度，$g/(m^2 \cdot s)$；

I_s——土壤 CO_2 释放强度，指单位时间温室内单位面积的土壤中 CO_2 释放量，$g/(m^2 \cdot s)$；

ρ_{Co}——室外空气 CO_2 含量，g/m^3；

ρ_{Ci}——设定的室内空气 CO_2 含量，g/m^3。

3. 排除水汽、防止室内高湿度的必要通风率　为了使温室内维持一定的相对湿度，排除室内多余湿气所需要的通风率，白昼可按式（6-27）计算，夜间可按式（6-28）计算。

$$q_b = \frac{\beta a \tau E(1-\gamma)/r}{\rho_a(d_i - d_o)} \qquad (6-27)$$

$$q_b = \frac{K_v(p_{ws} - p_w)}{\rho_a(d_i - d_o)} \qquad (6-28)$$

式中　d_o——室外空气的含湿率，$g/kg_{干空气}$；

d_i——室内空气的含湿量，$g/kg_{干空气}$；

r——水的蒸发潜热，$r=2\,442\,kJ/kg$；

K_v——蒸腾蒸发系数，$g/(m^2 \cdot s \cdot Pa)$；

p_{ws}——室内气温下的饱和水蒸气压力，Pa；

p_w——室内空气的水蒸气分压力，Pa。

4. 排出有害气体的必要通风量　如果在温室中持续检测到会造成作物伤害的过量污染物，可按下式计算必要通风量：

$$L_b = \frac{m}{3\,600(\rho_{my} - \rho_{mj})} \tag{6-29}$$

式中　m——有害物质散发量，mg/h；由温室中实际测试结果确定，燃烧燃料时有害气体的散发量也可由燃料用量估算得出；

ρ_{my}——温室中有害物质最高允许含量，mg/m^3；可按表 6-3 有害气体含量限值选取；

ρ_{mj}——进入空气中有害物质含量，mg/m^3；由室外计算条件或实际测试结果确定。

三、最大必要通风量与相关参数取值

防止室内高温、维持室内 CO_2 含量、防止室内高湿度三种必要通风量的理论计算均基于物质平衡和能量平衡原理，反映的是瞬时规律，涉及的参数包括：与温室结构相关的参数，如温室受热面积修正系数 a、温室各部分覆盖层的传热系数 K_K、温室覆盖层的太阳辐射透射率 τ；与室外气候环境有关的参数，如室外水平面太阳总辐射照度 E、室外空气干球温度 t_0、室外空气含湿率 d_0；与作物有关的参数，如蒸腾蒸发热量损失系数 β、植物叶面积指数 LAI、单位植物叶面积对 CO_2 的平均吸收强度 I_P；以及作物对环境的需求，如保持作物生长适宜的室内温度、湿度和 CO_2 水平。可见，在如此多样参数的参与下，计算必要通风量显得尤为复杂。

温室工程设计时，对必要通风量的考虑与温室环境调控管理时有所不同，上述几种必要通风量计算以及参数取值问题，基于一个原则，即依据必要通风量核算出的通风窗口尺寸、位置以及通风机规格、数量应在温室设计使用期的最不利气候环境条件下满足温室内作物生长环境调控需求，即需要考虑各种极端条件，对于风机通风而言，原则上所选的通风机容量在室外参数不超过设计值时，应能保持室内参数也在设计值范围。因此，如果三种必要通风量在设计时都需要考虑，计算出的必要通风量应该是三种必要通风量之中最大的一个。

比较上述三种通风量，其中对排除湿气必要通风量的考虑，源于温室内部湿度过高结露会带来植物真菌病问题，结露通常发生在早上室内空气温度过低湿度过大的时候，此时需要通过通风将湿气排出室外，如果室外温度过低，排湿通风则不可进行。排除湿气必要通风量一般通过作物的蒸腾蒸发量进行估算或根据灌溉量（通常作物通过气孔排出的灌溉吸水量可达 95%）进行估算，其估算值除受到作物在温室中存在状况的影响外，还受到室外空气含湿量和室内相对湿度期望值（或室内含湿量期望值）的影响。实践中，排湿需求一般在早上温度较低的时候，此时的室外空气温度和太阳辐射量还不足以使室内空气温度上升到排除多余热量的室内空气温度，甚至适宜作物生长的最低温度限，过多的冷风进入会使室内空气温度下降过快，引起作物温度过低甚至低温胁迫，只能通过少量的通风将过多湿气排出，通风量不宜过高，通风时间也很短。如果室外空气干燥，短时间的通风换气就可使室内空气含湿量下降，而当温室遭遇室外高温高湿情况时，再大的通风量对于温室排除湿气也无济于事。另一方面，利用排除湿气必要通风量的动态平衡公式计算时涉及室内外空气含湿量，而室外含湿量的变化没有一定之规，假设采用最不利室外气象条件进行计算，最不利情况要属室外含湿量最高的时段，即高温高湿时段，而此时段对于室内环

境调控的主要矛盾是降温而非除湿，计算得出的除湿必要通风量远小于排除热量必要通风量，因此，通过相对确定的室外气象条件估算除湿必要通风量对工程设计的意义并不大。

对于增加 CO_2 必要通风量的估算，会受到室外 CO_2 含量水平的影响，即使达到室外 CO_2 含量 $379\ \mu L/L$ 的水平，距离作物增产所需的 $700\ \mu L/L$ 还有较大差距，实践中通常采取各种措施补充 CO_2。显然在不采取补充 CO_2 措施时，通风量越大越利于提高室内 CO_2 含量水平，必要量的估算仅是限定 CO_2 含量水平不低于一定值的前提下进行的，采用此方法估算的通风量趋于一定值〔如限定 CO_2 含量水平不低于 $270\ \mu L/L$，为 $0.021\ m^3/(m^2 \cdot s)$；如果限定 CO_2 含量水平趋向于室外水平，则通风量趋近无穷大〕，因此用于工程设计时进行估算也没有实质性意义。

由此可见，在三种必要通风量估算中，排除多余热量必要通风量的计算对于温室通风设计显得格外重要，在美国标准 ANSI/ASAE EP406.4 中也同样采用了计算排除多余热量通风量来确定必要通风量的方法。在计算排除多余热量必要通风量（式 6-25）时，涉及 a、τ、K_k、β、E、t_i、t_o 等待确定参数。

1. 温室受热面积修正系数（a）　反映了温室实际采光量与温室地面面积的关系。由于必要通风率公式中温室的辐射得热量计算以室外水平面太阳总辐射照度 E 和温室地面面积 A_S 作为参数，而实际进入温室的太阳辐射热量是太阳光辐射通过温室围护结构采光面进到室内产生的热量，该热量计算受到温室采光面和太阳入射角度的影响，参数 a 即作为考虑这两方面因素影响的修正。

所谓温室采光面影响，是由温室结构形式决定的，而太阳入射角则受到温室所处的地理纬度和温室方位的影响。通常，温室都会依势而建，即在条件允许的情况下采用当地采光最适的屋面角和温室方位。当这些设计确定之后，采光面的影响因素就是温室的结构形式，而太阳入射角的影响因素则是周年变化的太阳高度角。因为温室的辐射得热量应为太阳沿入射方向的辐射照度与垂直于该方向透光面积的乘积，该量也等于进入室内的水平面太阳总辐射照度 E 与光线通过温室采光面投射到地面面积 A_T 的乘积，因此参数 a 应为 A_T 与 A_S 的比值。从图 6-7 和图 6-8 可以看出，连栋温室的 a 主要取决于温室规模，而日光温室的 a 受季节变化影响较大，根据国内常见温室结构及尺寸估算，连栋温室可在 $1.0 \sim 1.3$ 范围内取值，规模小时取较大值；日光温室可在 $1.0 \sim 1.7$ 范围内取值，夏季可取 $1.0 \sim 1.2$，春秋季可取 $1.3 \sim 1.4$，冬季可取 $1.5 \sim 1.7$，其中所在地纬度高的地区可取较大值。

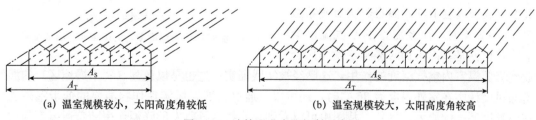

(a) 温室规模较小，太阳高度角较低　　　　　(b) 温室规模较大，太阳高度角较高

图 6-7　连栋温室太阳辐射示意图

2. 蒸腾蒸发热量损失系数（β）　是温室中由于蒸发作用所吸收热量与温室太阳辐射

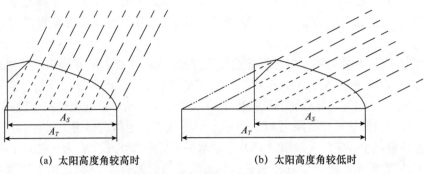

(a) 太阳高度角较高时　　　　　　(b) 太阳高度角较低时

图 6-8　日光温室太阳辐射示意图

热的比值，它代表辐射热转变为潜热的部分，在必要通风量计算公式中计算得热量时起到至关重要的作用。在建筑空气调节中，水蒸气的发生直接影响建筑内的温度和湿度变化，1 kg 水蒸发的潜热达 2 442 kJ，相当于使一座日光温室空气温度下降 1 ℃所需要的热量。β值的变化范围为 0～1.0，甚至会超过 1.0，已被相关研究证实（D. H. Willits 的研究结果，β值可达 1.75）。

　　温室中水的蒸发源包括温室中生长的植物和非植物蒸发源。植物蒸发也称为蒸腾，是水经由植物体蒸发到空气中的现象，包括蒸发面液体扩散的物理作用过程和植物根系吸水、体内输水和叶面气孔开放的生理作用过程。植物蒸发量主要取决于植物种类和生育阶段，在水供应充足的情况下还与光照、空气温度、湿度和风速密切相关。非植物蒸发源指的是温室中存在水槽或地面有水的情况，以及喷淋灌溉等可进入空气中的水都应算在内。

　　在 ASAE 早期出版的《动植物环境控制》中，E 的设计取值为 0.5，在 ASAE 标准的早期版本中β值的推荐值为 0～1.0，之后又改为 0 到 1.0 以上，并列举了当室外辐射照度为 900 W/m²、辐射透过率为 0.8、温室覆盖面积与地面面积之比为 1.2、传热系数 4.0 W/(m² · ℃)、室外空气温度为 33 ℃时无湿帘（进入室内空气温度等于室外空气温度）和有湿帘（进入室内空气温度为 26 ℃）的进出温室空气温差与蒸腾蒸发系数和通风率三者之间的关系（图 6-9）。可以看出，无湿帘情况，蒸腾蒸发系数为 0.8～1.0 时，室外空气流经温室其温度会上升，而当蒸腾蒸发系数为 1.0～1.4 时，流经温室的空气温度会下降，也就是室内植物的蒸腾蒸发作用会

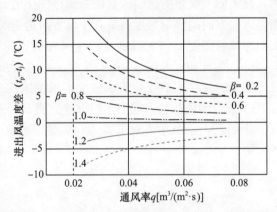

图 6-9　温室进出风温度差与通风率和β值的关系

起到降低温室内空气温度的作用，这已经被实践证实，这也是以色列（属干燥地区）的温室通风设计中在室外温度为 36 ℃时，还可以只通过自然通风实现作物需要的低于室外的室内温度环境的原因。另外，从图中可以看到，作物蒸腾蒸发的降温作用随着通风率的增加而减弱，这也解释了"夏季炎热时如果想使作物茂密的温室降温，可以适当关小通风口或减小通风量，而不是采取相反的措施"。

　　β 取决于作物的类型、数量、生育期、健康状况和（或）胁迫程度，并取决于通风进入空气的含湿量，还取决于温室内非植物蒸发源可能的蒸发量。还没有建立根系的幼苗期植物、受胁迫的植物、衰老或将死的植物、白天呼吸率低的植物（如大多数肉质植物）以及进入空气的含湿量高时，都使 β 趋于低值。如此宽泛的选择，似乎会使设计人员难以把握。但是，纵观设计人员的设计过程，在标准中采用提供信息的方法是具有一定道理的，这与美国建筑空调设计规范中提供多种室外气象数据给设计人员选择的道理相同。设计人员进行设计的过程并非是一个僵化的过程，由于面临的设计情况千变万化而非单一，针对设计问题所掌握的已知条件各不相同（如设计时有可能已经完全明确温室要栽种何种作物以及作物生育周期与季节的关系，也有可能对设计温室的栽种使用情况没有明确的预期），因此，设计人员需要根据设计条件参考标准中所给出的信息来判断如何取值，这对于多因素影响参数是最为可取的办法。

　　D. H. Willits 的模拟研究结果 β 值与通风率和叶面积指数的关系如图 6-10 和图 6-11 所示，可以看出，在不使用湿帘装置当通风率大于 $0.05\,\mathrm{m^3/(m^2 \cdot s)}$ 时，增加通风率对于 β 值的变化并不明显，而叶面积指数的影响非常显著，只要叶面积指数超过 0.5，β 值均在 0.8 以上，并且随着室外空气湿度的降低即空气含湿量的减小，β 值增加明显，当叶面积指数达到 3、室外空气含湿量为 $3.3\,\mathrm{kg}$ 干空气时，β 值可达到 1.7 以上。

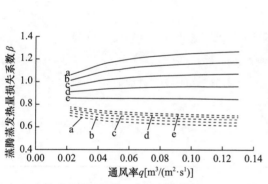

图 6-10　蒸腾蒸发热量损失系数与通风率的关系

　　注：叶面积指数等于 1.32，室外空气温度为 $36.8\,^{\circ}\mathrm{C}$，其中实线代表无湿帘装置的情况，虚线代表有湿帘装置的情况，a、b、c、d、e 分别代表室外空气含湿量为 3.3、8.4、14.4、21.4、29.9 g/kg干空气。

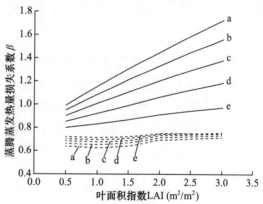

图 6-11　蒸腾蒸发热量损失系数（β）与
叶面积指数的关系

　　注：通风率等于 $0.087\,\mathrm{m^3/(m^2 \cdot s)}$，室外空气温度为 $36.8\,^{\circ}\mathrm{C}$，其中实线代表无湿帘装置的情况，虚线代表有湿帘装置的情况，a、b、c、d、e 分别代表室外空气含湿量为 3.3、8.4、14.4、21.4、29.9 g/kg干空气。

　　由上分析，β 值受到通风率、叶面积指数和室外空气含湿率的影响，其中叶面积指数和室外空气含湿率的影响更为显著。在工程设计阶段，叶面积指数通常处于未知状况，在温室使用过程中叶面积指数会因栽种作物种类、方式以及生长期的不同而不同，准确测算难度大，仅可做到粗略估计，正常情况下单层育苗时的叶面积指数可取为 0.5，生长期的叶面积指数则大于 1.3。室外空气含湿率因我国地域广阔而各地差异明显，但周年变化对于特定地区则符合一定的规律性，根据标准年气象数据，北京、上海、海口、重庆、广州、西安、沈阳、哈尔滨、兰州、乌鲁木齐 10 地各月的最大空气含湿率如表 6-4 所示。

可以看出，除海口外全年的最大空气含湿率出现在 7—9 月，同一地区不同月份含湿率差异明显；不同地区最大含湿率超过 15 g/kg干空气的月份数不同，干燥地区各月的最大含湿率差异较大。例如，北京的最低含湿率出现在 1 月，最高含湿率出现在 8 月，差值达 24.83 g/kg干空气，含湿率大于 15 kg 干空气的月数为 4 个月；海口各月最大含湿率均大于 15 kg 干空气；乌鲁木齐、兰州各月最大含湿率均不超过 16 kg 干空气；含湿率大于 15 kg 干空气的时间广州 8 个月、重庆 7 个月、上海为 6 个月、西安 5 个月、沈阳 3 个月、哈尔滨 2 个月、兰州 2 个月，呈现出由南至北、由东及西的含湿量下降的趋势。

表 6-4　几个典型地区各月出现的最大空气含湿率

月份	最大空气含湿量（g/kg干空气）									
	北京	上海	海口	重庆	广州	沈阳	哈尔滨	西安	兰州	乌鲁木齐
1 月	2.47	8.69	15.34	7.42	12.42	3.22	1.8	3.91	2.76	2.51
2 月	4.03	9.34	16.74	8.84	13.52	3.83	2.22	5.94	3.98	3.26
3 月	5.72	14.3	18.19	11.58	16.9	4.68	4.35	7.81	4.58	5.07
4 月	11.17	14	20.92	15.44	18.1	9.71	7.11	13.99	10.01	7.9
5 月	13.96	18.93	23.21	20.75	23.19	12.46	11.89	17.95	12.77	10.67
6 月	19.13	21.07	22.70	21.81	22.23	15.56	13.93	20.1	14.86	11.98
7 月	25.03	24.75	22.72	24.48	23.46	19.16	19.19	20.94	16.05	15.44
8 月	27.3	22.76	20.49	23.31	23.32	22.63	19.24	19.95	13.74	12.84
9 月	19.3	20.68	20.25	21.74	23.99	14.42	13.03	17.28	12.42	8.95
10 月	10.63	15.77	20.99	16.33	19.26	11.94	11.47	13.04	10.64	8.36
11 月	5.47	11.97	19.67	11.81	15.38	8.59	5.79	9.23	6.06	5.15
12 月	4.06	7.28	18.21	8.47	12.28	4.28	5.1	4.53	3.48	3.09
全年最大	27.3	24.75	23.21	24.48	23.99	22.63	19.24	20.94	16.05	15.44

可见，基于满足最不利条件的原则，在估算最大必要通风量时，可以使用当地气象数据中的最大空气含湿量值和最小叶面积指数，参照图 6-11 来确定 β 值的大小，即育苗期在 0.8～1.0 之间选取、栽培期在 0.8～1.3 之间选取，如果按照通风率等于 0.050 m³/(m²·s) 的数值估算，则可参照图 6-10 在 0.80～1.15 范围选取。例如，计算无湿帘装置温室最大必要通风量时，可参照图 6-10 和图 6-11，按照通风率等于 0.050 m³/(m²·s) 的 β 值范围 0.80～1.15 取值进行计算，北京 4、5 月育苗温室为 0.85，海口 4 月育苗温室为 0.8，北京 5 月栽培温室为 1.05，海口 4 月栽培温室为 0.9，乌鲁木齐 4 月栽培温室为 1.1。

3. 室外水平面太阳总辐射照度（E）　室外太阳辐射是温室内热量的主要贡献者，而室外空气温度对必要通风量的估算也产生很大影响，二者均属于气象数据范畴。无论是利用热工模拟计算机程序预测室内温度和湿度的变化，还是利用公式推算出极端情况下冷负荷量，都离不开相应的气象数据。

在美国标准中，室外水平面太阳辐射照度列出了各气象台站每月 21 日中午时分的晴日室外太阳直射和散射辐射照度，可供空调负荷计算时使用。而我国的《采暖通风与空气调节设计规范》标准中，夏季太阳辐射照度是按地理纬度和 7 月大气透明度以及 7 月 21 日太阳赤纬计算数据给出，使用时需要在"夏季空气调节设计用大气透明度分布图"中查出所在地透明度，结合所在地纬度再查取太阳辐射照度值，并没有每月数据。由于各月没有太阳辐射照度数据可用，对于非周年使用温室如夏季 7、8 月不使用温室估算最大必要通风量时则不可行。利用我国气象数据研究成果获得的标准年气象数据（依据 1995—2005 年的气象观测数据统计获得的接近平均值的一年逐时气象数据），借鉴美国标准提取了每月 21 日当地中午时分的水平面太阳辐射照度值，并且提取了每月水平面太阳辐射照度的最大值，北京等上述 10 台站的数据如表 6-5 所示。

表 6-5 几个典型地区各月的室外水平面太阳总辐射照度

时间		水平面太阳总辐射照度（W/m²）								
		北京	上海	重庆	广州	沈阳	哈尔滨	西安	兰州	乌鲁木齐
1 月	21 日 12 时	466	546	148	573	464	342	247	95	332
	21 日最大值	466	546	148	597	464	342	331	95	332
	月最大值	572	711	529	735	575	429	562	580	477
2 月	21 日 12 时	660	563	604	302	477	621	606	570	575
	21 日最大值	660	563	604	312	477	621	606	570	639
	月最大值	706	766	657	756	521	650	744	673	639
3 月	21 日 12 时	784	848	48	574	589	720	593	451	561
	21 日最大值	784	848	77	597	637	720	599	605	561
	月最大值	901	935	861	897	858	775	836	910	756
4 月	21 日 12 时	888	115	200	227	823	224	629	295	626
	21 日最大值	888	128	200	227	823	224	629	302	759
	月最大值	910	970	1 078	691	916	771	914	1 001	992
5 月	21 日 12 时	785	735	209	391	846	621	484	950	779
	21 日最大值	794	781	312	595	846	621	512	1 015	875
	月最大值	1 023	1 039	965	780	853	819	1 038	1 021	1 003
6 月	21 日 12 时	934	188	775	445	362	635	963	976	646
	21 日最大值	1 023	225	775	445	362	663	963	976	806
	月最大值	1 023	1 109	955	781	987	863	1 004	987	968
7 月	21 日 12 时	831	702	786	185	613	518	529	857	735
	21 日最大值	831	702	786	517	613	526	573	857	796
	月最大值	982	968	889	729	858	840	969	1 012	970
8 月	21 日 12 时	627	861	88	466	747	753	717	857	714
	21 日最大值	701	861	137	575	747	753	740	877	781
	月最大值	846	956	888	762	924	766	870	973	1 021
9 月	21 日 12 时	839	625	778	635	720	653	549	874	640
	21 日最大值	839	631	797	635	720	664	549	874	693
	月最大值	839	883	889	844	880	766	746	954	908

（续）

时间		水平面太阳总辐射照度（W/m²）								
		北京	上海	重庆	广州	沈阳	哈尔滨	西安	兰州	乌鲁木齐
10月	21日12时	244	554	84	521	470	455	490	239	471
	21日最大值	244	564	129	521	470	487	490	239	502
	月最大值	715	802	758	734	775	607	715	739	789
11月	21日12时	567	464	106	596	386	368	474	492	292
	21日最大值	567	496	106	596	386	368	474	492	292
	月最大值	572	657	484	700	535	446	556	643	517
12月	21日12时	162	412	97	592	394	234	139	430	363
	21日最大值	172	412	104	592	394	234	145	430	363
	月最大值	499	628	493	655	514	344	525	472	475
夏季水平面太阳辐射（空调标准）		949	962	919	973	919	886	950	986	949

从表6-5可以看出，7月最大值与夏季水平面太阳辐射更为接近，21日的最大值并非全部出现在中午时分，各月21日的最大值也并不是当月的最大值，有的相差较大，如上海4月的数据。究其原因，标准年数据是研究者在考虑了每时湿度、云量等关系的情况下，利用观测数据和太阳辐射瞬时模型进行推定获得，最大值并未出现在21日。

可见，计算最大必要通风量时，采用各月水平面太阳辐射最大值更为合适，可参照表6-6选取。运行调控计算必要通风量时，应取调控时刻的室外水平面太阳总辐射照度。

4. 室外空气温度（t_o） 是估算必要通风量时的设计计算参数，即室外计算干球温度。在美国标准中，室外空气温度不仅给出了夏季室外计算干球温度，还给出了每月的室外计算干球温度，供不同用途建筑和建筑用途在一年之中发生改变时计算空调负荷时使用，而且没有空调与通风参数之分。美国标准中的夏季室外计算干球温度有0.4%、1%和2%不保证率的3种，逐月室外计算干球温度有0.4%、2.0%、5.0%和10.0%不保证率的4种，其中逐月的2.0%、5.0%和10.0%不保证率与夏季的0.4%、1%和2%对应，分别为14h、36h和72h。这些计算参数的获得都是以逐时实测数据为基础的。

我国夏季空气室外计算参数分为空气调节和通风两种，夏季室外空气调节计算干球温度的统计方法与美国、日本等国也不同，是按累年平均不保证时数（50h）确定的，夏季通风室外计算干球温度采用历年最热月14时的月平均温度的平均值，并且气象数据是以每天4次（2、8、14、20时）的定时温度记录为基础。由于我国气象台站在观测时统一采用北京时间进行记录，14时是一日定时记录中气温最高的一次，因此存在夏季室外计算干球温度采用的14时温度数据并不能真正反映当地较高的14时气温的问题，多数地区会有1～3h的时差。各地的夏季空气调节室外计算干球温度要高于夏季通风室外计算干球温度，例如，几个典型地区的夏季室外计算干球温度如表6-7所示，两者相差2～6℃。

表6-6 必要通风量计算用室外气象数据

省（自治区、直辖市）		北京	天津	河北	河北	河北	河北	河北	河北	河北	河北	河北	河北
台站名称		北京	天津	丰宁	乐亭	保定	唐山	围场	张家口	怀来	承德	泊头	石家庄
台站信息	海拔（m）	55	5	661	12	19	29	844	726	538	386	13	81
	纬度（°）	39.9	39.1	41.2	39.4	38.9	39.7	41.9	40.8	40.4	41.0	38.1	38.0
	经度（°）	116.3	117.2	116.6	118.9	115.6	118.2	117.8	114.9	115.5	118.0	116.6	114.4
室外水平面太阳总辐射照度（W/m²）	1月	572	786	584	494	553	501	568	537	575	502	478	577
	2月	706	831	710	638	702	705	669	730	731	699	691	782
	3月	901	981	906	806	874	918	930	946	895	920	984	939
	4月	910	1 046	1 018	898	934	974	1 039	1 077	999	1 021	961	968
	5月	1 023	1 118	1 075	911	1 026	1 049	1 090	1 083	1 081	1 048	964	1 035
	6月	1 023	945	1 086	926	991	942	1 129	1 084	1 070	1 035	963	1 006
	7月	982	935	1 053	955	996	985	1 035	957	1 073	950	864	947
	8月	846	997	992	847	868	863	918	852	1 013	895	899	772
	9月	839	1 097	965	760	897	819	940	868	942	889	821	823
	10月	715	874	765	716	703	685	769	744	721	753	698	784
	11月	572	870	581	566	536	600	618	642	549	569	569	571
	12月	499	705	499	476	520	440	466	450	504	499	500	546
室外计算干球温度（℃）	1月	5.7	3.3	1.0	3.5	2.5	2.5	−3.3	0.2	1.3	−0.6	0.4	6.1
	2月	9.2	8.6	5.0	7.1	10.5	8.9	3.3	6.1	6.7	6.3	7.2	11.1
	3月	15.9	17.6	11.3	15.6	18.3	16.7	8.9	13.2	14.4	13.3	18.9	19.8
	4月	23.1	23.8	21.9	20.4	24.2	21.5	20.8	22.3	22.8	23.5	23.9	25.0
	5月	28.3	29.4	27.8	27.3	30.5	27.2	27.5	28.3	28.9	29.2	30.4	31.1
	6月	34.2	31.7	29.9	30.2	32.8	32.6	26.0	31.9	32.5	28.4	34.4	33.3
	7月	34.1	34.1	30.6	32.8	34.1	32.8	28.9	33.3	32.9	31.3	33.8	36.3
	8月	31.7	31.7	29.4	31.1	31.7	30.0	27.2	30.6	29.7	29.4	31.2	31.7
	9月	28.6	28.3	25.0	26.1	30.5	28.4	23.9	26.8	27.2	26.6	29.5	29.4
	10月	20.3	21.7	16.6	19.9	22.8	20.6	14.7	17.6	18.3	17.8	20.4	22.2
	11月	13.4	16.1	8.9	13.9	13.3	14.1	7.8	13.9	10.4	8.6	14.2	15.0
	12月	4.4	6.7	0.0	4.6	6.1	5.6	−2.1	1.1	3.2	1.6	8.3	7.5
室外最大空气含湿量（g/kg）	1月	2.47	3.39	1.73	3.64	2.71	2.78	2.21	2.28	2.12	2.48	3.58	3.26
	2月	4.03	4.64	3.33	4.10	3.46	3.75	3.14	4.56	3.59	3.61	3.73	4.67
	3月	5.72	7.39	4.26	7.48	6.58	6.93	4.00	4.57	4.88	4.70	6.28	7.07
	4月	11.17	11.56	8.63	10.64	11.90	9.55	7.93	9.41	9.00	8.46	10.61	12.37
	5月	13.96	15.41	11.79	14.36	15.69	12.21	10.45	10.49	11.89	13.33	16.31	14.50
	6月	19.13	18.39	14.62	19.82	17.81	16.97	14.10	16.05	17.68	15.48	17.72	17.86
	7月	25.03	24.01	17.99	21.81	23.52	21.45	19.31	19.94	17.96	21.20	22.84	22.89
	8月	27.30	25.81	18.38	24.75	25.73	20.96	18.04	20.95	19.34	20.40	23.62	21.38
	9月	19.30	16.86	13.97	16.82	17.80	22.07	15.73	15.68	14.78	14.02	15.29	21.57
	10月	10.63	11.40	10.01	12.24	11.33	12.00	8.85	10.76	9.93	11.86	12.09	13.87
	11月	5.47	8.16	5.06	9.16	5.82	7.91	4.30	4.50	6.97	6.34	6.88	6.07
	12月	4.06	4.94	2.50	3.72	4.29	3.80	2.33	3.01	3.74	3.01	5.17	4.45

（续）

省（自治区、直辖市）	河北	河北	河北	山西	山西	山西	山西	山西	山西	山西	山西	山西
台站名称	蔚县	邢台	青龙	五台山	介休	原平	大同	太原	榆社	河曲	离石	运城
台站信息 海拔（m）	910	78	228	2 210	745	838	1 069	779	1 042	861	951	365
纬度（°）	39.8	37.1	40.4	39.0	37.0	38.8	40.1	37.8	37.1	39.4	37.5	35.1
经度（°）	114.6	114.5	119.0	113.5	111.9	112.7	113.3	112.6	113.0	111.2	111.1	111.1
室外水平面太阳总辐射照度（W/m²） 1月	614	580	581	604	646	546	508	643	644	572	606	581
2月	757	762	741	652	796	739	725	803	782	762	792	709
3月	948	947	942	979	852	971	917	883	1 007	922	917	899
4月	1 058	1 005	1 066	957	1 038	1 050	984	1 060	1 086	1 004	1 085	931
5月	1 077	1 057	1 079	1 087	1 066	1 109	996	1 035	1 171	1 067	1 129	942
6月	1 125	1 000	1 092	1 088	1 123	1 080	997	1 013	1 149	1 096	1 102	960
7月	1 029	1 020	922	953	1 030	1 010	960	970	1 065	1 004	1 003	914
8月	947	905	963	862	923	992	846	839	925	958	922	891
9月	951	783	878	842	855	919	803	916	968	963	853	890
10月	775	793	791	802	818	825	721	754	855	761	787	801
11月	537	611	673	613	640	601	579	605	625	652	614	680
12月	515	538	493	541	599	552	474	523	582	504	550	590
室外计算干球温度（℃） 1月	0.0	6.6	0.6	−5.0	3.5	2.2	0.2	3.4	3.9	0.5	2.3	6.1
2月	6.3	11.8	7.2	−4.1	9.4	7.8	6.7	8.8	7.6	7.6	8.2	10.2
3月	13.6	18.6	14.0	4.0	16.1	13.3	12.7	17.3	15.9	14.8	15.0	21.7
4月	21.1	24.5	22.9	13.6	23.3	25.6	20.0	25.0	21.5	24.7	25.6	25.1
5月	26.7	30.0	27.2	15.5	28.9	27.0	26.2	28.9	26.9	29.4	29.2	29.6
6月	30.0	34.4	30.6	19.4	32.7	30.8	30.0	32.9	30.7	32.8	32.6	35.0
7月	32.3	35.6	31.7	18.3	33.3	31.8	31.5	31.5	31.3	32.8	32.8	36.0
8月	29.1	31.8	30.7	18.7	30.0	30.2	28.3	28.9	28.2	30.6	28.9	32.2
9月	25.2	31.4	28.4	17.2	25.6	25.2	25.0	27.0	24.8	26.2	26.4	31.1
10月	17.8	23.3	22.0	12.7	21.7	19.7	18.3	18.6	17.8	19.8	20.5	21.1
11月	8.3	15.7	13.3	3.1	12.3	11.3	10.6	11.3	11.1	11.1	10.6	14.0
12月	3.4	10.0	4.2	−3.2	5.7	4.6	2.2	6.7	6.1	1.3	5.0	7.8
室外最大空气含湿量（g/kg） 1月	2.42	3.47	2.52	2.62	3.71	2.51	2.16	3.70	3.76	3.05	3.37	3.86
2月	5.29	5.27	3.48	2.69	5.51	4.69	4.11	3.82	5.30	5.07	5.58	4.96
3月	5.83	8.14	4.95	4.42	6.49	5.54	6.05	6.57	8.00	5.85	5.81	7.53
4月	8.30	13.32	9.34	9.12	10.41	8.73	7.42	9.89	8.39	10.09	9.80	10.68
5月	11.85	15.72	12.12	9.93	12.38	14.25	12.74	12.38	12.18	13.46	11.64	13.90
6月	14.09	18.11	16.09	14.43	16.65	14.97	14.96	16.11	16.08	16.38	16.79	17.25
7月	19.10	22.10	19.96	16.08	21.67	21.06	18.44	23.01	19.30	18.93	21.61	21.95
8月	16.25	23.50	21.65	16.66	20.25	19.35	20.61	20.29	17.81	20.02	18.31	20.42
9月	13.40	21.10	16.46	13.88	21.41	14.97	13.11	13.26	13.93	15.68	14.29	16.11
10月	8.98	12.20	9.77	8.42	10.12	9.15	9.63	11.13	11.82	9.71	11.52	12.48
11月	5.48	7.98	6.01	3.94	6.60	5.35	4.49	7.06	6.35	5.47	5.60	8.01
12月	2.89	5.86	4.09	2.88	4.17	3.48	3.06	3.92	4.08	3.44	4.51	4.25

（续）

省（自治区、直辖市）		山西	内蒙古	内蒙古	内蒙古	内蒙古	内蒙古	内蒙古	内蒙古	内蒙古	内蒙古	内蒙古	内蒙古
台站名称		阳城	东胜	临河	海流图	海力素	二连浩特	化德	博克图	吉兰泰	呼和浩特	图里河	多伦
台站信息	海拔（m）	659	1 459	1 041	1 290	1 510	966	1 484	739	1 143	1 065	733	1 247
	纬度（°）	35.5	39.8	40.8	41.6	41.5	43.7	41.9	48.8	39.8	40.8	50.5	42.2
	经度（°）	112.4	110.0	107.4	108.5	106.4	112.0	114.0	121.9	105.8	111.7	121.7	116.5
室外水平面太阳总辐射照度（W/m²）	1月	583	524	510	494	488	482	466	348	571	450	868	502
	2月	742	694	712	705	662	727	711	489	723	692	996	693
	3月	961	836	864	903	806	906	893	614	897	905	1 032	883
	4月	981	1 027	950	901	985	1 050	978	706	1 050	976	1 064	1 015
	5月	1 020	1 056	990	1 074	930	1 125	1 006	772	1 040	1 005	1 143	1 060
	6月	1 001	1 089	1 013	1 059	1 005	1 134	1 086	741	1 053	1 057	1 038	1 030
	7月	1 004	977	1 014	1 017	889	1 126	1 006	707	1 005	942	1 130	992
	8月	899	972	934	996	878	1 008	903	707	1 022	903	1 133	913
	9月	891	847	909	847	828	981	858	642	917	827	1 089	948
	10月	714	740	745	757	705	806	696	528	752	742	1 014	746
	11月	556	599	539	616	591	587	503	357	640	584	935	556
	12月	519	459	443	482	467	484	476	294	495	443	828	455
室外计算干球温度（℃）	1月	5.6	−0.3	−1.1	−3.7	−3.3	−7.2	−4.1	−14.7	−0.7	−2.6	−17.3	−6.6
	2月	8.9	2.8	7.2	2.8	1.6	2.7	0.5	−5.6	6.2	5.6	−9.9	2.1
	3月	17.4	10.0	12.3	11.7	8.8	10.7	6.6	4.4	14.4	11.8	0.4	7.2
	4月	24.5	20.0	21.7	19.1	20.0	19.4	16.6	15.3	25.6	20.4	12.7	17.5
	5月	28.9	24.1	27.8	25.4	25.4	26.7	24.2	24.3	29.6	25.7	23.3	25.2
	6月	31.6	28.8	33.3	30.4	30.2	30.2	25.0	26.0	34.5	30.7	26.1	26.7
	7月	32.6	29.0	33.3	29.5	29.7	33.4	26.7	27.8	35.0	29.9	25.5	27.9
	8月	30.8	26.0	31.0	29.3	28.0	30.0	25.4	23.5	32.9	27.8	25.3	26.0
	9月	25.8	23.3	26.4	24.5	23.8	25.0	21.1	17.3	27.9	23.3	21.3	23.1
	10月	20.6	15.6	19.3	15.1	17.8	17.1	13.8	11.2	20.0	19.6	9.0	13.3
	11月	12.9	8.9	10.6	7.4	8.9	6.3	7.5	0.6	11.7	8.7	−2.8	7.8
	12月	8.3	1.1	−0.2	−3.0	−1.3	−3.9	−3.6	−8.9	5.0	1.4	−11.8	−4.9
室外最大空气含湿量（g/kg）	1月	4.30	2.64	3.18	1.99	2.01	1.98	2.19	1.12	2.11	2.49	1.25	2.34
	2月	5.59	4.74	3.45	3.82	2.98	3.32	3.50	2.21	3.80	4.32	2.14	2.90
	3月	9.06	5.58	4.00	5.41	4.58	4.75	4.72	3.69	3.11	5.24	3.82	4.37
	4月	11.59	9.91	8.57	9.91	6.68	6.57	8.06	4.52	9.06	8.18	5.71	6.76
	5月	14.29	11.38	11.68	14.30	9.24	12.56	9.40	10.96	12.51	11.29	9.02	10.25
	6月	17.36	14.21	14.44	12.62	12.05	12.27	12.02	12.82	14.17	16.15	14.16	12.95
	7月	20.22	16.51	16.57	17.17	15.41	15.97	16.04	17.72	16.12	16.56	15.56	17.31
	8月	21.35	16.73	17.60	17.71	13.58	16.08	15.84	14.87	15.59	16.89	14.53	19.01
	9月	14.43	11.77	10.82	12.51	9.80	12.25	10.52	9.24	11.70	12.67	11.06	13.75
	10月	11.03	8.99	10.04	7.34	5.81	5.03	9.11	5.65	7.37	9.77	5.76	7.86
	11月	7.59	3.48	4.20	3.94	2.97	2.83	3.67	4.19	4.68	4.52	3.01	3.80
	12月	4.18	3.62	2.28	3.39	3.04	2.17	2.69	2.01	2.37	3.22	2.07	2.42

(续)

省（自治区、直辖市）		内蒙古	内蒙古	内蒙古	内蒙古	内蒙古	内蒙古	内蒙古	内蒙古	内蒙古	内蒙古	内蒙古	内蒙古
台站名称		宝国吐	巴林左旗	巴音毛道	扎鲁特旗	拐子湖	新巴尔虎右旗	朱日和	林西	海拉尔	满都拉	百灵庙	西乌珠穆沁旗
台站信息	海拔（m）	401	485	1 329	266	960	556	1 152	800	611	1 223	1 377	997
	纬度（°）	42.3	44.0	40.8	44.6	41.4	48.7	42.4	43.6	49.2	42.5	41.7	44.6
	经度（°）	120.7	119.4	104.5	120.9	102.4	116.8	112.9	118.1	119.8	110.1	110.4	117.6
室外水平面太阳总辐射照度（W/m²）	1 月	613	552	587	561	541	339	535	577	322	527	515	445
	2 月	777	708	756	740	744	484	683	741	480	708	692	689
	3 月	880	799	913	834	942	699	863	835	682	859	900	781
	4 月	876	822	1 045	836	1 011	797	996	864	832	994	1 037	805
	5 月	916	897	1 075	888	1 114	845	1 020	930	872	1 066	1 109	860
	6 月	918	910	1 131	915	1 090	883	1 079	886	921	1 076	1 123	893
	7 月	924	892	1 099	903	1 011	847	982	863	888	1 037	1 087	898
	8 月	864	847	1 055	885	993	840	958	922	841	950	1 046	822
	9 月	857	875	912	856	959	766	854	846	847	919	944	865
	10 月	715	704	799	676	840	643	695	686	618	724	791	666
	11 月	543	516	679	537	596	371	593	492	337	608	564	440
	12 月	511	473	534	463	492	319	467	479	266	460	456	395
室外计算干球温度（℃）	1 月	0.4	−4.0	−1.7	−2.5	−2.3	−12.2	−2.2	−4.3	−16.1	−3.1	−2.9	−9.0
	2 月	5.6	2.8	6.4	3.8	3.3	−6.5	3.1	2.7	−9.4	2.9	4.4	−1.4
	3 月	9.7	12.2	15.1	8.9	15.0	3.9	9.5	8.0	3.5	9.4	9.4	4.2
	4 月	24.4	20.7	22.0	21.7	25.0	15.5	19.2	18.9	14.6	22.0	17.8	22.3
	5 月	29.4	25.6	26.9	27.8	32.3	23.9	27.8	26.2	26.7	25.3	26.1	22.0
	6 月	28.3	30.0	32.4	31.7	36.2	30.7	30.4	30.1	28.9	32.2	27.3	28.6
	7 月	32.3	30.7	32.8	31.7	36.4	28.9	31.1	30.7	28.9	32.7	29.9	28.6
	8 月	28.9	28.5	30.0	29.9	34.6	28.4	29.0	29.3	26.6	29.3	28.1	26.1
	9 月	29.4	27.2	26.3	26.1	29.5	20.6	24.4	23.9	22.1	24.4	23.5	24.5
	10 月	18.2	17.2	18.5	18.2	20.0	12.7	16.5	16.3	12.8	16.7	15.4	12.2
	11 月	11.1	9.4	10.5	5.5	10.6	4.3	8.3	9.2	−1.1	7.8	9.2	5.9
	12 月	0.2	−1.1	3.3	−0.4	−1.1	−8.3	−1.9	−1.9	−13.3	−0.6	−0.2	−5.6
室外最大空气含湿量（g/kg）	1 月	1.75	1.64	3.95	1.51	1.74	1.44	1.60	1.77	1.09	1.38	2.72	2.11
	2 月	2.66	2.73	2.57	2.37	3.09	2.85	3.71	3.14	2.49	3.40	3.49	3.05
	3 月	4.16	2.68	5.12	3.75	4.27	3.64	4.73	3.24	3.35	3.28	5.02	3.49
	4 月	7.60	5.62	8.72	7.24	4.08	7.92	6.64	6.00	7.10	5.70	6.83	6.98
	5 月	13.94	10.41	9.56	12.76	7.53	8.81	8.80	10.31	8.67	11.36	11.36	8.58
	6 月	14.80	14.48	12.98	17.68	14.59	13.75	16.62	13.66	14.59	14.45	11.58	13.97
	7 月	20.18	21.56	15.10	21.80	15.58	16.11	15.01	17.97	17.98	17.18	15.45	16.46
	8 月	19.56	17.73	14.46	20.86	14.23	15.54	15.82	19.62	14.59	16.65	15.92	14.20
	9 月	17.17	13.79	9.61	13.72	9.99	10.24	11.36	12.40	11.14	10.27	10.19	10.62
	10 月	8.31	9.08	6.46	9.05	6.36	9.96	7.82	6.95	7.72	6.78	8.07	8.91
	11 月	6.08	3.38	7.02	5.22	3.74	3.52	3.87	3.43	4.04	5.26	3.32	4.39
	12 月	1.92	1.72	3.91	4.05	1.84	1.83	2.10	2.23	1.69	2.57	2.44	2.36

（续）

省（自治区、直辖市）		内蒙古	内蒙古	内蒙古	内蒙古	内蒙古	内蒙古	内蒙古	内蒙古	内蒙古	辽宁	辽宁	辽宁
台站名称		赤峰	通辽	那仁宝力格	鄂托克旗	锡林浩特	阿尔山	阿巴嘎旗	集宁	额济纳旗	丹东	大连	朝阳
台站信息	海拔（m）	572	180	1 183	1 381	1 004	997	1 128	1 416	941	14	97	176
	纬度（°）	42.3	43.6	44.6	39.1	44.0	47.2	44.0	41.0	42.0	40.1	38.9	41.6
	经度（°）	119.0	122.3	114.2	108.0	116.1	119.9	115.0	113.1	101.1	124.3	121.6	120.5
室外水平面太阳总辐射照度（W/m²）	1 月	586	789	390	594	409	402	434	477	531	548	560	587
	2 月	777	907	558	709	650	559	641	688	777	692	659	751
	3 月	905	970	828	969	813	705	825	822	903	762	833	808
	4 月	917	1 026	995	990	997	801	1 050	996	1 073	874	1 009	829
	5 月	927	1 089	1 013	1 071	1 057	825	1 060	1 033	1 070	964	1 021	851
	6 月	959	946	1 068	1 067	1 060	857	1 058	1 051	1 152	1 055	1 046	875
	7 月	931	1 027	983	994	1 037	798	1 079	924	1 102	757	915	820
	8 月	857	927	919	971	890	784	972	914	1 068	729	865	792
	9 月	901	949	864	887	912	750	855	920	928	737	813	801
	10 月	737	993	714	798	750	591	758	658	815	711	749	684
	11 月	556	883	570	663	567	372	574	614	615	603	560	542
	12 月	513	801	434	502	399	348	346	457	457	431	467	517
室外计算干球温度（℃）	1 月	0.6	−4.0	−14.4	1.7	−8.4	−10.8	−10.6	−2.2	−2.8	0.6	3.6	−0.2
	2 月	7.7	3.9	−6.3	4.8	−0.5	−7.0	−1.7	3.3	3.8	4.0	5.0	7.2
	3 月	11.1	9.4	6.8	12.2	5.8	−0.5	4.7	9.0	14.8	10.0	11.1	13.3
	4 月	22.5	20.0	16.1	21.4	17.1	12.8	16.3	18.8	21.7	15.8	17.0	24.4
	5 月	28.9	26.2	22.7	26.8	24.4	24.4	23.1	24.5	29.7	22.2	23.3	28.9
	6 月	28.7	31.4	29.6	29.4	31.2	23.9	29.8	27.4	35.9	25.2	28.9	31.1
	7 月	31.1	29.5	31.0	31.1	30.9	24.9	30.6	28.3	36.7	28.3	29.4	33.0
	8 月	28.5	29.4	27.6	29.0	30.8	24.6	27.8	27.2	34.7	28.3	28.3	30.5
	9 月	26.1	28.3	22.6	25.4	23.7	18.9	22.8	21.8	28.9	24.4	25.0	27.4
	10 月	18.3	17.0	12.6	18.3	14.4	10.0	13.9	14.4	20.0	18.9	19.7	18.9
	11 月	11.1	10.3	4.3	11.5	6.7	1.1	3.4	7.9	10.2	12.3	13.6	13.1
	12 月	1.7	−1.2	−4.1	2.8	−4.4	−13.3	−8.9	−1.7	1.7	3.0	4.9	2.4
室外最大空气含湿量（g/kg）	1 月	3.14	2.63	1.75	3.30	1.82	1.62	2.12	2.17	1.67	3.36	4.55	2.51
	2 月	4.30	3.59	3.39	4.69	3.73	2.66	3.60	4.10	2.48	4.05	4.89	4.92
	3 月	3.61	3.52	3.17	4.59	4.54	3.36	3.22	4.49	5.57	6.19	6.30	4.53
	4 月	6.90	6.63	4.61	9.43	6.18	6.27	6.33	7.61	6.48	11.85	8.44	9.44
	5 月	11.88	11.93	9.63	11.48	9.31	7.81	11.39	9.17	9.92	13.41	11.43	10.98
	6 月	14.77	16.84	12.47	12.96	14.71	13.23	13.71	14.42	17.23	14.92	14.69	18.74
	7 月	19.71	19.81	17.13	18.02	16.01	16.64	18.23	17.77	15.47	21.70	20.63	19.45
	8 月	17.02	18.22	17.20	16.42	16.72	12.77	15.77	21.16	19.05	20.58	22.17	20.21
	9 月	13.30	14.52	13.15	13.11	9.72	9.36	12.30	10.76	10.36	15.11	16.72	15.08
	10 月	7.21	10.90	8.28	9.19	7.69	6.57	7.58	8.42	6.47	10.74	13.02	11.07
	11 月	4.18	6.59	3.31	6.82	4.28	3.67	3.99	4.28	4.09	10.48	9.91	6.59
	12 月	3.35	2.03	4.33	3.45	1.88	1.21	2.29	2.91	2.80	4.11	4.46	2.16

（续）

省（自治区、直辖市）		辽宁	辽宁	辽宁	辽宁	辽宁	辽宁	辽宁	吉林	吉林	吉林	吉林	吉林
台站名称		本溪	沈阳	海洋岛	清原	营口	锦州	障武	临江	前郭尔 洛斯	四平	宽甸	延吉
台站信息	海拔（m）	185	43	10	235	4	70	84	333	136	167	261	178
	纬度（°）	41.3	41.8	39.1	42.1	40.7	41.1	42.4	41.7	45.1	43.2	40.7	42.9
	经度（°）	123.8	123.4	123.2	125.0	122.2	121.1	122.5	126.9	124.9	124.3	124.8	129.5
室外水平面 太阳总辐射 照度 （W/m²）	1 月	601	575	572	553	494	635	612	527	488	529	601	574
	2 月	740	521	709	721	591	760	770	690	702	740	758	757
	3 月	855	858	821	830	776	867	830	832	780	726	784	831
	4 月	857	916	1 087	853	858	875	846	821	759	800	791	787
	5 月	874	853	988	884	1 041	905	899	803	782	811	795	879
	6 月	875	987	921	878	845	884	898	870	865	867	897	877
	7 月	790	858	921	810	862	863	813	796	765	776	720	786
	8 月	769	924	999	799	824	830	838	781	791	794	794	801
	9 月	806	880	800	819	790	876	837	752	778	746	759	858
	10 月	764	775	716	736	754	701	725	697	664	606	700	653
	11 月	528	535	658	516	499	533	558	480	454	477	522	490
	12 月	513	514	611	446	367	528	504	501	410	443	520	474
室外计算 干球温度 （℃）	1 月	−2.2	−2.4	2.8	−3.1	−0.6	1.1	−0.6	−5.1	−5.6	−4.3	−1.1	−5.1
	2 月	3.3	3.2	5.0	2.0	4.4	5.9	5.0	0.6	2.8	3.9	3.9	2.3
	3 月	10.0	9.8	9.4	10.3	9.7	10.7	7.8	8.5	7.3	8.6	9.3	11.1
	4 月	19.5	21.1	15.3	20.1	17.9	18.9	20.6	18.7	18.9	21.3	18.3	20.0
	5 月	23.4	26.4	20.9	25.6	22.8	28.8	25.6	22.7	29.0	25.0	27.2	28.5
	6 月	28.9	28.5	25.6	28.5	26.7	28.3	30.6	28.5	29.9	31.9	26.5	28.3
	7 月	30.3	30.9	25.0	31.1	30.0	29.5	28.9	30.0	30.0	28.3	28.9	30.7
	8 月	29.6	29.0	28.3	29.9	29.3	29.6	29.4	30.5	29.4	29.4	30.0	28.9
	9 月	27.1	26.1	23.9	27.6	26.1	27.5	27.5	25.9	25.0	26.7	27.8	27.4
	10 月	18.3	19.3	20.6	17.8	19.7	20.0	18.3	17.0	15.5	19.8	17.4	17.7
	11 月	12.8	12.8	15.0	11.1	12.5	10.5	9.6	9.0	5.6	10.4	11.2	6.8
	12 月	3.3	2.2	10.3	0.8	4.0	3.9	−0.4	−0.2	−4.3	0.6	2.1	−0.7
室外最大空气 含湿量 （g/kg）	1 月	3.45	3.22	5.01	2.57	3.81	2.97	2.19	2.35	1.73	2.82	3.30	1.60
	2 月	3.82	3.83	5.12	3.61	4.27	3.65	3.01	3.42	3.71	4.52	5.46	4.19
	3 月	4.56	4.68	5.74	6.28	5.00	4.85	4.77	4.63	4.22	4.93	6.68	6.36
	4 月	8.49	9.71	8.27	7.29	8.49	8.49	12.12	8.62	7.58	9.93	8.20	8.27
	5 月	12.07	12.46	12.39	11.07	12.08	11.37	11.73	12.01	11.36	10.15	14.36	11.49
	6 月	14.61	15.56	16.82	16.77	15.45	16.72	16.96	15.61	16.44	17.33	14.84	13.17
	7 月	22.19	19.16	20.46	23.04	19.51	23.73	22.55	17.94	20.27	19.84	19.65	20.18
	8 月	20.79	22.63	21.66	20.31	22.38	23.45	21.34	20.30	20.79	21.40	20.20	17.72
	9 月	13.70	14.42	17.37	13.83	16.41	16.58	16.26	14.90	15.19	20.00	14.61	15.57
	10 月	11.29	11.94	14.20	10.49	13.00	10.33	12.08	8.94	10.36	9.74	10.54	9.73
	11 月	7.56	8.59	10.96	6.69	7.37	7.98	6.38	6.14	7.39	7.01	8.30	5.63
	12 月	4.61	4.28	7.56	3.53	4.49	4.31	3.17	3.93	3.79	3.75	3.87	2.49

（续）

省（自治区、直辖市）		吉林	吉林	吉林	吉林	吉林	黑龙江	黑龙江	黑龙江	黑龙江	黑龙江	黑龙江	黑龙江
台站名称		敦化	桦甸	长岭	长春	长白	伊春	克山	呼玛	哈尔滨	嫩江	孙吴	安达
台站信息	海拔（m）	525	264	190	238	1 018	232	237	179	143	243	235	150
	纬度（°）	43.4	43.0	44.3	43.9	41.4	47.7	48.1	51.7	45.8	49.2	49.4	46.4
	经度（°）	128.2	126.8	124.0	125.2	128.2	128.9	125.9	126.7	126.8	125.2	127.4	125.3
室外水平面太阳总辐射照度（W/m²）	1月	520	492	553	567	565	390	396	302	429	390	340	463
	2月	751	687	740	730	693	569	568	518	650	537	553	634
	3月	779	796	798	803	770	698	749	592	775	712	627	767
	4月	791	805	848	865	811	718	758	756	771	788	779	790
	5月	875	818	897	904	881	791	824	786	819	804	834	884
	6月	849	800	900	906	825	829	821	831	863	825	809	826
	7月	734	755	829	807	803	812	790	789	840	805	751	800
	8月	782	790	783	808	792	768	787	783	766	749	754	763
	9月	818	767	793	841	774	719	733	749	766	703	682	719
	10月	640	734	671	704	645	578	505	496	607	552	535	673
	11月	488	456	504	466	496	381	399	326	446	392	339	454
	12月	429	436	471	446	431	298	316	242	344	269	307	369
室外计算干球温度（℃）	1月	−5.6	−5.6	−6.2	−4.7	−7.2	−13.0	−12.2	−16.2	−8.8	−15.4	−13.1	−9.4
	2月	0.7	−0.7	2.1	2.2	−3.3	−2.8	−4.2	−8.9	−2.8	−7.2	−5.2	−0.4
	3月	8.0	5.8	5.7	6.4	6.7	3.4	6.7	1.1	6.7	3.9	4.8	5.6
	4月	20.2	19.6	19.4	22.4	14.4	18.4	16.1	15.0	15.0	16.1	15.8	17.8
	5月	26.6	25.6	27.6	24.7	21.5	25.6	26.1	20.5	27.4	26.0	22.8	24.4
	6月	25.9	28.3	29.4	28.9	25.0	29.0	29.4	28.3	31.0	28.9	28.2	29.7
	7月	28.1	30.4	30.8	30.0	28.3	28.4	29.3	30.5	29.1	29.6	29.9	30.6
	8月	26.1	28.3	28.9	28.3	26.1	26.7	26.7	27.0	28.0	26.4	25.7	27.4
	9月	22.3	24.5	26.5	27.1	20.2	21.0	23.7	20.9	24.2	22.2	22.3	26.3
	10月	15.5	16.6	18.9	19.2	16.1	12.4	12.1	13.9	15.4	12.2	12.2	15.6
	11月	8.3	9.5	7.6	9.1	6.7	4.2	3.0	−5.6	2.6	−2.8	2.2	5.5
	12月	−2.1	−0.9	−1.9	2.9	−3.3	−11.1	−11.1	−16.7	−0.1	−9.2	−10.1	−4.3
室外最大空气含湿量（g/kg）	1月	2.94	2.60	2.56	2.06	2.35	1.96	1.51	0.99	1.80	1.06	1.30	2.52
	2月	4.30	2.65	3.82	2.87	3.01	2.84	2.55	1.38	2.22	2.14	2.47	2.61
	3月	5.44	4.24	4.50	4.22	5.02	4.19	4.31	3.00	4.35	3.82	5.20	3.40
	4月	7.42	12.66	9.02	7.83	6.85	5.87	7.48	6.10	7.11	5.62	5.85	7.76
	5月	11.14	12.35	11.76	11.30	10.17	10.29	10.92	9.46	11.89	9.30	10.42	10.92
	6月	19.59	18.82	13.79	13.81	15.00	14.79	14.89	15.70	13.93	15.28	14.69	15.46
	7月	20.19	24.22	19.44	19.64	18.43	17.19	18.24	17.99	19.19	18.35	17.48	19.99
	8月	18.24	20.46	18.90	20.15	20.35	20.08	18.43	15.15	19.24	16.72	16.08	18.96
	9月	13.11	13.83	14.50	14.25	11.29	11.53	16.39	10.59	13.03	15.79	13.72	16.78
	10月	7.23	8.07	9.95	8.53	8.32	8.01	7.55	9.49	11.47	6.33	7.07	10.46
	11月	5.48	5.84	5.93	6.94	5.29	4.64	4.23	2.26	5.79	2.95	4.14	4.52
	12月	3.55	4.16	2.82	5.31	3.83	1.81	1.57	1.08	5.10	2.33	1.56	2.32

(续)

省（自治区、直辖市）		黑龙江	黑龙江	黑龙江	黑龙江	黑龙江	黑龙江	黑龙江	黑龙江	黑龙江	黑龙江	黑龙江	黑龙江
台站名称		宝清	尚志	泰来	海伦	漠河	爱辉	牡丹江	福锦	绥芬河	虎林	通河	鸡西
台站信息	海拔（m）	83	191	150	240	433	166	242	65	498	103	110	234
	纬度（°）	46.3	45.2	46.4	47.4	52.1	50.3	44.6	47.2	44.4	45.8	46.0	45.3
	经度（°）	132.2	128.0	123.4	127.0	122.5	127.5	129.6	132.0	131.2	133.0	128.7	131.0
室外水平面太阳总辐射照度（W/m²）	1 月	345	472	480	392	377	418	534	422	451	370	830	461
	2 月	512	675	648	626	551	619	675	526	710	579	946	675
	3 月	715	736	782	718	622	741	748	698	783	685	983	723
	4 月	852	807	808	735	753	870	783	712	768	737	956	776
	5 月	975	828	843	830	808	874	864	766	864	765	973	816
	6 月	903	899	855	860	823	926	803	841	844	799	968	918
	7 月	909	804	817	809	769	914	804	749	792	793	1 092	759
	8 月	722	736	788	804	767	859	790	801	777	727	924	800
	9 月	715	729	752	753	693	843	712	739	791	782	926	794
	10 月	630	642	680	606	581	662	586	592	599	548	992	598
	11 月	470	435	410	394	422	396	448	395	456	412	766	454
	12 月	280	366	393	345	222	327	381	318	389	377	771	343
室外计算干球温度（℃）	1 月	−8.9	−10.0	−7.1	−12.0	−14.4	−12.2	−9.5	−11.1	−9.5	−9.6	−12.2	−10.6
	2 月	−0.6	−1.6	−1.1	−4.7	−9.4	−5.8	−1.7	−9.2	0.6	−2.2	−2.8	0.0
	3 月	2.5	8.3	6.8	6.4	−0.6	2.5	7.2	1.6	4.4	4.3	7.2	3.7
	4 月	19.4	20.6	21.1	16.3	11.1	15.5	20.0	18.3	19.4	18.3	19.6	21.1
	5 月	22.2	26.1	27.2	25.8	23.3	26.0	23.3	21.0	20.4	22.9	24.2	26.0
	6 月	29.6	30.2	30.0	29.7	26.1	27.8	30.6	29.8	28.3	27.2	29.4	28.9
	7 月	32.2	29.0	31.3	28.5	30.4	29.0	32.3	30.2	27.6	28.3	28.9	30.6
	8 月	26.7	27.0	28.1	26.7	27.3	26.6	28.1	27.9	25.7	27.4	26.7	27.1
	9 月	23.5	23.3	25.0	23.3	20.0	19.0	25.5	22.5	25.5	25.1	22.8	26.9
	10 月	15.6	15.4	17.8	17.8	9.5	12.0	20.0	13.9	15.0	13.0	16.8	16.3
	11 月	6.1	3.1	1.8	3.3	−2.8	−3.3	7.7	3.0	7.8	5.6	4.6	7.7
	12 月	−1.6	−1.0	−5.4	−5.5	−17.1	−13.3	−4.2	−8.3	0.0	−6.9	−10.5	−2.8
室外最大空气含湿量（g/kg）	1 月	1.95	1.73	2.49	2.39	1.07	1.15	1.43	1.41	2.03	1.62	1.90	1.59
	2 月	3.48	3.56	1.81	2.90	1.55	1.85	2.28	1.46	4.53	3.37	3.24	3.45
	3 月	3.84	4.59	3.52	3.70	3.38	3.31	5.63	4.62	4.24	6.94	6.41	4.01
	4 月	6.97	8.52	7.96	9.78	4.54	6.69	6.96	9.00	6.76	6.24	11.09	6.59
	5 月	11.46	11.10	9.84	10.89	8.74	11.08	10.40	9.70	9.21	10.80	11.67	9.83
	6 月	12.91	16.03	15.74	14.83	14.26	17.00	15.28	13.99	17.82	13.43	16.57	16.00
	7 月	18.75	19.51	20.74	18.81	16.41	18.74	18.97	18.74	18.71	18.09	19.80	20.16
	8 月	16.18	17.45	18.85	16.46	14.28	16.87	18.09	18.34	18.33	17.45	18.88	17.25
	9 月	13.18	13.15	14.36	13.84	10.08	10.68	14.56	14.34	15.64	15.99	13.69	15.92
	10 月	9.10	11.67	8.99	7.33	6.01	6.04	9.46	9.56	9.75	9.03	7.23	8.08
	11 月	4.48	5.38	3.36	4.48	3.17	2.64	5.25	5.09	5.62	5.77	7.64	4.91
	12 月	3.94	4.39	1.58	5.14	1.06	1.26	2.95	1.79	4.18	2.44	2.09	4.14

（续）

省（自治区、直辖市）		黑龙江	上海	江苏	江苏	江苏	江苏	江苏	江苏	江苏	浙江	浙江	浙江
台站名称		齐齐哈尔	上海	东台	南京	吕四	射阳	徐州	溧阳	赣榆	临海	丽水	大陈岛
台站信息	海拔（m）	148	4	5	7	10	7	42	8	10	9	60	84
	纬度（°）	47.4	31.4	32.9	32.0	32.1	33.8	34.3	31.4	34.8	28.9	28.5	28.5
	经度（°）	123.9	121.5	120.3	118.8	121.6	120.3	117.2	119.5	119.1	121.1	119.9	121.9
室外水平面太阳总辐射照度（W/m²）	1 月	474	711	645	769	704	665	579	604	542	743	789	564
	2 月	640	766	795	887	891	752	778	847	735	894	940	751
	3 月	736	935	910	906	1 021	920	774	970	886	1 104	1 010	727
	4 月	775	970	1 002	1 096	1 097	981	919	1 052	1 020	1 178	1 141	867
	5 月	807	1 039	1 066	1 022	1 098	1 025	952	1 009	999	1 193	1 035	1 096
	6 月	888	1 109	1 049	906	1 099	980	1 005	927	1 081	1 009	1 018	830
	7 月	804	968	966	910	1 067	823	824	806	821	1 085	1 060	825
	8 月	771	956	864	872	1 113	811	749	807	693	1 071	1 034	866
	9 月	776	883	833	814	1 060	868	763	827	777	1 038	988	946
	10 月	606	802	759	718	847	825	762	693	699	865	978	713
	11 月	460	657	655	638	799	639	605	679	571	833	752	637
	12 月	375	628	578	644	694	585	542	618	536	726	726	544
室外计算干球温度（℃）	1 月	−9.9	10.8	9.0	10.2	9.3	8.3	8.8	10.2	6.7	14.0	13.7	12.9
	2 月	0.5	14.5	11.7	13.3	12.3	9.0	11.1	13.0	10.0	13.7	20.6	16.3
	3 月	6.3	20.0	19.2	21.3	16.8	17.2	18.0	20.6	15.4	21.7	20.0	15.6
	4 月	18.2	21.5	24.9	24.8	20.7	24.4	22.8	22.1	22.0	23.9	26.0	19.2
	5 月	27.8	27.8	26.7	27.8	26.1	26.7	30.2	28.4	28.7	29.0	29.9	22.6
	6 月	29.1	29.1	30.6	29.8	28.1	28.1	31.6	32.5	29.4	35.0	35.5	25.5
	7 月	33.6	35.2	33.9	34.6	31.2	32.8	34.1	34.4	32.8	34.8	35.8	29.5
	8 月	27.4	31.8	32.8	33.9	33.1	32.6	31.5	32.3	32.8	34.0	34.0	29.4
	9 月	25.7	28.3	29.9	31.4	33.0	28.3	29.6	34.4	28.5	33.9	33.2	28.3
	10 月	14.4	24.0	23.5	24.4	23.0	22.2	23.3	23.9	22.3	28.3	28.3	23.2
	11 月	5.6	18.6	19.8	17.8	21.1	17.7	16.4	19.0	16.1	22.4	20.7	22.1
	12 月	−4.2	11.5	11.7	10.9	12.6	11.1	11.2	11.0	10.0	14.1	15.5	15.6
室外最大空气含湿量（g/kg）	1 月	1.29	8.69	6.28	5.36	7.26	5.61	6.07	6.73	4.60	7.89	10.79	10.09
	2 月	2.53	9.34	8.72	9.28	9.48	5.26	6.65	8.90	6.13	7.30	10.88	12.82
	3 月	2.92	14.30	12.16	14.85	10.76	12.37	10.95	9.56	8.93	14.10	13.18	11.25
	4 月	7.57	14.00	16.29	13.87	15.40	15.54	11.54	13.27	10.66	14.78	15.59	15.06
	5 月	9.98	18.93	15.18	15.64	18.38	19.56	17.71	19.61	16.47	19.54	19.35	17.49
	6 月	15.28	21.07	21.15	21.70	21.09	19.37	21.93	22.00	19.02	22.55	21.14	21.19
	7 月	17.93	24.75	25.87	25.00	24.08	24.17	24.70	25.19	25.23	24.15	22.95	24.19
	8 月	17.48	22.76	26.03	24.15	27.78	24.77	23.21	24.19	25.11	23.95	21.36	24.07
	9 月	16.42	20.68	21.83	20.94	24.69	21.06	20.23	24.88	21.47	24.71	20.57	23.23
	10 月	8.84	15.77	15.18	15.49	16.92	13.63	14.17	16.41	15.68	18.60	15.86	17.28
	11 月	3.69	11.97	13.81	10.56	14.45	10.93	8.24	10.26	10.82	14.42	12.39	17.53
	12 月	2.50	7.28	7.91	5.76	9.54	8.09	5.75	6.03	6.48	8.62	7.96	15.59

(续)

省（自治区、直辖市）		浙江	浙江	浙江	浙江	浙江	浙江	安徽	安徽	安徽	安徽	安徽	安徽
台站名称		定海	嵊州	嵊泗	杭州	石浦	衢江	亳州	合肥	安庆	芜湖	蚌埠	阜阳
台站信息	海拔（m）	37	108	81	43	127	71	42	36	20	16	22	33
	纬度（°）	30.0	29.6	30.7	30.2	29.2	29.0	33.9	31.9	30.5	31.3	33.0	32.9
	经度（°）	122.1	120.8	122.5	120.2	122.0	118.9	115.8	117.2	117.1	118.4	117.4	115.7
室外水平面太阳总辐射照度（W/m²）	1月	676	738	578	665	701	798	533	663	590	693	633	582
	2月	885	908	714	849	877	971	699	778	774	744	814	874
	3月	932	1 023	760	982	834	922	828	868	830	903	855	880
	4月	928	1 096	942	1 099	982	939	879	910	954	1 011	977	970
	5月	899	1 171	925	945	1 069	1 104	951	952	881	1 009	968	983
	6月	941	1 142	942	1 046	999	1 030	901	938	848	877	1 062	992
	7月	950	1 083	890	987	982	1 015	867	795	887	897	902	931
	8月	929	1 021	887	1 031	998	1 045	801	781	830	922	814	810
	9月	924	1 064	885	900	927	1 021	748	790	870	884	870	882
	10月	838	917	735	777	845	882	798	900	759	813	824	791
	11月	754	854	622	711	781	765	607	643	736	725	704	661
	12月	679	627	527	637	618	735	520	577	603	559	572	644
室外计算干球温度（℃）	1月	11.7	11.7	10.9	10.0	12.2	10.8	8.3	10.6	10.6	10.1	9.4	8.3
	2月	16.0	17.7	14.4	15.6	15.6	17.6	12.1	13.0	12.8	13.4	12.0	12.2
	3月	15.6	19.4	15.5	19.8	16.4	20.0	18.6	23.3	23.9	23.2	21.4	21.0
	4月	21.4	24.3	18.9	23.8	19.5	24.5	23.9	23.8	23.8	23.3	23.3	24.4
	5月	24.2	27.8	22.8	27.8	23.8	28.7	30.6	29.6	28.0	28.3	28.9	28.5
	6月	27.9	32.0	26.9	31.4	29.8	30.6	32.8	31.1	30.0	30.2	32.7	33.3
	7月	31.8	35.6	29.6	35.6	30.6	35.6	35.3	33.9	35.8	35.1	33.6	34.7
	8月	31.8	33.1	30.5	34.4	32.2	33.6	33.3	33.0	32.9	33.3	33.4	33.9
	9月	29.9	31.2	31.2	28.8	29.0	36.7	31.2	32.1	32.1	35.2	33.9	29.9
	10月	24.6	26.5	23.7	25.0	25.0	26.3	23.3	24.5	25.2	24.9	28.6	23.5
	11月	20.2	21.7	19.3	20.4	21.9	22.7	18.2	18.0	19.6	18.2	17.8	18.3
	12月	13.1	12.8	12.2	12.2	12.5	17.0	8.4	14.0	15.6	11.0	14.4	14.0
室外最大空气含湿量（g/kg）	1月	8.53	6.59	8.25	7.68	8.81	7.20	4.80	5.04	5.35	5.58	5.24	5.63
	2月	10.75	10.84	10.26	9.20	11.83	10.26	6.58	9.22	6.76	9.56	8.20	7.39
	3月	11.15	16.01	10.29	12.81	12.99	10.42	9.57	16.35	14.86	16.55	14.63	12.92
	4月	15.97	14.36	14.07	14.17	12.58	14.37	14.23	13.81	15.42	14.43	15.48	16.17
	5月	18.47	19.23	16.14	18.46	18.14	20.54	16.37	16.13	20.74	17.00	18.73	18.00
	6月	22.38	20.60	20.56	22.39	24.75	21.81	20.40	21.82	22.09	22.49	21.74	21.95
	7月	24.16	23.01	21.86	23.42	23.70	22.60	24.70	22.88	23.77	23.25	24.13	25.00
	8月	22.49	22.86	22.67	23.36	23.29	21.55	23.60	23.34	24.99	23.28	25.99	26.70
	9月	20.54	23.11	24.41	18.64	21.87	22.49	19.45	22.46	22.39	23.13	23.64	18.46
	10月	16.47	15.65	16.72	19.07	17.81	18.93	11.50	14.16	19.02	14.21	15.93	15.99
	11月	13.00	13.23	12.57	12.44	16.36	15.65	9.56	10.94	10.07	11.04	10.22	10.47
	12月	8.35	6.36	8.11	6.27	8.29	10.52	5.84	8.39	9.65	7.93	8.54	8.24

（续）

省（自治区、直辖市）		安徽	安徽	福建	福建	福建	福建	福建	福建	福建	福建	福建	福建
台站名称		霍山	黄山	九仙山	南平	厦门	平潭	永安	浦城	漳平	福州	福鼎	邵武
台站信息	海拔（m）	68	1 836	1 651	128	139	31	204	275	203	85	38	219
	纬度（°）	31.4	30.1	25.7	26.6	24.5	25.5	26.0	27.9	25.3	26.1	27.3	27.3
	经度（°）	116.3	118.2	118.1	118.0	118.1	119.8	117.4	118.5	117.4	119.3	120.2	117.5
室外水平面太阳总辐射照度（W/m²）	1 月	752	759	716	585	804	735	718	635	709	729	704	694
	2 月	850	878	698	798	882	859	844	844	872	802	833	924
	3 月	1 013	839	743	944	983	920	942	1 097	950	912	980	1 111
	4 月	1 081	981	845	935	1 037	957	973	1 099	949	978	917	1 092
	5 月	1 134	1 036	862	1 022	924	908	940	1 041	1 029	941	984	984
	6 月	948	831	767	924	1 122	965	921	1 041	961	933	1 018	989
	7 月	911	825	658	982	1 016	995	981	899	1 026	914	946	988
	8 月	906	687	630	891	855	961	904	892	918	852	872	954
	9 月	900	704	704	923	973	964	834	946	923	840	870	969
	10 月	966	770	709	814	924	800	822	899	896	795	834	834
	11 月	745	705	703	720	807	723	761	688	776	671	715	719
	12 月	712	641	761	653	743	661	644	676	761	631	636	657
室外计算干球温度（℃）	1 月	10.8	6.0	13.9	16.7	18.4	15.6	19.4	14.4	21.3	17.8	15.7	15.3
	2 月	13.3	9.3	14.0	22.2	19.3	17.1	23.3	21.1	23.9	20.4	19.0	15.7
	3 月	20.6	12.4	17.1	22.9	23.9	18.6	25.0	24.3	23.9	23.4	21.1	21.7
	4 月	25.5	16.3	17.8	27.5	26.8	24.8	26.7	28.2	29.3	25.9	24.1	30.0
	5 月	30.3	18.9	20.0	31.1	28.3	27.2	30.6	29.8	32.6	29.8	28.8	29.8
	6 月	30.6	18.3	21.1	33.0	31.7	30.6	32.8	31.1	34.1	34.7	34.0	32.4
	7 月	35.9	21.4	22.6	36.0	32.2	31.2	34.4	33.6	35.0	34.4	33.9	34.8
	8 月	33.9	19.9	22.5	34.5	31.1	30.8	33.5	33.3	34.3	32.6	32.8	33.5
	9 月	31.2	19.6	21.1	32.3	31.1	28.6	31.2	30.6	31.9	30.4	30.9	31.7
	10 月	24.8	16.5	19.1	28.9	28.3	26.1	29.4	28.9	30.6	28.1	27.8	28.4
	11 月	18.9	10.6	16.0	22.8	24.2	24.2	27.7	22.5	24.4	23.7	23.3	22.8
	12 月	15.8	5.0	13.3	19.7	20.0	19.4	22.6	18.7	22.8	20.2	18.7	16.9
室外最大空气含湿量（g/kg）	1 月	5.18	8.33	11.82	10.32	10.35	10.39	10.39	9.45	13.08	10.01	8.83	10.52
	2 月	8.73	9.59	11.08	11.29	11.65	11.39	11.29	10.36	11.78	11.93	10.28	9.41
	3 月	10.21	12.36	13.22	13.12	15.67	14.09	14.71	13.84	13.60	14.61	11.77	13.33
	4 月	15.73	13.88	18.64	16.81	21.25	18.93	17.19	17.49	18.74	16.64	17.70	18.70
	5 月	20.08	15.94	17.23	18.67	21.31	19.56	18.13	18.49	20.62	20.74	19.93	21.45
	6 月	21.22	16.69	17.33	22.20	22.37	21.70	21.61	20.29	21.45	24.02	22.57	22.24
	7 月	25.20	17.69	19.48	23.12	22.78	23.12	21.91	23.96	21.20	24.64	23.51	22.22
	8 月	25.33	18.38	18.72	20.83	23.41	22.74	21.99	21.27	21.60	23.41	22.64	22.10
	9 月	20.57	16.19	19.17	20.32	21.98	21.71	20.06	20.22	19.53	21.65	21.26	19.41
	10 月	12.50	16.31	15.55	17.49	18.50	19.53	17.51	15.33	17.61	17.87	17.13	17.11
	11 月	11.13	9.66	13.58	14.42	16.16	16.65	16.18	12.92	14.66	14.42	14.56	12.66
	12 月	7.66	7.09	11.25	10.83	12.90	13.28	12.43	10.07	12.99	13.21	13.74	12.56

(续)

省（自治区、直辖市）		福建	江西	江西	江西	江西	江西	江西	江西	江西	江西	江西	山东
台站名称		长汀	修水	南城	南昌	吉安	宜春	寻乌	广昌	庐山	景德镇	赣州	兖州
台站信息	海拔（m）	311	147	82	50	78	129	299	142	1 165	60	138	53
	纬度（°）	25.9	29.0	27.6	28.6	27.1	27.8	25.0	26.9	29.6	29.3	25.9	35.6
	经度（°）	116.4	114.6	116.7	115.9	115.0	114.4	115.7	116.3	116.0	117.2	115.0	116.9
室外水平面太阳总辐射照度（W/m²）	1月	753	696	578	744	666	662	716	596	678	733	747	610
	2月	852	853	852	923	823	823	841	778	801	920	830	862
	3月	895	965	963	918	916	928	869	924	926	1 082	1 083	855
	4月	1 022	1 023	1 086	1 004	1 025	972	1 003	987	1 018	1 179	1 126	910
	5月	1 097	1 161	1 025	977	916	1 046	1 005	978	966	1 173	999	914
	6月	941	1 059	1 002	911	926	926	947	949	976	1 024	1 037	986
	7月	1 004	1 054	1 016	898	931	947	1 042	855	855	996	946	742
	8月	899	950	905	893	849	892	902	948	813	1 045	924	817
	9月	923	979	1 038	1 005	914	944	943	884	837	1 031	1 021	814
	10月	836	886	880	852	821	809	813	830	766	1 017	951	706
	11月	766	673	851	833	716	718	803	714	817	727	818	592
	12月	756	739	752	748	597	729	737	661	743	738	791	513
室外计算干球温度（℃）	1月	20.0	13.3	16.7	14.2	17.1	15.6	21.7	18.9	10.0	14.3	17.6	6.7
	2月	22.5	16.4	21.1	13.3	20.6	12.4	23.0	22.4	14.4	18.2	22.8	11.7
	3月	20.8	20.2	23.5	23.3	24.4	19.2	23.7	21.3	15.0	25.0	21.7	17.9
	4月	27.4	24.7	26.9	28.0	27.4	26.5	27.7	25.6	18.3	25.6	28.6	25.0
	5月	30.0	30.8	29.5	28.7	30.0	31.1	31.1	31.7	20.7	29.4	31.9	30.5
	6月	32.2	33.2	32.4	32.8	33.9	32.2	31.5	32.2	23.0	32.4	32.6	32.5
	7月	33.4	37.0	34.4	34.4	36.2	34.7	33.4	35.0	27.6	36.3	34.4	32.6
	8月	32.8	34.4	33.0	33.9	32.9	33.4	33.2	34.8	25.1	34.8	33.9	31.7
	9月	30.6	36.1	31.3	31.3	31.7	32.8	32.4	33.3	23.9	32.0	34.5	31.0
	10月	28.6	27.5	28.3	27.4	28.4	28.1	29.4	29.4	20.7	28.4	30.0	23.2
	11月	23.6	20.7	22.8	25.0	22.8	25.6	25.0	22.8	12.7	21.1	27.2	16.5
	12月	21.4	14.4	18.8	15.0	16.9	14.3	22.2	20.6	13.1	17.2	17.2	7.4
室外最大空气含湿量（g/kg）	1月	11.31	7.26	10.97	6.80	9.92	7.90	11.96	11.67	8.84	7.30	11.52	3.77
	2月	11.51	10.19	11.22	7.94	12.10	7.72	11.48	12.06	11.10	11.19	11.53	4.61
	3月	14.55	12.66	14.74	15.52	15.56	13.79	15.25	15.76	11.93	15.96	16.92	7.38
	4月	18.08	14.04	16.94	19.57	20.43	17.00	18.83	15.72	15.33	15.38	18.16	13.36
	5月	20.44	20.77	18.60	20.65	18.98	21.56	20.54	20.18	16.98	19.07	19.88	15.10
	6月	19.95	22.54	22.01	22.82	24.96	23.04	21.91	22.34	19.34	21.85	20.84	20.36
	7月	21.57	23.49	24.28	24.55	25.31	23.62	24.00	23.62	22.25	23.47	21.95	23.27
	8月	21.90	22.02	24.38	24.87	23.06	22.67	22.09	23.07	21.09	22.48	22.36	21.95
	9月	20.27	21.05	24.11	22.54	23.81	21.28	21.85	20.68	20.69	21.10	20.55	18.94
	10月	16.85	15.83	20.20	16.48	19.98	16.54	19.25	20.72	18.01	16.18	16.50	14.76
	11月	13.96	11.72	14.25	12.91	14.92	13.53	15.62	13.04	10.64	12.00	15.61	9.81
	12月	9.63	6.97	9.95	8.23	8.64	7.73	10.09	10.39	8.18	8.05	8.12	6.67

（续）

省（自治区、直辖市）		山东	山东	山东	山东	山东	山东	山东	山东	山东	山东	山东	山东
台站名称		定陶	惠民	成山头	日照	沂源	泰山	济南	海阳	潍坊	莘县	费县	长岛
台站信息	海拔（m）	49	12	47	37	302	1 536	169	64	22	38	120	40
	纬度（°）	35.1	37.5	37.4	35.4	36.2	36.3	36.6	36.8	36.8	36.2	35.3	37.9
	经度（°）	115.6	117.5	122.7	119.5	118.2	117.1	117.1	121.2	119.2	115.7	118.0	120.7
室外水平面太阳总辐射照度（W/m²）	1 月	547	531	548	541	605	570	557	547	623	603	596	534
	2 月	735	689	610	607	648	690	667	688	777	734	696	734
	3 月	787	828	851	804	846	850	894	828	903	832	830	854
	4 月	920	915	1 075	831	970	909	951	858	890	846	940	966
	5 月	914	921	1 067	954	1 042	907	1 029	909	932	855	1 021	1 100
	6 月	894	963	1 038	894	1 045	991	956	1 015	993	898	956	1 060
	7 月	784	789	764	747	862	695	877	800	823	826	825	924
	8 月	734	716	749	740	845	702	870	696	755	766	746	772
	9 月	783	824	761	792	822	898	830	742	856	751	822	763
	10 月	786	698	718	665	774	675	719	695	692	696	689	757
	11 月	724	598	697	600	639	563	654	561	628	617	551	606
	12 月	500	484	560	478	558	523	547	485	553	557	494	488
室外计算干球温度（℃）	1 月	6.1	6.0	5.0	5.7	6.6	−2.0	8.0	5.1	5.0	7.2	8.1	3.8
	2 月	10.7	10.1	4.4	7.7	8.9	1.0	11.1	7.4	10.0	10.6	10.6	6.5
	3 月	13.5	16.7	7.9	13.4	16.7	8.1	20.6	13.5	17.2	16.7	20.0	11.7
	4 月	25.3	25.6	13.5	18.3	23.9	13.3	25.0	19.6	24.5	23.3	22.9	20.6
	5 月	27.8	27.7	18.2	25.8	30.6	18.3	29.2	25.0	27.2	27.9	31.6	23.3
	6 月	32.2	31.4	24.7	27.6	30.2	21.9	33.8	26.7	33.0	32.2	32.1	27.6
	7 月	33.3	33.6	26.1	31.0	31.9	21.1	33.6	29.1	32.8	32.6	33.3	30.1
	8 月	31.7	33.3	25.8	28.9	30.9	21.2	31.8	29.0	32.3	30.9	32.3	30.6
	9 月	30.4	27.9	25.0	28.3	27.2	21.7	28.9	26.3	28.2	30.0	29.4	25.4
	10 月	22.3	23.0	19.8	21.9	21.8	12.4	23.3	21.1	22.9	22.8	21.9	21.3
	11 月	16.3	13.9	13.9	15.9	13.7	7.4	19.2	14.1	13.6	17.2	17.8	13.3
	12 月	10.7	6.3	8.9	8.9	8.4	4.8	10.5	8.3	6.9	4.4	6.3	7.2
室外最大空气含湿量（g/kg）	1 月	4.40	3.57	4.94	5.12	3.94	3.98	4.11	4.95	3.83	4.10	4.89	4.76
	2 月	6.52	5.12	4.86	4.98	5.03	6.23	4.98	5.02	4.23	6.68	5.25	5.13
	3 月	7.17	6.43	5.84	6.29	7.45	7.55	8.57	6.45	6.33	7.74	10.19	6.69
	4 月	13.39	11.37	8.81	12.44	10.52	9.56	12.35	11.02	11.98	13.82	10.22	12.55
	5 月	16.10	14.26	10.80	12.39	13.81	12.47	17.22	12.52	12.89	17.20	15.70	12.14
	6 月	20.60	18.58	15.07	19.74	19.31	16.06	19.15	17.29	16.36	22.96	21.67	16.55
	7 月	24.07	22.00	21.20	24.23	22.10	20.19	20.73	22.05	24.18	25.99	22.65	23.43
	8 月	25.05	25.84	20.62	22.55	20.36	19.06	22.45	23.69	23.62	23.50	22.88	23.40
	9 月	19.98	17.83	19.03	19.40	14.38	16.46	16.88	16.82	16.58	20.43	18.59	17.82
	10 月	11.88	11.94	12.38	14.35	14.28	11.11	12.16	11.96	13.16	13.01	15.84	13.71
	11 月	7.91	7.41	8.89	10.70	6.66	8.33	9.72	8.24	7.18	9.55	10.54	7.38
	12 月	6.48	5.78	5.64	7.31	4.30	5.45	4.46	7.23	5.59	4.34	5.38	5.79

（续）

省（自治区、直辖市）		山东	山东	山东	河南	河南	河南	河南	河南	河南	河南	河南	河南
台站名称		陵县	青岛	龙口	信阳	南阳	卢氏	固始	孟津	安阳	西华	郑州	驻马店
台站信息	海拔（m）	19	77	5	115	131	570	58	333	64	53	111	83
	纬度（°）	37.3	36.1	37.6	32.1	33.0	34.1	32.2	34.8	36.1	33.8	34.7	33.0
	经度（°）	116.6	120.3	120.3	114.1	112.6	111.0	115.7	112.4	114.4	114.5	113.7	114.0
室外水平面太阳总辐射照度（W/m²）	1月	554	646	492	697	503	589	663	582	586	590	565	594
	2月	667	791	686	871	786	893	787	717	779	720	735	708
	3月	848	987	825	977	806	1 040	849	816	890	757	850	719
	4月	864	1 073	905	1 028	829	1 068	1 005	955	915	850	903	860
	5月	895	1 144	908	1 116	991	999	962	916	1 005	917	1 001	989
	6月	954	992	892	973	893	1 147	963	940	977	954	956	983
	7月	833	874	735	939	844	1 085	862	894	961	877	932	871
	8月	766	880	678	891	801	940	804	789	770	742	825	774
	9月	722	1 039	665	979	753	889	894	790	817	786	780	798
	10月	755	864	629	993	793	883	843	738	770	813	778	763
	11月	596	631	561	798	636	741	732	569	623	654	568	596
	12月	494	599	449	661	522	584	641	577	503	516	530	586
室外计算干球温度（℃）	1月	5.6	5.6	3.9	11.0	7.3	8.3	10.0	8.0	4.7	9.3	8.5	9.4
	2月	7.4	7.1	7.5	12.5	13.3	12.2	12.4	12.4	11.9	12.3	12.8	12.3
	3月	17.8	12.8	14.4	23.0	20.6	19.9	20.9	21.0	17.8	20.8	22.2	22.3
	4月	24.2	16.2	21.7	25.1	23.9	25.6	24.4	25.9	23.8	23.8	26.1	23.9
	5月	30.0	22.0	25.0	29.0	28.9	27.3	29.5	27.2	28.3	28.3	29.8	29.4
	6月	32.9	25.6	31.1	30.0	32.7	31.7	30.5	32.2	33.9	33.3	34.0	33.1
	7月	35.0	27.4	32.1	35.0	34.2	34.1	35.0	32.2	34.9	34.8	35.0	35.0
	8月	32.2	28.5	31.1	33.6	31.8	30.6	33.9	30.6	33.3	32.3	31.7	33.9
	9月	30.0	26.8	26.7	32.2	31.0	27.4	34.0	27.7	29.1	29.5	29.0	31.1
	10月	23.3	21.7	20.8	24.3	23.4	21.3	23.3	22.2	23.0	23.5	23.0	24.3
	11月	14.4	16.7	17.8	18.9	18.2	18.2	21.7	17.0	16.5	17.6	17.9	18.9
	12月	6.0	8.0	8.0	10.9	8.8	9.4	14.1	10.1	5.6	8.3	9.4	10.0
室外最大空气含湿量（g/kg）	1月	4.29	5.82	4.23	5.73	5.55	4.58	6.22	4.47	3.38	5.17	4.15	5.78
	2月	4.10	6.53	4.22	7.50	6.11	4.78	8.37	5.06	4.15	6.62	6.44	6.68
	3月	9.52	6.88	5.96	15.03	12.02	6.92	13.39	9.02	7.18	11.84	10.49	15.59
	4月	13.42	9.52	8.76	14.10	13.49	13.48	15.03	12.55	13.47	13.96	13.17	14.91
	5月	16.85	13.12	12.47	16.62	17.20	14.08	21.03	13.82	16.19	15.01	15.04	16.00
	6月	19.76	16.59	17.17	20.09	22.17	19.19	20.46	19.05	18.80	21.30	20.19	21.62
	7月	26.65	22.04	23.06	23.35	24.42	22.58	24.97	23.39	23.64	25.70	24.28	23.60
	8月	25.07	22.69	21.10	24.98	23.14	22.03	24.31	22.71	24.46	25.04	23.83	26.93
	9月	18.49	19.94	16.69	22.63	24.28	16.38	23.68	15.31	17.28	24.22	16.57	23.58
	10月	12.10	14.30	12.41	13.11	14.54	12.49	15.58	10.43	12.51	11.96	12.65	12.49
	11月	7.27	11.46	9.63	9.30	8.98	9.10	10.14	8.25	8.65	8.97	9.45	10.43
	12月	4.20	6.32	4.96	6.97	5.89	5.07	6.08	5.68	4.21	6.32	5.70	6.06

（续）

省（自治区、直辖市）		湖北	湖北	湖北	湖北	湖北	湖北	湖北	湖北	湖北	湖南	湖南	湖南
台站名称		光化	宜昌	恩施	房县	枣阳	武汉	江陵	钟祥	麻城	南岳	岳阳	常德
台站信息	海拔（m）	91	134	458	435	127	23	33	66	59	1 268	52	35
	纬度（°）	32.4	30.7	30.3	32.0	32.2	30.6	30.3	31.2	31.2	27.3	29.4	29.1
	经度（°）	111.7	111.3	109.5	110.8	112.7	114.1	112.2	112.6	115.0	112.7	113.1	111.7
室外水平面太阳总辐射照度（W/m²）	1月	649	744	611	730	670	575	659	593	671	631	630	649
	2月	884	846	751	886	851	831	803	890	796	711	721	705
	3月	856	906	942	1 033	853	896	916	943	959	906	801	931
	4月	1 083	968	1 028	1 064	1 007	888	980	962	1 007	847	825	989
	5月	1 008	965	1 027	1 146	976	890	994	1 120	1 084	849	924	971
	6月	1 104	992	983	1 080	1 109	886	956	873	939	825	820	853
	7月	935	975	963	939	904	861	865	863	931	850	787	919
	8月	920	956	904	916	892	829	836	913	1 012	760	835	871
	9月	825	946	926	979	893	861	856	954	989	737	715	893
	10月	832	974	768	755	815	921	743	810	854	799	831	885
	11月	692	778	710	754	673	646	712	682	838	722	654	720
	12月	563	608	539	639	609	604	565	613	713	617	585	603
室外计算干球温度（℃）	1月	9.9	11.5	8.7	12.2	9.5	12.2	8.4	10.9	12.7	8.0	13.3	13.0
	2月	13.8	13.7	13.6	16.3	12.4	13.4	13.5	13.3	12.4	14.2	13.9	14.6
	3月	22.2	24.0	20.0	19.5	22.7	22.3	19.5	21.5	19.7	17.0	22.0	21.7
	4月	23.9	26.5	24.3	23.3	26.1	24.1	25.6	24.0	24.1	20.3	22.4	23.3
	5月	30.3	28.9	29.6	30.1	29.9	30.0	28.6	30.6	30.6	23.9	28.3	28.5
	6月	33.9	30.6	31.4	31.9	32.2	33.4	31.1	30.7	23.3	32.0	32.8	
	7月	33.1	35.5	34.1	31.8	34.7	36.7	35.6	33.7	36.3	26.5	34.4	36.1
	8月	32.8	32.2	31.9	31.4	34.2	34.4	33.2	32.8	34.4	26.0	33.1	33.9
	9月	31.7	32.2	30.0	31.2	29.4	32.2	34.4	31.5	35.0	22.8	30.3	32.8
	10月	22.9	27.4	24.1	23.3	24.9	26.1	26.1	25.0	26.1	19.6	24.8	25.6
	11月	18.3	21.0	18.3	18.3	20.6	20.3	20.0	18.7	20.6	14.6	20.2	20.6
	12月	12.2	16.2	11.1	10.6	11.3	10.9	12.8	14.8	12.8	13.1	16.4	13.0
室外最大空气含湿量（g/kg）	1月	5.64	6.92	6.99	5.93	5.69	7.16	6.24	6.55	4.95	8.44	7.96	6.80
	2月	6.20	8.42	9.44	7.36	7.46	6.90	8.56	6.56	7.46	11.95	6.80	9.01
	3月	11.30	15.33	10.39	8.50	15.06	13.09	12.03	12.82	11.20	13.00	12.61	12.75
	4月	13.37	15.77	13.70	12.29	14.47	15.44	16.97	15.34	15.49	16.02	14.29	13.72
	5月	16.58	20.60	16.97	15.48	16.51	21.03	17.15	18.08	20.02	18.65	20.12	18.08
	6月	23.82	21.42	21.43	20.92	21.41	22.60	23.48	21.55	21.39	19.48	22.79	23.58
	7月	25.24	24.74	22.63	23.18	25.34	24.35	25.85	26.00	23.75	21.94	25.83	25.59
	8月	23.84	22.85	22.30	23.39	24.18	25.08	26.90	24.46	22.70	22.03	22.74	24.68
	9月	23.36	19.72	19.58	22.15	17.88	23.17	23.33	21.31	22.83	17.06	21.87	22.34
	10月	13.94	16.09	13.22	13.61	13.36	14.15	17.08	15.37	14.85	20.05	15.46	22.93
	11月	10.45	10.77	10.52	8.71	11.70	10.63	9.58	9.26	10.06	11.99	11.97	11.22
	12月	6.62	8.72	7.13	6.55	6.38	6.28	6.53	7.58	6.52	8.77	7.94	6.78

(续)

省(自治区、直辖市)		湖南	湖南	湖南	湖南	湖南	湖南	湖南	湖南	广东	广东	广东	广东
台站名称		武冈	沅陵	芷江	通道	邵阳	郴州	长沙	零陵	上川岛	佛冈	信宜	广州
台站信息	海拔（m）	340	143	273	397	248	185	68	174	18	68	84	42
	纬度（°）	26.7	28.5	27.5	26.2	27.2	25.8	28.2	26.2	21.7	23.9	22.4	23.2
	经度（°）	110.6	110.4	109.7	109.8	111.5	113.0	112.9	111.6	112.8	113.5	110.9	113.3
室外水平面太阳总辐射照度（W/m²）	1月	701	713	646	743	671	668	693	649	762	670	796	735
	2月	822	827	769	858	771	758	818	814	825	808	798	756
	3月	946	950	881	930	883	963	996	892	867	852	861	897
	4月	941	947	952	1 128	955	1 075	1 042	919	885	883	988	691
	5月	999	931	954	1 071	1 033	1 012	1 094	1 013	1 023	961	869	780
	6月	952	917	925	1 046	917	994	999	907	833	818	869	781
	7月	1 002	955	890	957	947	949	903	948	862	963	941	729
	8月	974	933	892	941	964	932	952	939	840	860	869	762
	9月	1 000	931	936	990	995	992	947	959	849	877	973	844
	10月	796	806	898	870	867	844	829	789	788	827	839	734
	11月	793	736	769	815	854	826	830	740	799	744	768	700
	12月	685	639	676	789	674	675	706	567	768	799	716	655
室外计算干球温度（℃）	1月	14.5	13.3	13.3	16.7	13.9	19.7	13.9	17.2	21.9	23.2	24.7	22.2
	2月	15.4	13.3	13.1	19.2	14.5	14.9	13.3	20.4	22.8	24.3	25.2	25.0
	3月	22.6	20.4	21.4	17.9	23.7	21.0	21.2	18.3	24.4	25.0	28.3	26.7
	4月	29.6	26.5	29.0	26.7	27.2	29.2	26.9	25.9	27.8	27.2	30.2	27.3
	5月	28.4	27.4	29.7	28.8	30.3	32.2	29.3	31.1	29.8	32.1	32.2	31.4
	6月	31.7	32.1	31.3	30.0	31.9	33.0	32.8	32.1	31.5	32.2	33.7	33.8
	7月	35.0	34.3	33.9	31.7	35.1	34.7	34.4	35.4	31.7	33.9	33.6	34.4
	8月	32.4	33.3	33.2	31.7	33.9	33.6	33.3	34.3	32.1	33.4	34.0	33.9
	9月	31.4	32.2	32.5	31.7	31.8	33.3	32.2	33.0	30.6	33.4	33.3	33.2
	10月	24.9	26.7	25.1	26.1	26.3	29.4	25.8	28.5	29.1	31.1	31.8	30.6
	11月	25.0	21.0	23.8	22.2	26.1	23.9	21.7	22.6	25.5	27.1	28.4	26.7
	12月	17.1	17.2	17.8	18.9	18.3	15.3	17.6	16.4	20.8	23.5	24.0	22.8
室外最大空气含湿量（g/kg）	1月	9.38	6.54	10.61	9.72	8.89	10.47	6.09	7.78	14.90	13.24	13.67	12.42
	2月	12.79	7.38	7.02	11.12	10.93	9.03	10.29	13.08	15.28	13.46	14.14	13.52
	3月	14.43	10.95	13.23	16.39	14.94	14.97	12.55	13.67	16.90	17.28	18.34	16.90
	4月	19.72	18.42	18.78	18.24	18.93	16.92	17.55	15.14	20.46	17.72	21.82	18.10
	5月	22.00	18.21	18.72	20.58	21.09	20.88	18.71	20.84	22.66	21.30	21.98	23.19
	6月	22.26	22.13	22.57	21.78	22.46	18.80	21.32	25.48	23.79	24.16	23.01	22.23
	7月	21.38	25.17	25.21	23.07	22.25	22.26	24.41	24.83	23.44	22.97	25.61	23.46
	8月	21.88	22.42	21.97	21.50	21.75	23.07	24.63	22.08	24.28	22.91	23.72	23.32
	9月	20.29	19.83	19.71	18.79	20.54	20.77	21.99	20.84	23.53	22.64	21.88	23.99
	10月	17.67	17.28	18.46	17.43	18.25	16.38	17.89	17.27	19.60	20.25	19.84	19.26
	11月	13.39	10.45	13.21	14.85	13.05	13.71	12.91	13.40	18.33	14.81	18.16	15.38
	12月	10.04	8.22	8.41	9.65	8.19	7.72	7.92	10.75	13.74	14.16	15.56	12.28

（续）

省（自治区、直辖市）		广东	广东	广东	广东	广东	广东	广东	广东	广东	广东	广东	广西
台站名称		梅州	汕头	汕尾	河源	深圳	湛江	连州	连平	阳江	韶关	高要	北海
台站信息	海拔（m）	84	3	5	41	18	28	98	214	22	68	12	16
	纬度（°）	24.3	23.4	22.8	23.7	22.6	21.2	24.8	24.4	21.9	24.8	23.1	21.5
	经度（°）	116.1	116.7	115.4	114.7	114.1	110.4	112.4	114.5	112.0	113.6	112.5	109.1
室外水平面太阳总辐射照度（W/m²）	1 月	699	845	690	718	770	672	674	719	688	656	723	759
	2 月	823	899	723	779	869	636	788	844	764	790	764	671
	3 月	988	994	760	909	888	793	844	965	785	743	963	732
	4 月	889	983	815	826	864	816	971	936	722	1 018	887	815
	5 月	997	998	796	920	1 050	837	954	999	839	925	831	792
	6 月	854	1 001	733	818	901	825	880	973	832	846	855	887
	7 月	972	976	766	863	927	832	907	953	798	924	809	760
	8 月	900	955	750	869	971	865	926	945	826	853	867	767
	9 月	819	982	826	894	850	795	883	889	846	858	840	790
	10 月	788	868	696	786	856	796	790	766	779	785	758	751
	11 月	762	955	680	720	782	791	814	874	681	779	730	700
	12 月	677	780	658	768	766	731	731	775	677	681	709	702
室外计算干球温度（℃）	1 月	21.2	21.9	22.4	24.3	22.2	21.7	19.4	22.2	22.8	18.4	22.2	23.2
	2 月	24.4	20.0	22.9	25.6	25.1	21.5	23.4	23.9	22.8	24.3	24.4	24.1
	3 月	27.4	22.4	24.9	27.4	26.1	26.7	24.4	26.8	25.0	25.3	26.7	25.6
	4 月	31.4	28.3	26.7	29.4	27.6	29.3	27.0	26.1	28.3	29.0	29.7	28.3
	5 月	31.9	30.0	29.4	30.6	31.4	31.6	32.0	31.1	29.6	31.1	32.6	31.2
	6 月	33.0	32.5	31.2	32.9	32.8	32.8	32.7	32.9	31.5	32.2	33.4	31.8
	7 月	34.4	32.7	31.7	34.0	33.4	33.2	35.3	33.7	32.2	35.0	34.4	31.6
	8 月	34.1	32.2	30.9	33.9	33.2	32.7	35.0	33.7	33.0	33.4	34.8	31.7
	9 月	33.7	31.3	30.8	32.8	31.8	31.3	32.9	32.1	32.2	32.2	32.6	32.1
	10 月	31.1	29.4	29.1	31.3	30.2	30.6	30.0	28.9	30.0	30.0	30.1	30.1
	11 月	28.4	26.7	25.9	27.2	26.7	28.3	27.8	25.7	26.7	26.1	26.0	28.0
	12 月	23.9	21.1	21.7	23.3	23.2	22.7	21.1	23.0	23.3	22.3	23.6	22.8
室外最大空气含湿量（g/kg）	1 月	11.43	14.70	14.17	13.26	13.71	14.32	12.94	12.60	13.20	11.48	14.37	14.30
	2 月	11.54	11.81	14.52	13.60	14.20	14.79	13.52	13.23	13.98	13.39	14.53	16.96
	3 月	14.94	16.24	17.00	19.00	18.37	17.98	15.63	17.48	18.41	16.14	17.24	17.89
	4 月	18.34	18.73	19.07	18.35	18.29	19.70	17.80	17.38	19.74	18.99	19.80	20.14
	5 月	19.57	21.76	23.26	21.09	21.41	23.42	20.50	20.80	24.08	21.90	21.70	22.56
	6 月	22.11	23.09	23.46	22.64	21.68	24.90	21.42	21.10	24.12	22.85	22.74	25.69
	7 月	23.83	23.99	26.21	22.03	21.96	23.60	22.83	21.21	24.42	23.01	22.41	24.43
	8 月	22.89	23.15	23.45	22.61	22.70	24.26	21.87	21.15	24.16	22.13	22.98	25.12
	9 月	21.66	22.42	22.54	21.80	22.05	21.80	21.31	21.13	25.25	21.14	23.25	23.19
	10 月	20.45	19.58	20.45	18.89	19.06	20.55	19.88	19.51	19.38	19.63	19.69	21.15
	11 月	18.06	17.88	17.13	14.38	17.37	19.57	16.38	16.70	17.85	16.91	15.37	18.79
	12 月	13.64	14.31	15.38	12.95	14.01	16.59	11.98	10.92	14.25	11.14	13.01	16.23

（续）

省（自治区、直辖市）		广西	广西	广西	广西	广西	广西	广西	广西	广西	广西	广西	海南
台站名称		南宁	柳州	桂平	桂林	梧州	河池	百色	蒙山	那坡	钦州	龙州	三亚
台站信息	海拔（m）	126	97	44	166	120	214	177	145	794	6	129	7
	纬度（°）	22.6	24.4	23.4	25.3	23.5	24.7	23.9	24.2	23.3	22.0	22.4	18.2
	经度（°）	108.2	109.4	110.1	110.3	111.3	108.1	106.6	110.5	106.0	108.6	106.8	109.5
室外水平面太阳总辐射照度（W/m²）	1 月	628	738	754	635	628	717	708	793	774	738	719	879
	2 月	767	868	841	848	823	871	717	783	892	937	846	989
	3 月	1 122	888	1 022	1 107	1 007	877	860	817	1 031	825	1 073	970
	4 月	864	993	920	879	898	865	974	1 013	1 090	904	975	983
	5 月	993	981	898	1 039	933	1 122	886	1 042	1 180	971	965	1 039
	6 月	903	1 015	1 019	913	903	1 017	878	965	1 075	900	919	923
	7 月	967	915	921	1 180	848	1 014	886	1 013	989	895	928	930
	8 月	975	949	994	975	928	1 002	907	1 021	1 155	857	928	939
	9 月	1 036	884	941	1 060	921	915	880	1 069	1 017	978	964	1 049
	10 月	959	968	822	876	781	844	860	1 003	912	817	987	1 052
	11 月	868	707	846	704	763	757	727	863	898	746	915	954
	12 月	709	722	660	768	734	704	663	821	808	836	789	893
室外计算干球温度（℃）	1 月	23.3	20.5	22.5	18.3	22.4	19.4	25.6	20.1	20.0	23.0	24.4	27.8
	2 月	23.6	23.3	23.3	19.4	24.3	22.2	24.5	17.3	23.4	23.3	26.7	27.9
	3 月	25.3	25.6	25.9	23.3	27.4	25.6	27.0	24.4	26.3	25.5	27.1	29.4
	4 月	30.0	28.3	27.4	26.9	29.4	29.9	33.0	27.7	26.7	30.0	31.5	31.8
	5 月	31.5	31.5	31.6	30.6	31.8	31.9	33.3	30.6	29.4	30.6	33.7	32.8
	6 月	32.0	32.7	32.8	32.2	33.8	32.8	33.9	32.1	30.0	32.2	33.9	31.8
	7 月	33.2	33.5	34.1	34.6	33.9	33.7	35.0	33.4	30.5	32.6	33.4	31.7
	8 月	34.4	34.4	34.4	33.2	34.2	33.8	34.5	33.3	30.0	32.8	34.3	31.3
	9 月	32.8	33.1	32.9	32.6	33.5	32.7	33.5	31.8	29.2	32.2	32.8	31.2
	10 月	31.3	29.4	29.4	28.3	30.6	28.9	30.8	30.0	26.1	30.0	31.5	31.6
	11 月	25.9	25.2	27.8	23.2	26.7	25.5	27.0	25.0	25.0	27.8	28.1	29.7
	12 月	23.1	22.8	22.3	20.6	22.2	22.5	22.2	22.7	18.9	22.2	24.8	26.8
室外最大空气含湿量（g/kg）	1 月	16.20	10.54	13.07	10.06	12.85	11.45	14.08	14.11	11.03	14.18	14.30	16.92
	2 月	13.30	12.49	14.32	13.61	13.94	12.78	14.71	11.96	13.06	16.57	15.74	18.87
	3 月	16.75	16.66	16.49	14.92	16.64	15.88	15.36	17.04	16.43	17.63	16.07	19.39
	4 月	20.13	18.78	19.64	19.03	21.32	19.40	21.05	20.90	17.10	19.63	19.89	22.58
	5 月	21.92	21.49	21.92	22.66	22.14	19.99	22.48	20.90	19.03	22.46	22.37	24.07
	6 月	22.78	22.77	23.08	22.58	22.80	21.92	22.41	21.80	19.84	23.59	25.23	23.57
	7 月	23.95	22.15	23.97	26.28	23.46	23.37	23.80	22.88	20.42	23.70	25.02	24.22
	8 月	23.59	23.52	22.86	24.64	23.83	23.85	24.27	23.32	21.92	26.54	23.55	24.16
	9 月	23.11	20.29	21.84	22.49	23.14	23.04	22.45	22.74	20.34	23.20	22.95	23.20
	10 月	19.50	19.46	21.48	20.10	20.79	19.06	19.82	21.53	19.51	22.41	19.57	21.60
	11 月	17.23	15.10	17.90	16.30	14.98	18.87	18.04	15.85	15.10	20.31	17.43	20.20
	12 月	12.95	11.64	12.41	10.53	12.35	11.72	11.49	12.53	10.98	16.15	13.86	16.94

（续）

省（自治区、直辖市）		海南	海南	海南	海南	重庆	重庆	重庆	重庆	重庆	四川	四川	四川
台站名称		东方	儋州	海口	琼海	万源	奉节	梁平	酉阳	重庆	九龙	会理	南充
台站信息	海拔（m）	8	169	24	25	674	303	455	665	260	2 994	1 788	310
	纬度（°）	19.1	19.5	20.0	19.2	32.1	31.0	30.7	28.8	29.6	29.0	26.7	30.8
	经度（°）	108.6	109.6	110.4	110.5	108.0	109.5	107.8	108.8	106.5	101.5	102.3	106.1
室外水平面太阳总辐射照度（W/m²）	1 月	780	805	873	770	579	589	523	644	529	833	799	609
	2 月	849	890	963	839	845	725	730	694	657	966	976	624
	3 月	1 069	1 067	970	908	1 018	925	896	930	861	1 099	1 068	998
	4 月	887	980	1 079	953	1 043	1 046	912	1 084	1 078	1 177	1 119	929
	5 月	873	1 038	995	943	1 146	1 022	927	1 061	965	1 205	1 158	887
	6 月	837	979	1 035	927	1 064	943	849	906	955	1 162	927	896
	7 月	830	936	1 081	913	1 045	891	889	1 013	889	1 151	1 064	901
	8 月	817	979	1 018	1 020	973	875	918	997	888	1 128	1 027	848
	9 月	877	966	896	963	909	878	893	1 036	889	1 028	1 075	952
	10 月	873	847	898	834	831	751	724	717	758	1 009	928	649
	11 月	803	854	734	859	792	632	697	827	484	867	836	581
	12 月	793	730	723	734	551	503	555	598	493	763	786	498
室外计算干球温度（℃）	1 月	25.3	26.0	24.4	24.5	9.5	10.6	8.9	11.4	12.6	12.2	17.1	10.9
	2 月	25.1	26.7	24.2	26.7	16.0	12.8	13.3	12.1	17.4	14.2	19.6	13.0
	3 月	29.4	29.4	28.3	28.0	22.8	23.3	21.0	18.1	21.8	17.8	21.9	23.5
	4 月	31.3	32.3	30.0	32.3	23.9	25.6	24.0	25.2	26.7	21.5	26.0	24.2
	5 月	32.4	33.3	33.5	32.6	27.8	29.4	26.7	27.8	31.7	24.8	28.3	27.9
	6 月	32.8	34.2	33.8	33.9	30.3	34.4	31.5	28.4	30.7	21.7	26.7	31.1
	7 月	32.0	33.1	33.8	34.2	32.8	33.3	32.9	31.9	34.7	23.7	25.8	33.7
	8 月	32.0	32.6	33.3	33.5	32.5	32.4	33.1	30.2	34.9	22.8	26.1	33.9
	9 月	30.7	31.1	31.7	31.0	28.5	35.0	30.3	29.6	37.4	20.6	24.8	36.9
	10 月	30.6	30.6	29.4	29.9	23.3	26.7	23.3	22.5	19.4	19.4	23.8	22.6
	11 月	28.5	29.4	27.2	29.2	18.0	18.2	18.7	19.3	19.2	16.0	20.6	17.8
	12 月	26.1	25.6	23.3	24.7	10.0	10.0	10.1	9.8	12.0	12.2	16.5	12.2
室外最大空气含湿量（g/kg）	1 月	17.00	15.70	15.34	15.96	5.83	6.52	6.92	7.60	7.42	5.08	8.18	7.56
	2 月	17.04	17.36	16.74	18.93	8.84	6.07	8.60	9.41	8.84	7.07	7.03	7.82
	3 月	20.57	17.31	18.19	19.67	12.78	10.15	11.18	10.93	11.58	7.23	9.64	13.10
	4 月	20.88	21.45	20.92	22.63	12.65	14.37	13.63	16.12	15.44	10.26	11.46	14.40
	5 月	23.78	21.52	23.21	23.41	14.93	16.29	16.89	16.32	20.75	13.79	16.57	17.29
	6 月	23.52	23.37	22.70	24.94	18.75	21.24	23.50	20.98	21.81	14.72	18.51	22.27
	7 月	24.30	23.08	22.72	24.05	21.27	21.88	23.49	23.95	24.48	14.73	19.30	23.93
	8 月	23.63	23.08	23.64	23.62	21.33	21.23	23.13	21.14	23.31	14.29	17.93	24.34
	9 月	22.75	21.57	22.77	22.52	18.65	18.54	18.82	20.51	21.74	13.56	16.71	21.41
	10 月	23.02	21.08	20.99	21.56	14.35	15.36	15.36	17.05	16.33	11.41	15.26	15.26
	11 月	19.36	19.22	19.67	19.96	9.80	11.37	10.57	12.32	11.81	9.14	11.53	11.56
	12 月	17.50	17.31	18.21	17.59	6.03	6.50	7.67	6.74	8.47	4.89	9.06	8.54

（续）

省（自治区、直辖市）		四川	四川	四川	四川	四川	四川	四川	四川	四川	四川	四川	四川
台站名称		宜宾	峨眉山	巴塘	平武	康定	德格	成都	松潘	泸州	理塘	甘孜	稻城
台站信息	海拔（m）	342	3 049	2 589	894	2 617	3 185	508	2 852	336	3 950	3 394	3 729
	纬度（°）	28.8	29.5	30.0	32.4	30.1	31.8	30.7	32.7	28.9	30.0	31.6	29.1
	经度（°）	104.6	103.3	99.1	104.5	102.0	98.6	104.0	103.6	105.4	100.3	100.0	100.3
室外水平面太阳总辐射照度（W/m²）	1 月	602	764	788	623	805	760	527	731	512	811	775	810
	2 月	770	758	891	815	928	782	675	900	672	880	908	940
	3 月	925	1 021	1 049	1 001	1 094	866	780	1 062	757	1 084	1 071	1 096
	4 月	861	971	1 170	1 058	1 173	991	889	1 155	823	1 164	1 146	1 169
	5 月	903	899	1 192	1 049	1 205	991	836	1 140	858	1 186	1 188	1 138
	6 月	865	759	1 204	1 069	1 209	1 088	831	1 193	926	1 103	1 202	1 041
	7 月	858	818	1 079	1 007	1 205	1 092	762	1 193	903	1 062	1 140	954
	8 月	844	743	1 165	995	1 182	1 006	797	1 154	889	1 149	1 172	1 037
	9 月	769	966	991	987	1 103	965	795	1 101	786	1 088	1 113	952
	10 月	679	879	953	750	958	880	679	883	716	935	991	899
	11 月	613	685	870	798	845	758	564	824	534	871	841	842
	12 月	497	617	731	596	728	619	462	708	485	743	723	746
室外计算干球温度（℃）	1 月	13.3	8.3	14.8	10.0	6.2	9.0	12.2	7.8	12.0	3.8	6.1	6.1
	2 月	15.0	6.1	17.0	14.8	8.8	8.6	13.1	10.0	14.9	6.1	7.1	8.3
	3 月	26.1	9.4	18.8	23.3	14.4	12.8	18.9	13.7	21.8	9.9	12.2	11.7
	4 月	26.1	9.1	24.1	23.0	15.9	18.3	26.3	15.6	24.4	11.7	18.3	13.9
	5 月	28.9	13.3	26.7	27.2	19.5	19.0	27.3	18.3	30.6	16.1	19.7	18.1
	6 月	31.7	13.6	28.9	31.1	20.0	22.6	30.6	19.8	30.6	17.8	20.6	20.6
	7 月	33.3	16.7	27.2	31.1	22.5	24.5	31.3	23.8	34.8	17.8	23.3	19.4
	8 月	33.8	15.6	26.7	30.6	21.1	23.4	32.7	23.3	33.8	17.2	21.7	17.6
	9 月	32.8	13.1	25.3	26.4	18.3	20.5	27.8	22.4	30.0	15.6	20.6	16.9
	10 月	23.8	10.6	22.9	20.5	14.7	17.2	22.2	14.8	22.3	13.4	15.6	14.5
	11 月	20.5	9.2	19.3	17.2	12.2	14.2	17.8	14.4	18.9	9.4	12.2	11.7
	12 月	14.4	4.1	13.3	11.6	6.1	7.7	11.0	10.0	11.5	7.2	6.8	8.5
室外最大空气含湿量（g/kg）	1 月	7.62	5.03	3.99	5.96	5.98	4.18	7.20	4.17	7.64	4.59	3.90	4.12
	2 月	7.99	5.67	4.84	7.86	6.50	4.25	7.46	4.47	8.35	3.63	4.48	5.71
	3 月	15.00	7.73	7.23	10.70	6.94	6.09	10.03	6.55	11.07	6.41	6.39	6.79
	4 月	14.85	10.09	9.56	11.51	9.32	7.53	15.79	8.50	14.64	6.40	7.49	6.64
	5 月	16.83	12.09	10.98	14.40	13.02	9.92	19.29	10.15	19.75	9.09	10.21	9.63
	6 月	22.20	14.43	15.38	18.30	14.79	15.10	19.29	13.55	22.55	12.00	14.09	12.56
	7 月	25.23	16.83	19.07	22.27	15.25	15.34	22.44	14.44	23.92	11.87	15.08	12.95
	8 月	25.14	16.89	16.47	19.04	14.97	16.08	23.22	14.02	22.99	11.48	13.96	11.82
	9 月	22.56	13.07	14.08	17.34	13.55	13.04	18.77	14.36	19.05	11.77	13.42	11.37
	10 月	16.20	10.63	12.60	12.86	10.87	10.11	15.02	9.35	16.14	8.66	9.51	9.71
	11 月	13.73	8.29	6.95	10.57	7.74	6.96	10.96	6.73	12.44	5.05	5.70	6.63
	12 月	8.98	5.18	5.46	6.66	5.16	4.75	7.16	4.58	8.45	4.14	4.88	3.37

（续）

省（自治区、直辖市）		四川	四川	四川	四川	四川	四川	四川	四川	贵州	贵州	贵州	贵州
台站名称		绵阳	色达	若尔盖	西昌	达州	阆中	雅安	马尔康	三穗	兴仁	威宁	思南
台站信息	海拔（m）	522	3 896	3 441	1 599	344	385	629	2 666	631	1 379	2 236	418
	纬度（°）	31.5	32.3	33.6	27.9	31.2	31.6	30.0	31.9	27.0	25.4	26.9	28.0
	经度（°）	104.7	100.3	103.0	102.3	107.5	106.0	103.0	102.2	108.7	105.2	104.3	108.3
室外水平面太阳总辐射照度（W/m²）	1 月	657	781	750	700	591	671	505	785	787	725	854	557
	2 月	723	910	838	874	763	718	727	877	889	780	899	607
	3 月	925	1 057	971	1 037	960	921	908	1 072	1 018	976	993	819
	4 月	985	1 151	1 025	1 106	1 012	1 022	929	1 162	945	991	1 094	856
	5 月	1 063	1 190	1 023	1 037	1 131	971	962	1 200	1 142	1 037	1 160	911
	6 月	931	1 201	999	961	922	925	885	1 201	1 046	944	889	770
	7 月	873	1 193	1 110	939	1 015	952	885	1 195	949	922	911	820
	8 月	862	1 173	1 062	980	993	873	945	1 172	999	949	884	840
	9 月	848	1 110	992	931	896	844	834	1 075	1 000	966	883	764
	10 月	670	988	857	849	739	732	729	933	795	826	760	680
	11 月	726	831	758	744	722	693	625	842	620	761	802	612
	12 月	603	715	667	762	550	534	618	712	757	608	671	539
室外计算干球温度（℃）	1 月	12.2	2.9	1.7	18.9	10.6	11.6	11.7	10.4	13.9	15.0	14.0	11.3
	2 月	13.7	4.1	5.6	21.7	13.5	12.7	15.6	13.7	14.8	19.8	16.1	15.6
	3 月	19.9	7.8	8.8	25.5	24.5	19.2	23.3	17.4	18.8	24.8	20.1	23.3
	4 月	25.3	12.7	12.2	28.6	26.1	25.4	23.5	20.6	25.8	28.6	19.6	27.9
	5 月	30.6	14.5	13.0	31.3	28.6	27.5	27.2	23.3	29.9	26.1	23.3	28.8
	6 月	31.7	16.7	16.7	28.9	30.2	31.4	29.7	23.2	30.0	27.2	22.2	32.6
	7 月	32.4	19.5	20.4	29.3	33.9	33.3	32.1	26.5	32.0	27.2	22.4	34.8
	8 月	31.2	18.2	18.3	29.4	35.4	33.3	31.9	26.1	30.0	26.7	22.5	33.9
	9 月	32.3	16.1	19.7	26.7	35.6	33.3	26.8	23.5	29.4	26.2	21.3	33.5
	10 月	23.4	11.7	10.7	26.1	22.9	23.0	22.2	19.4	24.1	24.3	19.4	25.0
	11 月	18.7	8.3	6.1	22.0	18.3	18.9	20.7	15.0	18.9	20.9	15.7	20.0
	12 月	11.6	4.4	5.6	19.1	12.2	12.2	10.9	9.1	16.1	14.2	12.2	16.9
室外最大空气含湿量（g/kg）	1 月	6.55	4.18	2.99	7.97	6.23	6.15	6.84	5.18	6.86	8.45	6.57	6.81
	2 月	7.47	4.95	4.56	7.64	8.05	8.08	8.74	6.25	10.80	10.91	7.38	10.65
	3 月	8.96	5.20	5.78	9.70	13.65	9.55	13.68	9.41	12.98	10.99	8.95	11.59
	4 月	13.85	6.75	7.40	11.51	15.39	14.46	14.13	9.59	16.80	15.64	12.39	17.71
	5 月	17.65	9.52	8.79	15.60	17.08	16.14	16.12	12.91	18.59	16.94	13.72	17.96
	6 月	18.47	12.35	12.18	18.61	21.21	20.13	20.56	16.00	21.33	19.88	16.02	20.86
	7 月	22.69	13.28	14.63	18.65	23.65	23.42	21.69	18.49	24.54	19.50	16.28	22.62
	8 月	23.34	12.33	14.73	17.93	22.70	23.71	22.86	15.73	22.01	18.29	15.62	20.37
	9 月	23.97	12.32	14.45	16.68	21.83	22.35	18.39	15.42	17.24	16.27	14.13	20.88
	10 月	15.26	10.29	8.22	14.89	15.50	15.22	15.29	10.92	19.28	15.95	13.93	17.60
	11 月	10.72	4.77	5.51	10.23	10.67	10.71	12.06	8.02	12.02	12.09	9.28	13.97
	12 月	7.08	3.34	3.60	8.21	7.41	7.39	7.32	5.40	8.60	8.58	7.04	9.08

（续）

省（自治区、直辖市）		贵州	贵州	贵州	贵州	贵州	贵州	云南	云南	云南	云南	云南	云南
台站名称		榕江	毕节	独山	罗甸	贵阳	遵义	临沧	丽江	会泽	保山	元谋	勐腊
台站信息	海拔（m）	287	1 511	971	441	1 223	845	1 503	2 394	2 110	1 649	1 120	633
	纬度（°）	26.0	27.3	25.8	25.4	26.6	27.7	24.0	26.8	26.4	25.1	25.7	21.5
	经度（°）	108.5	105.2	107.6	106.8	106.7	106.9	100.2	100.5	103.3	99.2	101.9	101.6
室外水平面太阳总辐射照度（W/m²）	1 月	646	699	638	745	591	449	842	792	777	746	751	802
	2 月	896	918	659	873	601	672	850	888	922	866	899	952
	3 月	947	932	905	901	928	875	995	1 044	1 106	983	1 034	970
	4 月	1 042	982	932	965	896	817	1 002	1 110	1 153	1 015	1 023	1 003
	5 月	1 018	1 052	938	999	937	1 020	1 024	1 052	1 149	1 008	1 010	947
	6 月	1 009	926	725	967	761	937	892	1 117	969	945	939	819
	7 月	1 029	969	918	928	930	978	807	1 107	998	874	843	826
	8 月	1 047	956	835	981	857	907	916	1 021	1 062	932	924	864
	9 月	952	908	943	933	1 006	938	855	1 120	1 077	882	903	907
	10 月	830	880	818	811	760	777	819	1 001	923	845	840	870
	11 月	763	742	684	788	685	779	777	849	856	748	838	718
	12 月	742	720	637	776	591	591	692	796	683	721	778	684
室外计算干球温度（℃）	1 月	18.5	11.8	14.3	23.1	13.0	8.9	21.0	13.3	13.9	17.2	23.9	25.6
	2 月	18.9	14.4	16.1	23.2	11.1	17.0	22.9	16.4	16.1	19.7	26.7	28.9
	3 月	19.7	21.8	20.6	24.1	20.6	22.2	26.0	16.9	20.6	22.1	30.2	31.2
	4 月	28.1	22.9	25.6	28.9	25.2	22.8	27.8	21.2	23.9	25.3	33.1	33.4
	5 月	30.6	23.9	27.2	31.1	26.5	27.6	27.3	23.9	25.2	26.8	33.9	33.0
	6 月	31.7	26.7	26.7	33.3	28.2	30.0	25.8	23.9	24.4	25.9	31.1	30.9
	7 月	34.4	27.8	27.9	33.2	29.4	31.5	26.7	23.1	24.9	25.8	30.0	30.0
	8 月	33.3	27.8	28.3	33.5	29.3	31.0	27.0	23.3	23.3	26.9	32.1	31.1
	9 月	32.9	25.9	26.2	32.3	27.8	29.0	26.1	22.2	22.6	26.0	30.6	30.0
	10 月	27.5	22.4	23.4	28.3	23.3	23.3	25.7	21.9	22.2	25.4	30.4	30.6
	11 月	25.2	16.7	20.0	25.9	19.7	22.8	23.5	18.3	18.4	21.5	27.2	27.2
	12 月	19.4	13.1	14.1	20.4	12.8	10.9	20.6	14.1	13.4	19.0	23.9	26.7
室外最大空气含湿量（g/kg）	1 月	10.95	7.87	10.00	11.55	8.80	7.51	9.07	6.01	6.20	7.37	8.77	15.99
	2 月	12.34	8.63	11.24	13.03	8.43	9.47	10.26	6.97	6.90	8.63	8.67	14.88
	3 月	14.77	11.50	14.29	13.98	12.05	12.13	12.44	8.57	9.49	10.52	12.40	17.15
	4 月	17.74	13.78	15.05	16.40	15.80	15.00	12.78	12.10	12.38	13.96	14.09	20.70
	5 月	20.35	15.89	19.31	22.00	19.53	19.19	17.15	13.40	14.80	16.19	21.71	21.98
	6 月	21.12	19.16	19.25	23.14	18.08	19.26	17.86	16.49	16.54	18.08	21.34	22.76
	7 月	23.44	21.59	20.75	23.45	19.35	21.81	18.43	17.21	17.26	17.57	23.45	21.61
	8 月	21.79	18.29	20.01	21.44	18.24	19.41	18.91	16.42	16.19	18.06	21.97	23.79
	9 月	20.15	16.97	18.02	20.63	16.71	17.86	18.48	16.01	15.54	17.41	20.81	21.26
	10 月	18.93	14.70	15.49	18.62	15.90	16.01	15.87	13.39	13.84	15.57	17.78	21.19
	11 月	14.79	11.86	14.31	15.37	13.33	13.55	12.45	10.93	10.57	14.99	12.90	18.41
	12 月	10.81	8.79	10.16	13.51	8.01	6.70	9.08	6.22	7.01	10.79	11.42	15.56

（续）

省（自治区、直辖市）		云南	云南	云南	云南	云南	云南	云南	云南	云南	云南	云南	云南
台站名称		大理	广南	德钦	思茅	昆明	昭通	景洪	楚雄	江城	沾益	澜沧	瑞丽
台站信息	海拔（m）	1 992	1 251	3 320	1 303	1 892	1 950	579	1 820	1 121	1 900	1 054	776
	纬度（°）	25.7	24.1	28.5	22.8	25.0	27.3	22.0	25.0	22.6	25.6	22.6	24.0
	经度（°）	100.2	105.1	98.9	101.0	102.7	103.8	100.8	101.5	101.8	103.8	99.9	97.8
室外水平面太阳总辐射照度（W/m²）	1月	758	802	752	772	767	845	774	818	772	839	903	852
	2月	832	932	862	897	914	949	888	943	953	1 003	963	975
	3月	1 023	1 106	1 027	1 058	1 027	1 091	1 061	1 067	1 006	1 089	1 104	1 094
	4月	1 072	983	1 109	1 063	1 124	1 185	995	1 125	1 135	1 160	1 078	1 118
	5月	946	982	1 138	1 072	977	1 181	928	1 086	1 004	1 196	1 033	1 079
	6月	958	862	1 140	791	942	1 081	877	918	949	1 112	869	948
	7月	857	908	967	861	939	1 002	825	890	950	1 002	816	884
	8月	925	964	1 064	904	968	1 039	894	1 052	1 018	1 069	922	921
	9月	905	959	977	863	959	1 074	826	963	991	1 087	824	932
	10月	836	922	915	807	855	945	764	901	885	882	872	878
	11月	748	822	822	738	835	826	720	854	816	907	805	822
	12月	704	782	735	670	703	797	662	799	694	800	816	774
室外计算干球温度（℃）	1月	15.6	19.1	5.0	22.2	17.8	14.4	27.0	18.8	21.2	17.2	25.9	22.9
	2月	17.4	23.1	7.2	24.1	19.3	17.8	30.0	20.6	25.3	18.9	26.7	25.5
	3月	21.5	28.5	8.9	27.9	23.1	23.3	33.1	23.2	27.2	23.9	30.1	28.6
	4月	23.9	26.0	15.0	30.0	25.0	25.4	33.8	26.6	30.6	26.8	32.2	30.7
	5月	25.6	28.6	17.2	29.4	25.2	25.6	33.2	27.3	29.2	26.7	30.6	31.1
	6月	25.4	28.9	18.8	27.2	25.4	26.7	31.7	26.7	28.3	25.8	29.4	29.7
	7月	24.5	28.9	18.3	26.7	25.1	26.1	31.3	25.0	27.8	24.3	28.0	28.8
	8月	25.0	26.1	18.9	27.2	25.6	25.8	31.9	26.1	27.8	24.4	28.9	30.2
	9月	23.9	27.0	18.2	26.8	24.1	24.4	31.2	24.8	28.3	24.0	29.4	29.5
	10月	23.1	26.4	14.2	25.6	22.8	21.6	30.2	23.9	26.7	22.4	28.9	29.2
	11月	18.6	24.4	10.0	22.8	20.2	16.5	28.3	20.5	23.9	19.9	25.6	25.7
	12月	15.6	17.9	7.1	21.1	18.3	14.4	26.0	18.0	21.7	17.8	25.1	23.8
室外最大空气含湿量（g/kg）	1月	7.09	9.47	5.03	10.86	7.73	6.80	13.78	8.22	12.80	7.83	11.50	11.31
	2月	9.78	10.60	6.05	11.94	7.88	6.66	14.86	9.04	13.74	9.14	12.14	12.06
	3月	8.64	13.38	7.61	15.91	10.74	8.40	17.20	10.75	14.99	9.64	11.87	12.52
	4月	12.34	14.92	8.39	15.08	12.06	12.37	20.39	12.36	17.19	12.42	14.04	16.95
	5月	15.87	19.37	10.20	17.87	15.49	16.03	21.04	15.32	19.30	14.68	18.98	19.07
	6月	18.34	19.61	13.24	19.24	17.90	17.49	21.61	17.59	20.59	17.35	19.93	20.51
	7月	18.13	20.09	14.08	20.34	17.33	18.14	21.22	17.68	20.46	17.87	20.34	20.35
	8月	18.09	20.10	14.40	18.93	17.66	16.58	21.85	17.11	20.50	16.84	20.61	20.51
	9月	16.62	18.26	12.74	18.80	16.28	14.65	21.83	16.49	19.24	16.14	19.00	19.96
	10月	14.59	16.41	10.64	16.53	14.76	13.99	19.93	15.05	17.77	15.00	18.13	18.13
	11月	13.00	13.12	7.12	14.39	11.96	11.17	18.90	13.30	15.25	9.81	15.05	18.20
	12月	7.61	9.94	4.06	14.20	10.30	6.82	15.19	10.13	14.54	8.85	13.01	14.09

（续）

省（自治区、直辖市）		云南	云南	云南	云南	西藏	西藏	西藏	西藏	西藏	西藏	西藏	西藏
台站名称		耿马	腾冲	芦西	蒙自	丁青	定日	帕里	拉萨	日喀则	昌都	林芝	狮泉河
台站信息	海拔（m）	1 104	1 649	1 708	1 302	3 874	4 300	4 300	3 650	3 837	3 307	3 001	4 280
	纬度（°）	23.6	25.1	24.5	23.4	31.4	28.6	27.7	29.7	29.3	31.2	29.6	32.5
	经度（°）	99.4	98.5	103.8	103.4	95.6	87.1	89.1	91.1	88.9	97.2	94.5	80.1
室外水平面太阳总辐射照度（W/m²）	1 月	874	825	887	814	629	832	731	717	824	680	577	776
	2 月	951	958	1 009	949	692	906	804	809	880	739	664	905
	3 月	1 031	1 122	1 123	1 001	819	1 008	872	975	1 050	807	735	998
	4 月	1 077	1 115	1 136	1 085	890	1 106	925	962	1 100	911	829	1 097
	5 月	987	1 126	1 171	1 029	940	1 157	971	996	1 148	1 004	841	1 182
	6 月	897	951	1 005	958	907	1 134	939	1 100	1 141	971	862	1 190
	7 月	789	1 005	1 002	1 039	947	1 133	840	1 066	1 155	1 013	918	1 182
	8 月	905	1 024	1 015	1 003	883	1 094	1 024	1 024	1 145	950	776	1 136
	9 月	941	1 021	1 065	1 004	860	1 096	863	998	1 066	927	753	1 051
	10 月	820	883	1 028	948	746	974	846	851	971	796	673	977
	11 月	792	789	891	839	647	843	714	718	829	705	599	815
	12 月	790	775	808	785	572	774	706	651	735	579	506	704
室外计算干球温度（℃）	1 月	22.8	16.7	18.1	21.7	1.3	3.3	2.6	7.8	6.8	7.8	8.1	−0.4
	2 月	25.7	19.4	21.0	24.1	3.3	5.2	−0.5	9.4	10.3	10.7	10.6	−2.1
	3 月	27.3	21.6	23.5	27.8	8.9	7.9	4.8	15.6	11.3	14.0	14.4	5.1
	4 月	30.4	25.2	27.2	29.4	12.9	11.7	7.2	16.7	15.8	19.2	18.2	8.4
	5 月	29.9	25.2	27.7	29.9	14.4	17.8	9.9	21.2	23.0	21.8	19.6	15.5
	6 月	29.9	24.9	25.9	27.7	19.3	19.6	12.1	25.2	22.0	25.0	22.2	20.6
	7 月	28.6	24.4	25.2	28.3	21.7	18.9	12.1	22.8	21.1	25.6	22.2	22.8
	8 月	29.3	25.1	25.6	28.8	20.3	17.2	12.0	21.1	20.6	24.7	21.8	20.6
	9 月	29.1	25.0	24.6	26.8	17.8	17.1	11.9	19.6	19.3	22.5	19.4	17.0
	10 月	27.8	23.6	23.3	25.6	12.2	13.9	8.1	17.3	16.9	18.3	17.2	10.0
	11 月	25.0	20.5	21.5	22.4	8.0	8.3	7.9	12.8	13.6	14.8	14.0	2.5
	12 月	23.0	18.2	16.4	19.9	5.2	6.4	7.2	9.3	9.7	8.9	8.9	0.7
室外最大空气含湿量（g/kg）	1 月	12.54	7.97	9.04	10.15	3.99	3.42	3.29	3.24	3.39	3.78	5.33	2.85
	2 月	9.90	9.85	9.18	10.88	4.68	3.07	5.23	5.14	4.73	5.67	6.38	2.05
	3 月	12.85	11.22	11.38	15.84	5.83	4.19	6.08	5.01	4.83	5.66	8.28	2.83
	4 月	14.23	13.68	12.84	15.73	7.34	6.10	6.62	7.92	7.93	8.33	9.14	4.50
	5 月	18.39	15.66	16.10	16.24	8.97	8.52	9.54	10.76	10.86	10.08	11.05	5.27
	6 月	19.20	17.03	17.56	18.04	12.01	10.76	11.46	13.82	13.40	14.99	14.73	8.18
	7 月	19.59	18.07	18.84	18.14	13.05	11.50	11.08	14.52	14.88	14.99	16.28	11.56
	8 月	20.58	18.39	18.90	18.58	12.92	11.47	11.93	14.63	14.93	14.27	15.32	9.86
	9 月	21.08	16.62	15.85	16.59	11.23	9.82	10.31	12.78	12.07	14.10	13.44	9.49
	10 月	17.69	15.72	15.24	16.22	8.62	8.09	8.48	10.00	9.90	9.86	12.30	5.60
	11 月	14.78	14.61	12.22	14.36	5.53	5.58	5.30	7.73	4.72	6.53	8.00	3.26
	12 月	10.89	11.30	9.91	10.10	4.51	4.17	4.77	3.25	3.95	4.57	5.76	2.07

（续）

省（自治区、直辖市）		西藏	西藏	西藏	西藏	陕西	陕西	陕西	陕西	陕西	陕西	陕西	甘肃
台站名称		班戈	索县	那曲	隆子	华山	安康	宝鸡	延安	榆林	汉中	西安	乌鞘岭
台站信息	海拔（m）	4 701	4 024	4 508	3 861	2 063	291	610	959	1 058	509	398	3 044
	纬度（°）	31.4	31.9	31.5	28.4	34.5	32.7	34.4	36.6	38.2	33.1	34.3	37.2
	经度（°）	90.0	93.8	92.1	92.5	110.1	109.0	107.1	109.5	109.7	107.0	108.9	102.9
室外水平面太阳总辐射照度（W/m²）	1 月	768	751	696	837	543	545	572	661	669	521	562	686
	2 月	828	777	794	953	633	766	798	817	799	768	744	817
	3 月	943	940	923	1 048	695	783	886	990	966	820	836	1 006
	4 月	1 088	1 103	975	1 113	792	908	958	1 085	1 071	921	914	1 088
	5 月	1 155	1 016	1 038	1 123	811	943	1 144	1 163	1 141	1 039	1 038	1 150
	6 月	1 072	1 133	1 016	1 138	773	859	1 098	1 154	1 170	875	1 004	1 182
	7 月	1 187	1 077	1 018	1 124	831	899	1 013	1 039	1 158	837	969	1 136
	8 月	1 093	1 160	970	1 156	678	769	975	961	961	885	870	1 146
	9 月	1 099	1 043	929	1 015	688	740	813	961	930	817	746	1 027
	10 月	929	892	874	955	579	611	731	833	787	635	715	918
	11 月	833	767	713	862	537	620	628	606	624	554	556	722
	12 月	702	681	645	765	467	424	638	584	535	516	525	597
室外计算干球温度（℃）	1 月	−4.1	−1.2	−2.8	7.9	1.2	9.5	6.7	3.3	2.8	7.8	4.6	−3.0
	2 月	0.6	2.8	−0.3	9.0	3.4	13.9	11.5	8.3	8.9	11.9	10.6	−1.7
	3 月	3.6	7.2	4.5	10.6	8.6	21.0	17.7	16.3	14.4	18.8	17.5	7.8
	4 月	8.3	13.8	6.1	14.0	14.5	24.0	25.6	23.8	24.8	23.7	25.4	6.6
	5 月	12.3	13.2	13.7	19.7	16.5	30.3	28.4	28.3	28.8	29.0	30.2	14.7
	6 月	15.9	17.2	13.1	20.5	22.2	33.3	33.4	31.7	32.9	30.2	36.2	16.1
	7 月	15.3	18.8	16.3	19.3	22.7	35.2	34.3	32.8	32.1	32.1	35.9	20.6
	8 月	13.4	18.9	15.4	18.9	20.1	32.9	31.7	29.9	29.2	30.9	32.3	18.8
	9 月	14.4	17.1	13.6	18.9	18.0	27.5	27.7	26.2	25.5	29.4	27.9	15.2
	10 月	9.1	12.2	9.6	16.3	13.5	20.9	20.8	20.0	20.3	21.7	19.7	10.6
	11 月	2.6	3.7	2.3	13.4	5.9	17.1	15.8	14.4	11.2	15.4	15.2	3.9
	12 月	0.3	−0.8	−1.7	8.9	−1.1	9.7	11.1	7.4	3.3	8.3	6.5	1.2
室外最大空气含湿量（g/kg）	1 月	2.76	3.83	3.09	4.43	3.40	5.49	4.00	3.69	2.77	5.25	3.91	2.26
	2 月	2.27	2.96	3.54	5.66	4.92	6.40	5.23	5.50	3.83	7.48	5.94	2.19
	3 月	3.96	5.13	4.96	5.65	6.70	11.26	8.26	6.45	5.19	10.14	7.81	3.94
	4 月	6.62	7.16	5.39	7.78	8.45	13.52	12.39	11.55	10.12	12.69	13.99	4.45
	5 月	7.01	8.76	8.27	10.54	11.12	16.98	13.62	12.13	11.84	15.78	17.95	7.84
	6 月	9.87	11.20	10.24	11.38	16.12	19.52	16.70	15.17	14.64	20.34	20.10	9.87
	7 月	11.20	12.45	12.72	12.30	16.72	22.46	19.40	19.15	19.76	23.11	20.94	13.27
	8 月	10.35	13.03	11.42	11.38	17.84	24.23	21.30	18.04	17.09	25.01	19.95	16.82
	9 月	11.61	11.69	9.58	11.01	14.64	18.89	21.17	15.12	12.75	19.00	17.28	9.49
	10 月	6.41	8.38	7.86	8.23	10.50	13.24	12.97	12.98	11.00	14.55	13.04	7.83
	11 月	10.66	5.39	5.53	5.67	6.60	8.67	8.71	7.89	7.08	9.71	9.23	3.28
	12 月	2.31	3.39	3.06	4.15	3.86	6.94	4.84	4.16	3.78	6.59	4.53	2.20

(续)

省(自治区、直辖市)		甘肃	甘肃	甘肃	甘肃	甘肃	甘肃	甘肃	甘肃	甘肃	甘肃	甘肃	甘肃
台站名称		兰州	华家岭	合作	天水	平凉	张掖	敦煌	武都	民勤	玉门	西峰	酒泉
台站信息	海拔(m)	1 518	2 450	2 910	1 143	1 348	1 483	1 140	1 079	1 367	1 527	1 423	1 478
	纬度(°)	36.1	35.4	35.0	34.6	35.6	38.9	40.2	33.4	38.6	40.3	35.7	39.8
	经度(°)	103.9	105.0	102.9	105.8	106.7	100.4	94.7	104.9	103.1	97.0	107.6	98.5
室外水平面太阳总辐射照度(W/m²)	1月	580	549	709	557	671	654	531	516	648	565	639	620
	2月	673	696	871	726	730	737	747	639	775	732	826	695
	3月	910	1 002	1 040	900	949	935	904	793	958	930	905	951
	4月	1 001	1 076	1 120	1 044	1 079	1 034	1 094	925	1 053	1 093	1 022	1 036
	5月	1 021	1 044	1 111	1 041	999	1 065	1 119	938	1 112	1 056	1 162	1 069
	6月	987	1 129	1 153	1 001	1 075	1 078	1 147	890	1 137	1 146	1 140	1 138
	7月	1 012	1 072	1 078	948	1 060	1 109	1 057	953	1 104	1 073	1 088	1 106
	8月	973	1 001	1 054	905	948	1 039	1 047	929	1 057	1 051	920	1 103
	9月	954	989	1 011	888	859	962	958	788	969	1 013	894	961
	10月	739	919	863	696	798	858	813	665	858	870	799	826
	11月	643	627	725	574	637	646	646	569	732	656	601	654
	12月	472	540	662	502	592	545	472	483	575	528	577	511
室外计算干球温度(℃)	1月	4.5	−1.3	3.9	4.6	6.3	1.7	0.0	9.0	0.0	1.7	3.9	−0.2
	2月	8.3	0.6	0.8	7.8	7.3	8.5	8.3	12.7	6.1	5.3	6.0	5.6
	3月	15.4	11.0	11.8	16.7	14.2	13.4	13.8	23.7	15.9	12.1	13.3	13.3
	4月	22.2	13.0	15.4	20.6	21.8	21.1	23.0	24.0	19.8	19.7	19.4	21.7
	5月	26.6	17.8	17.8	27.2	23.6	26.7	30.4	26.9	28.4	25.6	23.3	26.2
	6月	29.4	18.9	19.8	29.5	30.0	31.7	33.3	31.7	31.3	31.0	28.3	30.9
	7月	33.1	22.7	22.0	30.5	31.2	32.2	32.8	32.6	33.5	31.0	29.4	31.5
	8月	31.7	19.6	22.2	29.1	27.8	32.4	33.6	32.1	30.8	31.5	25.8	30.0
	9月	26.6	17.7	18.1	25.6	24.2	26.4	27.4	27.2	25.0	26.7	24.0	26.7
	10月	19.1	10.4	13.0	19.4	17.8	19.7	21.8	23.2	19.6	17.8	16.9	18.9
	11月	12.8	5.1	8.6	11.3	11.7	12.0	13.3	17.9	12.2	13.3	11.4	10.0
	12月	3.3	−1.7	4.6	5.0	7.9	2.7	−0.6	9.8	1.7	4.3	2.4	0.4
室外最大空气含湿量(g/kg)	1月	2.76	3.41	2.58	3.76	4.26	2.78	2.12	5.10	2.11	2.39	4.06	2.17
	2月	3.98	4.70	3.40	5.47	4.90	3.88	2.79	6.17	4.24	3.54	4.25	3.77
	3月	4.58	8.23	8.43	6.64	6.30	4.27	4.66	12.20	6.06	4.68	5.61	4.52
	4月	10.01	7.91	8.70	9.29	9.99	6.17	5.93	10.98	5.65	6.40	11.25	6.31
	5月	12.77	10.14	10.14	12.03	12.21	9.59	8.82	13.89	9.21	10.45	11.49	9.24
	6月	14.86	13.91	11.87	16.37	15.70	14.98	17.19	15.82	13.67	13.86	15.45	14.45
	7月	16.05	16.08	14.23	18.42	19.96	15.11	16.82	17.88	15.82	14.34	19.25	15.30
	8月	13.74	14.30	15.98	18.33	18.23	17.80	17.72	17.64	14.13	13.40	18.06	14.89
	9月	12.42	12.74	10.92	13.86	13.72	11.65	9.57	15.03	15.87	8.22	14.89	12.48
	10月	10.64	9.79	9.21	10.92	12.66	7.06	7.31	12.63	7.63	6.14	11.40	6.39
	11月	6.06	6.22	5.78	8.13	7.32	3.60	3.80	9.69	4.18	3.41	8.20	3.94
	12月	3.48	3.70	3.42	4.93	4.34	2.37	2.20	4.81	2.34	2.92	3.33	2.26

（续）

省（自治区、直辖市）		甘肃	青海	青海	青海	青海	青海	青海	青海	青海	青海	青海	青海
台站名称		马鬃山	五道梁	冷湖	刚察	大柴旦	德令哈	曲麻莱	杂多	格尔木	沱沱河	河南	玉树
台站信息	海拔（m）	1 770	4 613	2 771	3 302	3 174	2 982	4 176	4 068	2 809	4 535	3 501	3 682
	纬度（°）	41.8	35.2	38.8	37.3	37.9	37.4	34.1	32.9	36.4	34.2	34.7	33.0
	经度（°）	97.0	93.1	93.4	100.1	95.4	97.4	95.8	95.3	94.9	92.4	101.6	97.0
室外水平面太阳总辐射照度（W/m²）	1月	607	717	677	582	662	670	740	629	668	752	737	633
	2月	779	853	816	764	813	837	820	751	825	897	856	694
	3月	953	1 026	982	859	987	999	1 012	817	1 002	1 054	985	844
	4月	1 040	1 106	1 096	929	1 091	1 085	1 055	944	1 112	1 141	1 100	906
	5月	1 119	1 181	1 134	953	1 162	1 108	1 083	977	1 149	1 184	1 142	932
	6月	1 147	1 186	1 156	980	1 165	1 172	1 028	981	1 173	1 196	1 178	948
	7月	1 086	1 163	1 144	981	1 147	1 171	1 035	972	1 169	1 191	1 146	962
	8月	1 086	1 137	1 114	965	1 135	1 114	1 122	978	1 137	1 142	1 164	991
	9月	987	1 038	1 016	1 005	1 047	1 046	1 023	940	1 031	1 031	1 044	911
	10月	835	909	889	834	907	891	831	787	926	953	885	732
	11月	670	770	722	648	736	718	727	667	749	790	758	631
	12月	538	647	593	547	596	616	666	614	614	677	664	606
室外计算干球温度（℃）	1月	1.5	−7.3	−0.1	−3.3	−2.8	0.0	−2.7	−1.8	1.3	−3.3	1.1	2.2
	2月	3.8	−3.3	3.3	1.3	2.5	3.3	0.6	1.7	7.8	−4.4	4.5	6.1
	3月	11.5	−1.6	9.4	5.9	9.7	10.3	4.3	6.1	13.8	2.8	7.8	9.5
	4月	17.3	3.9	15.0	14.0	14.8	17.8	6.7	11.1	17.6	7.4	10.6	14.4
	5月	23.0	8.3	19.5	13.1	17.6	19.4	11.8	12.1	20.6	9.0	14.6	16.4
	6月	29.5	11.9	23.6	15.7	20.8	22.9	13.9	16.7	24.1	12.8	16.7	20.3
	7月	28.9	13.4	26.1	17.8	24.3	25.2	17.2	19.4	26.7	15.8	17.4	22.1
	8月	27.6	13.9	25.7	18.9	24.4	25.0	17.8	17.9	27.1	16.7	19.5	21.7
	9月	23.9	10.5	18.9	13.9	20.0	20.5	13.7	15.6	21.9	12.4	15.8	20.3
	10月	15.6	3.9	15.2	11.7	12.9	13.9	8.4	10.3	15.4	7.1	10.0	12.0
	11月	9.4	−2.2	5.6	4.4	4.4	7.0	−1.7	3.1	7.8	−0.6	5.0	8.6
	12月	0.1	−5.5	−2.4	−2.2	−1.1	0.1	−0.6	2.1	−0.8	−5.6	1.7	5.6
室外最大空气含湿量（g/kg）	1月	3.10	2.96	2.47	2.71	2.84	3.38	3.60	3.32	2.60	3.07	3.79	3.45
	2月	2.68	2.82	1.92	3.42	2.72	2.94	3.36	4.89	2.32	3.21	4.31	4.40
	3月	5.31	3.71	4.17	5.00	5.69	3.84	5.91	5.35	5.40	4.42	5.93	6.37
	4月	5.47	5.22	4.25	7.48	3.47	5.77	5.89	6.26	4.59	5.24	6.88	6.54
	5月	6.92	8.91	6.84	7.46	7.89	7.88	7.42	8.19	7.31	6.39	9.19	10.74
	6月	12.83	9.92	5.28	10.32	10.92	8.75	11.15	10.86	8.86	9.56	10.66	12.02
	7月	12.31	10.72	11.12	12.08	11.74	12.96	11.34	12.13	10.29	10.96	12.58	12.71
	8月	11.79	11.12	11.51	10.69	10.40	14.14	11.77	11.95	14.54	11.12	14.72	13.54
	9月	7.20	8.64	4.66	7.82	8.92	9.37	10.96	11.62	8.91	8.54	10.53	11.64
	10月	5.28	6.45	4.20	7.10	4.84	6.10	7.59	8.17	6.38	6.60	6.86	7.67
	11月	3.18	3.66	3.11	3.93	3.08	2.85	3.69	5.86	3.74	4.15	4.97	5.46
	12月	1.94	2.25	2.78	2.40	2.08	2.25	3.19	3.87	2.84	3.03	2.41	2.90

（续）

省（自治区、直辖市）		青海	青海	青海	青海	青海	宁夏	宁夏	宁夏	新疆	新疆	新疆	新疆
台站名称		玛多	茫崖	西宁	达日	都兰	中宁	盐池	银川	乌鲁木齐	伊吾	伊宁	克拉玛依
台站信息	海拔（m）	4 273	2 945	2 296	3 968	3 192	1 193	1 356	1 112	947	1 729	664	428
	纬度（°）	34.9	38.3	36.6	33.8	36.3	37.5	37.8	38.5	43.8	43.3	44.0	45.6
	经度（°）	98.2	90.9	101.8	99.7	98.1	105.7	107.4	106.2	87.7	94.7	81.3	84.9
室外水平面太阳总辐射照度（W/m²）	1 月	737	687	582	740	713	610	619	574	477	581	578	447
	2 月	889	842	760	893	829	710	725	704	639	738	713	626
	3 月	1 039	995	955	1 049	968	922	982	969	756	928	838	664
	4 月	1 102	1 104	1 031	1 135	1 108	1 016	1 010	1 019	992	1 052	999	893
	5 月	1 182	1 149	1 027	1 189	1 126	1 010	1 017	1 050	1 003	1 108	1 035	1 051
	6 月	1 187	1 177	1 028	1 194	1 166	1 046	1 055	1 079	968	1 133	1 095	990
	7 月	1 183	1 162	1 077	1 185	1 129	989	1 024	1 019	970	1 116	1 059	1 035
	8 月	1 156	1 127	1 039	1 166	1 116	942	959	976	1 021	1 047	1 004	961
	9 月	1 076	1 049	947	1 096	1 062	887	978	894	908	980	981	827
	10 月	957	896	858	952	928	808	792	788	789	826	825	599
	11 月	768	725	703	798	735	656	705	705	517	647	603	457
	12 月	667	585	587	689	617	501	546	565	475	498	489	424
室外计算干球温度（℃）	1 月	−5.0	−0.8	6.1	−1.1	1.3	5.0	2.2	1.1	−6.6	−4.5	1.6	−9.7
	2 月	−1.0	2.8	6.4	1.3	5.0	7.8	6.7	6.2	−2.8	2.8	5.6	−0.6
	3 月	1.6	10.0	12.5	4.2	8.9	16.4	16.1	15.9	10.0	8.5	17.1	12.8
	4 月	6.3	16.3	19.4	7.2	16.3	24.9	22.4	24.3	24.8	16.3	22.8	25.8
	5 月	10.2	19.8	21.6	13.1	18.3	27.0	26.7	26.7	27.8	19.2	26.9	30.4
	6 月	13.3	22.0	23.8	14.0	22.1	31.7	32.2	30.3	29.7	25.8	30.6	34.8
	7 月	13.9	25.0	25.1	17.8	23.8	33.1	30.8	32.0	32.8	26.1	32.6	36.1
	8 月	16.4	25.0	25.9	17.7	23.9	30.2	29.0	31.1	31.7	25.4	31.2	35.2
	9 月	13.3	19.4	21.1	16.4	21.7	26.1	26.1	24.5	26.7	21.4	31.3	32.6
	10 月	5.6	12.9	17.5	8.5	14.2	20.0	20.0	20.0	19.4	15.0	20.8	20.4
	11 月	−1.8	5.6	10.6	2.8	5.5	12.5	12.8	11.9	4.4	7.2	11.3	8.5
	12 月	−5.6	−1.7	4.8	−2.1	0.3	4.0	3.9	4.1	−3.9	1.1	5.1	−3.2
室外最大空气含湿量（g/kg）	1 月	2.72	1.39	2.64	3.22	2.47	3.15	2.98	2.76	2.51	1.73	4.46	1.81
	2 月	3.26	2.00	3.16	4.41	3.69	3.90	4.51	4.30	3.26	2.61	4.91	3.39
	3 月	4.17	4.62	4.46	6.09	4.96	4.74	5.18	4.88	5.07	4.46	7.16	7.14
	4 月	6.23	3.70	9.11	6.60	5.07	9.44	11.70	11.37	7.90	5.19	10.05	9.98
	5 月	7.17	6.46	10.81	9.02	8.32	11.63	11.81	11.99	10.67	6.95	12.64	10.07
	6 月	9.26	9.47	11.69	10.21	11.65	16.32	14.69	15.02	11.98	11.78	14.45	12.64
	7 月	11.81	10.24	15.53	13.91	12.15	18.15	17.73	20.28	15.44	11.14	14.96	15.00
	8 月	12.33	12.40	17.44	12.10	12.58	16.12	15.55	17.04	12.84	11.96	17.18	16.74
	9 月	9.27	12.36	11.63	13.69	12.20	19.51	13.98	19.09	8.95	10.50	13.84	11.31
	10 月	7.41	4.98	7.65	7.74	6.00	9.29	11.19	8.61	8.36	5.70	8.55	7.76
	11 月	3.57	3.11	4.42	5.27	3.27	6.54	6.90	4.83	5.15	4.02	6.40	5.95
	12 月	2.12	2.18	3.00	2.96	2.40	3.32	3.56	3.43	3.09	2.63	5.12	2.84

（续）

省（自治区、直辖市）		新疆	新疆	新疆	新疆	新疆	新疆	新疆	新疆	新疆	新疆	新疆	新疆
台站名称		北塔山	吐鲁番	和布克塞尔	和田	哈密	哈巴河	喀什	塔城	奇台	富蕴	巴仑台	巴楚
台站信息	海拔（m）	1 651	37	1 294	1 375	739	534	1 291	535	794	827	1 753	1 117
	纬度（°）	45.4	42.9	46.8	37.1	42.8	48.1	39.5	46.7	44.0	47.0	42.7	39.8
	经度（°）	90.5	89.2	85.7	79.9	93.5	86.4	76.0	83.0	89.6	89.5	86.3	78.6
室外水平面太阳总辐射照度（W/m²）	1 月	546	710	523	627	567	453	623	500	581	496	594	655
	2 月	720	845	669	776	727	551	766	649	742	646	766	819
	3 月	911	904	788	955	883	759	939	872	893	793	934	963
	4 月	1 046	1 070	960	1 018	971	951	1 037	979	1 028	938	1 060	1 088
	5 月	1 055	1 172	1 005	1 098	1 061	1 031	1 048	1 053	1 095	1 031	1 101	1 069
	6 月	1 091	1 115	1 075	1 054	1 085	1 045	1 085	1 113	1 109	1 055	1 149	1 030
	7 月	1 093	1 102	1 058	1 073	1 075	1 029	1 069	1 095	1 085	1 051	1 131	941
	8 月	1 030	1 105	1 000	1 077	1 033	948	1 031	992	1 039	970	1 104	995
	9 月	941	1 066	899	948	938	845	930	941	971	899	1 000	962
	10 月	784	994	725	825	784	695	824	777	816	737	849	842
	11 月	562	720	478	699	616	532	670	587	568	538	662	689
	12 月	469	616	439	570	479	284	544	444	483	403	509	574
室外计算干球温度（℃）	1 月	−6.6	1.0	−5.4	3.3	−2.6	−6.1	1.1	−1.7	−8.2	−9.4	0.0	1.0
	2 月	−1.3	11.5	−3.0	10.0	7.8	−3.6	7.2	1.4	−3.9	−3.5	7.1	10.0
	3 月	1.4	22.2	8.8	17.2	13.1	9.4	17.4	13.3	13.4	4.3	14.5	17.3
	4 月	13.5	28.9	14.4	25.6	23.4	23.4	25.3	25.6	21.1	18.3	16.7	25.7
	5 月	23.9	37.7	21.2	30.0	32.0	27.6	28.7	28.3	27.6	27.7	23.9	32.7
	6 月	25.4	39.4	27.6	31.7	36.1	30.1	32.1	31.5	31.1	31.1	26.2	33.8
	7 月	27.8	40.4	28.5	31.9	36.7	32.2	33.9	34.5	34.1	34.4	26.7	34.0
	8 月	26.7	40.1	27.6	33.3	35.0	30.1	32.5	32.2	32.8	31.0	26.6	33.3
	9 月	24.0	34.1	26.3	28.0	29.3	24.4	27.8	26.7	27.2	28.8	23.9	29.3
	10 月	16.3	25.9	16.3	21.7	22.6	18.8	23.9	21.5	20.8	19.8	17.1	23.9
	11 月	3.6	13.3	3.3	12.2	9.8	10.4	14.4	13.8	7.1	5.0	9.0	15.6
	12 月	−5.6	1.3	−2.9	2.8	−2.2	−4.8	3.1	0.0	−4.7	−4.4	2.1	2.2
室外最大空气含湿量（g/kg）	1 月	3.41	1.74	2.55	3.20	2.85	2.24	2.76	3.37	2.41	2.28	2.57	2.36
	2 月	3.70	3.30	2.35	3.44	3.13	2.76	4.19	3.45	3.10	3.12	3.69	3.89
	3 月	4.07	6.31	5.81	5.07	5.64	5.70	5.47	6.45	6.92	4.52	5.67	4.81
	4 月	6.33	6.90	7.46	6.33	7.93	7.55	8.88	7.77	7.81	7.61	5.49	9.44
	5 月	9.43	10.90	8.24	9.88	9.70	11.02	11.86	10.23	10.48	9.81	7.94	10.37
	6 月	10.51	12.50	11.39	13.73	15.36	13.15	12.80	14.24	13.32	13.64	10.94	15.58
	7 月	11.93	15.29	15.02	19.11	18.08	14.79	14.27	15.93	13.75	12.66	12.96	16.38
	8 月	14.15	18.30	11.39	18.75	19.04	15.51	18.70	14.73	16.43	16.79	12.67	17.15
	9 月	9.74	12.96	9.21	12.59	13.20	9.89	11.70	10.90	11.73	10.95	10.03	11.45
	10 月	6.94	9.26	6.55	8.75	8.62	7.57	10.07	8.51	8.39	7.61	5.82	9.70
	11 月	4.73	7.44	4.47	4.43	5.70	5.33	5.49	6.47	5.21	5.35	3.45	4.49
	12 月	2.28	3.55	3.77	3.66	2.26	2.86	3.00	3.52	3.80	3.73	2.98	2.50

（续）

省（自治区、直辖市）		新疆	新疆	新疆	新疆	新疆	新疆	新疆	新疆	新疆	新疆	新疆
台站名称		巴音布鲁克	库尔勒	库车	皮山	精河	若羌	莎车	铁干里克	阿勒泰	阿合奇	阿拉尔
台站信息	海拔（m）	2 459	933	1 100	1 376	321	889	1 232	847	737	1 986	1 013
	纬度（°）	43.0	41.8	41.7	37.6	44.6	39.0	38.4	40.6	47.7	40.9	40.5
	经度（°）	84.2	86.1	83.0	78.3	82.9	88.2	77.3	87.7	88.1	78.5	81.1
室外水平面太阳总辐射照度（W/m²）	1 月	559	548	588	680	467	660	656	605	479	640	647
	2 月	684	736	735	763	704	814	825	745	644	789	781
	3 月	885	904	861	968	828	998	979	914	834	948	941
	4 月	981	1 006	985	1 046	984	1 111	1 033	1 001	903	1 028	1 056
	5 月	1 049	1 077	1 027	1 164	1 062	1 165	1 121	1 056	1 064	1 135	1 100
	6 月	1 080	1 089	1 085	1 181	1 129	1 173	1 124	1 099	1 110	1 159	1 147
	7 月	1 076	1 076	1 079	1 047	1 052	1 171	1 065	1 097	1 063	1 135	1 137
	8 月	982	1 042	1 025	1 041	1 060	1 136	1 080	1 041	1 012	1 118	1 091
	9 月	912	938	922	1 024	953	1 042	992	956	906	999	1 020
	10 月	796	787	813	890	794	903	850	826	743	864	871
	11 月	619	614	640	717	626	725	725	659	491	664	697
	12 月	478	513	500	595	469	591	584	533	410	553	562
室外计算干球温度（℃）	1 月	−16.1	0.0	0.4	2.6	−7.1	−0.6	0.7	0.2	−6.5	−2.3	0.1
	2 月	−13.3	9.4	8.9	6.9	−1.5	10.9	9.9	10.9	−2.1	4.5	10.0
	3 月	1.9	18.3	15.6	18.6	12.8	22.4	17.8	22.2	7.9	10.8	17.8
	4 月	11.2	26.7	26.9	25.6	23.7	26.4	24.8	25.0	16.7	18.1	27.7
	5 月	15.6	31.1	30.0	31.6	30.9	31.3	29.5	32.2	27.4	23.3	31.1
	6 月	18.3	34.4	32.2	33.9	35.3	37.8	31.7	35.0	29.8	25.6	33.7
	7 月	19.4	36.1	33.3	32.7	35.3	37.9	33.3	36.1	30.3	27.1	32.3
	8 月	19.4	34.2	31.9	34.4	34.8	35.1	30.9	36.0	29.4	26.6	32.4
	9 月	17.9	31.4	28.9	32.2	31.9	32.2	28.5	30.9	26.6	23.9	29.4
	10 月	9.6	20.3	20.6	21.7	20.6	25.2	20.6	24.4	17.8	16.2	22.2
	11 月	0.1	11.9	14.3	12.4	11.4	14.4	13.7	14.3	4.4	9.0	12.3
	12 月	−10.6	0.0	0.0	3.6	−2.1	2.2	5.6	2.1	−4.4	2.5	1.5
室外最大空气含湿量（g/kg）	1 月	1.43	2.62	2.34	2.66	2.23	2.16	2.47	2.53	2.06	2.87	2.80
	2 月	1.65	2.90	3.39	4.36	3.07	3.25	4.25	3.82	4.43	3.57	4.79
	3 月	3.99	4.81	5.86	5.82	7.06	4.33	5.52	4.82	6.27	5.46	5.88
	4 月	6.52	7.28	9.81	8.41	9.46	7.30	8.95	7.94	6.98	11.05	9.86
	5 月	7.62	13.82	13.15	10.42	10.70	10.47	13.05	10.26	10.82	8.95	13.58
	6 月	9.56	15.45	16.21	12.25	12.68	15.03	14.24	14.77	12.94	14.89	16.54
	7 月	11.52	19.04	15.92	16.76	15.12	17.87	21.88	20.47	19.40	12.64	21.52
	8 月	13.80	19.05	18.86	16.65	17.89	21.62	18.36	21.32	15.07	12.92	19.10
	9 月	8.45	17.76	13.61	15.98	12.42	16.01	14.21	15.26	11.63	11.75	18.25
	10 月	5.60	8.24	8.85	9.52	9.29	9.49	11.39	10.19	7.02	7.89	12.13
	11 月	4.34	6.04	4.02	4.09	5.15	4.13	5.42	4.40	4.80	4.36	5.40
	12 月	2.61	2.91	2.25	3.46	3.25	2.26	3.38	2.73	3.20	2.41	2.74

　　在周年使用温室的通风设计计算必要通风量时，由于温度对作物生长格外重要，采用夏季通风室外计算干球温度估算则冷负荷值偏低，不符合设备能够在绝大多数气象条件下达到室内设计温度的概率统计保证率原则，相比之下，采用夏季空调室外计算干球温度则更具有合理性。我国地域广阔，由于受当地气象条件所限，有些温室在夏季的最热月份并不进行作物生产，对于这些高温季节并不使用的温室进行通风设计时还采用夏季空调室外计算干球温度则冷负荷值过高，与实际情况不符。可见，我国《采暖通风与空气调节设计规范》标准中的室外温度计算参数对于温室通风设计并不完全适用，因此有必要利用目前可获得的室外气象数据统计得出适合温室通风设计使用的室外计算温度。

　　利用标准年气象数据，借鉴美国标准月计算参数不保证率概念，统计得出了适合于我国温室通风设计时参照使用的月计算干球温度，虽然与利用历年逐时气象数据进行统计的方法不完全一致，但仍可在现阶段我国实测气象数据不足的情况下使用，如表6-7列出了6—8月的月室外计算干球温度以及不同统计方法得出的夏季计算干球温度。

表6-7　几个典型地区夏季计算干球温度

地　区	北京	上海	重庆	广州	沈阳	哈尔滨	西安	兰州	乌鲁木齐
夏季空气调节室外计算干球温度（℃）A	33.5	34.4	35.5	34.2	31.5	30.7	35.0	31.2	33.5
夏季通风室外计算温度（℃）A	29.7	31.2	31.7	31.8	28.2	26.8	30.6	26.5	27.5
夏季空调与通风室外计算干球温度差（℃）	3.8	3.2	3.8	2.4	3.3	3.9	4.4	4.7	6.0
6月5%不保证率计算干球温度（℃）B	34.2	29.1	30.7	33.8	28.5	31.0	36.2	29.4	29.7
6月10%不保证率计算干球温度（℃）B	32.2	28.2	30.0	32.4	27.5	29.0	34.4	27.8	28.5
7月5%不保证率计算干球温度（℃）B	34.1	35.2	34.7	34.4	30.9	29.1	35.9	33.1	32.8
7月10%不保证率计算干球温度（℃）B	32.9	33.7	33.4	33.4	29.9	28.1	33.9	31.7	30.6
8月5%不保证率计算干球温度（℃）B	31.7	31.8	34.9	31.7	29.0	28.0	32.3	31.7	31.7
8月10%不保证率计算干球温度（℃）B	30.2	31.1	33.7	32.5	28.3	27.0	31.1	29.9	29.6
夏季不保证率2.5%的干球温度（℃）C	36.7	36.1	36.7	35.6	32.8	33.2	37.2		34.3
夏季不保证率5.0%的干球温度（℃）C	35.6	35.6	35.6	35.0	32.2	32.1	36.1		32.8
夏季空气调节室外计算干球温度（℃）D	34.1E			34.8F		30.9E	35.2F		33.0E
夏季通风室外计算干球温度（℃）D	30.3E			32.2F		26.9E	30.5F		27.1E
不保证50h夏季计算干球温度Ⅰ（℃）G	31.1	31.1	32.8	32.8	28.3	26.7	32.2	29.4	28.9
不保证50h夏季计算干球温度Ⅱ（℃）G	32.8	32.2	35.0	33.9	29.4	28.9	34.4	31.1	30.6
不保证50h夏季计算干球温度Ⅲ（℃）G	35.0	34.7	36.8	34.7	30.8	30.9	36.8	33.2	33.3

　　注：A——数据来源于《民用建筑供暖通风与空气调节设计规范》（GB 50736—2012），《工业建筑供暖通风与空气调节设计规范》（GB 50019—2015）数据与其相同，采用的原始数据为1971—2000年；

　　B——按照美国不保证率定义方法、采用标准年气象数据统计得出；

　　C——数据来源于标准日气象数据，取14时数据，不保证率2.5%，计54 h，不保证率5.0%，计108 h，采用的原始数据为1995—2005年；

　　D——数据来源于《工业建筑供暖通风与空气调节设计规范》（GB 50019—2015）；

　　E——采用的原始数据为1981—2010年；

　　F——采用的原始数据为1981—2005年；

　　G——按照我国空气调节室外计算干球温度不保证率定义方法、采用标准年气象数据统计得出，其中温度Ⅰ仅采用2、8、14、20时数据，其中温度Ⅱ仅采用2、5、8、11、14、17、20、23时数据，温度Ⅲ采用所有时数据。

对照不同方法获得的数据可以看出，最热月份（多数为七月）5％不保证率的数据与夏季空气调节室外计算干球温度、夏季不保证率 5.0％的干球温度、不保证 50 h 夏季计算干球温度Ⅲ均接近，比较不保证时数基本相当，可见采用该方法获得各月数据具有合理性，是现阶段可取的方法。

通风设计计算最大必要通风量时，应取温室建设所在地温室使用期最热月的室外计算干球温度，其值可依据当地气象资料获得，或参表 6-6 选取；运行调控计算必要通风量时，应取计算时刻的室外空气干球温度。

5. 室内空气设计温度（t_i）　通常由温室建设方对温室设计提出要求，依据温室拟种植作物的种类、品种、生长期（或生育期）以及栽培季节（整个作物周期在一年当中所处的时间）得出的。例如，番茄不同生育阶段对温度有不同的要求：种子发芽适温为 25～30 ℃，28 ℃为最适温度，高于 35 ℃多数品种发芽率低，超过 40 ℃发芽困难；幼苗期对温度的适应性较强，适宜温度白天 23～28 ℃，温度过高易使幼苗徒长；开花期要求温度较高且严格，一般 25～28 ℃为宜，高于 33 ℃会引起落花；结果期一般昼温 25～28 ℃，果实着色对温度要求较严格，在 19～24 ℃有利于番茄红素的形成，高于 30 ℃对着色不利。

虽然通风设计时要对最大冷负荷量进行估算，对于栽培西红柿的适温范围 25～28 ℃，则并不需要按照低限来确定设计值，由于计算时其他参数的取值都考虑了要满足最不利条件，因此按高限 28 ℃取值估算的冷负荷量已经可以满足作物在整个生育期内的适温要求；但是，如果从设备配备和温室工程建设的经济性考虑，适温高限也并非唯一选择方案。按照栽培实践，只要夜间温度能降下来，使得一日的平均温度控制在 21 ℃就可满足西红柿的温度要求，例如，日最高温控目标可取为 30～32 ℃，只要夜间温度能降下来使得一日的平均温度控制在 21 ℃，仍可满足西红柿的温度要求。因此，对于昼夜温差大、光照条件好的地区，室内空气设计温度可高于适温上限，但不应超过最高温度限。

6. 温室各部分覆盖层的传热系数（K_k）　可参见表 6-8 选取。

表 6-8　温室常用覆盖材料性能

材料名称	传热系数 [W/(m²·℃)]	可见光辐射透射率（%）	备注
浮法玻璃，3 mm	6.8	88	
浮法玻璃，4 mm		87	
浮法玻璃，5 mm	6.7	86	
低铁玻璃，3 mm	6.3	90～92[a]	
双层玻璃，密封的	3.7		
双层玻璃，25 mm 厚，密封的	3.0	71[a]	
普通聚乙烯（PE）薄膜，0.15 mm	6.7	85	
紫外线稳定聚乙烯（PE）薄膜，0.10 mm，0.15 mm	6.3	87[a]	
阻红外线聚乙烯（PE）薄膜，0.10 mm，0.15 mm	5.7	82[a]	
双层聚乙烯（PE）薄膜	4.0		
双层聚乙烯（PE）薄膜，阻红外线	2.8		

（续）

材料名称	传热系数 [W/(m²·℃)]	可见光辐射透射率（%）	备注
聚氟乙烯（PVF）薄膜，0.05 mm，0.10 mm	5.7	92ᵃ	
乙烯-醋酸乙烯聚物（EVA）薄膜		87	
乙烯-四氟乙烯（ETFE）薄膜		93	
单层聚碳酸酯波纹板	6.2～6.8		
单层玻璃纤维波纹板，FRP	5.7	88ᵃ	
硬质丙烯酸中空板，8 mm，16 mm	3.2～3.5	83ᵃ	
聚碳酸酯中空板，6 mm	3.5	79	
聚碳酸酯中空板，8 mm	3.3	79	
聚碳酸酯中空板，10 mm	3.0	76	
聚苯乙烯填充的硬质丙烯酸板	0.57		32 mm 厚的硬质丙烯酸板之间填充聚苯乙烯球粒
玻璃上方双层聚乙烯膜	2.8		

注：a 波长范围为 400～700 nm，入射角为 0°。

7. 温室覆盖层的太阳辐射透射率（τ）　按选用产品的性能参数取值，无数据参考时可参照表 6-8 中的可见光辐射透射率估算。考虑温室骨架遮挡和实际使用中材料污染等因素，可乘以 0.85～0.95 的折减系数。有室内外遮阳网时，应乘以（$1-\lambda$）进行折减，其中 λ 为遮阳折减率，取值见表 6-9。

表 6-9　遮阳折减率推荐取值

遮阳类型	遮阳网类型	遮阳折减率 λ
有外遮阳（有或无内遮阳）	白色或缀铝材料	λ＝外遮阳材料的遮阳率
	绿色或黑色遮阳网	λ＝外遮阳材料的遮阳率×0.5
无外遮阳，有内遮阳	白色或缀铝材料	λ＝内遮阳材料的遮阳率×0.5
	绿色或黑色遮阳网	0

8. 进入温室空气干球温度（t_j）　未经过降温处理时，进入温室的空气温度取决于室外气温，即 $t_j=t_o$；空气经湿帘处理时，进入温室的空气温度取决于湿帘的换热效率和室外气象条件，按式（6-30）计算。

$$t_j=t_o-\eta(t_o-t_w)/100 \qquad (6-30)$$

式中　t_j——进入温室的空气干球温度，℃；

　　　t_o——室外空气干球温度，℃；

　　　t_w——室外空气湿球温度，℃；

　　　η——湿帘换热效率，以百分率（%）计，根据设定的过帘风速按照拟选用湿帘产品的性能曲线确定。

9. 排出温室空气干球温度（t_p）　室内气温分布均匀时可近似取 $t_p=t_i$；室内气温从进

风口至排风口有较大温升时，取 $t_p = 2t_i - t_j$。

10. 空气密度（ρ_a） 为排出温室空气密度，根据排出温室空气的温度和相对湿度取值，取值为室内空气温度下的干空气密度。

11. 空气质量定压热容（c_p） 为排出温室空气质量定压热容，根据排出温室空气的温度和相对湿度取值。

12. 室外空气含湿量（d_o） 运行调控计算必要通风量时，应根据调控时刻室外空气干球温度、相对湿度（或湿球温度），由湿空气性质计算或查焓湿图求得。

13. 室内空气含湿量（d_i） 根据设定的室内空气干球温度和相对湿度，由湿空气的性质计算或查焓湿图求得。

14. 室外空气 CO_2 含量（ρ_{Co}） 室外空气 CO_2 含量为 $370 \sim 400\ \mu L/L$，夏季及植被茂盛区域取较低值，冬季及植被稀疏地区取较高值，如当地有准确的实测资料，可按实际测定的数据确定。CO_2 质量含量与体积含量的换算见表 6-10。

表 6-10 CO_2 质量含量与体积含量的换算

CO_2 体积含量 ($\mu L/L$)	CO_2 质量含量（mg/m^3）			
	0 ℃	10 ℃	20 ℃	30 ℃
300	589.3	568.5	549.1	531.0
310	608.9	587.4	567.4	548.7
320	628.6	606.4	585.7	566.4
330	648.2	625.3	604.0	584.1
340	667.9	644.3	622.3	601.8
350	687.5	663.2	640.6	619.5
360	707.1	682.2	658.9	637.2
370	726.8	701.1	677.2	654.9
380	746.4	720.1	695.5	672.6
390	766.1	739.0	713.8	690.3
400	785.7	758.0	732.1	708.0

15. 设定的室内空气 CO_2 含量（ρ_{Ci}） 根据室内种植作物的要求，并考虑经济性确定，与室外 CO_2 含量 ρ_{Co} 差值的绝对值不应小于 $0.15\ g/m^3$。

16. 植物叶面积指数（LAI） 一般可取 $2 \sim 4$，室内植物茂密时取大值。

17. 单位植物叶面积对 CO_2 的平均吸收强度（I_P） 在白昼适宜光合作用的室内气温和相对湿度条件下，I_P 的取值范围为 $(0.5 \sim 0.8) \times 10^{-3}\ g/(m^2 \cdot s)$，温室内光照较强、$CO_2$ 含量较高、气流速度较高时取较高值。

18. 土壤 CO_2 释放强度（I_s） 可按式（6-31）计算，对于一般肥沃的土壤，0 ℃时的土壤 CO_2 释放强度 I_{s0} 约为 $0.01 \times 10^{-3}\ g/(m^2 \cdot s)$。一般情况下温室中土壤 CO_2 释放强度 I_s 可取土壤温度 t_t 为 15 ℃进行计算；对于采用盆栽、无土栽培等方式生产的温室，可取 $I_s = 0$。

$$L_s = I_{s0} \cdot 3^{t_t/10} \tag{6-31}$$

式中 I_{s0}——0 ℃时的土壤 CO_2 释放强度，$g/(m^2 \cdot s)$；

t_t——土壤温度，℃。

第四节　温室自然通风系统设计

一、自然通风

自然通风是依靠室外风力造成的风压和温室内外空气温度差所造成的热压使空气流动，达到交换室内外空气的目的。

热压作用下的自然通风，是由于温室内空气温度高、密度小而产生的一种上升力，使温室中空气上升后从上部窗口排出，室外的冷空气从下边的窗口进入室内。图6-12为利用热压进行通风的典型示意图。

风压作用下的自然通风，是具有一定速度的风由温室迎风面的窗口吹入室内，同时把温室内的空气从背风面的窗口排出。图6-13为利用风压进行通风的典型示意图。

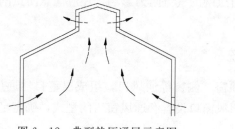 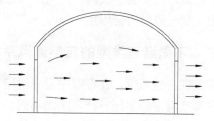

图6-12　典型热压通风示意图　　　　图6-13　典型风压通风示意图

在温室工程的实际应用中，温室是在热压和风压同时作用下进行通风换气的。一般情况下，热压作用变化较小，风压作用变化较大。

自然通风是既简单又经济的通风方式。温室自然通风靠侧窗、天窗或温室覆盖膜卷起形成的通风口来实现。自然通风的通风量与许多因素有关，如室内外温差、室外风速和风向、门窗的面积、形式和位置等。

通风系统的设计通风量指通风系统设计时采用的通风能力，即预计系统运行能够达到的通风量。温室自然通风系统的设计通风量取决于温室通风窗口的设置布局以及通风口的面积。

二、温室自然通风设计原则

（1）应设置足够面积的通风口，使通风系统的设计通风量满足最大必要通风量要求。可根据温室结构特点，尽可能加大通风口面积。

（2）自然通风系统一般采用可开闭天窗和侧窗。连栋温室自然通风，宜采用侧墙进风和屋顶出风的方式，宜在屋面双侧方向开启通风窗或开启全屋面。日光温室冬季通风宜在前屋面顶部设置风口，春、夏、秋季通风时应设置前屋面下部进风口或前屋面全部开启。连栋温室设置屋脊窗和侧墙窗通风时，屋脊窗面积应与侧墙窗面积相等，至少应是温室地面面积的15%～20%。连栋温室全屋面开启设计时，可以不设置侧墙或山墙窗。

（3）为有效利用热压与风压造成的自然通风，应尽量加大天窗、侧窗窗口的中心高差；同时将热压进风口置于迎风面，出风口置于背风面，可获得最大的自然通风量。夏季通风的进风口宜设置在室外风的上风向，否则为获得相同风量应加大风口面积。冬季通风的进风口宜设置在室外风的下风向。

（4）应使天窗排风方向位于当地主导风向的下风方向，避免风从天窗处倒灌。对于连栋温室，应尽可能避免由侧墙进入的风从侧墙所在跨的屋顶窗排出。

（5）进、出风口宜分别设置在温室围护结构表面风压相反的两个区域，进、出风口相对的设计有利于增加空气流量。风口相邻时会改变气流方向，应合理布局进、出风口位置，可参照风力作用下温室围护结构各部位的风压系数进行设计。设置屋脊天窗时，应分别控制两侧天窗的启闭，以适应不同的风向。

（6）室外气流方向会受到温室所处地势、绿化带、周围建筑物的影响，自然通风设计时可利用这些因素改变室外气流方向。应避免进风口前有建筑物（或构筑物）、绿化带等障碍物。

（7）风口应安装防虫网，同时应考虑防虫网的气流阻力影响，还应注意防虫网捕获昆虫或积尘后气流阻力会增加。

三、不同温室类型的自然通风系统

为实现自然通风，在温室中设置由屋顶窗、侧窗等通风口，组成温室自然通风系统。根据各类型温室的不同特征，采用不同的通风窗口设置和通风窗启闭型式，确定足够的通风窗口面积，形成不同的自然通风系统类型。

1. 单栋温室的自然通风　塑料大棚、日光温室等属于单栋温室。单栋温室通常采用自然通风系统。单栋温室通风口的型式主要取决于温室覆盖材料的种类，塑料温室靠塑料膜的卷起形成通风窗口，玻璃温室可设置简易通风窗。图 6-14a 为塑料大棚的自然通风示意图，图 6-14b 为塑料膜覆盖日光温室的自然通风示意图，图 6-14c 为玻璃覆盖日光温室的自然通风示意图，图 6-14d 为改善通风效果的新式设计。

2. 连栋温室的自然通风　为获得较大的通风窗口面积，侧窗和天窗较多采用通长设置的结构方式。通风窗设置位置和开口朝向取决于温室屋面结构型式和利用自然通风季节的当地主导风向，侧窗和天窗的启闭型式主要根据温室覆盖材料种类、温室环境调控的自动化程度要求和温室建造成本等因素考虑确定。

（1）"人"字形屋面温室　"人"字形屋面温室通常由玻璃或 PC 中空板等硬质材料作为覆盖材料，文洛型温室是最为典型的"人"字形屋面温室。温室侧窗可采用上悬通长窗或推拉窗，顶窗可采用上悬通长窗或上悬分段窗，屋顶全开窗是一种最新的温室通风方式。自然通风气流方式为侧窗进风、顶窗出风。连栋温室中悬窗的启闭一般采用开窗机。图 6-15a 为侧悬窗和屋脊通长开窗的自然通风方式；图 6-15b 为屋面交错式开窗示例，图 6-15c 为屋面全开启式通风示例，图 6-15d 为改善通风效果的新式设计，屋面大面积开启。

（2）拱圆顶温室　拱圆顶温室屋顶为拱圆形，通常由 2 个半圆弧组成，覆盖材料一般为塑料膜。温室通风窗一般为通长开启，有卷膜开窗和上悬窗。图 6-16a 为卷膜开窗示例；图 6-16b~d 为上悬窗通长开启示例，图 6-16b 为肩窗，图 6-16c 为顶窗，图 6-16d 为半屋面开启。

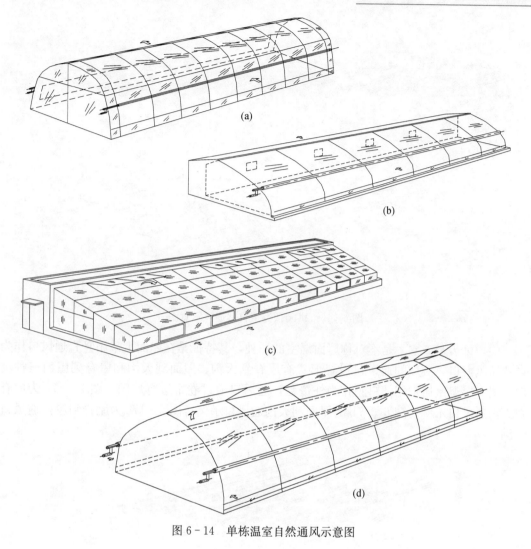

图 6-14　单栋温室自然通风示意图

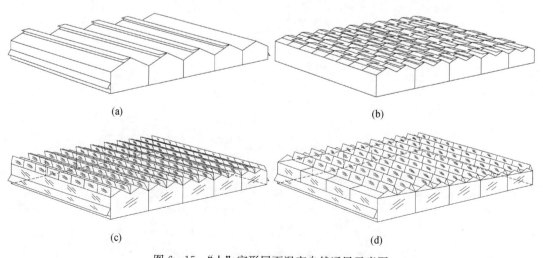

图 6-15　"人"字形屋面温室自然通风示意图

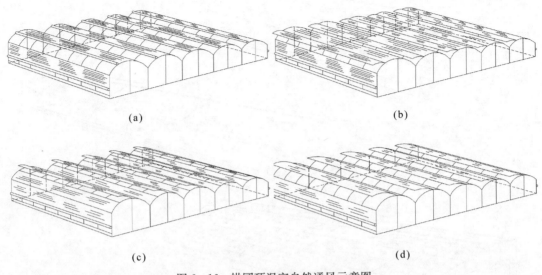

(a)

(b)

(c)

(d)

图 6 - 16　拱园顶温室自然通风示意图

（3）锯齿形温室　是不对称屋面温室的一种，其特征是在屋面上采用竖直通风口作为自然通风窗口，典型的通风口设置形式有屋脊到天沟、屋面到天沟和屋脊到屋面三种类型。锯齿形温室通常用塑料膜作为外覆盖，通风口通过卷帘进行启闭。图 6 - 17a 为屋脊到天沟通风口示例；图 6 - 17b 为屋面到天沟通风口示例；图 6 - 17c 为屋脊到屋面通风口示例。

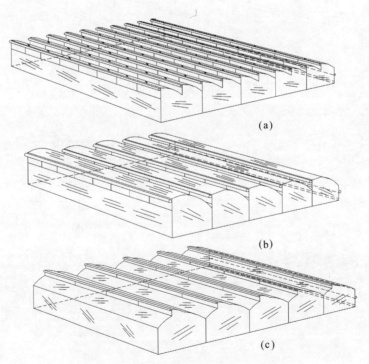

(a)

(b)

(c)

图 6 - 17　锯齿形温室自然通风示意图

（4）不对称屋面温室　顾名思义，不对称屋面温室的屋面为非对称结构，通常根据地域气候特征而专门设计，温室的采光面一侧屋面面积加大，另一侧屋面上设置通风口，以获得采光和通风的最佳效果。图 6-18a 为平屋面玻璃温室示例；图 6-18b 为弧形屋面塑料温室示例。

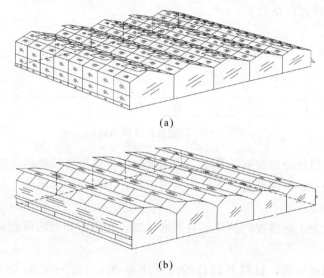

(a)

(b)

图 6-18　不对称屋面温室自然通风示意图

四、自然通风量计算理论

已知通风窗口的位置及面积时，理论上，自然通风量可基于热压或风压作用分别推导得出，用于对已有温室通风窗口面积进行校核。实际应用中，由于缺少风口的风压系数，往往由作用于建筑结构上的风压系数替代，但其计算结果并不准确。特定形式通风口的风压系数可以通过试验与计算流体模型模拟结合的方法获得。

1. 考虑热压作用时的设计通风量计算

（1）全部进风口中心位于同一高度且具有相同的流量系数、全部排风口中心位于同一高度且具有相同的流量系数时（图 6-19），热压通风产生的自然通风量 L_s 按式（6-32、6-33）计算：

$$L_s = f_\mu \sqrt{\frac{2g\Delta H\Delta T}{T_i}} \qquad (6-32)$$

$$f_\mu = \frac{1}{\sqrt{\dfrac{1}{\mu_j^2 F_j^2} + \dfrac{1}{\mu_p^2 F_p^2}}} \qquad (6-33)$$

式中　L_s——设计通风量，m^3/s；

$\quad\quad f_\mu$——由进出风口的面积与流量系数确定的导出系数；

$\quad\quad g$——重力加速度，$g=9.81\ m/s^2$；

$\quad\quad \Delta H$——进风口与排风口中心高度差，m；

$\quad\quad \Delta T$——室内外空气温差，K；$\Delta T = T_i - T_o$；

$\quad\quad T_i$——室内空气的热力学温度，K；

T_o——室外空气的热力学温度，K；

μ_j——进风口流量系数；

μ_p——排风口流量系数；

F_j——进风口总面积，m^2；

F_p——排风口总面积，m^2。

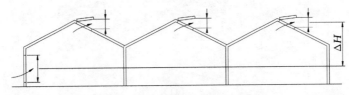

图 6-19　温室自然通风示意图

（2）全部通风口都分布在同一个中心线高度时，其热压自然通风量的计算，可将通风口按面积平均分为上、下两部分，下部作为进风口，上部作为排风口，然后采用上述方法进行计算。

（3）不能简化为上述情况时的热压自然通风量，利用中和面的概念通过试算的方法进行通风量的计算。

先假定中和面的位置，计算各窗口的内外压差 Δp_k，逐一按式（6-34）进行计算，通过各通风窗洞口的空气质量流量按式（6-35）计算。

$$\Delta p_k=(\rho_{ao}-\rho_{ai})gH_k \quad (k=1,2,\cdots,n) \qquad (6-34)$$

$$G_k=\pm\mu_k F_k \sqrt{2|\Delta p_k|\rho_a} \quad (k=1,2,\cdots,n) \qquad (6-35)$$

式中　Δp_k——各窗口的内外压差，Pa，$k=1,2,\cdots,n$；

ρ_a——空气密度，kg/m^3；当 Δp_k 为正时，取 $\rho_a=\rho_{ai}$，Δp_k 为负时，取 $\rho_a=\rho_{ao}$；

ρ_{ao}——温室外空气密度，kg/m^3；

ρ_{ai}——温室内空气密度，kg/m^3；

H_k——各通风窗口中心线至中和面的距离，m，窗口位于中和面以上为正，窗口位于中和面以下为负，$k=1,2,\cdots,n$；

g——重力加速度，m/s^2；

G_k——通过各通风窗洞口的空气质量流量，kg/s，$k=1,2,\cdots,n$；

F_k——各通风窗口面积，m^2，$k=1,2,\cdots,n$；

μ_k——各通风口流量系数，$k=1,2,\cdots,n$。进风口与排风口的流量系数与进、排风口的形式、窗洞口形状以及窗扇的位置、开启角度、洞口范围内的温室构件阻挡情况等因素有关。对于未安装防虫网的通风口，可参照表 6-11 查取。按此表选取时，通风口的计算面积无论悬窗窗扇开启角度大小，一律按窗洞口面积计算；缺少详细资料时，μ_k 可在 0.6~0.65 范围内选取，同时，通风口面积根据窗洞口在使用中窗扇位置和构件阻挡等实际情况，取其实际形成的过风面积计算；通风口安装有防虫网时，流量系数的取值参见本章的第七节确定；当湿帘作为热压通风的进风口时，流量系数可取为 0.2~0.25。

表 6 - 11　进、排风通风口流量系数 μ_k

窗 扇 结 构		窗扇高长比 h/l	开启角度 α （°）				
			15	30	45	60	90
单层窗上悬		1∶∞	0.18	0.33	0.44	0.53	0.62
		1∶2	0.22	0.38	0.50	0.56	0.62
		1∶1	0.25	0.42	0.52	0.57	0.62
单层窗上悬		1∶∞	0.18	0.34	0.46	0.55	0.63
		1∶2	0.24	0.38	0.50	0.57	0.63
		1∶1	0.30	0.45	0.56	0.63	0.67
单层窗中悬		1∶∞	0.13	0.27	0.39	0.56	0.61
		1∶2	—	—	—	—	—
		1∶1	0.15	0.30	0.44	0.56	0.65
普通通风口		—	0.65~0.70				
大门、跨间膛孔			0.80				

注：通风流量系数按本表选取时，通风口的计算面积无论窗扇开启角度大小，一律按窗洞口面积计算。

式（6-35）中的正负号由 Δp_k 的正负决定：当 Δp_k 为正时取正值，此时表明为排风量；当 Δp_k 为负时取负值，表明为进风量。计算出的通过各通风窗洞口的空气质量流量应满足：

$$\sum_{k=1}^{n} G_k = 0 \qquad (6-36)$$

如果通过各通风窗洞口的空气质量流量合计不为零，则应适当调整中和面高度，重新试算，直至满足式（6-33），然后将 $G_k > 0$ 的各窗口流量总和按式（6-37）计算通风量：

$$L_s = \sum_{k=1}^{n} G_k \Big/ \rho_{ai} \quad (G_k > 0) \qquad (6-37)$$

2. 自然通风系统考虑风压作用时的设计通风量计算

（1）当所有进风口的风压系数和流量系数均相同，所有排风口的风压系数和流量系数均相同时，风压通风产生的自然通风量 L_s 按式（6-38）计算：

$$L_s = f_\mu v_o \sqrt{C_j - C_p} \qquad (6-38)$$

式中　C_j、C_p——分别为进风口、排风口的风压系数；风压系数与温室建筑的外形及部位、风向有关；

v_o——室外风速，m/s。

（2）当进风口或排风口的风压系数和流量系数不相同时，首先计算通风窗口处的风压。风压以气流静压升高为正压，降低为负压，其大小与气流动压成正比。风压在温室各表面的分布与温室体型、部位、室外风向等因素有关，在风向一定时，各通风窗口处的风压 p_{vk} 可按式（6-39）计算：

$$p_{vk} = \frac{1}{2} C_k \rho_{ao} v_o^2 \quad (k=1, 2, \cdots, n) \tag{6-39}$$

式中　p_{vk}——各通风窗口处的风压，Pa，$k=1, 2, \cdots, n$；

　　　C_k——各通风窗口处的风压系数，$k=1, 2, \cdots, n$。

由于一般情况下温室内空气压力 p_i 并不已知，需采用试算法进行通风量的计算。可先假定室内空气压力 p_i（最初可假定 $p_i=0$），然后按下式逐一计算通过各通风窗洞口的空气质量流量：

$$G_k = \pm \mu_k F_k \sqrt{2 | p_{vk} - p_i | \rho_{ao}} \quad (k=1, 2, \cdots, n) \tag{6-40}$$

根据进风量总和等于排风量总和，应满足式（6-41）要求：

$$\sum_{k=1}^{n} G_k = 0 \tag{6-41}$$

如果在假定的室内空气压力 p_i 下，不满足式（6-41）要求时，调整 p_i 的大小再进行试算，直至满足要求，然后按式（6-42）计算通风量：

$$L_s = \frac{\sum_{k=1}^{n} G_k}{\rho_{ao}} \quad (G_k > 0) \tag{6-42}$$

风压通风量 L_s 还可采用经验公式（6-43）近似计算：

$$L_s = fF v_o \tag{6-43}$$

式中　f——风压通风有效系数，当风向垂直于墙面时取为 $0.5 \sim 0.6$，风向倾斜时取为 $0.25 \sim 0.35$；

　　　F——进风口或排风口总面积，m^2。

3. 自然通风系统考虑热压与风压共同作用时的设计通风量计算　同时考虑热压与风压作用时，设计通风量采用试算法进行，计算方法如下。

假设中和面的高度，则各通风窗口处室内外空气压差 Δp_k 按式（6-44）：

$$\Delta p_k = (\rho_{ao} - \rho_{ai}) g H_k - \frac{1}{2} C_k \rho_{ao} v_o^2 \quad (k=1, 2, \cdots, n) \tag{6-44}$$

式中，各通风窗口至中和面的距离 H_k，以窗口位于中和面以上为正，以下为负。

各通风窗口的空气质量流量 G_k 按式（6-45）计算：

$$G_k = \pm \mu_k F_k \sqrt{2 | \Delta p_k | \rho_{ao}} \quad (k=1, 2, \cdots, n) \tag{6-45}$$

计算中统一取排风量为正，进风量为负。计算结果应满足式（6-46）：

$$\sum_{k=1}^{n} G_k = 0 \tag{6-46}$$

如果式（6-46）不能满足，则应适当调整中和面高度，重新试算，直至满足要求，然后按式（6-47）计算通风量 L_s。

$$L_s = \sum_{k=1}^{n} G_k \big/ \rho_{ai} \quad (G_k > 0) \tag{6-47}$$

五、自然通风系统的风口空气流量估算

实际工程设计中，可用经验方法近似估算风口空气流量。

1. 风口压差与气流速度的关系 风口压差与通过风口气流速度的关系如下：

$$\Delta p = \frac{1}{2}\rho_a \xi v^2 \qquad (6-48)$$

式中 Δp——风口静压差，Pa；

ρ_a——风口处空气密度，kg/m^3；

ξ——局部阻力系数，几种类型进、出风口的局部阻力系数取值参见表 6-12；

v——流经风口气流速度，m/s。

表 6-12 几种类型进、出风口局部阻力系数

窗扇结构		窗扇高长比 h/l	开启角度 α (°)				
			15	30	45	60	90
单层窗上悬		$1:\infty$	30.8	9.15	5.15	3.54	2.59
		$1:2$	20.6	6.90	4.00	3.18	2.59
		$1:1$	16.0	5.65	3.68	3.07	2.59
单层窗上悬		$1:\infty$	30.8	8.60	4.70	3.30	2.51
		$1:2$	17.3	6.90	4.00	A 3.07	2.51
		$1:1$	11.1	4.90	3.18	2.51	2.22
单层窗中悬		$1:\infty$	59.0	13.6	6.55	3.18	2.68
		$1:2$	—	—	—	—	—
		$1:1$	45.3	11.1	5.15	3.18	2.43
普通风口		—	2.37				
大门、跨间膛孔		—	1.56				

注：h 代表窗扇高度，l 代表窗扇长度。

2. 风力作用下进风口空气流量估算 风力作用下，通过进风口的空气流量可按下式估算：

$$Q = C_v A_D v_s \qquad (6-49)$$

式中 Q——风口空气流量，m^3/s；

C_v——风口有效系数，风向与风口平面垂直时取 0.5～0.6，风向倾斜于风口平面时取 0.25～0.35；

A_D——进风口面积，m^2；

v_s——计算风速，m/s，取设计当月的昼间月平均风速的 1/2，昼间月平均风速可参见表 6-13。

表6-13 昼间最多风向和月平均风速

省(自治区、直辖市)		北京	天津	河北	河北	河北	河北	河北	河北	河北	河北	河北	河北	河北	河北	河北
台站名称		北京	天津	丰宁	乐亭	保定	唐山	围场	张家口	怀来	承德	泊头	石家庄	蔚县	邢台	青龙
台站信息	海拔(m)	55	5	661	12	19	29	844	726	538	386	13	81	910	78	228
	纬度(°)	39.9	39.1	41.2	39.4	38.9	39.7	41.9	40.8	40.4	41.0	38.1	38.0	39.8	37.1	40.4
	经度(°)	116.3	117.2	116.6	118.9	115.6	118.2	117.8	114.9	115.5	118.0	116.6	114.4	114.6	114.5	119.0
昼间最多风向[a]	1月	8;9;15	15;9;8	14;15;12	12;3;11	8;4;7	12;14;3	14;16;8	12;11;8	12;4;11	12;3;8	16;4;3	12;7;1	3;4;12	1;4;8	3;8;4
	2月	15;8;14	15;8;6	4;15;6	11;12;15	8;1;11	12;4;9	16;6;14	8;11;15	12;11;8	16;8;12	9;8;3	7;16;1	4;12;3	7;8;4	3;1;4
	3月	8;15;14	8;4;15	14;4;15	12;9;3	8;3;11	12;4;8	8;15;14	8;8;15	12;11;8	12;14;15	8;11;9	7;12;8	8;12;4	7;8;1	8;9;1
	4月	8;1;3	8;9;11	4;15;8	12;11;9	8;3;1	12;8;4	8;16;14	15;8;4	12;4;11	7;1;4	8;12;11	7;16;8	12;11;4	8;1;4	9;1;11
	5月	9;4;6	4;8;3	4;15;7	4;8;12	8;4;16	12;4;8	8;14;16	15;4;8	12;4;8	8;4;6	8;4;6	7;8;1	12;15;7	1;1;4	3;11;9
	6月	8;4;3	8;12;9	4;6;12	4;11;12	8;3;1	8;4;12	8;7;6	4;6;7	4;12;8	8;9;11	4;8;3	7;8;1	4;6;7	8;1;4	9;1;12
	7月	8;4;6	4;8;15	4;8;6	4;9;12	16;7;8	12;8;4	4;6;4	8;15;7	4;12;6	8;4;3	8;9;4	16;8;6	11;4;8	8;4;1	9;4;1
	8月	8;9;1	4;8;6	4;8;6	4;8;4	16;7;8	12;8;9	6;8;1	8;15;4	4;12;6	7;16;8	12;8;9	6;16;7	12;4;3	8;1;7	9;4;1
	9月	1;8;9	4;9;6	4;8;15	11;9;4	16;8;7	12;8;9	6;8;4	15;4;8	12;4;1	7;16;8	12;4;7	7;16;15	8;4;11	16;4;7	9;3;4
	10月	8;15;1	8;15;12	15;4;8	12;11;8	8;16;3	12;8;1	14;8;6	12;15;4	12;11;9	8;11;12	8;12;9	7;6;16	12;4;8	3;8;7	9;3;4
	11月	1;14;9	15;8;3	15;4;12	12;14;4	7;8;8	12;4;8	16;8;14	15;14;8	11;9;16	12;14;12	8;9;16	7;1;12	4;12;3	4;8;1	3;9;8
	12月	15;1;3	15;12;16	14;6;16	12;15;16	8;7;15	12;4;14	15;14;8	12;8;16	12;8;11	14;12;15	12;3;8	7;12;8	12;3;8	4;1;3	3;4;11
昼间月平均风速 m/s	1月	2.9	2.7	2.5	2.5	1.6	2.2	2.2	1.9	3.7	1.1	1.8	1.7	1.5	1.6	1.2
	2月	3.2	3.3	2.8	3.2	2.0	2.8	1.8	1.9	3.2	1.3	2.2	1.9	2.1	2.1	1.6
	3月	3.8	3.8	3.2	3.9	2.7	3.3	2.8	2.3	3.5	2.3	3.4	2.4	2.8	2.4	2.6
	4月	3.5	3.4	3.3	4.2	2.6	3.2	2.9	2.3	3.5	2.8	3.7	2.9	2.7	3.1	2.8
	5月	3.5	3.2	3.3	3.6	3.0	3.2	2.8	2.3	3.3	1.9	3.4	2.2	3.2	2.9	2.4
	6月	2.8	2.4	2.5	2.8	2.2	3.1	2.2	2.2	2.5	1.3	3.1	2.2	2.5	2.2	2.1
	7月	2.6	2.2	2.1	2.8	2.3	2.3	1.8	2.1	2.7	1.0	2.2	1.7	1.8	1.9	1.4
	8月	2.4	2.1	2.0	2.6	1.8	2.2	1.9	1.8	2.4	0.9	2.0	1.8	1.8	1.9	1.7
	9月	2.2	2.3	2.4	2.9	1.7	2.2	1.4	1.7	2.4	1.0	2.1	1.6	1.8	1.8	1.6
	10月	2.5	2.5	2.5	2.5	1.8	2.3	2.1	2.3	2.9	1.3	2.4	1.7	1.9	1.4	1.8
	11月	2.4	2.2	2.2	2.7	1.6	2.5	1.5	2.0	3.4	1.1	2.2	1.4	1.5	1.6	1.6
	12月	2.5	2.8	2.6	2.4	1.7	2.4	1.9	2.6	3.4	1.4	2.2	1.7	1.6	1.6	1.2

（续）

省（自治区、直辖市）	山西	山西	山西	山西	山西	山西	山西	山西	山西	山西	内蒙古	内蒙古	内蒙古	内蒙古	内蒙古
台站名称	五台山	介休	原平	大同	太原	榆社	河曲	离石	运城	阳城	东胜	临河	海流图	海力素	二连浩特
台站信息 海拔（m）	2 210	745	838	1 069	779	1 042	861	951	365	659	1 459	1 041	1 290	1 510	966
纬度（°）	39.0	37.0	38.8	40.1	37.8	37.1	39.4	37.5	35.1	35.5	39.8	40.8	41.6	41.5	43.7
经度（°）	113.5	111.9	112.7	113.3	112.6	113.0	111.2	111.1	111.1	112.4	110.0	107.4	108.5	106.4	112.0
昼间最多风向a 1月	12; 9; 11	12; 1; 9	16; 15; 8	16; 15; 8	8; 12; 7	12; 8; 11	7; 12; 11	9; 1; 12	4; 11; 12	4; 12; 6	8; 14; 12	4; 12; 14	8; 15; 16	8; 9; 7	12; 3; 11
2月	12; 9; 11	12; 8; 9	8; 15; 14	8; 12; 16	8; 6; 16	8; 12; 16	8; 12; 11	9; 11; 12	4; 6; 12	4; 12; 6	8; 12; 7	8; 3; 12	8; 14; 12	12; 11; 9	12; 9; 14
3月	9; 12; 11	9; 1; 8	8; 7; 16	4; 8; 16	8; 14; 12	12; 8; 3	8; 9; 14	9; 12; 16	8; 12; 9	4; 7; 12	8; 12; 9	14; 8; 12	8; 12; 15	12; 11; 1	1; 12; 14; 4
4月	9; 12; 4	8; 9; 1	8; 6; 15	16; 14; 8	8; 12; 4	8; 12; 1	8; 12; 11	6; 14; 9	4; 6; 11	12; 4; 6	12; 8; 11	3; 14; 4	8; 12; 14	12; 11; 9	12; 14; 9
5月	12; 11; 4	1; 8; 9	16; 6; 8	8; 15; 12	8; 6; 7	12; 8; 14	8; 9; 11	12; 11; 15	6; 7; 12	12; 4; 6	12; 8; 7	3; 12; 4	8; 14; 9	12; 7; 8	9; 8; 12
6月	9; 14; 4	12; 9; 16	6; 7; 8	8; 9; 14	8; 14; 7	8; 9; 11	8; 7; 14	9; 8; 6	6; 9; 4	4; 7; 6	8; 12; 9	4; 14; 8	8; 14; 16	12; 8; 1	12; 15; 14
7月	4; 11; 9	16; 1; 12	7; 6; 8	8; 6; 9	7; 8; 4	9; 8; 1	8; 7; 12	9; 8; 16	6; 12; 8	4; 7; 3	8; 6; 3	4; 8; 6	8; 9; 16	7; 15; 1	4; 14; 12
8月	4; 12; 9	16; 1; 15	8; 6; 4	4; 7; 8	8; 6; 3	8; 9; 15	8; 9; 1	1; 11; 12	6; 4; 1	6; 7; 4	8; 12; 1	4; 3; 12	8; 4; 7	12; 8; 6	12; 8; 6
9月	9; 4; 12	9; 12; 16	8; 1; 9	8; 15; 16	8; 7; 8	12; 11; 9	8; 7; 4	1; 12; 6	7; 6; 4	6; 7; 4	8; 1; 12	4; 3; 12	8; 6; 1	11; 12; 9	12; 9; 14
10月	12; 9; 14	8; 9; 1	8; 7; 6	8; 16; 7	12; 4; 8	12; 8; 14	8; 7; 11	11; 12; 12	8; 12; 6	6; 4; 7	12; 8; 9	12; 4; 11	8; 14; 15	12; 11; 9	12; 9; 14
11月	12; 9; 11	12; 16; 8	8; 7; 6	12; 16; 8	8; 4; 12	12; 16; 8	8; 7; 12	9; 11; 12	8; 9; 4	6; 4; 12	12; 8; 14	12; 4; 14	8; 12; 7	8; 9; 11	12; 9; 14
12月	12; 11; 14	9; 12; 8	8; 6; 15	15; 16; 12	14; 8; 7	8; 3; 9	8; 14; 12	9; 1; 12	8; 11; 12	12; 4; 6	8; 12; 14	12; 4; 14	8; 15; 14	8; 11; 9	12; 9; 4
昼间月平均风速 m/s 1月	7.1	2.5	1.8	2.9	2.4	1.5	0.8	2.5	2.6	1.9	2.8	1.8	2.8	5.0	3.4
2月	6.8	3.0	2.0	3.3	3.0	2.1	1.3	2.6	2.6	2.8	3.2	2.1	3.7	5.6	4.2
3月	7.0	3.7	2.2	3.7	3.8	2.6	2.5	2.9	2.9	2.7	4.4	2.8	4.4	7.0	4.9
4月	7.0	3.6	3.1	3.7	4.0	2.8	3.2	3.4	3.3	3.0	4.6	2.9	5.4	6.5	6.1
5月	7.1	2.5	2.5	4.1	2.9	3.2	2.9	3.4	3.2	2.7	3.8	2.6	5.4	6.6	4.8
6月	5.5	3.6	2.3	3.5	2.8	2.2	2.3	3.2	2.8	2.6	3.6	2.4	4.3	5.8	5.1
7月	4.4	2.7	1.8	3.0	2.5	1.3	1.5	2.2	2.3	1.7	3.3	2.3	3.8	5.5	3.9
8月	4.9	1.9	1.7	2.4	2.3	1.5	1.4	2.0	2.2	1.6	3.0	1.8	3.5	4.9	3.4
9月	4.4	2.5	1.4	2.5	1.9	1.9	1.9	2.1	2.2	1.4	3.1	1.9	3.6	5.1	4.2
10月	7.0	2.1	1.7	3.1	2.0	2.0	1.8	2.6	2.0	1.6	3.2	2.1	4.0	5.4	4.9
11月	7.2	2.1	1.7	2.6	2.3	1.3	1.7	2.4	1.8	1.6	3.4	2.2	3.2	6.2	4.0
12月	8.2	2.9	2.1	2.6	2.3	1.1	1.1	2.3	2.1	2.4	3.3	1.4	2.3	5.8	3.5

（续）

省（自治区、直辖市）	内蒙古	内蒙古	内蒙古	内蒙古	内蒙古	内蒙古	内蒙古	内蒙古	内蒙古	内蒙古	内蒙古	内蒙古	内蒙古	内蒙古	内蒙古
台站名称	化德	博克图	吉兰泰	呼和浩特	图里河	多伦	宝国吐	巴林左旗	巴音毛道	扎鲁特旗	拐子湖	新巴尔虎右旗	朱日和	林西	海拉尔
台站信息 海拔（m）	1 484	739	1 143	1 065	733	1 247	401	485	1 329	266	960	556	1 152	800	611
纬度（°）	41.9	48.8	39.8	40.8	50.5	42.2	42.3	44.0	40.8	44.6	41.4	48.7	42.4	43.6	49.2
经度（°）	114.0	121.9	105.8	111.7	121.7	116.5	120.7	119.4	104.5	120.9	102.4	116.8	112.9	118.1	119.8
昼间最多风向ª 1月	12; 14; 9	12; 14	9; 8; 1	3; 4; 6	12; 14; 10	12; 1; 11	12; 15; 14	12; 14; 9	12; 4; 14	14; 12; 15	4; 12; 9	11; 12; 14	12; 11; 9	12; 11; 15	8; 7; 12
2月	12; 14	14; 8	8; 11; 9	8; 4; 12	12; 14	11; 12; 4	14; 8; 15	15; 14; 12	14; 15; 4	14; 12; 15	3; 11; 12	11; 1; 12	12; 9; 11	12; 4; 11	8; 4; 12
3月	12; 14	8; 14; 12	8; 14; 9	8; 9; 12	12; 14	12; 9; 11	14; 15; 12	15; 14; 12	12; 4; 12	12; 15; 8	12; 4; 11	1; 15; 14	12; 11; 14	12; 4; 11	8; 12; 15
4月	12; 8	8; 14; 7	8; 12; 9	8; 9; 4	12; 14; 8	12; 15; 8	8; 14; 12	15; 14; 16	12; 4; 8	15; 8; 12	12; 11; 3	15; 14; 8	9; 8; 12	12; 16; 4	12; 14; 4
5月	14; 8	14; 12; 8	4; 1; 12	8; 9; 16	14; 12; 4	14; 8; 12	8; 16; 12	16; 9; 14	4; 12; 8	12; 16; 15	12; 11; 3	1; 15; 9	14; 9; 12	12; 16; 9	12; 14; 4
6月	12; 14; 8	14; 3; 1	1; 15; 3	8; 9; 14	12; 14; 4	8; 7; 4	7; 16	6; 16; 12	4; 8; 6	15; 4; 14	12; 3; 4	3; 12; 4	9; 14; 8	6; 16; 12	8; 15; 4
7月	8; 12	8; 4; 9	8; 4; 9	4; 8; 3	4; 8; 6	15; 14; 8	8; 14; 9	4; 6; 7	4; 7; 14	8; 4; 12	1; 4; 3	1; 4; 3	8; 12; 9	3; 4; 14	4; 8; 12
8月	8; 12; 6	7; 8; 12	3; 8; 4	8; 9; 4	12; 14; 8	4; 8; 7	8; 16; 1	6; 4; 12	4; 12; 14	14; 8; 4	4; 8; 3	12; 3; 8	9; 8; 6	4; 1; 3	4; 8; 12
9月	8; 12; 9	12; 14; 7	8; 4; 1	8; 9; 4	12; 14; 8	8; 4; 7	8; 16; 14	16; 4; 16	8; 12; 4	12; 8; 12	12; 4; 1	1; 15; 14	11; 12; 9	11; 9; 1	12; 8; 4
10月	12; 8; 9	12; 7; 11	9; 12; 8	8; 15; 14	12; 14; 8	12; 14; 8	8; 16; 8	16; 14; 9	12; 4; 8	15; 14; 8	11; 12; 4	15; 14; 11	12; 11; 9	12; 11; 4	12; 8; 7
11月	12; 14; 11	12; 14; 7	9; 9; 12	4; 14; 8	14; 6; 9	12; 8; 9	16; 9; 15	16; 9; 6	12; 3; 14	14; 12; 15	12; 11; 4	11; 12; 8	11; 12; 9	12; 16; 9	12; 8; 12
12月	12; 14; 11	12; 15; 14	8; 12; 9	4; 9; 8	12; 6; 10	12; 11; 2	14; 15; 12	14; 9; 4	12; 11; 14	14; 12; 15	12; 3; 8	9; 14; 11	11; 12; 11	12; 14; 8	8; 7; 11
昼间月平均风速 m/s 1月	4.8	2.8	3.1	1.3	1.6	3.5	3.8	3.3	3.2	2.9	3.5	3.1	5.5	3.5	2.3
2月	4.2	2.6	2.8	2.3	2.1	4.2	4.4	3.6	4.3	3.0	4.1	3.1	6.0	3.7	2.7
3月	4.7	3.6	4.3	2.6	3.4	5.6	4.2	4.3	4.7	3.4	6.4	4.2	6.0	4.3	4.1
4月	4.8	3.8	4.6	2.9	4.2	5.7	4.9	5.0	5.9	3.3	6.6	4.8	7.0	4.4	4.8
5月	4.8	4.3	3.6	3.1	3.7	4.3	3.8	4.5	5.1	3.4	5.7	4.4	5.9	4.0	4.8
6月	3.5	2.5	3.1	3.2	3.3	3.6	3.0	3.0	5.0	2.5	5.5	3.8	4.7	2.9	3.9
7月	3.0	1.9	3.3	2.1	2.8	2.9	3.3	2.3	3.8	2.2	5.3	3.6	4.4	2.4	3.6
8月	2.7	2.2	3.4	2.2	3.0	2.4	2.6	2.1	4.1	2.2	5.1	3.6	4.4	1.9	3.5
9月	3.0	2.6	2.9	1.9	3.8	3.1	3.0	2.5	3.8	2.4	4.5	3.8	5.3	2.6	4.1
10月	4.2	2.6	3.0	2.1	3.0	4.6	3.1	2.7	3.5	2.3	5.1	4.2	6.0	3.2	3.8
11月	5.0	2.3	3.3	2.0	1.8	4.5	3.0	2.9	3.6	2.5	4.4	3.2	5.9	3.6	3.8
12月	4.7	2.6	3.7	1.3	1.3	4.0	3.5	2.6	4.3	2.4	2.9	3.2	5.6	3.3	2.8

（续）

省（自治区、直辖市）		内蒙古	内蒙古	内蒙古	内蒙古	内蒙古	内蒙古	内蒙古	内蒙古	内蒙古	内蒙古	内蒙古	内蒙古	辽宁	辽宁	辽宁
台站名称		满都拉	百灵庙	西乌珠穆沁旗	赤峰	通辽	那仁宝力格	鄂托克旗	锡林浩特	阿尔山	阿巴嘎旗	集宁	额济纳旗	丹东	大连	朝阳
台站信息	海拔（m）	1 223	1 377	997	572	180	1 183	1 381	1 004	997	1 128	1 416	941	14	97	176
	纬度（°）	42.5	41.7	44.6	42.3	43.6	44.6	39.1	44.0	47.2	44.0	41.0	42.0	40.1	38.9	41.6
	经度（°）	110.1	110.4	117.6	119.0	122.3	114.2	108.0	116.1	119.9	115.0	113.1	101.1	124.3	121.6	120.5
昼间最多风向ᵃ	1月	12; 11; 9	12; 9; 11	12; 11; 9	12; 4; 14	12; 15; 14	12; 8; 11	8; 12; 4	12; 9; 11	14; 12; 7	11; 8; 12	12; 14; 6	12; 4; 14	1; 16; 8	15; 16; 14	8; 14; 1
	2月	12; 11; 11	12; 9; 11	12; 11; 9	9; 11; 1	12; 14; 15	8; 12; 3	8; 12; 14	8; 11; 12	12; 16; 15	8; 12; 4	14; 12; 6	12; 4; 6	16; 15; 8	8; 16; 15	7; 8; 9
	3月	12; 11; 11	12; 11; 9	11; 12; 14	11; 11; 16	14; 8; 16	12; 11; 14	8; 12; 16	11; 12; 9	9; 15; 14	11; 12; 16	12; 11; 9	12; 4; 14	8; 1; 15	8; 16; 9	8; 14; 12
	4月	12; 14; 15	12; 11; 8	12; 14; 15	11; 9; 15	12; 15; 8	12; 8; 14	12; 8; 14	12; 1; 15	15; 15; 14	12; 9; 14	12; 11; 14	12; 14; 4	8; 7; 1	8; 15; 14	1; 8; 9
	5月	12; 8; 9	12; 8; 14	12; 15; 16	8; 9; 12	12; 1; 16	16; 12; 14	12; 8; 7	14; 9; 15	14; 15; 12	4; 12; 3	14; 12; 6	12; 14; 15	8; 1; 9	8; 15; 16	8; 1; 9
	6月	12; 11; 8	9; 14; 16	4; 16; 12	8; 1; 9	8; 16; 9	8; 4; 12	7; 6; 8	9; 16; 8	6; 7; 15	4; 12; 3	12; 14; 9	4; 14; 12	8; 1; 6	8; 4; 9	8; 9; 12
	7月	8; 12; 11	14; 12; 11	12; 8; 4	8; 4; 1	8; 6; 4	8; 4; 3	7; 8; 12	16; 16; 15	7; 6; 8	1; 8; 3	4; 12; 3	4; 12; 6	8; 1; 6	8; 4; 6	8; 7; 9
	8月	8; 4; 12	8; 9; 6	4; 8; 14	8; 4; 3	8; 16; 9	8; 1; 12	8; 4; 7	8; 12; 7	14; 6; 8	12; 4	4; 12; 6	12; 4; 14	8; 1; 7	8; 16; 1	8; 7; 1
	9月	12; 11; 9	12; 9; 11	12; 16; 9	12; 1	8; 7; 12	12; 8; 9	11; 8; 3	11; 8; 12	11; 14; 9	12; 14; 9	12; 4; 11	12; 4; 14	1; 8; 3	8; 9; 3	8; 16; 9
	10月	12; 14; 11	12; 11; 9	12; 11; 8	11; 8	12; 14; 8	12; 8; 16	8; 15; 12	11; 8; 9	15; 14; 8	12; 14; 8	12; 11; 9	12; 4; 11	1; 8; 15	8; 16; 14	8; 1; 9
	11月	11; 9; 12	12; 11; 9	11; 9; 12	12; 9	8; 9; 14	12; 1; 9	8; 12; 16	9; 11; 12	15; 16; 6	12; 1	12; 4; 11	12; 4; 11	15; 1; 7	8; 15; 14	8; 16; 14
	12月	12; 14; 9	12; 9; 11	12; 11; 9	12; 11; 9	14; 12; 15	8; 12; 1	8; 12; 12	9; 11; 12	15; 16; 6	12; 11; 9	12; 14; 4	12; 11; 3	15; 16; 1	15; 16; 14	8; 14; 9
昼间月平均风速 m/s	1月	5.2	3.6	3.2	3.0	4.1	2.5	2.9	3.6	2.3	2.8	2.7	2.6	3.6	5.2	1.9
	2月	5.0	4.2	3.2	2.4	4.4	2.9	2.8	3.1	2.6	2.5	3.6	2.9	3.5	5.4	2.7
	3月	6.5	5.1	3.7	3.7	5.0	5.3	4.0	4.6	4.1	4.8	3.8	4.4	3.9	5.0	3.5
	4月	6.6	5.5	4.6	3.6	5.2	5.3	4.3	5.6	5.0	5.9	4.5	4.9	3.9	5.7	3.5
	5月	6.2	4.8	4.1	3.3	4.9	6.0	3.7	4.5	4.3	5.6	3.8	3.9	3.4	4.7	3.2
	6月	5.3	3.8	3.0	2.7	4.1	4.8	3.3	4.3	3.9	4.2	3.0	3.1	3.1	4.3	3.0
	7月	4.2	3.6	2.6	1.7	3.6	4.5	3.0	3.8	3.2	3.8	2.4	3.2	2.9	4.4	2.5
	8月	4.1	3.1	2.1	2.7	3.0	3.4	2.7	3.2	3.2	3.4	2.2	3.7	2.9	4.0	2.0
	9月	5.5	4.1	2.7	2.6	3.5	3.7	2.5	3.5	4.1	3.5	3.0	3.1	2.9	4.3	2.0
	10月	5.8	4.2	3.8	2.3	4.0	4.3	2.9	4.1	4.0	4.1	3.4	3.7	3.5	4.2	2.5
	11月	5.7	4.3	2.9	2.3	3.8	3.4	2.8	4.3	2.9	3.4	2.6	3.0	4.0	4.8	2.4
	12月	7.0	3.9	3.3	2.8	3.8	2.2	3.0	3.5	2.0	2.4	2.8	3.3	3.6	5.4	2.2

（续）

省（自治区、直辖市）	辽宁	辽宁	辽宁	辽宁	辽宁	辽宁	辽宁	吉林	吉林	吉林	吉林	吉林	吉林	吉林	吉林
台站名称	本溪	沈阳	海洋岛	清原	营口	锦州	彰武	临江	前郭尔洛斯	四平	宽甸	延吉	敦化	桦甸	长岭
台站信息 海拔(m)	185	43	10	235	4	70	84	333	136	167	261	178	525	264	190
纬度(°)	41.3	41.8	39.1	42.1	40.7	41.1	42.4	41.7	45.1	43.2	40.7	42.9	43.4	43.0	44.3
经度(°)	123.8	123.4	123.2	125.0	122.2	121.1	122.5	126.9	124.9	124.3	124.8	129.5	128.2	126.8	124.0
昼间最多风向[a] 1月	3;11;12	8;14;12	14;16;1	9;4;11	8;1;15	16;8;3	15;14;16	9;8;16	14;9;16	9;8;1	12;9;11	12;4;9	12;11;9	11;4;12	12;8;16
2月	3;12;4	9;4;12	14;9;1	4;11;8	8;16;1	8;16;7	8;15;1	8;16;9	12;9;15	8;12;11	9;9;14	12;4;11	11;8	11;9;12	8;14;12
3月	9;12;8	8;15;9	8;14;12	9;11;8	8;16;15	8;16;15	8;15;16	8;9;7	12;14;9	12;8;15	12;14;9	12;4;11	11;9;12	11;9;12	12;8;15
4月	12;11;8	8;11;9	9;4;8	9;8;11	8;12;11	8;7;12	8;12;9	9;8;11	12;8;11	8;9;12	12;8;11	12;11;4	12;8	11;1;12	9;9;12
5月	8;12;4	8;9;4	12;6;9	11;9;8	8;15;7	8;9;16	8;14;12	8;9;6	9;8;6	8;12;9	8;9;12	3;4;12	4;12;8	11;1;12	8;12;9
6月	8;9;11	8;9;7	9;4;6	11;9;8	8;7;15	8;6;4	7;8;4	9;8;1	8;9;14	9;11;8	8;9;4	4;3;12	4;8;7	1;8;3	8;4;7
7月	4;9;8	8;9;4	4;9;8	9;11;8	8;16;1	8;1;7	8;7;1	8;16;7	8;12;1	8;9;3	8;9;9	4;12;3	6;8;4	1;9;11	8;9;12
8月	4;8;9	8;9;3	4;9;8	9;1;11	8;16;1	8;3;16	8;7;1	8;16;6	4;8;3	8;9;12	4;6;12	3;4;12	4;14;6	9;3;1	8;7;3
9月	4;12;3	8;3;9	8;12;1	9;11;8	8;16;6	8;16;7	8;6;16	16;9;8	8;12;16	8;9;12	9;9;4	12;11;1	8;7;12	3;11;12	8;12;6
10月	12;8;9	8;12;14	12;16;4	9;11;8	8;7;14	8;1;3	8;15;12	16;9;8	12;14;9	8;12;9	12;4;9	12;11;6	12;8;11	11;9;12	12;12;9
11月	8;14;16	8;16;12	12;9;4	4;9;8	8;16;7	8;16;14	8;12;15	16;8;7	12;8;16	8;9;12	14;15;12	12;8;12	12;8;10	11;9;12	12;8;9
12月	4;12;14	8;3;15	15;16;8	11;9;8	16;8;15	8;14;16	14;8;12	16;8;4	12;8;4	8;9;11	12;4;9	12;11;3	11;12;8	11;9;12	12;8;14
昼间月平均风速 m/s 1月	2.2	3.0	5.5	2.0	3.3	2.7	3.4	0.4	2.4	2.6	1.3	3.1	2.8	2.5	3.0
2月	2.0	3.4	4.8	2.2	3.7	3.2	4.1	0.6	2.9	3.4	2.1	3.3	2.8	2.5	3.3
3月	2.6	3.7	5.1	3.0	4.4	3.9	6.1	1.7	3.9	4.0	2.7	4.0	3.3	4.3	4.4
4月	3.1	4.7	4.7	3.4	5.4	4.6	6.7	2.1	4.5	4.7	2.6	3.5	4.4	4.4	4.5
5月	2.9	4.2	3.4	3.2	4.9	4.3	6.0	1.9	3.3	4.0	1.7	2.7	2.7	3.3	4.6
6月	2.4	3.2	3.1	2.1	3.9	3.5	4.4	1.6	3.4	3.7	1.9	2.4	2.5	2.8	3.5
7月	2.0	3.4	3.5	2.2	3.3	3.2	3.4	1.3	3.0	3.3	1.6	2.2	2.4	2.8	3.4
8月	2.0	3.0	3.5	2.0	3.6	3.1	3.5	1.2	2.4	3.0	1.7	1.9	2.2	2.2	2.7
9月	2.0	3.3	3.7	1.7	3.3	2.9	4.2	1.0	2.9	3.1	1.6	2.0	2.3	2.4	3.2
10月	2.4	3.2	4.5	2.5	3.9	3.2	4.4	1.1	3.1	3.6	1.5	2.2	3.2	3.0	4.1
11月	2.3	3.7	4.6	1.9	3.8	2.8	3.7	0.8	2.9	3.3	1.4	2.9	3.0	2.5	3.6
12月	2.0	3.0	5.5	1.7	3.5	2.6	3.9	0.5	2.3	2.6	1.4	2.3	2.7	2.6	3.0

（续）

省（自治区、直辖市）		吉林	吉林	黑龙江	黑龙江	黑龙江	黑龙江	黑龙江	黑龙江	黑龙江	黑龙江	黑龙江	黑龙江	黑龙江	黑龙江	黑龙江
台站名称		长春	长白	伊春	克山	呼玛	哈尔滨	嫩江	孙吴	安达	宝清	尚志	泰来	海伦	漠河	爱辉
台站信息	海拔（m）	238	1 018	232	237	179	143	243	235	150	83	191	150	240	433	166
	纬度（°）	43.9	41.4	47.7	48.1	51.7	45.8	49.2	49.4	46.4	46.3	45.2	46.4	47.4	52.1	50.3
	经度（°）	125.2	128.2	128.9	125.9	126.7	126.8	125.2	127.4	125.3	132.2	128.0	123.4	127.0	122.5	127.5
昼间最多风向[a]	1月	9; 12; 8	12; 6; 4	11; 12; 9	12; 9; 4	16; 7; 15	8; 12; 14	8; 7; 14	8; 9; 15	12; 8; 14	14; 8; 12	8; 9; 7	15; 12; 16	12; 6; 7	8; 7; 11	14; 15; 7
	2月	9; 8; 11	12; 6; 4	12; 4; 6	12; 16; 4	15; 16; 7	8; 15; 12	8; 14; 6	9; 14; 12	8; 9; 4	8; 14; 15	8; 9; 11	12; 15; 14	14; 8; 6	12; 15; 7	7 14; 15; 16
	3月	12; 15; 8	12; 11; 9	15; 12; 5	15; 16; 14	16; 15; 6	12; 8; 11	16; 12; 8	8; 12; 9	12; 14; 16	12; 8; 11	8; 9; 12	12; 15; 16	12; 14; 15	15; 12; 3	15; 14; 16
	4月	12; 9; 8	12; 6; 4	15; 4; 14	9; 12; 16	15; 16; 7	15; 12; 14	8; 15; 12	15; 12; 8	9; 8; 12	8; 7; 14	9; 8; 11	14; 12; 16	12; 8; 15	4; 12; 15	15; 14; 4
	5月	12; 9; 11	12; 6; 4	4; 11; 6	4; 7; 16	14; 15; 4	8; 11; 4	7; 15; 16	3; 4; 9	12; 9; 11	8; 12; 7	9; 8; 12	8; 15; 16	6; 12; 8	12; 14; 15	6; 14; 15
	6月	9; 8; 11	12; 6; 4	4; 6; 7	8; 4; 7	8; 7; 4	4; 8; 3	8; 4; 1	8; 4; 9	8; 11; 12	8; 7; 16	8; 9; 7	8; 1; 6	8; 6; 1	12; 15; 4	4; 8; 6; 14
	7月	8; 9; 11	8; 11; 1	4; 6; 3	3; 4; 1	16; 7; 8	6; 3; 4	15; 8; 14	3; 4; 8	8; 3; 1	8; 6; 7	9; 9; 15	16; 1; 14	8; 4; 14	12; 14; 1	1 15; 16; 12
	8月	8; 9; 16	8; 9; 12	4; 9; 6	8; 12; 4	6; 8; 15	9; 6; 12	8; 14; 15	14; 12; 8	9; 8; 4	8; 14; 6	9; 8; 11	15; 12; 8	8; 14; 9	12; 4; 15	7; 14; 15
	9月	8; 9; 12	12; 6; 14	12; 4; 6	12; 8; 4	7; 15; 6	8; 9; 12	12; 8; 15	9; 12; 4	12; 8; 4	8; 14; 12	9; 8; 12	8; 14; 16	8; 9; 12	12; 16; 4	4; 14; 15; 12
	10月	8; 9; 11	9; 11; 8	12; 6; 4	12; 11; 8	16; 15; 7	8; 9; 11	8; 11; 12	12; 11; 8	12; 14; 9	9; 8; 12	9; 12; 11	8; 9; 16	8; 14; 9	12; 3; 11	11; 12; 14; 15
	11月	9; 11; 12	9; 3; 11	11; 16; 9	12; 11; 4	16; 5; 16	8; 9; 12	4; 8; 12	9; 12; 8	12; 8; 9	12; 8; 14	9; 11; 8	12; 11; 8	8; 12; 14	8; 12; 11	8; 14; 15; 4
	12月	9; 8; 12	1; 9; 11	12; 11; 4	12; 8; 11	15; 16; 14	12; 8; 15	8; 12; 11	9; 12; 8	12; 15; 11	8; 12; 14	9; 11; 8	12; 11; 15	12; 7; 8	12; 16; 9	9; 14; 15; 12
昼间月平均风速 m/s	1月	3.2	2.6	1.9	1.8	1.3	3.1	2.0	1.9	3.0	3.1	3.6	3.0	3.0	1.1	2.6
	2月	3.5	2.7	1.7	2.5	2.0	3.0	3.0	2.5	3.1	4.1	3.8	2.6	2.9	1.8	3.3
	3月	5.7	3.9	2.9	4.3	3.3	4.0	4.5	3.9	4.4	5.0	4.8	4.9	4.2	2.9	4.2
	4月	6.4	4.0	3.5	4.4	3.6	4.3	5.6	5.2	4.7	4.4	4.3	4.9	4.8	4.1	3.9
	5月	5.2	3.3	2.9	3.7	2.5	4.3	5.3	4.7	4.3	4.2	4.1	4.6	4.3	4.0	3.3
	6月	4.5	2.7	2.6	3.3	2.5	3.9	4.6	3.8	3.7	3.7	3.6	4.2	4.1	3.0	2.7
	7月	4.0	1.9	2.9	3.0	2.2	3.0	3.6	3.4	3.1	3.0	3.5	3.8	3.3	2.3	2.8
	8月	2.9	1.8	2.4	2.9	2.6	3.0	3.2	3.1	2.9	2.7	3.6	3.2	3.2	2.7	2.4
	9月	3.7	2.3	2.2	3.2	2.6	3.1	4.0	3.3	3.8	3.2	3.2	3.9	4.0	2.8	2.9
	10月	4.6	2.2	2.5	3.4	2.6	3.6	4.4	3.4	3.4	4.3	3.5	3.9	4.0	3.3	3.1
	11月	4.5	2.2	2.4	2.3	1.7	3.6	3.2	2.8	3.0	4.3	4.1	3.7	3.5	1.7	2.7
	12月	3.2	1.8	1.5	1.9	0.9	2.9	2.2	2.0	2.5	3.0	3.6	2.6	2.7	1.2	1.9

（续）

省（自治区、直辖市）		黑龙江	黑龙江	黑龙江	黑龙江	黑龙江	黑龙江	黑龙江	上海	江苏	江苏	江苏	江苏	江苏	江苏	江苏
台站名称		牡丹江	福锦	绥芬河	虎林	通河	鸡西	齐齐哈尔	上海	东台	南京	吕四	射阳	徐州	溧阳	赣榆
台站信息	海拔(m)	242	65	498	103	110	234	148	4	5	7	10	7	42	8	10
	纬度(°)	44.6	47.2	44.4	45.8	46.0	45.3	47.4	31.4	32.9	32.0	32.1	33.8	34.3	31.4	34.8
	经度(°)	129.6	132.0	131.2	133.0	128.7	131.0	123.9	121.5	120.3	118.8	121.6	120.3	117.2	119.5	119.1
昼间最多风向ᵃ	1月	12; 8; 9	12; 14; 15	12; 11; 9	12; 11; 16	12; 11; 9	12; 11; 9	12; 14; 16	12; 4; 16	1; 12; 14	1; 8; 16	14; 16; 15	12; 14; 15	4; 3; 11	4; 12; 1	15; 3; 11
	2月	12; 8; 14	12; 11; 14	12; 11; 4	9; 15; 8	12; 8; 9	12; 11; 14	14; 12; 4	1; 4; 16	1; 12; 4	1; 3; 4	16; 3; 4	12; 4; 14	4; 3; 14	4; 1; 3	3; 4; 12
	3月	8; 12; 4	12; 6; 14	12; 4; 11	12; 15; 14	12; 9; 8	12; 11; 15	12; 14; 8	4; 3; 12	3; 12; 4	4; 8; 3	4; 3; 8	4; 8; 1	3; 4; 12	4; 12; 3	4; 3; 8
	4月	11; 12; 9	12; 14; 7	12; 11; 7	12; 8; 15	12; 1; 9	12; 14; 11	12; 8; 14	4; 9; 12	4; 8; 12	4; 7; 8	4; 1; 8	8; 4; 12	4; 3; 1	4; 3; 1	4; 8; 11
	5月	12; 8; 9	12; 9; 4; 12	12; 11; 4	12; 8; 11	4; 12; 1	12; 3; 4	16; 8; 6	12; 4; 3	4; 12; 3	4; 7; 12	6; 8; 1	9; 4; 6	11; 12; 9	4; 12; 3	4; 9; 8
	6月	12; 11; 9	4; 6; 3	4; 12; 3	8; 9; 14	3; 4; 8	4; 12; 9	6; 4; 8	4; 3; 6	4; 8; 3	4; 6; 12	4; 8; 12	6; 4; 8	4; 6; 3	4; 9; 6	4; 8; 3
	7月	8; 9; 12	12; 6; 1	12; 4; 11	8; 4; 7	4; 8; 3	12; 9; 14	8; 16; 9	4; 8; 11	4; 8; 3	4; 1; 3	8; 4; 6	8; 6; 7	4; 3; 8	4; 3; 8	8; 4; 6
	8月	8; 12; 4	12; 6; 14	12; 4; 11	12; 8; 15	12; 4; 8	12; 14; 4	8; 12; 14	4; 8; 11	4; 8; 3	4; 1; 3	7; 4; 8	15; 8; 6	4; 3; 8	4; 3; 8	4; 3; 8
	9月	12; 11; 8	12; 14; 7	12; 11; 3	12; 8; 15	12; 3; 8	12; 14; 4	8; 12; 14	4; 3; 16	4; 3; 6	4; 1; 3	3; 4; 1	3; 4; 1	4; 3; 1	4; 3; 12	4; 3; 8
	10月	11; 12; 8	12; 14; 11	12; 11; 3	12; 8; 11	12; 8; 4	12; 11; 8	12; 8; 11	3; 16; 1	1; 15; 12	4; 3; 6	12; 4; 16	4; 3; 14	4; 6; 12	4; 3; 1	4; 8; 16
	11月	12; 8; 11	12; 14; 1	12; 11; 4	12; 8; 11	12; 8; 4	12; 11; 8	14; 12; 8	4; 15; 12	4; 15; 12	12; 12; 8	14; 12; 4	14; 12; 15	12; 12; 4	12; 4; 11	8; 12; 9
	12月	8; 12; 11	12; 11; 12	12; 11; 14	12; 11; 4	12; 4; 8	12; 11; 14	12; 14; 12	16; 12; 14	8; 9; 11	12; 1; 16	12; 8; 11	12; 14; 15	11; 9; 4	12; 4; 1	11; 12; 8
昼间月平均风速 m/s	1月	2.6	4.2	4.0	2.3	5.2	4.6	2.5	3.3	2.7	2.2	3.8	3.4	2.7	2.4	2.5
	2月	2.6	4.0	5.6	2.6	6.0	4.7	3.6	3.5	2.8	2.5	4.1	3.6	3.2	2.8	3.0
	3月	3.8	4.1	4.3	3.9	5.8	5.1	3.9	4.0	3.5	2.9	4.6	3.9	3.1	2.8	3.1
	4月	3.4	4.2	3.9	3.7	6.3	4.6	4.9	3.8	3.4	2.9	4.3	4.4	3.1	2.9	3.8
	5月	3.2	4.7	3.2	3.4	5.0	4.3	3.6	3.8	3.4	2.5	3.8	4.0	3.2	2.5	3.4
	6月	2.6	3.6	3.4	2.8	3.9	3.6	4.1	3.2	3.0	2.4	3.9	4.1	2.6	2.8	3.2
	7月	2.2	3.4	2.9	2.5	3.5	3.3	3.4	4.0	2.8	2.4	3.8	3.8	2.8	2.6	2.8
	8月	2.2	3.5	2.7	2.4	3.7	3.0	2.9	3.9	3.0	2.5	4.1	3.6	2.4	2.5	2.7
	9月	2.5	3.4	3.7	3.1	3.8	3.8	3.7	4.0	3.0	2.7	4.1	3.6	2.4	2.5	2.9
	10月	2.9	4.1	4.6	3.7	4.4	4.3	3.7	3.4	2.7	2.0	3.6	3.4	2.1	2.2	2.4
	11月	2.8	4.3	4.8	3.1	4.8	4.1	3.2	3.3	2.8	2.2	3.5	3.2	2.0	2.0	2.0
	12月	2.4	4.3	4.7	2.9	3.9	3.9	2.5	3.6	2.4	2.0	3.4	3.6	2.3	2.1	2.3

（续）

省（自治区、直辖市）	浙江	浙江	浙江	浙江	浙江	浙江	浙江	浙江	浙江	安徽	安徽	安徽	安徽	安徽	安徽
台站名称	临海	丽水	大陈岛	定海	嵊州	嵊泗	杭州	石浦	衢县	亳州	合肥	安庆	芜湖	蚌埠	阜阳
台站信息 海拔（m）	9	60	84	37	108	81	43	127	71	42	36	20	16	22	33
纬度（°）	28.9	28.5	28.5	30.0	29.6	30.7	30.2	29.2	29.0	33.9	31.9	30.5	31.3	33.0	32.9
经度（°）	121.1	119.9	121.9	122.1	120.8	122.5	120.2	122.0	118.9	115.8	117.2	117.1	118.4	117.4	115.7
昼间最多风向[a] 1月	4; 12; 11	4; 1; 12	16; 15; 1	16; 15; 14	1; 11; 12	15; 16; 3	14; 8; 15	16; 15; 14	4; 3; 1	12; 15; 4	3; 4; 15	1; 16; 3	1; 4; 16	12; 4; 6	8; 1; 16
2月	12; 1; 3	4; 12; 8	16; 8; 1	1; 15; 14	9; 1; 8	16; 15; 8	8; 4; 16	16; 1; 11	4; 1; 3	4; 16; 6	3; 4; 1	1; 9; 3	1; 12; 4	4; 3; 7	4; 6; 8
3月	3; 12; 14	4; 1; 6	16; 8; 12	6; 15; 8	1; 11; 9	1; 8; 16	4; 14; 8	1; 16; 9	3; 1; 4	4; 8; 6	4; 15; 1	1; 3; 9	4; 3; 12	4; 3; 1	4; 6; 7
4月	4; 12; 3	4; 8; 1	16; 8; 1	7; 8; 15	8; 11; 1	8; 4; 1	8; 4; 16	4; 1; 6	3; 4; 1	9; 8; 16	8; 4; 1	1; 3; 8	1; 4; 8	4; 8; 3	4; 12; 6
5月	3; 8; 14	4; 1; 3	8; 1; 4	6; 16; 14	8; 9; 6	8; 6; 7	4; 3; 15	4; 12; 6	1; 3; 4	8; 4; 9	4; 6; 15	1; 3; 4	4; 12; 8	4; 6; 3	4; 6; 7
6月	7; 12; 1	8; 4; 6	8; 9; 1	6; 4; 7	9; 11; 8	7; 8; 4	8; 4; 6	9; 11; 8	3; 4; 1	4; 7; 6	4; 8; 14	8; 1; 9	4; 8; 1	4; 8; 6	4; 8; 9
7月	1; 8; 4	8; 4; 6	8; 7; 9	6; 8; 4	8; 11; 9	8; 4; 7	8; 4; 6	9; 3; 1	4; 11; 3	8; 4; 9	8; 6; 4	9; 8; 1	9; 4; 8	8; 4; 6	9; 8; 4
8月	8; 12; 7	4; 9; 12	8; 16; 1	7; 8; 6	8; 11; 9	4; 7; 8	4; 8; 7	1; 9; 6	3; 4; 11	8; 1; 4	4; 15; 12	1; 3; 8	4; 12; 1	3; 1; 4	4; 3; 6
9月	3; 4; 6	3; 4; 9	8; 16; 1	1; 16; 4	1; 4; 11	4; 1; 16	4; 8; 7	1; 16; 6	3; 4; 11	4; 16; 15	4; 16; 14	1; 3; 8	1; 4; 8	4; 3; 9	4; 6; 3
10月	12; 16; 14	6; 4; 8	16; 15; 1	1; 16; 3	1; 3; 2	16; 1; 15	16; 4; 8	16; 1; 9	3; 4; 1	4; 16; 3	4; 16; 15	1; 3; 4	4; 1; 14	4; 1; 8	4; 6; 9
11月	4; 12; 9	8; 4; 1	16; 1; 8	15; 16; 14	8; 1; 9	15; 1; 16	8; 15; 14	16; 16; 1	4; 12; 3	8; 6; 12	4; 15; 12	1; 8; 3	12; 4; 1	12; 4; 8	4; 12; 8
12月	12; 4; 3	8; 4; 1	16; 1; 12	15; 14; 16	1; 8; 4	15; 16; 14	8; 16; 15	16; 15; 1	3; 1; 4	8; 1; 16	12; 4; 1	1; 4; 3	1; 4; 16	1; 12; 4	4; 15; 14
昼间平均风速 m/s 1月	1.1	1.6	7.9	3.4	2.6	6.8	2.1	5.1	2.6	2.6	3.3	3.7	2.9	2.7	2.7
2月	1.7	1.9	6.6	3.9	2.6	6.3	2.4	4.9	2.1	3.5	3.2	3.8	3.4	3.5	3.2
3月	1.6	1.5	6.7	3.7	2.7	7.4	2.3	4.9	3.4	3.7	3.7	3.8	3.2	3.5	4.2
4月	1.4	1.7	6.0	3.7	2.6	6.9	2.6	4.8	2.5	3.6	3.5	3.4	3.0	3.6	3.3
5月	1.5	1.9	4.7	3.3	2.3	5.9	2.6	4.1	3.0	3.3	3.5	2.9	2.8	3.5	3.6
6月	1.4	1.3	6.3	3.1	1.7	5.7	2.3	3.9	2.3	2.9	3.3	3.6	3.0	3.3	3.4
7月	1.6	1.9	6.8	4.1	2.5	6.2	2.5	5.2	2.5	2.6	3.8	4.0	2.6	3.3	2.8
8月	1.8	1.6	6.6	4.0	2.1	6.8	2.9	5.4	3.4	3.1	3.3	3.6	3.0	2.7	3.0
9月	2.1	1.6	6.6	3.9	2.3	6.9	2.7	5.7	2.7	2.6	3.1	4.0	3.1	3.3	2.9
10月	1.4	1.6	7.2	3.4	2.2	6.3	2.0	5.3	2.8	2.5	2.8	3.1	2.8	3.0	2.7
11月	1.1	1.3	7.8	3.1	2.5	6.7	2.0	5.0	2.5	2.7	2.9	3.1	2.4	3.0	3.3
12月	1.3	1.7	7.4	3.5	2.8	6.6	1.9	5.3	2.9	2.9	2.5	3.0	2.6	2.6	3.4

（续）

省（自治区、直辖市）		安徽	安徽	福建	福建	福建	福建	福建	福建	福建	福建	福建	福建	福建	江西	江西
台站名称		霍山	黄山	九仙山	南平	厦门	平潭	永安	浦城	漳平	福州	福鼎	邵武	长汀	修水	南城
台站信息	海拔（m）	68	1 836	1 651	128	139	31	204	275	203	85	38	219	311	147	82
	纬度（°）	31.4	30.1	25.7	26.6	24.5	25.5	26.0	27.9	25.3	26.1	27.3	27.3	25.9	29.0	27.6
	经度（°）	116.3	118.2	118.1	118.0	118.1	119.8	117.4	118.5	117.4	119.3	120.2	117.5	116.4	114.6	116.7
昼间最多风向[a]	1月	4; 16; 12	14; 9; 8	12; 14; 8	1; 8; 16	4; 12; 3	1; 16; 4	16; 1; 4	12; 14; 15	4; 6; 8	12; 14; 6	8; 6; 7	12; 4; 6	12; 14; 8	8; 16; 15	14 15; 16; 8
	2月	4; 16; 3	8; 12; 9	4; 3; 9	16; 1; 8	4; 3; 12	1; 16; 3	1; 16; 14	14; 16; 15	12; 4; 1	14; 6; 12	7; 8; 6	4; 12; 6	12; 8; 14	16; 8; 15	12 16; 8; 15
	3月	4; 12; 14	14; 9; 12	9; 11; 8	16; 8; 1	4; 1; 12	1; 3; 16	1; 16; 8	16; 8; 7	4; 16; 12	6; 12; 1	7; 6; 1	14; 4; 6	12; 14; 8	8; 16; 15	14 16; 15; 14
	4月	4; 3; 12	12; 14; 11	9; 11; 12	16; 6; 1	4; 12; 8	1; 8; 9	1; 8; 12	8; 16; 7	4; 7; 6	6; 9; 8	8; 7; 6	4; 15; 11	8; 12; 14	8; 15; 16	14; 8; 16; 1
	5月	12; 3; 1	12; 8; 14	11; 9; 1	16; 8; 7	4; 3; 8	1; 8; 9	8; 1; 7	8; 16; 7	4; 6; 12	6; 8; 7	8; 4; 7	4; 14; 12	8; 12; 9	12; 16; 9	14; 16; 14; 8
	6月	4; 9; 12	12; 15; 9	11; 9; 6	7; 4; 8	8; 4; 12	9; 11; 1	9; 8; 12	8; 12; 7	8; 12; 9	6; 9; 8	7; 6; 8	4; 9; 12	8; 6; 12	16; 15; 11	11; 8; 7; 15
	7月	4; 9; 12	12; 8; 9	4; 3; 8	7; 6; 4	12; 6; 7	9; 8; 1	8; 4; 14	8; 7; 1	12; 4; 8	6; 4; 8	6; 4; 8	4; 8; 12	8; 7; 1	8; 16; 12	12; 8; 16; 9
	8月	4; 1; 12	4; 12; 15	9; 11; 12	7; 8; 6	12; 8; 7	8; 9; 7	8; 14; 11	8; 6; 7	12; 1; 4	6; 12; 7	16; 6; 4	4; 8; 12	12; 8; 3	16; 8; 9	8; 16; 1
	9月	4; 12; 3	4; 14; 6	4; 12; 16	16; 1; 8	4; 1; 3	1; 3; 16	16; 14; 12	16; 12; 8	12; 9; 4	12; 8; 12	8; 15; 9	4; 14; 8	14; 4; 12	16; 8; 15	16; 8; 1
	10月	4; 12; 3	4; 3; 12	3; 4; 12	16; 1; 7	4; 1; 3	1; 3; 4	1; 15; 4	16; 12; 14	4; 6; 16	14; 12; 1	6; 16; 1	14; 4; 6	14; 4; 6	16; 1; 15	16; 15; 16
	11月	3; 4; 12	12; 9; 8	3; 4; 6	16; 1; 6	4; 1; 12	3; 1; 4	4; 1; 15	12; 15; 12	4; 6; 12	14; 12; 1	1; 8; 4	4; 14; 6	12; 14; 11	8; 16; 12	14 16; 14; 8
	12月	1; 14; 3	15; 4; 14	4; 11; 6	16; 1; 7	4; 12; 3	1; 16; 3	16; 1; 12	15; 12; 16	4; 6; 14	12; 14; 6	8; 7; 6	11; 12; 15	12; 4; 9	16; 15; 15	14 14; 15; 16
昼间月平均风速 m/s	1月	1.5	5.7	5.4	1.2	2.1	4.8	1.7	1.7	1.0	2.7	1.3	0.5	1.6	0.9	3.4
	2月	2.0	5.1	5.2	1.0	2.3	5.3	1.8	2.3	1.0	2.8	1.7	0.7	1.7	1.1	3.3
	3月	2.4	5.4	6.0	0.9	2.3	4.2	1.9	1.9	1.1	2.6	1.5	1.1	1.2	1.2	3.3
	4月	2.2	4.7	6.1	1.2	2.3	3.6	2.0	1.8	1.0	2.7	1.7	1.5	1.6	1.2	3.3
	5月	2.0	4.5	5.2	1.1	2.1	4.1	2.0	2.1	1.4	3.0	1.9	0.8	1.4	1.3	2.9
	6月	2.4	5.0	8.1	1.1	2.5	4.1	2.2	2.0	1.6	3.0	1.7	0.7	1.5	1.4	3.0
	7月	2.2	4.4	6.7	1.3	2.7	4.2	2.5	2.4	1.6	3.5	2.3	1.2	1.4	1.4	4.0
	8月	2.1	4.0	6.7	1.4	2.5	4.0	2.3	2.2	1.4	3.6	2.0	0.9	1.2	1.4	3.1
	9月	1.8	3.3	5.3	1.2	2.6	4.7	2.1	2.0	1.3	3.4	2.0	1.0	1.9	1.2	2.8
	10月	1.5	3.8	5.2	1.4	2.9	5.6	1.8	2.2	1.1	3.1	1.8	1.3	1.7	1.1	3.0
	11月	1.3	5.0	5.9	1.1	3.0	4.6	1.7	1.9	1.0	2.9	1.5	0.8	1.8	1.0	3.3
	12月	1.4	5.1	4.8	1.2	2.4	4.1	1.4	1.9	1.0	2.8	1.0	1.2	1.9	1.3	2.9

（续）

省（自治区、直辖市）		江西	江西	江西	江西	江西	江西	江西	江西	山东	山东	山东	山东	山东	山东	山东
台站名称		南昌	吉安	宜春	寻乌	广昌	庐山	景德镇	赣州	兖州	定陶	惠民	成山头	日照	沂源	泰山
台站信息	海拔（m）	50	78	129	299	142	1 165	60	138	53	49	12	47	37	302	1 536
	纬度（°）	28.6	27.1	27.8	25.0	26.9	29.6	29.3	25.9	35.6	35.1	37.5	37.4	35.4	36.2	36.3
	经度（°）	115.9	115.0	114.4	115.7	116.3	116.0	117.2	115.0	116.9	115.6	117.5	122.7	119.5	118.2	117.1
昼间最多风向[a]	1月	1; 16; 15	16; 1; 8	12; 3; 4	16; 1; 8	16; 15	16; 8; 1	1; 16; 12	16; 15; 3	15; 8; 3	8; 1; 16	12; 11; 9	15; 14; 8	12; 16; 15	12; 4; 11	12; 11; 9
	2月	1; 3; 9	16; 15; 1	4; 12; 3	16; 1; 6	16; 8; 1	8; 16; 4	1; 4; 15	16; 15; 1	8; 9; 4	8; 4; 16	4; 8; 12	16; 8; 15	4; 12; 8	1; 12; 4	14; 9; 16
	3月	14; 16; 8	16; 8; 7	3; 12; 4	1; 8; 9	1; 8; 16	16; 8; 16	16; 12; 14	11; 16; 1	8; 1; 4	8; 4; 9	9; 12; 3	8; 15; 16	8; 16; 4	1; 4; 3	12; 8; 9
	4月	16; 9; 1	8; 16; 1	12; 3; 4	6; 8; 7	8; 6; 16	16; 8; 4	1; 9; 12	15; 8; 11	8; 15; 1	8; 4; 1	9; 12; 4	8; 15; 14	8; 4; 3	4; 9; 11	9; 4; 8
	5月	16; 8; 1	16; 15; 14	12; 4; 1	6; 1; 8	8; 6; 16	8; 1; 4	16; 12; 4	8; 11; 9	8; 16; 1	6; 8; 12	9; 12; 4	8; 15; 7	4; 6; 8	4; 9; 12	4; 9; 1
	6月	9; 1; 4	8; 7; 15	12; 4; 3	7; 8; 4	8; 7; 4	16; 8; 1	16; 8; 1	8; 3; 12	8; 6; 4	8; 7; 4	8; 9; 14	8; 7; 15	4; 6; 8	4; 6; 8	9; 4; 8
	7月	9; 4; 11	6; 8; 9	12; 1; 4	6; 8; 4	8; 7; 11	8; 7; 16	9; 16; 12	8; 11; 9	4; 8; 7	8; 4; 7	12; 4	8; 15; 7	4; 6; 7	4; 1; 8	9; 8; 4
	8月	1; 16; 9	8; 16; 9	4; 12; 6	7; 6; 16	8; 1; 16	8; 7; 6	9; 16; 12	11; 8; 12	1; 4; 9	4; 8; 6	1; 8; 9	14; 8; 15	4; 15; 3	4; 1; 6	4; 1; 9
	9月	3; 4; 1	16; 14; 15	4; 12; 1	16; 6; 1	16; 1; 8	1; 3; 8	16; 1; 15	16; 8; 15	4; 1; 8	8; 4; 16	9; 8; 1	16; 8; 1	4; 12; 16	1; 4; 9	4; 9; 1
	10月	1; 3; 4	16; 8; 15	4; 3; 12	1; 16; 3	16; 15; 1	16; 4; 15	3; 15; 15	15; 16; 16	8; 6; 1	8; 6; 1	9; 12; 8	16; 8; 16	8; 16; 12	12; 9; 3	8; 9; 16
	11月	16; 14; 12	8; 16; 1	12; 1; 3	11; 4; 8	16; 1; 15	16; 15; 8	16; 1; 1	15; 3; 12	8; 4; 6	8; 15; 1	11; 8; 12	14; 15; 16	12; 8; 16	12; 1; 4	8; 9; 14; 11
	12月	4; 3; 11	16; 1; 8	12; 3; 4	1; 8; 3	1; 16; 8	16; 8; 1	12; 16; 1	15; 16; 14	8; 1; 4	8; 16; 12	1; 12; 8	15; 8; 14	12; 8; 11	12; 11; 6	12; 11; 8
昼间月平均风速 m/s	1月	2.0	1.6	1.9	1.9	1.6	2.5	1.6	1.1	2.8	3.3	3.1	7.0	3.8	2.5	6.6
	2月	2.5	1.5	2.2	1.6	1.7	3.3	1.7	1.3	3.4	3.3	4.0	6.6	3.9	2.6	5.5
	3月	1.8	2.3	2.3	1.4	1.7	3.8	1.6	1.4	4.0	3.7	4.5	6.4	4.5	3.3	6.0
	4月	2.0	2.2	2.3	1.3	1.8	4.0	1.6	1.4	4.2	4.0	4.7	6.6	4.0	3.5	5.9
	5月	1.6	1.9	2.0	1.3	1.7	3.6	1.5	1.2	3.9	3.3	3.7	5.5	4.2	3.0	6.3
	6月	2.1	2.4	2.1	1.3	1.7	3.8	1.7	1.7	3.5	3.7	3.4	4.8	3.6	2.9	4.8
	7月	2.7	2.3	1.9	1.6	2.1	3.6	1.8	1.9	2.9	3.1	3.0	4.9	3.5	2.5	4.6
	8月	2.1	2.3	2.0	1.5	1.8	3.4	2.2	1.3	2.9	2.8	2.9	4.9	3.6	2.5	4.1
	9月	2.4	2.2	1.9	1.7	1.9	3.7	2.0	1.7	2.8	2.6	3.1	5.9	3.8	2.5	4.4
	10月	2.1	1.6	1.8	1.8	1.9	3.0	1.8	1.5	2.7	2.7	3.1	7.1	4.0	2.6	5.3
	11月	1.9	1.5	1.4	1.7	1.7	3.0	1.3	1.3	2.7	2.8	3.2	6.8	3.8	2.2	6.8
	12月	1.7	1.0	1.5	1.9	1.4	2.9	1.4	1.3	2.6	2.6	3.1	6.7	3.7	2.3	7.8

（续）

省（自治区、直辖市）	山东	山东	山东	山东	山东	山东	山东	山东	山东	河南	河南	河南	河南	河南	河南
台站名称	济南	海阳	潍坊	莒县	费县	长岛	陵县	青岛	龙口	信阳	南阳	卢氏	固始	孟津	安阳
台站信息 海拔(m)	169	64	22	38	120	40	19	77	5	115	131	570	58	333	64
纬度(°)	36.6	36.8	36.8	36.2	35.3	37.9	37.3	36.1	37.6	32.1	33.0	34.1	32.2	34.8	36.1
经度(°)	117.1	121.2	119.2	115.7	118.0	120.7	116.6	120.3	120.3	114.1	112.6	111.0	115.7	112.4	114.4
昼间最多风向ª 1月	1; 8; 9	12; 14; 15	12; 8; 14	8; 1; 4	14; 4; 12	16; 9; 12	8; 1; 4	15; 16; 8	8; 12; 11	15; 4; 1	1; 8; 4	1; 4; 8	3; 1; 4	14; 12; 1	8; 7; 16
2月	4; 1; 6	8; 12; 14	9; 8; 12	8; 7; 4	4; 1; 14	16; 12; 8	8; 1; 9	8; 15; 14	8; 12; 16	12; 1; 15	1; 4; 9	1; 8; 9	4; 6; 14	1; 4; 12	8; 16; 1
3月	8; 14; 9	8; 14; 12	8; 14; 12	1; 8; 9	12; 9; 4	8; 4; 1	8; 1; 4	8; 7; 15	12; 8; 9	8; 15; 1	8; 3; 9	3; 1; 8	4; 6; 12	12; 8; 3	8; 16; 7
4月	9; 8; 15	8; 1; 4	8; 12; 16	8; 15; 16	4; 6; 12	8; 4; 11	8; 1; 9	7; 8; 15	12; 8; 9	15; 8; 16	8; 4; 9	4; 8; 1	12; 4; 1	4; 12; 1	8; 1; 7
5月	1; 8; 12	8; 12; 6	6; 8; 4	8; 14; 16	4; 6; 12	4; 8; 14	8; 9; 4	7; 8; 4	8; 12; 16	1; 8; 12	3; 8; 1	8; 1; 9	4; 12; 6	3; 1; 8	8; 7; 16
6月	4; 14; 8	7; 8; 4	8; 7; 6	8; 6; 16	4; 6; 9	4; 9; 8	8; 9; 4	8; 7; 6	8; 12; 16	8; 16; 4	8; 9; 3	3; 8; 9	4; 6; 12	4; 9; 1	8; 1; 16
7月	8; 6; 9	7; 8; 6	8; 7; 6	8; 7; 16	4; 9; 6	4; 8; 11	8; 4; 9	8; 7; 6	8; 16; 1	8; 4; 6	8; 4; 1	8; 9; 3	8; 9; 6	8; 12; 4	8; 7; 4
8月	4; 1; 8	8; 3; 6	8; 4; 6	8; 16; 9	4; 9; 6	4; 8; 11	8; 4; 1	8; 14; 16	8; 1; 16	1; 4; 15	1; 4; 16	1; 4; 9	4; 6; 8	1; 4; 3	8; 7; 16
9月	9; 8; 6	8; 1; 6	8; 16; 14	14; 14; 8	4; 14; 12	9; 1; 12	4; 1; 8	15; 8; 6	12; 8; 1	16; 8; 4	8; 4; 3	8; 11; 3	4; 6; 3	1; 4; 3	8; 1; 16
10月	9; 8; 1	8; 15; 14	8; 12; 14	8; 6; 16	4; 1; 12	12; 16; 8	8; 1; 9	15; 8; 16	12; 9; 8	16; 12; 4	4; 1; 3	12; 14; 15	4; 12; 1	12; 14; 1	8; 7; 16
11月	12; 8; 15	12; 15; 14	12; 8; 14	8; 7; 16	4; 14; 12	9; 12; 11	8; 4; 3	15; 8; 9	8; 9; 1	4; 1; 14	1; 8; 4	1; 3; 15	12; 14; 14	12; 14; 1	15; 8; 7
12月	9; 8; 12	12; 14; 11	12; 14; 8	16; 1; 8	4; 6; 6	9; 11; 8	8; 12; 16	15; 14; 16	8; 9; 12	15; 14; 8	3; 1; 4	1; 3; 8	12; 14; 4	14; 12; 4	8; 1; 15
昼间月平均风速 m/s 1月	3.0	4.5	4.0	3.0	2.2	6.2	3.5	4.9	3.8	3.1	2.8	1.2	2.8	3.3	2.3
2月	3.7	4.8	4.0	3.6	2.2	6.4	3.2	4.7	4.3	3.1	2.9	1.7	3.2	3.5	3.1
3月	4.1	5.5	5.1	4.3	2.7	5.6	4.0	4.6	4.7	3.7	3.0	1.9	3.4	3.5	3.8
4月	4.7	5.3	4.9	3.7	3.6	5.7	4.6	4.9	4.6	3.6	3.1	2.3	3.1	4.2	4.5
5月	4.2	5.7	4.5	3.5	3.3	4.5	4.3	5.2	4.4	2.8	2.8	1.6	3.3	3.5	3.8
6月	3.9	4.0	4.7	3.5	2.8	4.2	3.8	4.3	4.0	3.0	2.5	1.4	2.9	3.6	3.3
7月	2.8	4.4	3.8	2.7	2.0	4.6	2.7	4.1	3.7	3.1	2.5	1.3	2.7	3.0	2.7
8月	3.2	4.1	3.0	2.5	2.3	4.2	2.8	4.1	4.0	2.9	2.5	0.9	2.8	2.6	2.7
9月	2.9	4.0	3.0	2.3	2.4	4.3	2.5	4.0	3.6	3.0	2.4	1.0	2.7	2.9	2.6
10月	3.4	4.6	3.8	2.6	2.4	5.8	3.2	4.6	3.7	2.8	1.9	0.8	2.7	2.5	2.7
11月	2.9	4.3	3.5	2.6	1.7	5.9	3.0	4.6	4.1	2.7	2.3	0.9	2.8	3.1	2.5
12月	3.1	4.5	3.6	2.6	2.4	6.1	2.9	5.0	3.9	2.7	2.4	1.0	2.6	3.4	2.4

（续）

省（自治区、直辖市）		河南	河南	河南	湖北	湖北	湖北	湖北	湖北	湖北	湖北	湖北	湖北	湖南	湖南	湖南
台站名称		西华	郑州	驻马店	光化	宜昌	恩施	房县	襄阳	武汉	江陵	钟祥	麻城	南岳	岳阳	常德
台站信息	海拔 (m)	53	111	83	91	134	458	435	127	23	33	66	59	1 268	52	35
	纬度 (°)	33.8	34.7	33.0	32.4	30.7	30.3	32.0	32.2	30.6	30.3	31.2	31.2	27.3	29.4	29.1
	经度 (°)	114.5	113.7	114.0	111.7	111.3	109.5	110.8	112.7	114.1	112.2	112.6	115.0	112.7	113.1	111.7
昼间最多风向[a]	1月	12; 15, 16	12; 3, 8	14; 12, 8	4; 16, 1	4; 7, 6	8; 12, 6	4; 11, 12	4; 6, 8	1; 9, 16	4; 1, 8	16; 6, 9	16; 1, 12	16; 8, 1	1; 12, 16	16; 1, 4
	2月	4; 8, 6	3; 12, 4	4; 1, 8	4; 16, 6	8; 4, 7	12; 11, 9	4; 9, 3	4; 15, 1	1; 4, 3	1; 8, 3	16; 14, 15	16; 8, 1	8; 16, 1	16; 1, 9	12; 14, 8
	3月	8; 4, 9	8; 3, 12	12; 4, 1	4; 6, 12	4; 6, 8	8; 12, 4	4; 12, 11	8; 4, 15	1; 4, 8	8; 1, 9	8; 15, 16	16; 1, 8	8; 16, 9	1; 16, 15	16; 4, 8
	4月	8; 4, 12	3; 8, 4	12; 4, 14	4; 7, 6	4; 8, 7	12; 8, 4	4; 12, 11	4; 6, 15	4; 16, 3	8; 9, 7	15; 7, 16	16; 8, 9	8; 9, 16	12; 11, 3	16; 8, 12
	5月	4; 8, 3	12; 4, 7	4; 14, 12	8; 4, 15	4; 8, 12	8; 12, 14	11; 12, 9	6; 12, 4	4; 1, 15	9; 8, 7	15; 8, 7	16; 8, 1	8; 9, 11	12; 11, 15	4; 8, 16
	6月	4; 8, 3	8; 4, 6	8; 14, 6	8; 7, 4	6; 8, 4	8; 12, 4	4; 12, 9	6; 8, 7	4; 12, 9	8; 1, 7	8; 7, 15	8; 9, 1	9; 8, 4	11; 12, 7	8; 16, 4
	7月	8; 15, 4	4; 7, 8	8; 4, 12	8; 7, 16	8; 4, 6	12; 8, 4	4; 9, 12	4; 8, 1	8; 9, 12	8; 9, 7	8; 14, 16	8; 9, 16	8; 9, 16	9; 8, 12	8; 16, 4
	8月	4; 8, 1	4; 3, 7	1; 4, 14	4; 6, 8	8; 7, 4	12; 9, 15	4; 1, 11	12; 6, 9	1; 4, 16	1; 16, 8	15; 14, 16	16; 1, 15	9; 8, 1	1; 12, 3	16; 4, 8
	9月	8; 4, 1	2; 3, 1	4; 14, 8	4; 12, 8	8; 4, 6	12; 8, 9	4; 6, 3	12; 1, 4	1; 6, 4	8; 1, 9	16; 15, 14	1; 8, 16	16; 1, 15	1; 12, 15	16; 12, 1
	10月	4; 12, 8	12; 8, 14	14; 3, 6	12; 8, 14	4; 6, 15	12; 8, 9	4; 12, 11	4; 12, 15	4; 3, 1	1; 16, 8	16; 15, 9	16; 8, 14	16; 15, 4	1; 12, 4	16; 8, 16
	11月	8; 15, 1	13; 3, 12	12; 14, 4	1; 8, 1	4; 7, 6	1; 12, 8	4; 3, 12	4; 12, 1	15; 1, 7	1; 8, 15	16; 8, 15	16; 15, 8	1; 4, 16	1; 12, 6	16; 1, 4
	12月	16; 15, 8	12; 3, 4	14; 12, 16	4; 8, 7	4; 6, 7	12; 4, 8	4; 12, 11	12; 1, 14	1; 12, 3	1; 3, 4	15; 16, 8	1; 16, 9	16; 4, 9	16; 1, 15	12; 1, 4
昼间月平均风速 m/s	1月	2.4	2.9	2.5	1.8	1.6	1.1	1.3	2.0	1.1	2.3	3.3	2.0	4.6	2.6	1.9
	2月	2.5	2.9	2.9	2.4	1.6	1.1	1.4	2.2	1.4	2.2	3.1	2.0	5.3	2.7	1.7
	3月	2.9	3.1	2.9	2.5	1.5	1.5	2.3	2.2	1.5	3.0	3.1	2.5	4.1	3.0	1.9
	4月	2.8	3.2	2.8	2.4	2.0	1.5	1.7	2.5	1.6	2.9	3.6	2.6	5.6	2.8	2.1
	5月	2.0	3.3	3.0	2.3	2.0	1.0	1.6	2.5	1.5	2.7	2.8	2.5	4.6	2.5	2.0
	6月	1.7	2.8	2.8	2.4	2.0	1.2	1.4	2.4	1.5	2.9	3.0	2.1	6.2	2.4	1.9
	7月	1.5	2.1	2.6	2.3	1.8	1.3	1.3	1.9	1.8	3.3	3.0	2.7	3.5	2.7	2.2
	8月	2.0	2.1	2.2	1.9	1.7	1.5	1.4	1.8	1.6	2.8	3.3	2.6	2.9	3.1	2.4
	9月	1.7	1.9	2.2	1.9	1.3	1.4	1.4	1.9	1.6	2.8	3.1	2.5	2.3	2.9	1.9
	10月	1.6	2.3	2.3	1.8	1.4	1.2	1.0	1.7	1.3	2.4	2.8	2.1	3.0	2.4	1.7
	11月	2.0	2.5	2.4	2.0	1.4	1.0	1.1	1.8	1.1	2.1	2.7	2.1	4.0	2.1	1.6
	12月	2.2	2.4	2.5	1.8	1.2	0.9	1.1	1.4	1.1	1.7	3.0	1.6	3.7	2.4	1.8

（续）

省（自治区、直辖市）	湖南	湖南	湖南	湖南	湖南	湖南	湖南	湖南	广东	广东	广东	广东	广东	广东	广东
台站名称	武冈	沅陵	芷江	通道	邵阳	郴州	长沙	零陵（永州）	上川岛	佛冈	信宜	广州	梅州	汕头	汕尾
海拔(m)	340	143	273	397	248	185	68	174	18	68	84	42	84	3	5
纬度(°)	26.7	28.5	27.5	26.2	27.2	25.8	28.2	26.2	21.7	23.9	22.4	23.2	24.3	23.4	22.8
经度(°)	110.6	110.4	109.7	109.8	111.5	113.0	112.9	111.6	112.8	113.5	110.9	113.3	116.1	116.7	115.4
昼间最多风向a 1月	16;15;1	1;4;3	4;3;1	16;1;8	4;1;3	1;16;3	15;14;12	16;1;7	1;3;16	4;3;12	1;16;8	1;8;4	12;14;8	3;1;4	1;4;6
2月	16;1;15	3;16;1	1;4;3	16;8;15	4;1;16	1;14;14	14;12;15	16;3;1	1;3;6	4;3;4	1;16;8	15;8;7	12;14;16	1;4;3	6;1;4
3月	16;15;1	9;16;1	3;1;4	16;9;1	4;16;3	16;4;6	14;9;8	16;1;15	4;6;1	3;4;1	8;16;1	15;4;7	14;4;12	3;4;1	4;3;16
4月	16;4;15	1;16;4	4;8;1	8;15;16	4;6;3	16;8;15	15;8;12	1;16;8	4;8;6	14;4;12	8;9;1	6;4;1	12;14;8	1;3;4	6;4;9
5月	16;1;4	16;1;4	4;6;1	9;8;1	4;7;6	16;6;4	15;14;4	1;8;16	8;6;1	4;9;1	8;14;9	7;4;6	8;4;1	3;7;8	4;6;9
6月	16;11;15	9;1;16	1;4;3	8;16;9	7;4;8	16;6;4	8;14;6	7;8;1	8;6;4	9;4;8	8;9;12	7;8;4	4;9;12	8;9;12	9;12;6
7月	9;1;4	1;4;9	1;4;12	8;9;16	7;8;9	8;7;4	8;9;4	7;8;6	4;8;7	9;12;4	8;4;9	4;12;11	8;4;12	8;11;7	9;4;11
8月	16;1;6	4;1;3	1;4;12	8;9;1	7;8;9	9;6;8	14;8;9	7;8;6	4;8;7	9;12;4	8;9;1	15;4;7	12;9;14	12;8;11	9;12;4
9月	4;15;8	3;1;4	1;4;9	15;1;16	16;11;12	9;6;8	14;15;4	4;16;1	12;8;6	4;3;9	16;14;1	1;6;4	4;12;14	4;1;3	4;1;6
10月	3;16;4	1;16;3	1;9;4	1;16;9	4;9;3	14;16;1	15;14;8	3;1;4	1;16;4	4;1;9	1;16;9	1;4;3	12;15;16	1;4;6	3;4;1
11月	16;15;3	1;3;16	1;9;4	14;16;1	4;1;4	16;15;14	8;15;12	1;16;8	1;3;16	4;3;1	16;14;1	15;4;3	14;12;4	3;1;4	4;1;3
12月	15;16;1	1;3;4	3;1;4	16;15;14	4;7;3	16;14;1	14;12;15	1;3;15	1;16;3	4;3;1	16;8;9	1;15;4	14;12;15	1;4;16	4;3;1
昼间月平均风速 m/s 1月	1.1	1.8	2.0	2.4	1.7	1.5	2.6	3.0	5.9	2.6	2.0	2.1	1.4	2.4	3.1
2月	1.3	1.7	2.1	2.6	1.8	1.3	2.1	2.9	5.3	2.6	2.2	2.1	1.5	2.5	3.2
3月	1.6	1.7	1.7	2.2	1.6	1.4	2.7	2.6	4.7	2.3	2.2	1.7	1.5	2.5	3.0
4月	1.8	1.8	2.4	2.9	1.9	1.9	2.7	2.8	4.3	2.2	2.4	2.0	1.6	2.9	3.0
5月	1.5	1.6	1.4	2.2	2.2	1.7	2.3	2.7	4.1	1.9	2.0	1.9	1.8	2.6	3.3
6月	2.0	2.0	1.6	2.4	2.1	1.9	2.7	3.0	4.6	2.3	2.4	2.2	1.8	3.3	3.4
7月	1.7	2.1	1.9	2.6	2.3	2.5	2.8	3.6	4.0	2.2	2.0	2.1	2.0	3.3	3.5
8月	2.3	2.2	2.3	2.9	2.0	1.6	2.7	2.9	3.5	1.9	1.7	1.9	1.7	3.0	3.8
9月	1.3	1.8	1.8	2.7	1.9	1.7	2.6	3.0	5.2	1.8	2.6	1.7	1.6	2.8	3.0
10月	1.5	1.6	1.9	2.4	1.5	1.1	2.8	3.1	5.5	2.2	1.9	2.1	1.5	2.7	3.3
11月	1.2	1.7	1.9	2.2	1.6	1.1	2.4	2.7	6.4	2.8	2.9	1.9	1.5	2.7	3.4
12月	0.8	1.7	1.7	1.9	1.4	1.4	2.6	3.0	6.2	2.7	2.7	1.9	1.3	2.5	3.2

（续）

省（自治区、直辖市）	广东	广东	广东	广东	广东	广东	广东	广东	广西	广西	广西	广西	广西	广西	广西
台站名称	河源	深圳	湛江	连州	连平	阳江	韶关	高要	北海	南宁	柳州	桂平	桂林	梧州	河池
台站信息 海拔(m)	41	18	28	98	214	22	68	12	16	126	97	44	166	120	214
纬度(°)	23.7	22.6	21.2	24.8	24.4	21.9	24.8	23.1	21.5	22.6	24.4	23.4	25.3	23.5	24.7
经度(°)	114.7	114.1	110.4	112.4	114.5	112.0	113.6	112.5	109.1	108.2	109.4	110.1	110.3	111.3	108.1
昼间最多风向[a] 1月	1; 3; 4	1; 4; 16	4; 16; 6	16; 12; 9	16; 1; 7	3; 1; 4	14; 15; 12	1; 16; 4	16; 4; 8	3; 4; 15	15; 14; 1	14; 3; 1	16; 1; 3	16; 4; 15	4; 1; 12
2月	1; 3; 4	1; 4; 6	16; 1; 4	14; 12; 15	16; 1; 14	1; 3; 4	16; 15; 8	3; 1; 15	16; 4; 6	1; 4; 3	1; 16; 8	15; 3; 8	1; 16; 4	14; 4; 1	4; 1; 3
3月	16; 15; 8	4; 1; 6	4; 6; 1	12; 14; 8	8; 1; 16	6; 3; 1	8; 16; 15	3; 1; 4	16; 4; 6	4; 15; 7	14; 8; 1	14; 1; 8	1; 16; 8	15; 4; 14	4; 3; 1
4月	8; 9; 6	4; 6; 1	4; 6; 7	8; 16; 15	8; 6; 7	6; 8; 3	8; 16; 9	3; 1; 8	6; 16; 4	8; 1; 6	8; 12; 1	14; 8; 1	8; 16; 1	14; 15; 4	4; 1; 3
5月	8; 6; 9	9; 6; 4	4; 7; 6	14; 9; 12	8; 16; 6	8; 6; 4	8; 15; 7	1; 4; 8	8; 9; 4	8; 15; 6	8; 1; 14	14; 8; 1	1; 8; 16	4; 15; 11	4; 1; 3
6月	8; 6; 7	8; 9; 8	8; 12; 9	9; 8; 12	8; 7; 6	8; 6; 7	8; 7; 12	3; 4; 7	8; 6; 12	8; 6; 4	8; 14; 1	8; 15; 9	8; 7; 6	4; 9; 8	4; 12; 8
7月	8; 6; 9	9; 4; 3	6; 8; 4	9; 8; 6	8; 7; 9	8; 6; 9	8; 9; 12	7; 8; 1	8; 9; 4	6; 8; 9	8; 7; 9	8; 15; 7	8; 9; 11	12; 4; 8	4; 12; 6
8月	8; 4; 12	8; 4; 1	6; 8; 12	8; 9; 14	8; 15; 12	8; 9; 1	8; 9; 16	8; 4; 1	8; 9; 4	4; 8; 9	1; 8; 14	8; 15; 14	15; 1; 4	15; 6; 14	4; 12; 1
9月	4; 16; 1	1; 4; 6	4; 1; 16	15; 12; 14	16; 8; 15	1; 14; 4	8; 15; 12	1; 3; 12	16; 4; 9	4; 15; 1	1; 12; 15	15; 3; 1	1; 3; 16	14; 12; 6	4; 12; 1
10月	8; 14; 12	4; 1; 6	1; 16; 6	16; 14; 4	16; 8; 4	1; 3; 4	14; 16; 15	1; 3; 4	16; 6; 4	4; 15; 1	15; 1; 14	14; 1; 3	1; 16; 4	15; 14; 4	6; 12; 16; 4
11月	4; 3; 1	1; 4; 3	16; 1; 4	15; 16; 12	16; 1; 8	1; 3; 4	14; 12; 16	1; 3; 16	6; 16; 4	1; 4; 16	1; 3; 14	3; 15; 4	1; 16; 8	4; 15; 16	4; 12; 1
12月	16; 3; 14	1; 3; 4	16; 1; 6	12; 16; 4	16; 12; 1	1; 3; 4	16; 14; 15	1; 16; 9	16; 4; 1	1; 4; 16	16; 12; 1	1; 14; 16	1; 3; 16	4; 15; 1	3; 1; 4
昼间平均风速 m/s 1月	1.7	3.0	3.1	0.8	1.6	3.1	2.6	2.6	5.0	1.2	1.8	1.3	3.2	1.0	1.3
2月	1.9	2.4	3.0	1.0	1.6	3.1	2.5	3.0	4.5	1.3	2.1	1.2	2.9	1.2	1.3
3月	1.7	2.9	3.1	1.0	1.5	3.1	2.3	2.5	4.6	1.6	2.1	1.2	2.6	1.2	1.7
4月	1.4	2.7	3.9	1.3	1.3	3.3	3.0	2.9	4.1	2.1	2.2	1.5	2.7	1.3	1.6
5月	1.4	2.7	3.6	0.9	1.6	2.8	2.5	2.4	4.0	2.1	2.5	1.5	2.1	1.3	1.6
6月	1.8	2.8	3.7	1.9	2.1	3.4	3.1	2.8	3.7	1.7	2.3	2.0	2.4	1.6	1.8
7月	1.8	2.7	3.6	1.2	2.2	3.5	2.7	2.5	4.1	1.8	2.6	2.1	2.5	1.4	1.5
8月	1.5	2.2	3.0	1.2	1.6	3.2	2.7	2.6	3.5	1.7	2.3	1.8	2.3	1.4	1.5
9月	1.7	2.9	3.5	1.2	1.8	2.8	2.3	3.1	3.9	1.7	2.3	1.6	3.1	1.3	1.5
10月	1.5	3.1	3.3	1.2	1.7	3.2	2.2	2.5	4.2	1.6	2.0	1.5	3.1	1.3	1.4
11月	2.0	2.9	3.2	0.9	1.9	3.1	2.2	2.9	4.3	1.6	2.1	1.4	3.3	1.2	1.4
12月	1.6	2.7	3.0	0.8	1.7	2.9	2.0	2.7	4.8	1.1	1.9	1.3	2.8	1.2	1.2

（续）

省（自治区、直辖市）		广西	广西	广西	广西	广西	海南	海南	海南	海南	海南	重庆	重庆	重庆	重庆	重庆
台站名称		百色	蒙山	那坡	钦州	龙州	三亚	东方	儋州	海口	琼海	万源	奉节	梁平	酉阳	重庆
台站信息	海拔（m）	177	145	794	6	129	7	8	169	24	25	674	303	455	665	260
	纬度（°）	23.9	24.2	23.3	22.0	22.4	18.2	19.1	19.5	20.0	19.2	32.1	31.0	30.7	28.8	29.6
	经度（°）	106.6	110.5	106.0	108.6	106.8	109.5	108.6	109.6	110.4	110.5	108.0	109.5	107.8	108.8	106.5
昼间最多风向[a]	1月	8; 7; 12	12; 4; 14	9; 16; 8	15; 16; 8	4; 14; 6	4; 11; 15	16; 1; 11	4; 1; 6	1; 4; 6	4; 15; 6	15; 8; 7	8; 4; 1	3; 1; 12	6; 7; 15	14; 12; 4
	2月	8; 7; 4	12; 4; 15	8; 9; 14	16; 8; 1	4; 6; 8	4; 8; 11	1; 16; 9	3; 4; 1	1; 3; 4	4; 14; 1	15; 8; 14	3; 4; 1	1; 3; 12	16; 6; 7	15; 14; 4
	3月	8; 7; 12	12; 4; 14	9; 8; 11	16; 8; 15	4; 12; 6	4; 8; 11	16; 1; 8	4; 6; 14	4; 1; 8	4; 6; 8	15; 8; 7	8; 1; 9	1; 12; 11	16; 7; 6	15; 14; 4
	4月	8; 6; 7	12; 4; 14	9; 8; 7	8; 16; 7	4; 6; 14	8; 4; 9	8; 16; 11	4; 8; 6	4; 7; 8	8; 6; 4	8; 15; 6	16; 9; 8	1; 3; 12	6; 16; 1	4; 15; 14
	5月	6; 7; 4	4; 12; 14	9; 8; 7	8; 15; 16	6; 4; 8	12; 8; 11	8; 12; 16	6; 12; 16	7; 6; 3	8; 7; 4	8; 15; 9	8; 15; 16	3; 1; 9	7; 6; 16	4; 15; 3
	6月	7; 8; 6	4; 8; 6	12; 8; 9	8; 7; 4	14; 12; 6	8; 9; 11	8; 7; 9	8; 12; 6	8; 7; 6	8; 7; 4	8; 15; 9	8; 3; 1	1; 3; 12	6; 7; 8	8; 15; 14
	7月	8; 7; 6	4; 7; 12	9; 12; 1	8; 7; 8	14; 4; 6	8; 11; 4	8; 9; 12	12; 8; 9	8; 6; 7	8; 6; 9	8; 7; 15	8; 2; 8	14; 1; 3	6; 7; 8	14; 15; 7
	8月	12; 8; 14	12; 4; 3	16; 12; 1	8; 4; 6	14; 4; 15	11; 12; 9	8; 9; 11	12; 8; 14	8; 14; 12	8; 4; 7	9; 16; 14	16; 4; 6	3; 1; 12	7; 8; 12	14; 15; 4
	9月	8; 6; 12	12; 4; 14	9; 16; 12	15; 16; 8	6; 4; 12	11; 4; 9	8; 4; 1	1; 8; 4	15; 4; 7	4; 15; 16	8; 9; 15	4; 9; 16	1; 3; 14	6; 14; 7	4; 15; 14
	10月	12; 11	12; 14; 15	12; 16; 8	16; 15; 8	4; 12; 8	4; 11; 12	16; 15; 1	1; 6; 4	4; 15; 3	4; 3; 3	14; 8; 15	1; 16; 8	1; 3; 12	6; 16; 14	15; 4; 6
	11月	8; 9; 7	12; 14; 15	9; 16; 6	16; 8; 6	4; 3; 12	4; 11; 3	1; 15; 3	4; 1; 6	1; 15; 4	16; 4; 15	14; 8; 15	1; 16; 15	1; 4; 3	4; 7; 16	15; 4; 6
	12月	8; 12; 7	12; 14; 4	12; 16; 6	16; 15; 1	4; 14; 1	4; 6; 1	1; 16; 3	4; 3; 1	15; 1; 16	16; 4; 15	15; 16; 6	8; 3; 4	1; 3; 12	6; 16; 4	15; 8; 11
昼间月平均风速 m/s	1月	1.7	1.8	1.5	2.6	1.8	2.1	4.8	2.6	2.7	2.9	2.4	1.5	1.7	0.7	1.1
	2月	2.0	1.8	1.8	2.8	1.9	1.8	4.4	2.6	2.3	3.0	1.8	1.6	1.4	0.8	1.3
	3月	2.4	2.0	2.1	2.7	1.6	1.9	4.3	2.5	2.2	3.1	2.9	2.0	1.4	0.7	1.8
	4月	2.4	1.6	2.0	3.1	1.8	2.3	5.1	2.4	2.5	3.3	2.7	2.1	1.6	1.0	1.8
	5月	2.3	1.4	1.7	3.2	1.8	2.4	4.8	2.0	2.4	3.0	2.4	1.9	1.7	0.9	1.8
	6月	2.2	1.7	1.6	3.1	1.3	2.5	6.8	2.5	2.4	3.2	2.2	1.6	1.6	1.0	1.7
	7月	2.2	1.9	0.9	3.2	1.5	2.2	6.2	2.8	2.5	3.3	2.0	1.4	1.9	1.3	1.9
	8月	1.8	1.5	1.3	2.4	1.6	2.9	4.7	2.5	2.1	2.8	2.0	1.4	1.8	0.8	2.0
	9月	2.0	1.7	1.2	2.8	1.3	2.3	4.0	2.4	2.1	2.4	1.9	1.9	1.8	0.7	1.9
	10月	1.5	1.7	1.7	2.4	1.5	2.1	5.4	2.5	2.8	2.9	1.9	1.7	1.7	0.5	1.4
	11月	1.6	1.5	1.3	3.2	1.4	2.3	5.4	2.6	2.8	2.8	2.0	1.5	1.3	0.6	1.3
	12月	1.4	1.6	1.5	3.0	1.4	1.9	5.7	2.8	2.5	2.7	1.4	1.1	1.2	0.5	1.0

（续）

省（自治区、直辖市）		四川	四川	四川	四川	四川	四川	四川	四川	四川	四川	四川	四川	四川	四川	四川
台站名称		九龙	会理	南充	宜宾	峨眉山	巴塘	平武	康定	德格	成都	松潘	泸州	理塘	甘孜	稻城
台站信息	海拔（m）	2 994	1 788	310	342	3 049	2 589	894	2 617	3 185	508	2 852	336	3 950	3 394	3 729
	纬度（°）	29.0	26.7	30.8	28.8	29.5	30.0	32.4	30.1	31.8	30.7	32.7	28.9	30.0	31.6	29.1
	经度（°）	101.5	102.3	106.1	104.6	103.3	99.1	104.5	102.0	98.6	104.0	103.6	105.4	100.3	100.0	100.3
昼间最多风向ª	1月	7; 6; 4	8; 7; 9	1; 16; 14	1; 6; 12	16; 9; 14	8; 9; 1	6; 4; 1	4; 6; 3	8; 9; 6	1; 16; 9	8; 1; 9	8; 1; 12	11; 7; 9	8; 12; 9	12; 4; 9
	2月	6; 7; 14	8; 7; 6	16; 15; 3	1; 4; 12	12; 11; 16	9; 1; 8	6; 7; 4	4; 6; 3	8; 9; 4	1; 8; 16	8; 16; 1	12; 3; 8	12; 11; 9	12; 8; 11	12; 11; 4
	3月	7; 6; 15	8; 7; 11	16; 7; 8	1; 12; 8	11; 8; 12	9; 8; 11	4; 6; 14	4; 3; 8	8; 9; 6	4; 9; 8	8; 16; 9	14; 8; 4	11; 8; 12	11; 12; 9	12; 9; 11
	4月	7; 6; 15	8; 7; 9	15; 16; 8	1; 4; 3	12; 7; 11	9; 1; 8	4; 14; 6	4; 3; 6	8; 1; 9	1; 9; 8	8; 16; 1	4; 12; 6	8; 12; 6	4; 8; 12	12; 11; 9
	5月	7; 6; 14	8; 7; 6	16; 7; 15	12; 14; 1	12; 14; 11	9; 8; 6	16; 6; 9	4; 3; 7	8; 16; 1	8; 1; 9	8; 16; 1	4; 12; 9	11; 6; 8	12; 8; 4	11; 9; 8
	6月	7; 6; 14	8; 7; 15	7; 7; 15	1; 12; 3	14; 12; 11	12; 8; 1	16; 8; 6	4; 3; 6	8; 9; 16	8; 1; 9	8; 16; 9	14; 8; 9	8; 7; 6	8; 4; 12	3; 12; 4
	7月	7; 8; 6	8; 7; 16	6; 8; 7	12; 1; 8	12; 11; 6	8; 3; 9	6; 9; 16	4; 3; 16	8; 9; 16	8; 9; 12	8; 16; 9	4; 12; 8	4; 6; 7	8; 7; 4	4; 9; 3
	8月	7; 6; 12	8; 16; 7	8; 9; 4	12; 11; 1	6; 14; 16	9; 8; 11	4; 12; 15	4; 3; 6	8; 6; 7	1; 8; 12	8; 16; 7	12; 9; 8	8; 7; 4	8; 4; 6	4; 3; 8
	9月	7; 8; 6	8; 7; 16	8; 11; 15	15; 7; 14	15; 7; 14	9; 4; 1	6; 4; 12	4; 3; 8	8; 9; 1	1; 8; 12	8; 16; 1	12; 9; 4	7; 8; 6	12; 8; 6	4; 3; 8
	10月	7; 8; 6	8; 7; 6	4; 1; 8	4; 14; 1	12; 14; 7	9; 4; 8	16; 6; 9	4; 3; 8	8; 9; 16	10; 8; 14	8; 16; 1	14; 4; 8	7; 8; 6	8; 6; 8	7; 3; 8
	11月	7; 8; 6	8; 6; 3	4; 16; 8	1; 12; 6	12; 14; 11	8; 9; 4	4; 14; 16	4; 6; 3	7; 6; 8	8; 9; 3	8; 16; 1	4; 1; 8	8; 7; 6	8; 4; 7	9; 12; 4
	12月	7; 6; 12	8; 7; 6	15; 16; 1	1; 12; 4	11; 9; 16	8; 4; 6	8; 6; 16	4; 3; 6	8; 6; 9	16; 1; 8	8; 1; 16	12; 14; 1	14; 12; 11	8; 12; 6	12; 11; 4
昼间月平均风速 m/s	1月	2.9	2.4	0.7	0.7	2.2	1.4	0.3	4.1	1.5	1.2	1.2	0.8	2.5	2.1	3.0
	2月	3.2	2.7	1.0	0.9	2.9	1.6	0.4	4.4	1.2	1.3	1.7	0.9	3.5	2.1	3.6
	3月	3.4	3.4	1.4	1.1	3.0	1.9	0.5	4.8	2.0	1.9	1.6	1.3	3.0	3.2	4.3
	4月	3.8	3.2	1.5	1.2	2.6	1.2	0.7	4.6	1.9	1.9	1.6	1.4	2.9	2.7	3.4
	5月	3.9	2.0	1.3	1.2	2.6	1.7	0.9	4.2	1.9	1.9	1.7	1.2	2.7	2.5	3.0
	6月	3.5	1.9	1.1	1.2	1.8	1.1	0.8	3.3	1.8	1.6	1.4	1.2	2.3	1.5	2.4
	7月	3.6	1.2	1.3	0.9	2.3	0.9	0.8	3.5	1.5	1.6	1.6	1.4	1.8	1.6	1.6
	8月	3.6	1.2	1.3	1.1	2.3	0.9	0.6	3.6	1.8	1.8	1.2	1.4	1.8	1.5	1.7
	9月	3.3	1.4	1.5	0.7	2.2	0.6	0.5	3.6	1.8	1.6	1.5	1.2	1.9	1.5	2.0
	10月	3.2	1.6	1.2	0.7	2.8	0.9	0.5	3.8	1.6	1.3	1.1	1.0	2.2	1.8	1.8
	11月	2.7	1.7	1.0	0.8	2.8	1.0	0.2	3.9	1.7	1.1	1.1	0.9	2.1	1.5	2.1
	12月	3.0	1.9	0.8	0.8	2.8	0.5	0.6	3.0	1.3	1.1	0.8	1.0	1.9	1.6	2.3

（续）

省（自治区、直辖市）	四川	四川	四川	四川	四川	四川	四川	四川	贵州	贵州	贵州	贵州	贵州	贵州	贵州
台站名称	绵阳	色达	若尔盖	西昌	达州	阆中	雅安	马尔康	三穗	兴仁	威宁	思南	榕江	毕节	独山
台站信息 海拔（m）	522	3 896	3 441	1 599	344	385	629	2 666	631	1 379	2 236	418	287	1 511	971
纬度（°）	31.5	32.3	33.6	27.9	31.2	31.6	30.0	31.9	27.0	25.4	26.9	28.0	26.0	27.3	25.8
经度（°）	104.7	100.3	103.0	102.3	107.5	106.0	103.0	102.2	108.7	105.2	104.3	108.3	108.5	105.2	107.6
昼间最多风向[a] 1月	4; 1; 6	12; 14; 11	12; 1; 8	8; 7; 6	1; 3; 4	12; 8; 1	3; 1; 4	12; 9; 14	1; 16; 8	4; 3; 8	8; 7; 9	4; 6; 3	1; 8; 16	4; 6; 1	16; 8; 7
2月	4; 3; 1	12; 14; 11	12; 9; 8	8; 6; 7	1; 8; 16	14; 4; 8	3; 8; 1	12; 14; 6	1; 16; 8	1; 4; 6	9; 6; 16	1; 16; 4	1; 8; 6	4; 15; 6	6; 16; 15
3月	4; 6; 3	12; 11; 14	12; 4; 14	8; 6; 9	1; 3; 4	14; 4; 12	4; 3; 8	12; 14; 6	16; 4; 1	4; 1; 3	8; 14; 6	1; 16; 6	1; 12; 6	4; 6; 1	8; 16; 6
4月	4; 3; 1	12; 4; 14	12; 1; 8	4; 8; 6	1; 4; 3	4; 1; 6	4; 3; 9	14; 12; 6	16; 8; 4	4; 1; 9	8; 16; 9	8; 1; 16	1; 8; 4	4; 6; 1	7; 8; 16
5月	4; 8; 11	14; 6; 15	4; 8; 12	4; 8; 6	1; 8; 3	6; 8; 14	3; 9; 4	12; 14; 8	4; 16; 9	8; 4; 6	16; 8; 7	1; 6; 16	1; 3; 4	4; 12; 14	7; 6; 16
6月	4; 7; 12	4; 14; 6	3; 1; 8	8; 15; 1	1; 8; 4	6; 7; 4	4; 9; 3	12; 14; 8	1; 16; 4	4; 9; 1	8; 16; 9	1; 16; 4	8; 1; 4	4; 6; 14	8; 6; 7
7月	7; 12; 1	4; 6; 7	8; 7; 4	8; 4; 11	1; 6; 8	8; 6; 14	9; 4; 3	14; 12; 16	4; 6; 9	8; 4; 6	8; 16; 9	8; 6; 7	8; 9; 4	4; 6; 12	8; 6; 16
8月	12; 8; 4	6; 4; 14	4; 8; 12	8; 6; 4	1; 6; 4	6; 8; 4	9; 1; 8	12; 14; 4	1; 4; 12	4; 6; 8	7; 8; 6	7; 3; 4	8; 1; 11	6; 4; 12	7; 8; 16
9月	4; 3; 1	4; 6; 8	8; 4; 9	8; 12; 11	1; 8; 4	4; 16; 1	4; 11; 9	14; 12; 11	1; 4; 16	4; 6; 9	8; 16; 6	8; 1; 3	8; 4; 12	4; 16; 6	6; 16; 8
10月	4; 8; 1	11; 4; 12	8; 4; 14	8; 6; 9	1; 3; 6	8; 14; 1	3; 9; 4	12; 14; 9	4; 1; 16	4; 1; 8	16; 8; 6	1; 8; 14	1; 3; 6	4; 6; 16	16; 16; 8
11月	4; 12; 3	12; 9; 11	12; 8; 11	4; 7; 8	1; 8; 4	14; 8; 6	3; 8; 1	12; 8; 11	1; 16; 15	4; 1; 6	8; 6; 15	1; 16; 4	3; 8; 1	4; 15; 6	8; 6; 16
12月	6; 4; 1	12; 15; 14	12; 8; 14	8; 16; 7	1; 4; 12	14; 8; 6	3; 4; 1	12; 9; 11	1; 4; 16	4; 1; 6	8; 12; 16	4; 3; 1	1; 8; 6	4; 6; 3	16; 7; 14
昼间月平均风速 m/s 1月	1.0	3.4	2.1	1.5	1.3	0.9	1.0	1.1	1.9	3.0	3.5	1.0	1.2	1.0	2.7
2月	1.0	3.2	3.2	1.5	1.4	0.8	1.0	1.5	2.2	3.0	3.6	1.4	1.3	1.3	2.9
3月	1.5	3.9	3.3	2.1	1.9	1.3	1.3	1.7	2.1	3.0	4.2	1.5	1.1	1.5	2.5
4月	1.8	2.8	3.4	1.8	1.9	1.2	1.4	1.8	2.2	3.4	3.9	1.7	1.5	1.7	2.9
5月	2.2	2.9	2.8	1.7	1.8	1.1	1.5	1.8	2.2	3.0	3.6	1.3	1.2	1.4	3.4
6月	1.5	2.5	2.7	1.0	1.9	1.1	1.2	1.4	2.0	2.3	3.2	1.6	1.0	1.4	3.1
7月	1.5	2.1	2.4	1.0	1.9	1.4	1.5	1.5	2.3	2.0	3.1	2.1	1.4	1.4	2.9
8月	1.5	2.0	2.3	0.9	1.9	0.9	1.2	1.1	2.2	1.7	3.1	1.7	1.5	1.7	2.5
9月	1.4	1.8	2.6	1.1	1.5	1.3	1.0	1.5	2.3	2.5	3.2	1.8	1.0	1.3	2.5
10月	1.1	1.9	2.4	1.2	1.2	1.0	0.9	1.0	2.1	2.0	3.2	1.1	1.1	1.0	2.9
11月	1.0	2.2	3.1	0.9	1.4	0.7	1.0	0.8	1.9	2.2	3.3	1.4	1.2	1.2	2.7
12月	0.9	2.2	2.8	1.2	1.4	0.6	0.9	0.9	1.8	2.2	3.2	0.9	0.9	0.9	3.0

（续）

省（自治区、直辖市）		贵州	贵州	贵州	云南	云南	云南	云南	云南	云南	云南	云南	云南	云南	云南	云南
台站名称		罗甸	贵阳	遵义	临沧	丽江	会泽	保山	元谋	勐腊	大理	广南	德钦	思茅	昆明	昭通
台站信息	海拔（m）	441	1 223	845	1 503	2 394	2 110	1 649	1 120	633	1 992	1 251	3 320	1 303	1 892	1 950
	纬度（°）	25.4	26.6	27.7	24.0	26.8	26.4	25.1	25.7	21.5	25.7	24.1	28.5	22.8	25.0	27.3
	经度（°）	106.8	106.7	106.9	100.2	100.5	103.3	99.2	101.9	101.6	100.2	105.1	98.9	101.0	102.7	103.8
昼间最多风向ª	1月	4; 1; 6	1; 4; 8	6; 1; 4	11; 12; 8	12; 11; 14	12; 4; 11	7; 6; 12	8; 9; 7	8; 4; 7	4; 8; 6	1; 8; 12	4; 3; 12	8; 12; 9	11; 8; 9	8; 16; 15
	2月	4; 1; 6	1; 4; 8	4; 8; 6	12; 14; 11	12; 11; 14	12; 4; 3	8; 12; 9	8; 7; 11	8; 4; 7	4; 8; 12	9; 3; 16	3; 4; 12	9; 8; 12	9; 8; 7	8; 16; 15
	3月	1; 4; 16	1; 4; 3	6; 8; 4	12; 14; 4	11; 12; 14	12; 4; 1	12; 8; 9	8; 7; 12	8; 4; 9	4; 7; 6	11; 9; 8	3; 4; 12	9; 11; 8	11; 9; 12	8; 15; 9
	4月	4; 1; 6	1; 8; 3	1; 4; 3	12; 8; 6	12; 11; 4	12; 11; 1	8; 9; 12	8; 7; 11	8; 9; 6	4; 6; 8	8; 4; 12	4; 3; 12	11; 8; 12	11; 9; 8	8; 16; 12
	5月	4; 14; 6	8; 4; 1	8; 7; 1	4; 14; 8	12; 11; 4	11; 12; 1	8; 12; 11	8; 4; 7	8; 1; 12	4; 8; 6	8; 9; 1	4; 3; 12	8; 9; 11	9; 7; 8	8; 4; 15
	6月	12; 4; 8	9; 6; 8	8; 6; 14	16; 8; 1	12; 6; 4	12; 11; 3	8; 12; 6	8; 6; 7	8; 4; 7	4; 15; 3	1; 8; 16	4; 3; 12	8; 9; 11	11; 8; 9	7; 8; 15
	7月	12; 4; 6	8; 9; 4	6; 8; 4	1; 4; 3	4; 6; 7	12; 4; 11	8; 4; 9	6; 7; 8	8; 7; 4	4; 12; 14	4; 1; 8	4; 3; 1	8; 9; 12	4; 8; 7	7; 4; 15
	8月	4; 1; 12	8; 9; 4	6; 8; 4	16; 8; 4	4; 6; 3	1; 11; 3	4; 8; 6	8; 14; 1	8; 7; 9	4; 6; 3	1; 6; 4	4; 3; 12	8; 12; 9	6; 8; 4	8; 7; 15
	9月	1; 8; 9	8; 9; 4	8; 9; 15	8; 4; 16	4; 6; 12	12; 4; 11	8; 4; 6	7; 8; 4	8; 4; 1	15; 12; 4	1; 4; 3	4; 3; 12	8; 4; 9	8; 7; 6	8; 4; 15
	10月	4; 8; 12	8; 1; 4	6; 1; 8	6; 4; 8	12; 4; 11	3; 12; 11	8; 9; 4	6; 8; 14	8; 7; 6	4; 12; 3	1; 3; 12	3; 4; 12	8; 9; 11	8; 9; 7	8; 15; 11
	11月	1; 4; 6	8; 4; 1	6; 1; 7	4; 16; 12	12; 4; 11	1; 11; 9	8; 4; 9	7; 8; 6	8; 4; 7	4; 6; 12	8; 9; 14	4; 12; 8	8; 11; 12	8; 9; 4	8; 7; 4
	12月	4; 1; 6	4; 1; 8	6; 1; 4	4; 6; 3	12; 11; 6	11; 12; 1	8; 9; 12	8; 4; 7	8; 4; 16	4; 6; 16	1; 8; 9	12; 4; 3	8; 11; 9	8; 9; 11	8; 7; 11
昼间月平均风速 m/s	1月	0.7	2.4	1.3	2.3	3.7	4.6	0.4	2.3	0.8	3.5	2.5	1.9	1.4	2.8	1.8
	2月	0.7	2.1	1.3	1.8	4.5	3.9	1.5	3.3	1.0	4.1	2.5	2.3	1.7	3.2	2.4
	3月	0.9	2.5	1.7	2.5	4.8	5.7	1.4	3.5	1.2	3.7	3.3	1.8	1.9	3.8	2.3
	4月	0.8	2.7	1.7	2.2	4.6	3.7	1.2	3.0	1.2	3.4	2.9	2.5	2.0	3.6	2.8
	5月	1.1	2.8	1.9	1.8	3.7	3.5	1.3	2.7	1.5	2.8	2.5	2.4	1.7	2.9	1.5
	6月	1.0	2.9	1.8	1.5	3.0	2.7	0.9	2.5	1.2	1.8	2.2	1.9	1.5	2.3	1.5
	7月	0.6	3.2	2.4	1.3	2.2	2.0	1.1	1.5	1.2	1.8	1.9	1.6	1.2	1.8	1.3
	8月	0.8	2.8	2.0	1.7	2.4	1.9	0.9	1.5	0.9	1.6	1.5	1.5	1.3	2.2	1.1
	9月	0.8	3.1	1.7	1.5	2.6	2.2	0.9	1.5	1.1	1.8	1.8	1.5	1.4	1.9	1.6
	10月	0.8	2.6	1.3	1.5	2.8	2.6	0.7	2.0	1.1	1.9	1.9	2.2	1.2	2.1	1.2
	11月	0.6	2.8	1.3	1.5	2.8	2.8	1.0	1.0	0.9	1.8	1.8	1.8	1.1	2.0	1.3
	12月	0.8	2.3	1.1	1.4	3.4	3.7	0.7	1.9	0.6	2.2	1.4	1.7	1.2	2.5	1.0

（续）

省（自治区、直辖市）		云南	云南	云南	云南	云南	云南	云南	云南	云南	云南	西藏	西藏	西藏	西藏	西藏
台站名称		景洪	楚雄	江城	沾益	澜沧	瑞丽	耿马	腾冲	泸西	蒙自	丁青	定日	帕里	拉萨	日喀则
台站信息	海拔 (m)	579	1 820	1 121	1 900	1 054	776	1 104	1 649	1 708	1 302	3 874	4 300	4 300	3 650	3 837
	纬度 (°)	22.0	25.0	22.6	25.6	22.6	24.0	23.6	25.1	24.5	23.4	31.4	28.6	27.7	29.7	29.3
	经度 (°)	100.8	101.5	101.8	103.8	99.9	97.8	99.4	98.5	103.8	103.4	95.6	87.1	89.1	91.1	88.9
昼间最多风向[a]	1月	4; 6; 8	8; 9; 12	4; 6; 11	8; 9; 7	12; 9; 11	8; 11; 12	12; 4; 9	8; 16; 9	8; 9; 11	8; 7; 6	14; 8; 12	12; 9; 11	4; 9; 6	4; 6; 12	14; 1; 9
	2月	8; 4; 9	9; 14; 12	12; 9; 8	8; 9; 16	12; 9; 11	8; 9; 11	12; 14; 9	8; 9; 16	11; 8; 9	8; 7; 4	14; 8; 12	12; 9; 8	8; 4; 7	12; 4; 14	12; 16; 8
	3月	4; 14; 9	9; 8; 14	12; 4; 6	11; 8; 9	12; 11; 8	8; 11; 12	12; 9; 8	8; 9; 7	8; 11; 9	7; 8; 4	14; 12; 8	9; 12; 8	8; 4; 9	12; 4; 14	9; 14; 8
	4月	8; 6; 4	9; 11; 12	12; 4; 8	8; 9; 11	12; 9; 8	8; 11; 9	12; 9; 4	8; 9; 11	8; 11; 9	8; 7; 6	4; 14; 6	12; 11; 8	8; 9; 4	12; 4; 3	9; 8; 12
	5月	4; 6; 8	9; 8; 6	4; 6; 12	8; 7; 9	8; 4; 7	8; 11; 8	12; 8; 9	8; 9; 16	8; 11; 9	7; 8; 6	14; 12; 8	12; 8; 4	8; 4; 6	4; 12; 6	8; 4; 12
	6月	8; 4; 6	9; 4; 8	4; 8; 9	8; 7; 9	8; 4; 7	11; 8; 9	8; 14; 1	8; 9; 12	8; 11; 9	7; 8; 6	14; 4; 12	8; 4; 9	4; 6; 7	4; 14; 12	6; 16; 4
	7月	6; 8; 4	9; 8; 6	4; 12; 8	8; 7; 9	8; 3; 12	11; 8; 12	8; 12; 9	8; 9; 16	8; 9; 12	8; 7; 6	4; 14; 12	4; 8; 12	4; 6; 8	4; 12; 6	1; 8; 4
	8月	4; 1; 6	6; 4; 8	4; 12; 9	8; 7; 6	8; 3; 7	11; 8; 9	8; 9; 4	8; 7; 9	8; 1; 4	8; 16; 6	4; 12; 6	8; 4; 12	4; 6; 7	4; 12; 8	16; 6; 8
	9月	4; 8; 14	8; 4; 6	6; 4; 12	8; 7; 16	8; 3; 7	8; 4; 9	8; 4; 6	8; 9; 16	8; 9; 12	8; 7; 6	4; 6; 8	4; 8; 6	4; 6; 7	14; 4; 6	6; 7; 16
	10月	4; 6; 8	8; 7; 4	4; 12; 6	8; 7; 9	7; 3; 8	4; 3; 11	8; 1; 4	8; 9; 16	8; 9; 7	8; 7; 16	4; 14; 8	4; 11; 9	4; 6; 8	12; 4; 14	6; 16; 8
	11月	4; 8; 9	9; 8; 6	6; 4; 12	8; 9; 7	12; 8; 7	8; 9; 12	8; 7; 4	8; 16; 3	8; 9; 11	8; 7; 6	14; 12; 8	12; 14; 6	4; 6; 8	4; 12; 9	4; 9; 1
	12月	6; 4; 8	9; 8; 4	4; 9; 12	8; 9; 11	9; 8; 7	8; 9; 12	8; 12; 4	8; 9; 16	8; 11; 9	8; 7; 6	8; 14; 6	12; 9; 11	4; 8; 15	4; 3; 12	16; 1; 14
昼间月平均风速 m/s	1月	0.9	1.5	1.0	3.7	1.7	0.9	0.8	2.5	4.5	3.1	2.0	3.4	4.3	1.9	1.6
	2月	1.1	2.1	1.2	4.1	2.1	1.2	1.3	2.4	4.8	3.5	1.7	4.7	3.2	2.4	2.1
	3月	0.8	2.5	1.4	5.0	2.0	1.5	1.7	2.9	6.1	3.5	2.5	4.2	4.1	2.9	2.5
	4月	1.3	3.1	1.2	4.5	2.2	1.9	1.8	2.4	5.3	3.5	2.4	4.4	4.4	2.6	2.5
	5月	1.1	2.7	1.4	3.5	1.5	1.3	1.2	2.0	5.0	2.9	2.1	3.1	4.9	2.4	2.1
	6月	1.4	2.2	0.9	3.3	1.2	1.3	1.1	2.3	3.6	2.6	2.2	3.1	5.4	1.9	1.4
	7月	1.4	1.6	0.9	2.6	1.3	1.4	1.0	2.5	3.1	2.0	1.6	2.1	4.4	1.8	1.0
	8月	0.9	1.4	1.1	2.3	1.3	1.4	1.0	1.8	2.3	1.7	1.4	1.8	3.7	1.9	1.2
	9月	0.9	1.6	0.9	2.6	1.2	1.3	0.9	1.8	2.5	2.1	1.3	2.0	3.9	1.9	1.4
	10月	0.9	1.6	1.0	3.0	1.3	1.0	0.8	1.9	2.9	2.5	1.4	2.3	4.6	1.7	1.4
	11月	0.5	1.3	1.1	3.5	1.3	1.0	0.6	2.5	3.7	2.4	1.4	2.4	4.4	1.8	1.7
	12月	0.7	1.8	0.9	3.9	1.1	0.7	0.5	2.3	3.1	3.0	1.3	2.8	4.4	1.5	1.2

（续）

省（自治区、直辖市）	西藏	西藏	西藏	西藏	西藏	西藏	西藏	陕西	陕西	陕西	陕西	陕西	陕西	陕西	甘肃
台站名称	昌都	林芝	狮泉河	班戈	索县	那曲	隆子	华山	安康	宝鸡	延安	榆林	汉中	西安	乌鞘岭
台站信息 海拔（m）	3 307	3 001	4 280	4 701	4 024	4 508	3 861	2 063	291	610	959	1 058	509	398	3 044
纬度（°）	31.2	29.6	32.5	31.4	31.9	31.5	28.4	34.5	32.7	34.4	36.6	38.2	33.1	34.3	37.2
经度（°）	97.2	94.5	80.1	90.0	93.8	92.1	92.5	110.1	109.0	107.1	109.5	109.7	107.0	108.9	102.9
昼间最多风向[a] 1月	11; 9; 8	8; 7; 6	12; 3; 11	12; 9; 14	12; 11; 14	12; 14; 8	12; 8; 9	12; 8; 11	1; 4; 3	4; 14; 12	9; 4; 12	15; 8; 14	4; 8; 1	3; 1; 12	16; 7; 15
2月	14; 12; 16	6; 7; 8	11; 12; 9	12; 9; 14	12; 14; 1	11; 12; 9	8; 9; 12	12; 8; 9	3; 12; 4	4; 3; 12	9; 3; 11	12; 8; 7	4; 8; 3	1; 3; 9	16; 8; 7
3月	8; 9; 11	6; 8; 7	11; 12; 8	12; 11; 14	11; 12; 6	11; 12; 8	12; 8; 9	8; 4; 12	1; 12; 3	4; 6; 12	3; 9; 1	14; 7; 8	1; 4; 8	1; 12; 9	15; 7; 16
4月	8; 7; 6	6; 7; 8	9; 11; 12	12; 9; 14	12; 4; 11	12; 11; 14	8; 12; 14	4; 12; 8	1; 4; 12	4; 12; 14	9; 1; 12	15; 14; 6	4; 3; 12	1; 12; 4	16; 15; 6
5月	8; 6; 1	4; 7; 8	11; 12; 9	12; 14; 12	4; 12; 1	8; 9; 12	8; 6; 12	12; 9; 4	12; 1; 8	4; 12; 14	9; 3; 11	15; 8; 12	4; 8; 1	12; 1; 4	16; 6; 15
6月	8; 12; 1	8; 6; 4	12; 11; 9	14; 4; 8	12; 7; 8	4; 9; 8	6; 4; 8	12; 4; 11	1; 12; 8	4; 12; 12	9; 4; 11	8; 7; 14	4; 3; 8	1; 4; 12	15; 7; 14
7月	8; 9; 14	8; 7; 9	12; 11; 9	8; 9; 4	4; 6; 12	4; 8; 9	4; 8; 6	8; 12; 9	1; 4; 8	4; 12; 1	3; 9; 4	8; 7; 15	3; 4; 1	12; 9; 1	8; 7; 16
8月	8; 9; 14	8; 7; 14	11; 12; 8	1; 4; 8	12; 15; 4	8; 12; 4	4; 6; 8	4; 8; 12	4; 3; 1	4; 9; 12	8; 1; 4	6; 8; 4	4; 1; 6	1; 3; 12	16; 7; 6
9月	8; 11; 9	7; 8; 6	9; 12; 12	8; 12; 1	4; 7; 8	8; 4; 3	4; 8; 12	9; 12; 4	11; 1; 12	4; 6; 9	4; 8; 9	7; 8; 14	4; 12; 3	1; 12; 3	15; 14; 6
10月	8; 11; 9	6; 8; 7	11; 3; 12	12; 9; 11	12; 4; 11	11; 9; 12	8; 4; 9	8; 12; 9	12; 4; 8	4; 12; 14	9; 8; 3	8; 7; 14	4; 1; 8	12; 1; 1	16; 15; 7
11月	8; 9; 11	7; 6; 8	11; 9; 12	11; 3; 12	12; 16; 15	12; 8; 11	8; 9; 12	12; 11; 8	4; 12; 3	4; 12; 14	9; 8; 3	12; 8; 14	4; 3; 8	3; 8; 1	14; 16; 7
12月	8; 12; 9	6; 7; 8	11; 9; 12	12; 9; 12	1; 12; 16	12; 8; 14	8; 12; 9	12; 14; 9	1; 4; 3	4; 12; 8	9; 8; 11	7; 8; 15	4; 3; 8	12; 1; 3	15; 7; 14
昼间月平均风速 m/s 1月	1.2	2.6	2.1	4.9	1.6	4.0	3.0	5.6	1.4	1.5	1.5	1.1	1.1	1.5	5.1
2月	1.5	3.7	3.8	6.1	3.0	5.2	3.2	4.9	1.8	1.6	1.4	3.1	1.6	2.3	6.0
3月	1.9	3.6	3.6	5.5	2.8	4.4	4.1	4.7	2.0	2.2	1.8	3.3	1.9	2.2	7.1
4月	1.8	3.2	3.6	4.6	3.2	5.5	3.8	4.7	2.0	2.2	2.0	3.2	2.0	2.4	6.8
5月	1.4	2.8	4.0	4.1	2.5	4.0	3.8	4.2	1.8	2.1	2.1	3.4	1.8	2.5	6.5
6月	1.3	2.5	4.1	3.4	1.8	3.0	3.1	3.3	1.7	1.9	1.8	2.9	1.9	1.6	6.0
7月	1.2	1.8	3.2	3.2	1.5	3.0	3.0	3.5	1.9	2.4	1.7	2.4	2.2	2.0	5.6
8月	0.8	1.8	2.6	3.3	1.6	2.4	2.7	3.1	1.4	2.0	1.6	2.6	1.8	1.7	5.9
9月	1.1	2.1	2.8	3.2	1.9	2.4	2.7	3.7	1.3	1.5	1.4	2.5	1.5	2.1	5.7
10月	1.1	3.1	2.6	4.5	2.3	3.5	2.9	4.2	1.3	1.3	1.6	2.5	1.5	1.4	5.6
11月	1.0	2.9	2.3	5.3	2.0	3.0	3.0	5.4	1.4	1.3	1.2	2.1	1.2	1.0	5.6
12月	0.9	2.7	2.0	5.5	1.9	3.4	2.7	5.4	1.4	1.2	1.0	1.9	1.1	1.4	5.2

（续）

省（自治区、直辖市）		甘肃	甘肃	甘肃	甘肃	甘肃	甘肃	甘肃	甘肃	甘肃	甘肃	甘肃	甘肃	甘肃	青海	青海
台站名称		兰州	华家岭	合作	天水	平凉	张掖	敦煌	武都	民勤	玉门	西峰	酒泉	马鬃山	五道梁	冷湖
台站信息	海拔（m）	1 518	2 450	2 910	1 143	1 348	1 483	1 140	1 079	1 367	1 527	1 423	1 478	1 770	4 613	2 771
	纬度（°）	36.1	35.4	35.0	34.6	35.6	38.9	40.2	33.4	38.6	40.3	35.7	39.8	41.8	35.2	38.8
	经度（°）	103.9	105.0	102.9	105.8	106.7	100.4	94.7	104.9	103.1	97.0	107.6	98.5	97.0	93.1	93.4
昼间最多风向[a]	1月	3; 4; 15	6; 8; 16	15; 12; 16	4; 3; 15	4; 6; 15	14; 7; 12	4; 1; 12	8; 6; 9	12; 4; 15	12; 4; 14	8; 7; 6	4; 15; 8	12; 11; 4	12; 13; 11	12; 8; 11
	2月	4; 3; 7	6; 4; 16	6; 15; 4	4; 6; 12	4; 6; 12	14; 12; 8	12; 11; 4	7; 6; 8	12; 4; 14	12; 4; 3	7; 6; 8	4; 12; 14	12; 11; 4	12; 11; 9	9; 12; 13; 8
	3月	4; 16; 1	6; 7; 1	15; 3; 12	6; 4; 8	4; 12; 14	15; 14; 12	1; 12; 14	7; 8; 4	4; 12; 14	12; 4; 3	8; 7; 3	4; 15; 14	12; 14; 4	12; 11; 8	8; 12; 14; 11
	4月	1; 4; 12	6; 16; 7	15; 4; 1	8; 6; 7	14; 4; 6	14; 15; 7	12; 1; 9	6; 7; 1	12; 4; 14	12; 4; 1	8; 15; 14	4; 15; 3	12; 15; 11	12; 3; 16	8; 12; 14; 15
	5月	4; 1; 3	6; 16; 7	15; 4; 8	4; 6; 3	4; 12; 14	7; 12; 15	3; 1; 12	6; 8; 4	4; 12; 14	12; 4; 3	8; 16; 9	4; 12; 6	15; 12; 14	3; 4; 12	12; 3; 16; 14
	6月	4; 1; 7	7; 6; 14	4; 6; 15	3; 1; 4	4; 14; 6	8; 14; 7	1; 12; 16	8; 7; 3	4; 6; 14	4; 3; 12	8; 14; 9	4; 3; 15	12; 16; 3	4; 12; 15	3; 4; 12; 15
	7月	4; 6; 3	6; 16; 15	15; 12; 4	4; 8; 3	4; 6; 12	14; 4; 8	16; 12; 1	8; 12; 7	4; 12; 3	4; 1; 12	8; 4; 6	4; 7; 3	12; 15; 16	4; 15; 3	4; 12; 15; 11
	8月	4; 3; 12	6; 4; 7	15; 4; 8	4; 8; 6	4; 6; 4	14; 8; 6	1; 3; 15	8; 6; 4	4; 12; 1	4; 12; 3	8; 6; 4	4; 1; 15	4; 15	4; 12; 13	4; 12; 13; 12
	9月	6; 3; 1	6; 4; 7	15; 8; 4	4; 6; 3	4; 12; 14	14; 12; 15	1; 12; 3	8; 7; 4	4; 12; 1	4; 12; 1	8; 4; 6	4; 15; 3	12; 14; 4	12; 13; 4	4; 12; 15; 11
	10月	1; 3; 4	6; 16; 8	8; 15; 16	4; 6; 14	4; 12; 6	15; 7; 12	1; 12; 4	8; 7; 6	4; 12; 15	12; 4; 15	8; 12; 15	4; 1; 3	15; 12; 13	12; 11; 13	12; 3; 4; 11
	11月	4; 16; 11	7; 6; 8	16; 15; 4	4; 3; 12	4; 12; 14	14; 8; 6	12; 4; 1	8; 7; 6	12; 15; 14	12; 4; 3	8; 7; 15	4; 15; 3	12; 11; 8	12; 11; 9	12; 7; 11
	12月	4; 1; 15	16; 6; 4	16; 8; 15	4; 3; 6	4; 12; 14	14; 8; 7	12; 11; 4	8; 9; 7	12; 4; 11	12; 4; 3	15; 14; 8	4; 6; 7	12; 8; 11	12; 14; 9	12; 14; 8
昼间月平均风速 m/s	1月	0.8	3.3	1.7	0.7	2.1	2.3	2.2	1.0	2.7	4.2	2.6	2.3	3.9	7.0	2.4
	2月	0.5	4.3	1.5	1.1	2.4	2.4	2.6	1.7	3.8	4.1	3.2	2.2	4.3	7.2	3.7
	3月	1.3	5.4	2.2	1.6	2.7	3.0	2.5	2.0	3.4	4.7	3.5	3.2	5.5	7.9	4.4
	4月	1.5	5.3	1.8	1.2	2.8	3.0	3.1	2.2	4.0	5.1	3.4	3.7	5.7	6.2	5.2
	5月	1.5	5.7	2.5	1.5	2.9	2.9	3.1	1.9	3.8	3.9	3.3	3.0	5.1	4.2	4.7
	6月	1.6	5.0	2.2	1.2	2.7	2.5	2.3	1.9	3.0	3.0	3.2	2.8	4.5	3.9	5.0
	7月	1.4	4.6	1.7	1.5	2.6	2.5	2.1	2.5	2.9	3.1	3.6	2.8	5.1	4.0	4.7
	8月	1.3	3.7	1.6	1.4	2.6	2.4	2.2	2.2	3.4	3.0	3.0	2.8	4.0	3.9	4.5
	9月	0.8	4.6	1.3	1.2	2.2	2.0	1.9	1.8	2.9	3.2	2.9	2.8	3.9	3.7	4.0
	10月	0.6	4.9	1.5	1.0	2.3	1.9	1.9	1.9	3.0	3.5	2.9	2.0	4.5	4.6	3.6
	11月	0.4	4.1	1.1	1.0	2.2	2.4	2.1	1.1	2.9	4.3	2.6	2.5	4.2	5.9	2.4
	12月	0.5	3.7	1.3	0.8	2.3	2.2	2.2	1.0	2.1	3.9	2.5	2.0	3.4	7.2	1.9

（续）

省（自治区、直辖市）		青海	青海	青海	青海	青海	青海	青海	青海	青海	青海	青海	青海	青海	青海	宁夏
台站名称		刚察	大柴旦	德令哈	曲麻莱	杂多	格尔木	沱沱河	河南	玉树	玛多	茫崖	西宁	达日	都兰	中宁
台站信息	海拔（m）	3 302	3 174	2 982	4 176	4 068	2 809	4 535	3 501	3 682	4 273	2 945	2 296	3 968	3 192	1 193
	纬度（°）	37.3	37.9	37.4	34.1	32.9	36.4	34.2	34.7	33.0	34.9	38.3	36.6	33.8	36.3	37.5
	经度（°）	100.1	95.4	97.4	95.8	95.3	94.9	92.4	101.6	97.0	98.2	90.9	101.8	99.7	98.1	105.7
昼间最多风向ª	1月	8; 7; 6	12; 2; 9	5; 4; 3	12; 7; 8	11; 9; 4	12; 13; 11	12; 11; 4	12; 9; 14	12; 11; 9	12; 9; 8	14; 4; 15	2; 1; 7	12; 3; 11	7; 6; 12	12; 3; 9
	2月	8; 6; 7	12; 9; 14	5; 3; 1	12; 13; 11	11; 9; 12	12; 13; 3	12; 11; 14	12; 14; 4	12; 11; 9	12; 9; 11	9; 8; 12	8; 9; 6	12; 3; 14	12; 6; 7	12; 3; 11
	3月	8; 12; 6	12; 11; 13	12; 8; 9	12; 11; 7	12; 11; 9	12; 13; 11	12; 13; 14	14; 5; 12	12; 4; 11	12; 14; 13	12; 8; 9	6; 8; 4	12; 8; 15	12; 6; 11	12; 3; 4
	4月	7; 8; 6	12; 9; 11	12; 9; 3	12; 8; 11	12; 9; 12	12; 13; 14	14; 5; 12	12; 14; 15	12; 9; 4	12; 13; 11	12; 8; 3	8; 9; 10	12; 8; 11	12; 7; 14	12; 7; 3
	5月	8; 7; 4	12; 11; 9	3; 12; 5	12; 11; 8	4; 11; 12	12; 14; 11	12; 13; 11	12; 5; 8	4; 12; 6	12; 11; 6	12; 15; 10	7; 5; 8	3; 12; 2	11; 12; 4	12; 3; 4
	6月	8; 10; 5	12; 11; 8	8; 4; 11	8; 12; 6	12; 4; 3	12; 13; 2	4; 3; 2	6; 8; 7	1; 4; 3	3; 1; 5	6; 3; 7	8; 4; 15	2; 12; 3	12; 6; 14	8; 12; 4
	7月	8; 7; 16	12; 11; 9	12; 6; 4	12; 8; 7	4; 12; 3	12; 14; 9	13; 12; 15	4; 14; 1	4; 12; 3	4; 1; 8	10; 5; 8	4; 8; 6	1; 12; 3	12; 6; 9	12; 7; 1
	8月	4; 8; 6	12; 9; 8	4; 8; 9	12; 8; 6	4; 3; 11	14; 14; 3	12; 4; 3	4; 6; 14	4; 9; 6	8; 1; 12	8; 12; 6	9; 8; 4	1; 3; 4	12; 13; 11	3; 12; 4
	9月	8; 6; 15	12; 9; 8	8; 12; 3	12; 6; 14	4; 12; 8	12; 13; 11	12; 4; 12	8; 6; 12	12; 9; 1	12; 3; 13	8; 7; 12	11; 8; 12	4; 1; 11	12; 14; 7	12; 1; 4
	10月	8; 12; 7	12; 11; 8	4; 3; 8	12; 4; 6	9; 11; 12	11; 4; 12	12; 13; 14	4; 6; 12	4; 3; 12	8; 12; 9	6; 7; 4	8; 4; 9	12; 4; 13	12; 14; 6	12; 1; 9
	11月	8; 11; 12	12; 11; 10	4; 8; 3	12; 8; 9	8; 11; 4	12; 13; 3	12; 9; 11	12; 9; 11	8; 11; 12	9; 10; 11	8; 12; 9	4; 7; 15	12; 13; 8	12; 6; 5	12; 3; 4
	12月	12; 11; 8	12; 9; 14	4; 3; 8	12; 11; 14	12; 11; 9	12; 1; 3	12; 4; 6	12; 13; 15	12; 11; 4	12; 9; 11	8; 9; 7	8; 6; 1	12; 14; 4	7; 12; 6	12; 11; 1
昼间月平均风速 m/s	1月	2.7	1.5	1.6	3.5	2.0	2.2	6.7	2.8	1.7	3.8	1.5	1.0	2.6	2.1	4.2
	2月	3.5	2.5	1.6	3.6	2.3	2.5	5.8	3.1	1.9	4.5	1.9	1.2	3.6	2.6	4.3
	3月	4.4	3.1	2.4	3.9	3.1	2.8	5.7	3.4	2.4	4.6	3.4	1.6	3.6	2.7	4.7
	4月	3.5	3.2	2.6	3.9	3.3	3.1	7.4	4.1	2.2	4.9	3.2	1.8	3.3	2.7	5.0
	5月	3.7	3.5	2.3	3.0	2.4	3.1	4.8	3.4	1.9	3.8	4.0	1.5	2.9	2.8	4.5
	6月	3.3	2.9	2.0	2.7	2.1	2.5	4.1	2.7	1.0	3.8	3.4	1.1	2.3	2.3	4.1
	7月	3.2	2.8	2.0	2.6	2.1	2.5	4.0	2.1	1.2	3.4	3.1	1.0	2.6	2.2	3.8
	8月	2.7	2.8	1.5	2.4	1.8	2.6	3.1	2.1	1.1	3.4	3.0	0.9	2.3	2.2	3.8
	9月	2.8	2.9	1.6	2.5	1.7	2.3	4.1	2.3	1.0	3.5	2.7	0.9	1.9	1.9	3.5
	10月	3.3	2.5	1.8	2.5	2.3	2.2	4.2	2.4	0.9	3.2	2.0	0.9	2.4	2.2	3.2
	11月	3.5	1.7	1.5	2.8	1.7	2.1	4.7	2.8	1.5	3.8	1.5	1.0	3.1	2.5	3.5
	12月	3.6	1.4	1.3	2.9	2.1	2.3	5.3	2.4	1.3	2.9	1.1	0.9	3.1	2.2	3.6

（续）

省（自治区、直辖市）		宁夏	宁夏	新疆	新疆	新疆	新疆	新疆	新疆	新疆	新疆	新疆	新疆	新疆	新疆	新疆
台站名称		盐池	银川	乌鲁木齐	伊吾	伊宁	克拉玛依	北塔山	吐鲁番	和布克赛尔	和田	哈密	哈巴河	喀什	塔城	奇台
台站信息	海拔（m）	1356	1112	947	1729	664	428	1651	37	1294	1375	739	534	1291	535	794
	纬度（°）	37.8	38.5	43.8	43.3	44.0	45.6	45.4	42.9	46.8	37.1	42.8	48.1	39.5	46.7	44.0
	经度（°）	107.4	106.2	87.7	94.7	81.3	84.9	90.5	89.2	85.7	79.9	93.5	86.4	76.0	83.0	89.6
昼间最多风向[a]	1月	12; 11; 7	16; 4; 3	1; 3; 8	3; 4; 12	3; 4; 1	9; 4; 8	4; 7; 8	4; 6; 9	4; 14; 16	12; 4; 3	4; 1; 12	4; 3; 12	8; 6; 7	4; 3; 11	8; 7; 12
	2月	12; 4; 8	15; 16; 7	1; 16; 9	3; 4; 12	4; 3; 1	3; 9; 8	4; 7; 3	4; 1; 12	4; 1; 11	4; 1; 14	4; 12; 3	4; 12; 3	8; 7; 4	4; 15; 12	12; 7; 4
	3月	12; 8; 11	15; 16; 8	16; 1; 4	3; 4; 12	4; 12; 3	4; 8; 6	14; 4; 8	4; 8; 6	4; 12; 6	12; 4; 16	4; 6; 12	4; 12; 3	4; 3; 7	4; 9; 6	12; 4; 14
	4月	8; 12; 11	8; 7; 12	15; 16; 4	3; 12; 4	4; 3; 9	4; 12; 3	12; 14; 11	4; 8; 9	12; 4; 11	12; 14; 9	12; 4; 6	12; 4; 14	4; 7; 8	4; 12; 6	12; 14; 4
	5月	8; 4; 12	8; 15; 4	15; 16; 14	3; 1; 12	12; 4; 6	8; 6; 4	12; 14; 16	4; 8; 6	12; 4; 16	12; 14; 4	12; 8; 4	4; 12; 4	12; 4; 8	4; 8; 12	12; 4; 7
	6月	8; 12; 14	8; 16; 14	15; 16; 8	12; 4; 1	4; 12; 6	12; 8; 4	12; 14; 11	4; 8; 12	9; 8; 11	14; 12; 15	4; 6; 11	12; 11; 6	4; 8; 7	8; 6; 12	12; 14; 8
	7月	8; 4; 6	8; 7; 16	15; 14; 7	12; 3; 4	6; 4; 9	8; 4; 14	12; 8; 7	8; 6; 4	9; 8; 1	12; 14; 4	4; 1; 6	12; 11; 9	7; 8; 3	6; 8; 9	14; 8; 12
	8月	8; 6; 4	8; 16; 15	16; 14; 6	3; 4; 12	4; 11; 12	4; 12; 8	12; 14; 4	6; 8; 4	12; 8; 7	12; 14; 4	3; 4; 1	12; 4; 11	6; 8; 9	12; 9; 8	12; 14; 4
	9月	8; 6; 4	8; 4; 7	14; 16; 15	3; 4; 1	4; 12; 8	8; 4; 7	12; 14; 15	4; 6; 8	12; 8; 9	12; 14; 4	4; 7; 9	12; 4; 3	3; 4; 6	12; 4; 6	12; 14; 4
	10月	4; 12; 8	8; 4; 7	14; 16; 1	3; 4; 12	4; 6; 14	4; 3; 12	12; 14; 15	4; 6; 12	4; 8; 12	12; 9; 14	4; 6; 12	4; 12; 3	8; 12; 4	4; 6; 16	12; 4; 8
	11月	12; 8; 11	8; 15; 16	1; 3; 16	1; 12; 6	4; 1; 3	8; 4; 3	6; 8; 4	4; 3; 9	4; 14; 9	12; 9; 14	6; 4; 8	4; 12; 3	8; 7; 3	15; 12; 8	14; 8; 12
	12月	12; 11; 8	4; 8; 15	1; 3; 8	3; 4; 12	4; 3; 6	8; 4; 9	7; 4; 6	4; 8; 6	4; 11; 9	12; 4; 14	4; 1; 3	4; 12; 3	4; 6; 8	16; 4; 7	12; 7; 8
昼间月平均风速 m/s	1月	3.1	2.1	1.7	2.7	1.2	1.0	1.3	0.1	1.0	1.7	1.1	5.5	1.5	2.2	1.9
	2月	3.5	2.7	2.6	3.1	1.6	0.9	1.5	0.6	1.3	2.3	1.5	4.2	1.7	2.5	2.0
	3月	4.7	2.8	2.8	3.7	2.7	2.7	2.0	1.0	2.0	2.5	2.1	3.8	2.2	2.9	2.8
	4月	4.2	4.1	3.4	3.9	3.0	4.1	4.4	1.1	3.2	2.4	2.3	4.2	2.8	3.5	3.3
	5月	3.9	3.2	3.2	4.2	2.6	4.2	5.1	1.3	2.6	2.4	1.8	3.6	2.7	2.9	3.3
	6月	4.3	3.3	3.8	3.3	2.6	4.3	5.1	1.1	3.2	2.8	1.4	2.9	2.7	3.1	3.5
	7月	3.1	2.9	2.8	3.2	2.3	3.6	4.4	1.1	2.2	2.4	1.1	2.6	2.8	2.3	2.5
	8月	3.3	2.8	3.1	2.9	2.3	3.7	4.0	0.9	2.4	2.2	1.1	2.4	2.5	2.7	2.5
	9月	2.9	2.4	2.9	3.3	2.0	3.5	4.1	0.9	2.6	2.3	0.8	3.3	2.1	2.7	2.9
	10月	3.3	2.6	2.3	3.3	1.9	2.9	3.2	0.4	1.7	2.1	0.7	3.8	1.7	2.5	2.6
	11月	3.2	2.6	1.9	3.3	1.5	2.0	2.0	0.2	1.2	2.0	1.3	3.7	1.4	1.7	2.2
	12月	3.3	2.2	1.8	2.9	1.3	1.0	1.6	0.3	1.1	1.7	0.6	4.9	1.4	1.9	2.1

（续）

省（自治区、直辖市）		新疆	新疆	新疆	新疆	新疆	新疆	新疆	新疆	新疆	新疆	新疆	新疆	新疆	新疆
台站名称		富蕴	巴仑台	巴楚	巴音布鲁克	库尔勒	库车	皮山	精河	若羌	莎车	铁干里克	阿勒泰	阿合奇	阿拉尔
台站信息	海拔（m）	827	1753	1117	2459	933	1100	1376	321	889	1232	847	737	1986	1013
	纬度（°）	47.0	42.7	39.8	43.0	41.8	41.7	37.6	44.6	39.0	38.4	40.6	47.7	40.9	40.5
	经度（°）	89.5	86.3	78.6	84.2	86.1	83.0	78.3	82.9	88.2	77.3	87.7	88.1	78.5	81.1
昼间最多风向[a]	1月	12; 3; 6	8; 16; 15	1; 16; 9	3; 9; 1	4; 12; 8	12; 4; 9	4; 12; 3	8; 16; 15	12; 4; 9	1; 4; 16	12; 4; 8	1; 12; 16	4; 11; 3	4; 3; 8
	2月	12; 8; 6	8; 7; 16	8; 1; 4	4; 9; 11	8; 12; 3	9; 11; 16	1; 12; 4	16; 1; 8	1; 12; 9	14; 1; 16	12; 14; 4	8; 4; 3	4; 11; 9	9; 8; 1
	3月	12; 9; 3	8; 15; 16	1; 11; 12	4; 9; 11	11; 12; 3	4; 8; 11	12; 14; 4	1; 8; 7	1; 3; 12	12; 14; 15	4; 12; 3	4; 12; 6	4; 3; 11	1; 3; 12
	4月	12; 8; 11	8; 14; 16	1; 9; 4	4; 12; 9	12; 11; 3	4; 8; 9	12; 14; 4	15; 16; 8	3; 1; 4	16; 14; 3	4; 1; 3	12; 4; 8	3; 4; 9	12; 4; 1
	5月	12; 11; 9	16; 8; 4	1; 12; 9	4; 9; 15	3; 12; 1	4; 15; 8	14; 1; 12	16; 1; 8	1; 3; 12	14; 1; 15	4; 3; 12	12; 4; 6	12; 11; 3	1; 16; 4
	6月	12; 11; 9	8; 16; 7	1; 4; 3	4; 16; 11	12; 4; 12	4; 9; 8	12; 14; 4	16; 15; 12	12; 1; 3	14; 1; 8	4; 3; 6	12; 14; 9	11; 4; 12	1; 14; 16
	7月	12; 9; 11	8; 16; 15	1; 3; 4	9; 4; 16	3; 1; 4	4; 8; 9	14; 15; 12	16; 15; 12	4; 16; 12	1; 14; 15	4; 3; 8	12; 8; 4	11; 12; 3	1; 16; 4
	8月	12; 11; 9	8; 16; 9	1; 4; 3	9; 8; 11	1; 3; 8	8; 15; 9	14; 1; 6	15; 14; 16	1; 12; 4	8; 14; 1	4; 3; 12	12; 8; 6	9; 11; 4	1; 16; 15
	9月	12; 9; 14	8; 16; 9	1; 4; 12	4; 9; 8	1; 11; 12	9; 16; 8	16; 14; 12	3; 12; 15	1; 16; 12	14; 4; 3	4; 12; 3	12; 4; 6	12; 4; 9	1; 14; 4
	10月	12; 11; 8	8; 16; 7	1; 3; 8	4; 9; 8	12; 8; 4	8; 16; 9	12; 15; 14	12; 1; 4	1; 4; 12	16; 14; 12	4; 12; 14	6; 4; 12	9; 1; 11	4; 12; 8
	11月	12; 3; 8	16; 8; 15	6; 4; 8	4; 12; 3	9; 8; 1	9; 4; 11	15; 6; 12	7; 15; 1	16; 4; 12	1; 4; 14	4; 12; 11	4; 1; 12	4; 11; 9	9; 8; 4
	12月	16; 15; 4	15; 16; 8	12; 9; 1	11; 9; 4	8; 11; 9	4; 11; 9	4; 14; 12	1; 8; 16	12; 16; 4	4; 14; 1	12; 11; 9	3; 12; 1	4; 11; 3	9; 12; 8
昼间平均风速 m/s	1月	0.3	1.6	0.8	1.1	2.0	1.6	1.4	0.8	2.3	1.0	1.3	0.9	2.5	1.1
	2月	0.3	2.2	1.9	1.6	2.7	2.0	1.3	1.1	2.6	1.3	1.6	1.2	2.3	1.0
	3月	1.4	2.7	1.9	4.1	2.9	2.9	2.1	1.5	3.0	2.1	2.4	2.0	2.8	2.1
	4月	3.2	2.0	2.2	4.9	3.6	2.7	1.8	2.0	3.4	1.6	3.2	3.9	2.7	2.5
	5月	3.1	1.3	2.0	4.6	3.3	2.9	1.4	1.9	3.7	2.0	3.4	3.6	2.3	2.1
	6月	3.8	1.9	1.5	4.0	2.4	2.7	2.2	2.0	3.0	1.9	2.5	3.1	2.4	1.9
	7月	3.2	1.1	1.2	3.8	2.9	2.6	2.4	1.8	2.8	1.7	2.0	2.5	2.5	1.7
	8月	3.1	1.3	1.4	3.3	2.2	2.4	1.3	1.3	2.5	1.6	1.8	2.6	2.2	1.8
	9月	2.6	1.7	1.2	3.1	2.4	2.0	1.0	1.4	2.6	1.0	2.0	2.7	2.1	1.4
	10月	1.6	1.7	1.4	3.3	2.6	2.0	1.7	0.7	2.3	0.9	1.8	2.7	2.2	1.1
	11月	0.8	1.8	1.1	2.3	2.3	1.8	1.6	1.2	2.4	0.9	1.5	1.6	2.4	0.9
	12月	0.2	1.8	0.6	1.5	1.9	1.6	1.8	0.5	1.9	0.7	1.1	1.0	2.2	0.8

a 数字1～16分别代表北北东、北东、北东东、东、东东南、东南、南东南、南、南南西、南西、西南西、西、西西北、西北、西北北、北16方位，按出现频率最多依次排序。

3. 热压作用下风口空气流量估算 热压作用下通过风口的空气流量按式（6-50）估算：

$$Q = C_D A_D \sqrt{2g \Delta H_{NPL} (T_i - T_o)/T_i} \qquad (6-50)$$

式中 C_D——风口流量系数；

A_D——风口面积，m^2；

g——重力加速度，m/s^2；

ΔH_{NPL}——进（出）风口中心位置与中和面的高度差，m；

T_i——室内空气的热力学温度，K；

T_o——室外空气的热力学温度，K。

如果有一个以上风口时，可以假设进风口面积与出风口面积相等，如果气流为单向流动、不发生混合，风口流量系数 C_D 可取为 0.65，ΔH_{NPL} 可取为进、出风口中心高度差的 1/2。当只有一个风口时，风口流量系数 C_D 可按式（6-51）计算，A_D 取为风口面积的 1/2，ΔH_{NPL} 取为风口高度的 1/4。

$$C_D = 0.40 + 0.004\,5 (T_i - T_o) \qquad (6-51)$$

进风口面积与出风口面积不相等时，式中的 A_D 取两者中较小的。进、出风口面积相等时，增加风口面积，风口空气流量线性增加。进、出风口面积不相等时，增加进、出风口的面积不能使风口空气流量线性增加，风口空气流量增加比率与进、出风口面积之间的比值有关，两者的关系见图 6-20。

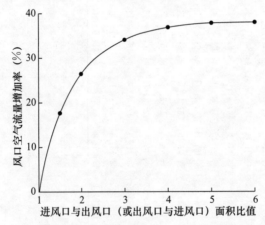

图 6-20　风口空气流量增加率与进、出风口面积比值的关系

第五节　温室风机通风

一、风机通风

利用通风机械实现换气的通风方式称为风机通风。风机通风可以根据需要选择适宜压力和风量的风机，合理确定风机数量和风机布局。风机通风可以适当地组织室内气流，达到满足不同需要的通风目的。

风机通风需要消耗电能，风机及管道等设备会占用部分面积和空间。

温室风机通风系统的设计通风量取决于通风形式、风机类型、压力和风量。

二、温室风机通风设计原则

（1）一般温室宜采用排气通风系统，即负压通风系统。该系统适用于中、小型温室的通风和降温。通风系统气流的建立宜与室外空气气流保持一致，排气通风系统的风机安装在温室的下风向，进气口安装在室外夏季主导风向的上风向。可将风机安装在温室的侧墙、山墙或屋面上，而进气口应设置在远离风机的墙面（或屋面）。同等情况下，排气通风系统宜优先采用风机安装在山墙的方案，使室内气流平行于屋脊方向，通风断面固定，通风阻力小，室内气流分布均匀。通风系统的风机安装宜使室内气流平行于植物种植行的方向，减小植物对通风气流的阻力。排气通风系统应选用风量型风机，一般选用额定流量工况点对应静压为 10～60 Pa 的低压大流量轴流风机。为使温室内气流分布均匀，风机布置时其中心距离不宜过大，一般不应超过 8 m。排气通风系统风机和进风口的距离，一般应为 30～60 m，距离过小不能充分发挥其通风效果，距离过大则从进风口至排风口室内空气温升过大。当相邻温室安装风机排风口的墙面相对时，两墙之间的距离应不小于 8 m，否则应使风机位置错开。当一温室的风机排风口与另一温室的进风口相对时，二者之间的距离应尽可能不小于 15 m，以避免一温室的排气直接进入另一温室。

（2）对于大型、超大型温室通风，进气通风系统，即正压送风系统是较好的选择。利用管道将室外空气送入室内，可使作物周围气流均匀。正压送风时应避免风速过高及气流直接吹向植物。当需要将冷空气送入室内时，宜采取加温措施使冷空气温度升高后送入室内。风机进风口宜设置在室外风压影响小的位置，温室出风口宜设置在温室上部。

（3）风机通风系统设计应考虑系统运行时的经济性，应对负载和系统阻力特性进行分析，使设计的运行工况点在通风机的最佳工作区域内。风机的选型和配置方案应能满足温室通风量分阶段调控的需要。

三、温室风机通风类型

1. 单栋温室负压通风 塑料大棚、日光温室等单栋温室中，必要时可设置风机通风系统，风机通风系统主要用于夏季的通风降温。通常采用负压通风方式，将风机设置在一侧山墙上，进风口设置在另一侧山墙上，进风口处也可设置湿帘。图 6-21 为日光温室风机通风示意图。

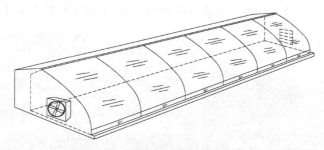

图 6-21　日光温室风机通风示意图

2. 连栋温室负压通风 自然通风不能满足通风需求时，需要采用风机通风系统，这类情况通常为满足温室降温的需要，基本采用排风方式，也称负压通风，并且经常与湿帘降温结合应用。以温室屋脊走向为纵向，连栋温室风机通风系统的布局方式有纵向布局和横向布局两种。图 6-22 为连栋温室风机通风纵向布局示意图。

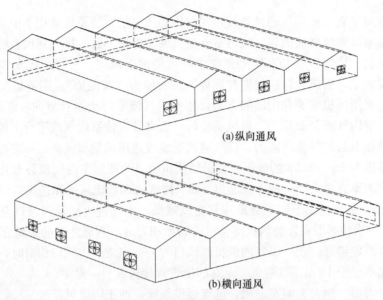

(a)纵向通风

(b)横向通风

图 6-22 连栋温室风机通风示意图

3. 正压匀量送风 现代大型温室通常采用正压通风的方式将室外空气送入室内，为使送入空气分布均匀又避免直接吹袭作物，可在风机出风口连接塑料薄膜风管，通过风管上分布的小孔，将气流均匀输送到室内。正压送风有水平风管系统和竖直风管系统。

正压通风的水平风管系统如图 6-23 所示。通风机抽吸室外空气，再通过管道送入室内，管道可以设置在栽培架的下方（图 6-23a），也可以设置在作物的上方（图 6-23b）。正压送风系统可以设置空气处理间（图 6-24），配置有加热器、湿帘装置以及 CO_2 供气设备等，对空气加热、降温或与 CO_2 气体混合后再送入管道。图 6-24a 为冬季使用情况，打开空气处理间启闭门，温室内空气进入，经加热器加热后再由通风机和送风管道送入温室内；图 6-24b 为夏季使用情况，关闭空气处理间的启闭门，室外空气通过湿帘经蒸发降温处理后进入处理间，然后再由通风机和送风管道送入温室内，温室内的热空气上升，由屋面窗通风口排出。当需要 CO_2 送气时，将 CO_2 送入处理间，与处理间空气混合后由通风机和送风管道送入温室内。

(a) 作物下方布置

(b) 作物上方布置

图 6-23 正压通风水平风管系统

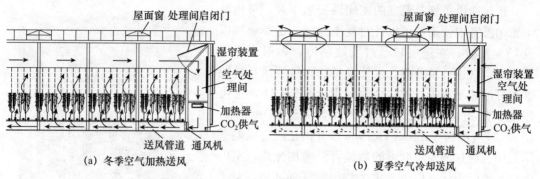

(a) 冬季空气加热送风　　　　(b) 夏季空气冷却送风

图 6-24　正压通风水平风管系统空气处理示意图

　　正压通风的竖直风管系统（图 6-25 和图 6-26），通风机安装在温室上方，通过管道将上部气流输送到地面（通常离地面 40 cm），然后气流缓慢上升，形成循环。这种方式通常可以使温室顶部多余热量被底部作物所利用，取得节能效果，也可以说是空气竖向循环系统，可以弥补空气水平循环只停留在上方扰动的不足；也可以通过开启屋面窗，将室外冷空气吸入形成循环，起到通风降温的作用。

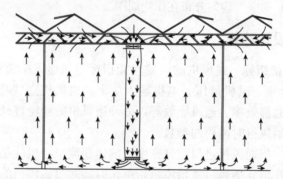

图 6-25　正压通风竖直风管系统使气流在室内形成循环

图 6-26　正压通风竖直风管系统

正压通风系统对温室的密闭性要求不高，可以在半密闭温室中使用，可以针对夏季通风、冬季通风以及 CO_2 需要，在进气口通过安装制冷、加温或 CO_2 装置对空气进行预处理。设计良好的正压通风系统能够更好地控制室内气候，高效利用能源和 CO_2，还可以减少病虫害，降低农药的使用，保证作物质量。图 6-27 所示为 Van der Hoeven 设计的正压通风温室示意图。通过减少屋面窗的数量可以增加光照；室内保持轻度的正压可以创建更为均匀的气候环境，对于依赖热量和 CO_2 生长的作物至关重要；设计的空气流道可以循环利用 CO_2，并使空气加热，节省能源成本；可以安装加热或制冷模块，满足不同地区或不同季节的需要，对于较热的气候可以安装湿帘系统，对于需要加温的情况可以安装制热装置；还可以通过管道将 CO_2 直接引入到送风口；通过布局的穿孔管道可以使冷空气、暖空气、补充 CO_2 的空气均匀分布在作物周围。

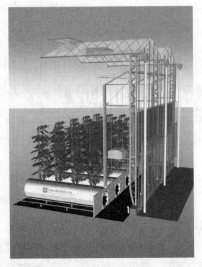

图 6-27　Van der Hoeven 设计的正压通风温室示意图

四、风机通风设计计算

1. 通风机主要性能指标　通风机的主要性能指标包括通风机流量（温室用风机一般为容积流量）、风机全压、风机静压、电机输入功率、通风机空气功率、通风机轴功率、风机全压效率、风机总静效率、通风能效等，另外通风机的叶轮直径、叶轮转速、进口和出口面积等都是选择通风机时需要的参数。

（1）通风机流量　指通风机进口空气密度下的体积流量，也就是通风机质量流量与通风机进口空气密度的比值。通风机质量流量指单位时间通过通风机的空气质量。

（2）风机全压　通风机全压定义为通风机出口总压与通风机进口总压之差。通风机动压是由通风机出口的平均气流速度和空气密度计算得出的压力。

（3）风机静压　通风机静压是通风机全压与通风机动压的差。因此，通风机静压也是通风机出口静压与通风机进口总压的差。

（4）电机输入功率　是供给电机接线端子上的电功率，电机供电不带变频驱动。当电机供电带变频驱动时，电机变频驱动的输入端测量的电输入功率为电机控制输入功率。

（5）风机空气功率　也称为通风机输出功率，是通过通风机转换给空气的功率，它是质量流量与通风机单位质量功的乘积，如式（6-52）。通风机单位质量功是单位质量空气通过通风机所增加的能量，可以通过试验测试数据计算得出。通风机空气功率正比于通风机空气流量、通风机全压和压缩系数。风机静空气功率指通风机进口容积流量与风机静压的乘积。

$$P_u = q_m \cdot y_f \qquad (6-52)$$

式中　P_u——通风机空气功率，W；

　　　q_m——通风机空气质量流量，kg/s；

　　　y_f——通风机单位质量功，J/kg。

（6）风机轴功率　是供给通风机轴的机械功率。

（7）**风机全压效率** 由通风机输出功率除以通风机输入功率得出，如式（6-53）。通风机输入功率即风机轴功率，通风机输出功率即风机空气功率。

$$\eta_t = \frac{H_o}{H_i} \qquad (6-53)$$

式中 η_t——风机全压效率，%；

H_o——通风机输出功率，W；

H_i——通风机输入功率，W。

（8）**风机静压效率** 由通风机全压效率乘以通风机静压与通风机全压的比值得出，如式（6-54）。

$$\eta_{st} = \eta_t \cdot \frac{p_{fs}}{p_f} \qquad (6-54)$$

式中 η_{st}——通风机静压效率，%；

η_t——通风机全压效率，%；

p_{fs}——通风机静压，Pa；

p_f——通风机全压，Pa。

（9）**风机总静效率** 是风机静空气功率与电机输入功率的比值。风机静空气功率是风机进口容积流量与风机静压的乘积，如式（6-55）和式（6-56）。

$$\eta_{es} = P_{us}/P_e \qquad (6-55)$$

$$P_{us} = Q \cdot p_s/3\,600 \qquad (6-56)$$

式中 η_{es}——风机总静效率，%；

P_{us}——风机静空气功率，W；

P_e——电机输入功率，W；

Q——风机流量，m³/h；

p_s——风机静压，Pa。

（10）**通风能效** 风机流量与电机输入功率的比值，也称风量功率比，如式（6-57）。风机静压25 Pa时的通风能效表示为VER_{25}，通常采用VER_{25}对负压通风温室选用风机时的通风能效进行比较。

$$VER = Q/P_e \qquad (6-57)$$

式中 VER——通风能效，m³/(h·W)；

Q——风机流量，m³/h；

P_e——电机输入功率，W。

2. 空气动力性能曲线 通风机在通风系统中工作时，即使转速相同，实际风机流量也可能不同。系统压力损失小时，实际风机流量大；反之，系统压力损失大时，实际风机流量小。因此，用一种工况评定风机的性能是不够的。为全面评定通风机的性能，通常用全压、全压效率、静压、静压效率、动压、轴功率、噪声与流量之间的关系绘制性能曲线，这些曲线称作风机的空气动力性能曲线。空气动力性能曲线是按标准状态下的空气绘制的。

图6-28为典型风机的恒速全通风机特性曲线。全通风机特性曲线从通风机零静压一直绘制到零进口容积流量。对于某一风机产品，可能仅使用其中的一部分，产品供货商也可能只提供适宜使用的流量范围之内的风机特性曲线图。

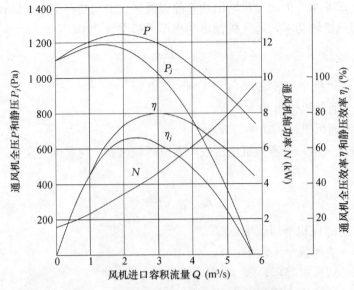

图 6-28 典型风机恒速全通风机特性曲线

对于一般用途轴流通风机，国家标准中规定，在额定转速下，在工作区域内，通风机的实测空气动力性能曲线与典型性能曲线的偏差应满足：①在规定的通风机全压或静压下，所对应的流量偏差为±5%；或在规定的流量下，所对应通风机全压或净压偏差为±5%。②通风机全压效率不得低于其对应点效率的3%，或通风机静压效率不得低于其对应点效率的2%。

对于温室负压通风所用的农业通风机，由于百叶窗、防护网、传动方式等对整机性能影响较大，《农业通风机性能测试方法》（NY/T 3210—2018）要求，进行风机性能测试时，待测风机应包括机壳、螺旋桨叶轮、电机、驱动装置、百叶窗、防护网等与实际应用时一致的所有配件，且装配完好后测试。试验测试给出通风机的风机流量—静压性能曲线、风机流量（或静压）—总静效率曲线、风机流量（或静压）—通风能效曲线。某企业通风机的性能曲线如图 6-29 所示。

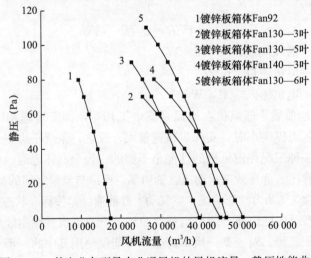

图 6-29 某企业各型号农业通风机的风机流量—静压性能曲线

3. 风机通风系统总设计通风量 按式（6-58）计算：

$$L_s = \sum_{k=1}^{n} L_k \qquad (6-58)$$

系统中各台风机的设计通风量 L_k 应按照通风系统的通风阻力，根据风机生产厂提供的风机空气动力性能确定，应取系统通风阻力下的风量。

当系统进行运行调控时，设计通风量应按照投入运行风机的通风量累加。

温室负压通风系统的通风阻力一般低于 50 Pa，采用湿帘装置、通风管道等组成的系统，通风阻力有可能高于 50 Pa，具体数值由设计的系统确定。典型温室负压通风系统风机运行工况的静压见表6-14。

表6-14 典型温室风机运行工况的静压

风机工作方式	静压（Pa）
循环风机	0.0
排风风机，室外无风及无障碍	10.0～25.0
排风风机，进风通过湿帘装置	25.0～125.0
排风风机，有室外风影响	25.0～125.0
管道送风	12.5～37.5

通风系统应考虑风机护罩、百叶窗、防虫网、湿帘、管道、通风口等的气流阻力，还应注意室外风的影响。

通风口的局部阻力可根据式（6-59）计算：

$$\Delta p = \frac{\rho_a}{2}\left(\frac{L}{\mu F}\right)^2 \qquad (6-59)$$

式中流量系数 μ 按表6-11确定。

百叶窗、风机护罩对风机的气流阻力见表6-15。

表6-15 百叶窗、风机护罩对风机的气流阻力

项目		气流阻力（Pa）
百叶窗	干净的	5.0～25.0
	脏的	12.5～50.0
干净的风机护罩	金属网	12.5～37.5
	圆环	2.5～5.0

室外风对风机的气流阻力见表6-16。

表6-16 室外风对风机的气流阻力

项目	室外风速（级数）（m/s）	气流阻力（Pa）
逆风排风（无遮风情况）	2.2(2级)	5.0
	4.5(3级)	12.5
	6.5(4级)	25.0
	9.0(5级)	50.0

安装湿帘装置时，可按所选择湿帘的规格、厚度、气流速度等，依据制造商提供的湿帘气流阻力性能确定。

五、温室常用通风机

1. 负压通风风机 温室负压通风系统采用低压大流量风机。这类风机是为农业建筑（温室、畜禽舍等）的通风需要专门设计制造的一类风机，直接安装在建筑物的墙上，实现建筑内的全面通风。在《农业通风机性能测试方法》（NY/T 3210—2018）和《农业通风机节能选用规范》（NY/T 3211—2018）中，这类风机被命名为"农业通风机"。农业通风机的定义为由螺旋桨叶轮、机壳、电机、百叶窗或反向气流挡板、拢风筒、防护网及其他配件组成的用于农业设施进行室内外空气交换的轴流风机机组。这类风机与工业用风机有所不同，空气流道的阻力较小，压力损失低，而且要求室内的气流速度不宜过高，为获得足够的通风量，风机尺寸较大。

结构形式、尺寸、传动方式、叶轮转速、电机类型等都会影响农业通风机的性能。表 6-17 至表 6-19 列出了荷兰 Multifan 公司的几种不同规格参数的通风机性能，表 6-20 列出了青岛高烽电机有限公司的直径 1 380 mm 风机在不同额定转速下的性能，可供比较。

表 6-17　荷兰 Multifan 公司几种规格通风机性能

型号	电源（相）	电压（V）	电流（A）	电机输入功率（W）	转速（r/min）	叶片数	叶轮直径（mm）	静压 0 Pa 风机流量（m³/h）	静压 25 Pa 通风能效 [L/(s·W)]
4D130 - 3PG - 55	3	230/400	2.9	1 600	570	3	1 284	35 700	6.71
4D130 - 3PG - 55	3	230/400	3	1 550	560	3	1 284	35 200	6.85
4D130 - 3PG - 55	3	230/400	2.7	1 250	530	3	1 284	30 600	7.71
4D130 - 3PG - 55	3	230/400	2.8	1 500	570	3	1 284	33 600	7.11
4D130 - 3PG - 55	3	230/400	2.5	1 150	510	3	1 284	28 500	8.23
4D130 - 3PG - 55	3	230/400	2.9	1 600	570	3	1 284	35 700	6.72
4D130 - 3PG - 55	3	230/400	3	1 550	560	3	1 284	35 200	6.84
4D130 - 3PG - 55	3	230/400	2.8	1 500	570	3	1 284	33 600	7.13
4D130 - 3PG - 55	3	230/400	2.2	1 100	520	3	1 284	27 200	8.56
4D130 - 5PG - 48	3	230/400	2.8	1 450	585	5	1 284	38 000	6.41
4D130 - 5PG - 48	3	230/400	2.7	1 350	580	5	1 284	34 100	7.15
4D130 - 5PG - 48	3	230/400	2.7	1 350	580	5	1 284	34 100	7.15
4D140 - 3PG - 34	3	230/400	3.2	1 600	535	3	1 375	29 600	8.12
4D140 - 6PG - 29	3	230/400	3.2	1 550	535	6	1 375	33 500	7.39
6D92 - 3PG - 20	3	230/400	1.5	670	910	3	915	38 300	6.52
4E130 - 3PG - 55	1	230	5.7	1 250	510	3	1 284	31 200	7.30
4E130 - 3PG - 55	1	230	7.5	1 700	560	3	1 284	38 600	6.19
4E130 - 3PG - 55	1	230	7.5	1 700	560	3	1 284	38 600	6.19
6E92 - 3PG - 23	1	230	3.4	770	915	3	915	38 500	6.47

表 6 - 18　荷兰 Multifan 公司通风机不同静压的风机流量

型号	风机流量（m³/h）									
	10 Pa	20 Pa	30 Pa	40 Pa	50 Pa	60 Pa	70 Pa	80 Pa	90 Pa	100 Pa
4D130 - 3PG - 55	42 836	40 687	38 597	35 970	32 985	29 522	26 060			
4D130 - 3PG - 55	41 940	39 780	37 357	34 607	31 661	28 190	24 393			
4D130 - 3PG - 55	38 667	36 405	33 786	30 571	27 357	23 905				
4D130 - 3PG - 55	42 530	40 565	38 405	35 982	32 708	29 369	25 637			
4D130 - 3PG - 55	37 929	36 321	32 946	30 161	26 411					
4D130 - 3PG - 55	42 845	40 643	38 619	36 000	32 964	29 571	26 179			
4D130 - 3PG - 55	41 940	39 714	37 357	34 607	31 661	28 190	24 393			
4D130 - 3PG - 55	42 530	40 500	38 405	36 048	32 774	29 369	25 637			
4D130 - 3PG - 55	38 238	36 143	33 095	29 905	26 238					
4D130 - 5PG - 48	36 732	35 286	33 786	32 179	30 518	28 536	26 393	23 929		
4D130 - 5PG - 48	37 964	36 571	35 071	33 464	31 750	29 821	27 893	25 589	22 911	
4D130 - 5PG - 48	37 964	36 571	35 125	33 464	31 750	29 875	27 893	25 589	22 911	
4D140 - 3PG - 34	51 642	49 624	47 531	45 067	42 602	38 798	34 994	30 223		
4D140 - 6PG - 29	45 143	43 655	42 524	41 036	39 488	37 643	35 917	34 131	31 988	29 607
6D92 - 3PG - 20	16 875	16 179	15 295	14 277	13 152	12 000	10 714	9 563		
4E130 - 3PG - 55	37 595	35 095	32 357	29 024	25 512					
4E130 - 3PG - 55	41 839	39 482	36 929	34 375	31 167	27 631	24 030			
4E130 - 3PG - 55	41 839	39 482	36 929	34 310	31 232	27 696				
6E92 - 3PG - 23	19 077	18 304	17 530	16 667	15 744	14 851	13 750	12 530	11 012	

表 6 - 19　荷兰 Multifan 公司通风机不同静压的通风能效

型号	通风能效 [L/(s · W)]									
	10 Pa	20 Pa	30 Pa	40 Pa	50 Pa	60 Pa	70 Pa	80 Pa	90 Pa	100 Pa
4D130 - 3PG - 55	7.37	6.93	6.51	6.01	5.46	4.84	4.23			
4D130 - 3PG - 55	7.49	7.07	6.61	6.09	5.55	4.92	4.24			
4D130 - 3PG - 55	8.56	8.01	7.39	6.65	5.91	5.13				
4D130 - 3PG - 55	7.78	7.34	6.88	6.39	5.75	5.11	4.42			
4D130 - 3PG - 55	9.07	8.63	7.77	7.06	6.14					
4D130 - 3PG - 55	7.38	6.93	6.52	6.02	5.46	4.85	4.26			
4D130 - 3PG - 55	7.48	7.05	6.60	6.09	5.54	4.91	4.23			
4D130 - 3PG - 55	7.79	7.34	6.89	6.41	5.77	5.12	4.43			
4D130 - 3PG - 55	9.57	8.97	8.14	7.29	6.34					
4D130 - 5PG - 48	6.94	6.58	6.22	5.85	5.48	5.06	4.62	4.14		
4D130 - 5PG - 48	7.72	7.35	6.96	6.56	6.16	5.72	5.28	4.79	4.24	
4D130 - 5PG - 48	7.72	7.35	6.97	6.56	6.16	5.73	5.28	4.79	4.24	
4D140 - 3PG - 34	8.83	8.36	7.89	7.37	6.86	6.16	5.48	4.67		
4D140 - 6PG - 29	7.95	7.55	7.22	6.85	6.48	6.07	5.70	5.32	4.91	4.47

（续）

型号	通风能效 [L/(s·W)]									
	10 Pa	20 Pa	30 Pa	40 Pa	50 Pa	60 Pa	70 Pa	80 Pa	90 Pa	100 Pa
6D92 - 3PG - 20	6.99	6.70	6.33	5.91	5.45	4.97	4.44	3.96		
4E130 - 3PG - 55	8.27	7.65	6.98	6.21	5.41					
4E130 - 3PG - 55	6.80	6.38	5.94	5.50	4.96	4.37	3.78			
4E130 - 3PG - 55	6.80	6.38	5.94	5.49	4.97	4.38				
6E92 - 3PG - 23	6.89	6.61	6.33	6.02	5.69	5.37	4.97	4.53	3.98	

表 6 - 20　青岛高烽电机有限公司风机性能

型号	额定功率 (W)	额定电压 (V)	额定转速 (r/min)	风机流量 （m³/h）				通风能效 [m³/(h·W)]			
				静压 0 Pa	25 Pa	50 Pa	75 Pa	静压 0 Pa	25 Pa	50 Pa	75 Pa
GFFD - 1380Y - TZ	1 100	380	640	41 100	36 400	31 500	25 600	33	27	22	18
			580	37 100	31 400	25 800	17 300	40	32	25	17
			520	32 300	26 700	18 600	8 800	50	38	26	11
			450	28 300	21 500	11 000		64	44	22	

2. 正压通风风机　与负压通风不同，正压通风时可根据温室布局的实际情况选用高压轴流风机或离心风机等进行送风。通常温室栽培架下方安装的水平风管，直径 700 mm左右；温室上方安装的水平风管或垂直安装的风管，直径 450 mm 左右。风机流量、压力以及风机尺寸均要适宜。表 6 - 21 列出了德国 ZIEHL - ABEGG 公司 FE2owlet - ECbluewithZAplus 系列通风机的性能，可供参考。FE2owlet with ZAplus 系列产品的主要特点是采用 EC 电机和带有凹槽的镰刀形叶片（图 6 - 30），可实现高能效和低噪声。

表 6 - 21　德国 ZIEHL - ABEGG 公司 ZN 系列通风机性能

型号	电源相数	额定电压 (V)	额定电流 (A)	额定电机输入功率 (W)	静压 0 Pa电机输入功率 (W)	转速 (r/min)	叶片数	叶轮直径 (mm)	静压 0 Pa风量 (m³/h)
ZN050 - ZIL. DC. V7P2	3	380~480	1.60~1.25	940	760	1 550	7	500	9 447
ZN063 - ZIL. DG. V7P2	3	380~480	1.90~1.50	1 150	740	1 200	7	630	13 619
ZN071 - ZIL. DG. V7P3	3	380~480	1.40~1.10	840	620	960	7	710	14 968
ZN080 - ZIL. DG. V5P4	3	380~480	1.45~1.15	860	620	700	7	800	17 128
ZN063 - ZIL. GG. V7P3	3	380~480	3.00~2.40	1 900	1 550	1 270	7	630	17 327
ZN091 - ZIL. DG. V4P3	3	380~480	1.20~0.94	660	440	570	4	910	18 316
ZN071 - ZIL. GG. V7P4	3	380~480	2.90~2.30	1 850	1 500	1 150	7	710	20 028
ZN063 - ZIL. GL. V7P3	3	380~480	6.00~4.60	3 800	3 100	1 600	7	630	21 982
ZN080 - ZIL. GG. V7P3	3	380~480	3.00~2.40	1 900	1 550	950	7	800	23 294
ZN071 - ZIL. GL. V7P4	3	380~480	5.00~4.00	3 300	2 700	1 400	7	710	24 312
ZN080 - ZIL. GL. V7P3	3	380~480	4.60~3.70	2 900	2 300	1 100	7	800	26 787
ZN091 - ZIL. GG. V5P1	3	380~480	3.10~2.40	2 000	1 400	930	5	910	27 074
ZN091 - ZIL. GL. V5P1	3	380~480	5.20~4.00	3 300	2 300	1 110	5	910	32 002

图 6 - 30 　FE2owlet with ZAplus 系列产品

六、均匀送风管道的设计计算

用开孔塑料膜作为管道送风是温室中最为常见的送风形式。风道设计的基本任务是：①确定风道的尺寸；②计算风道的压力损失，以供选择风机；③侧孔出风口尺寸的确定和计算。

1. 风道上的侧孔出流　当空气通过侧孔时，受到垂直于风道壁面的静压和平行于风道轴线方向的动压的作用。在静压 p_j 作用下，空气通过侧孔流出，并产生一个垂直于风道壁面的静压速度 v_j，两者的关系为：

$$v_j = \sqrt{\frac{2p_j}{\rho}} \tag{6-60}$$

在动压 p_d 作用下，风道内的气流速度（其方向平行于风道轴线）v_d 为：

$$v_d = \sqrt{\frac{2p_d}{\rho}} \tag{6-61}$$

空气的实际速度 v 是 v_j 和 v_d 的合成速度，可以表示为：

$$v = \sqrt{v_j^2 + v_d^2} \tag{6-62}$$

或者：

$$v = \sqrt{\frac{2}{\rho}(p_j + p_d)} = \sqrt{\frac{2}{p}p_q} \tag{6-63}$$

式中　p_j——风道内的静压，Pa；

　　　v_j——垂直于风道壁面的静压速度，m/s；

　　　p_d——风道内的动压，Pa；

　　　v_d——风道内动压作用下的气流速度，m/s；

　　　p_q——风道内的全压，Pa；

　　　v——空气的实际速度，m/s。

空气实际速度 v 与风道轴线的夹角 α 称为出流角，该角的正切为：

$$\mathrm{tg}\alpha = \frac{v_j}{v_d} = \sqrt{\frac{p_j}{p_d}} \tag{6-64}$$

由式（6-62）、（6-63）和式（6-64）可知，实际速度 v 的大小与侧孔所在截面的全压 p_q 有关，而侧孔中气流流出方向，则与静压对动压之比值有关。显然，静压越大、动压越小，则出流角 α 也越大，同时说明气流方向越接近于与风道壁面相垂直。

通过侧孔的风量为：

$$L_0 = \mu A_0' v = \mu A_0 v \cos \beta \tag{6-65}$$
$$= \mu A_0 v \sin \alpha$$

式中 L_0——通过侧孔的风量，m^3/s；

μ——侧孔的流量系数；

A_0'——侧孔送出倾斜气流的有效面积，它与风道轴线成 β 角，m^2。

A_0' 这个面积是孔口在气流垂直方向上的投影面积，即 $A_0'=A_0\sin\alpha$，A_0 是侧孔的面积。出流角的正弦：

$$\sin\alpha=\frac{v_j}{v}=\sqrt{\frac{p_j}{p_q}} \tag{6-66}$$

将式（6-66）代入式（6-65）中，可得：

$$L_0=\mu A_0 v_j=\mu A_0\sqrt{\frac{2p_j}{\rho}} \tag{6-67}$$

可见，风量主要与流量系数和静压有关。

空气通过侧孔 A_0 时的平均速度：

$$v_0=\frac{L_0}{A_0}=\mu v_j \tag{6-68}$$

侧孔的面积：

$$A_0=\frac{L_0}{v_0}=\frac{L_0}{\mu v_j} \tag{6-69}$$

或者：

$$A_0=\frac{L_0}{\mu\sqrt{\frac{2p_j}{\rho}}} \tag{6-70}$$

对于标准空气，则：

$$A_0=\frac{L_0}{1.29\mu\sqrt{p_j}} \tag{6-71}$$

在计算中有时要用侧孔的局部阻力系数 ξ_0 来代替流量系数 μ_0，它们之间的关系是：

$$\xi_0=\frac{1}{\mu^2}\ \text{和}\ \mu=\frac{1}{\sqrt{\xi_0}}$$

因此，式（6-71）也可写成：

$$A_0=\frac{L_0}{1.29\mu\sqrt{p_j}}=\frac{L_0\sqrt{\xi_0}}{1.29\sqrt{p_j}} \tag{6-72}$$

由式（6-72）可知，在侧孔送风量 L_0 已知的情况下，侧孔面积主要取决于静压 p_j 和流量系数 μ（或局部阻力系数 ξ_0）。

2. 侧孔送风时风道内的静压变化规律 假设一等截面的送风风道，壁面上开设 n 个侧孔（图6-31）。

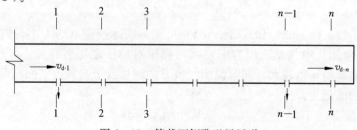

图6-31 等截面侧孔送风风道

按照流体力学理论，可列出截面 $1-1$ 和 $n-n$ 的气流能量方程式

$$p_{j\cdot 1} + \frac{v_{d\cdot 1}^2 \rho}{2} = p_{j\cdot n} + \frac{v_{d\cdot n}^2 \rho}{2} + \sum (P_m l + \Delta P_z) \qquad (6-73)$$

截面 $n-n$ 上的静压

$$p_{j\cdot n} = p_{j\cdot 1} + \frac{\rho}{2}(v_{d\cdot 1}^2 - v_{d\cdot n}^2) - \sum (P_m l + \Delta P_z) \qquad (6-74)$$

式中　$p_{j\cdot 1}$、$p_{j\cdot n}$——分别表示截面 $1-1$ 和截面 $n-n$ 上的静压，Pa；

　　　　$v_{d\cdot 1}$、$v_{d\cdot n}$——分别表示风道首端和末端的气流速度，m/s；

　　　　　　l——分段管道长度，m；

　　　　P_m——风道的单位长度摩擦损失，Pa/m；

　　　　ΔP_z——管件的局部损失，Pa。

在式（6-74）中，$\frac{\rho}{2}(v_{d\cdot 1}^2 - v_{d\cdot n}^2)$ 这一项是风道首端和末端的动压差，它反映了由于流速降低而产生的静压复得，这就使得静压沿风道逐渐增加；而 $\sum (P_m l + \Delta P_z)$ 这一项是气流通过风道时的总压力损失，它说明静压又将沿风道逐渐降低。这里可能出现以下 3 种情况：

（1）当 $\frac{\rho}{2}(v_{d\cdot 1}^2 - v_{d\cdot n}^2) = \sum (P_m l + \Delta P_z)$ 时，则从式（6-77）可知，$p_{j\cdot 1} = p_{j\cdot 2} = \cdots\cdots = p_{j\cdot n}$，此时，沿风道全长上的静压保持不变。

（2）当 $\frac{\rho}{2}(v_{d\cdot 1}^2 - v_{d\cdot n}^2) > \sum (P_m l + \Delta P_z)$ 时，则 $p_{j\cdot n} > p_{j\cdot 1}$，说明静压是向着风道末端逐渐增加的。

（3）当 $\frac{\rho}{2}(v_{d\cdot 1}^2 - v_{d\cdot n}^2) < \sum (P_m l + \Delta P_z)$ 时，则 $p_{j\cdot n} < p_{j\cdot 1}$，说明静压是向着风道末端逐渐减少的。

3. 均匀送风设计　均匀送风方式通常有等管道截面、变风口面积送风方式和变管道截面、等风口面积送风方式，选择合理的送风方式有助于系统发挥作用，提高效率并节约能源。

温室中均匀送风风道通常采用等截面塑料风管侧壁开孔，静压沿长度方向逐渐增大，因此需要通过侧孔面积的变化或者开孔间距的变化来实现均匀送风。这类均匀送风侧孔出风的速度不相同，只是进行等风量送风。

假设流量系数和沿程阻力系数为常数。风道长度为 L，风道截面积为 A。各风口之间的距离相等。要求风口最大流速不超过给定值 v_{max}（该值由作物栽培要求确定）。管道进口断面风量为 Q_0。

从管道末端到进口，对每个风口依次编号。第 $i+1$ 号风口面积为：

$$\sigma_{i+1} = \frac{Q_0}{n v_{i+1}} \qquad (6-75)$$

$$v_{i+1} = \mu \sqrt{\frac{2}{\rho} P_{i+1}} \qquad (6-76)$$

式中　σ_{i+1}——第 $i+1$ 号风口的面积，m²；

　　　　Q_0——管道进风断面风量，m³/s；

　　　　v_{i+1}——第 $i+1$ 号风口的风速，m/s；

ρ——空气密度，kg/m^3；

μ——风口流量系数；

P_{i+1}——管道在 $i+1$ 号风口处空气静压，Pa；

n——风口数。

对第 $i+1$ 号风口和第 i 号风口之间中心断面列能量方程式：

$$P_{i+1}=P_i-\frac{\rho w_{i+1}^2}{2}+\frac{\rho w_i^2}{2}+\Delta P_i \tag{6-77}$$

式中　ΔP_i——第 $i+1$ 号风口和第 i 号风口之间的沿程阻力，Pa；

w_i、w_{i+1}——分别为第 i 号风口和第 $i+1$ 号风口管道内的空气流速，m/s。

其中：

$$P_i=\frac{\rho v_i^2}{2\mu^2}=\frac{\rho Q_0^2}{2\mu^2 n^2 \sigma_i^2} \tag{6-78}$$

$$w_{i+1}=\frac{Q_{i+1}}{A} \tag{6-79}$$

$$w_i=\frac{Q_i}{A} \tag{6-80}$$

由于均匀送风，则有：

$$Q_{i+1}=\frac{Q_0}{n}(i+1) \tag{6-81}$$

$$Q_i=\frac{Q_0}{n}i \tag{6-82}$$

$$w_{i+1}=\frac{Q_0(i+1)}{nA} \tag{6-83}$$

$$w_i=\frac{Q_0 i}{nA} \tag{6-84}$$

$$\Delta P=\int_0^{L/n}\frac{\lambda \rho w_i^2}{2D}dx=\frac{\lambda \rho Q_0^2 i^2 L}{2n^3 A^2 D} \tag{6-85}$$

式中　λ——沿程阻力系数；

L——风道长度，m；

D——管道当量直径，m。

同时求解以上各式，风口面积：

$$\sigma_{i+1}=\frac{1}{\sqrt{\frac{1}{\sigma_i^2}-\frac{\mu^2}{A^2}\left[(i+1)^2-i^2-\frac{\lambda L i^2}{nD}\right]}} \tag{6-86}$$

即：

$$\frac{1}{\sigma_i^2}=\frac{1}{\sigma_{i-1}^2}-\frac{\mu^2}{A^2}\left[i^2-(i-1)^2-\frac{\lambda L(i-1)^2}{nD}\right] \tag{6-87}$$

将 $i=1,2,3,\cdots,i-1$ 代入上式，相加后消除相同项，得到：

$$\sigma_i=\frac{1}{\sqrt{\frac{1}{\sigma_1^2}-\frac{\mu^2}{A^2}\left(i^2-1-\frac{\lambda L}{nD}\sum_{i=1}^{i-1}i^2\right)}} \tag{6-88}$$

由式（6-88）得到的曲线如图6-32，到 $i=i_k$ 时，σ 取得最大值。通过求导，得到：

$$i_k = \frac{2D}{\lambda D/n} \qquad (6-89)$$

i_k 取最接近的整数。

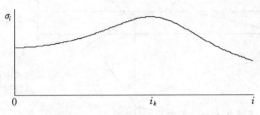

图 6-32　等截面侧孔送风风道

一般工程中 $i_k > n$。所以末端处的第 1 号风口面积最小，管道进口处的第 n 号风口面积最大。

第 1 号风口面积为：

$$\sigma_1 = \frac{Q_0}{nv_1} = \frac{Q_0}{nv_{max}} \qquad (6-90)$$

由式（6-88）可知，风口面积大小不仅与所在位置，即 i 有关，而且与管道面积 A 有关，另外还与侧孔出风口的数量 n 有关。

对于 A、n 一定的管道，末端风口的流速不仅要满足 $v_1 \leqslant v_{max}$，为保证管道进口处的第 n 号风口的风速达到一定值，还应满足 $v_n > v_{min}$，以达到均匀送风的效果。

由式（6-77）得：

$$P_n = P_{n-1} - \frac{\rho w_n^2}{2} + \frac{\rho w_{n-1}^2}{2} + \Delta P_i \qquad (6-91)$$

将 $i=1$，2，3，…，$n-1$ 代入上式，相加后消除相同项，得到：

$$P_n = P_1 - \frac{\rho w_n^2}{2} + \frac{\rho w_1^2}{2} + \sum_{i=1}^{n-1} \Delta P_i \qquad (6-92)$$

其中：$w_n = \dfrac{Q_0}{A}$，$w_1 = \dfrac{Q_0}{An}$，$P_i = \dfrac{\rho v_i^2}{2\mu^2}$，$\Delta P_i = \dfrac{\lambda \rho Q_0^2 i^2}{2n^3 A^2}\dfrac{L}{D}$。

如果要使所有风口有风，则 $P_n > 0$。令 $P_n = 0$ 代入式（6-94），整理得：

$$v_{min} = \frac{Q_0 \mu}{An} \sqrt{n^2 - 1 - \frac{\lambda L}{nD}\sum_{i=1}^{n-1} i^2} \qquad (6-93)$$

v_{min} 与风道面积、风道长度及风口数量有关。在实际设计中，在风量、管道尺寸确定的情况下，可以选择适当的风速确定风口数量。

七、考虑工况点和通风能效实现通风机运行节能

1. 工况点　通风机性能曲线上对应于特定风机流量的位置点，风机试验时通过调节节流装置、改变喷嘴气流或辅助风机的流量进行控制，风机实际工作时是系统的阻力曲线

与风机的流量—压力性能曲线的交点。选择风机时，尽可能使风机实际工况点的实际风机总静效率不低于风机总静效率峰值的 90％（图 6-33）。

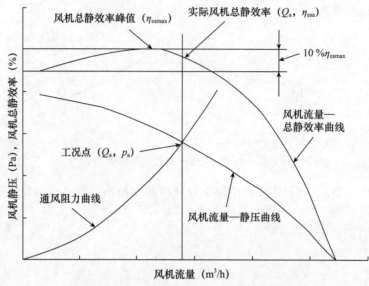

图 6-33　按照风机总静效率选择通风机示意图

2. 通风能效　前文已经提到，通风能效是风机流量与电机输入功率的比值，是农业设施通风系统设计选用通风机时应该考虑的因素。通风机的通风能效越高，说明运行使用时越节能。一般情况下，节能风机的通风能效应不低于表 6-22 所示的推荐值。当通风机的工作静压不明确或制造商提供的风机性能数据不全时，可通过比较两台通风机的流量比，选择流量比较大的通风机。流量比（AFR）定义为风机静压 50 Pa 对应的风机流量与 10 Pa 对应风机流量的比值，流量比高和流量比低的风机流量—风机静压性能曲线比较见图 6-34。

表 6-22　节能风机的最小通风能效推荐值

风机静压 (Pa)	通风能效 [m³/(h·W)]		
	600～800 mm 风机	800～1 100 mm 风机	1 100 mm 以上风机
0.0	21.4	31.1	33.4
10.0	20.1	28.5	30.8
20.0	18.8	25.9	28.2
30.0	17.5	23.3	25.6
40.0	16.2	20.7	22.7
50.0	14.9	17.5	19.1
60.0	13.0	13.9	15.9

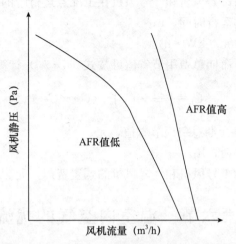

图 6-34 流量比不同的通风机的比较示意图

3. 通风机运行节能核算 多工况点运行的通风机，年能耗值由各工况点（图 6-35）下的电机输入功率和运行时间按式（6-94）计算：

$$E_y = P_{e1}T_1 + P_{e2}T_2 + P_{e3}T_3 \qquad (6-94)$$

式中 E_y——风机运行年能耗值；

P_{e1}、P_{e2}、P_{e3}——分别为风机在工况点 1、2、3 运行时的电机输入功率；

T_1、T_2、T_3——分别为风机在工况点 1、2、3 的估计运行时间。

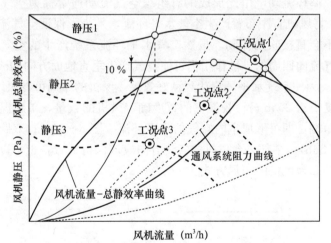

图 6-35 通风机各工况点运行示意图

选择节能风机时的年运行费用节省值可按式（6-95）计算：

$$C_E = 0.001 \times \left(\frac{Q_{P1}}{VER_1} - \frac{Q_{P2}}{VER_2} \right) \times T_a \times R_e \qquad (6-95)$$

式中 C_E——风机年运行费用节省值，元；

VER_1、VER_2——分别为 1 号风机和 2 号风机在工况点运行时的通风能效，其中 1 号风机的通风能效低于 2 号风机的通风能效，$m^3/(h \cdot W)$；

Q_{P1}、Q_{P2}——分别为 1 号风机和 2 号风机在工况点运行时的风机流量，m^3/h；

T_a——年平均运行时间，h；

R_e——电价，元/(kW·h)。

选择节能风机时的寿命期总费用节省值可按式（6-96）计算：

$$C_L = \left(\frac{T_L}{T_a} \times C_E\right) - (C_{P1} - C_{P2}) \tag{6-96}$$

式中　C_L——风机寿命期总费用节省值，元；

T_L——风机寿命，h；

C_{P1}、C_{P2}——分别为 1 号风机和 2 号风机的购置费用，元。

第六节　温室内空气的扰流

密闭温室中的空气流动主要依靠空气的自然对流，热空气上升，冷空气下落，在室内形成不同温度层。温室的结构、加温设备和降温设备的自身特点，会造成温室内部不同区域之间温度、湿度和 CO_2 含量的差异。在温室中，可以利用风机人为地使空气进行流动，使热量、水汽、CO_2 分布均匀，防止病虫害侵袭，促进施肥。

一、温室内空气的水平环流

为使作物生长区内空气的温度、湿度和 CO_2 含量分布均匀，通常采用小型风机使空气在水平面上形成循环流动，由此形成的有组织空气流动通常称为空气水平环流（horizontal air flow）。将风机有序布置产生空气水平环流，是为了保证空气流动的连续性，尽可能地使空气流不会直接吹向作物。虽然空气水平环流系统产生的空气流以水平流动为主，从风机吹出气流向四周的扩散作用仍可使空气产生垂直地面方向的流动。

1. 风机布置　为使空气水平环流达到良好效果，风机的布局可参照以下方法。

（1）温室长度小于 20 m 时　视温室的宽度确定风机的数量，单跨温室仅需 2 台风机布置在温室的两角端，即可形成室内空气的水平环流（图 6-36a）；双跨温室可采用 4 台风机布局（图 6-36b），中部 2 台风机的气流方向应该保持一致，也可以采用 1 台较大风量风机替代中部的 2 台风机的布局方式。

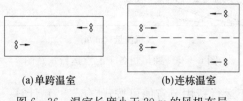

(a)单跨温室　　　　　　　(b)连栋温室

图 6-36　温室长度小于 20 m 的风机布局

（2）温室长度在 20～40 m 时　沿温室长度方向，即风机气流方向每排布置 2 台风机，温室宽度方向，每增加 15 m 需要增加 1 排风机，相邻排的风机错开布置（图 6-37）。对于布置 3 排以上风机的温室，外侧两排风机的气流运动方向应相同。当风机布局成奇数排时，中间的 3 排风机气流方向应相同。

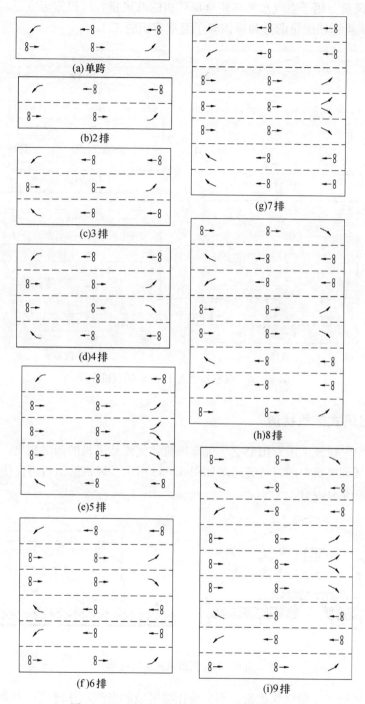

图 6-37 温室长度在 20~40 m 时风机布局

（3）温室长度大于 40 m 时 沿温室长度方向，即风机气流方向每排布置 3 台风机，温室宽度方向，每增加 15 m 需要增加 1 排风机，气流反方向的相邻排风机应错开布置（图 6-38）。对于布置 3 排以上风机的温室，外侧两排风机的气流运动方向应相同。当风机布局成奇数排时，中间的 3 排风机气流方向应相同。

2. 风机总风量 用于空气水平环流全部风机的总风量，可根据温室总容积进行核算，以每分钟计的风机体积流量的总和应该等于温室容积的1/4。

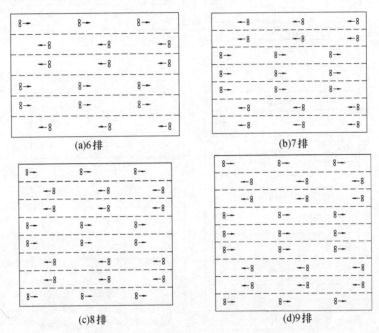

(a)6排   (b)7排

(c)8排   (d)9排

图6-38 温室长度大于40 m的风机布局

二、侧出风式空气扰流

侧出风式空气扰流采用专用型空气扰流风机，气流从风机的侧部吹出，向下运动到达作物区域后返回到风机中部。气流运动如图6-39所示。风机的运行可促使温室上部空气与作物区域空气充分混合。

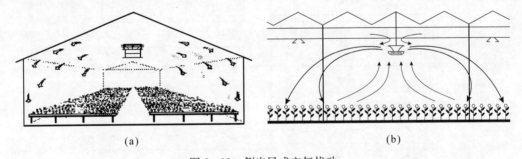

(a)   (b)

图6-39 侧出风式空气扰动

采用该类风机产生的空气扰流，不会使作物区域的空气流速过高，不会因叶面蒸发过强导致叶面温度过低。

风机的作用区域在水平方向为圆形，不同风量的风机产生的空气流速在空间的分布不同。图6-40为丹麦ML System a/s公司推出的风量为4 450 m³/h的MJ Air-Queen风机的作用区域和空间气流速度分布，图6-40a为风机在20 mm×100 m区域内的布局示意图，图6-40b为风机在作用区域内的气流速度分布图；图6-41为丹麦ML System a/s公司生

产的风量为 $1\,675\ \mathrm{m^3/h}$ 的 MJ Air‑Princess 风机的作用区域和空间气流速度分布，图 6‑41a 为风机在 $12\ \mathrm{m}\times 60\ \mathrm{m}$ 区域内的布局示意图，图 6‑41b 为风机在作用区域内的气流速度分布。

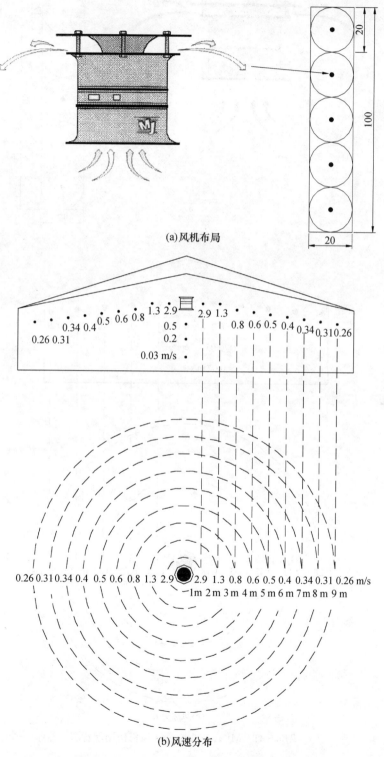

(a) 风机布局

(b) 风速分布

图 6‑40 MJ Air‑Queen 风机作用示意图

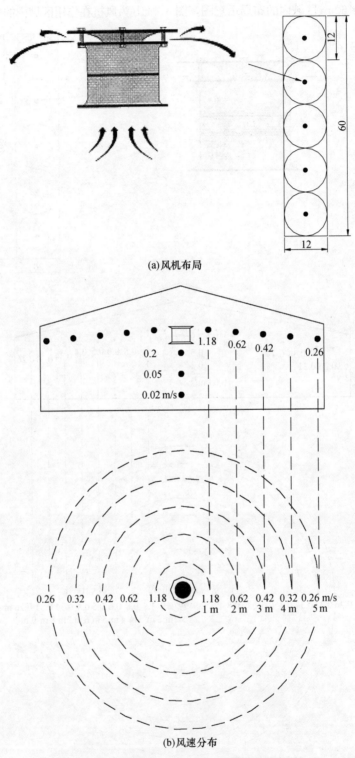

(a)风机布局

(b)风速分布

图 6-41 MJ Air-Princess 风机作用示意图

三、温室内空气扰流常用风机

1. 温室空气水平环流常用风机　用于温室中形成空气水平环流的风机为轴流风机，常见类型有环形外壳和网罩外壳两类，环形外壳风机类似于一般用途轴流风机，网罩外壳风机类似于家用电风扇。虽然与普通轴流风机无本质区别，但由于温室内的高湿环境和作物对气流速度的特殊要求，该类用途风机与一般用途轴流风机的技术要求有所不同，国外多家风机制造企业均为温室用途设计和制造专用产品，我国的有些企业也推出了温室专用产品，并且习惯称为温室循环风机或温室环流风机。

图 6 - 42　Multifan 水平环流风机

荷兰 Multifan 公司的温室水平环流风机外观见图 6 - 42，技术参数见表 6 - 23。

表 6 - 23　荷兰 Multifan 公司的水平环流风机技术参数

型号	风机直径 (mm)	电源 相数	电源 电压 (V)	转速 (r/min)	电机输入功率 (W)	额定电流 (A)	0 Pa 风机流量 (m³/h)	30 Pa 风机流量 (m³/h)	50 Pa 风机流量 (m³/h)	0 Pa SFP[1] ×10⁻³ [(W·h)/m³]	射程[2] (m)
T6E45AAM80100	450	1	230	950	110	0.6	4 800	3 550		24.8	45
T4E45DAM80100	450	1	230	1 460	190	0.9	6 450		5 200	29.8	55
T4E45BAM80100	450	1	230	1 450	250	1.2	6 950		5 800	35.8	60
T4E45CAM80100	450	1	230	1 415	370	1.7	8 700		7 300	42.9	65
T6D45AAM80100	450	3	400	975	110	0.5	5 000	3 900		22.6	45
T4D45BAM80100	450	3	400	1 460	230	0.8	6 950		5 850	33.0	60
T4D45CAM80100	450	3	400	1 425	370	0.9	8 750		7 400	42.6	65
T4D45DAM80100	450	3	400	1 415	450	1.1	9 250		7 650	48.6	69

注：1. SFP 是电机输入功率与风机流量的比值。

2. 射程是指能使空气速度保持在 0.5 m/s 的离开风机中心的距离，是在没有障碍的无限大房间测量的。

2. 侧出风式空气扰流风机　侧出风式空气扰动采用的是专门设计的风机类型。荷兰 Multifan 公司和丹麦 ML System a/s 公司的产品有所不同。

荷兰 Multifan 公司的温室竖向环流风机外观见图 6 - 43，技术参数见表 6 - 24。

图 6 - 43　Multifan 竖向环流风机

表 6-24 荷兰 Multifan 公司的水平环流风机技术参数

型号	风机直径 (mm)	电源		转速 (r/min)	电机输入功率 (W)	额定电流 (A)	0 Pa 风机流量 (m³/h)	30 Pa 风机流量 (m³/h)	50 Pa 风机流量 (m³/h)	0 Pa SFP[1] ×10⁻³ [(W·h)/m³]	射程[2] (m)
		相数	电压 (V)								
T6E45AAM80100	450	1	230	950	110	0.6	4 800	3 550		24.8	45
T4E45DAM80100	450	1	230	1 460	190	0.9	6 450		5 200	29.8	55

注：1. SFP 是电机输入功率与风机流量的比值。

2. 射程是指能使空气速度保持在 0.5 m/s 的离开风机中心的距离，是在没有障碍的无限大房间测量的。

第七节 防虫网及对温室通风的影响

安装防虫网可有效防止昆虫进入温室，通常在进风口、窗、门道及其他孔口处安装防虫网。防虫网网眼大小应该能够确保有效防止昆虫的进入。安装防虫网会增加通风口的局部阻力，在估算通风量时应予考虑。

一、防虫网选择依据

应根据温室内种植的作物、防虫网使用季节以及防范对象，确定防虫网网孔尺寸大小，选择相应规格目数的防虫网。防虫网网孔过大，起不到应有的防虫效果；网孔过小，防虫效果好，但通风阻力增加。为使防虫网达到良好的防虫效果，防虫网网孔尺寸与昆虫尺寸之间存在着对应关系，应根据防范的昆虫种类选择防虫网。选择防虫网应该考虑以下几方面因素。

1. 昆虫入侵时的自然习性

（1）首先搞清楚虫害发生的时间 发生时间是在作物的整个生长周期，还是仅仅发生在短时间内。如果虫害仅发生在作物生长周期的短时间内，可以考虑价格便宜、质量略差的防虫网。

（2）需要考虑可能遭受侵害的昆虫种类 不同的季节可能会有不同种类昆虫的入侵。在可能会面临多种害虫危害的情况下，应该选择质量佳、强度高、可以抵御各类害虫的防虫网。

2. 昆虫的种类 应该比较防虫网网孔尺寸与昆虫尺寸的大小，根据需防范昆虫中最小种类昆虫的尺寸确定防虫网网孔尺寸（表 6-25）。

表 6-25 昆虫尺寸

昆虫名	胸宽（μm）	腹宽（μm）
苜蓿蓟马（western flower thrips）	215	265
银叶白粉虱（silverleaf whitefly）	239	565
温室白粉虱（greenhouse whitefly）	288	708
瓜蚜虫（melon aphid）	355	2 394
绿桃蚜虫（green peach aphid）	434	2 295
柑潜蝇（citrus leafminer）	435	810
痕潜蝇（serpentine leafminer）	608	850

3. 应根据实际应用经验选择防虫网 防虫网在许多温室的应用经验已经表明，根据抵御粉虱选择的防虫网可以有效地防范苜蓿蓟马的入侵，尽管这种防虫网网孔尺寸可以让苜蓿蓟马通过，但绝大多数的苜蓿蓟马仍会被拒之网外。可能因为苜蓿蓟马不会将防虫网材料当作可觅食的食物，也可能因为白色防虫网不吸引苜蓿蓟马。

4. 应根据防虫网的特性，使其充分发挥防虫作用 根据防虫网的使用方式，在不同场合可以考虑不同寿命、价格的防虫网。例如，①防虫网在温室内部使用时，可以建立不同的防虫区，在一些区域考虑寿命短、价格便宜的防虫网；②在不同的季节使用不同的防虫网；③需要在恶劣环境下使用和长时期使用的防虫网，应充分考虑其使用寿命，应更注重其刚性、强度等性能指标。

5. 机械强度方面的考虑 选择防虫网从机械强度方面考虑，应注意以下因素：①需要考虑的环境要素包括日照、风蚀、冰雹、雨淋和雪；②防虫网需要卷放使用时，应考虑由于卷放引起的损坏和撕裂；③防虫网需要承负重量时，应考虑可能由于负重引起的损坏；④在安装和使用期间可能由于工人和设备刮碰引起的损坏和撕裂；⑤各种类型的磨损，可能会导致所有防虫网过早失效。

二、常用防虫网材料及规格

1. 防虫网材料 可以作为防虫网的材料种类很多。由不锈钢或铜做材料的防虫网虽然具有寿命长的突出特点，但价格较贵。在温室中使用的防虫网以工程塑料为主，常见防虫网材料有以下几种。

（1）聚乙烯

① 单丝网。它是典型的聚乙烯防虫网，是由单根丝线纺织而成。这类丝线类似于渔线，能够纺织出非常结实的网。

② 膜网。由聚乙烯膜冲微孔制成。该类防虫网价格低廉，但具有强度低、紫外线防护作用差和通风阻力大等缺点。

（2）聚乙烯/丙烯酸合成材料 丙烯酸纱是复丝，可以有效增加纱线之间的摩擦阻力，防止纱线之间的滑动，对网孔形状具有良好的稳固作用。

（3）尼龙 具有成本低等特点。其缺点是耐久性差，通风阻力较大。

2. 防虫网结构类型

（1）纺织成形 纺织网是当今最为普遍应用的成网结构，经纬线交错形成网孔。网的紧密度需要通过检验。如果由于侧拉力导致网孔扭曲变形，会影响防虫效果和气流的通过。

（2）编织成形 编织网的网线之间相互拴系，形成网结，可以有效抵御网线的撕开和缠绕。网线缠绕和网结的形成，会增加通风阻力。

（3）冲孔成形 如前面提到的，可以用聚乙烯膜冲满微孔制作成防虫网。该种防虫网通风阻力较大，仅仅适用于一些特殊的场合。

3. 防虫网规格和类型 防虫网规格一般用"目"表示。"目"指在1英寸*长度范围内网线的数目。除"目"能够反映防虫网网孔大小外，网孔尺寸还取决于网线直径。通过防

---

* 英寸（in）为我国非法定计量单位，1 in＝2.54 cm。——编者注

虫网目数和网线直径可以计算出防虫网的通风面积。例如,网线直径为 0.2 mm,规格为 64 目的防虫网,每英寸长度防虫网网线总长为 12.8 mm(64×0.2 mm),网孔总长为 12.6 mm(25.4−12.8 mm)。每英寸(25.4 mm)长度上有 63 个网孔,每个网孔的宽度为 0.2 mm,面积为 0.04 mm²。因此,每平方英寸防虫网有 63×63 个网孔,网孔总面积为 158.76 mm²(0.04 mm²×63×63)。可以计算出,该防虫网的通风面积为防虫网总面积的 24.6%。

温室常用防虫网类型和规格见表 6-26。

表 6-26　常用防虫网类型与规格

类型	规格(网孔数)	幅宽(m)	特点	品牌或生产企业
尼龙筛网	32×32 40×40	1.0, 1.2, 1.3, 1.5, 1.6, 1.8, 2.0, 3.0, 3.6, 4.0	防老化处理	万得隆
FCW-1	25×25	1.8, 3.6	高强度、高反射率	上海农园绿色

目前生产上主要应用的防虫网有三类,以满足不同蔬菜品种对光照的要求和忌避害虫的需要。一是银灰色防虫网或铝箔条防虫网,其避蚜效果好,且可降低棚内温度;二是白色防虫网,其透光率较银灰色的好,使用较普遍,但夏季棚内温度略高于露地,适用于大多数喜光的蔬菜栽培;三是黑色防虫网,其遮阳降温效果好。

三、防虫网的通风阻力

在温室的通风口处安装防虫网会明显增加通风阻力。安装防虫网时,应注意网孔尺寸及气流速度不同时所产生的气流阻力有较大差异,应根据防控要求选取网孔尺寸。防控各类害虫所选防虫网网孔尺寸可参见表 6-25,表 6-27 为可防控各类害虫的防虫网孔口尺寸及相当目数,几种典型防虫网在不同气流速度下的气流阻力见图 6-44,表 6-28 为气流通过防虫网时阻力系数与气流速度的关系。如果防虫网的气流阻力过大,可通过增加防虫网面积减小气流速度的方法来减小防虫网对通风系统产生的气流阻力,气流阻力与防虫网面积的平方成反比,见式(6-97)。

表 6-27　可防控各类害虫的防虫网孔口尺寸及相当目数

害虫种类	孔口尺寸(mm)	相当目数
斑潜蝇(leaf miners)	0.64	
粉虱(whitefly)	0.46	40
蚜虫(aphid)	0.34	
温室白粉虱(greenhouse whitefly)	0.29	52
银叶白粉虱(silverleaf whitefly)	0.24	
牧草虫(thrips)	0.19	78

$$\frac{\Delta p_1}{\Delta p_2} = \frac{A_{F2}^2}{A_{F1}^2} \qquad (6-97)$$

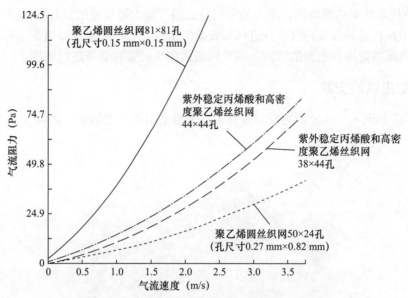

图 6-44　几种防虫网在不同气流速度下的气流阻力

表 6-28　气流通过防虫网时阻力系数与气流速度的关系

气流速度 (m/s)	阻 力 系 数			
	40目 (线径 0.17 mm)	30目 (线径 0.13 mm)	26目 (线径 0.16 mm)	22目 (线径 0.18 mm)
0.50	3.215	2.315	2.508	2.508
1.00	2.458	1.961	1.970	1.949
1.50	2.120	1.784	1.721	1.677
2.00	1.913	1.670	1.566	1.511
2.50	1.769	1.587	1.457	1.396
3.00	1.660	1.524	1.374	1.309
3.50	1.575	1.472	1.309	1.240
4.00	1.505	1.429	1.255	1.184
4.50	1.446	1.393	1.209	1.137
5.00	1.396	1.361	1.170	1.097

　　由于采用防虫网会对通风产生影响，对于自然通风和风机通风温室，应注意以下几方面问题：

　　(1) 应该明确作物遭受虫害的季节，是否虫害期正值需要通风降温的时期。如果不是该时期，可以将所有的通风口安装上防虫网，同时需要观测温室气温。虫害期过去，应该拆除所有的防虫网。

　　(2) 如果虫害期正处于温室需要通风降温的时期，需要注意以下几点：

① 应增加防虫网面积或通风口面积,确保达到足够的通风量。采用防虫网加可卷起聚乙烯膜替代硬质聚乙烯墙面,不失为采用自然通风加大通风量的良好方法。

② 对于风机通风温室,仅需在进风口安装防虫网。通风气流可以携带一些昆虫。

③ 注意保持防虫网表面的清洁,防虫网表面积尘过多时必须进行清洗。

四、防虫网的安装

图 6-45 和图 6-46 分别为温室屋面天窗和温室山墙(或侧墙)进风口防虫网的几种安装方法。

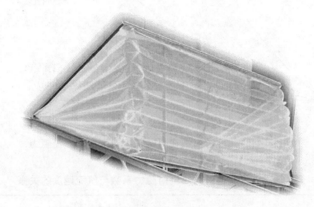

图 6-45 温室屋面窗防虫网的安装

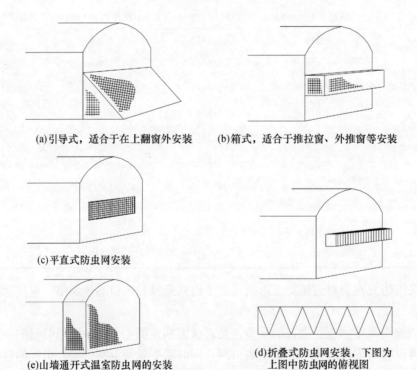

(a)引导式,适合于在上翻窗外安装 (b)箱式,适合于推拉窗、外推窗等安装

(c)平直式防虫网安装

(e)山墙通开式温室防虫网的安装

(d)折叠式防虫网安装,下图为
上图中防虫网的俯视图

图 6-46 温室山墙(或侧墙)进风口防虫网的安装类型

第八节 湿帘风机降温系统

在炎热的夏季，为满足温室内的温度要求，需要采取降温措施。蒸发降温是目前温室中广泛采用的降温技术之一。通常使用一些能够对空气进行热湿处理的设备对空气进行降温，温室中应用效果良好的空气热湿处理设备为空气和水直接接触式设备。

一、温室常用蒸发降温方法

1. 湿帘降温装置和风机组成的湿帘-风机降温系统 湿帘降温装置包括湿帘材料、支撑湿帘材料的湿帘箱体或支撑构件、加湿湿帘的配水和供回水管路、水泵、集水池（水箱）、过滤装置、水位调控装置及电动控制装置等（图6-47）。湿帘降温装置和风机共同组成温室的湿帘-风机降温系统（图6-48）。

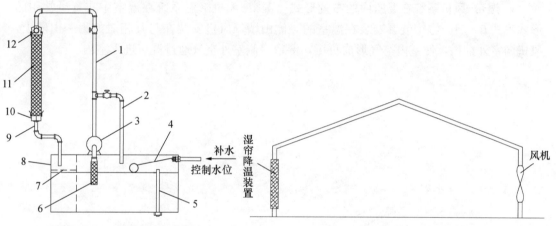

图6-47 湿帘降温装置简图

1. 供水管路 2. 分水管路 3. 水泵
4. 浮球阀 5. 溢流管 6. 过滤装置
7. 过滤网 8. 集水箱 9. 回水管路
10. 湿帘支撑构件 11. 湿帘 12. 配水管

图6-48 湿帘降温装置简图

2. 湿帘冷风机（图6-49）是将湿帘降温装置与风机组合在一起的缩小了的湿帘-风机降温系统，湿帘、风机组合在一个机体中，使用安装比较灵活。湿帘冷风机将室外干热空气加湿降温后送入温室中。湿帘冷风机用于小区域或局部区域的降温，可获得良好的效果。

为适应不同的工作场所和方便安装，湿帘冷风机的出风口位置可采用下吹、上吹和侧吹三种方式。下吹式可安装于屋面和较高位置，不占近地空间，但安装维修不太方便；上吹式安装位置低，维修时不必爬高，但需要占近地空间；侧吹式可以直接安装在墙体上。图6-50为三种方式的安装示意图。

图6-49 湿帘冷风机

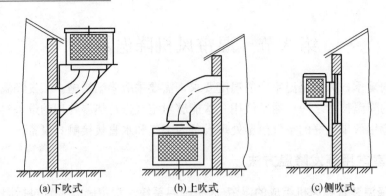

图 6-50　湿帘冷风机安装示意图

(a)下吹式　　　(b)上吹式　　　(c)侧吹式

二、湿帘-风机蒸发降温系统

1. 湿帘-风机系统在温室中的布置形式　湿帘-风机降温系统在温室中布置最常用的形式见图 6-51。湿帘装置安装在温室的一侧山墙，风机安装在与其相对的另一山墙上，风机向室外抽风，使室内空气形成负压，湿帘一侧室外空气通过湿帘进入室内。

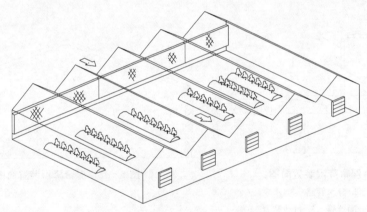

图 6-51　温室中的湿帘通风系统

另外，湿帘、风机也可安装在温室侧墙。图 6-52a 风机安装在温室外墙（侧墙），湿帘安装在温室内墙，也是形成温室中部通道的墙面上；图 6-52b 风机安装在温室侧墙上，风机安装在温室屋顶上；图 6-52c 温室中部的部分屋面较其他部分加高，在加高阁楼的侧墙安装风机，湿帘安装在温室侧墙面。

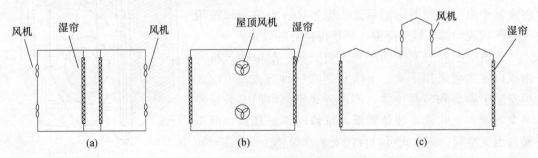

图 6-52　湿帘、风机在侧墙布置的示例

2. 湿帘降温特性　在温室中使用的湿帘基本为纸质湿帘。纸质湿帘是用纸浆中加入湿强剂制成的纸板，压出波纹并以一定的形式排列叠放，用耐水胶黏合后切制成型。纸质具有湿强度好、水—空气接触面积大、性能稳定、易于工业化生产等优点。目前人们根据陶瓷所具有的吸水性强、可冲洗、不易腐蚀等特性，已研制出陶瓷湿帘。

描述湿帘特性的参数主要有湿帘换热效率、湿帘阻力和湿帘比表面积等。

（1）**过帘风速**　即通过湿帘的风速。由于湿帘内部风速无法测出，故以湿帘外部风速替代，实践中通常将离开湿帘一定距离测得的风速称为过帘风速。

（2）**换热效率**　湿帘的换热效率是描述湿帘蒸发降温换热性能的一个综合技术指标，表示空气通过湿帘与水进行交换的充分程度，受空气流速（也称过帘风速）、湿帘厚度等因素的影响。图 6-53 为 Munters 公司的 CELdek7060 型湿帘的换热效率与空气流速关系。换热效率特性通常通过风洞实验的方法测得。

（3）**湿帘阻力**　湿帘对通过它的空气产生阻力，通过湿帘的阻力与湿帘的材料、厚度以及通过湿帘的空气流速有关。图 6-54 为 Munters 公司的 CELdek7060 型湿帘的阻力与空气流速关系。

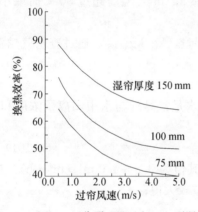 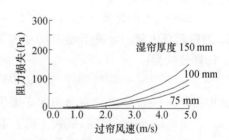

图 6-53　Munters 公司 CELdek7060 型湿帘的　　图 6-54　Munters 公司 CELdek7060 型湿帘阻力与
　　　　　换热效率与空气流速关系　　　　　　　　　　　　空气流速关系

（4）**湿帘的比表面积**　将制作湿帘的纸板压制成波纹形状，使其形成较大的外表面；黏合成湿帘后可获得较大的湿帘与水的接触面积。湿帘纸板分层展开的表面积之和与其体积之比即湿帘的比表面积，即空气与水的接触面积。湿帘的比表面积直接影响湿帘的换热效率以及湿帘对空气产生的阻力。通常湿帘的比表面积大于 350 m^2/m^3。

三、湿帘降温系统设计计算

1. 湿帘设计工况点　当湿帘处于完全浸湿状态时，其换热效率和阻力取决于过帘风速。对于特定的湿帘产品，在一定的过帘风速下，换热效率和阻力一定。当湿帘-风机系统的设计方案确定后，设计的过帘风速即一定，此时湿帘的工作点即设计工况点。

2. 空气通过湿帘前后温度差　湿帘-风机降温系统对空气的处理过程可近似看作等焓加湿冷却过程。从式（6-98）可以得出，通过湿帘后的空气温度为：

$$t_2 = (1-\eta)t_1 + \eta t_{s1} \tag{6-98}$$

式中　η——设计工况点下的湿帘换热效率，%；

　　　t_1——空气通过湿帘前的干球温度，℃；

　　　t_{s1}——空气通过湿帘前的湿球温度，℃；

　　　t_2——空气通过湿帘后的干球温度，℃。

3. 产冷量　湿帘-风机降温系统的产冷量可由式（6-99）计算：

$$Q_L = L\rho C_p(t_2 - t_1) \tag{6-99}$$

式中　Q_L——湿帘-风机系统的产冷量，kW；

　　　L——通风量，m^3/s；

　　　ρ——出风口空气密度，kg/m^3，可近似取为 $1.2\ kg/m^3$；

　　　C_p——空气的质量定压热容，对于温室通风工程常见情况，$C_p = 1.03\ kJ/$

　　　　　$(kg \cdot ℃)$。

4. 湿帘蒸发水量　取决于空气温度、相对湿度和通风量等因素，其计算公式为：

$$e_{s1} = L\rho_a(X_2 - X_1)/d_s \tag{6-100}$$

式中　e_{s1}——湿帘蒸发水量，m^3/h；

　　　ρ_a——室外空气密度，取值为 $1.16 \sim 1.18\ kg/m^3$，温度超过 30 ℃时取小值，

　　　　　低于 30 ℃时取大值；

　　X_1，X_2——分别为通过湿帘前、后空气的含湿量，$kg/kg_{干空气}$，通过查空气焓湿图

　　　　　确定；

　　　d_s——水的比重，$10^3\ kg/m^3$。

5. 湿帘循环水量　取决于湿帘尺寸和湿帘蒸发水量，另外与水中阳离子浓度和 pH 有关，计算公式为：

$$W_{s1} = W_b S_{s1} + \xi e_{s1} \tag{6-101}$$

式中　W_b——湿帘单位截面积的必要供水量，其值为 $3.5 \sim 4.0\ m^3/(m^2 \cdot h)$，当湿

　　　　　帘高度高、气候干燥、尘土多时取较大值；

　　　S_{s1}——湿帘过水截面总面积，m^2；

　　　ξ——蒸发水量系数，其值为 $1.0 \sim 1.5$，当水中阳离子浓度和 pH 较大时取

　　　　　大值。

6. 水泵流量的确定　水泵流量的选取应能保证水循环流动使湿帘湿润，满足降温所需水蒸发量，并应考虑夏季极端干热的气候条件。水泵的设计流量应大于上述湿帘循环水量。

在湿帘系统中水不断循环使用，由于水的蒸发会使循环水中的矿物质增加，需要进行适量排水并补充新水，因此水箱设计容水量取决于选用的水泵类型、湿帘的规格，还需要考虑所需的适量排水量。

第九节　喷雾降温系统

一、喷雾降温基础

通过技术手段将水以细微颗粒状喷入空气中，使水与空气充分接触，利用水蒸发吸热降低空气温度的方法称为喷雾降温。根据水是否直接喷入温室内以降低温室内空气温度，可分为直接式喷雾降温和间接式喷雾降温。

1. 雾滴粒径 在一次喷雾中，并非所有的喷雾雾滴大小一致，对于喷雾中雾滴的大小有几种不同的描述方法。

（1）体积中值直径（VMD），可表示为 Dv0.5 和质量中值直径（MMD） 一种以喷雾液体的体积来表示雾滴大小的方法。体积中值直径表示的雾滴大小是在喷雾液体总体积中，50％的雾滴直径大于中值直径，另 50％的雾滴直径小于中值直径。

（2）邵特平均直径（SMD），也可表示为 D32 一种以喷雾产生的表面面积来表示喷雾精细度的方法。邵特平均直径表示的雾滴直径是该雾滴的体积与表面积之比和所有雾滴的体积与总表面积之比相等。

（3）数量中值直径（NMD），表示为 NMD 和 DN0.5 一种以喷雾中雾滴数量表示雾滴大小的方法。数量中值直径表示从数量上讲，50％雾滴小于中值直径，另 50％的雾滴大于中值直径。

在实际工程中，较为常用的是采用体积中值直径或质量中值直径来描述。

2. 喷雾粒径分类 按照喷入空气中雾滴的大小，以及喷出雾滴大小对于温室采用的蒸发降温不同措施的影响，将喷雾分为水雾、细雾和微雾。

（1）水雾 指喷出雾滴的直径为 0.15～0.5 mm。水雾喷雾系统一般由喷头、管路、水泵、过滤器、阀门等构成。采用孔径为 2.5～5.5 mm 的常规喷嘴，在供水压力为 0.5～1.5 个大气压(0.05～0.15 MPa)（工作压力）的情况下即可得到水雾。水雾适用于间接式喷雾降温。

（2）细雾 指喷出雾滴的直径为 0.05～0.2 mm。由喷头、管路、水泵、过滤器、阀门等构成的喷雾系统，当采用孔径为 2.0～2.5 mm 的常规喷嘴，在供水压力大于 2.5 个大气压(0.25 MPa)（工作压力）时，可得到细雾。细雾直接用于温室时，需要风机配合，延长喷出液滴在空气中的滞留时间，以达到完全蒸发的效果。

（3）微雾 指喷出雾滴的直径为 0.001～0.05 mm。为使喷出雾滴达到微雾的程度，可采用高压喷雾系统或空气雾化系统。高压喷雾系统由耐高压喷头、耐高压管路、注塞泵、过滤器、阀门等构成，喷嘴孔径小于 1.0 mm，供水压力大于 1 MPa。空气雾化系统由空气雾化喷头、供水系统和供气系统组成，供水压力小于 0.4 MPa，空气压力 0.05～0.5 MPa。

3. 喷雾方式 按照喷雾原动力的不同，可将喷雾方式分为液力式喷雾、气力辅助式喷雾和离心式喷雾。

（1）液力式喷雾 具有一定压力的水通过喷头，以细微颗粒状射出，即使水雾化的喷雾方式。

（2）气力辅助式喷雾 具有一定压力的空气和水的共同作用通过喷头使水雾化的喷雾方式。

（3）离心式喷雾 利用高速离心机和轴流风机的复合作用将水变成水雾喷射出来的喷雾方式。

4. 喷头结构 用于蒸发降温的喷头有液力式喷头和空气射流喷头。

（1）液力式喷头 常用于蒸发降温的液力式喷头有离心式喷头和旋水体离心式喷头两种。

离心式喷头，其构造如图 6 - 55a 所示，由喷头本体和顶盖两部分组成。具有一定压力的水经水管由切线方向进入喷头内的小室，在小室中水产生旋转运动，最后由顶盖中心的小孔喷射出来，被分散成细小的水滴。

旋水体离心式喷头是一种改进型产品（图 6 - 55b），由喷头座、旋水体、喷头帽等组成。

喷头帽上有喷孔，旋水体上有截面为矩形的螺旋槽，端部与喷头帽之间有一定间隙，称为涡流室。其结构紧凑，具有雾化效果好和不易堵塞等优点。

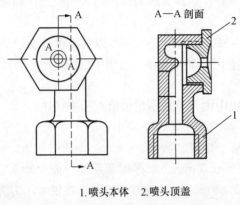
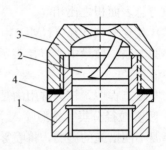

1.喷头本体　2.喷头顶盖　　　　　　　1.喷头座　2.旋水体
　　　　　　　　　　　　　　　　　　3.喷头帽　4.橡皮垫
(a)离心式喷头　　　　　　　　　　(b)旋水体离心式喷头

图 6 - 55　喷头结构

喷头喷出的水滴大小、水量、喷射角度和作用距离与喷头的构造、喷头前的水压及喷头孔径有关。同一类型的喷头，孔径越小、喷头前水压越高时，喷出水滴越细。孔径相同时，水压越高，则喷水量越大。喷出的水滴越细，越容易蒸发，空气温度越易降低。

对于离心式喷头，当喷头孔径为 $2.0\sim2.5$ mm，喷头前水压大于 0.25 MPa（工作压力）时，可以得到细喷，此时水滴直径仅为 $0.05\sim0.2$ mm。喷头孔径越小，越易堵塞，对水质要求越高。当喷头孔径为 $2.5\sim3.5$ mm，喷头前水压为 0.2 MPa（工作压力）时，可以得到中喷，此时水滴直径为 $0.15\sim0.25$ mm。当喷头孔径为 $4\sim5.5$ mm，喷头前水压为 $0.05\sim0.15$ MPa（工作压力）时，可以得到粗喷，此时水滴直径为 $0.2\sim0.5$ mm。

制作喷头的材料一般采用黄铜、尼龙、塑料和陶瓷等。其中，黄铜喷嘴耐磨性最好，但价格较高；尼龙喷头的耐磨性次于黄铜；塑料和陶瓷容易损坏。

（2）空气射流喷头　由空气帽和液体帽组成（图 6 - 56），分为内部混合型和外部混合型两种（图 6 - 57）。内部混合型喷头，液体和气体在内部混合，从而产生完全雾化的喷雾。外部混合型喷头通过气体压力而不改变流量来控制液体雾化，适用于较高黏度的液体。

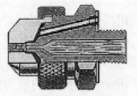

(a) 空气帽　　　(b) 液体帽　　　　　　(a) 内部混合喷头　　　(b) 外部混合喷头

图 6 - 56　空气射流喷头　　　　　图 6 - 57　空气射流喷头内部结构

5. 喷雾形 从喷头喷出的雾在空间具有一定的形状。不同结构的喷头可以喷射出不同的雾形，不同的喷雾形适合于不同的用途。适用于蒸发降温用途的喷头和喷雾形有表6-29所示的几种。表6-30为Spraying Systems Co.提供的不同喷射形状可能产生的雾滴大小参考资料。

表6-29 适用于蒸发降温用途的喷头和喷雾形

喷雾形状类型及特点	喷头	喷射图	喷雾截面图
中空圆锥形 喷雾从横截面看是一圆形液体环。通过进液口与旋流腔相切或在内部通过紧靠喷嘴的开槽旋水体形成喷雾。旋转的液体在离开喷嘴口时形成一空心锥形			
微细喷射 由旋水体离心式喷头形成的喷雾。通常采用较低流量和较大喷射压力。因喷雾液滴小，喷雾形状受空气摩擦和气流的影响，不能维持长距离。根据喷射压力和喷嘴流量，距喷嘴一定距离后，雾滴逐渐悬在空中以至消失			
空气雾化 空气射流喷头在给定的流量和压力下产生最微细的喷雾。由于空气的作用，可在空中保持一定的雾形			

表6-30 Spraying Systems Co. 提供的不同喷射形状可能产生的雾滴大小参考资料

喷雾形状类型	0.07 MPa		0.3 MPa		0.7 MPa	
	流量（L/min）	VMD（μm）	流量（L/min）	VMD（μm）	流量（L/min）	VMD（μm）
空气雾化	0.02	20	0.03	15	45	400
	0.08	100	30	200		
微细喷射	0.83	375	0.1	110	0.2	110
			1.6	330	2.6	290
空心锥形	0.19	360	0.38	300	0.61	200
	45	3 400	91	1 900	144	1 260

6. 喷雾角度和覆盖范围 雾从喷头中喷射出来，在没有受到外界气流作用时，理论上呈圆锥形。喷雾的理论覆盖范围根据喷雾夹角和距喷嘴口距离计算出（图6-58）。理论覆盖范围是以喷雾角度在整个喷雾距离中保持不变为假设条件的。喷雾角度取决于液体黏度、喷嘴流量和喷射压力。表6-31为水的喷射角度和覆盖范围的关系。

图6-58 喷雾角度与理论覆盖范围的示意图

表6-31 水的喷射角度和覆盖范围的关系

喷雾角度(°)	不同距离下（从喷嘴口算起）的理论覆盖范围（cm）											
	5	10	15	20	25	30	40	50	60	70	80	100
5	0.4	0.9	1.3	1.8	2.2	2.6	3.5	4.4	5.2	6.1	7.0	8.7
10	0.9	1.8	2.6	3.5	4.4	5.3	7.0	8.8	10.5	12.3	14.0	17.5
15	1.3	2.6	4.0	5.3	6.6	7.9	10.5	13.2	15.8	18.4	21.1	26.3
20	1.8	3.5	5.3	7.1	8.8	10.6	14.1	17.6	21.2	24.7	28.2	35.3
25	2.2	4.4	6.7	8.9	11.1	13.3	17.7	22.2	26.6	31.0	35.5	44.3
30	2.7	5.4	8.0	10.7	13.4	16.1	21.4	26.8	32.2	37.5	42.9	53.6
35	3.2	6.3	9.5	12.6	15.8	18.9	25.2	31.5	37.8	44.1	50.5	63.1
40	3.6	7.3	10.9	14.6	18.2	21.8	29.1	36.4	43.7	51.0	58.2	72.8
45	4.1	8.3	12.4	16.6	20.7	24.9	33.1	41.4	49.7	58.0	66.3	82.8
50	4.7	9.3	14.0	18.7	23.3	28.0	37.3	46.6	56.0	65.3	74.6	93.3
55	5.2	10.4	15.6	20.8	26.0	31.2	41.7	52.1	62.5	72.9	83.3	104
60	5.8	11.6	17.3	23.1	28.9	34.6	46.2	57.7	69.3	80.8	92.4	115
65	6.4	12.7	19.1	25.5	31.9	38.2	51.0	63.7	76.5	89.2	102	127
70	7.0	14.0	21.0	28.0	35.0	42.0	56.0	70.0	84.0	98.0	112	140
75	7.7	15.4	23.0	30.7	38.4	46.0	61.4	76.7	92.1	107	123	153
80	8.4	16.8	25.2	33.6	42.0	50.4	67.1	83.9	101	118	134	168
85	9.2	18.3	27.5	36.7	45.8	55.0	73.3	91.6	110	128	147	183
90	10.0	20.0	30.0	40.0	50.0	60.0	80.0	100	120	140	160	200
95	10.9	21.8	32.7	43.7	54.6	65.5	87.3	109	131	153	175	218
100	11.9	23.8	35.8	47.7	59.6	71.5	95.3	119	143	167	191	238
110	14.3	28.6	42.9	57.1	71.4	85.7	114	143	171	200	229	286
120	17.3	34.6	52.0	69.3	86.6	104	139	173	208	243		
130	21.5	42.9	64.3	85.8	107	129	172	215	257			
140	27.5	55.0	82.4	110	137	165	220	275				
150	37.3	74.6	112	149	187	224	299					
160	56.7	113	170	227	284							
170	114	229										

7. 雾滴的蒸发 雾滴蒸发的过程是雾滴直径从大到小的变化过程，通常认为雾滴直径达到0.001 mm时，即达到了雾滴完全蒸发的程度。据研究计算，在室内干球温度34.5℃、相对湿度38%、湿球温度23.6℃、室内风速0.3 m/s的环境条件下，不同的雾滴直径达到蒸发程度所需要的时间如表6-32。

表 6 - 32　不同直径雾滴的蒸发时间

雾滴直径（mm）	0.08	0.07	0.06	0.05	0.04	0.03	0.02
蒸发时间（s）	4.27	3.32	2.48	1.75	1.14	0.65	0.30

　　雾滴直径由喷雾方式以及特定喷雾方式下喷头孔径和喷射压力决定。从喷头喷出的雾滴最初处于悬浮状态，在空气中移动一定距离后，最终会蒸发为水蒸气。雾滴从离开喷头到变成水蒸气能够移动的距离受到空气温度、湿度和雾滴大小的影响。图 6 - 59 为空气温度、湿度、雾滴大小与雾滴蒸发前所能移动距离的关系。

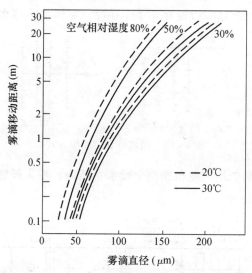

图 6 - 59　空气温度、湿度、雾滴直径与雾滴蒸发前所能移动距离的关系

二、喷雾蒸发降温系统

　　1. 喷水室预处理空气　进入温室中的空气预先在喷水室中进行处理，通过在喷水室中与水进行热湿交换，降低室外干热空气温度，之后送入温室。图 6 - 60 为喷水室结构示

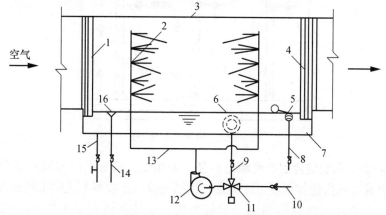

图 6 - 60　喷水室结构示意图

1. 前挡水板　2. 喷嘴与排管　3. 外壳　4. 后挡水板　5. 浮球阀　6. 滤水器　7. 水池　8. 补水管
9. 循环水管　10. 冷水管　11. 三通混合阀　12. 水泵　13. 供水管　14. 溢水管　15. 泄水管　16. 溢水器

意图。用喷水室处理空气为水雾降温，也是间接式喷雾降温。

喷水室由挡水板、喷嘴和排管、水池、冷水管、滤水器、循环水管、三通混合阀、水泵、供水管、补水管、浮球阀、溢水器、溢水管和外壳等组成。

水池通过过滤器与循环水管相连，使水循环使用。溢水器与溢水管组成的溢水管路使池内水面维持一定高度。补水管通过浮球阀进行自动补水。水池底部设泄水管，以便在检修、清洗和防冻时能将池内水全部泄掉。

喷嘴排管与供水干管的连接方式可以采用上分式或下分式，喷水室断面较大时可以采用中分式，有时为了供水可靠还可采用环式连接（图6-61）。不论采用哪种连接方式，都应在水管最低点设泄水丝堵，以便在冬季不用喷水室时能将存水泄净，以免冻裂水管。

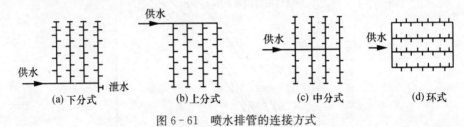

图6-61 喷水排管的连接方式

为了保证喷出的水滴能均匀地布满整个喷水室断面，喷头最好按图6-62示的梅花形布置。

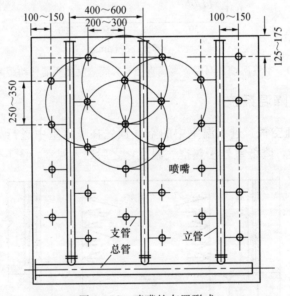

图6-62 喷嘴的布置形式

2. 低压喷雾与风机结合的喷雾降温设备 采用低压喷雾系统与风机结合的方式，使喷嘴喷出的液滴在风机的作用下迅速蒸发。风机可将低压喷雾系统喷出的细雾向温室内部广泛扩散，使得喷出的液滴得到进一步的细化，在环境适宜的条件下，从喷嘴喷出的MMD直径为 $100\,\mu m$ 的液滴，有60%的液滴平均直径为 $0\sim50\,\mu m$。

图6-63为Multifan公司的低压喷嘴风机结合的温室用喷雾设备。喷嘴为专用型设计，具有良好的抗化学性和抗酸蚀性能，可稳固地安置在风机的格栅间。标准配置为8个

喷嘴，也可根据需要，选择 1～8 个喷嘴。可选择的风机型号见表 6-33，喷嘴供水数据见表 6-34。

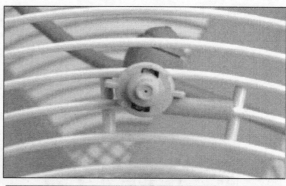

图 6-63　Multifan 公司的低压喷嘴风机结合的温室用喷雾设备

表 6-33　Multifan 公司风机选型

型号	叶片直径（mm）	转速（r/min）	0 Pa 时的空气流量（m³/h）	电压（V）	频率（Hz）	电流（A）	噪声 dB(A) 7 m	射程（m）	动力消耗（W）	重量（kg）	包装尺寸（长×宽×高）（mm）
TB4E50Q	518	1 400	7 760	230	50	1.8	55	58	390	17	635×635×365
TB4D50Q	518	1 400	7 760	230/400	50	1.9/1.1	55	58	400	17	635×635×365
TB6E50Q	518	900	7 060	230	50	1.4	51	53	300	17	635×635×365

表 6-34　喷嘴供水数据表

项　目	参　数	项　目	参　数
喷头数量	1～8 个喷头	需要的水压	0.4～0.5 MPa
每个喷头供水量	7.5 L/h（在 0.4 MPa）	每公顷需要风机数	18～20 台
每台风机供水量	60 L/h（在 0.4 MPa）		

3. 高压液力喷雾系统　由喷头、输水管路、过滤器、阀门、泵站、贮水箱等组成。喷头供水压力超过 1.2 MPa 时，为高压喷雾。当采用合适的喷头，喷射压力达到一定值时，可喷射出满足温室内直接使用要求的雾滴，可在温室中直接安装使用。

图 6-64 为 MJ System 公司的 MJ 喷雾系统在温室中的配置简图，表 6-35 为 MJ 喷雾管路系统采用喷头的技术参数。

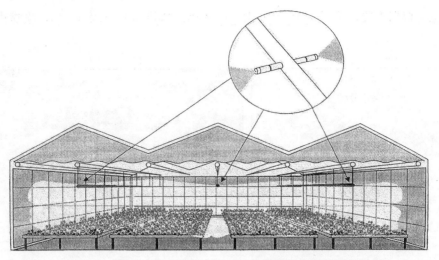

图 6-64　MJ System 公司的 MJ 喷雾系统在温室中的配置

表 6-35　MJ 系统用喷头技术参数

项　　　目	参　　　数
每个喷头供水量（L/h）	4~6
工作压力（MPa）	4~7
雾粒尺寸（μm）	10~15（压力为 4~7 MPa 时）
每个喷头的作用范围（m²）	8(2 m×4 m)
连接主管尺寸（″）	1/4

4. 高压喷雾与风机结合的喷雾降温系统　MJ System 公司采用高压供水喷雾与风机结合组成的喷雾降温系统可用于温室降温。喷头供水压力为 3.5~7.0 MPa，喷头管路制作成环形与风机结合组装成喷雾风机。从喷孔喷出的雾滴直径可达 10~15 μm，风机促使雾滴快速蒸发，并且起到温室内空气扰动的作用。

图 6-65 为 MJ System 公司的 MJ Air-Princess 风机与环形喷头管路组成的喷雾

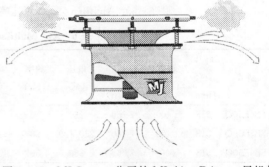

图 6-65　MJ System 公司的 MJ Air-Princess 风机与环形喷头管路组成的喷雾风机简图

风机简图。表 6-36 为不同风机与环形喷头管路组成喷雾风机的技术数据。

MJ System 公司的喷雾风机降温系统由喷雾风机、泵站、过滤器、水处理机、释压阀和温湿度控制器等组成（图 6-66）。

表 6-36　MJ System 公司不同类型风机与环形喷头管的组合型喷雾风机

序号	列项	风　　　机	环形喷头管
1	类型	MJ Air-Princess	8MTP1812
	图例		

（续）

序号	列项	风 机	环形喷头管
1	技术参数	重量：8 kg；高度：0.3 m；直径：36/54 cm 风量：1 675 m³/h；材料：2 mm 铝材 电机：75 W，900 r/min，220～240 VAC，50/60 Hz，IP54 安装：链吊装	水量：3.5 MPa 时 35 L/h；6.5 MPa 时 50 L/h 工作压力：3.5～7.0 MPa 材料：环形管 1/2″，316S/S 喷头：铜喷头本体和不锈钢顶盖 过滤部件：25 μm 标准件
2	类型	MJ Air - Queen	16MTP1812
	图例		
	技术参数	重量：15 kg；高度：0.62 m；直径：52/76 cm 材料：吸音 EPS110 g/L，不锈钢 电机：180 W，900 r/min，220～240 VAC，50/60 Hz，IP55，F 级 风量：1 675 m³/h 安装：链吊装	水量：3.5 MPa 时 70 L/h；6.5 MPa 时 100 L/h 工作压力：3.5～7.0 MPa 材料：环形管 1/2″，316S/S 喷头：铜喷头本体和不锈钢顶盖 过滤部件：25 μm 标准件
3	类型	MJ Air - Prince - H. A. F	8MTP18121H
	图例		
	技术参数	重量：8 kg；高度：0.30 m；直径：36/44 cm 风量：1 800 m³/h；材料：2 mm 铝材 电机：75 W，900 r/min，220～240 VAC，50/60 Hz，IP54 噪音：55 dBA 安装：链吊装	水量：3.5 MPa 时 35 L/h；6.5 MPa 时 50 L/h 工作压力：3.5～7.0 MPa 材料：环形管 3/8″，316S/S 喷头：铜喷头本体和不锈钢顶盖 过滤部件：25 μm 标准件
4	类型	MJ Air - King I - H. A. F	10MTP15121H
	图例		
	技术参数	重量：15 kg；长度：0.47 m；直径：52/66 cm 材料：吸音 EPS110 g/L，不锈钢 电机：180 W，900 r/min，220～240 VAC，50/60 Hz，IP55，F 级 风量：5 200 m³/h 安装：链吊装	水量：3.5 MPa 时 70 L/h；6.5 MPa 时 100 L/h 工作压力：3.5～7.0 MPa 材料：环形管 3/8″，316S/S 喷头：铜喷头本体和不锈钢顶盖 过滤部件：25 μm 标准件

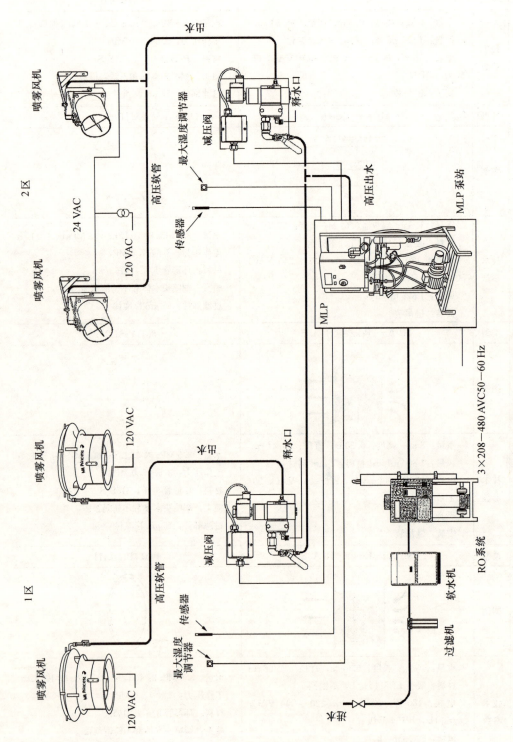

图 6-66 MJ System 公司的喷雾风机降温系统

5. 空气雾化喷雾系统 该系统的雾化原理为气力雾化，系统不需要高压水泵，水系统的工作压力只需 0.2～0.4 MPa，系统需增加压缩空气系统，空气系统的工作压力为 70～350 kPa，其系统简图如图 6-67。

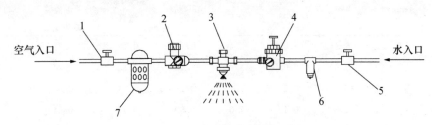

图 6-67 气力雾化喷雾系统简图

1. 空气阀门 2. 空气压力调节 3. 空气雾化喷嘴 4. 液体压力调节 5. 液体阀门 6. 过滤器 7. 空气过滤器

6. 离心式圆盘喷雾机 其工作原理是利用旋转圆盘和轴流风机的复合作用（图 6-68）。圆盘高速旋转时产生的离心力使液体以一定细度的液滴飞离圆盘边缘而成为雾滴，其雾化原理是液体在离心力的作用下脱离圆盘边缘而延伸成为液丝，液丝断裂后形成细雾，此法也称为液丝断裂法。雾滴细度取决于转盘的旋转速度和液体的流量，转速越高、液体流量越小，则雾化越细。轴流风机的作用促使离开圆盘的雾滴快速向周围扩散。

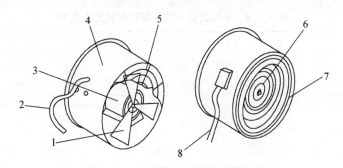

图 6-68 加湿降温喷雾机结构简图

1. 叶片 2. 供水管 3. 排风马达 4. 机体 5. 进气栅板 6. 雾化圆盘 7. 排气栅板 8. 电缆

喷雾机组成的喷雾降温系统还需包括水箱、水泵和输送管路。喷雾机还可用于叶面施肥和喷洒农药。

喷雾机不需要使用喷嘴及高压水泵，使用普通低压水泵即可。喷雾机的喷雾量可进行调节和控制。配置旋转器后可使喷雾机在一定角度范围内进行旋转。

喷雾机以 5～10 μm 的超微粒子喷射，其蒸发降温的效果要优于高压细雾系统，通常在夏季能降温 6～8 ℃，并且采用喷雾机降温不会使水滴落到叶面。使用加湿降温喷雾机的投资费用较高，耗电量也较大。

三、喷雾蒸发降温热工计算

1. 基础数据

（1）管接头中的估计摩擦损失 水流过管接头的摩擦损失估计值见表 6-37，其值按照直管的等效尺寸计算。

表 6-37 管接头的摩擦损失

标准厚度管子尺寸		实际内径(mm)	摩擦损失					
(in)	(mm)		闸阀全开	球阀全开	45°弯管	标准T形流管	标准弯管或T形流管减少1/2	通过旁侧出口的标准T形管
1/8	6	6.8	0.05	2.4	0.11	0.12	0.23	0.43
1/4	8	9.2	0.06	3.4	0.15	0.20	0.34	0.67
1/2	15	15.8	0.11	5.7	0.24	0.34	0.52	1.0
3/4	20	21	0.13	7.0	0.30	0.43	0.64	1.3
1	25	27	0.17	9.0	0.37	0.55	0.79	1.6
1-1/4	32	35	0.23	11.8	0.49	0.70	1.1	2.1
1-1/2	40	41	0.26	13.8	0.58	0.82	1.2	2.5
2	50	53	0.34	17.7	0.73	1.1	1.6	3.2
2-1/2	65	63	0.40	21	0.88	1.3	1.9	3.8

(2)不同水流量流过各尺寸钢管的阻力损失 表 6-38 为不同流量水流过钢管时的压力损失。

表 6-38 不同流量水流过钢管时的压力损失

流量(L/min)	不同尺寸管子(长10 m)的压降(kPa)									
	1/8″(6 mm)	1/4″(8 mm)	3/8″(10 mm)	1/2″(15 mm)	3/4″(20 mm)	1″(25 mm)	11/4″(32 mm)	11/2″(40 mm)	2″(50 mm)	21/2″(65 mm)
1	7									
1.5	16	4								
2	26	6								
2.5	40	8								
3	56	12	3							
4	96	21	5	2						
6	200	45	10	3						
8	350	74	17	5	1					
10		120	25	8	2					
12		170	35	11	3					
15		260	54	17	4	1				
20			92	28	7	2				
25			120	45	11	3				
30			210	62	15	4	1			
40				110	25	8	2			

（续）

流量	不同尺寸管子（长 10 m）的压降（kPa）									
（L/min）	1/8″	1/4″	3/8″	1/2″	3/4″	1″	11/4″	11/2″	2″	21/2″
	(6 mm)	(8 mm)	(10 mm)	(15 mm)	(20 mm)	(25 mm)	(32 mm)	(40 mm)	(50 mm)	(65 mm)
60				54	16	4	2	0.6		
80				93	28	7	3	0.9		
100					43	12	5	1		
115					58	14	6	1.5		
130					72	18	8	2	1	
150						23	10	3	1.2	
170						29	13	4	1.6	
190						36	16	5	02	
230						50	23	7	03	
260							32	9	4	
300							38	9	4	
340							50	14	6	
380							61	18	7	
470								28	11	
570								39	15	
750								64	26	

注：阴影部分显示的是各尺寸的推荐流量范围。

2. 温室内直接喷雾降温热工计算

（1）温室通风流量与喷雾蒸发量　根据湿、热平衡原理，温室的湿、热平衡满足如下关系式：

$$\rho_a \cdot q(d_p - d_j) \approx \varepsilon \qquad (6-102)$$

$$\tau E = K(t_i - t_o) + \rho_a C_p q(t_p - t_j) + \rho_a r q(d_p - d_j) \qquad (6-103)$$

式中　ρ_a——室外空气密度，kg/m^3；

q——温室设计通风率，$m^3/(m^2 \cdot s)$；

d_p、d_j——分别为排出和进入温室空气的含湿量，$kg/kg_{干空气}$；

ε——单位温室地面面积在单位时间内的水蒸发量，包括温室内喷雾蒸发量 ε_2 和温室内地面及作物蒸腾作用产生的蒸发量 ε_1，$kg/(m^2 \cdot s)$；

E——室外水平面太阳总辐射照度，W/m^2；

τ——温室覆盖层的太阳辐射透射率，%；

K——温室外覆盖平均传热系数，$W/(m^2 \cdot ℃)$；

C_p——室外空气的质量定压热容，$J/(kg \cdot ℃)$，$C_p = 1030 J/(kg \cdot ℃)$；

t_p、t_j——分别为排出和进入温室空气的干球温度，℃；

r——水的汽化潜热，J/kg。

工程中通常采用绘制曲线的方法进行温室喷雾降温的热工计算。在已知当地室外气象条件：室外水平面太阳总辐射照度、室外空气温度和室外空气相对湿度 φ_o 的情况下，通过给定室内温度 t_i 和室内相对湿度 φ_i 值，计算绘制出温室蒸发量和温室通风率曲线，即 q（t_i，φ_i）和 ε（t_i，φ_i）曲线，如图 6-69 为例。

从图 6-69 的 $q\varepsilon t\varphi$ 线图中可以看出，采用喷雾蒸发降温时，室内气温可降至室外气温以下，最低可降至室外湿球温度以上 2 ℃，室内需维持的气温较低时，需要较大的通风率和蒸发量。

从 $q\varepsilon t\varphi$ 线图的蒸发量曲线可以看出，蒸发量随室内湿度的变化分两种情况。当蒸发量小于 13 g/(min·m²)，随着室内相对湿度的增加，室内温度也增加，显然与温室蒸发降温的要求不相符。只有当蒸发量大于 13 g/(min·m²) 时，室内温度随室内相对湿度的增加而下降。对于相同的室内相对湿度，蒸发量越高，室内温度越低。但从图 6-69 中还可以看出，蒸发量增加到一定值后，随着室内湿度的增加室内温度的下降越趋不明显，即蒸发量存在一极限值。因而蒸发量的选取应不超过其极限值。

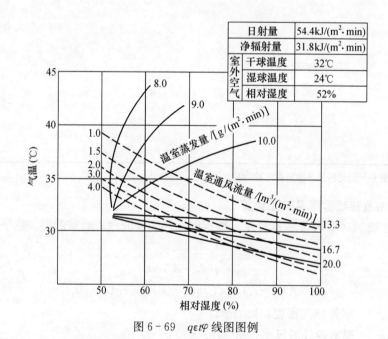

日射量	54.4kJ/(m²·min)
净辐射量	31.8kJ/(m²·min)
室外空气 干球温度	32℃
室外空气 湿球温度	24℃
室外空气 相对湿度	52%

图 6-69　$q\varepsilon t\varphi$ 线图图例

喷雾蒸发量为总蒸发量与作物及地面蒸发量的差值，即：

$$\varepsilon_2 = \varepsilon - \varepsilon_1 \tag{6-104}$$

为满足温室夏季降温所需的喷雾蒸发量，所采用的喷雾设备应达到相应的喷雾强度，喷雾强度为喷雾系统或设备在单位时间及单位面积内所喷出的水的重量，单位是 g/(min·m²)。

不同的气象条件所需要的温室通风流量和喷雾强度不同，表 6-39 为北京地区几种气象条件下宜采用的工作参数，供选择喷雾降温设备时参考。

表6-39　北京地区几种气象条件下喷雾降温系统的工作参数

月份	室外温度、湿度	室内温度	温室通风流量 $[m^3/(min \cdot m^2)]$	喷雾强度 $[g/(min \cdot m^2)]$	喷雾后室内保持温度（℃）
5月	25～32 ℃ 20%～30%	37～38 ℃	2～3	13～16	25
6月	30 ℃ 以上 20%～30%	40 ℃左右	4	16～17	29
7、8月	高温、高湿	40 ℃以上	4	7～8	30

（2）喷雾高度　喷嘴或喷雾设备在温室中安装的高度即喷雾高度，它限定了雾滴喷出后到落至作物冠层前可能在空中运行的轨迹，即限定了雾滴在空中运行的时间。雾滴运行的轨迹越长，雾滴在空中运行的时间越长，就越有利于雾粒达到完全的蒸发。温室中在结构允许的空间范围内，应使喷嘴或喷雾设备尽量安装得高些，对于喷嘴喷出的直径为0.05 mm左右的雾滴，通常应在作物冠层2 m以上的高度。

3. 喷水室对空气进行处理热工计算

（1）喷水室的热交换效率系数和接触系数　评价喷水室热工性能的指标是热交换效率系数和接触系数。

喷水室的热交换效率系数 η_1 是同时考虑空气和水的状态变化的，也称第一热交换效率或全热交换效率，可表示为：

$$\eta_1 = 1 - \frac{t_{s2} - t_{w2}}{t_{s1} - t_{w1}} \tag{6-105}$$

式中　η_1——热交换效率系数；

t_{s1}、t_{s2}——空气分别为状态1和状态2时湿球温度，℃；

t_{w1}、t_{w2}——分别为状态1和状态2时空气接触的水的温度，℃。

喷水室的接触系数只考虑空气状态变化，也称第二热交换效率或通用热交换效率，可以表示为：

$$\eta_2 = 1 - \frac{t_2 - t_{s2}}{t_1 - t_{s1}} \tag{6-106}$$

（2）影响喷水室热交换效果的因素　有空气质量流速、喷水系数、喷水室结构特性（如喷嘴排数、喷嘴密度、喷水方向、排管间距、喷嘴孔径）以及空气与水的初参数等。喷水系数指处理每千克空气所用的水量。

工程上通过设计不同结构的喷水室，采用实验的方法，总结出经验公式，计算热交换效率系数和接触系数。经验公式如下：

$$\eta_1 = A v_\rho^m \omega^n \tag{6-107}$$

$$\eta_2 = A' v_\rho^{m'} \omega^{n'} \tag{6-108}$$

式中　v_ρ——空气质量流速，按式（6-38）计算，$kg/(m^2 \cdot s)$；

ω——喷水系数，按式（6-39）计算；

A、A'、m、m'、n、n'——实验的系数和指数，可参见表6-40确定。

$$v_\rho = \frac{G}{3600B} \qquad\qquad (6-109)$$

$$\omega = \frac{W}{G} \qquad\qquad (6-110)$$

式中　G——通过喷水室的空气质量流量，kg/h；

　　　B——喷水室的横断面积，m^2。

　　　W——总喷水量，kg/h。

表 6-40　喷水室热交换效率实验公式的系数和指数

喷嘴排数	喷孔直径 (mm)	喷水方向	热交换效率	冷却干燥			减焓冷却加湿			绝热加湿			增焓冷却加湿		
				A 或 A'	m 或 m'	n 或 n'	A 或 A'	m 或 m'	n 或 n'	A 或 A'	m 或 m'	n 或 n'	A 或 A'	m 或 m'	n 或 n'
1	5	顺喷	η_1	0.635	0.245	0.42	—	—	—	—	—	—	0.885	0	0.61
			η_2	0.662	0.23	0.67	—	—	—	0.8	0.25	0.4	0.8	0.13	0.42
		逆喷	η_1	0.73	0	0.35	—	—	—	—	—	—	—	—	—
			η_2	0.88	0	0.38	—	—	—	0.8	0.25	0.4	—	—	—
	3.5	顺喷	η_1	—	—	—	—	—	—	—	—	—	—	—	—
			η_2	—	—	—	—	—	—	—	—	—	—	—	—
		逆喷	η_1	—	—	—	—	—	—	—	—	—	—	—	—
			η_2	—	—	—	—	—	—	1.05	0.1	0.4	—	—	—
2	5	一顺一逆	η_1	0.745	0.07	0.265	0.76	0.124	0.234	—	—	—	0.82	0.09	0.11
			η_2	0.755	0.12	0.27	0.835	0.04	0.23	0.75	0.15	0.29	0.84	0.05	0.21
		两逆	η_1	0.56	0.29	0.46	0.54	0.35	0.41	—	—	—	—	—	—
			η_2	0.73	0.15	0.25	0.62	0.3	0.44	—	—	—	—	—	—
	3.5	一顺一逆	η_1	—	—	—	—	—	—	—	—	—	—	—	—
			η_2	—	—	—	—	—	—	0.783	0.1	0.3	—	—	—
		两逆	η_1	—	—	—	0.655	0.33	0.33	—	—	—	—	—	—
			η_2	—	—	—	0.783	0.18	0.38	—	—	—	—	—	—

　　注：实验条件——离心喷嘴；喷嘴密度 13 个/m^2；v_ρ 1.5~3.0 kg/($m^2 \cdot$ s)；喷嘴前水压（P_0）0.10~0.25 MPa（工作压力）。

　　表 6-40 中数据是在喷嘴密度为 13 个/m^2 情况下得到的，当实际喷嘴密度变化较大时应引入修正系数。对于双排对喷的喷水室：当喷嘴密度为 18 个/m^2 时，修正系数可取 0.93；当喷嘴密度为 24 个/m^2 时，修正系数可取 0.9。

　　（3）喷水室热工计算　喷水室热工计算任务是针对既定的空气处理过程，设计合理的喷水室，以使得喷水室能够达到的 η_1 等于空气处理过程需要的 η_1，喷水室能够达到的 η_2 等于空气处理过程需要的 η_2，喷水室喷出的水能够吸收的热量等于空气失去的热量。3 个条件可以用以下 3 个方程表示：

$$\eta_1 = A v_\rho^m \omega^n = 1 - \frac{t_{s2} - t_{w2}}{t_{s1} - t_{w1}} \qquad\qquad (6-111)$$

$$\eta_2 = A' v_\rho^{m'} \omega^{n'} = 1 - \frac{t_2 - t_{s2}}{t_1 - t_{s1}} \qquad (6-112)$$

$$Q = W c_p (t_{w2} - t_{w1}) = G(i_1 - i_2) \qquad (6-113)$$

由（6-110）式，方程（6-113）可以写成：

$$i_1 - i_2 = \omega c_p (t_{w2} - t_{w1}) \qquad (6-114)$$

通过联立求解 3 个方程式可以得到 3 个未知数，实际计算中根据要求确定哪 3 个未知数而将喷水室的热工计算分为设计性计算和校核性计算两类，详见表 6-41。

表 6-41 喷水室的计算类型

计算类型	已知条件	求解内容
设计性计算	空气量 G 空气的初、终状态 t_1、t_{s1}、$(i_1\cdots\cdots)$ t_2、t_{s2}、$(i_2\cdots\cdots)$	喷水室结构 喷水量 W 水的初、终温度 t_{w1}、t_{w2}
校核性计算	空气量 G 空气的初状态 t_1、t_{s1}、$(i_1\cdots\cdots)$ 喷水室结构 喷水量 W 水的初温 t_{w1}	空气的终参数 t_2、t_{s2}、$(i_2\cdots\cdots)$ 水的终温 t_{w2}

由于实际计算中常用湿球温度而不用空气的焓，可以通过引入空气的焓与湿球温度的比值 δ，并用式（6-115）代替方程（6-114）：

$$\delta_1 t_{s1} - \delta_2 t_{s2} = \omega c_p (t_{w2} - t_{w1}) \qquad (6-115)$$

δ 值取决于湿球温度和大气压力，可由 $i-d$ 焓湿图得出，也可通过表 6-42 查出常用的 δ 值。

表 6-42 空气的焓与湿球温度的比值 δ

大气压力 （Pa）	湿球温度 t_s（℃）					
	5	10	15	20	25	28
101 325	3.73	2.93	2.81	2.87	3.06	3.21
99 325	3.77	2.98	2.84	2.90	3.08	3.23
97 325	3.90	3.01	2.91	2.97	3.14	3.28
95 325	3.94	3.06	2.94	2.98	3.18	3.31

在设计计算中，通过上述方法可以得到需要的喷水初温。为获得更佳的空气降温效果，可采用一部分较低温度水源补充进入循环水，这时需要的冷水量 W_l、循环水量 W_x 和回水（或溢流水）量 W_h 的大小可由如下关系确定：

$$W_l = W_h = \frac{G(i_1 - i_2)}{c_p(t_{w2} - t_l)} \qquad (6-116)$$

$$W_x = W - W_l \qquad (6-117)$$

第七章　灌溉系统设计

第一节　灌溉系统的组成和种类

一、灌溉系统的组成

　　温室灌溉系统的功能，主要是将灌溉用水从水源提取，经适当加压、净化、过滤等处理后，由输水管道送入田间灌溉设备，最后由温室田间灌溉设备中的灌水器对作物实施灌溉。一套完整的温室灌溉系统通常包括水源工程、首部枢纽、供水管网、田间灌溉设备、自动控制设备等5部分（图7-1）。图7-2为典型的温室滴灌系统的组成及主要设备。实际生产中由于供水条件和灌溉要求不同，温室灌溉系统可能仅由部分设备组成。

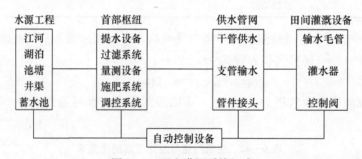

图7-1　温室灌溉系统组成

　　近年来，以连栋玻璃温室为代表的高端温室在中国的发展非常快，无土栽培作为现代温室中常用的栽培方式也越来越普及。基质栽培作为无土栽培的一种，具有病虫害少、节水节肥、栽种灵活、可控性强等优点，近几十年来在国内外得到了广泛的发展和应用。常见的栽培基质有椰糠、泥炭和岩棉等。在基质栽培中，为了确保温室各基质环境的一致性、基质环境营养离子的浓度平衡等，一般实际灌溉量需要多于作物需求量，这样就产生了排液。采用开放式或半封闭式灌溉系统，种植生产过程中会有多余的营养液从基质中流出，造成水肥浪费，增加运营成本。随着人们环境保护意识的增强，对温室无土栽培灌溉系统中所产生排液的处理和再利用日益受到重视。全封闭式灌溉系统对过量灌溉的营养液进行收集、过滤、消毒和再利用，是一个封闭的循环系统，可以提高水肥利用率，避免排液对环境的污染，降低生产种植运营成本。全封闭灌溉系统组成主要包括水处理设备、智能水肥一体机、营养液消毒设备、储液罐、供回液管路及滴箭等。图7-3为典型的温室封闭式灌溉系统的流程图。

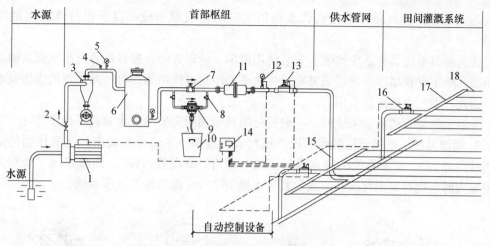

图 7-2 典型的温室滴灌系统

1. 水泵及动力机 2. 止回阀及总阀 3. 水沙分离器 4. 排气阀 5. 压力表 6. 介质过滤器 7. 施肥控制阀
8. 施肥开关 9. 水动施肥器 10. 肥液桶 11. 叠片过滤器 12. 压力传感器 13. 主控电磁阀 14. 灌溉控制箱
15. 供水干管 16. 灌区阀门 17. 供水支管 18. 滴灌管（或毛管＋滴头、微喷头）

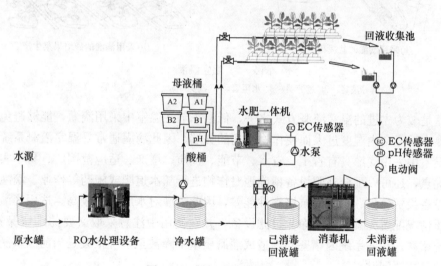

图 7-3 封闭式灌溉系统流程

二、灌溉系统的种类

温室中使用的灌溉系统依据其所用的灌水器形式进行分类，主要有以下几种。

1. 管道灌溉系统 直接在田间供水管道上安装一定数量的控制阀门和灌水软管（图 7-4），并手动打开阀门，用灌水软管进行灌溉的系统。多数情况下，一根灌水软管可以在几个控制阀门之间移动使用以节约投资。灌水软管一般采用软质塑料管或橡胶管，如 PE 软管、PVC 软管、橡胶软管、涂塑

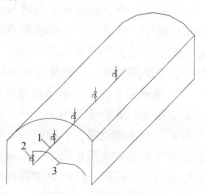

图 7-4 温室管道灌溉
1. 供水管 2. 控制阀 3. 灌水管

软管等。如果需要，还可以在软管末端加上喷洒器或喷水枪，以获得特殊的喷洒灌溉效果。

管道灌溉系统具有适应性强、安装使用简单、管理方便、投资低等突出优点，而且灌溉系统几乎不存在堵塞问题，只需要采用简单的净化过滤措施即可，对水源的水质要求不高，因此在温室中被广泛采用。

为温室配置管道灌溉系统时，一般每公顷栽培面积需要的供水量应不低于 $25 \, m^3/h$。

2. 滴灌系统　是指所用灌水器以点滴状或连续细小水流等形式出流浇灌作物的灌溉系统（图 7-5）。滴灌系统的灌水器常用的有滴头、滴灌管（带）。滴灌系统一般布置在温室地表面，也有采用将滴头或滴灌管埋入地下 30 cm 深的地下滴灌系统。

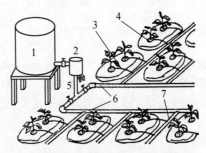

(a)采用滴灌的盆栽花卉　　　　　(b)采用滴灌的袋培果菜生产

图 7-5　温室滴灌

1. 营养液罐　2. 过滤器　3. 水阻管　4. 滴头　5. 主管　6. 支管　7. 毛管

滴灌是较为先进的温室灌溉方式之一，低温季节在温室中采用滴灌，能够避免其他灌溉方法灌水后温室内湿度过大而使作物染病的弊端，因此滴灌通常是温室灌溉系统中的首选。在温室中采用滴灌具有省工、省水、节能、优质、增产、适应范围广、易于实现自动控制等优点，还可以配合施肥设备精确地对作物进行随水追肥或施药等作业。滴灌的不足之处是设备投资较高、系统的抗堵塞性能差，因此滴灌对水质要求较高。选用滴灌系统应根据水质情况配置完善的水源净化过滤设备，并在使用中注意采取必要的维修保养措施，谨防系统堵塞。滴灌系统因堵塞问题造成灌溉质量下降甚至系统报废是当前温室滴灌系统应用中的最主要问题。

温室生产中，宜将滴灌系统与微喷灌或管道灌溉结合使用，低温季节采用滴灌系统进行灌溉，高温干燥季节结合微喷灌或管道灌溉进行降温加湿、调节温室田间气候，从而获得更好的收成。

3. 微喷灌系统　是指所用灌水器以喷洒水流状浇灌作物的灌溉系统（图 7-6）。常用微喷灌系统的灌水器有各种微喷头、微喷带、喷枪等。温室中采用微喷头的微喷灌系统，一般将微喷头倒挂在温室骨架上实施灌溉，以避免微喷灌系统对田间其他作业的影响。

温室中采用微喷灌系统具有省工、省水、节

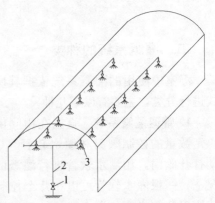

图 7-6　温室微喷灌

1. 控制阀　2. 供水管　3. 微喷头

能、能随水追肥或喷药、易于实现自动控制等优点；同时因喷洒水与空气接触面积大，采用微喷灌能够显著增加温室内湿度、降低温室内温度、调节温室田间气候，有利于高温干燥季节作物的连续生长。但温室是一个封闭的生产环境，完全依靠微喷灌系统进行温室作物的灌溉，在低温潮湿季节容易产生温室内空气湿度过高而使作物患病害机会增加的问题，同时某些作物开花或坐果期间也忌讳明水浇灌，因此应该有限制地使用温室微喷灌系统。通常，将温室微喷灌系统与温室滴灌或管灌系统结合在一起使用，以滴灌或管灌系统为主，微喷灌系统作为补充灌溉或调节温室田间气候使用。

温室中使用的微喷头有旋转式微喷头和散射式微喷头。旋转式微喷头主要用于补充灌溉使用，散射式微喷头常被称为雾化喷头，并有折射式雾化喷头和离心式雾化喷头之分。折射式雾化喷头工作压力低、水滴平均直径 150 μm，一般适用于加湿降温和灌溉兼顾的场合；离心式雾化喷头（"十"字四喷嘴雾化喷头）工作压力高、水滴雾化好（水滴平均直径 70 μm）、雾化均匀度高，适用于温室的加湿降温。温室中使用的微喷头应带有防滴器，以防止微喷头或管件连接处的滴漏水对作物的危害。

4. 微喷带微灌系统　采用微喷带作为灌水器的灌溉系统。微喷带是一种直接在可压扁的薄壁塑料软管上加工出水小孔进行灌溉的灌水器，这种微喷带的特点之一是可用作滴灌，也可用作微喷灌。将其覆盖在地膜下，微喷带出水向上喷射至地膜，在地膜的遮挡下均匀地滴入土壤中，可形成类似滴灌的效果；将其直接铺设在地面，微喷带出水可形成类似细雨的微喷灌效果（图 7 - 7）。温室中，低温季节将其覆盖在地膜下作为滴灌用，高温季节揭开地膜就可作为微喷灌用，是一种经济实用的温室灌溉设备，尤其适合在塑料大棚、日光温室等对灌溉要求不高的生产性温室中使用。

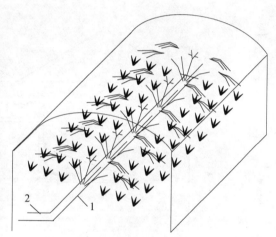

图 7 - 7　温室微喷带微灌
1. 微喷带　2. 供水管

微喷带微灌系统的优点是抗堵塞性能好、不需要很好的水源净化过滤设备、能滴能喷、投资低等，缺点是其灌水均匀度较低、使用年限短。

5. 渗灌系统　渗灌是利用埋在地下的渗水管，将压力水通过渗水管的管壁上肉眼看不见的微孔，像出汗一样渗流出来湿润其周围土壤的灌溉方法（图 7 - 8）。

渗灌管与温室滴灌系统的滴灌（带）管相近，只是灌水器由滴灌（带）管换成

图 7 - 8　渗灌管

了渗灌管，滴灌（带）管一般布置在地面，而渗灌管则是埋入地下。灌溉时，水流通过输水管进入埋设在地下的渗水管，经管壁上密布的微孔隙缓慢流出渗入附近的土壤，再借助土壤（基质）的毛细作用将水分扩散到整个根系层供作物吸收利用。渗灌不破坏土壤结

构，保持了作物根系层内疏松通透的生长环境条件，且减少了地面蒸发损失，因而具有明显的节水增产效益。此外，田间输水管道地埋后便于农田耕作和作物栽培管理，同时，管材抗老化性也大大增强。

温室采用渗灌系统具有省工、节水、易于实现自动控制、田间作业方便、设备使用年限长等优点，但因种植作物必须准确地与地下灌溉系统相对应（后者为隐蔽工程），且灌溉均匀度低、系统抗堵塞能力差、检查和维护困难等缺点限制了这一系统在温室灌溉领域内的应用。

6. 行走式喷灌机 温室行走式喷灌机实质上也是一种微喷灌系统，但它是一种灌水均匀度很高、可移动使用的微喷灌系统。工作时，行走式喷灌机运行在悬挂于温室骨架上的行走轨道上，通过安装在喷灌机两侧喷灌管上的微喷头实施灌溉作业（图7-9）。温室行走式喷灌机通常还配有施肥或加药设备，以便利用其对作物进行施肥或喷药作业；同时采用可更换喷嘴的微喷头，可根据作物或喷洒目的的不同选择合适的喷嘴进行喷洒作业。喷灌机上所用喷头应有防滴器。

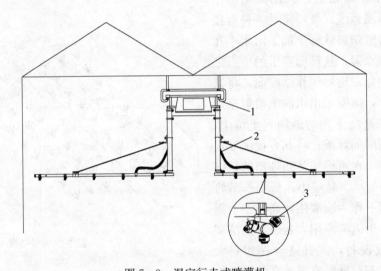

图7-9 温室行走式喷灌机
1.喷灌机行走轨道 2.喷灌机主机 3.三喷嘴微喷头

由于投资较高，温室行走式喷灌机多用于穴盘育苗、观赏性花卉栽培等有特殊灌水要求的温室生产中。

7. 潮汐灌溉系统 潮汐式灌溉是一种针对花盆、穴盘等容器或基质块设计的底部灌溉方式，灌溉时水或营养液流入栽培床或栽培池中（称为涨潮），液面达到一定高度后（通常1～8 cm），维持一定时间（通常5～10 min），使作物通过基质的毛细管作用吸取水分得到灌溉，然后再快速将灌溉水或营养液排出栽培床或栽培池（称为落潮）。具体液面高度和维持时间视栽培基质、植物种类及其生长发育阶段而定。根据栽培面特点的不同，潮汐灌溉分为植床式和地面式两种类型。植床式潮汐灌溉是指在温室中修建的高出地面一定高度的栽培床等空中栽培设施中实施的潮汐灌溉，地面式潮汐灌溉是指在温室地面上修建的栽培池等地面栽培设施中实施的潮汐灌溉。潮汐灌溉系统由栽培设施、营养液循环系统和自动控制系统组成（图 7 - 10）。

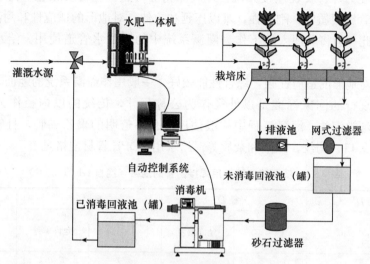

图 7 - 10　潮汐灌溉系统主要组成示意图

潮汐灌溉为封闭式灌溉系统，营养液经处理后循环利用，可以节水节肥，还可以避免多余水肥洒落地面，有利于保护生态环境。应用潮汐灌溉可以避免肥料接触叶面，相对湿度容易控制，可保持植株叶面干燥，切断病虫害的传播途径，降低其发生频率。潮汐灌溉还可以避免苗床下杂草生长，减少菌类共生。

第二节　灌溉设备

一、管道及附件

1. 管道　适合农田灌溉使用的各种钢管、铸铁管、塑料管都可以作为温室灌溉工程的输配水管道，但在温室灌溉系统中应优先选择各种塑料管。

钢管和铸铁管可承受工作压力大、工作可靠、使用寿命长。缺点是单位长度重量较大，每根管的长度短、接头多、施工量大。这类管道不耐锈蚀，所产生的铁絮会堵塞出水口较小的滴头、微喷头等灌水器，因此灌溉系统使用钢管和铸铁管必须进行防腐处理，且一般只用在灌溉系统中净化和过滤设备以前作为供水引水干管用，严禁用于田间灌溉系统的输配水管道。低压流体输送用焊接钢管的规格见表 7 - 1。

塑料管是温室灌溉系统中最常使用的输配水管道，其中硬聚氯乙烯（PVC - U）管、低密度聚乙烯（LDPE）管、聚丙烯（PP）管的应用最为普遍。塑料管的共同优点是内壁光滑、水力性能好，有一定韧性、能适应一定的不均匀沉陷，重量小、搬运容易，成本低，耐腐蚀，使用寿命长，一般可用 20 年以上；缺点是材质受温度影响大，如高温变形、低温变脆，同时受光和热的影响容易老化，使得材料强度降低。为减少高温和光照对塑料管的影响，在可能的条件下，温室内的塑料管道一般埋入地面以下，以克服塑料管因阳光直射产生的老化问题，延长其使用寿命；室外的塑料管和其他输配水管要埋入冻土层以下，以避免管道冻裂。

PVC-U 管是以聚氯乙烯树脂为主要原料，与稳定剂、润滑剂等配合后经挤压成型的，具有承压能力好、安装连接方便、外观漂亮等特点，但材质较脆，需要避免剧烈撞击。聚氯乙烯管属硬质管，刚性强，难以压延和拉伸，对地形的适应性和耐高温能力不如 LDPE 管，因此一般将其埋入地下作为灌溉系统中的输配水管道使用。给水用 PVC-U 管材规格见表 7-2。

LDPE 管对地形的适应性强，综合性能较好，一般用作灌溉系统的地面输配水管和毛管。LDPE 管现行的国家标准是以外径作为公称尺寸，传统的以内径作为公称尺寸的 LDPE 管正逐渐被淘汰。灌溉工程中一般使用黑色不透明的聚乙烯管，且管道应光滑平整，无气泡、裂口、沟纹、凹陷和杂质等。给水用 LDPE 管材规格见表 7-3。

表 7-1　低压流体输送用焊接钢管的规格（摘自 GB/T 3091）

公称口径 DN		外径 D		壁厚 t		理论重量
mm	in	公称尺寸（mm）	允许偏差	最小公称尺寸（mm）	允许偏差	（kg/mm）
10	3/8	17.2		2.2		0.81
15	1/2	21.3		2.2		1.04
20	3/4	26.9		2.2		1.34
25	1	33.7	±0.50 mm	2.5		1.92
32	1-1/4	42.4		2.5		2.46
40	1-1/2	48.3		2.75		3.09
50	2	60.3		3.0	±10%t	4.24
65	2-1/2	76.1		3.0		5.41
80	3	88.9		3.25		6.86
100	4	114.3	±1%D	3.25		8.90
125	5	139.7		3.5		11.76
150	6	165.1		3.5		13.95

表 7-2　硬聚氯乙烯（PVC-U）管公称压力和规格尺寸（摘自 SL/T 96.1—1994）

公称外径（mm）	压力等级（MPa）				
	0.25	0.40	0.63	1.00	1.25
$20_0^{+0.3}$			$0.7_0^{+0.3}$	$1.0_0^{+0.3}$	$1.2_0^{+0.4}$
$25_0^{+0.3}$		$0.5_0^{+0.3}$	$0.8_0^{+0.3}$	$1.2_0^{+0.4}$	$1.5_0^{+0.4}$
$32_0^{+0.3}$		$0.7_0^{+0.3}$	$1.0_0^{+0.3}$	$1.6_0^{+0.4}$	$1.9_0^{+0.4}$
$40_0^{+0.3}$	$0.5_0^{+0.3}$	$0.8_0^{+0.3}$	$1.3_0^{+0.4}$	$1.9_0^{+0.4}$	$2.4_0^{+0.5}$
$50_0^{+0.3}$	$0.7_0^{+0.3}$	$1.0_0^{+0.3}$	$1.6_0^{+0.4}$	$2.4_0^{+0.5}$	$3.0_0^{+0.5}$
$63_0^{+0.3}$	$0.8_0^{+0.3}$	$1.3_0^{+0.4}$	$2.0_0^{+0.4}$	$3.0_0^{+0.5}$	$3.8_0^{+0.6}$
$75_0^{+0.3}$	$1.0_0^{+0.3}$	$1.5_0^{+0.4}$	$2.3_0^{+0.5}$	$3.6_0^{+0.6}$	$4.5_0^{+0.7}$
$90_0^{+0.3}$	$1.2_0^{+0.4}$	$1.8_0^{+0.5}$	$2.8_0^{+0.5}$	$4.3_0^{+0.7}$	$5.4_0^{+0.8}$

（续）

公称外径（mm）	压力等级（MPa）				
	0.25	0.40	0.63	1.00	1.25
$110_0^{+0.4}$	$1.4_0^{+0.4}$	$2.2_0^{+0.5}$	$3.4_0^{+0.6}$	$5.3_0^{+0.8}$	$6.6_0^{+0.9}$
$125_0^{+0.4}$	$1.6_0^{+0.4}$	$2.5_0^{+0.5}$	$3.9_0^{+0.6}$	$6.0_0^{+0.8}$	$7.4_0^{+1.0}$
$140_0^{+0.5}$	$1.8_0^{+0.4}$	$2.8_0^{+0.5}$	$4.3_0^{+0.7}$	$6.7_0^{+0.9}$	$8.3_0^{+1.1}$
$160_0^{+0.5}$	$2.0_0^{+0.4}$	$3.2_0^{+0.6}$	$4.9_0^{+0.7}$	$7.7_0^{+1.0}$	$9.5_0^{+1.2}$
$180_0^{+0.6}$	$2.3_0^{+0.5}$	$3.6_0^{+0.6}$	$5.5_0^{+0.8}$	$8.6_0^{+1.1}$	
$200_0^{+0.6}$	$2.5_0^{+0.5}$	$3.9_0^{+0.6}$	$6.2_0^{+0.9}$	$9.6_0^{+1.2}$	
$225_0^{+0.7}$	$2.8_0^{+0.5}$	$4.4_0^{+0.7}$	$6.9_0^{+0.9}$		
$250_0^{+0.8}$	$3.1_0^{+0.6}$	$4.9_0^{+0.7}$	$7.7_0^{+1.0}$		
$280_0^{+0.9}$	$3.5_0^{+0.6}$	$5.5_0^{+0.8}$	$8.6_0^{+1.1}$		
$315_0^{+1.0}$	$3.9_0^{+0.6}$	$6.2_0^{+0.9}$	$9.7_0^{+1.2}$		

表7-3　低密度聚乙烯（LDPE）管公称压力和规格尺寸（摘自 SL/T 96.2—1994）

公称外径（mm）	压力等级（MPa）		公称外径（mm）	压力等级（MPa）	
	0.25	0.40		0.25	0.40
$6_0^{+0.3}$		$0.5_0^{+0.3}$	$32_0^{+0.3}$	$1.6_0^{+0.4}$	$2.4_0^{+0.5}$
$8_0^{+0.3}$		$0.6_0^{+0.3}$	$40_0^{+0.3}$	$1.9_0^{+0.4}$	$3.0_0^{+0.5}$
$10_0^{+0.3}$	$0.5_0^{+0.3}$	$0.8_0^{+0.3}$	$50_0^{+0.3}$	$2.4_0^{+0.5}$	$3.7_0^{+0.6}$
$12_0^{+0.3}$	$0.6_0^{+0.3}$	$0.9_0^{+0.3}$	$63_0^{+0.3}$	$3.0_0^{+0.5}$	$4.7_0^{+0.7}$
$16_0^{+0.3}$	$0.8_0^{+0.3}$	$1.2_0^{+0.3}$	$75_0^{+0.3}$	$3.6_0^{+0.6}$	$5.5_0^{+0.8}$
$20_0^{+0.3}$	$1.0_0^{+0.3}$	$1.5_0^{+0.4}$	$90_0^{+0.3}$	$4.3_0^{+0.7}$	$6.6_0^{+0.9}$
$25_0^{+0.3}$	$1.2_0^{+0.4}$	$1.9_0^{+0.4}$			

PP 管耐高温性能较好，但管道的线性膨胀系数大，一般仅用作灌溉工程的地下供水管道。给水用 PP 管材规格见表7-4。

表7-4　聚丙烯（PP）管公称压力和规格尺寸（摘自 SL/T 96.3—1994）

公称外径（mm）	压力等级（MPa）			
	0.25	0.40	0.63	1.00
$20_0^{+0.3}$	$0.5_0^{+0.3}$	$0.8_0^{+0.3}$	$1.2_0^{+0.4}$	$1.9_0^{+0.4}$
$25_0^{+0.3}$	$0.7_0^{+0.3}$	$1.0_0^{+0.3}$	$1.5_0^{+0.4}$	$2.3_0^{+0.5}$
$32_0^{+0.3}$	$0.8_0^{+0.3}$	$1.3_0^{+0.4}$	$1.9_0^{+0.4}$	$2.9_0^{+0.5}$
$40_0^{+0.3}$	$1.0_0^{+0.3}$	$1.6_0^{+0.4}$	$2.4_0^{+0.5}$	$3.7_0^{+0.6}$
$50_0^{+0.3}$	$1.3_0^{+0.4}$	$2.0_0^{+0.4}$	$3.0_0^{+0.5}$	$4.6_0^{+0.7}$
$63_0^{+0.3}$	$1.6_0^{+0.4}$	$2.4_0^{+0.5}$	$3.8_0^{+0.6}$	$5.8_0^{+0.8}$
$75_0^{+0.3}$	$1.9_0^{+0.4}$	$2.9_0^{+0.5}$	$4.5_0^{+0.7}$	$6.8_0^{+0.9}$
$90_0^{+0.3}$	$2.2_0^{+0.5}$	$3.5_0^{+0.6}$	$5.4_0^{+0.8}$	$8.2_0^{+1.1}$

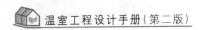

（续）

公称外径（mm）	压力等级（MPa）			
	0.25	0.40	0.63	1.00
$110^{+0.4}_0$	$2.7^{+0.5}_0$	$4.2^{+0.7}_0$	$6.6^{+0.9}_0$	
$125^{+0.4}_0$	$3.1^{+0.6}_0$	$4.8^{+0.7}_0$	$7.4^{+1.0}_0$	
$140^{+0.5}_0$	$3.5^{+0.6}_0$	$5.4^{+0.8}_0$	$8.3^{+1.1}_0$	
$160^{+0.5}_0$	$4.0^{+0.6}_0$	$6.2^{+0.9}_0$	$9.5^{+1.2}_0$	
$180^{+0.6}_0$	$4.4^{+0.7}_0$	$6.9^{+0.9}_0$		
$200^{+0.6}_0$	$4.9^{+0.7}_0$	$7.7^{+1.0}_0$		
$225^{+0.7}_0$	$5.5^{+0.8}_0$	$8.6^{+1.1}_0$		
$250^{+0.8}_0$	$6.2^{+0.9}_0$	$9.6^{+1.2}_0$		
$280^{+0.9}_0$	$6.9^{+0.9}_0$			
$315^{+1.0}_0$	$7.7^{+1.0}_0$			

2. 连接件　连接管道的部件，也称管件。根据连接目的不同，管件被分成直接头、弯头、三通、四通、堵头、旁通等几类。管道的连接方式有焊接、粘接、插接、螺纹连接和法兰连接等。钢管之间可通过焊接、螺纹连接、法兰连接等多种方式连接，钢管与塑料管之间的连接可采用螺纹连接、法兰连接、插接。PVC-U 管之间的连接一般用专用管件插接，并用专用胶水将管件与管道粘接和密封。PVC-U 管与钢管、PE 管之间的连接则可以采用法兰对接或螺纹连接，一般管径小于 90 mm 时采用螺纹管件连接，大于 90 mm 时采用法兰管件连接。LDPE 管之间的连接一般用专用管件插接，并通过管件上的锁紧套和橡胶密封圈进行连接和密封，且管径一般小于 63 mm。LDPE 管与钢管、PVC-U 管之间的连接一般采用螺纹连接。表 7-5 为北京绿源塑料有限责任公司生产的 LDPE 管管件种类和规格。

表 7-5　北京绿源塑料有限责任公司 LDPE 管管件（单位：mm）

品名	规格	品名	规格	品名	规格
同径接头	Φ20	阳螺纹三通	Φ20×0.5″×20	螺纹三通	1″×0.75″×1″
	Φ32		Φ20×0.75″×20	阴螺纹变接头	Φ20×0.5″
	Φ40		Φ25×0.75″×25		Φ20×0.75″
	Φ50		Φ25×1″×25		Φ25×0.75″
	Φ63		Φ32×0.75″×32		Φ25×1″
异径接头	Φ63×40		Φ32×1″×32		Φ32×0.75″
阳螺纹管接头	Φ20×0.5″		Φ40×1.25″×40		Φ32×1″
	Φ20×0.75″		Φ40×1.5″×40		Φ40×1.25″
	Φ25×0.75″		Φ50×2″×5		Φ40×1.5″
	Φ25×1″		Φ63×0.75″×63		Φ50×2″
	Φ32×0.75″		Φ63×1″×63		Φ63×1.5″
	Φ32×1″		Φ63×1.5″×63		Φ63×2″

（续）

品名	规格	品名	规格	品名	规格
阳螺纹管接头	Φ32×1.25"	弯头	Φ20	堵头	Φ25
	Φ40×1.25"		Φ25		Φ32
	Φ40×1.5"		Φ32		Φ40
	Φ50×1.5"		Φ40		Φ50
	Φ50×2"		Φ50		Φ63
	Φ63×1.5"		Φ63	阳螺纹弯头	Φ20×0.5"(0.75")
	Φ63×2"		Φ0.75"		Φ25×0.75"
同径三通	Φ20		Φ1"		Φ25×1"
	Φ25		Φ1.5"		Φ32×0.75"
	Φ32		Φ2"		Φ32×1"
	Φ40	阴螺纹三通	Φ20×0.5"×20		Φ40×1.25"
	Φ50		Φ20×0.75"×20		Φ50×1.5"
	Φ63		Φ25×0.75"×25		Φ63×2"
阴螺纹管接头	Φ20×0.5"		Φ25×1"×25	鞍座	Φ40×0.5"
	Φ20×0.75"		Φ32×0.75"×32		Φ40×0.75"
	Φ25×0.75"		Φ40×1"×40		Φ40×1"
	Φ25×1"		Φ40×1.25"×40		Φ50×0.5"
	Φ40×1.25"		Φ40×1.5"×40		Φ50×0.75"
	Φ40×1.5"		Φ50×1.5"×50		Φ50×1"
	Φ50×1.5"		Φ50×2"×50		Φ63×0.75"
	Φ50×2"		Φ63×1.5"×63		Φ63×1"
	Φ63×1.5"		Φ63×2"×63	Y型三通	Φ25×0.75"×25
	Φ63×2"	堵头	Φ20		Φ25×1"×25

3. 控制与安全部件 为保证温室灌溉系统正常、有序、安全运行，系统内应安装必要的控制阀、安全保护部件、测量设备等。

温室灌溉系统中使用的控制与安全部件很少是灌溉系统专用设备，一般可从工业和民用的给排水设备中选择。

（1）控制阀门 用于接通和关闭灌溉管道，并可调节管道中水流的压力和流量，主要有闸阀、球阀和蝶阀。

闸阀具有开启和关闭力小，对水流的阻力小，水流可以两个方向流动，易于调节水流的压力和流量大小等优点。闸阀开启和关闭时间长，有利用于防止管道中水锤的形成，因此闸阀特别适合作为温室滴灌和微喷灌系统中主控阀门使用，一般 40 mm 口径以上的控制阀都可使用闸阀。

球阀在微灌系统中应用很广泛，主要用于支管进口处的控制阀。球阀结构简单，体积小，对水流的阻力也小；缺点是开启或关闭太快，会在管道中产生水锤，因此一般只用于

40 mm 口径以下的管道。此外，球阀也经常安装在各级管道的末端作冲洗阀之用，冲洗排污效果好。

蝶阀的水力学特点与球阀类似，一般只能用作水流开关，不能进行水流的压力流量调节。由于很少生产直径超过 50 mm 的球阀，在一些大管径的供水管道上，可根据情况选用蝶阀作为水流开关。

为避免铁质阀门锈蚀产生的杂质堵塞温室灌溉系统，在灌溉系统过滤设备之后的阀门宜采用各种形式的塑料阀门或其他耐锈蚀材料制作的阀门。表 7-6 为常用塑料阀门的规格。

表 7-6　常用塑料阀门规格

规格	PT 螺纹球阀	DIN 插接球阀	法兰盘球阀	把手式蝶阀	蜗齿式蝶阀	止回阀	底阀
DN15(0.5″)	●	●	●	●			
DN20(0.75″)	●	●	●	●		●	●
DN25(1″)	●	●	●	●		●	●
DN32(1.25″)	●	●	●	●		●	●
DN40(1.5″)	●	●	●	●		●	●
DN50(2″)	●	●	●	●		●	●
DN65(2.5″)		●	●	●		●	
DN80(3″)		●	●	●		●	
DN100(4″)		●	●		●	●	
DN125(5″)		●	●		●	●	
DN150(6″)		●		●	●	●	
DN200(8″)			●		●		
DN250(10″)					●		
DN300(12″)					●		
DN350(14″)					●		
DN400(16″)					●		
DN500(20″)					●		

（2）安全设备　为保证温室灌溉系统的安全运行，需要在管道的适当位置安装相应的安全保护部件，以防止管道破坏、出水困难、水流倒灌等问题。常用的安全保护设备有止回阀或单向阀、进排气阀等，大型温室灌溉工程中还可能用到水锤消除器、安全阀等保护设备。

止回阀、单向阀和底阀是用来防止水倒流的保护部件（规格参见表 7-6）。在供水管与施肥系统之间的管道中应装上止回阀，当供水停止时，止回阀自动关闭，使肥料罐里的化肥和农药不能倒流回供水管中。另外在水泵出水口装上止回阀后，当水泵突然停止工作时可以防止水倒流，从而可避免水泵倒转造成损坏。

进排气阀安装在系统供水管、干管、支管等的高处。当管道开始输水时，管中的空气向管道高处集中，此时该阀门主要起排除管中空气的作用，防止空气在管道中形成气泡而产生气阻，保证系统安全输水。当停止供水时，管道中的水流逐渐被排出，此时该阀起进气作用，以防止管道内出现负压而破裂。表7-7为福州阿尔赛斯流体设备科技有限公司进排气阀的规格性能。

表7-7　福州阿尔赛斯流体设备科技有限公司进排气阀的规格性能

产品型号	规格	排气面积（mm²）	额定进排气压差（MPa）	排气量（m³/h）	进气量（m³/h）	工作压力（MPa）	外形尺寸（mm）
C10	1″	454	0.02	130	240	0.02～1.6	161×97×86
C20	2″	908	0.02	310	370	0.02～1.6	249×187×110
C50	2″	1 200	0.02	310	370	0.02～1.6	255×195×120
A10	0.75～1″	288	0.02	75～130	140～240	0.02～1.6	108×66×63
A11	0.75～1″	288	0.02	75～130	140～240	0.02～1.6	110×80×66
A12	0.75～1″	288	0.02	75～130	140～240	0.02～1.6	122×58×58
A20	2″	858	0.02	310	370	0.02～1.6	132×80×72
K10		314	0.02	130	240	0.02～1.6	183×134×86
K20	2″	908	0.02	310	370	0.02～1.6	249×187×110

（3）压力调节器　即稳压器，用来调节微灌管道中水的工作压力，使之保持压力稳定的装置（图7-11）。将其安装在微灌系统管道中的某一部位时，不论其上游压力如何变化，它都能利用调节弹簧自动将其下游压力保持在一定范围内，从而使管道下游的灌水器（滴灌、微喷头、滴灌带、喷水带等）在设计的工作压力下运行，确保微灌系统正常的工作。稳压实际上就是稳流，因此稳压器也是一种流量调节器，有时也称之为压力流量调节器。也可选择供水或采暖设备中的调压阀作为稳压器使用。

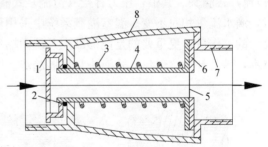

图7-11　压力调节器
1.进口挡板　2.密封圈　3.弹簧　4.调压件
5.橡胶膜　6.压板　7.出口接头　8.外壳

随着计算机、传感器等技术的发展，压力调节装置朝着易于实现自动控制、满足高精度要求等方向发展。电磁调压阀本身具有压力调节的功能，可根据情况选择使用。电磁调压阀为电信号控制液压隔膜驱动控制阀，可用于压力的调节与开闭。电磁调压阀内置压力调节器用于调节阀门出口压力，使阀后压力自动保持在设定的压力数值，阀门上同时安装有手控优先控制开关，可以方便地实现手动和自动的转换。

二、滴头

滴头被定义为安装在灌溉毛管上，以滴或连续流形式出水，且流量不大于24 L/h（冲洗期间除外）的装置。现行滴头的相关标准为《农业灌溉设备滴头和滴灌管技术规范和试验方法》（GB/T 17187—2009）。

1. 滴头的分类与特点　按滴头的结构特征，可将滴头分成长流道式滴头、孔口式滴头、涡流式滴头等。长流道式滴头靠水流与流道壁之间的摩擦消能来调节出水量，这种结构的滴头最为常用，如微管滴头、滴箭、某些恒流（压力补偿）式滴头等都属于这种类型。孔口式滴头靠孔口出流造成的局部压力损失来调节出水量的大小，具有结构简单、造价低的优点。涡流式滴头是靠水流进入滴头中的涡室内形成的涡流来消能调节出水量的大小。

　　按滴头的安装位置可将滴头分成管上式滴头和管间式滴头。管上式滴头直接或间接地（如通过微管）安装到灌溉系统中毛管管壁上。采用管上方式安装滴头简单方便，并可以通过微管调整滴头灌水的位置，大部分滴头都是管上式滴头。管间式滴头是安装在两段管道（灌溉毛管之间）之间的滴头，如重力滴头。

　　按滴头的出水口数量，可将滴头分成单出口式滴头和多出口式滴头。多出口式滴头出口的水流被分解并导流到几个不相同位置上的滴头，这样能使水流更好地扩散。

　　按滴头能否在埋入地下的滴灌系统中使用，可将滴头分成地下滴灌用滴头和非地下滴灌用滴头。埋入地下的滴灌系统具有设备使用寿命长、不影响田间作业、节水效率高等优点，但地下滴灌用滴头应有特殊装置防止根系扎入滴头的出水口，以及停止灌溉时的泥水被吸入到滴头中而产生堵塞问题，因此地下滴灌系统造价较高、管理要求也高。

　　按滴头是否具有补偿性功能，可将滴头分成非压力补偿（非恒流）式滴头和压力补偿（恒流）式滴头。其中，压力补偿（恒流）式滴头入口水压力在制造厂规定的范围内变化时，滴水流量相对不变。温室灌溉系统中采用压力补偿（恒流）式滴头不仅可以减少系统设计的工作量，更重要的是能够减少系统中输配水管道的材料用量，从而降低灌溉设备的成本，压力补偿（恒流）式滴头是发展趋势。图 7-12 为各种常用的滴头。

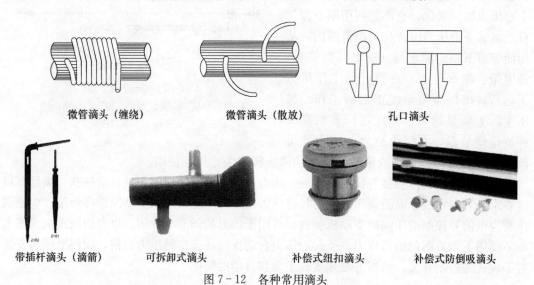

微管滴头（缠绕）　　　　微管滴头（散放）　　　　孔口滴头

带插杆滴头（滴箭）　　　可拆卸式滴头　　　　补偿式纽扣滴头　　　补偿式防倒吸滴头

图 7-12　各种常用滴头

2. 滴头的主要技术参数　有结构参数和水力性能参数。结构参数主要为流道宽度或出水口直径、流道长度等，一般流道宽度或出水口直径为 0.5～1.2 mm，流道长度 30～50 mm。水力性能参数主要有流量与压力关系、流量变异系数等。

　　滴头的流量 q 与入口压力 p 的关系由制造厂商给出，这种关系通常用一一对应的数列表示，也可以用以下关系式表示：

$$q = k \times p^m \tag{7-1}$$

式中　q——滴头的流量，L/h；

　　　　p——滴头入口压力，kPa；

　　　　k——常数；

　　　　m——滴头流态指数。

式（7-1）中流态指数 m 反映了滴头的流量对压力变化的敏感程度。当滴头内水流为全层流时，流态指数 $m=1.0$，即流量与入口压力成正比；当滴头内水流为全紊流时，流态指数 $m=0.5$；完全恒流（压力补偿）式滴头的流态指数 $m=0$，即流量不受入口压力变化的影响。其他各种形式滴头的流态指数 m 在 $0\sim1.0$ 之间变化。

滴头制造过程中，由于生产工艺、模具精度和材料质量的影响，不可避免地会产生滴头尺寸的制造偏差，从而导致滴头的流量偏差。滴头的制造偏差用流量变异系数（又称流量偏差系数）C_v 来表示：

$$C_v = \frac{S_q}{\bar{q}} \times 100 \qquad (7-2)$$

$$S_q = \sqrt{\frac{1}{n-1}\sum_{i=1}^{n}(q_i-\bar{q})^2} \qquad (7-3)$$

$$\bar{q} = \frac{\sum_{i=1}^{n}q_i}{n} \qquad (7-4)$$

式中　C_v——滴头的流量变异系数，%；

　　　　S_q——滴头的流量标准偏差；

　　　　$\bar{q}$——滴头的平均流量，L/h；

　　　　q_i——每个滴头的流量，L/h；

　　　　n——所测滴头个数。

根据 GB/T 17187 规定，滴头的流量变异系数不大于 5% 为 A 类产品，滴头的流量变异系数 5%~10% 为 B 类产品，滴头的流量变异系数超过 10% 为不合格产品。

3. 滴头用稳流器　为克服非压力补偿式滴头的流量因压力变化而变化的缺点，可以采用在非压力补偿式滴头的入水口增设稳流器的方法。稳流器又称出水分配器，实际上也是一种压力补偿式滴头，只是在其结构上增加了出水口接头，以方便与非压力补偿式滴头的连接（图 7-13）。温室采用滴箭灌溉时，通常配置稳流器。

国产稳流器　　　　　　　　进口稳流器

图 7-13　各种滴头用稳流器

4. 常用滴头及稳流器规格性能　表 7-8 至表 7-14 为各种常用滴头及稳流器的规格性能。

表7-8 国产微管滴头规格性能

微管内径 (mm)	工作压力 (kPa)	微管长度 (m)				微管流量 (L/h)	
		散放	缠绕	散放	缠绕	散放	缠绕
1.0	50	0.7	0.29	0.35	0.14		
	100	1.41	0.58	0.71	0.28	4	8
	150	2.11	0.87	1.05	0.41		
1.2	50	1.55	0.64	0.74	0.29		
	100	3.11	1.28	1.49	0.59	4	8
	150	4.67	1.93	2.24	0.88		
1.5	50	4.11	1.70	1.86	0.73		
	100	8.22	3.40	3.37	1.47	4	8
	150		5.10	5.60	2.21		

表7-9 北京绿源塑料有限责任公司生产的压力补偿式滴头规格性能

滴头类型	颜色	流量 (L/h)	工作压力范围 (kPa)
压力补偿式滴头	黑色	2.3	60～350
	红色	3.75	60～350

表7-10 以色列普拉斯托公司的滴头规格性能

滴头类型	颜色	流量压力关系 Q (L/h), H (m)	额定流量 (L/h)	额定工作压力 (kPa)	工作压力范围 (kPa)
TORNADO 大流道滴头	黑	$Q = 4.5339H^{0.44}$	12.4	100	100～200
	蓝	$Q = 5.8024H^{0.4298}$	15.5	100	100～200
	绿	$Q = 7.3515H^{0.4814}$	22.2	100	100～200
	红	$Q = 9.0168H^{0.4766}$	27.0	100	100～200
TUFFTIF 紊流滴头	黑	$Q = 0.615H^{0.539}$	2.1	100	80～250
	蓝	$Q = 1.3643H^{0.478}$	4.1	100	80～250
	绿	$Q = 2.7257H^{0.465}$	8.0	100	80～250
	红	$Q = 4.3329H^{0.414}$	11.3	100	80～250
KATIF 压力补偿式滴头 (可用作稳流器)	黑		2.3	100	60～300
	棕		2.8	100	60～300
	红		3.75	100	60～300
	绿		8.4	100	60～300
SUPERTIF 压力补偿式滴头 (可用作稳流器)	黑		3.91	100	60～300
	绿		8.10	100	60～300
	红		11.8	100	60～300

表 7 - 11 以色列耐特菲姆公司生产的各种压力补偿式滴头规格性能

滴头型号	可选流量（L/h）	工作压力（kPa）	关闭压力（kPa）	可选出口形式
PC	2 4 8.5	50～400	无	平头 短管
PCB	25	50～400	无	防虫帽 短管
CNLH	3 6 12	120～400	40	平头 短管
CNLL	2 4 8.5	100～400	15	平头 短管
PCJ	2 3 4 8	50～400	无	平头 短管 倒刺
PCJ CNL	2 4 8	50～400	0.5	平头 短管 倒刺

表 7 - 12 美国托罗公司生产的 Turbo Plus 压力补偿式滴头规格性能

型号	正常流量（L/h）	不同压力（kPa）对应流量（L/h）					流道尺寸（mm）
		100	150	200	250	300	
4052	2	2.0	2.1	2.2	2.1	2.1	0.6×0.6
4054	4	4.1	4.1	4.2	4.2	4.2	0.6×0.7
4058	8	7.9	1.9	8.0	8.0	8.0	1.2×0.7

表 7 - 13 西班牙阿速德公司生产的 HPCⅡ 防倒吸补偿滴头规格性能（地下滴灌用滴头）

型号	自闭压力（kPa）	流量（L/h）	压力补偿范围（kPa）	最小过滤等级（目）
HPCⅡ	20	3.8	35～500	150

表 7 - 14 浙江乐苗公司生产的滴箭规格性能

滴箭形式	接头尺寸（mm）	不同工作压力下的流量（L/h）			
		60 kPa	80 kPa	100 kPa	120 kPa
直柄	4	1.6	1.8	2.05	2.4
弯柄	4	2.0	2.3	2.7	3.0

三、滴灌管（带）

滴灌管（带）被定义为在制造过程中加工的孔口或其他出流装置的连续滴灌管、滴灌带或管道系统，它们以滴状或连续流状出水，且每个滴水元件的流量不大于 15 L/h。现行滴灌管（带）的相关标准为《农业灌溉设备 滴头和滴灌管 技术规范和试验方法》（GB/T 17187—2009）。

1. 分类与特点　实际上，滴灌管（带）是将滴头与毛管制成一整体，兼具有配水和滴水功能的灌水器。管壁较厚盘卷后仍能呈管状的为滴灌管，管壁较薄盘卷后呈带状的为滴灌带。

按滴灌管（带）能否重复使用可将滴灌管（带）分成非复用型滴灌管（带）和复用型滴灌管（带）。非复用型滴灌管（带）是因强度问题不再移动并重复使用的薄壁滴灌管（带）；复用型滴灌管（带）则是能够移动和重新安装，并进行适当处理，以便在季节变化时或在其他环境下重复使用的厚壁滴灌管（带）。

按滴灌管（带）能否在埋入地下的滴灌系统中使用可将滴灌管（带）分成地下滴灌用滴灌管（带）和非地下滴灌用滴灌管（带）。埋入地下的滴灌系统具有设备使用寿命长、不影响田间作业、节水效率高等优点，但地下滴灌用滴灌管（带）应有特殊装置防止根系扎入滴头的出水口以及停止灌溉时泥水被吸到滴头中而产生堵塞问题。

按滴灌管（带）是否具有补偿性功能，可将其分成非压力补偿（非恒流）式滴灌管（带）和压力补偿（恒流）式滴灌管（带）。其中，压力补偿（恒流）式滴灌管（带）入口水压力在制造厂规定的范围内变化时，滴水流量相对不变。温室灌溉系统中采用压力补偿（恒流）式滴灌管（带）不仅可以减少系统设计的工作量，更重要的是能够减少系统中输配水管道的材料用量，从而降低灌溉设备的成本，是未来的发展趋势。图 7-14 为常用的各种滴灌管（带）。

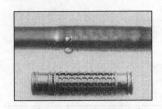
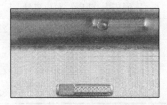

内镶柱状滴头的滴灌管　　　　内镶片状滴头的滴灌管　　　　内镶压力补偿式滴头的滴灌管

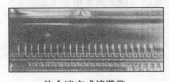

热合迷宫式滴灌带　　　　内镶条带滴头的滴灌带　　　　内镶片状滴头的滴灌带

图 7-14　各种滴灌管（带）

2. 主要技术参数　滴灌管（带）的主要技术参数有结构参数和水力性能参数。结构参数主要为流道宽度或出水口直径、流道长度等，一般流道宽度或出水口直径应为 0.5～1.2 mm，流道长度 30～50 mm。水力性能参数主要有流量与压力关系、流量变异系数等。滴灌管（带）的水力性能参数表示和计算方法与滴头相同。

根据 GB/T 17188 规定，A 类滴灌管（带）的流量变异系数应不大于 5%，B 类滴灌管（带）的流量变异系数应不大于 10%，才是合格产品。

3. 常用滴灌管（带）规格性能 表7-15至表7-19为各种常用滴灌管（带）规格性能。

表7-15 杨凌秦川节水灌溉设备公司生产的内镶柱状滴头的滴灌管规格性能

直径（mm）	额定流量（L/h）	不同工作压力下的流量（L/h）						
		50 kPa	100 kPa	150 kPa	200 kPa	250 kPa	300 kPa	350 kPa
12	2.89	2.00	2.89	3.58	4.16	4.86	5.15	5.59
16	2.02	1.42	2.02	2.49	2.88	3.23	3.55	3.84
16	3.02	2.13	3.02	3.71	4.29	4.80	5.26	5.69
16	3.42	2.41	3.42	4.21	4.87	5.46	5.99	6.48

表7-16 压力补偿式滴灌管规格性能

规格	流量（L/h）	压力补偿范围（kPa）	推荐工作压力（kPa）	推荐平坡最大铺设长度(m)（入口压力300 kPa）			生产厂家
				滴头间距（mm）			
				300	400	500	
16 mm	1.6	50～400	100～350	120	140	180	以色列纳安丹灌溉公司
	2.1	50～400	100～350	100	140	160	
	3.8	50～400	100～350	60	80	100	
20 mm	1.6	50～400	100～350	200	240	280	
	2.2	50～400	100～350	160	200	240	
	3.8	50～400	100～350	120	140	160	
16 mm（内径13.8 mm）	1.2	80～350		172	219	262	以色列普拉斯托灌溉公司*
	1.6	80～350		139	177	213	
	2.2	80～350		113	144	173	
	3.6	80～350		82	104	125	
17 mm（内径15.3 mm）	1.2	80～350		213	270	322	
	1.6	80～350		174	220	263	
	2.2	80～350		140	177	212	
	3.6	80～350		101	129	154	
20 mm（内径17.6 mm）	1.2	80～350		279	352	419	
	1.6	80～350		235	296	353	
	2.2	80～350		182	230	275	
	3.4	80～350		132	167	200	
16 mm	2.4	100～400		92	119	145	美国托罗DRIP-IN**
	4.0	100～400		66	86	105	

* 可提供的管壁厚度0.9 mm、1.0 mm、1.1 mm、1.15 mm；内径相同，不论壁厚。

** 用作地下滴灌管。

表 7-17　北京绿源塑料有限责任公司生产的内镶片状滴头的滴灌管规格性能

规格型号										
管径（mm）	16			16			16		12	
壁厚（mm）	0.6			0.4			0.2		0.4	
滴头间距（mm）	300	400	500	300	400	500	300	400	300	400
单卷长（m）	500			1 000			2 000		2 000	
单卷直径（cm）	57			57			57		57	
单卷宽度（cm）	32			32			30		32	
单卷重（kg）	18			24			24		34	
最大工作压力（kPa）	250			200			100		250	
技术指标										
工作压力（kPa）	50			100			150			
流量（L/h）	2.1			2.7			3.3			

表 7-18　美国托罗公司直径 16 mm "蓝色轨道" 滴灌带规格性能

编码	滴头间距（mm）	滴头流量（L/h）（工作压力 70 kPa）	L(m)	编码	滴头间距（mm）	滴头流量（L/h）（工作压力 70 kPa）	L(m)
低流量				标准高流量			
EA5××0834	200	0.56	200	EA5××04134	100	0.88	81
EA5××1222	300	0.57	260	EA5××0867	200	1.05	127
EA5××1634	400	0.57	313	EA5××1245	300	1.10	166
EA5××2411	600	0.57	408	EA5××1634	400	1.15	200
中等流量				EA5××2422	600	1.13	260
EA5××0850	200	0.81	154	超高流量			
EA5××1234	300	0.84	200	EA5××1624	400	1.38	173
EA5××1625	400	0.86	211	EA5××2428	600	1.40	225

注：① L 为保证流量均匀度 $Eu=90\%$ 时平地最大铺设长度（m）。

② 可提供的管壁厚度 0.1 mm（工作压力 25～70 kPa），0.15 mm（工作压力 25～80 kPa），0.2 mm（工作压力 25～100 kPa），0.25 mm（工作压力 25～100 kPa），0.3 mm（工作压力 25～100 kPa），0.38 mm（工作压力 25～100 kPa）。

表 7-19　新疆天业公司生产单翼迷宫式滴灌带规格性能

规格	内径（mm）	壁厚（mm）	滴孔间距（mm）	公称流量（L/h）	工作压力（kPa）	流量公式	每卷长度（m）
200-2.5	16	0.18	200	2.5	50～100	$Q=0.685H^{0.58}$	2 000
300-1.8			300	1.8		$Q=0.452H^{0.60}$	
300-2.1				2.1		$Q=0.528H^{0.60}$	
300-2.4				2.4		$Q=0.603H^{0.60}$	
300-2.6				2.6		$Q=0.653H^{0.60}$	
300-2.8				2.8		$Q=0.703H^{0.60}$	
300-3.2				3.2		$Q=0.804H^{0.60}$	

（续）

规格	内径（mm）	壁厚（mm）	滴孔间距（mm）	公称流量（L/h）	工作压力（kPa）	流量公式	每卷长度（m）
400－1.8	16	0.18	400	1.8	50～100	$Q=0.432H^{0.62}$	2 000
400－2.5				2.5		$Q=0.600H^{0.62}$	

四、微喷头

微喷头是安装在灌溉毛管上，以扇形或细流状喷洒形式出水，且每个出口的流量不大于 250 L/h 的装置。现行微喷头的相关标准为《微灌灌水器——微喷头》（SL/T 67.3—94）。

1. 分类与特点　温室灌溉系统中使用的微喷头，按结构分为折射式、旋转式、离心式、缝隙式 4 种（图 7-15）。

（1）折射式微喷头　特点是结构简单，没有运动部件，工作可靠，价格便宜，喷洒时射程较小，雾化程度较高（水滴平均直径约 0.15 mm），但水滴大小差别较大，喷灌强度大，喷洒均匀度较低。这种喷头可以实现全圆喷洒、半圆喷洒或扇形喷洒，适用于作物的灌溉，也可用于加湿降温和灌溉兼顾的场合。

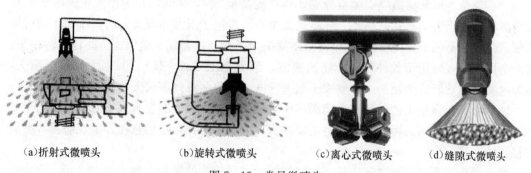

（a）折射式微喷头　　　（b）旋转式微喷头　　　（c）离心式微喷头　　　（d）缝隙式微喷头

图 7-15　常见微喷头

（2）旋转式微喷头　射程远、水滴尺寸较大、雾化程度低、喷灌强度低、喷洒均匀度较高，适用于对作物的全面喷洒灌溉。

（3）离心式微喷头　射程小、水滴尺寸小、雾化程度好（水滴平均直径 0.07 mm），且水滴大小基本相同、雾化均匀度好，常用于温室的雾化微喷灌、加湿和降温。

（4）缝隙式微喷头　射程小、喷洒水滴粒径大小较均匀、喷洒水分布均匀，并可以通过使用不同形状的缝隙实现全圆喷洒、半圆喷洒、扇形喷洒、条形喷洒等多种形状的喷洒效果，一般多用于要求高喷洒均匀度的温室育苗灌溉中。

2. 主要技术参数　微喷头的主要技术参数有结构参数和水力性能参数。结构参数主要为喷头的出水口直径，一般为 0.7～2.5 mm。反映微喷头水力学性能的主要参数有工作压力、流量、射程、雾化效果、喷灌强度、水量分布、制造偏差（流量变异系数）等。

根据 SL/T 67.3—94 的规定，微喷头的流量变异系数（流量偏差系数）不大于 7% 是合格产品。微喷头的流量变异系数的表示和计算方法与滴头相同。

（1）**工作压力**　微喷头的工作压力是指微喷头进水口处的水流压力。由于此处距喷嘴距离较短且容易测量和计算，因此设计时通常将此处的工作压力当作喷嘴的工作压力，即作为微喷头的工作压力。微喷头的工作压力分为最小工作压力、设计工作压力和最高工作压力。

① 最小工作压力。是指微喷头允许的最低工作压力，低于此压力时微喷头喷洒水均匀度、射程、流量等将无法满足最低灌溉要求。

② 额定工作压力。是指微喷头的正常工作压力，在这种工作压力下，能够发挥微喷头的最佳性能。灌溉用微喷头的额定工作压力一般为 150～300 kPa。

③ 最大工作压力。是指微喷头允许的最高工作压力。高于此压力时微喷头的强度、喷洒水均匀度、射程、流量等将无法满足最低灌溉要求。在此压力下，喷洒水流量较大，水滴雾化程度高，射程降低。

工作压力是影响微喷头性能的关键参数，微喷头的流量和雾化程度均随工作压力的升高而增加：低于额定工作压力时，微喷头的射程随压力增加而增加；而高于额定工作压力后，由于喷洒水的雾化程度增加，微喷头的射程将不再随工作压力增加而增加；当压力超过最大工作压力后，微喷头的射程将随压力增加而降低。设计微喷灌系统时，一定要使整个系统所有微喷头的实际工作压力都在最小工作压力和最大工作压力之间，而且最好能使绝大多数喷头在额定工作压力或接近额定工作压力的条件下工作。

（2）**流量**　通常将微喷头流量分成 3 种：流量范围 20～40 L/h 为小流量微喷头，一般为离心式或折射式雾化微喷头、缝隙式微喷头，多用于温室加湿或大面积疏植作物的局部灌溉；流量范围 50～90 L/h 为中流量微喷头，一般有折射式、缝隙式、旋转式微喷头，这是常用规格，可用于各种温室作物的灌溉；流量范围 100～250 L/h 为大流量微喷头，多为缝隙式或旋转式微喷头，一般用于温室喷淋或需要灌溉强度较大的作物中。

（3）**射程**　微喷头的射程又称喷洒半径，是指单位面积上的受水量不低于平均受水量 10% 处与微喷头之间的距离。有时也用喷洒直径来表示射程，喷洒直径等于其射程（喷洒半径）的 2 倍。

射程大小主要决定于微喷头的结构，如折射式微喷头的射程一般不超过 2 m，旋转式微喷头的射程可接近 5 m。同一种微喷头的射程则与其喷嘴直径、工作压力密切相关，在工作压力不变时，微喷头的射程将随喷嘴直径的增加而增加；同时在允许的工作压力范围内，微喷头的射程将随工作压力的增加而增加。

（4）**雾化效果**　反映微喷头喷洒水被粉碎的程度。一般常用水滴直径或雾化指标来反映微喷头的雾化效果。

① 水滴直径。是指洒落在地面或作物叶面上水滴的直径（mm）。微喷头喷射出来的水在自身重力、空气阻力、射流内力、水的表面张力等作用下，粉碎成水滴的过程是逐渐变化和不均匀的，因此从同一个微喷头喷出来的水滴大小不一。一般近处小水滴多些，远处大水滴多些，即使在同一区域水滴直径也有大有小，常用水滴平均直径或中数直径来评价这一随机分布的水滴群。水滴平均直径是指在喷洒范围内观测到的所有水滴直径的平均值；水滴中数直径是指水滴群中小于该值的水滴数量与大于该值的水滴数量相等的水滴直径值。

② **雾化指标**（ρ_d）。是用微喷头工作压力和喷嘴直径的比值来评价一个微喷头雾化程

度的指标，计算公式如下：

$$\rho_d = \frac{100H}{d} \tag{7-5}$$

式中 H——喷头工作压力，kPa；

d——喷嘴直径，mm。

ρ_d 值越大，说明其雾化程度越高，水滴直径越小，但工作压力高，能量消耗大，节水节能效果差。作为灌溉使用的微喷灌系统，一般 ρ_d 值应不低于 5 000。对作为喷雾加湿使用的微喷头，该值则越高越好。

（5）**喷灌强度** 是指单位时间内微喷头喷洒在土壤表面上的水层深度，单个微喷头的喷灌强度按式（7-6）计算：

$$\rho_s = \frac{q}{S} = \frac{q}{\pi R^2} \tag{7-6}$$

式中 ρ_s——喷灌强度，mm/h；

q——单个喷头流量，L/h；

S——单个喷头的控制面积，m^2；

R——射程，m。

土壤在单位时间内能够吸收的水分是有限的，这就要求微喷灌的喷灌强度不能太大，否则不能及时被土壤吸收的灌溉水就会产生水洼和径流，造成土壤侵蚀和资源浪费。不同性质的土壤允许的喷灌强度有一定差别，具体参见表 7-20。

表 7-20 典型土壤的特性

土壤质地	容重（g/cm^3）	田间持水率 β		允许喷灌强度（mm/h）
		重量（%）	体积（%）	
沙土	1.45~1.60	16~22	26~32	≤20
沙壤土	1.40~1.55	22~28	30~35	≤15
壤土	1.36~1.54	22~30	32~42	≤12
黏壤土	1.35~1.44	28~32	40~45	≤10
黏土	1.32~1.40	30~35	40~50	≤8

（6）**微喷头的水量分布** 微喷头在地面上的水量分布首先取决于其出水喷洒形状。微喷头出水喷洒形状视微喷头的类型不同可有多种，其中折射式微喷头和缝隙式微喷头可以实现全圆喷洒、扇形喷洒、矩形喷洒、带状喷洒、空心圆锥喷洒等（图 7-16），而旋转式微喷头和离心式微喷头一般只能实现全圆喷洒。

　（a）全圆喷洒　　　　（b）扇形喷洒　　　　（c）矩形喷洒　　　　（d）空心圆锥喷洒

图 7-16 微喷头的喷洒形状

　　微喷头的喷洒水在地面的分布情况常用地面水量分布等值线图、径向水量分布曲线图表示。在无风情况下，正常工作状态下全圆喷洒的微喷头在地面上的等值水量分布近似一组同心圆，从直径剖面上看其径向水量分布近似正态分布曲线（图7-17a）。

　　实际上微喷头的水量分布受很多因素影响，例如工作压力、风力、喷头的类型和结构等。工作压力太高，将使水流分裂加剧，大部分水滴都太小，射得不远，远处水量不足；压力过低，水流分裂不足，大部分水量射到远处，中间水量少，呈"马鞍"形分布；压力适中时，水量分布曲线近似正态分布曲线（图7-17b）。因此，在设计和使用中，必须保证微喷头在其规定的工作状态下。

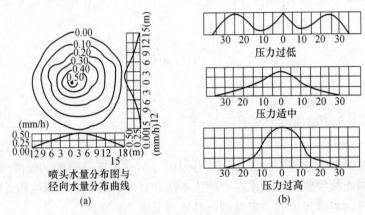

图7-17　微喷头的水量分布

　　3. 微喷头的组合方式　是指微喷头在田间的布置形式，用微喷头的平面位置组成的图形表示。微喷头的组合方式有正方形（图7-18a）、矩形（图7-18b）、正三角形（图7-18c）和等腰三角形（图7-18d）等4种方式。组合间距用S_e和S_l表示：S_e表示同一条毛管上相邻两个微喷头的间距；S_l表示相邻两根毛管的间距。

　　微喷头的组合方式除受到温室边界条件所限外，还受到其他条件制约，确定其组合方式注意以下几点：①微喷头的射程必须符合温室尺寸要求，避免灌溉水喷洒在温室墙体或屋面上。②微喷头的喷洒方式有全圆喷洒、扇形喷洒、带状喷洒等形式，温室边界处应选择扇形喷洒，而中间部位可选择全圆喷洒方式。全圆喷洒能充分利用射程，降低系统造价。③应尽可能选择S_e约等于微喷头的射程R，支管间距S_l大于或等于微喷头的射程R，即选择正方形喷洒组合或矩形喷洒组合，以减少支管用量，节省设备投资。④必要时，应根据温室边界条件，用作图法确定微喷头的组合间距。

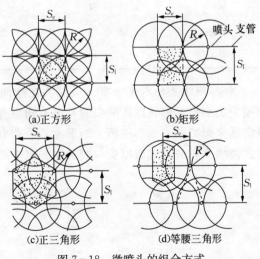

图7-18　微喷头的组合方式

4. 微喷头用防滴器　温室内微喷头倒悬时，当系统停止供水期间，残留在管道中的水会不断地从微喷头中流出或滴落，从而有可能影响作物的正常生长。为避免温室内倒悬的微喷头在非灌水期间流水或滴水，通常应在微喷头入水口的管路上安装防滴器。防滴器又称止漏阀（图7-19），其作用是：当供水压力达到一定的开启工作压力时，防滴器才能打开为微喷头供水实施灌溉作业；而当水压低于一定的关闭工作压力时，防滴器关闭，这样可将管路系统中残留的灌溉水与微喷头隔离，防止非灌水期间微喷头流水或滴水。

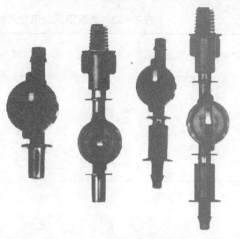

图7-19　微喷头用防滴器

5. 常用微喷头及防滴器规格性能

（1）折射式微喷头　表7-21至表7-25为各种常用折射式微喷头规格性能。

表7-21　北京绿源塑料有限责任公司生产的折射式微喷头规格性能

型号	喷嘴直径 （mm）	流量 （L/h）	水力特性	水压（kPa）					
				100	150	200	250	300	350
J-1155	0.9	40	流量（L/h）	30	37	43	48	53	
			湿润直径（m）	2.8	3.0	3.4	3.4	3.6	
	1.1	70	流量（L/h）	50	61	70	78	86	
			湿润直径（m）	3.0	3.0	3.4	3.4	3.6	
	1.5	120	流量（L/h）	85	104	120	134	147	
			湿润直径（m）	3.5	3.5	4.0	4.4	4.5	
J-1515	0.9	40	流量（L/h）	32	37	40	43	46	49
			湿润直径（m）	3.0	3.0	3.5	3.5	3.5	3.5
	1.1	70	流量（L/h）	50	41	70	76	82	87
			湿润直径（m）	3.0	3.5	3.5	3.5	3.5	3.5
	1.5	120	流量（L/h）	87	107	120	130	139	147
			湿润直径（m）	3.0	3.5	4.0	4.5	4.5	4.5
J-1166	0.9	40	流量（L/h）				43	48	53
			湿润直径（m）				2.0	2.0	2.0
	1.1	70	流量（L/h）				70	78	86
			湿润直径（m）				2.0	2.0	2.0

表 7 - 22　美国雨鸟公司生产的 Micro - Quick 折射式微喷头规格性能

喷嘴号、颜色及直径	工作压力（kPa）	流量（L/h）	喷洒半径（m）		
			360°，12 股水流	360°，24 股水流	360°，全圆
QN - 05 黑色 0.76 mm	75	14	1.30	1.20	0.45
	100	17	1.45	1.45	0.45
	150	21	1.63	1.60	0.45
	175	22	1.68	1.70	0.45
	200	25	1.75	1.70	0.45
QN - 08 橘红 0.89 mm	75	21	1.95	1.45	0.45
	100	25	1.98	1.65	0.45
	150	31	2.15	1.90	0.45
	175	33	2.20	2.00	0.45
	200	36	2.25	2.10	0.45
QN - 12 蓝色 1.02 mm	75	31	2.55	1.65	0.45
	100	37	2.63	1.85	0.45
	150	45	2.70	2.00	0.45
	175	48	2.73	2.40	0.45
	200	52	2.75	2.65	0.45
QN - 14 紫色 1.14 mm	75	38	2.90	1.80	0.45
	100	46	3.03	2.08	0.45
	150	56	3.13	2.50	0.45
	175	60	3.13	2.75	0.45
	200	65	3.20	3.05	0.45
QN - 17 绿色 1.27 mm	75	45	3.20	2.00	0.45
	100	54	3.35	2.25	0.45
	150	65	3.45	2.75	0.45
	175	72	3.50	3.00	0.45
	200	77	3.55	3.40	0.45
QN - 24 红色 1.40 mm	75	64	3.55	2.30	0.45
	100	79	3.90	2.55	0.45
	150	97	4.10	3.15	0.45
	175	103	4.25	3.50	0.45
	200	111	4.25	3.65	0.45
QN - 33 白色 1.52 mm	75	92	3.80	2.68	0.45
	100	103	3.95	2.90	0.45
	150	122	4.15	3.30	0.45
	175	133	4.20	3.55	0.45
	200	144	4.25	3.75	0.45

表 7-23 浙江乐苗公司生产的折射式微喷头规格性能

货号：1201 黑色喷嘴	水压（kPa）	300	250	200	150
	流量（L/h）	34	31	27	23
	倒挂射程（m）	1.0～1.1			
	地插射程（m）	0.9～1.0			
货号：1202 蓝色喷嘴	水压（kPa）	300	250	200	150
	流量（L/h）	56	50	44	37
	倒挂射程（m）	1.1～1.2			
	地插射程（m）	1.0～1.1			
货号：1203 绿色喷嘴	水压（kPa）	300	250	200	150
	流量（L/h）	82	74	64	54
	倒挂射程（m）	1.1～1.3			
	地插射程（m）	1.0～1.2			
货号：1204 红色喷嘴	水压（kPa）	300	250	200	150
	流量（L/h）	110	98	86	72
	倒挂射程（m）	1.2～1.3			
	地插射程（m）	1.1～1.2			

表 7-24 以色列纳安丹公司生产的哈达 7110 型折射式微喷头规格性能

喷嘴颜色	喷嘴直径（mm）	压力（kPa）	流量（L/h）	雾化折射喷洒直径（m）	小直径折射喷洒直径（m）	特大折射喷洒直径（m）	防虫折射喷洒直径（m）
黑色	0.8	100	23	1.7	1.8		
		200	33	2.0	2.2		
		300	41	2.1	2.4		
灰色	0.9	100	29	1.9	1.8	1.7	
		200	41	2.1	2.3	2.4	
		300	50	2.3	2.5	3.2	
红色	1.1	100	43	2.0	2.2	2.4	
		200	61	2.4	2.6	3.2	
		300	73	2.6	2.8	3.8	
绿色	1.3	100	60	2.3	2.5	2.6	2.7
		200	87	3.0	2.9	3.6	3.0
		300	107	3.2	3.1	3.9	3.2
蓝色	1.4	100	70	2.5	2.6	2.7	2.8
		200	103	3.3	3.1	3.6	3.1
		300	124	3.7	3.2	4.0	3.3
黄色	1.6	100	88	2.7	2.8	2.9	3.1
		200	128	3.6	3.0	3.7	3.3
		300	159	3.9	3.2	4.0	3.5

（续）

喷嘴颜色	喷嘴直径 （mm）	压力 （kPa）	流量 （L/h）	雾化折射喷 洒直径（m）	小直径折射喷 洒直径（m）	特大折射喷 洒直径（m）	防虫折射喷 洒直径（m）
浅绿	1.8	100	116	3.4	2.7	3.5	3.2
		200	166	4.1	3.0	3.8	3.4
		300	197	4.4	3.3	4.2	3.6
白色	2.0	100	138	3.8	2.9	3.5	3.3
		200	199	4.4	3.2	3.9	3.5
		300	248	5.0	3.4	4.5	3.7
棕色	2.3	100	180	4.3		3.6	3.5
		200	265	5.4		4.2	3.7
		300	333	6.0		4.6	4.0

表7-25　以色列普拉斯托公司生产的 RONDO 系列折射式微喷头规格性能

喷嘴颜色	喷嘴尺寸 （mm）	工作压力 （kPa）	额定流量 （L/h）	喷洒直径 （m）	压力流量关系 Q（L/h），H（m）
黑色	0.80	300	47	2～2.4	$Q=11.16H^{0.4132}$
蓝色	1.0	300	61	2～2.4	$Q=12.786H^{0.4587}$
绿色	1.2	300	91	2.5～2.8	$Q=15.755H^{0.5157}$

（2）旋转式微喷头　表7-26至表7-31为各种常用旋转式微喷头规格性能。

表7-26　北京绿源塑料有限责任公司生产的旋转式微喷头规格性能

喷嘴颜色	工作压力（kPa）	流量（L/h）	喷洒直径（m）		
			小旋轮	大旋轮	单侧轮
紫色	100	30	4.5		4.5
	150	37	5		5.5
	200	43	5.5		6
	250	48	6		6
	300	53			5.5
红色	100	50	5.5		6.5
	150	61	5.5		7
	200	70	5.5		7.5
	250	78	6		8
	300	86			6.5
黄色	100	85	6		7.5
	150	104	6.5	8.5	8
	200	120	6.5	9	8.5
	250	134	7	9.5	9
	300	147		10	

表 7-27 以色列普拉斯托公司生产的 RONDO 系列旋转式微喷头规格性能

喷嘴颜色	喷嘴尺寸 (mm)	工作压力 (kPa)	流量 (L/h)	湿润半径（m）旋转头			
				黑色	紫色	绿色	蓝色
黑色	0.85	150	35	2.8	2.2	4.2	3.5
		200	40	2.7	2.3	4.3	3.4
		250	43	2.7	2.5	4.4	3.4
蓝色	1.0	150	44	2.9	2.3	4.3	3.5
		200	51	2.8	2.5	4.3	3.7
		250	56	2.9	2.7	4.4	3.7
深蓝	1.1	150	55	2.9	2.5	4.1	3.7
		200	64	3.1	2.7	4.3	3.7
		250	72	3.1	2.8	4.4	3.7
绿色	1.2	150	64	3.1	2.6	4.9	4.0
		200	75	3.0	2.6	4.9	4.0
		250	83	3.1	2.8	5.0	3.9
红色	1.4	150	88	3.5	2.8	5.2	4.1
		200	102	3.7	2.8	5.3	4.3
		250	115	3.8	3.1	5.3	4.3
白色	1.6	150	114	4.1	3.2	5.4	4.2
		200	132	4.6	3.6	5.4	4.3
		250	150	4.6	3.7	5.3	4.5
紫色	1.8	150	149	4.5	3.6	5.5	4.5
		200	174	4.6	3.8	5.6	4.6
		250	196	4.4	3.8	5.6	4.7
黄色	2.0	150	177	4.8	3.6	5.6	4.8
		200	205	4.9	4.0	5.7	4.8
		250	231	4.8	4.1	5.7	4.8
棕色	2.2	150	220	4.6	4.2	5.6	4.6
		200	254	4.7	4.3	5.6	4.8
		250	284	4.8	4.4	5.6	4.8
橙色	2.4	150	257	4.6	4.3	5.3	4.6
		200	298	5.1	4.5	5.3	4.8
		250	336	5.1	4.5	5.3	4.8

表 7 - 28　美国托罗公司生产的水鸟系列旋转式微喷头规格性能

货号	颜色	喷嘴直径 （mm）	工作压力 （kPa）	喷洒直径 （m）	流量 （L/h）	水流高度 （m）
4741	黑色	1.00	100	4.9	29	0.56
			150	5.5	36	0.62
			200	5.8	41	0.65
4742	白色	1.05	100	6.1	44	0.56
			150	6.9	55	0.62
			200	7.3	64	0.65
4743	栗色	1.40	100	6.8	61	0.57
			150	7.8	76	0.71
			200	8.3	89	0.90
4744	绿色	1.65	100	7.2	99	0.83
			150	8.4	134	0.80
			200	10.4	156	0.92
4746	灰色	1.80	100	9.5	125	0.60
			150	10.5	155	0.77
			200	10.8	179	0.90
4747	黄色	2.00	100	9.6	156	0.65
			150	10.8	192	0.71
			200	11.2	221	0.85
4749	红色	2.30	100	9.6	214	0.74
			150	10.5	265	97
			200	11.1	304	1.05

表 7 - 29　美国雨鸟公司生产的 Micro - Bird 系列旋转式微喷头规格性能

喷嘴型号	颜色	喷嘴直径（mm）	工作压力（kPa）	流量（L/h）	喷洒半径（m）	需要过滤器目数
SP12 - 340	蓝色	0.99	100	38	2.8	150
			150	45	3	
			200	53	3.2	
			250	58	3.3	
			300	65	3.4	
SP16 - 340	绿色	1.21	100	57	3	100
			150	67	3.3	
			200	80.2	3.5	
			250	86.3	3.6	
			300	95	3.6	

（续）

喷嘴型号	颜色	喷嘴直径（mm）	工作压力（kPa）	流量（L/h）	喷洒半径（m）	需要过滤器目数
SP24-340	红色	1.45	100	79	3.2	100
			150	95	3.5	
			200	110	3.7	
			250	118	3.8	
			300	130	3.9	
SP30-340	橘色	1.73	100	110	3.5	100
			150	129	3.8	
			200	153	4	
			250	164	4.1	
			300	180	4.2	

表 7-30　浙江乐苗公司生产的旋转式微喷头规格性能

货号：1101 黑色喷嘴	水压（kPa）	300	250	200	150
	流量（L/h）	34	31	27	23
	倒挂射程（m）	3.6	3.5	3.3	3.0
	地插射程（m）	2.8	2.6	2.5	2.4
货号：1102 蓝色喷嘴	水压（kPa）	300	250	200	150
	流量（L/h）	56	50	44	37
	倒挂射程（m）	4.0	3.7	3.5	3.2
	地插射程（m）	3.2	3.1	3.0	2.8
货号：1103 绿色喷嘴	水压（kPa）	300	250	200	150
	流量（L/h）	82	74	64	54
	倒挂射程（m）	4.4	4.2	4.0	3.7
	地插射程（m）	3.4	3.2	3.0	2.8
货号：1104 红色喷嘴	水压（kPa）	300	250	200	150
	流量（L/h）	110	98	86	72
	倒挂射程（m）	4.7	4.5	4.3	3.9
	地插射程（m）	3.5	3.4	3.2	3.0

表 7-31　以色列纳安丹公司生产哈达 7110 系列旋转式微喷头规格性能

喷嘴颜色	喷嘴直径（mm）	工作压力（kPa）	流量（L/h）	喷洒直径（m）		
				中射程旋转微喷头	特大射程旋转微喷头	倒置旋转微喷头
红色	1.1	100	43		7.8	6.0
		200	61		8.5	6.4
		300	73		9.4	6.4

（续）

喷嘴颜色	喷嘴直径（mm）	工作压力（kPa）	流量（L/h）	喷洒直径（m）		
				中射程旋转微喷头	特大射程旋转微喷头	倒置旋转微喷头
绿色	1.3	100	60		8.5	6.4
		200	87		9.4	6.4
		300	107		10.0	7.0
蓝色	1.4	100	70	7.7	8.8	7.0
		200	103	9.4	9.8	7.0
		300	124	9.6	10.2	7.4
黄色	1.6	100	88	8.5	9.0	7.0
		200	128	9.6	10.0	7.0
		300	159	10.3	10.5	7.4
浅绿	1.8	100	116	8.8	9.5	7.0
		200	166	10.2	10.4	7.0
		300	197	10.5	11.0	7.4
白色	2.0	100	138	8.9	9.6	7.4
		200	199	10.4	11.0	7.8
		300	248	10.6	11.3	8.0
棕色	2.3	100	180	9.0		7.4
		200	265	10.6		7.8
		300	333	11.0		8.0

（3）离心式微喷头 表7-32至表7-34为各种离心式微喷头规格性能。

表7-32 以色列普拉斯托公司生产的 TORNADO 系列离心式微喷头规格性能

喷嘴直径（mm）	压力流量关系 Q（L/h）、H（m）	喷洒半径（m）		
		150 kPa	200 kPa	250 kPa
0.9	$Q=6.506H^{0.505}$	1.2	1.25	1.4
1.3	$Q=7.417H^{0.561}$	1.6	1.7	1.9
1.7	$Q=14.408H^{0.499}$	1.8	2.0	2.3
2.0	$Q=22.739H^{0.417}$	2.1	2.4	2.6

表7-33 以色列纳安丹公司生产的离心式雾化微喷头规格性能

喷嘴颜色	工作压力（kPa）	流量（L/h）（单出口）	流量（L/h）（四出口）	水滴尺寸（μm）
蓝色	400	7	28	90
橘色	400	14	56	90
红色	400	21	84	90
黑色	400	28	112	90

表 7-34　浙江乐苗公司生产的离心式雾化喷头系列规格性能

货号：1301 黑色喷嘴 四出口	水压（kPa）	350	300	250
	流量（L/h）	38	35	32
	倒挂射程（m）	0.9~1.0	0.9~1.0	0.9~1.0
货号：1302 灰色喷嘴 四出口	水压（kPa）	350	300	250
	流量（L/h）	28.8	26.8	24.4
	倒挂射程（m）	0.9~1.0	0.9~1.0	0.9~1.0
货号：1311 黑色喷嘴 单出口	水压（kPa）	350	300	250
	流量（L/h）	9.4	9	8.4
	倒挂射程（m）	1.8	1.5	1.2
货号：1312 灰色喷嘴 单出口	水压（kPa）	350	300	250
	流量（L/h）	7.2	6.7	6.1
	倒挂射程（m）	0.9~1.0	0.9~1.0	0.9~1.0

注：单出口雾化喷头的射程为喷头横向安装，向前喷雾的距离。

（4）缝隙式微喷头　表 7-35 为缝隙式微喷头规格性能。

表 7-35　美国喷雾系统公司生产的常用缝隙式微喷头规格性能

Teejet 系列标准喷嘴 雾化好、覆盖均匀			XR Teejet 系列低压喷嘴 低压水滴大、高压雾化好、覆盖均匀			Turbo Teejet 系列广角喷嘴 水滴大、漂移少、覆盖均匀		
编号	工作压力（MPa）	喷嘴流量（L/h）	编号	工作压力（MPa）	喷嘴流量（L/h）	编号	工作压力（MPa）	喷嘴流量（L/h）
TP650067 TP800067	0.2~0.4	13.1~18.6	XR8001 XR11001	0.1~0.4	13.9~27.3	TT1101	0.1~0.6	13.9~34.1
TP8001 TP11001	0.2~0.4	19.8~27.3	XR80015 XR110015	0.1~0.4	20.9~40.9	TT11015	0.1~0.6	20.9~52.2
TP80015 TP110015	0.2~0.4	29.5~40.9	XR8002 XR11002	0.1~0.4	27.3~54.5	TT1102	0.1~0.6	27.3~68.1
TP8002 TP11002	0.2~0.4	38.6~54.5	XR8003 XR11003	0.1~0.4	40.9~84.0	TT1103	0.1~0.6	40.9~102.2
TP8003 TP11003	0.2~0.4	59.0~84.0	XR8004 XR11004	0.1~0.4	54.5~111.3	TT1104	0.1~0.6	54.5~136.3
TP8004 TP11004	0.2~0.4	79.5~111.3	XR8005 XR11005	0.1~0.4	70.4~138.5	TT1105	0.1~0.6	70.4~170.3
TP8005 TP11005	0.2~0.4	97.7~138.5	XR8006 XR11006	0.1~0.4	84.0~165.8	TT1106	0.1~0.6	84.0~204.4
TP8006 TP11006	0.2~0.4	118.1~165.8	XR8008 XR11008	0.1~0.4	111.3~222.6	TT1108	0.1~0.6	111.0~272.5

（续）

Teejet 系列标准喷嘴 雾化好、覆盖均匀			XR Teejet 系列低压喷嘴 低压水滴大、高压雾化好、覆盖均匀			Turbo Teejet 系列广角喷嘴 水滴大、漂移少、覆盖均匀		
编号	工作压力 （MPa）	喷嘴流量 （L/h）	编号	工作压力 （MPa）	喷嘴流量 （L/h）	编号	工作压力 （MPa）	喷嘴流量 （L/h）
TP8008 TP11008	0.2～0.4	156.7～222.6	XR8010 XR11010	0.1～0.4	138.5～277.1			
TP80010 TP110010	0.2～0.4	197.6～277.1	XR8015 XR11015	0.1～0.4	208.9～417.9			

（5）防滴器　表 7-36 为各种微喷头用防滴器规格性能。

表 7-36　微喷头用防滴器规格性能

颜色	打开压力（kPa）	关闭压力（kPa）	备注
黑色	150	80	以色列普拉斯托公司产品
灰色	320	250	以色列普拉斯托公司产品
黑色	120～150	60～80	浙江乐苗公司产品

五、微喷带

微喷带是用盘卷时呈扁平带状的折叠管为母管，在同一侧面的管壁上加工了众多以组为单位循环排列的喷孔，直接利用这些喷孔形成线状射流出水进行喷洒灌溉的一种灌水器。目前国内还没有针对微喷带的标准，必要时可参照《微灌灌水器——微灌管、微灌带》（SL/T 67.2—94）。

1. 分类与特点　根据微喷带的使用方式，可分成滴灌用微喷带和微喷灌用微喷带两种形式。滴灌用微喷带一般每组 2 个喷孔、管径 25 mm 以下，使用时需要将其放在地膜下，通过地膜对水流的折射形成类似滴灌的效果；微喷灌用微喷带一般每组喷孔 3 个以上、管径 25 mm 以上，使用时直接铺设在地面，产生细雨似的微喷灌效果。

按照微喷带的结构分成无保护边微喷带和有保护边微喷带两种。无保护边微喷带折叠处无保护结构；有保护边微喷带折叠处有保护结构。微喷带的折叠边在运输、安装和田间作业中容易受损坏，因此有保护边的微喷带使用中更加安全可靠。

按微喷带的强度，分为非移动型微喷带和可移动型微喷带。非移动型微喷带是不适宜移动和重新安装使用的低强度微喷带；可移动型微喷带是能够移动和重新安装使用的高强度微喷带。

按照微喷带上喷孔加工方式，分成机械打孔微喷带和激光打孔微喷带。机械打孔受喷孔冲针强度的限制，在强度较高或管壁较厚的管上打孔困难，因此机械打孔的微喷带强度低。激光打孔可以很好地在各种强度的管上打孔，且喷孔的尺寸精度和光洁度高，因此激光打孔的微喷带强度高、流量偏差小。图 7-20 为几种常用的微喷带。

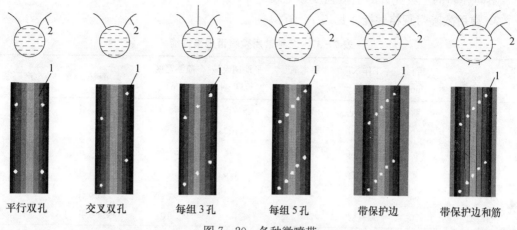

| 平行双孔 | 交叉双孔 | 每组3孔 | 每组5孔 | 带保护边 | 带保护边和筋 |

图 7-20　各种微喷带

2. 主要技术参数　微喷带的主要技术参数有结构参数和水力性能参数。结构参数主要应了解其微喷带喷孔直径、通水直径、管壁厚度等，一般微喷带的喷孔直径应为 0.3～1.0 mm。水力性能参数主要应了解其流量与压力关系、流量变异系数、喷洒宽度、喷灌强度等。

（1）流量与压力　微喷带上喷孔以组为单位，不同规格微喷带的每组孔的数量也不相同，同一组的喷孔直径也可以不同，按单孔或一组孔来计量微喷带的流量不方便，因此微喷带的流量通常按每米的流量来计算。微喷带流量与压力关系的表示和计算方法与滴头相同，只是其中的流量应按照每米的流量来计算。

国内尚没有关于微喷带的产品标准，可参照 GB/T 17188 的规定，要求微喷带的流量变异系数应不大于 10%，才是合格产品。

（2）喷洒宽度　微喷带的喷洒宽度是指其两侧喷洒水能够进行有效灌溉的边线之间的距离。这里要注意的是能够进行有效灌溉的含义，其实质是在工厂规定的喷洒宽度范围内工作时，微喷带喷洒水能够在该范围内均匀分布在地面，而不会产生漏灌点。实际作业时，虽然增加工作压力能够增加微喷带的喷洒宽度，但可能导致漏灌区而使灌溉质量下降。

微喷带的喷洒宽度主要决定于微喷带上喷孔数量和微喷带能够承受的工作压力等因素。微喷带上每组喷孔数量越多且其能够承受的工作压力越大，其有效喷洒宽度越大。一般每组3孔的微喷带喷洒宽度应控制在3m以内，每组5孔的微喷带喷洒宽度应在5m以内，每组7孔的微喷带喷洒宽度应在7m以内。

（3）喷灌强度　是指单位时间内微喷带喷洒在土壤表面上的水层深度，微喷带的喷灌强度按式（7-7）计算：

$$\rho_s = \frac{q}{S} = \frac{q}{B} \tag{7-7}$$

式中　ρ_s——喷灌强度，mm/h；

q——每米微喷带流量，L/(h·m)；

S——每米微喷带的控制面积，m^2；

B——有效喷洒宽度，m。

不同性质的土壤允许的喷灌强度参见表 7-20。

3. 常用微喷带规格性能 见表 7-37。

表 7-37 几种常用微喷带规格性能

型号	折径 (mm)	工作水压 (kPa)	每米流量 (L/h)	平地铺设最大长度 (m)	喷洒宽度 (m)	备注	生产厂家
Φ20-2	32	10~50	11~21	≤70	0.6~3	每组2孔	
Φ25-2	40	10~50	11~21	≤100	0.6~3	每组2孔	
Φ25-3	40	30~50	25~34	≤70	1.5~3	每组3孔	河北润田节水设备有限公司
Φ32-3	50	30~50	25~34	≤100	1.5~3	每组3孔	
Φ40-5	65	30~50	42~56	≤100	1.5~5	每组5孔	
编织型	70	80~120	89~138	≤100	8~10	每组9孔	
KIRICO-R	62	50~180	48~120	≤100	5~12	每组12孔	
KIRICO-H	62	50~120	66~120	≤100	2.5~6	每组10孔	日本三井集团
KIRICO-R	62	50~150	66~132	≤100	2.5~10	每组6孔，果树用	
KIRICO-KH	62	50~200	72~192	≤100	4~8	每组4孔，单边	
KIRICO-A	50	10~80	12~36	≤100	0.5~5	每组4孔	
SUMISANSU-R	62	50~200	33~72	≤100	2~8		日本住友集团
SUMISANSU-R	62	100~200	63~90	≤100	7~10	宽幅	
MARKII	50	20~80	7.8~22.8	≤100	2.5~5		
三孔	70	50	57	≤100	3.5	每组3孔	台湾三福
两孔	70	50	36	≤100	3.5	每组2孔	

六、渗灌管

渗灌管是利用废旧橡胶轮胎粉末、PVC 塑料粉及发泡剂等掺合料混合后，经发泡、抗紫外线和防虫咬等特殊技术工艺处理挤压成型的具有大量微孔的一种灌水器。

渗灌管的管壁上无规则地分布着毛细微孔，目前国内使用的渗灌管品种较少，参见表 7-38。

表 7-38 渗灌管规格性能

内径 (mm)	壁厚 (mm)	工作水压 (kPa)	每米流量 (L/h)	平地铺设最大长度 (m)	生产厂家
10	3	10~50	5.1~14.4	≤60	美国 GAIA 公司
13	1.5	10~50	2.0~5.0	≤200	金华市雨润喷泉喷滴灌有限公司

七、行走式喷灌机

行走式喷灌机是将微喷头安装在可移动喷灌机的喷灌管上，并随喷灌机的行走进行微喷灌的一种温室灌溉系统（图 7-21）。温室中采用行走式喷灌机可以大大减少输水管道和微喷头的数量，从而降低设备成本，同时能够通过喷灌机上微喷头的密集排列使喷洒水在地面分布得更均匀，获得更好的灌溉效果。行走式喷灌机主要用于盆栽和袋栽作物、穴盘育苗等要求灌溉喷洒均匀度很高的温室生产中，性能优良的温室行走式喷灌机喷洒水在地面分布的均匀度应在 90％以上。

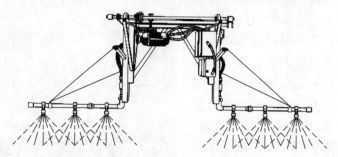

图 7 - 21　行走式喷灌机

1. 分类及特点　依据喷灌机轨道的安装位置，可将温室行走式喷灌机分成地面行走式喷灌机和悬挂行走式喷灌机两种。地面行走式喷灌机的移动轨道安装在地面，具有投资低、遮光少、安装方便等优点，但存在着占地面积大、影响温室其他作业等缺点。悬挂行走式喷灌机的移动轨道固定在温室的桁架上，虽然采用这种喷灌机要求温室本身强度高，且安装复杂、投资较高，但因其不占用温室有效生产面积、不影响温室其他作业等优点，已经成为生产水平较高的连栋温室中首选的行走式喷灌机。

温室悬挂行走式喷灌机有单轨道悬挂行走式和双轨道悬挂行走式之分。采用单轨道悬挂行走式喷灌机投资更低，但因单轨道悬挂行走稳定性的限制，喷灌机的喷洒宽度一般只能控制在 8 m 以下，限制了其使用场合。双轨道悬挂行走式喷灌机工作更加平稳可靠，喷灌机的最大喷洒宽度可达 15 m 或更多。

行走式喷灌机的行走驱动方式有手推行走式、电动行走式、水动行走式等多种。手推行走式喷灌机结构简单、投资低廉，但劳动强度大、工作效率低，多用于日光温室、塑料大棚等普及型温室生产中。水动行走式喷灌机一般只用于电力供应不能保证的地方，而且需要注意的是水动行走式喷灌机工作时需要消耗灌溉系统的供水压力，对喷洒效果有一定的影响。电动行走式喷灌机工作灵活方便、可靠性高，且易于实现自动控制，因此是目前在各种温室中应用最多的一种温室喷灌机。

行走式喷灌机停止工作时，由于其供水管道内残留水及水压的存在，微喷头中有可能产生持续滴水现象，这对处于开花授粉期的作物生长存在一定威胁，因此温室行走式喷灌机一般应选用带防滴器的微喷头。此外，为适应作物不同生长期的灌溉要求及满足利用喷灌机施肥或喷药的要求，通常为温室中使用的喷灌机配备多种不同喷洒效果的微喷头。图 7 - 22 是一种有 5 种喷洒状态并带有防滴器的微喷头，工作时，转动喷头使所选喷嘴向下就可以获得需要的喷洒效果。

图 7 - 22　含 5 种喷嘴的喷灌机用喷头

2. 行走式喷灌机的技术性能

（1）地面行走式喷灌机　图 7-23 为北京先农达农业设备有限公司生产的一种手推行走式喷灌机。该喷灌机的移动轨道固定在地面上，喷灌管通过支架固定在移动小车上，工作时接通水源，人工推动喷灌机即可进行灌溉。该喷灌机的喷灌管高度可在一定范围内调整，两边喷灌管设有单独的控制开关，可分别进行灌溉，同时选用流量可调式喷头，以满足不同生长期的作物灌溉要求。

图 7-23　地面行走式喷灌机

主要技术参数：供水压力 0.1～0.2 MPa；供水流量 1 500 L/h；最大喷洒宽度 8 m；最大喷洒行程 100 m。

（2）单轨悬挂水动行走式喷灌机　图 7-24 为日本 S&H 公司生产的一种单轨悬挂水动行走式喷灌机。供水管和水力驱动的行走机构悬挂在单根轨道上，供水管提供的灌溉水先进入行走结构驱动喷灌机，然后流入行走机构下部的过滤器和喷灌管中进行灌溉。该喷灌机直接在喷灌管上加工喷水微孔进行喷洒作业，其喷洒水柔若细雨，可广泛应用于温室中的育苗和作物栽培，具有节约能源、造价低、使用方便等特点。

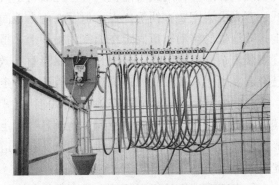

图 7-24　单轨悬挂水动行走式喷灌机

工作时接通供水水流，喷灌机开始行走和灌溉；喷灌机运行到温室端头时，可自动转换移动方向反方向运行；需要喷灌机停止灌溉时，关闭供水水流即可；在喷灌机运行中，也可以人工改变喷灌机的运行方向。

主要技术参数：供水压力 0.15～0.2 MPa；供水流量 2 000～3 000 L/h；运行速度 3～7 m/min（与供水压力和流量有关）；最大移动距离 100 m；最大喷水宽度 8 m；整机重量约 30 kg（不含水）。

（3）盘式智能移动喷灌机　图 7-25 为北京华农农业工程技术有限公司生产的盘式智能移动喷灌机。该设备适用于较长行程的灌溉，单程运行距离最长可达 190 m，可接入计算机控制，自动化程度高。盘式智能移动喷灌机悬挂在温室桁架下的专用双轨道上，其供水软管沿轨道绕过喷灌大盘接至行走小车下方供水模块，行走小车和喷灌大盘通过传动结构在轨道上做相对运动，因其特殊结构不做跨间转移，一跨一台。喷灌管上每个喷头均采用含 3 个不同流量和雾化程度的喷嘴，可根据灌溉要求选用合适喷嘴。可提前设置好喷灌机的喷灌参数进行喷灌机的自动运行。

图 7 - 25　盘式智能喷灌机

主要技术参数：供水压力 0.2～0.3 MPa；供水流量 2 000～5 000 L/h；3 种喷嘴流量为 136 L/h、90 L/h、45 L/h；运行速度 4～14 m/min（无级调速）；最大行程 190 m；最大喷水宽度 12 m；每台最佳控制面积 2 300 m²；整机重量约 70 kg（不含水）。

（4）ITS 自行走式喷灌机　美国 Mcmonkey 公司生产的 ITS 系列温室自行走式喷灌机，以技术先进、性能可靠、价格合理而成为目前国内连栋温室中应用最多的进口喷灌机。ITS 系列温室自行走式喷灌机种类很多，按喷灌机的轨道方式，分成单轨道悬挂行走式和双轨道悬挂行走式两种；按喷灌机的控制方式，分成基本型、顶级型、经济型 3 种；按喷灌机在不同跨之间的转移方式，分成人工转移和自动转移 2 种；按喷灌机供水管的悬挂方式，分成垂管悬挂（端部供水）和平管悬管（中间供水）2 种。

ITS 顶级型自行走式喷灌机（图 7 - 26）能实现以下控制功能：

① 采用微电脑编程控制喷灌机的运行，带液晶显示屏（LCD）的手持悬挂式编程器，利用滚动编程菜单使每个编程参数都在屏幕上显示，并方便地用按键进行编制设定。手持悬挂式编程器能够从喷灌机上拆除，以防止无关人员随意改动灌溉程序。同时可以使用一只编程器对多台喷灌机编程，以节约成本。

② 一台喷灌机最多可编制 50 个灌溉

图 7 - 26　ITS 自行走式喷灌机

程序，能控制 50 个灌区。编程时可根据"行走距离"或"磁性贴位置感应"设定灌区。采用一台喷灌机就可以满足同一温室中多种作物的灌溉要求。每个灌区可以根据独立的灌溉程序自动实施灌溉作业。每个灌溉程序有独立的启动时间、停止时间、重复灌溉时间、灌溉次数、喷灌机运行速度和喷灌阀门控制。可以通过编程让一个灌溉程序连续运行许多天，或让一个灌溉程序从某一天开始工作。同时，也可以让一个灌溉程序间隔 1 天、2 天或几天进行灌溉工作。

③ "停下灌溉模式"可更好地浇灌需水量大的作物。通过编程，可以让喷灌机在大容量的花盆或育苗盘上方停止不动进行一定时间的灌溉，然后喷灌机自动移动到下一行作物

的上方停止不动进行一定时间的灌溉，如此反复进行，以满足某些作物需水量大的要求。

④ 喷灌机上配有"慢行"控制盒，必要时可用该控制盒手动操作喷灌机的运行。该控制盒设有"暂停""紧急制动"两个按钮，以制动喷灌机。其中"暂停"的时间通过预先编程设定，如果喷灌机被"暂停"后到了预先设定的暂停时间，喷灌机将自动恢复被"暂停"的灌溉工作。这能够避免操作人员暂停喷灌机运行后，忘记恢复喷灌机的工作而影响作物生长的可能。

⑤ 配有故障诊断模式，可手动检测所有继电器和控制盒上的按钮，这对及时发现和处理喷灌机的故障很有帮助。"出错记录"将对喷灌机出现的错误进行跟踪记录。如果操作人员进入温室中发现喷灌机没有按照预期的方式工作，检查"出错记录"就会知道喷灌机的错误是何种类型、发生在什么地方。

⑥ 喷灌机可以安装两个喷灌管，一个用于普通喷灌，一个用于雾化喷灌。可以根据使用要求在编程中选择采用哪种喷灌，从而使得在同一间温室中既生产小苗又生产其他作物的灌溉作业十分方便。小苗可以采用安装雾化喷嘴的喷灌管灌溉，其他作物可用安装普通喷嘴的喷灌管灌溉。这就避免了人工更换喷嘴或对需水量大的作物进行补充灌溉的麻烦。

ITS顶级型自行走式喷灌机主要技术参数：供水压力 $0.2 \sim 0.3$ MPa；供水流量 $2\,000 \sim 5\,000$ L/h；3 种喷嘴的流量为 136 L/h、90 L/h、45 L/h；运行速度 $1.5 \sim 30$ m/min（无级调速）；最大移动距离 121 m；最大喷水宽度 15 m；每台最佳控制面积 $3\,000$ m^2。

八、过滤器

温室灌溉系统中的过滤器用来去除灌溉水中的泥沙、矿物质、废渣、水垢等无机物和藻类、腐殖质等有机物杂质，以防止灌溉系统中灌水器的堵塞。温室灌溉系统中应根据灌溉水质和所使用的灌水器特性合理配置过滤设备。

1. 分类与特点　按过滤器中的过滤元件，可将过滤器分成网式过滤器、叠片式过滤器、沙石（介质）过滤器、离心过滤器（水沙分离器）等。

网式过滤器采用塑料、尼龙、不锈钢丝制作的滤网作为过滤元件，一般用于水质较好的灌溉系统中或作为温室灌溉系统中的末级过滤设备。网式过滤器对于去除灌溉水中的泥沙、水垢、矿物质、废渣等无机物杂质效果较好，但过滤藻类、腐殖质等有机物杂质容易堵塞网孔而降低效率。用网式过滤器时必须及时冲洗其中的杂质，否则滤网前后的压差过大，网孔受压扩张使一些杂质"挤"过滤网，严重时导致滤网破裂，从而可能导致整个温室灌溉系统瘫痪。

叠片式过滤器采用由许多塑料薄片重叠起来形成一个带过滤孔槽的圆柱形叠片滤芯作为过滤元件，其特点与网式过滤器基本相同，由于圆柱形叠片滤芯强度远大于滤网，不易产生过滤元件损坏，工作可靠性和安全性要高于网式过滤器。

沙石过滤器采用分层堆放的沙石或其他粒状滤料作为过滤元件，可用作灌溉系统的各级过滤设备。沙石过滤器处理水中泥沙、矿物质、废渣、水垢等无机物和藻类、腐殖质等有机物杂质都十分有效，且这种过滤器滤出和存留杂质的能力很强，因此过滤效果最突出。但沙石过滤器的投资和维护费用较高。

离心式过滤器亦称水沙过滤器，利用水流的离心力去除水中杂质，但密度比水小或接近水的悬浮物和藻类等杂质不能被分离去除，因此离心式过滤器只能作为温室灌溉系统的初级过滤器，一般不单独使用，而是与网式或叠片式过滤器配合使用。

表7-39为各种过滤器对不同杂质的过滤效果。

表7-39　各种过滤器对不同杂质的过滤效果

杂质情况	过滤器类型及过滤效果			
	网式过滤器	沙石过滤器	叠片式过滤器	离心式过滤器
泥沙颗粒	C	B	C	A
矿物质/废渣	B	B	B	—
藻类/腐殖质	C	A	C	—
水垢	A	B	A	—

注：表中"A"表示过滤效果优，"B"表示过滤效果良，"C"表示过滤效果一般。

此外，根据过滤器中杂质的冲洗方式，可将过滤器分成手动冲洗式过滤器和自动冲洗式过滤器两种。手动冲洗式过滤器需要操作人员手动打开过滤器上的冲洗阀门，将过滤器中的杂质冲洗干净。自动冲洗式过滤器又可分成定时自动冲洗式过滤器和压差式自动冲洗式过滤器，前者按设定的间隔时间由自控设备自动打开过滤器上的冲洗阀门冲洗过滤器中的杂质；后者依据过滤器进水口与出水口工作压力之差，当该压力差达到设定值时，由自控设备自动打开过滤器上的冲洗阀门冲洗过滤器中的杂质。网式过滤器、叠片式过滤器和沙石过滤器都有自冲洗式的产品。

网式自冲洗过滤器是通过在冲洗口处安装电磁阀，用滤网前、后形成的压差来控制自动冲洗，当压差达到预设值时，控制器将信号传给电磁阀，使其打开从而完成自动冲洗。自动冲洗时，启动滤网内部的清洗刷将滤网表面积聚的污物杂质刷下来，并通过另一侧的排污阀排出污水。网式自冲洗过滤器的清洗和排污过程可与过滤同时进行，不需中断灌溉运行。

叠片式过滤器和沙石过滤器需要配置两台相同规格的过滤器才能实现自动冲洗。当一台过滤器进行自冲洗时，需要利用来自另一台过滤器中清洁水在该过滤器中反方向流动进行冲洗。这样自动反冲洗过程可与过滤同时进行，不需中断灌溉运行。

2. 主要技术参数　选用过滤器时需要了解各种过滤器的过滤精度和水力学性能。过滤器的过滤精度，对网式和叠片式过滤器，指反映其过滤效果的过滤器目数；对沙石过滤器，指反映其过滤效果的最小沙石或滤料的粒径。过滤器的水力学性能主要有过滤器的通过流量、工作压力及压力损失等。

（1）过滤精度　选用过滤器时，首先应根据灌溉系统中灌水器的要求确定网式或叠片式过滤器的目数，对于沙石过滤器，则是要确定最小的沙砾或滤料粒径。对于不同的灌水器，可参考式（7-8）计算需要使用的过滤器中过滤元件的滤孔直径或网孔边长：

微喷头：$\qquad\qquad d_1 = d_p/7$ $\qquad\qquad\qquad$ （7-8）

滴头和滴灌管（带）：$\qquad d_1 = d_D/10$ $\qquad\qquad\qquad$ （7-9）

式中　d_1——过滤元件的滤孔直径或网孔边长，mm；

$\qquad d_p$——微喷头出水孔最小直径，mm；

$\qquad d_D$——滴头和滴灌管（带）出水孔最小直径，mm。

过滤元件的滤孔直径（网孔边长）与过滤器目数的关系见表7-40。过滤器的目数与滤料直径及规格的对应关系见表7-41。

表7-40 常用过滤网的结构参数

目数（目）	网孔边长（mm）	网丝直径（mm）	网孔所占比例（%）
80	0.18	0.14	31.4
100	0.14	0.11	30.3
120	0.12	0.09	30.7
140	0.11	0.08	34.9
150	0.10	0.07	37.4
180	0.08	0.06	34.7
200	0.073	0.05	33.6
220	0.07	0.043	38.7
240	0.066	0.04	38.3
250	0.06	0.04	36.0
325	0.04	0.036	30.7

表7-41 滤料规格与过滤目数的对应关系

滤料标号	平均有效粒径（mm）	滤料材质	过滤目数（目）
♯8	1.5	花岗岩	100～140
♯11	0.78	花岗岩	140～180
♯16	0.7	石英沙	150～200
♯20	0.47	石英沙	200～250

某些厂家的灌水器直接标明了对过滤的要求，使用时可直接按厂家提出的过滤要求。表7-42为以色列耐特菲姆公司几种灌水器对过滤设备的要求。

表7-42 以色列耐特菲姆公司生产的几种灌水器对过滤设备的要求

型号	名称	流量（L/h）	过滤精度（目）	沙石滤料
RT TPC	压力补偿滴灌带	1.0～1.37	200	20号石英沙
Dripline PC	压力补偿滴灌管	0.42～0.92	120	11号花岗岩
EM TPC	压力补偿滴头	0.5～2.0	200	16号石英沙
Lady Bug	非压力补偿滴头	0.5	200	16号石英沙
Lady Bug	非压力补偿滴头	1.0～2.0	100	8号花岗岩
MQ	微喷头	31.0～65.0	150	11号花岗岩
MQ	微喷头	45.0～111.0	120	11号花岗岩
MQ	微喷头	92.0～144.0	100	8号花岗岩
SP12	微喷头	38.0～65.0	150	11号花岗岩
SP16、SP24	微喷头	57.0～180.0	100	8号花岗岩
RAM	压力补偿滴灌管	0.42	140	11号花岗岩

型号	名称	流量（L/h）	过滤精度（目）	沙石滤料
RAM	压力补偿滴灌管	0.61、0.92	120	12 号石英沙
S、J 系列	微喷头		80	8 号花岗岩
ODP	管上式滴灌管	3.75、2.75	120	11 号花岗岩
IDP	内镶式滴灌管	3.85	120	11 号花岗岩

（2）过流量　网式过滤器流速过大可能会使杂质挤入网眼产生堵塞问题，沙石过滤器流速过大可能会破坏介质层的结构。因此选择过滤器时还需要注意其最大过流量，根据国外经验，常用过滤器的流速范围：网式过滤器 5～30 m/h、沙石过滤器 10～30 m/h、离心式过滤器 1.5～5 m/s（5 400～18 000 m/h），根据过滤器的进出口管径和其流速范围可推算过滤器的最大过流量。

生产厂商一般在其产品说明书中均提供过滤器的过流量及对应的工作压力和压力损失等参数供选用。

3. 常用过滤器规格性能

（1）网式过滤器　见表 7 - 43。

表 7 - 43　常用网式过滤器规格性能

型　号	进出口尺寸	最大流量（m³/h）	过滤精度（目）	连接方式	工作压力（MPa）	生产厂家
A - 25/M	0.75″	5	120	外丝	≤0.60	
A - 32/M	1″	5	120	外丝	≤0.60	
A - 40/M	1.25″	7	120	外丝	≤0.60	
A - 50/M	1.5″	12	120/150	外丝	≤0.60	西班牙阿速德
2M - 100(130)	2″	35	120/150	外丝	≤1.00	
3M - 100(130)	3″	50	120/150	外丝	≤1.00	
4M - 100(130)	4″	80	120/150	外丝	≤1.00	
WS - 25	1″	1～7	80/120/150	外丝	≤0.60	
WS - 50	2″	5～20	80/120/150	外丝	≤0.60	
WS - 80	3″	10～40	80/120/150	法兰	≤0.60	北京通捷公司
WSZ - 80	3″	10～40	80/120/150	法兰	≤0.60	
WSZ - 100	4″	30～80	80/120/150	法兰	≤0.60	
WSZ - 150	5″	60～120	80/120/150	法兰	≤0.60	
"泰克"	0.75″	2	120	外丝	≤0.60	
"泰克" 短型	1″	6	120	外丝	≤0.60	
"泰克" 长型	1″	10	120	外丝	≤0.60	以色列耐特菲姆公司
"泰克" 短型	1.5″	6	120	外丝	≤0.60	
"泰克" 长型	1.5″	10	120	外丝	≤0.60	
"泰克"	2″	18	120	外丝	≤0.60	

（续）

型 号	进出口尺寸	最大流量（m³/h）	过滤精度（目）	连接方式	工作压力（MPa）	生产厂家
5101	0.75″	5	120	外丝	≤0.60	余姚市阳光雨人灌溉设备厂
5102	1″	5	120	外丝	≤0.60	
5103	1.25″	7	120	外丝	≤0.60	
5104	1.5″	12	120	外丝	≤0.60	

（2）叠片式过滤器　见表7-44。

表7-44　常用叠片过滤器规格性能

型号	最大通过流量（m³/h）	工作压力（MPa）	进出口尺寸	过滤精度（目）	生产厂家
R1000	5	0.5	1″	300	雨鸟公司
R2000	25	0.5	2″	200	
S2000	20	0.7	2″	200	
S3000	40	0.7	3″	200	
DO075	3	0.8	0.75″		北京易润嘉公司
DO100	5	0.8	1″		
DT150	10	0.8	1.5″	40～300	
DT200	15	0.8	2″		
DO300	50	0.8	3″		
DO400	80	0.8	4″		
A-25/A	3	0.6	0.75″	120	西班牙阿速德公司
A-32/A	3	0.6	1″	120	
A-40/A	7	0.6	1.25″	120	
2NA-130	30	1.00	2″	120	
2SA-130	30	1.00	2″	120	
3NA-130	50	1.00	3″	120	

（3）沙石过滤器　见表7-45。

表7-45　常用沙石过滤器规格性能

型号	过流量（m³/h）	工作压力（MPa）	进出口尺寸	生产厂家
3616-2	58～85	0.72	4″	雨鸟公司
3616-3	81～119	0.72	6″	
4816-2	96.5～142	0.55	6″	
4816-3	145～213	0.55	6″	
36SWW-2	58～85	0.55	6″	
36SWW-3	81～119	0.55	6″	
48SWW-2	96.5～142	0.55	6″	
48SWW-3	145～213	0.55	6″	

（续）

型号	过流量（m³/h）	工作压力（MPa）	进出口尺寸	生产厂家
4G1S4	80		4″	
4G1S6	160		6″	
7G1S8	300		8″	北京易润嘉灌溉公司
6G1S10	420		8″	
9G2S8	630		10″	
SS—50	1～10		Dg50 管螺纹	
SS—80	5～20		Dg80 法兰	
SS—100	10～40		Dg100 法兰	北京通捷智慧水务股份有限公司灌排设备分公司
SS—150	30～80		Dg150 法兰	
SS—200	60～120		Dg200 法兰	

（4）离心式过滤器　见表 7 - 46。

表 7 - 46　常用离心式过滤器规格性能

型号	进出口尺寸	流量（m³/h）	工作压力（MPa）	生产厂家
R40LA	4″	46～120	1.05	雨鸟公司
R60LA	6″	84～220	1.05	
LX - 25	1″	1～10		
LX - 50	2″	5～20		
LX - 80	3″	10～40		北京通捷智慧水务股份有限公司灌排设备分公司
LX - 100	4″	30～80		
LX - 150 A	5″	60～120		
LX - 150	6″	80～160		
SO200	2″	11～17		
SO300	3″	18～34		
SO400	4″	52～82		
SO600	6″	130～260		
SAB - 2001	2″	15～22		北京易润嘉公司
SAB - 2002	3″	50		
SAB - 2003	3″	75		
SAB - 2004	4″	100		
SAB - 2005	6″	125		
SAB - 2007	6″	160		
LX - 90X20	Dg20 管螺纹	1.0～3.0		
LX - 110X25	Dg25 管螺纹	1.5～7.0		
LX - 200X50	Dg50 管螺纹	5.0～20		天津春源龙润微灌技术有限公司
LX - 300X80	Dg80 法兰	10～40		
LX - 400X100	Dg100 法兰	30～70		

（5）自冲洗过滤器　见表7－47。

表7－47　常用自冲洗过滤器规格性能

型号	工作压力（MPa）	最大流量（m³/h）	接口尺寸	类型	生产厂家
M102C	0.2~1.0	25	2″		
M103C	0.2~1.0	40	3″	网式	以色列 FILTOMAT
M103CL	0.2~1.0	40	3″		
M104C	0.2~1.0	80	4″		
M104LP	0.2~1.0	100	4″		
M104XLP	0.2~1.0	100	4″		
M106LP	0.2~1.0	180	6″	网式	以色列 FILTOMAT
M106XLP	0.2~1.0	120	6″		
M108LP	0.2~1.0	320	8″		
M110P	0.2~1.0	400	10″		
B2、BE2	0.28~1.0	30	2″		
B2S、BE2S	0.28~1.0	30	2″		
B3、BE3		40	3″		
B3S、BE3S		50	3″		
B4、BE4		80	4″		
B4S、BE4S		90	4″		
B6、BE6		130	6″		
B8、BE8		200	8″		
HL3/E3/SE3		50	3″		
HL4/E4/SE4		100//80	4″		
HL6/E6/SE6		150//180	6″	网式	以色列 ARKAL
HX6/EX6		160	6″		
HL8/EL8/SE8		300/350	8″		
HL10/E10/SE10		400//450	10″		
H12/SE12		600/600	12″		
H14/SE14		900/850	14″		
H16/SE16		1 100	16″		
HX16		1 500	16″		
SA4L/6L/8L		80/160/300	4/6/8″		
SA101L/121L/141L		500/650/1 000	10/12/14″		
B844M	1.6	100	4″		
B846M	1.6	180	6″		
B848M	1.6	360	8″	网式	北京易润嘉公司
B844E	1.6	100	4″		
B846E	1.6	180	6″		
B848E	1.6	360	8″		

型号	工作压力（MPa）	最大流量（m³/h）	接口尺寸	类型	生产厂家
LDW‒3	40	80 mm			
LDW‒4	80	100 mm			
LDW‒6	150	150 mm			
LDW‒8	300	200 mm			
LDW‒10	400	250 mm			
LDW‒12	550	300 mm	网式		
LDW‒14	700	350 mm			
LDW‒16	1 000	400 mm			
LDL‒2	15	50 mm			
LDL‒3	35	80 mm			
LDL‒4	60	100 mm			
202/3VE	40	3″			
203/3VE	60	3″			
204/4VE	80	4″			
302/4VE	60	4″			
303/4VE	90	4″			
304/6VE	120	6″			
305/6VE	150	6″			
306/6VE	180	6″			
307/6VE	210	6″	叠片式	西班牙阿速德公司	
308/8FE	240	8″			
309‒0PLUS	270	8″			
312‒0PLUS	360	10″			
315‒0PLUS	450	10″			
318‒0PLUS	540	12″			
321‒0PLUS	630	12″			
324‒0PLUS	720	12″			
327‒0PLUS	810	14″			
330‒0PLUS	900	16″			

九、反渗透水处理设备

对于水质要求严格的温室无土栽培营养液灌溉系统，常选用单级反渗透水处理设备对原水进行深度处理。

1. 分类与特点 反渗透是采用膜法分离的水处理技术,其原理是通过在浓溶液一边施加比自然渗透压更高的压力,把浓溶液中的水压到反渗透膜元件另一边的稀溶液中。反渗透水处理设备能去除原水中的无机离子、细菌、病毒、有机物及胶体杂质等,以获得高质量的净水。原水经过预处理系统、精密过滤器,通过高压泵送至反渗透膜元件生产出产品水称为单级反渗透。

单级反渗透设备进水条件即原水水质要求,详见表 7-48。单级反渗透设备处理,可有效去除原水中 95% 以上的盐分、99% 以上的细菌和病毒、90% 以上的有机物,使出水电导率小于 10 μs/cm。

表 7-48 反渗透设备进水条件

最小原水压力 (MPa)	水温 (℃)	pH	硬度 (mg/L,以 $CaCO_3$ 计)	污染指数	总溶解固体含量 (mg/L)	铁 (mg/L)	锰 (mg/L)	游离氯	有机物 (mg/L)
0.28	15~35	4~9	17	SDI<5	TDS<1 000	<0.1	<0.5	不得检出	<1

2. 常用反渗透水处理设备规格性能 见表 7-49。

表 7-49 常用反渗透水处理设备规格性能

型号	设备尺寸(不含水箱) (mm)	产水量 (m³/h)	设备功率 (kW)	重量 (kg)	生产厂家
CY-0.25	2 000×600×1 600	0.25	1.65		
CY-0.5	2 000×600×1 600	0.5	1.65		
CY-1	2 000×600×1 600	1	2.05	100	
CY-2	2 700×600×1 600	2	4.75		山东川
CY-5	3 000×900×1 800	5	7.75		一水处
CY-8	3 000×900×1 800	8	14		理科技
CY-10	3 000×900×1 800	10	15		股份有
CY-20	5 000×1 100×1 800	20	28		限公司
CY-30	6 000×1 100×1 800	30	37.5		
HK-0.5	1 550×650×1 690	0.5	3	200	
HK-1	1 850×675×1 690	1	3	250	
HK-2	2 300×700×1 550	2	3	280	
HK-3	2 350×700×1 600	3.5	3.5	350	河北昊
HK-4	2 350×700×1 600	4	4.5	400	康清源
HK-5	2 350×700×1 600	5	5.5	480	水处理
HK-6	2 300×800×1 550	6	9	750	设备有
HK-8	2 300×800×1 550	8	9	900	限公司
HK-19	2 300×800×1 550	9	15	950	
HK-10	2 300×800×1 700	10	15	980	

（续）

型号	设备尺寸（不含水箱）（mm）	产水量（m³/h）	设备功率（kW）	重量（kg）	生产厂家
WP－0.5	600×500×1 300	0.5	2.2	60	
WP－1	1 500×800×1 600	1	2.2	130	
WP－2	2 300×1 000×1 600	2	3	180	
WP－3	4 500×1 000×1 800	3	4	300	
WP－4	4 500×1 200×1 800	4	5.5	500	
WP－5	4 500×1 600×1 800	5	7.5	800	
WP－6	6 000×1 500×2 000	6	7.5	1 000	
WP－8	6 000×1 500×2 000	8	11	1 000	宜昌市
WP－10	6 000×1 500×2 000	10	11	1 300	峡江环
WP－15	6 000×1 500×2 200	15	11	1 300	境工程
WP－20	7 000×1 500×2 200	20	22	1 400	科技有
WP－30	7 000×1 500×2 200	30	37	2 200	限公司
WP－40	7 000×1 600×2 200	40	45	2 600	
WP－50	7 000×1 600×2 500	50	55	2 800	
WP－60	7 000×1 600×2 500	60	75	3 500	
WP－80	7 000×1 600×3 000	80	75	4 000	
WP－100	7 000×1 600×3 000	100	110	4 500	

十、施肥（施药）装置

施肥（施药）装置用于将可溶性肥料、营养液、药液等添加到灌溉水中，以便通过温室灌溉系统将其更加均匀而方便地供应给田间作物。

1. 分类与特点 按施肥装置所使用的动力分成水动式施肥装置和电动式施肥装置。水动式施肥装置利用灌溉系统自身有压水的动力驱动施肥器将液态肥水添加到灌溉系统中，不需要外加动力，具有安装使用方便、运行费用低的优点，只是需要在灌溉系统设计中考虑弥补因施肥装置造成的供水压力损失，因此水动式施肥装置应用很普遍，如文丘里施肥器、压差式施肥罐、水动注肥泵等均属于水动式施肥装置。电动式施肥装置需要外加电源驱动施肥装置将液态肥水添加到灌溉系统中，具有工作可靠、易于实现自动控制的特点，如电动注肥泵等，但因投资和运行费用较高已逐渐被淘汰。

按施肥装置能否将肥水根据灌溉流量按比例添加到灌溉系统中，分成非定比施肥装置和定比施肥装置。压差式施肥罐工作时肥水与灌溉流量的比例是变化的，开始时施肥浓度高，此后施肥浓度逐渐降低，因此是一种非定比施肥装置。文丘里施肥器、水动注肥泵、可编程施肥器、电动注肥泵等则可以实现按固定的肥水比例将肥水添加到灌溉水中，但文丘里施肥器、电动注肥泵的施肥比例难以准确控制，而水动注肥泵则可以准确地控制施肥比例。

在各种温室特别是连栋温室中，自动灌溉水肥一体机的应用已变得越来越普遍。按照工作原理自动灌溉水肥一体机一般分为主路式与旁路式。主路式自动灌溉水肥一体机指与灌溉主管道串联,可直接输出作物所需水肥混合液的灌溉施肥设备;旁路式自动灌溉水肥一体机指与灌溉主管道并联,输出的肥液与主管清水再混合后满足作物所需的水肥混合液的灌溉施肥设备。自动灌溉水肥一体机可根据管理平台收集分析的数据进行精确配肥与精准化灌溉。

2. 常用施肥装置规格性能

(1) 文丘里施肥器 利用水流流经突然缩小的过流断面流速加大而产生的负压将肥水从敞口的肥料桶中均匀吸入管道中进行施肥。文丘里施肥器具有安装使用方便、投资低廉的优点,缺点是通过流量小且灌溉水的动力损失较大,一般只用于小面积的微灌系统中。文丘里施肥器可直接串联在灌溉系统供水管道上进行施肥。为增加其系统的流量,通常将文丘里施肥器与灌溉系统主供水管的控制阀门并联安装 (图 7 - 27),使用时将控制阀门关小,造成控制阀门前后有一定的压差就可以进行施肥。国内生产的文丘里施肥器规格较少,表 7 - 50 为福州阿尔赛斯流体设备科技有限公司生产的文丘里施肥器规格性能。

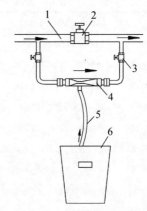

图 7 - 27 文丘里施肥装置
1. 供水管 2. 控制阀 3. 施肥阀
4. 文丘里施肥器 5. 吸肥管 6. 肥液桶

表 7 - 50 福州阿尔赛斯流体设备科技有限公司文丘里施肥器技术参数

产品型号	连接管径	最大流量 (m³/h)	最大吸肥流量 (L/h)	最大压力 (MPa)
F32V	1″	9	300	1.0
F50V	1.5″	16	780	1.0
F63V	2″	20	1 200	1.0
F63V - N	2″	25	1 300	1.0
F90V	3″	35	2 200	1.0

注:1. 该施肥器前后工作压力关系 $H_2 \geqslant 2.48 H_1^{0.84}$,$H_1$ 出水口压力,H_2 进水口压力;

2. WQL - 1 型文丘里施肥器最大吸入高度不超过 1 m,即肥液桶与文丘里施肥器的高差应在 1 m 以内。

(2) 压差式施肥罐 一般并联在灌溉系统主供水管的控制阀门上 (图 7 - 28)。施肥前将肥料装入肥料罐并封好,关小控制阀,造成施肥罐前后有一定压差,使水流经过密封的施肥罐,就可以将肥料溶液添加到灌溉系统进行施肥。

压差式施肥罐施肥时压力损失较小,且投资不大,应用较为普遍,其不足之处是施肥过程中的肥水浓度无法控制、施肥均匀度低,且向施肥罐装入肥料较为费事。国内能够生产压差式施肥罐的厂家较多,表 7 - 51 为北京通捷公司生产的压差式施肥罐规格性能。

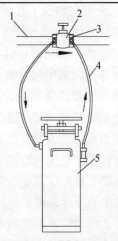

图 7 - 28 压差式施肥罐
1. 供水管 2. 控制阀 3. 施肥开关
4. 连接管 5. 压力罐

表7-51 北京通捷智慧水务股份有限公司灌排设备分公司压差式施肥罐规格性能

容量		10 L	16 L	30 L		50 L		150 L
结构类型				A	B	A	B	
施肥罐	型号	SFG-10×10	SFG-16×10	SFG-30×10(16)		SFG-50×16		SFG-150×16
	尺寸(mm)	200×200×600	300×300×600	380×410×750	500×550×1 000	420×460×850	580×520×1 100	610×610×1 400
	重量（kg）	4	2	21	25	34	40	70
施肥阀	型号	SFF-25×10 SFF-40×10		SFF-40×10 SFF-40×16		SFF-40×16 SFF-50×16		SFF-80×16 SFF-100×16
施肥时间（min）		10～20		20～50		30～70		50～100

（3）**水动注肥泵** 直接利用灌溉系统的水动力来驱动装置中的柱塞，将肥液添加到灌溉系统中进行施肥。水动注肥泵一般并联在灌溉系统主供水管上（图7-29），施肥时将主控制阀门关闭，使水流全部流过水动注肥泵，通过注肥泵的吸肥管将肥料从敞开的肥液桶中吸入管道。

水动注肥泵施肥工作所产生的供水压力损失很小，也能够根据灌溉水量调节肥水吸入量，使灌溉系统能够实现按比例施肥。水动注肥泵安装使用简单方便，已成为现代温室微灌系统中最受欢迎的施肥装置之一，但水动注肥泵技术含量高、结构复杂、投资较高，目前还没有国产成熟产品，基本依靠进口。表7-52为德国MSR系列水动注肥泵（图7-30）规格性能，表7-53为鲁冰公司系列水动注肥泵规格技术参数，表7-54为美国Dosmatic系列水动注肥泵规格性能。

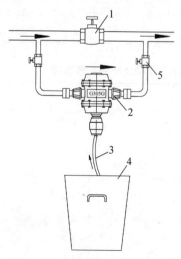

图7-29 水动注肥泵的安装
1.控制阀 2.水动注肥泵 3.吸肥管 4.肥液桶 5.施肥开关

图7-30 德国MSR水动注肥泵

表 7-52　德国 MSR 系列水动注肥泵规格性能

型号	H301G	H302G	H305G	H306G	H308G	H312G	H325G	RotaDos50	RotaDos120	RotaDos200
流量(m³/h)	0.03~0.75	0.05~2.0	0.5~5.0	0.35~5.5	0.5~8.0	0.7~12.0	1.0~25.0	4~50	8~120	10~200
工作压力(kPa)	100~1000	100~1000	100~1000	100~1000	100~1000	100~1000	100~1000	500~1600	500~1000	500~1000
最大吸入高度(m)	3~6	3~6	3~6	6	6	6	6	4	4	4
接头尺寸	0.75″	1″	1″	1″	1.25″	1.5″	2″	2.5″(2″)	4″(3″)	5″(4″)
重量(kg)	2	3	2	9	15	23	39	27	39	58
吸入比例(%)	0.02~0.25 0.1~1 0.3~3 0.5~5 1~10	0.01~0.12 0.1~0.5 0.1~1 0.2~2 0.3~3 0.5~5 1~10	0.0025~0.04 0.1~0.25 0.1~0.5 0.2~0.75 0.3~1	0.005~0.05 0.01~0.1 0.1~1 0.2~2 0.3~3 0.5~5 1~10	0.005~0.05 0.01~0.1 0.1~1 0.2~2 0.3~3 0.5~5 1~10	0.005~0.05 0.01~0.1 0.1~1 0.2~2 0.3~3 0.5~5 1~10	0.005~0.05 0.01~0.1 0.1~1 0.2~2 0.3~3 0.5~5 1~10	0.001~0.01 0.01~0.1 0.05~0.5 0.1~1 0.2~2	0.001~0.01 0.01~0.1 0.05~0.5 0.1~1 0.2~2	0.001~0.01 0.01~0.1 0.05~0.5 0.1~1 0.2~2
可选吸入方式	内吸式 外吸式	内吸式 外吸式	内吸式 外吸式	内吸式 外吸式	内吸式 外吸式	内吸式 外吸式	内吸式 外吸式	内吸式	内吸式	内吸式
可选吸头数量	单吸头 双吸头	单吸头 双吸头	单吸头	单吸头 双吸头	单吸头 2~4吸头	单吸头 2~4吸头	单吸头 2~4吸头	单吸头 双吸头	单吸头 双吸头	单吸头 双吸头

注：因实际注肥泵型号的选择不同，表中参数可能略有差别。
可根据工作环境的特殊要求选择壳体、吸头、内部材料、密封等的制造材料：不锈钢，铜，铝，PVC，PTFE，Viton，EPDM，Delrin。

表 7-53　鲁冰公司部分水驱动活塞式施肥器技术参数

型号	流量范围（m³/h）	压力（kPa）	混合比（%）	型号	流量范围（m³/h）	压力（kPa）	混合比（%）
DI 2	0.01~2.5	30~600	0.5~2.0	D8R	0.5~8	15~800	0.2~2
DI 16	0.01~2.5	30~600	0.2~1.6	D20S	1~20	12~1000	0.2~2
DI 50	0.01~2.5	30~600	1~5	D45-1.5	0.1~4.5	50~500	0.2~1.5

表 7-54　美国 Dosmatic 系列水动注肥泵规格性能

型号	流量范围（m³/h）	工作压力（MPa）	比例范围（%）	连接尺寸
A10-1.0	0.0072~2.2	0.041~0.60	0.2~1.0	0.75″
A10-2.5	0.0072~2.2	0.041~0.60	0.5~2.5	0.75″
A10-5.0	0.0072~2.2	0.041~0.60	1.0~5.0	0.75″
A12-1.0	0.0072~2.7	0.041~0.69	0.2~1.0	0.75″
A12-2.5	0.0072~2.7	0.041~0.69	0.5~2.5	0.75″
A12-5.0	0.0072~2.7	0.041~0.69	1.0~5.0	0.75″
A15-2.5	0.009~3.4	0.027~0.60	0.2~2.5	1″, 0.75″
A15-4 ML	0.009~3.4	0.027~0.60	1.0~5.0	1″, 0.75″
A20-2.5	0.009~3.4	0.034~0.69	0.2~2.5	1, 0.75″
A20-10	0.456~4.6	0.033~0.38	2.0~10.0	1″

（续）

型号	流量范围（m³/h）	工作压力（MPa）	比例范围（%）	连接尺寸
A30 - 4 ML	0.054~6.8	0.034~0.69	0.025~0.4	1″，0.75″
A30 - 2.5	0.054~6.8	0.034~0.69	0.2~2.5	1″，0.75″
A30 - 5.0	0.054~6.8	0.034~0.69	0.4~5.0	1″，0.75″
A40 - 4 ML	0.114~9	0.034~0.69	0.025~0.4	1.5″，40 mm
A40 - 2.5	0.114~9	0.034~0.69	0.2~2.5	1.5″，40 mm
A80 - 2.5	0.228~18	0.034~0.69	0.2~2.5	2″，63 mm
DP20 - 2.3	0.009~4.6	0.034~0.69	0.2~2.3	1″，0.75″
DP30 - 2.3	0.057~6.8	0.034~0.69	0.2~2.3	1″，0.75″
T100 - 0.5	3.42~23.8	1.003~0.83	0.1~0.5	2″
T100 - 1.0	3.42~23.8	1.003~0.83	0.5~1.0	2″
T5	0.12~1.1	0.041~0.69	0.2~1.5	2″

（4）自动灌溉水肥一体机（图 7 - 31） 是根据作物需求，对水分和养分进行综合调控和一体化管理的设备。一般主要由机架、水泵、控制器、母液罐等组成。一台自动灌溉水肥一体机可以控制几十个甚至几百个电磁阀，可以储存几十甚至几百个灌溉和施肥作业程序，不仅能够同时控制滴灌、微喷灌、喷雾等多种温室灌溉系统协调地实施灌溉作业，还可以控制利用这些灌溉系统实现精确比例的施肥、喷药作业，从而实现对温室灌溉系统全方位的自动控制。常用自动灌溉水肥一体机技术性能参见表 7 - 55 至表 7 - 57。

图 7 - 31　以色列 Fertigal 自动灌溉施肥

表 7 - 55　以色列爱尔达公司 Fertigal 系列自动灌溉水肥一体机规格性能

规格（接口）	流量范围（m³/h）	工作压力（MPa）	可控注肥泵（台）	可控灌溉阀门数		
				Elgal - 2 000	Elgal - 24	Elagl - 12
1″	0.15~6.5	0.4				
2″	1.0~20	0.4				
3″	5.0~35	0.4	8	100	24	12
4″	15.0~55	0.5				
6″	25~250	0.5				

主要性能：Fertigal 自动灌溉施肥机的控制核心是 Elgal 系列可编程控制器。该可编程控制器，具有友好的用户界面，用户可通过控制器键盘直接监控或编程，也可以通过外接中心控制计算机控制灌溉施肥过程和编制自己的灌溉施肥程序。用户可以设计的灌溉施肥程序多达 100 个。通过这 100 个独立的灌溉施肥程序自动执行不同的定量或定时设置的灌溉施肥过程。Fertigal 可配置 1~8 个文丘里型肥料泵，文丘里肥料泵以微量脉冲吸肥，能够进行精确的比例均衡施肥。施肥时，根据作物要求的 EC/pH，以微量脉冲方式自动调节文丘里肥料泵的施肥速率，可以保证精确的肥料施用剂量

表7-56　北京华农农业工程技术有限公司碧绿凯精准式水肥一体机技术参数

规格（接口）	输出流量范围（m³/h）	输出压力范围（MPa）	功率（kW）	吸肥压力（kPa）	吸肥流量（L/h）	输出pH范围
2″	3～10	0.15～0.30	2.2			
2.5″	10～20	0.15～0.30	3.0	200～300	0～500	6.0～6.5
3″	20～30	0.15～0.30	4.0			
4″	30～50	0.15～0.30	5.5			

主要性能：1. 工业级电阻触摸屏，7 in（1 in＝2. 54 cm）电容屏，高清晰。

2. 可实现EC、pH自动精准配比；基本注肥通道数量3路（2路吸肥通道1路酸通道）；单个通道吸肥量0～200 L；最大总吸肥量480 L/H；EC控制误差±7％范围内，pH控制误差±0.1范围内。

3. 有线可控制灌溉区电磁阀8个，可扩展无线控制。

4. 可以编制16条灌溉施肥程序。

5. 支持16个时间和频次的灌溉施肥任务触发，支持参数触发（土壤湿度和光辐射），支持外部12个干点触发。

6. 施肥机带有RJ45网口或者GPRS/4G网络接口，可以与任意第三方互联网平台进行通信，实现远程配置和控制。

7. 具有自动报警功能，设备运行出现问题，系统能够自动停止；根据需要设定不同的报警数值；当施肥机检测到超限时报警并且停止设备，停止水泵运行，关闭所有灌溉区电磁阀门。

8. 设备支持外接温湿度、光照、流量传感的作用，并可以手机远程控制，具有自动和手动运行模式

表7-57　北京华农农业工程技术有限公司碧绿凯集群式水肥一体机技术参数

规格（接口）	水泵功率（kW）	水泵扬程（m）	单通道吸肥流量（L/h）	可控灌溉阀门数
与主管道连接管道管径为1.5″，肥料通道管路管径为6分	3.0	62	0～1 500	有线可控制灌溉区电磁阀8个，可扩展无线控制

主要性能：1. 为旁路式施肥机。

2. 7 in大液晶触摸屏，全中文人机界面、数据采集、设备控制等功能，支持4G网络、wifi等。

3. 可实现EC、pH自动精准配比；基本注肥通道数量4路（3路吸肥通道1路酸通道）；单个通道吸肥量0～1 500 L；最大总吸肥量5 000 L/H。

4. 有线可控制灌溉区电磁阀8个，可扩展无线控制。

5. 可以编制16条灌溉施肥程序。

6. 支持16个时间和频次的灌溉施肥任务触发，支持参数触发（土壤湿度和光辐射），支持外部12个干点触发。

7. 设备支持标准的MODBUS RTU/TCP协议和485/232接口，在设备拓展可通过相应协议添加外部设备；支持MQTT物联网协议，可通过MQTT进行数据传输。

8. 具有自动报警功能，设备运行出现问题，系统能够自动停止；根据需要设定不同的报警数值；当施肥机检测到超限时报警并且停止设备，停止水泵运行，关闭所有灌溉区电磁阀门。

9. 设备支持外接温湿度、光照、流量传感的作用，并可以手机远程控制，具有自动和手动运行模式

十一、消毒装置

在无土栽培温室中，为了节约水肥、减少排液对环境的污染，常采用封闭式灌溉系统，即对灌溉排液进行收集、处理并循环利用。为了降低循环利用的营养液中病原带来的风险，需要进行消毒处理。

1. 分类与特点　常见的回液消毒方法有紫外消毒、臭氧消毒和加热消毒，目前大型

连栋温室中使用较多的消毒设备是紫外消毒机（图7-32）。

图 7-32 紫外消毒机

（1）**紫外消毒** 是一种有效且常见的消毒方式，紫外线通过破坏病毒、细菌和其他微生物的遗传物质 DNA，使其失去活性、无法复制再生而达到消毒的目的。紫外消毒机以紫外灯为光源，利用灯管发出的紫外线照射病毒或细菌达到杀灭的目的。依照波长范围，紫外线可分为 UV-A(320～400 nm)、UV-B(275～320 nm)、UV-C(200～275 nm) 和真空紫外线部分（40～200 nm）。灌溉回液处理中实际上是使用紫外线的 UV-C 部分，尤以 253.7 nm 的紫外线最佳。紫外消毒是一种完全物理性的消毒方式，不改变回液中任何成分，不会影响灌溉营养液的配方。此方式消毒对回液的颜色要求比较高，回液颜色过深紫外灯不能穿过，进而会造成消毒效率降低。

紫外消毒系统的消毒效果和紫外杀菌剂量有关，紫外杀菌剂量与紫外光照射强度、照射时间成正比：紫外杀菌剂量＝紫外光照射强度×照射时间。杀菌剂量越大，对细菌、真菌及病毒的消灭能力越强。根据荷兰瓦赫宁根大学的研究，在营养液灭菌时，当紫外线辐射强度达到 100 mJ/cm² 时，可有效杀死细菌、线虫和酵母菌；当紫外线辐射强度达到 150 mJ/cm² 时，可有效杀死真菌、镰孢菌和疫病菌；当紫外线辐射强度达到 250 mJ/cm² 时，可有效杀死病毒和黄瓜花叶病菌，常见微生物或作物相应的杀菌剂量见表7-58。

表 7-58 常见微生物或作物相应的杀菌剂量

微生物或作物名称	杀菌剂量（mJ/cm²）	微生物或作物名称	杀菌剂量（mJ/cm²）
霉腐菌/疫霉菌	60	生菜	80～150
镰刀菌素/细菌/线虫	80	天竺葵	80～250
茄瓜病毒	150	红掌	80
烟草花叶病毒	250	玫瑰	80
番茄	250	兰花	150
黄瓜	250	非洲菊	80

穿透率（T10）是回液对紫外线吸收程度的一个指示参数，是待消毒回液中所有吸收

紫外线的物质的总量。待消毒回液中真菌、细菌、病毒等含量越高，T10 值越低。影响 T10 值的除了真菌、细菌、病毒，还有铁元素，因为紫外线无法穿透铁元素。正常的无土栽培灌溉回液的 T10 值，一般为 30%～40%。而在照射强度一定的情况下，T10 值越高，紫外消毒系统的处理能力越大。

紫外消毒效果与紫外灯有效使用寿命相关，紫外线衰减到一定幅度时就不能有效杀菌。Priva 公司针对 M-Line 系列消毒机建议每 12 000 h 更换一次灯管，以确保消毒效果。

（2）臭氧消毒　在溶液中产生氧化能力很强的单原子氧和羟基，可以和所有的活有机物（也包括螯合铁）发生反应，杀灭微生物从而达到杀菌消毒、净化水质的目的。臭氧消毒过程属生物化学氧化反应，会与回液中的有效成分反应，降低回液养分比例。

（3）加热消毒　通过将灌溉回液加热至一定温度并持续一段时间杀死病原微生物。加热消毒方式的缺点是需要消耗大量的能源，而且被加热的水含氧量一般会大幅度降低。此外，在重复利用前还需对被加热的水进行降温处理。

2. 常用紫外消毒机规格性能　见表 7-59。

表 7-59　常用紫外消毒机规格性能

型号	紫外线灯最大功率（kW）	设备尺寸（mm）	主要性能	生产厂家
Vialux M-Line M-2	1.7		1. 既可以选择通过操作触控面板独立运行，也可以作为子站通过 Priva Connext 过程控制计算机	
Vialux M-Line M-4	3.4	2 300×1 570×1 600	2. 安装多种防护装置，如防止灯泡损坏、防止空转、防止膨胀、低电保护、过热保护等	荷兰 Priva 公司
Vialux M-Line M-6	5.1		3. 可外接 H_2O_2 消毒模块	
Vialux M-Line M-8	6.8		4. 可集成自动反冲洗过滤器	
Dismart-2 L	3.2	2 068×1 486×1 207	1. 配置 10 寸超大电容触摸屏人机交互界面。具备强大的物联网功能，可通过网络连接到远程控制云平台（FarmNet）进行远程操作 2. 消毒腔采用高品质 316 L 不锈钢，消毒腔壁上安装光强度传感器 3. 灯管使用寿命达 12 000～18 000 h 4. 系统配置不锈钢流量计，精度等级 0.5，可监测消毒机的消毒水量 5. 系统预留液位检测接口（标准工业信号），配置液位检测传感器后可检测未消毒水罐和消毒后水罐的液位情况，自动启停 6. 提供酸洗功能	成都智棚农业科技有限公司
Dismart-4 L	6.4			

常用紫外消毒机、不同杀菌剂量对应的处理量见表7-60至表7-62。

表7-60　常用紫外消毒机杀菌剂量250 mJ/cm² 对应的处理量（单位：m³/h）

T10	型号					
	Priva Vialux M-Line 系列				智棚 Dismart 系列	
	M-2	M-4	M-6	M-8	2 L	4 L
20%	1.9	3.7	5.5	7.4	2	4
30%	2.3	4.5	6.8	9.1	3	6
40%	2.6	5	7.5	10.1	4	8

注：按紫外灯管运行12 000 h后计。

表7-61　常用紫外消毒机杀菌剂量150 mJ/cm² 对应的处理量（单位：m³/h）

T10	型号					
	Priva Vialux M-Line 系列				智棚 Dismart 系列	
	M-2	M-4	M-6	M-8	2 L	4 L
20%	3.2	6	9.2	12.3	3.4	6.8
30%	3.9	7.6	11.4	15.1	5	10
40%	4.4	8.4	12.6	16.8	6.7	13.5

注：按紫外灯管运行12 000 h后计。

表7-62　常用紫外消毒机杀菌剂量80 mJ/cm² 对应的处理量（单位：m³/h）

T10	型号					
	Priva Vialux M-Line 系列				智棚 Dismart 系列	
	M-2	M-4	M-6	M-8	2 L	4 L
20%	6.3	12	18.4	24.5	6.3	12.5
30%	7.4	14.1	21.3	28.5	9.4	18.8
40%	8.2	15.8	23.7	31.6	10	20

注：按紫外灯管运行12 000 h后计。

十二、自动控制设备

温室微灌系统采用自动控制，不仅能够降低劳动强度、提高劳动效率，而且为充分发挥系统的最佳灌溉效果、实现优质高产高效生产创造了条件。

1. 分类及功能　温室微灌系统的自动控制设备分成控制部件、执行部件、监测部件、通信部件4类。

（1）控制部件　为温室灌溉自动控制系统的指挥中心。它根据管理者要求，必要时参照监测部件的反馈信号，并利用通信部件控制执行设备的启动或关闭，实现温室的自动灌溉。用于温室灌溉的自动控制部件有时间控制器、土壤湿度控制器、自动灌溉施肥机等。

（2）执行部件　是温室灌溉自动控制系统中实施灌溉的各种执行设备。常用的执行设备有继电器、电磁阀、变频器等。温室灌溉自动控制系统正是通过这些执行设备的动作来实现自动灌溉作业。

简单的自动控制系统可以只控制一个执行设备，如通过控制继电器自动实现水泵的关闭和停止，就可以进行温室灌溉的自动控制。复杂的自动控制系统中可能有多个执行设备，以全面控制各种灌溉设备的运行，如控制变频器实现水泵的恒压供水、控制电磁阀实现各灌区的轮流灌溉、控制施肥装置进行自动施肥、控制过滤器进行自动冲洗等。

（3）监测部件　自动控制系统中的监测设备主要是各种传感器，用于监测与灌溉有关的环境条件是否可以开始灌溉或停止灌溉。常用的有温度传感器、湿度传感器、土壤水分传感器、压力传感器、流量传感器、水位传感器、雨量传感器、风力传感器、风向传感器、光照传感器等。

简单的灌溉自动控制系统中可以没有监测部件，如采用时间控制器的系统只需要按照预先设定的灌溉时间来控制温室灌溉系统的自动运行。复杂的温室灌溉自动控制系统中则可以配置十几种传感器，这样可以对温室灌溉系统实行全方位的自动监测与控制。

（4）通信部件　温室微灌自动控制系统中通信方式有有线通信和无线通信两种。有线通信部件主要是电线（光缆）。无线通信部件主要是发射器、接收器等。无线通信的方式减少了电线传送信号的约束，安装和维修更加方便，但因投资高，一般温室中很少采用。

2. 常用自动控制设备规格性能

（1）时间灌溉控制器　是在现代温室微灌系统中应用较多的一种自动灌溉控制器（图7-33）。采用时间控制器的自动灌溉控制系统中不需要安装传感器，控制器本身只是一个兼有简易编程功能的定时器，只能按时间编制程序来控制灌溉的灌水时间、灌水量和灌溉周期。目前国内温室中的时间控制器以进口产品为主。表7-63至表7-66为几种常用时间控制器的性能及技术参数。

Pro-C控制器　　　　ESP-LX+控制器

图7-33　时间灌溉控制器

表7-63　美国雨鸟公司E系列三程序控制器的性能及技术参数

项目	描述
性能	3个独立程序（A、B、C），每个程序每天有6个启动时间； 365 d日历，可随意设置按奇数日或偶数日灌水； 可设置灌水周期为1 d、2 d直到7 d，或按星期设置一周内任意一天灌水； 每站灌水延续时间最大为4 h，级差为1 min； 对每个程序可设置灌水比例0～200%（级差10%），不用改变程序设置即可调整灌水延续时间，便于根据季节和气候随时调整； 测试程序（1～10 min）可用于系统的调试； 可进行手动操作；切断电源，已设置好的持续保持不变，直到人为清除； 可选配雨量传感器或土壤湿度传感器
技术参数	电　源：AC220 V±10%，50 Hz；输　出：AC24～26.5 V，1.5 A； 各站承载力：2个AC24 V电磁阀加1个主阀（或泵启动继电器）； 控制器型号：E-3、E-6、E-9、E-12；控制器外形尺寸：宽179 mm，高245 mm，厚105 mm

表 7-64　美国亨特公司的 Pro-C 控制器的性能及技术参数

项目	描述
性能	允许从 3 站扩充到 12 站的模块设计； 提供室内和室外的外壳； 保存程序不需电池，非易失存储器； 3 个独立程序（A，B，C），每个程序每天 4 次开启时间； 3 种日程选项的选择：一周的天数，奇数天/偶数天或最高为 31 d 的时间间隔；有直观显示的全程水收支/季节调节； 有旁路开关的内置雨水传感器电路； 与所有的 Hunter 传感器一样，100% 配套 Hunter 的遥控器（SRR）和遥控程序（SRP）
技术参数	室外型：220 V 变压器，有内置接线盒； 室内型：220 V 2 个插脚的即插式变压器； 站点输出：24 V，0.56 A； 变压器输出：24 V，1.0 A； 工作温度：0～65 ℃； 符合 NEMA 标准的室外外壳； 符合 UL、CSA 标准； 每种程序每天可启动 4 次，以满足灌水需要； 每站最长运行时间可达 6 h； 启动次序自动排序/启动时间自动叠加； 365 d 日历，智能识别闰年； 可设置各站之间的延迟启动，为 0～4 h； 可设置降雨延迟，最长为 7 d； 可设置水泵/主控阀的电路； 可以用 HUNTER 的遥控器 SRR 和 ICR 进行遥控操作； 快速检测功能帮助及时发现电磁阀的接线问题； 测试程序可快速检查系统的运行状况； 可与 Hunter 的计算机灌溉管理系统（IMMS）配套； 控制器尺寸： 室内型：高 21.1 cm×宽 24.4 cm×厚 9.4 cm 室外型：高 22.6 cm×宽 25.1 cm×厚 10.9 cm 控制器型号： PC-300——3 站室内型控制器，内置变压器，最大可扩充 15 站 PC-300I——3 站室外型控制器，内置变压器，最大可扩充 15 站 PCM300——3 站模块 PCM900——9 站模块

表 7-65　美国雨鸟公司 ESP-LX十系列程序控制器的性能及技术参数

项目	描述
性能	4 个独立程序（A，B，C，D），其中 D 程序可与其他程序同时运行，每个程序每天有 6 个启动时间； 365 d 日历，可随意设置按奇数日或偶数日灌水； 可设置灌水周期为 1 d、2 d 直到 31 d，或按星期设置一周内任意一天灌水； 可设置一月之内任意一天为关闭；

（续）

项目	描述
性能	每站灌水延续时间最大为 12 h。2 h 内级差为 1 min，2 h 以上级差 10 min； 可设置各站启动的时间间隔； 对每个程序可设置灌水比例 0～300％（级差 10％），不用改变程序设置即可调整灌水延续时间，便于根据季节和气候随时调整； 测试程序（1～10 min）可用于系统的调试； 可进行手动操作； 切断电源，已设置好的持续保持不变，直到人为清除； 特殊的保险电路，可显示保险丝故障； 可选配雨量传感器或土壤湿度传感器
技术参数	电 源：AC220 V±10％，50 Hz； 输 出：AC26.5 V，1.5 A； 各站承载力：2 个 AC24 V 电磁阀加 1 个主阀（或泵启动继电器）； 备用电池：9 VNi‐MH 可充电电池； 过载保险管：1.5 ASLO‐BLO； 控制器型号：ESP‐6 LX＋、ESP‐8 LX＋、ESP‐12 LX＋； 　　　　　　ESP‐16 LX＋、ESP‐20 LX＋、ESP‐24 LX＋； 控制器外形尺寸：宽 241 mm，高 260 mm，厚 111 mm

表 7‐66　美国亨特公司的 ICC 控制器的性能及技术参数

项目	描述
性能	通用模块设计； 增加站数灵活方便，便于库存管理； 4 种完全独立的程序； 每个程序具有单独的灌水周期，每天可启动 8 次，满足复杂的灌水要求； 独立的灌水周期选择； 每个程序均可设置一周内任意一天灌水、奇数日或偶数日灌水或间隔灌水（最大间隔 31 d）； 可对于各站设置水泵是否启动； 只在需要时启动水泵，便于使用双水源； 可将各站的灌水延续时间分为几个周期，减少地表径流； 与遥控器配套
技术参数	变压器输入：120/230 VAC，50/60 Hz； 变压器输出：24 VAC，1.5 A(40 VA)； 站点输出：24 VAC，0.56 A（最多 2 个电磁阀）； 最大总输出：24 VAC，1.4 A（最多 5 个电磁阀），包括主控阀（泵启动）电路； 主阀（泵启动）输出：24 VAC，0.28 A； 与多种常闭开关型传感器配套，传感器动作时会有显示； 365 d 日历，自动识别闰年； 可对各站或程序随时进行手动灌水； 拆卸式面板，可用电池设置程序； 高等级电涌保护； 符合 UL，CSA，CE 标准；

（续）

项目	描述
技术参数	双电压变压器可用于 120 VAC 或 230 VAC 电源； 灌水比例调节范围：10%～150% "D"程序可与其他程序同时运行； 自检测电路断路器：自动跳过短路站，继续下一站的灌水； 各站最大运行时间：程序 A、B 与 C 为 2 h；程序 D 为 12 h； 可设置各站之间的延迟启动，最长为 10 h； 可设置降雨延迟，最长为 7 d； 一键式手动操作； 快速检测功能帮助及时发现电磁阀的接线问题； 测试程序可快速检查系统的运行状况； 可与 Hunter 的计算机灌溉管理系统（IMMS）配套； 控制器尺寸： 　ICC-801PL——高 25.7 cm×宽 33.7 cm×厚 12.1 cm； 　ICC-801M——高 40.6 cm×宽 31.1 cm×厚 12.1 cm； 　ICC-801SS——高 40.6 cm×宽 31.1 cm×厚 12.1 cm； 控制器型号： 　ICC-801PL——8 站控制器，塑料外壳，内置变压器，可扩充到 32 站； 　ICC-801M——8 站控制器，金属外壳，内置变压器，可扩充到 48 站； 　ICC-801SS——8 站控制器，不锈钢外壳，内置变压器，可扩充到 32 站

（2）电磁阀（图 7-34）是温室自动灌溉系统中的执行元件，其作用是根据控制设备发出的电信号开启和关闭管路中的水流。灌溉用电磁阀为常闭式，即在不通电的情况下阀关闭；通电后阀开启。电磁阀虽然受电信号控制，但最终依靠水压力启闭，因此采用电磁阀时，系统的供水压力不得低于电磁阀启闭所

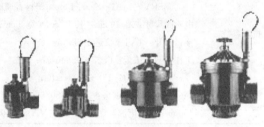

图 7-34　灌溉用电磁阀

要求的最小工作水压。温室微灌系统的电磁阀，不仅有自动功能，还要求具备有手动功能，这样一旦自控系统暂时失效，仍能通过手动保证温室的灌溉。表 7-67 至表 7-72 为几种灌溉用电磁阀的性能和技术参数。

表 7-67　上海巨良阀门集团有限公司 ZCS-F 膜片式电磁阀规格性能

项目	规格（mm）								
	15	20	25	32	40	50	65	80	100
工作介质	液体、气体、水及其他非腐蚀性流体								
阀体材质	黄铜、不锈钢、铸铁						铸铁、不锈钢		
工作压力（kPa）	30～800						100～1 000		

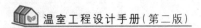

（续）

项目	规格 （mm）								
	15	20	25	32	40	50	65	80	100
功率 （W）	12				15		50		
额定电压 （V）	AC-220 V；DC-24 V 其余规格可作特殊订货								

表 7-68　美国 Hunter 公司的 SRV 系列灌溉用电磁阀

项目	描述
性能	高强度的 Hunter 电磁头； 寿命长，运行可靠； 电磁头活塞保持功能； 维修时不会丢失零件； 内部手动放水装置； 手动运行时无水溢出，保持阀体和阀箱干燥； 可选可调节的流量控制； 有利于区域的压力控制； 隔膜支撑环减少隔膜应力，延长使用寿命； 高级的 PVC 材料
技术参数	型号：SRV-100G——1″螺纹塑料直通阀，无流量控制； 　　　SRV-101G——1″螺纹塑料直通阀，带流量控制； 　　　SRV-100G-S——1″承插塑料直通阀； 　　　SRV-101G-S——1″承插塑料直通阀，带流量控制； 电磁阀尺寸：高 13 cm×长 11 cm×宽 6 cm； 接口尺寸：1″内螺纹进出口，或承插 工作参数：流量：0.23～6.8 m³/h； 　　　　　压力：138～1 034 kPa； 高强度的标准电磁头：24 V，50/60 Hz； 400 mA 激活电流，（0.4 A，9.6 VA）；270 mA 吸持电流，（0.27 A，6.5 VA）

表 7-69　美国 Hunter 公司的 ICV 系列灌溉用电磁阀

项目	描述
性能	玻璃填充尼龙材料； 坚固耐用，承压高达 1.5 MPa； 内部手动放水装置； 手动运行时，无水溢出，保持阀体和阀箱干燥； 电磁线圈活塞保持功能； 维护时不会丢失零件； 阀帽螺丝保持功能及阀体嵌入式黄铜螺母； 维护方便，排除了零件的丢失； 增强隔膜构造； 最高 1.4 MPa 压力时运行可靠；

（续）

项目	描述
性能	可选配 Filter SentryTM 自清洗过滤系统； 自动清洗滤网； 可选配 Accu‐SetTM 压力调节器； 在阀门出口保持安全、恒定的水压力
技术参数	型号：ICV‐151G——1 1/2″塑料直通阀； 　　　ICV‐151G‐FS——1 1/2″塑料直通阀，有 Filter Sentry™自动清洗系统； 　　　ICV‐201G——2″塑料直通阀； 　　　ICV‐201G‐FS——2″塑料直通阀，有 Filter Sentry™自动清洗系统； 　　　Accu‐Set™压力调节器； 电磁阀尺寸：ICV‐151G——高 18 cm×长 17.5 cm×宽 14 cm（有 Accu‐Set™时，高 20.6 cm）， 　　　　　　ICV‐201G——高 18 cm×长 17.5 cm×宽 14 cm（有 Accu‐Set™时，高 20.6 cm）， 内螺纹进口/出口：1″，1 1/2″ & 2″BSP； 工作参数：流量 0.06～45.4 m³/h，压力 0.138～1.5 MPa，温度最高 150° F(66 ℃)； 高强度电磁头：24 V，60 Hz，370 mA 激活电流，190 mA 吸持电流； 24 V，50 Hz，475 mA 激活电流，230 mA 吸持电流

表 7‐70　美国 Hunter 公司的 HBV 系列灌溉用电磁阀

项目	描述
性能	高强度手动开关； 手动操作简单方便； 不锈钢电磁头底座； 防止生锈与损坏，保证电动操作的可靠性； 关闭速度慢，有效防止水锤，保护管网安全； 内部手动放水装置； 手动运行时，无水溢出，保持阀体和阀箱干燥； 增强型带 O 形密封圈隔膜； 耐高压，寿命长
技术参数	型号： 　HBV‐101E——1″铜质直通阀； 　HBV‐151E——11/2″铜质直通阀； 　HBV‐201E——2″铜质直通阀； 　HBV‐301E——3″铜质直通阀； 电磁阀尺寸： 　HBV‐101E——高 11 cm×长 11 cm×宽 14 cm； 　HBV‐151E——高 11 cm×长 11 cm×宽 14 cm； 　HBV‐201E——高 11 cm×长 11 cm×宽 14 cm； 　HBV‐301E——高 11 cm×长 11 cm×宽 14 cm； 　HBV‐101EP——高 11 cm×长 11 cm×宽 14 cm 　HBV‐151EP——高 11 cm×长 11 cm×宽 14 cm

（续）

项目	描述
技术参数	电磁阀尺寸： 　HBV-201EP——高11 cm×长11 cm×宽14 cm 　HBV-301EP——高11 cm×长11 cm×宽14 cm 工作参数： 　流量：1.14~81.8 m³/h 　压力：140~1 400 kPa（注：压力调节型电磁阀的进口压力应至少大于出口压力100 kPa） 　温度：66 ℃ 　电特性：24 VAC，激活电流335 mA(8 VA)，吸持电流200 mA(4.9 VA)

表7-71　美国雨鸟公司系列灌溉用电磁阀技术参数

序号	型号	公称通径(mm)	主材	接口形式	接口尺寸	外形尺寸长×宽×高(mm)	电磁线圈电源	功率VA启动	功率VA吸持	工作范围流量(m³/h)	工作范围压力(MPa)	工作范围水温(℃)	水头损失流量(m³/h)	水头损失损失(m)
1	075-DV	20	工程塑料	G 3/4″		107×84×114	AC 24 V 50 Hz	7.2	4.6	0.75~5	0.1-1.0	0-43	0.75 2.0 5.0	1.8 2.4 3.7
2	100-DVF	25		G1″		107×84×142				1~10			2.0 5.0 7.5	1.6 2.5 5.0
3	150-PGA	40		G1 1/2″		203×89×203		9.9		7~22	0.1-1.0	0-66	8.0 10.0 14.0	1.6 2.9 5.0
4	200-PGA	50	标准管用内螺纹	G2″		235×127×267				12~34			12.0 16.0 22.0	0.8 1.6 3.3
5	150-PESB	40	增强尼龙	G1 1/2″		152×152×203			5.5	5~34	0.15-1.4	0-66	8.0 10.0 14.0	1.5 1.7 1.9
6	200-PESB	50		G2″		152×152×203		9.9		12~46			12.0 16.0 22.0	0.9 1.5 2.6
7	300-BPE	80	铸黄铜	G3″		203×346×178				14~68	0.14-1.38	≤43	14.0 40.0 60.0	4.7 3.1 3.0

注：1. 为减小水锤的影响，建议通过阀的水流速度不超过2.3 m/s。

2. 表中包含每种阀在三个流量点的压力损失，如果系统的流量不是这三个点，可近似按插值法求得。

3. 表中的压力损失值是在阀门完全开启的状态下测出的。

4. 除075-DV阀外，其余六种阀具有调压（节流）功能。

5. 七种阀均具有手动操作功能，PGA型阀只有一种手动操作方式，其余阀有两种。

表 7 - 72　美国雨鸟公司系列灌溉用电磁阀性能特点

序号	型号	主要特点和附加功能	适用场合
1	075 - DV	▲ 先导流两级 90 目过滤网，可防止先导孔堵塞 ▲ 隔膜材料为尼龙增强丁腈橡胶，强度高，寿命长	▲ 小面积城市园林喷灌 ▲ 农业滴灌和微喷
2	100 - DVF	▲ 两种手动操作方式，可在系统调试过程中或电路出现故障时手动运行 ▲ 100 - DVF 型的中间手轮为调压（节流）装置	▲ 工矿生产小管路和喷泉 ▲ 自来水或经过过滤的河、湖水
3	150 - PGA	▲ 先导流两级过滤，可防止先导孔堵塞 ▲ 可用作直通阀，也可用作角阀，安装更方便	▲ 大面积城市园林喷灌 ▲ 农业喷灌、滴灌和微喷
4	200 - PGA	▲ 一种手动操作方式，可在系统调试过程中或电路出现故障时手动运行 ▲ 中间手轮为调压（节流）装置	▲ 工矿生产管路系统 ▲ 自来水或经过过滤的河、湖水
5	150 - PESB	▲ 先导流滤网前加自洁式清污器，适用于河水、湖水等非洁净水 ▲ 隔膜材料为尼龙增强丁腈橡胶，强度高，寿命长	▲ 高尔夫、体育场草坪喷灌 ▲ 工矿生产管路系统
6	200 - PESB	▲ 两种手动操作方式，可在系统调试过程中或电路出现故障时手动运行 ▲ 中间手轮为调压（节流）装置	▲ 可采用自来水、工业水，也可直接采用河水、湖水等非洁净水
7	300 - BPE	▲ 极低的压力损失，运行效率高，电磁先导阀为整体封闭式，维护简单 ▲ 两种手动操作方式，可在系统调试过程中或电路出现故障时手动运行 ▲ 关闭速度慢，避免产生水锤，损坏管路系统 ▲ 可通过手柄调节阀门开关度，保证适当的工作压力和流量	▲ 大面积城市园林喷灌 ▲ 高尔夫、体育场草坪喷灌 ▲ 工矿生产管路系统

（3）传感器（图 7 - 35）　是温室自动灌溉系统中的监测设备，用于测量与温室灌溉相关的气象、环境、土壤等信息并将其传递到控制器中，使控制器能够根据这些信息对灌溉进行自动控制。表 7 - 73 是美国 Hunter 公司温室灌溉用传感器的主要性能与技术参数。

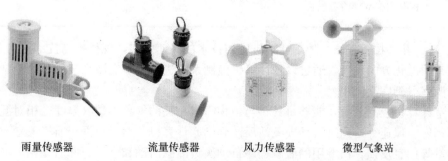

雨量传感器　　　　流量传感器　　　　风力传感器　　　　微型气象站

图 7 - 35　各种传感器

表 7-73　美国 Hunter 公司传感器主要性能特点

传感器	主要性能	技术参数
雨水传感器	在下雨的条件下，雨水传感器起中断灌溉系统的开关作用。具有对大暴雨反应快，可无线操作，无维修机构等特点。采用抗紫外线性能稳定的材料，符合 UL 标准	尺寸：直径 8.3 cm，高 5 cm； 接线方式：常闭； 关闭灌溉系统时间：2～5 min； 快速复位器的复位时间：在干燥、阳光充足的条件下，最长复位时间为 4 h； 复位时间：在干燥、阳光充足的条件下，最长复位时间为 3 d； 工作温度：0～54 ℃；电气特性：24 V，3 A 开关
流量传感器	当出现主管道破裂，支管破裂，喷头损坏，流量传感器可以关闭灌溉系统，可减少水的浪费和由水的侵蚀和泛滥引起的损失。接口板提供控制系统的兼容性，可设计系统自动复位，制定精确的系统控制的标准	型号：Flow-Clik—150 流量传感器进出口为 $1\frac{1}{2}''$ 的阳螺纹，带有界面显示面板； 尺寸：Flow-Clik™ 传感器高 13 cm×宽 6.3 cm×长 13.7 cm； 　　　界面显示的面板高 13 cm×宽 6.3 cm×长 13.7 cm； 工作温度：-18～66 ℃；工作压力：1 380 kPa；工作湿度：100%； 流量：23～450 L/min； 吸持电流：24 VAC；0.25 A； 关闭电流：2.0 A； 传感器和显示面板之间的最大距离：300 m； 辅助特性：可编程序启动延滞（0～300 s）；可编程序中断延滞（2～60 min）
风力传感器	在有风的条件下，风力传感器起中断灌溉系统的开关作用。安装简单方便，设计"正常关闭"或"正常开启"的操作，适用于所有控制器的需要	风力传感器尺寸：高 10 cm，风向标直径 12.7 cm； 开关额定值：250 VAC，5 A； 电源：连接线时为 24 V，5 A； 接线："常闭"或"常开"； 风速调节：激活范围 5.4～15.6 m/s；复位范围 3.6～10.7 m/s； 架设：用 2″ 的 PVC 管承插或用附带的 1/2″ 适配器
微型气象站	集降雨、霜冻、风力传感器于一体，把风力传感器、雨量传感器和温度传感器结合起来控制灌溉系统，与所有标准 24 VAC 控制器配套	额定电气功率：最大为 120 V，5 A； 设置调节：设定 3～25 mm 的降雨量； 风力传感器：风向标直径 12.7 cm； 风速调节：激活范围 5.4～15.6 m/s；复位范围 3.6～10.7 m/s

　　（4）计算机控制系统　随着计算机应用技术的飞速发展，现代控制技术正向全方位、智能化、精准化方向发展。通过设置计算机控制系统进行温室灌溉系统的自动控制已经在现代化温室得到广泛应用。

　　温室计算机控制系统，能够每日将与植物需水相关的气象参数（温度、相对湿度、降雨量、辐射、风速等）通过自动气象站反馈到中心计算机，然后根据当前气象参数、土壤水分含量等信息反馈，由专用的灌溉程序自动决策灌溉启动和水量，并通知相关的执行设备，开启或关闭某个子灌溉系统，实现精准化灌溉作业。温室计算机控制的灌溉系统，可以作为由中心计算机控制的子系统，与中心计算机组成一个控制整体，对灌溉系统进行自动控制。这种计算机控制系统不仅能够对温室灌溉实行自动控制，而且还可以对影响温室生产所涉及的施肥、喷雾、加热、降温、通风等作业进行全方位的自动控制。

十三、储水罐

为减少灌溉期间温室灌溉用水与大田灌溉或其他用水的矛盾，更好地保证温室灌溉对水源的要求，有条件的温室应在温室内或温室附近修建水池或储水罐作为温室灌溉的独立水源。采用金属材料制作的储水罐是一种经济、高效、安全的储水设施，具有安装施工简单方便、投资低廉、可作为临时或永久式储水设施等特点，目前在温室灌溉中取得了广泛的应用。

表 7-74 为泰州润新农业科技有限公司生产的储水罐规格性能。

表 7-74　泰州润新农业科技有限公司生产的储水罐体规格性能

序号	水罐系列	直径（mm）	容积（m³）	筒高（m）	板厚
1	Φ1.83×1层	Φ1 833	3	1.17	镀锌板 δ1.0
	Φ1.83×2层		6	2.29	
	Φ1.83×3层		9	3.41	
	Φ1.83×4层		12	4.53	
2	Φ2.44×1层	Φ2 444	5	1.17	镀锌板 δ1.0
	Φ2.44×2层		10	2.29	
	Φ2.44×3层		15	3.41	
	Φ2.44×4层		20	4.53	
3	Φ2.75×1层	Φ2 750	7	1.17	镀锌板 δ1.0
	Φ2.75×2层		13	2.29	
	Φ2.75×3层		20	3.41	
	Φ2.75×4层		27	4.53	
4	Φ3.05×1层	Φ3 055	8	1.17	镀锌板 δ1.0
	Φ3.05×2层		16	2.29	
	Φ3.05×3层		25	3.41	
	Φ3.05×4层		32	4.53	
5	Φ3.67×1层	Φ3 666	12	1.17	镀锌板 δ1.0
	Φ3.67×2层		24	2.29	
	Φ3.67×3层		36	3.41	
	Φ3.67×4层		48	4.53	
6	Φ4.28×1层	Φ4 278	16	1.17	镀锌板 δ1.0
	Φ4.28×2层		32	2.29	
	Φ4.28×3层		49	3.41	
	Φ4.28×4层		64	4.53	

（续）

序号	水罐系列	直径（mm）	容积（m³）	筒高（m）	板厚
7	Φ4.58×1层	Φ4 583	18	1.17	镀锌板 δ1.0
	Φ4.58×2层		37	2.29	
	Φ4.58×3层		55	3.41	
	Φ4.58×4层		74	4.53	
8	Φ4.89×1层	Φ4 889	21	1.17	镀锌板 δ1.0
	Φ4.89×2层		42	2.29	
	Φ4.89×3层		63	3.41	
	Φ4.89×4层		84	4.53	
9	Φ5.50×1层	Φ5 500	27	1.17	镀锌板 δ1.0
	Φ5.50×2层		53	2.29	
	Φ5.50×3层		80	3.41	
	Φ5.50×4层		106	4.53	
10	Φ6.11×1层	Φ6 111	33	1.17	镀锌板 δ1.0
	Φ6.11×2层		66	2.29	
	Φ6.11×3层		100	3.41	
	Φ6.11×4层		132	4.53	
11	Φ6.42×1层	Φ6 417	36	1.17	镀锌板 δ1.2
	Φ6.42×2层		72	2.29	
	Φ6.42×3层		108	3.41	
	Φ6.42×4层		145	4.53	
12	Φ6.72×1层	Φ6 722	40	1.17	镀锌板 δ1.2
	Φ6.72×2层		80	2.29	
	Φ6.72×3层		120	3.41	
	Φ6.72×4层		160	4.53	
13	Φ7.33×1层	Φ7 333	47	1.17	镀锌板 δ1.5
	Φ7.33×2层		95	2.29	
	Φ7.33×3层		142	3.41	
	Φ7.33×4层		190	4.53	
14	Φ7.94×1层	Φ7 945	55	1.17	镀锌板 δ1.5
	Φ7.94×2层		110	2.29	
	Φ7.94×3层		166	3.41	
	Φ7.94×4层		222	4.53	
15	Φ8.25×1层	Φ8 250	60	1.17	镀锌板 δ1.5
	Φ8.25×2层		120	2.29	
	Φ8.25×3层		180	3.41	
	Φ8.25×4层		240	4.53	

（续）

序号	水罐系列	直径（mm）	容积（m³）	筒高（m）	板厚
16	Φ8.55×1层	Φ8 556	64	1.17	镀锌板 δ1.5
	Φ8.55×2层		128	2.29	
	Φ8.55×3层		195	3.41	
	Φ8.55×4层		258	4.53	
17	Φ9.17×1层	Φ9 167	74	1.17	镀锌板 δ1.5
	Φ9.17×2层		148	2.29	
	Φ9.17×3层		222	3.41	
	Φ9.17×4层		296	4.53	
18	Φ9.78×1层	Φ9 778	84	1.17	镀锌板 δ1.5
	Φ9.78×2层		168	2.29	
	Φ9.78×3层		252	3.41	
	Φ9.78×4层		336	4.53	
19	Φ10.08×1层	Φ10 084	89	1.17	镀锌板 δ1.5
	Φ10.08×2层		179	2.29	
	Φ10.08×3层		268	3.41	
	Φ10.08×4层		358	4.53	
20	Φ10.39×1层	Φ10 389	95	1.17	镀锌板 δ1.5
	Φ10.39×2层		190	2.29	
	Φ10.39×3层		285	3.41	
	Φ10.39×4层		380	4.53	
21	Φ11.00×1层	Φ11 000	106	1.17	镀锌板 δ1.5
	Φ11.00×2层		212	2.29	
	Φ11.00×3层		320	3.41	
	Φ11.00×4层		425	4.53	
22	Φ11.61×1层	Φ11 611	118	1.17	镀锌板 δ1.5
	Φ11.61×2层		237	2.29	
	Φ11.61×3层		355	3.41	
	Φ11.61×4层		475	4.53	δ2.0
23	Φ11.92×1层	Φ11 917	125	1.17	镀锌板 δ1.5
	Φ11.92×2层		250	2.29	
	Φ11.92×3层		275	3.41	δ2.0
	Φ11.92×4层		500	4.53	

（续）

序号	水罐系列	直径（mm）	容积（m³）	筒高（m）	板厚
24	Φ12.22×1层	Φ12 223	131	1.17	镀锌板 δ1.5
	Φ12.22×2层		268	2.29	
	Φ12.22×3层		398	3.41	δ2.0
25	Φ12.83×1层	Φ12 834	145	1.17	镀锌板 δ1.5
	Φ12.83×2层		290	2.29	
	Φ12.83×3层		435	3.41	δ2.0
26	Φ13.44×1层	Φ13 445	159	1.17	δ1.5
	Φ13.44×2层		318	2.29	δ2.0
	Φ13.44×3层		477	3.41	
27	Φ13.75×1层	Φ13 750	166	1.17	镀锌板 δ2.0
	Φ13.75×2层		333	2.29	
	Φ13.75×3层		500	3.41	
28	Φ14.06×1层	Φ14 056	174	1.17	镀锌板 δ2.0
	Φ14.06×2层		348	2.29	
	Φ14.06×3层		520	3.41	
29	Φ15.28×1层	Φ15 278	205	1.17	镀锌板 δ2.0
	Φ15.28×2层		410	2.29	
	Φ15.28×3层		615	3.41	
30	Φ16.5×1层	Φ16 501	240	1.17	镀锌板 δ2.0
	Φ16.5×2层		480	2.29	
	Φ16.5×3层		720	3.41	

英国 EVENPRODUCTS 公司生产的水罐（图 7-36）在国内应用较多。

这种储水罐的基本部件有镀锌波浪钢板罐体（0.8～1.6 mm 厚）、安装支架、连接及保护配件、PVC 水衬（0.75 mm 厚）或橡胶水衬（0.75～1.00 mm 厚）；可选部件有浮动罐盖（最大直径 11 m）、PE 罐盖（最大直径 19.2 m）、PVC 罐盖（最大直径 7.37 m）、镀锌钢板罐盖（最大直径 14.63 m）。有关规格性能参见表 7-75 和表 7-76。

镀锌钢板盖储水罐　　　PVC 盖储水罐　　　　PE 盖储水罐　　　　浮动盖储水罐

图 7-36　温室灌溉用的储水罐

表7-75 英国 EVENPRODUCTS 公司生产的储水罐体规格性能

货号	描述	规格〔直径（m）×高（m）〕	容积（m³）
TPK12/4	钢质水罐、0.75mm 厚 PVC 内衬	3.65×3.04	31.20
TPK15/4	钢质水罐、0.75mm 厚 PVC 内衬	4.57×3.04	49.90
TPK18/4	钢质水罐、0.75mm 厚 PVC 内衬	5.48×3.04	72.60
TPK21/4	钢质水罐、0.75mm 厚 PVC 内衬	6.40×3.04	95.30
TPK24/4	钢质水罐、0.75mm 厚 PVC 内衬	7.31×3.04	127.10
TPK27/4	钢质水罐、0.75mm 厚 PVC 内衬	8.23×3.04	169.87
TPK30/4	钢质水罐、0.75mm 厚 PVC 内衬	9.14×3.04	199.80
TPK33/4	钢质水罐、0.75mm 厚 PVC 内衬	10.06×3.04	235.75
TPK36/4	钢质水罐、0.75mm 厚 PVC 内衬	10.97×3.04	276.90

表7-76 英国 EVENPRODUCTS 公司生产的储水罐盖规格性能

货号	描述	规格（直径 m）	货号	描述	规格（直径 m）
TC12G	镀锌钢板盖	3.65	TC12M	PE 编制盖	3.65
TC15G	镀锌钢板盖	4.57	TC15M	PE 编制盖	4.57
TC18G	镀锌钢板盖	5.48	TC18M	PE 编制盖	5.48
TC21G	镀锌钢板盖	6.40	TC21M	PE 编制盖	6.40
TC24G	镀锌钢板盖	7.31	TC24M	PE 编制盖	7.31
TC27G	镀锌钢板盖	8.23	TC27M	PE 编制盖	8.23
TC30G	镀锌钢板盖	9.14	TC30M	PE 编制盖	9.14
TC33G	镀锌钢板盖	10.06	TC33M	PE 编制盖	10.06
TC36G	镀锌钢板盖	10.97	TC36M	PE 编制盖	10.97
TC12P	PVC 盖	3.65	TC12F	浮动盖	3.65
TC15P	PVC 盖	4.57	TC15F	浮动盖	4.57
TC18P	PVC 盖	5.48	TC18F	浮动盖	5.48
TC21P	PVC 盖	6.40	TC21F	浮动盖	6.40
TC24P	PVC 盖	7.31	TC24F	浮动盖	7.31
			TC30F	浮动盖	9.14
			TC36F	浮动盖	10.97

十四、水泵

农用水泵是温室灌溉中最常用的供水设备，各种微型电泵、小型潜水泵、喷灌泵、离心泵、井泵等都可以作为温室灌溉系统的供水设备。水泵的流量大致取决于水泵的出水口径，水泵出水管道的经济流速一般为 2～3 m/s，据此估算各种出水口径的水泵最大流量，参见表 7-77。表 7-78 至表 7-83 为灌溉系统中常用水泵的规格性能。

表 7-77　不同出水口径水泵的经济流量范围

水泵出口　(mm)	20	25	32	40	50	65	80	100
(in)	3/4″	1″	1-1/4″	1-1/2″	2″	2-1/2″	3″	4″
流量　(m³/h)	≤3.4	≤5.3	≤8.7	≤13.6	≤21.2	≤35.8	≤54.3	≤84.8

表 7-78　微型泵规格性能

型号	流量 (m³/h)	扬程 (m)	配套功率 (kW)	备注
WB40-40-85	6	10	0.37	
WB40-40-95	10	10	0.55	
WB40-40-100	12	10	0.75	
WB40-40-120	12	16	1.1	
40BZ5-12DA	5	12	0.37	微型泵是指电机和水泵一体的微型离心泵。
40BZ6-15DA	6	15	0.55	
40BZ8-9D	8	9	0.37	微型泵部分生产厂家:
40BZ8-16DA	8	16	0.75	上海正奥泵业制造有限公司
50BZ12-12D	12	12	0.75	浙江铭企泵业有限公司
65BZH20-3.2D	20	3.2	0.37	江苏万禾泵阀制造有限公司
65BZH25-6D	25	6	0.75	
WH65-50-250	25	5	0.75	
WH65-50-180	25	8	1.1	

表 7-79　小型潜水泵规格性能

型号	流量 (m³/h)	扬程 (m)	配套功率 (kW)	型号	流量 (m³/h)	扬程 (m)	配套功率 (kW)
QDX3-18-0.55	3	18	0.55，单相	QX15-34-3	15	34	3，三相
QDX10-10-0.55	10	10	0.55，单相	QX25-24-3	25	24	3，三相
QDX15-7-0.55	15	7	0.55，单相	QX40-16-3	40	16	3，三相
QDX15-10-0.75	6	18	0.75，单相	QXN3-25-0.75	3	25	0.75，三相
QDX6-18-0.75	15	10	0.75，单相	QXN6-25-1.1	6	25	1.1，三相
QDX15-14-1.1	15	14	1.1，单相	QXN15-26-2.2	15	26	2.2，三相
QDX40-5.5-1.1	40	5.5	1.1，单相	QXN6-50/2-2.2	6	50，2级	2.2，三相
QX3-18-0.55	3	18	0.55，三相	QXN10-36-2.2	10	36	2.2，三相
QX6-14-0.55	6	14	0.55，三相	QXN15-36-3	15	36	3，三相
QX10-10-0.55	10	10	0.55，三相	QXN15-95/4-7.5	15	95，4级	7.5，三相
QX15-7-0.55	15	7	0.55，三相	QXN18-84/4-7.5	18	84，4级	7.5，三相
QX6-18-0.75	6	18	0.75，三相	QXN25-60/2-7.5	25	60，2级	7.5，三相
QX10-14-0.75	10	14	0.75，三相	QXN40-42/2-7.5	40	42，2级	7.5，三相

（续）

型　号	流量 (m³/h)	扬程 (m)	配套功率 (kW)	型　号	流量 (m³/h)	扬程 (m)	配套功率 (kW)
QX15 - 10 - 0.75	15	10	0.75，三相	QXN25 - 90/3 - 11	25	90，3级	11，三相
QX25 - 6 - 0.75	25	6	0.75，三相	QXN40 - 63/3 - 11	40	63，3级	11，三相
QX7.5 - 25 - 1.1	7.5	25	1.1，三相	QXN50 - 70/2 - 15	50	70，2级	15，三相
QX10 - 20 - 1.1	10	20	1.1，三相	QY3 - 30 - 1.1	3	30	1.1，三相
QX15 - 15 - 1.1	15	15	1.1，三相	QY7 - 45 - 1.5	45	45	1.5，三相
QX25 - 10 - 1.1	25	10	1.1，三相	QY8.4 - 40/2 - 2.2	8.4	40，2级	2.2，三相
QX6 - 32 - 1.5	6	32	1.5，三相	QY10 - 36 - 2.2	10	36	2.2，三相
QX10 - 24 - 1.5	10	24	1.5，三相	QY15 - 26 - 2.2	15	26	2.2，三相
QX15 - 18 - 1.5	15	18	1.5，三相	QY25 - 17 - 2.2	25	17	2.2，三相
QX25 - 12 - 1.5	25	12	1.5，三相	QY38 - 14 - 2.2	38	14	2.2，三相
QX10 - 36 - 2.2	10	36	2.2，三相	QY8.4 - 50/2 - 3	8.4	50，2级	3，三相
QX15 - 26 - 2.2	15	26	2.2，三相	QY15 - 36 - 3	15	36	3，三相
QX18 - 25 - 2.2	18	25	2.2，三相	QY25 - 26 - 3	25	26	3，三相
QX25 - 18 - 2.2	25	18	2.2，三相	QY40 - 16 - 3	40	16	3，三相
QX33 - 15 - 2.2	33	15	2.2，三相	QY65 - 10 - 3	65	10	3，三相
QX40 - 12 - 2.2	40	12	2.2，三相	QY20 - 56 - 4	20	56	4，三相
QX10 - 44 - 3	10	44	3，三相	QY25 - 40 - 5.5	25	40	5.5，三相

注：QDX 为单相干式下泵型潜水泵，电机有自动保护装置。

QX 为三相下泵型潜水泵，电机内装有热保护开关和电子自动保护器。

部分生产厂商：上海连成泵业制造有限公司、蓝深集团股份有限公司、杭州斯莱特泵业有限公司。

表 7 - 80　管道泵规格性能

型号	流量 (m³/h)	扬程 (m)	配套功率 (kW)	型号	流量 (m³/h)	扬程 (m)	配套功率 (kW)
SG25 - 3 - 30	3	30	0.75，单相	SG65 - 40 - 40	40	40	7.5，三相
SG32 - 5 - 20	5	20	0.75，单相	SG65 - 50 - 65	50	65	15，三相
SG40 - 6 - 20	6	20	0.75，单相	SG65 - 45 - 100	45	100	22.0，三相
SG50 - 10 - 15	10	15	0.75，单相	40HG - 12.5	12.5	12.5	0.75，三相
SG32 - 8 - 30	8	30	1.5，三相	40HG - 20	12.5	20	1.1，三相
SG32 - 15 - 40	15	40	4.0，三相	50HG - 30	15	30	2.2，三相
SG32 - 14 - 80	14	80	7.5，三相	65HG - 12.5	25	12.5	1.5，三相
SG40 - 6 - 20	6	20	0.75，三相	65HG - 25	25	25	3，三相
SG40 - 9 - 30	9	30	1.5，三相	65HG - 32	25	32	4，三相
SG40 - 15 - 50	15	50	4.0，三相	80HG - 12.5	50	12.5	3，三相
SG40 - 15 - 80	15	80	7.5，三相	125HG - 20	100	20	7.5，三相
SG50 - 12 - 25	12	25	1.5，三相	RIL - 4 - 2 - 3	30	7	1.5，三相

（续）

型号	流量 (m³/h)	扬程 (m)	配套功率 (kW)	型号	流量 (m³/h)	扬程 (m)	配套功率 (kW)
SG50 - 15 - 30	15	30	2.2，三相	RIL - 4 - 3 - 4	50	7	2.2，三相
SG50 - 18 - 40	18	40	4.0，三相	RIL - 4 - 4 - 4	60	9	3，三相
SG50 - 20 - 80	20	80	7.5，三相	RIL - 2 - 4 - 2	20	29	3，三相
SG50 - 30 - 100	30	100	15.0，三相	RIL - 2 - 5.5 - 2	20	37	4，三相
SG65 - 30 - 15	30	15	2.2，三相	RIL - 2 - 7.5 - 2	20	45	5.5，三相
SG65 - 30 - 27	30	27	4.0，三相	RIL - 2 - 10 - 2	20	55	7.5，三相

表 7-81 BP 与 BPZ 喷灌泵规格性能

型号	流量 Q (m³/h)	扬程 H (m)	转速 n (r/min)	动力机功率 P (马力/kW)	效率 η (%)	允许吸上 真空高度 $[H_s]$ (m)	5 m 高度 自吸时 间 (s)	叶轮直径 D (mm)
50BPZ$_{3z}$- 20	12.0 20.0 25.2	22.0 20.0 18.0	2 400	3/2.5	59.0 68.0 65.0	7.3 7.0 6.5	120	156
50BPZ$_{4z}$- 35	12.0 15.0 20.0	35.5 35.0 32.5	2 600	4/3	57.0 62.5 64.0	7.3 7.2 6.5	100	179
50BPZ - 35	12.0 15.0 22.0	35.5 35.0 31.5	2 900	5/4	58.0 63.5 55.0	7.3 7.2 6.5	100	162
50BPZ$_{5z}$- 35	12.0 20.0 25.2	37.0 35.0 32.0	3 000	5/4	55.0 65.5 66.0	7.3 7.0 5.5	100	160
50BPZ$_{5z}$- 45	11.0 15.0 20.0	15.5 15.0 13.0	3 000	5/4	56.0 62.0 65.0	7.3 7.2 6.5	100	176
50BPZ$_{6z}$- 45	12.0 20.0 24.0	17.0 15.0 12.0	3 000	6/5.5	56 66 66	7.2 6.8 6.3	100	178
65BP - 55	21.0 30.0 10.0	56.0 55.0 52.0	2 900	12/10	67 72 73	7.3 6.8 5.9		200
65BPZ - 55	24.0 30.0 40.0	56.0 55.0 51.0	2 900	12/10	63 68 71	6.8 6.1 5.9	120	203

（续）

型号	流量 Q (m³/h)	扬程 H (m)	转速 n (r/min)	动力机功率 P (马力/kW)	效率 η (%)	允许吸上真空高度 $[H_s]$ (m)	5 m 高度自吸时间 (s)	叶轮直径 D (mm)
80BP‑35	39.6	37.0			75	7.0		
	50.0	35.0	2 900	12/10	78	6.6		175
	72.0	28.0			77	5.3		
80BPZ‑35	39.6	37.0			71	7.0		
	50.0	35.0	2 900	12/10	75	6.6	180	178
	72.0	28.0			72	5.4		
4BP‑50	60.0	55.2			74.5			
	80.0	52.7	2 900	28/18.5	79.0	7.8		201
	100.0	48.8			79.6	7.0		
	120.0	44.0		28/22	77.0			
2BPZ‑35	14	3.89	2 600	4	52	8.0	48	170
2BPZ$_{cz}$‑35	14	3.89	2 600	4	51	7.0	60	185
2BPZ$_{cz}$‑45	15	4.17	2 600	6	48	7.0	60	204
2.5BPZ‑55	24	6.67	2 900	12	53	6.5	90	207
2.5BP‑55	24	6.67	2 900	10	60	7.0		206
3BPZ‑40	48	13.3	2 900	10	62	6.5	48	188
3BP‑40	48	13.3	2 900	12	72	7.0		185
3BPZ‑65	48	13.3	2 900	24	58	6.5	90	228
3BP‑65	48	13.3	2 900	24	65	7.0		231
4BP‑65	96	26.7	2 900	40	73	6.0		229
4BP‑95	96	26.7	2 900	75	69	6.0		273

注：2BPZ‑35 降速至 2 600 r/min 与 3 马力柴油机配套，增速至 3 100 r/min 与 5 马力柴油机配套。

4BP‑65 降速与 24 马力柴油机配套。4BP‑95 降速与铁牛‑55、东方红‑54 型拖拉机配套。

2BPZ$_{cz}$‑45 与 R175 型柴油机配套。

表 7‑82　IB 型离心泵规格性能

型号	流量 Q (m³/h)	扬程 H (m)	转速 n (r/min)	功率 P (kW)		效率 η (%)	必需汽蚀余量 $\Delta h r$ (m)	允许吸上真空高度 $[H_s]$ (m)	叶轮直径 D (mm)
				轴功率	电动机功率				
50‑32‑125	8.8	21.0		0.93		54	2.2	7.6	
	12.5	20.0		1.10	1.5	62	2.3	7.6	126
	16.3	18.4	2 900	1.26		65	2.5	7.6	
50‑32‑160	8.8	33.0		1.61		49	2.2	7.6	
	12.5	32.0		1.91	3.0	57	2.3	7.6	157
	16.3	30.0		2.30		58	2.5	7.6	

（续）

型号	流量 Q (m³/h)	扬程 H (m)	转速 n (r/min)	功率 P (kW) 轴功率	功率 P (kW) 电动机功率	效率 η (%)	必需汽蚀余量 Δhr (m)	允许吸上真空高度 [Hₛ](m)	叶轮直径 D (mm)
50-32-200	8.8	51.5		2.80		44	2.2	7.6	
	12.5	50.0		3.30	5.5	52	2.3	7.6	195
	16.3	47.8		3.80		56	2.5	7.6	
50-32-250	8.8	81.0		5.10		38	2.2	7.6	
	12.5	80.0		6.20	11.0	44	2.3	7.6	242
	16.3	78.0		7.40		47	2.5	7.6	
65-50-125	17.5	21.6		1.60		65	2.2	7.7	
	25.0	20.0		1.90	3.0	71	2.3	7.7	136
	32.5	17.0		2.30		66	3.0	7.2	
65-50-160	17.5	33.3		2.60		62	2.2	7.7	
	25.0	32.0		3.20	5.5	69	2.3	7.7	157
	32.5	29.8		3.80		70	3.0	7.2	
65-40-200	17.5	51.4		4.50		55	2.2	7.7	
	25.0	50.0		54.0	7.5	63	2.3	7.7	194
	32.5	47.4		6.50		65	2.5	7.7	
65-40-250	17.5	82.0		8.70		45	2.2	7.7	
	25.0	80.0		10.3	15.0	53	2.3	7.7	246
	32.5	77.0		12.00		57	2.5	7.7	
65-40-315	17.5	127.0		17.30		35	2.5	7.5	
	25.0	125.0	2 900	19.30	30.0	44	2.5	7.5	303
	32.5	121.0		22.30		48	3.5	6.7	
80-65-125	35.0	21.8		3.00		69	2.8	7.2	
	50.0	20.0		3.50	5.5	78	3.0	7.2	134
	65.0	16.6		4.00		74	3.5	6.9	
80-65-160	35.0	34.6		4.80		69	2.3	7.7	
	50.0	32.0		5.70	7.5	76	2.5	7.6	170
	65.0	27.4		6.60		73	3.5	6.9	
80-50-200	35.0	52.4		7.5		67	2.3	7.7	
	50.0	50.0		9.3	15.0	73	2.5	7.6	193
	65.0	46.2		11.2		73	3.3	6.9	
80-50-250	35.0	82.0		14.0		56	2.3	7.7	
	50.0	80.0		17.0	22.0	64	2.5	7.6	242
	65.0	76.0		19.8		68	3.0	7.4	
80-50-315	35.0	127.0		26.9		45	2.3	7.7	
	50.0	125.0		30.9	45.0	55	2.5	7.6	306
	65.0	122.0		37.2		58	3.0	7.4	
100-80-125	70.0	22.0		5.8		73	4.0	6.1	
	100.0	20.0		6.7	11.0	81	4.3	6.1	140
	130.0	15.3		7.4		73	5.0	5.9	
100-80-160	70.0	34.0		8.8		74	3.0	7.1	
	100.0	32.0		10.9	15.0	80	3.5	6.9	170
	130.0	28.4		12.6		80	4.5	6.4	

（续）

型号	流量Q (m³/h)	扬程H (m)	转速n (r/min)	功率P (kW) 轴功率	功率P (kW) 电动机功率	效率η (%)	必需汽蚀余量Δhr (m)	允许吸上真空高度[Hs](m)	叶轮直径D (mm)
100-65-200	70	55.0		14.2		74	3.0	7.1	
	100	50.0		17.5	22	78	3.6	6.8	210
	130	42.5		20.1		75	4.8	6.1	
100-65-250	70	82.6		23.9		66	3.3	6.8	
	100	80.0		29.0	37	75	3.8	6.6	246
	130	74.0		34.9		75	5.0	5.9	
100-65-315	70	129.0		41.0		60	3.1	7.0	
	100	125.0		50.0	75	68	3.6	6.8	308
	130	118.0		60.0		70	4.5	5.5	
125-100-200	140	52.5	2 900	27.8		72	4.0	6.3	
	200	50.0		33.6	45	81	4.5	6.3	212
	260	45.0		39.8		80	5.5	6.0	
125-100-250	140	81.5		44.4		70	3.6	6.7	
	200	80.0		54.5	75	80	4.2	6.6	266
	260	77.0		66.5		82	5.5	6.0	
125-100-315	140								
	200	125.0			100				304
	260								
125-100-400	70	50.8		16.1		60	2.5	7.4	
	100	50.0		19.7	30	69	3.0	7.0	384
	130	48.6		23.6		73	4.5	5.7	
150-125-200	140	13.6		6.9		75	2.8	7.2	
	200	12.5		8.2	11	83	3.0	7.2	220
	260	10.3		9.0		81	3.5	7.1	
150-125-250	140	21.3	1 450	11.3		72	2.6	7.4	
	200	20.0		13.5	18.5	81	3.0	7.3	275
	260	17.0		15.4		78	3.5	7.1	
150-125-315	140	35.0		17.8		75	2.0	8.0	
	200	32.0		21.8	30	80	2.5	7.8	329
	260	27.4		23.5		76	3.5	7.1	
150-125-400	140	51.0		27.8		70	2.5	7.5	
	200	50.0		35.4	45	77	3.0	7.3	377
	260	47.4		43.0		78	4.0	6.6	

表7-83 IS型离心泵规格性能

型号	流量Q (m³/h)	流量Q (L/s)	扬程H (m)	转速n (r/min)	配套电动机 功率P (kW)	配套电动机 型号	效率η (%)	允许吸上真空高度[Hs](m)	叶轮直径D (mm)	重量 (kg)
IS50-32-125	8.0	2.20	22							
	12.5	3.47	20	2 900	1.5	Y90S-2	60	7.2	125	32
	16.0	4.40	18							

（续）

型号	流量 Q (m³/h)	流量 Q (L/s)	扬程 H (m)	转速 n (r/min)	配套电动机 功率 P (kW)	配套电动机 型号	效率 η (%)	允许吸上真空高度 [Hs] (m)	叶轮直径 D (mm)	重量 (kg)
IS50-32-125A	7.0 11.0 14.0	1.94 3.06 3.90	17 15 13		1.1	Y80S-2	58		125	32
IS50-32-160	8.0 12.5 16.0	2.20 3.47 4.40	35 32 28		3.0	Y100L-2	55		160	37
IS50-32-160A	7.0 11.0 14.0	1.94 3.06 3.89	27 24 22		2.2	Y90L-2	53		160	37
IS50-32-200	8.0 12.5 16.0	2.20 3.47 4.40	55 50 45		5.5	Y132S₁-2	44	7.2	200	41
IS50-32-200A	7.0 11.0 14.0	1.90 3.06 3.00	42 38 35		4.0	Y112M-2	42		200	41
IS50-32-250	8.0 12.5 10.0	2.20 3.47 4.40	86 80 72		11.0	Y160M₁-2	35		250	72
IS50-32-250A	7.0 11.0 14.0	1.90 3.06 3.00	66 61 56		7.5	Y132S₂-2	34		250	
IS65-50-125	17.0 25.0 32.0	4.72 6.94 8.90	22 20 18		3.0	Y100L-2	69		125	34
IS65-50-125A	15.0 22.0 28.0	4.17 6.10 7.78	17 15 13		2.2	Y90L2	67		125	
IS65-50-160	17.0 25.0 32.0	4.72 6.94 8.90	35 32 28	2 900	4.0	Y112M-2	66		160	40
IS65-50-160A	15.0 22.0 28.0	4.17 6.10 7.78	27 24 22		3.0	Y100L-2	64		160	40
IS65-40-200	17.0 25.0 32.0	4.72 6.94 8.90	55 50 45		7.5	Y132S₂-2	58		200	43
IS65-40-200A	15.0 22.0 28.0	4.17 6.10 7.78	42 38 35		5.5	Y132S₁-2	56	7	200	43
IS65-40-250	17.0 25.0 32.0	4.72 6.94 8.90	86 80 72		15	Y132M₂-2	48		250	74
IS65-40-250A	15.0 22.0 28.0	4.17 6.10 7.78	66 61 56		11	Y132M₁-2	46		250	74
IS65-40-315	17.0 25.0 32.0	4.72 6.94 8.90	140 125 115		30	Y200L₁-2	39		315	82
IS65-40-315A	16.0 23.5 30.0	4.44 6.53 8.33	125 111 102		22	Y180M-2	33		315	82
IS65-40-315B	15.0 22.0 28.0	4.17 6.10 7.78	110 97 90		18.5	Y160L-2	37		315	82

（续）

| 型号 | 流量 Q | | 扬程 H | 转速 n | 配套电动机 | | 效率 η | 允许吸上真空高度 $[H_s]$ (m) | 叶轮直径 D (mm) | 重量 (kg) |
	(m³/h)	(L/s)	(m)	(r/min)	功率 P (kW)	型号	(%)			
IS80 - 65 - 125	31 50 64	8.61 13.90 17.80	22 20 18		5.5	Y132S₁ - 2	76		125	36
IS80 - 65 - 125A	28 45 58	7.78 12.50 16.11	17 15 13		4	Y112M - 2	75	6.0	125	36
IS80 - 65 - 160	31 50 64	8.61 13.90 17.80	35 32 28		7.5	Y132S₂ - 2	73		160	42
IS80 - 65 - 160A	28 45 58	7.78 12.50 16.11	27 24 22		5.5	Y132S₁ - 2	72	6.6	160	42
IS80 - 50 - 200	31 50 64	8.61 13.90 17.80	55 50 45		15.0	Y160M₂ - 2	69		200	45
IS80 - 50 - 200A	28 45 58	7.78 12.50 16.10	42 38 35		11.0	Y160M₁ - 2	67		200	45
IS80 - 50 - 250	31 50 64	8.61 13.90 17.8	86 80 72		22.0	Y180M - 2	62		250	78
IS80 - 50 - 250A	28 45 58	7.78 12.50 16.10	66 61 56		18.5	Y160L - 2	60		250	
IS80 - 50 - 315	31 50 64	8.60 13.90 17.8	140 125 115		45.0	Y225M - 2	52	6.6	315	87
IS80 - 50 - 315A	29.5 47.5 61.0	8.20 13.20 16.90	125 111 102	2 900	37.0	Y200L₂ - 2	51		315	
IS80 - 50 - 315B	28 45 58	7.78 12.50 16.10	110 97 90		30.0	Y200L₁ - 2	50		315	
IS100 - 80 - 106	65 100 125	18.10 27.80 34.70	14.0 12.5 11.0		5.5	Y312S₁ - 2	78		106	38
IS100 - 80 - 106A	58 90 112	16.10 25.00 31.10	10.5 9.5 8.7		4.0	Y112M - 2	76		106	
IS100 - 80 - 125	65 100 125	18.10 27.80 34.70	22.0 20.0 18.0		11.0	Y160M₁ - 2	81		125	42
IS100 - 80 - 125A	58 90 112	16.10 25.00 31.00	17.0 15.0 13.0		7.5	Y132S₂ - 2	79		125	
IS100 - 80 - 160	65 100 125	18.1 27.8 34.7	35 32 28		15.0	Y160M₂ - 2	79	5.8	160	60
IS100 - 80 - 160A	58 90 112	16.1 25.0 31.1	27 24 22		11	Y160M₁ - 2	77		160	
IS100 - 65 - 200	65 100 125	18.1 27.8 34.7	55 50 45		22	Y180M - 2	76		200	71
IS100 - 65 - 200A	58 90 112	16.1 25.0 31.1	42 38 35		18.5	Y160L - 2	74		200	

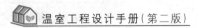

（续）

型号	流量 Q		扬程 H (m)	转速 n (r/min)	配套电动机		效率 η (%)	允许吸上真空高度 $[H_s]$ (m)	叶轮直径 D (mm)	重量 (kg)
	(m^3/h)	(L/s)			功率 P (kW)	型号				
IS100－65－250	65	18.1	86		37	$Y200L_2－2$	72		250	
	100	27.8	80							
	125	34.7	72							84
IS100－65－250A	58	16.1	66		30	$Y200L_1－2$	71		250	
	90	25.0	61							
	112	31.1	56							
IS100－65－315	65	18.1	140		75		65	5.8	315	
	100	27.8	125							
	125	31.7	115							
IS100－65－315A	61	16.9	125		55		64		315	100
	95	26.4	111							
	118	32.8	102							
IS100－65－315B	58	16.1	110		45		63		315	
	90	25.0	97	2 900						
	112	31.1	90							
IS150－100－250	130	36.1	86		75		78		250	
	200	55.6	80							
	250	69.4	72							95
IS150－100－250A	115	31.9	66		55		76		250	
	176	48.9	61							
	220	61.1	56							
IS150－100－315	130	36.1	140		110		74	4.5	315	
	200	55.6	125							
	250	69.4	115							
IS150－100－315A	122	33.9	125		90		73		315	115
	188	52.2	111							
	235	65.3	102							
IS150－100－315B	115	31.9	110		75		72		315	
	176	48.9	97							
	220	61.1	90							

第三节　灌溉系统的规划设计

温室灌溉系统规划设计目的是合理选择灌溉方式、确定水源方案、划分轮灌区、确定管道布置方案和各级供水管道大小、提供灌溉工程材料清单，为灌溉工程的实施做好准备。

一、规划设计内容

1. 资料收集　进行温室灌溉系统的规划设计时，需要收集与温室相关的自然条件、生产条件和经济条件等基础资料，主要包括以下内容。

（1）地理与地形资料　包括系统所在地区经纬度、海拔高度、自然地理特征、灌区地形图，地形图上应标明灌区内水源、电源、动力、道路等主要工程的地理位置。

（2）水文与气象资料　包括年降水量及分配情况、年平均蒸发量、地下水埋深、冻土层深度等，必要时还需收集月蒸发量、平均气温、最高气温、最低气温、平均积温等资料。

（3）土壤资料　包括土壤或拟用基质的类别、容重、厚度、pH、田间持水率、凋萎系数。

（4）农作物资料　包括拟栽培作物的种类、种植分布、种植面积、株行距、种植方向、生长期、日最大耗水量、产量及灌溉制度等。

（5）供水供电资料　可用灌溉水源的水质和可供水量，灌溉用电的配备情况。必要时应检测水源中泥沙、污物、水生物、含盐量、悬浮物情况和 pH 大小，以及机井的动静水位等。确保水源符合农田灌溉水质标准（表 7 - 84），以及温室灌溉用水用电的要求。

表 7 - 84　农田灌溉水质标准（摘自 GB 5084—2021）

序号	项目		单位	标准值		
				水田作物	旱地作物	蔬菜
1	五日生化需氧量（BOD_5）	≤	mg/L	60	100	40[a], 15[b]
2	化学需氧量（COD_{cr}）	≤	mg/L	150	200	100[a], 60[b]
3	悬浮物	≤	mg/L	80	100	60[a], 15[b]
4	阴离子表面活性剂（LAS）	≤	mg/L	5.0	8.0	5.0
5	水温	≤	℃	35		
6	pH	≤	—	5.5～8.5		
7	全盐量	≤	mg/L	1 000（非盐碱土地区），2 000（盐碱土地区）		
8	氯化物	≤	mg/L	350		
9	硫化物	≤	mg/L	1.0		
10	总汞	≤	mg/L	0.001		
11	总镉	≤	mg/L	0.01		
12	总砷	≤	mg/L	0.05	0.1	0.05
13	铬（六价）	≤	mg/L	0.1		
14	总铅	≤	mg/L	0.2		
15	总铜	≤	mg/L	0.5	1.0	
16	总锌	≤	mg/L	2.0		
17	硒	≤	mg/L	0.02		
18	氟化物	≤	mg/L	2.0（一般地区），3.0（高氟区）		
19	氰化物	≤	mg/L	0.5		

(续)

序号	项目	单位	标准值		
			水田作物	旱地作物	蔬菜
20	石油类 ≤	mg/L	5.0	10	1.0
21	挥发酚 ≤	mg/L	1.0		
22	苯 ≤	mg/L	2.5		
23	三氯乙醛 ≤	mg/L	1.0	0.5	
24	丙烯醛 ≤	mg/L	0.5		
25	硼 ≤	mg/L	1.0（对硼敏感作物，如：黄瓜、豆类、马铃薯、笋瓜、韭菜、洋葱、柑橘等） 2.0（对硼耐受性较强的作物，如：小麦、玉米、青椒、小白菜、葱等） 3.0（对硼耐受性强的作物，如：水稻、萝卜、油菜、甘蓝等）		
26	粪大肠菌群数 ≤	个/L	40 000	40 000	20 000[a]，10 000[b]
27	蛔虫卵数 ≤	个/L	20		20[a]，10[b]

a 加工、烹调及去皮蔬菜。
b 生食类蔬菜、瓜类和草本水果。

注：水田作物，指水稻等；旱地作物，指小麦、玉米、棉花等；蔬菜，指大白菜、韭菜、洋葱、卷心菜等。

（6）其他　应了解当地经济状况、农业发展规划和操作人员素质等资料，以便所选用灌溉技术与当地的经济和技术水平相适应。

2. 规划设计　灌溉系统的规划设计应包括以下内容：①勘测收集整理基本资料；②确定灌溉系统的控制范围；③确定拟采用的灌溉系统型式，可参考表7-85和表7-86；④灌溉系统的各级管道和灌水器的布置；⑤选择确定灌溉系统中涉及的各种灌水器；⑥灌溉制度和灌溉用水量计算；⑦工作制度和轮灌方式；⑧计算确定各级管道的材质、管径和长度；⑨水泵与动力选配；⑩水源分析及水源工程方案；⑪灌溉工程设计布置图（图上应绘出灌区边界、温室范围、各温室灌溉系统的型式、水源工程和泵站以及供水管网的布置等）；⑫材料设备用量和投资估算。

表7-85　温室灌溉系统的选用

栽培作物	低档配置	中档配置	高档配置
果菜类作物行栽花卉、果树	管道灌溉＋微喷带滴灌或滴灌带滴灌	管道灌溉＋微喷带滴灌或滴灌带滴灌＋微喷头微喷灌	管道灌溉＋滴灌管滴灌＋微喷头微喷灌
叶菜类作物、育苗	管道灌溉	管道灌溉＋微喷头微喷灌	管道灌溉＋自行走式喷灌机＋潮汐灌溉
盆栽花卉	管道灌溉	管道灌溉＋滴箭滴灌	管道灌溉＋滴箭滴灌＋微喷头微喷灌

表 7 - 86　温室灌溉系统投资估算指标

项　　目	价　格（元）	备　　注
管道灌溉（m²）	1～3	
微喷带滴灌（m²）	1.5～4	微喷带为 3 年期取上限，1 年期取下限
滴灌带滴灌（m²）	2～6	滴灌带为 3 年期取上限，1 年期取下限
滴灌管滴灌（m²）	4～8	滴灌管为 5 年期取上限，3 年期取下限
滴头滴灌（m²）	8～15	滴头为流量补偿式取上限，普通取下限
微喷灌灌溉（m²）	5～10	防滴漏喷头取上限，普通喷头取下限
自行走式喷灌机（套）	15 000～60 000	国产
	115 000～150 000	进口。全进口取上限，主机进口取下限
首部枢纽（套）	7 000～7 500	系统包括水泵、网式过滤器、压差式施肥罐及其他控制测量设备，最大控制面积 2 500 m²
	30 000～40 000	系统包括水泵＋稳压水罐、沙过滤器＋网式过滤器、压差式施肥罐及其他控制测量设备，最大控制面积 2 500 m²
	60 000～80 000	系统包括水泵＋变频恒压控制器、水沙分离器＋沙过滤器＋网式过滤器、水动施肥器（进口）及其他控制测量设备，最大控制面积 2 500 m²
自动灌溉施肥机（套）	40 000～100 000	国产，最大控制面积 20 000 m²
	80 000～300 000	含可编程控制器（进口）、电磁阀（进口）及其他配件，最大控制面积 20 000 m²
消毒机（套）	150 000～200 000	国产
	300 000～500 000	进口

二、微灌系统的规划设计

相对而言，温室微灌（滴灌、微喷灌）系统的规划设计涉及内容多、工作量大，以下主要介绍温室微灌系统的规划设计。

1. 微灌系统的布置　在对所收集的资料分析整理的基础上，根据作物种类、栽培环境、土壤性质、水源情况、使用要求等，确定采用滴灌或微喷灌系统的温室（参见表 7 - 84），并对各温室中的微灌系统进行布置。

微灌系统的布置通常在地形图上进行，微灌系统布置所使用的地形图比例尺可以是 1/500～1/1 000。小面积的温室微灌系统的布置也可采用示意图的方式表示微灌系统的布置。

微灌系统的布置图上应表示出水源和首部枢纽的位置、毛管和灌水器的布置、各级供水干支管的布置。

2. 选定灌水器　完成温室滴灌或微喷灌系统的布置后，要选定各滴灌或微喷灌系统中的灌水器，并明确所使用滴头、滴灌管（带）或微喷头的规格型号及其水力学性能参数。

温室条播作物中较为常用的滴灌管（带）是出水孔（灌水器）间距为 30 cm、流量

1.5～2.5 L/h 的滴灌管（带）。对于常年种植行距和株距固定的作物（即灌溉系统不变），在一次性投资承受能力允许的情况下，可选择强度和寿命较好的滴灌管。盆栽或基质块栽培作物宜采用滴箭。育苗及叶菜类、花菜类、花卉等作物宜选用微喷头。在选用微喷头的同时还应考虑其组合方式，并计算其喷灌强度，确保喷灌强度不大于土壤入渗能力，以免造成地面积水。

日光温室、塑料大棚配合地膜覆盖栽培的茄果类和瓜类蔬菜也可选用双孔微喷带，栽培果树可选择 3 孔微喷带，栽培叶菜类蔬菜、食用菌等密植作物时应选择每组 5 孔以上微喷带。

对已确定使用的灌水器，应了解其结构参数和水力学性能参数，以便为进一步的微灌系统设计提供依据。

3. 确定微灌系统的工作方式

（1）灌溉制度 是指作物全生育期或全年生长中每一次灌水量、灌水周期（灌水时间间隔）、一次灌水延续时间、总灌水次数和总灌水量等指导作物灌溉的指标。作物灌溉制度与土壤类型、作物种类及其生长阶段、气候环境、用水条件等多种因素有关，要精确制定较为困难，实际生产中可依据理论计算参考值，结合实际丰产灌水经验，确定灌溉制度。随着信息技术的发展，温室灌溉系统智能化、自动化、网络化水平不断提高。温室灌溉智能控制系统通过环境采集终端进行数据上传，结合相关知识系统与实际状况给出最优的灌溉决策，从而达到精准、自动灌溉施肥。

（2）灌水定额 即一次灌水量。一次灌水量（I）或每公顷一次灌水量（M）可用式（7-9）计算：

$$I = \frac{1\,000\gamma ZP(\theta_{\max} - \theta_{\min})}{\eta} \tag{7-9}$$

$$M = 10I \tag{7-10}$$

式中 I——一次灌水量，mm；

　　M——每公顷一次灌水量，m^3/hm^2；

　　γ——土壤容重，g/cm^3，参见表 7-86 和表 7-19；

　　Z——土壤计划湿润层深度，m，即灌水后要求达到有效水分含量的土壤距离地表的深度，该值主要与作物根系分布有关，灌水后应使作物的主要根系活动层得到湿润。一般蔬菜作物取 0.2～0.5 m，根系发达的果树取 1.0～1.4 m；

　　P——土壤湿润比，％，即在计划湿润层内，湿润土体与总土体的体积比。该值与灌溉方式、作物生育期、土壤种类等因素有关，滴灌方式 P 一般为 20％～90％，微喷灌 P 一般为 40％～100％；

　$\theta_{\max}$——适宜土壤含水率上限（占干土重量的百分比），取田间持水量的 80％～100％，参见表 7-86 和表 7-20；

　$\theta_{\min}$——适宜土壤含水率下限（占干土重量的百分比），取田间持水量的 60％～80％，参见表 7-87 和表 7-20；

　　η——灌溉水利用系数，与灌溉方式有关，滴灌不应低于 0.9，微喷灌不应低于 0.85。

表 7-87　鉴定土壤性质的指标（手指检测法）

土壤 种类	在手掌中 磨研的感觉	用肉眼或 放大镜观察	干燥时的 状态	湿润时的 状态	揉成细条 时的状态
沙土	沙砾感觉	几乎完全由沙砾组成	土粒分散不成团	流沙、不成团	不能揉成细条
沙壤土	不均质，主要是沙砾的感觉，也有细土粒感觉	主要是沙砾，也有粒细的土粒	干土块用手指轻压或稍用力能碎裂	无可塑性	揉成细条易裂成小段或小瓣
壤土	感觉到沙质和黏质土壤的含量大致相同	还能见到沙砾	干土块用手指难于破坏	可塑	能揉成细条
黏壤土	感到有少量沙砾	主要有粉沙和黏粒，沙砾几乎没有	不可能用手指压碎干土块	可塑性良好	易揉成细条，但在卷成圆环时有裂纹
黏土	很细的均质土，难以磨成粉末	均质的细粉末，没有沙砾	形成坚硬的土块	可塑性良好、呈黏糊体	揉成的细条易卷成圆环，不产生裂纹

微灌的一次灌水量取决于土壤性质、作物种类及其生长阶段、灌溉方式等多种因素，即使是同一种作物由于各生育阶段对水分的敏感性、根系发达的程度、天气情况等不同，所要求的一次灌水量也会有一定差别，因此实际进行微灌作业时，可根据上述公式计算出一次灌水量的大致范围，再根据作物所处的具体情况灵活掌握。

【例 7-1】日光温室冬春茬黄瓜的栽培方式为一畦双行，每畦中间铺设一根双上孔微喷带灌水，畦距为 1.2 m，土壤为沙壤土，试确定一次灌水量的范围。

【解】黄瓜根系浅，虽然主根深达 0.7～1 m，但主要根群分布在 0.2 m 的土层内，侧根和不定根伸展的范围也较小，根系耐旱能力较弱、需氧性较强。黄瓜对土壤湿度要求很严，最适宜土壤相对湿度（土壤实际水分含量占土壤最大水分含量的比例）为 85％～95％。黄瓜虽喜湿，但又怕涝，特别是土壤湿度过大、温度又低时，容易出现寒根、沤根和发生猝倒病。由于滴灌能够及时适量为作物供水，特别适合寒冷季节中日光温室种植黄瓜的灌溉要求。

查表 7-23 取 $\gamma=1.5$，$\theta_田=30\%$，根据黄瓜的栽培要求和生理特性，做出以下灌溉计划。

① 定植水要充分，取 $P=90\%=0.9$，$Z=0.5$ m，$\theta_{max}=100\%\times30\%=30\%$，$\theta_{min}=60\%\times30\%=18\%$，$\eta=0.90$，可计算一次灌水量 I 为：

$$I=1\,000\times1.5\times0.9\times0.5\times(30\%-18\%)/0.9=90(mm)$$

或每公顷一次灌水量 M 为：

$$M=10\times I=900(m^3/hm^2)$$

② 苗期浇灌苗水，取 $P=70\%=0.7$，$Z=0.3$ m，$\theta_{max}=90\%\times30\%=27\%$，$\theta_{min}=65\%\times30\%=19.5\%$，$\eta=0.9$，一次灌水量 I 为：

$$I=1\,000\times1.5\times0.7\times0.3\times(27\%-19.5\%)/0.9=26.25(mm)$$

或每公顷一次灌水量 M 为：

$$M=10 \times I=262.5(\mathrm{m}^3/\mathrm{hm}^2)$$

③ 盛果期黄瓜要求水分充足、及时灌溉，取 $P=80\%=0.8$，$Z=0.4\,\mathrm{m}$，$\eta=0.9$，$\theta_{max}=90\% \times 30\%=27\%$，$\theta_{min}=65\% \times 30\%=19.5\%$，一次灌水量 I 为：

$$I=1\,000 \times 1.5 \times 0.8 \times 0.4 \times (27\%-19.5\%)/0.9=40(\mathrm{mm})$$

或每公顷一次灌水量 M 为：

$$M=10 \times I=400(\mathrm{m}^3/\mathrm{hm}^2)$$

因此，在日光温室中冬春茬黄瓜栽培中，一次灌水量可控制在 $27 \sim 105\,\mathrm{mm}$ 或每公顷一次灌水量 $90 \sim 1\,050\,\mathrm{m}^3$。苗期一次灌水量取较小值，盛果期一次灌水量取较大值。

【例 7-2】某地在黏壤土上种植香蕉，试确定一次灌水量的范围。

【解】香蕉是多年生草本果树，没有主根，其根系主要由地下茎所抽生的细长肉质不定根组成。按发生部位不同可分为横向水平根和向下伸的垂直根两种：水平根是其主要根系，分布于 $0.1 \sim 0.3\,\mathrm{m}$ 深的土层；垂直根入土深度可达 $1 \sim 1.5\,\mathrm{m}$。总体来说，香蕉生长迅速，根系浅生，因而对土壤含水量较为敏感，一方面要求有大量的水分及时满足生长需要，同时也要防止土壤中水分过多而造成空气缺乏，引起根群窒息死亡。采用喷水带进行微喷灌来满足香蕉的水分要求，能够有效促进香蕉高产、稳产和长寿。

查表 7-23 取 $\gamma=1.4$，$\theta_{田}=32\%$，根据香蕉的栽培要求和生理特性，做出以下灌溉计划。

① 苗期灌溉时，取 $P=60\%=0.6$，$Z=0.2\,\mathrm{m}$，$\theta_{max}=90\% \times 32\%=28.8\%$，$\theta_{min}=65\% \times 32\%=20.8\%$，$\eta=0.90$，则根据公式计算的一次灌水量 I 为：

$$I=1\,000 \times 1.4 \times 0.6 \times 0.2 \times (28.8\%-20.8\%)/0.9=14.93(\mathrm{mm})$$

或每公顷一次灌水量 M 为：

$$M=10 \times I=149.3(\mathrm{m}^3/\mathrm{hm}^2)$$

② 成熟的香蕉灌溉时，取 $P=80\%=0.8$，$Z=0.3\,\mathrm{m}$，$\theta_{max}=90\% \times 32\%=28.8\%$，$\theta_{min}=65\% \times 32\%=20.8\%$，$\eta=0.9$，一次灌水量 I 为：

$$I=1\,000 \times 1.4 \times 0.8 \times 0.3 \times (28.8\%-20.8\%)/0.9=29.86(\mathrm{mm})$$

或每公顷一次灌水量 M 为：

$$M=10 \times I=298.6(\mathrm{m}^3/\mathrm{hm}^2)$$

因此，在黏壤土中种植香蕉时，采用微灌一次灌水量宜控制在 $14.93 \sim 29.86\,\mathrm{mm}$ 或每公顷一次灌水量 $149.3 \sim 298.6\,\mathrm{m}^3$，苗期取较小值，成熟期取较大值。

（3）灌水周期　是指两次灌水之间的时间间隔，一般蔬菜灌水周期为 $1 \sim 3\,\mathrm{d}$，果树为 $3 \sim 10\,\mathrm{d}$。通过估算灌水周期，作为确定下一次灌水时机的参考。灌水周期 T 的理论计算公式为：

$$T=\frac{I}{E_a} \tag{7-11}$$

式中　I——一次灌水量，mm；

T——灌水周期，d；

E_a——作物日耗水量，mm/d，与气候情况和作物种类及其生长阶段有关，该值应由田间试验求出，缺少试验数据时可参考表 7-88。

表 7 - 88　不同气候条件下的作物日耗水量

气候情况	日耗水量（mm/d）	气候情况	日耗水量（mm/d）	备注
湿冷	2.5～3.8	干温	5.1～6.3	"冷"指最高气温低于 21 ℃；"暖"指最高气温 21～32 ℃；"热"指最高气温高于 32 ℃；"湿"指平均相对湿度大于 50%；"干"指平均相对湿度低于 50%
干冷	3.8～5.1	湿热	5.1～7.6	
湿温	3.8～5.1	干热	7.6～11.5	

（4）一次灌水延续时间　与微灌系统的水力学性能和工作压力有关，可用式（7 - 12）计算：

$$t=\frac{IS_eS_l}{\eta q} \qquad (7-12)$$

式中　t——一次灌水延续时间，h；

I——一次灌水量，mm；

S_e——灌水器间距，m；

S_l——毛管间距，m；

q——灌水期流量，L/h；

η——灌溉水利用系数，滴灌不应低于 0.9，微喷灌不应低于 0.85。

（5）灌水次数与灌水总量　使用微灌技术，作物全生育期或全年的灌水次数比传统的地面灌溉多。灌水总量为：

$$M=\sum M_i \qquad (7-13)$$

式中　M——作物全生育期或全年灌水总量，m³；

M_i——各次灌水量，m³。

（6）轮灌区数量　为减少投资，提高设备利用率，充分利用有限的水源，微灌工程经常采用划分灌区轮流灌水的方式进行灌溉管理。尤其在灌区面积较大的微灌工程中，必须使用轮灌方式才能取得经济合理的投资。轮灌区数目用式（7 - 14）计算：

$$N\leqslant c\frac{T}{t} \qquad (7-14)$$

式中　N——轮灌区数目；

c——微灌系统一天可运行时间，h，一般取 12～20 h；

T——灌水高峰期两次灌水的间隔时间，d；

t——一次灌水延续时间，指全生育期或全年中一次灌水量最大时，即灌水高峰期的灌水延续时间，h。

轮灌区实际数量一般不得大于上述计算值。设计时应参照微灌系统的总体布置图，根据有关灌区管道的布置情况、操作和管理的方便性、水源流量、经济性等情况，确定实际的轮灌区数量。

必要时，还可以根据实际轮灌区的划分制定微灌工作制度，包括灌溉顺序和时间安排等。

4. 确定微灌系统的设计参数　有关微灌系统水力学性能的设计参数主要有设计工作压力、微灌均匀度、流量偏差率和压力偏差率。

· 485 ·

（1）设计工作压力　根据所用灌水器的工作压力范围，选择确定灌水器的设计工作压力（h_d），此时灌水器的流量为设计流量（q_d）。设计工作压力应在生产商提供的最大工作压力和最小工作压力范围内，一般是灌水器的额定工作压力或在该值附近。常用灌水器的大致设计工作压力：滴灌带 50 kPa，滴灌管 100 kPa，微喷头 200 kPa，微喷带 50 kPa。

（2）微灌均匀度　为保证微灌的灌溉效果，同一轮灌区内灌水器的平均流量应与其设计流量基本一致，即要求保证微灌的均匀度。用克里斯琴森（Christiansen）均匀系数来表示，即：

$$C_u = 1 - \frac{\overline{\Delta q}}{\overline{q}} \qquad (7-15)$$

$$\overline{\Delta q} = \frac{\sum_1^N |q_i - \overline{q}|}{N} \qquad (7-16)$$

式中　C_u——均匀系数；

$\overline{q}$——灌水器平均流量；

$\overline{\Delta q}$——每个灌水器与平均流量之差的绝对值的平均值；

q_i——每个灌水器的流量；

N——灌水器个数。

微灌系统的灌溉均匀度应在90%以上。

（3）流量偏差率与压力偏差率　微灌的均匀系数（C_u）与灌水器的流量偏差率（q_v）存在着一定的关系，见表7-89。

表7-89　均匀系数（C_u）与流量偏差率（q_v）的关系

C_u（%）	98	95	92
q_v（%）	10	20	30

灌水器的流量偏差率（q_v）计算公式为

$$q_v = \frac{q_{max} - q_{min}}{q_a} \qquad (7-17)$$

式中　q_v——灌水器的流量偏差率；

q_{max}——轮灌区中灌水器的最大流量；

q_{min}——轮灌区中灌水器的最小流量；

q_a——灌水器的设计流量。

灌水器的流量偏差率（q_v）主要由该轮灌区灌水器的工作压力偏差造成，流量偏差率（q_v）与灌水器的工作压力偏差率（H_v）的关系为

$$H_v = \frac{1}{x} q_v \left(1 + 0.12 \times \frac{1-x}{x} \times q_v\right) \qquad (7-18)$$

式中　H_v——灌水器的工作压力偏差率；

x——灌水器的流态指数，x 等于灌水器压力流量关系式中工作压力 H 的指数，如双上孔微喷带的压力流量关系为 $Q = 9.81H^{0.56}$，流态指数 $x = 0.56$。

流量偏差率越小、灌水均匀度越高，但设备的投资也越高。为保证微灌均匀度，一般

要求取系统的流量偏差率（q_v）不大于 30%。采用轮灌区分别进行微灌时，每个轮灌区相当于一个独立的微灌系统，各轮灌区的流量偏差率（q_v）都应该在规定的范围内。

从微灌系统的设计角度看，要保证某一轮灌区内流量偏差率在规定范围内，需要通过保证该灌区内各灌水器的工作压力偏差率在一定范围内来实现。压力偏差是由于管道的阻力和地面高差等因素造成的，进行微灌系统设计时就是要通过对供水管道进行合理的布置和计算各级管径大小等措施，将微灌系统灌水器工作的压力偏差率控制在规定范围内。压力偏差率的计算公式：

$$H_v = \frac{h_{max} - h_{min}}{h_a} \qquad (7-19)$$

式中　h_{max}——轮灌区内灌水器的最大工作压力；

　　　h_{min}——轮灌区内灌水器的最小工作压力；

　　　h_a——灌水器的设计工作压力。

5. 管网水力计算　是微灌系统设计的中心内容。其任务是在满足灌水量和灌水均匀度的前提下，确定各级管道的管径、长度、系统的供水流量、供水压力的要求等。管网水力计算时，一般是参照微灌系统的布置图及有关设计参数，选择最不利的轮灌区，从最不利的灌水器和毛管开始，运用有关管道损失的水力学公式，逐级向上推算。由于微灌系统的布置方式、管径大小的选择可以有多种方案，往往需要通过反复计算比较才能得出经济合理的管径，因此微灌系统的布置与管网水力计算步骤往往需要反复交叉进行。

（1）管径的估算　确定供水管道时，可通过式（7-20）初步确定管径大小，再通过进一步的水力计算进行调整：

$$d = 18.8\sqrt{\frac{Q}{v}} \qquad (7-20)$$

式中　d——管道管径，mm；

　　　Q——管道入口流量，m³/h；

　　　v——管道经济流速，m/s，硬塑料管的经济流速可取 1～1.5 m/s。

（2）管道水力计算　初步确定管径后，就可以进行各级管道的水力计算。目的是在保证各轮灌区灌水均匀度的前提下，求出每一级管道的通过流量和压力损失，以及管道系统总的压力损失，并根据计算结果得出微灌系统需要的总供水流量和总供水压力。

确定管道水力计算依据《灌溉与排水工程设计标准》（GB 50288—2018）的有关规定。

灌溉水在管道内流动受管壁摩擦和挤压等会产生机械能的损耗，即压力损失。压力损失分为沿程压力损失和局部压力损失两种。沿程压力损失为水流过一定管道距离后由于水分子的内部摩擦而引起的损失；局部压力损失为水流经过各种管件、阀门等设备时因流态的变化而产生的损失。沿程压力损失与局部压力损失之和即管道的总压力损失。

① 管道沿程压力损失。计算公式为：

$$h_f = f\frac{LQ^m}{d^b} \qquad (7-21)$$

式中　h_f——管道沿程压力损失，m；

　　　Q——流量，m³/h；

d——管道内径，mm；

L——管长，m；

f——摩阻系数；

m——流量指数；

b——管径指数。后 3 个参数应根据管道材料查表 7 - 90。

表 7 - 90　各种管材的 f、m、b 取值表

管　　材		f	m	b
钢筋混凝土管　　糙率	$n=0.013$	1.312×10^{6}	2.00	5.33
	$n=0.014$	1.516×10^{6}	2.00	5.33
钢管、铸铁管		6.25×10^{5}	1.90	5.10
硬聚氯乙烯塑料管（PVC - U）、聚乙烯管（PE）、玻璃钢管（RPMP）		0.948×10^{5}	1.77	4.77
铝合金管		0.861×10^{5}	1.74	4.74

多口出流管道的沿程压力损失在上式基础上再乘以多口系数，即：

$$h_f=f\frac{LQ^m}{d^b}F \qquad (7-22)$$

多口系数 F 由下式计算：

$$F=\frac{NF_1+X-1}{N+X-1} \qquad (7-23)$$

其中：

$$F_1=\frac{1}{m+1}+\frac{1}{2N}+\frac{\sqrt{m-1}}{6N^2} \qquad (7-24)$$

式中　F——多口系数；

m——流量指数；

N——管道上出水口或灌水器的数量；

X——管道上第一个出水口离管道进水口距离 l_1 与管道上出水口间距 l 的比值，$X=\dfrac{l_1}{l}$。

对 $m=1.77$、$X=1$ 或 $X=0.5$ 的多口出流硬塑料管的多口系数 F 可查表 7 - 91。

表 7 - 91　常用塑料管的多口系数 F

N	$m=1.77$		N	$m=1.77$	
	$X=1$	$X=0.5$		$X=1$	$X=0.5$
2	0.648	0.530	16	0.393	0.373
3	0.544	0.453	17	0.390	0.372
4	0.495	0.423	18	0.389	0.372
5	0.467	0.408	19	0.388	0.371
6	0.448	0.398	20	0.387	0.371
7	0.435	0.392	22	0.384	0.370

（续）

N	$m=1.77$		N	$m=1.77$	
	$X=1$	$X=0.5$		$X=1$	$X=0.5$
8	0.425	0.387	24	0.382	0.369
9	0.418	0.384	26	0.380	0.368
10	0.413	0.382	28	0.379	0.368
11	0.407	0.379	30	0.378	0.367
12	0.404	0.378	35	0.375	0.366
13	0.400	0.376	40	0.374	0.366
14	0.397	0.375	50	0.371	0.365
15	0.395	0.374	100	0.366	0.363

② 管道局部压力损失计算。计算公式为：

$$h_{\mathrm{j}} = \zeta \frac{v^2}{2g} \qquad (7-25)$$

式中　ζ——局部阻力系数，与水流经过的管件或阀门等类型有关，可从有关给排水手册中查得；

　　　　v——流速，m/s；

　　　　g——重力加速度；$g=9.81\ \mathrm{m/s^2}$。

对温室灌溉系统，如真正按照公式计算各个管件、阀门处的局部压力损失，工作量将十分庞杂。因此在实际设计工作中，一般先计算出沿程压力损失 h_{f}，然后用式（7-26）计算局部压力损失：

$$h_{\mathrm{j}} = 0.1\,h_{\mathrm{f}} \qquad (7-26)$$

（3）**系统总供水压力的确定**　由最不利轮灌区推算出的总压力就是系统要求的总供水压力

$$H = h_{\mathrm{a}} + \sum h_{\mathrm{f}} + \sum h_{\mathrm{j}} + (Z_1 - Z_2) \qquad (7-27)$$

式中　H——系统的总供水压力，m；

　　　　h_{a}——灌水器的设计工作压力，m；

　　　$\sum h_{\mathrm{f}}$——从最不利轮灌区到供水水源之间各级管道的沿程压力损失之和，m；

　　　$\sum h_{\mathrm{j}}$——从最不利轮灌区到供水水源之间各级管道的局部压力损失之和，m；

　　　　Z_1——最不利轮灌区中最不利灌水器的高程，m；

　　　　Z_2——水源动水位平均高程，m。

（4）**管网水力计算步骤**

① 根据有关资料，确定微灌系统的设计方案和布置图。

② 根据有关使用条件，划分微灌系统的轮灌区。

③ 根据所选灌水器性能，计算典型轮灌区所需要的流量。

④ 根据典型轮灌区的流量，初步确定轮灌区内各级输配水管的管径。

⑤ 根据确定的管径大小，计算典型轮灌区内供水条件最好的和供水条件最差的灌水器之间的压力偏差，以及轮灌区所需的入口压力。

⑥ 根据该典型轮灌区内的压力偏差率，核算灌区的流量偏差率是否符合要求。

如果灌区流量偏差率不符合要求，重新进行第④～⑥步。

⑦ 初步确定各级供水干管管径，从供水条件最差的轮灌区开始，逐级向上计算各供水干管的压力损失和入口流量，并推出系统水源处的供水压力和流量。

⑧ 根据计算的水源处的供水压力和流量，计算供水条件较好的轮灌区入口压力，并核算该压力是否在系统允许范围内。

如果其他供水条件较好的轮灌区入口压力和流量不符合要求，一般可采取两种方法解决：一是重复第⑦～⑧步直到满足要求；二是在供水条件较好的轮灌区入口处设调压管予以解决。

6. 水源分析计算　通过水源分析计算，可以确定水源能够控制的灌溉面积、蓄水工程的规模等。

（1）灌溉面积

① 井水。井水出流量比较稳定，根据其出水量计算出可控制的灌溉面积为：

$$A = \frac{\eta Q t}{10 E_{amax}} \qquad (7-28)$$

式中　A——可灌溉的面积，hm^2；

η——灌溉水利用系数，管道灌溉不应低于 0.8，滴灌不应低于 0.9，微喷灌不应低于 0.85；

Q——水井的出水量，m^3/h；

t——水井可抽水的时间，h，一般取 $t=16\sim20\ h$；

E_{amax}——作物最大的日平均耗水量，mm/d。

② 塘坝。塘坝水源由地面径流产生，或从河渠、水库取水作为水源。来水量有保证的塘坝水源可控制的灌溉面积依据其容积确定：

$$A = \frac{\eta V}{10 E_{amax}} \qquad (7-29)$$

式中　V——塘坝有效蓄水容积，m^3，其余符号意义同前。

（2）蓄水容积　为避免灌溉高峰期对温室用水的影响，可配合温室灌溉工程修建一定规模的蓄水设施加以调蓄。可根据灌溉用水量设计计算。

① 按日调节。当来水量充足且可以随时补充时，可按日调节方式确定蓄水容积：

$$V = \frac{10\,A E_{amax}}{\eta} \qquad (7-30)$$

式中　V——有效蓄水容积，m^3；

A——微灌控制的灌溉面积，hm^2；

η——灌溉水利用系数；

E_{amax}——作物最大的日平均耗水量，mm/d。

② 按多日调节。当来水量有时短缺，或补充来水受限制时，可按多日调节方式确定蓄水容积：

$$V = \frac{10\,A E_{amax}}{\eta} T \qquad (7-31)$$

式中　V——有效蓄水容积，m^3；

A——微灌控制的灌溉面积，hm^2；

η——灌溉水利用系数；

E_{amax}——作物最大的日平均耗水量，mm/d；

T——调节周期，d，一般 $T=2\sim10\ d$。

三、微灌规划设计实例

(一) 土壤栽培温室灌溉系统设计

1. 基本资料

(1) 某项目区共有 23 座连栋塑料温室，其中 42 m×36 m 规格六连栋温室 3 座、42 m×32 m 规格六连栋温室 6 座、42 m×28 m 规格六连栋温室 6 座、28 m×36 m 规格四连栋温室 2 座、28 m×32 m 规格四连栋温室 2 座、28 m×28 m 规格四连栋温室 4 座，各温室跨度相同，均为 7 m。

(2) 温室内土质为黏壤土，种植作物主要为各种蔬菜，要求为这 23 座连栋温室配置微喷灌系统，需要利用微喷灌系统施肥，并且要求微喷灌系统能够自动和手动控制。

(3) 灌溉水源为河水，设蓄水池。灌溉的水处理方式为河水经沙石过滤器进入蓄水池，蓄水池的水经沙石过滤器和叠片式过滤器处理后供入微灌系统。泵房离河水 15 m，泵房离温室 220 m。

2. 设计参数的确定　根据当地气候和作物灌溉的特殊要求，确定温室微灌设计的有关参数如下：①设计耗水强度取 8 mm/d；②采用全面喷洒灌溉方式，设计土壤湿润比为100%；③灌水均匀系数 $C_u\geqslant0.95$，查表得出流量偏差率 $q_v\leqslant20\%$，采用流态指数 $X=0.5$ 的灌水器时计算得出压力偏差率 $H_v\leqslant41\%$。

3. 主要设备的选择

(1) 微喷头　根据全面喷洒的要求，考虑到温室的跨度为 7 m，本项目拟选用带防滴器的温室专用倒悬旋转式微喷头 Rondo75，工作压力为 150～300 kPa，在额定工作压力 200 kPa 时，流量为 75 L/h、射程为 3.5 m，喷嘴直径约 2 mm。雾化指标 ρ_d 计算得出10 000，符合要求。

(2) 微喷头的组合方式　微喷头采用正方形组合方式，组合间距 $S_e=S_l=R=3.5\ m$，组合喷灌强度计算：

$$\rho_s=\frac{q}{S_{有效}}=\frac{q}{S_eS_l}=\frac{75}{3.5\times3.5}=6.1(mm/h)$$

根据土壤性质查表，$\rho_s=5.5<10$，符合要求。

(3) 管道与管件　选用国产管道与管件，其中温室田间输配水管道采用耐候性好、易加工 PE 管，外部引水及给水干管采用 UPVC 管并埋入地下。

(4) 灌溉自动控制　选用进口灌溉时间控制器，配合进口的优质电磁阀实施全部温室的自动灌溉作业。

(5) 施肥装置　采用德国 MSR 公司进口的定比注肥器（可调施肥比例的水动注肥泵）。同时为减少投资，本项目设计采用移动式施肥装置的方法，在每个温室均设有施肥装置的快速接口，可在灌溉的同时或灌溉前将注肥泵快速连接到灌溉系统中进行定比例施肥。

（6）首部设备　水泵、过滤器、测量与控制设备、安全设备等均选用国产设备。

（7）灌溉自动控制器　该项目采用美国进口的八站自动灌溉时间控制器，可按预先设定的灌溉时机、灌溉延续时间、灌溉次数等自动实现各轮灌区的灌溉作业。该控制器同时自动控制灌溉系统供水水泵的启动和关闭，以保证自动轮灌的供水要求。

4. 灌溉制度

（1）最大灌水定额　土质为黏壤土，查表 7 - 19 取 $\gamma=1.4$，$\theta_{田}=32\%$，$Z=30$ cm，$P=50\%=0.5$，$\theta_{max}=90\%\times32\%=28.8\%$，$\theta_{min}=65\%\times32\%=20.8\%$，$\eta=0.90$，则一次灌水量 I 为：

$$I=\frac{1\,000\gamma ZP(\theta_{max}-\theta_{min})}{\eta}=\frac{1\,000\times1.4\times0.3\times0.5\times(28.8\%-20.8\%)}{0.9}=18.67(mm)$$

（2）设计灌水周期　$T=\dfrac{I}{E_a}=\dfrac{18.67}{8}\approx2(d)$

（3）设计灌水定额　$m'=TE_a=2\times8=16(mm)$

（4）一次灌水延续时间（t）　用公式（7 - 12）计算：

$$t=\frac{m'S_eS_l}{\eta q}=\frac{16\times3.5\times3.5}{75\times0.9}=2.90(h)$$

（4）轮灌区划分　根据式（7 - 14）计算，取系统日工作时间 $C=20(h/d)$，则：

$$N\leqslant\frac{CT}{t}=\frac{20\times2}{2.9}\approx13（个）$$

即要求本项目的轮灌区数目 $N\leqslant13$。根据本项目区 23 座温室的分布情况，并考虑到灌溉系统的水力学要求和灌溉管理的方便性，确定本项目的轮灌区数目为 7 个，每 3 座或 4 座温室为 1 个轮灌区，轮灌区的划分参见图 7 - 37。

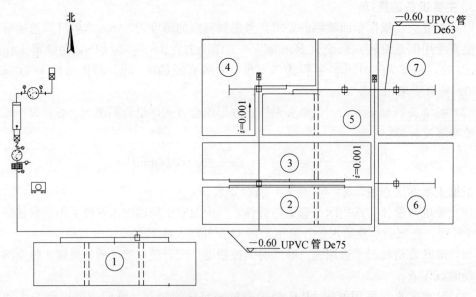

图 7 - 37　微喷灌系统灌区划分及管道系统布置

为方便自动灌溉的控制并节约设备投资，每个轮灌区均设置两个电磁阀，由控制器的一个站同时控制这两个电磁阀的工作，实现整个灌区的灌溉。

5. 微喷灌系统的管道布置与设计

（1）温室内微喷灌管道的布置与设计

选用的微喷头设计工作压力 200 kPa，设计流量为 75 L/h，射程为 3.5 m，温室的跨度 7 m，则每跨布置 2 根毛管，毛管间距为 3.5 m，毛管上的微喷头间距为 3.5 m。

设计从材料造价和安装使用的方便性两方面综合考虑，经过多种管道布置方案及选用不同管径的水力学计算对比，确定每跨采用 2 根公称直径（外径）16 mm 的 PE 管作为毛管，采用公称直径 32 mm 的 PE 管作为支管，在支管中间设 1 个进水口，向支管供水的干管采用公称直径 50 mm 的 UPVC 管（图 7 - 36）。

温室内微喷灌管道的布置参见图 7 - 38。

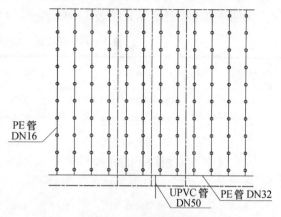

图 7 - 38　温室内微喷灌管道的布置

以面积最大的六连栋（42 m×36 m）温室为例，计算其压力偏差率列入表 7 - 92。

由于实际轮灌区不是一个温室，而是 3～4 个温室为一个轮灌区，因此还需要进一步核算同一轮灌区的压力偏差率。

表 7 - 92　面积最大的温室压力偏差率计算

序号	项目	单位	数值	备注
1	微喷头设计工作压力	kPa	200	
2	微喷头设计流量	L/h	75	
3	毛管公称直径	mm	16	PE 管，内径为 14 mm
4	毛管最大使用长度	m	36	
5	每根毛管上微喷头数量	个	10	
6	毛管入口流量	m³/h	0.75	
7	毛管沿程压力损失	m	2.52	
8	支管公称直径	mm	32	PE 管，内径为 27 mm
9	支管使用长度	m	21	
10	支管沿程压力损失	m	1.61	
11	压力偏差率 H_v	%	20	

（2）温室外管道系统的布置与设计　温室外供水干管一般沿路、渠布置，并寻求管线最短、双向供水的可能，同时供水干管埋入地下冻土层以下且埋深不少于冻土层以保护管道，并应在主干管的末端设排水阀和排水井。本项目温室外供水管网的布置参见图 7 - 35。

经过多种布置方案的计算对比，确定采用公称直径 75 mm 和 63 mm 的两种 UPVC 管作为供水干管，管径较大的作为主干管，管径较小的作为向各温室供水的次级干管。

设计中，要保证每一轮灌区灌水均匀系数 $C_u \geq 0.95$，即要求流量偏差率 $q_v \leq 20\%$，也就是要求压力偏差 $H_v \leqslant 41\%$。因此，要对每个轮灌区微喷头的最高工作压力和最低工作压力进行核算。如果某轮灌区内的微喷头工作压力偏差率 H_v 超过 41%，可采取在温室供水干管与温室内配水支管之间（即温室内支管入水口）增设调压管的方式解决。以轮灌区 5 为例，其有关计算结果见表 7-93。

表 7-93　轮灌区 5 的压力偏差率计算表

序号	项目	单位	数值	备注
1	微喷头设计工作压力	kPa	200	
2	微喷头设计流量	L/h	75	
3	毛管公称直径	mm	16	PE 管，内径为 14 mm
4	毛管最大使用长度	m	32	指供水条件最差的棚
5	毛管沿程压力损失	m	1.86	
6	支管公称直径	mm	32	PE 管，内径为 27 mm
7	支管使用长度	m	21	
8	支管沿程压力损失	m	1.34	
9	干管公称直径	mm	63	指到供水条件最差棚的供水干管
10	干管使用长度	m	21	
11	干管沿程压力损失	m	0.12	
12	压力差（$H_{max} - H_{min}$）	m	3.31	沿程损失之和
13	压力偏差率 H_v	%	16.5	

核算结果所有轮灌区的压力偏差率 H_v 均在 41% 以内。

此外，由于外部管网沿程压力损失的存在，向各轮灌区供水干管的入口提供的压力不同，为减少这种压力误差对不同轮灌区之间的流量误差的影响，需要在某些轮灌区供水干管的入口设置调压阻力管将多余压力消除。

各轮灌区的流量及需要首部枢纽提供的工作压力见表 7-94，据此推算出各轮灌区的供水干管处需要设置的调压管也列入该表。

此外，从河水中抽水向水池供水的管道采用直径 75 mm 的 UPVC 管道、埋入冻土层以下以保护该管道并方便地面作业。

表 7-94　各轮灌区使用的调压管长度计算

项目	轮灌区编号						
	1	2	3	4	5	6	7
设计流量（m³/h）	24.3	21.6	21.6	26.1	25.2	19.2	22.8
到首部枢纽长度（m）	100	254	254	324	420	350	452
沿程压力损失（m）	4.60	9.48	9.48	16.91	20.60	10.61	18.57
首部枢纽应提供的压力（kPa）	2.960	3.448	3.448	4.191	4.560	3.561	4.357
多余压力（m）	16.00	11.11	11.11	3.69	0.00	9.99	2.03
调压管公称直径（mm）	27	27	27	27	27	27	27
调压管长度（m）	4.0	3.4	3.4	0.8	0.0	3.7	0.6

6. 水泵的选择　为便于实现自动控制灌溉，水泵可选择自吸式离心泵或潜水泵，水泵的流量和压力按如下方法确定。

由于各轮灌区的流量相差不大，且需要的工作压力经过设置阻力管也相差不多，可按上表 7-89 中要求最高的 5 号轮灌区选择水泵。供水管道上产生的局部损失按沿程损失的 10%，过滤、施肥等首部枢纽设备的压力损失按 5 m 计算，得出水泵的流量和扬程分别为：

$$Q=25.2 \text{ m}^3/\text{h}$$
$$H=55 \text{ m}(550 \text{ kPa})$$

查有关水泵型谱图，选择上海申银泵业有限公司生产的 65WQ35-50-11 型水泵较为合适，其额定流量 35 m³/h、扬程 50 m(500 kPa)、功率 11 kW。

该水泵由灌溉施肥控制器自动控制启动和关闭，设有常规的缺相、短路等保护电器，同时在水池中设置液位传感器，当水池中水位降低到下限时，自动关闭水泵并报警，以确保水泵安全运行。

此外，该项目中还需要选择一台水泵，以完成从河流中抽水向水池供水的工作。该泵的工作方式为手动控制，该泵的流量应不低于灌溉系统的最大用水量 26.1 m³/h，根据泵房离河水 15 m、选用的输水管径为 75 mm 的 UPVC 管，确定选用上海申银泵业有限公司生产的 80WQ40-7-2.2 型水泵较为合适，其额定扬程 7 m、流量 40 m³/h、功率 2.2 kW。

（二）基质栽培全封闭式灌溉系统设计

1. 基本资料

（1）某项目区有 1 座连栋玻璃温室，长 320 m、宽 235 m、轴线面积 75 200 m²，温室中心设东西向作业通道，两侧对称设置种植区。温室跨度 8 m，每跨 2 尖顶，开间 5 m。温室北侧设有生产服务用房（图 7-39），生产服务用房平面为矩形，长 153 m、宽 36 m，轴线面积 5 508 m²。

（2）温室内种植作物为番茄，栽培方式为椰糠基质栽培，温室每跨悬挂 5 列栽培槽，栽培槽长 115 m，栽培槽间距 1.6 m，要求为这座连栋温室配置封闭式灌溉系统。

（3）该项目水源为地下水，地下水经 RO 水处理设备处理后供入微灌系统。水处理设备等首部设备布置在生产服务用房内。温室周边现有 3 眼机井，井深 40 m，单井出水量 50 m³/h。

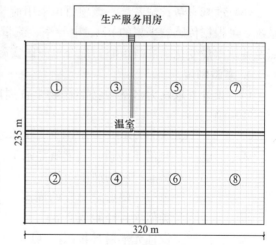

图 7-39　某项目区连栋玻璃温室总平面布置

2. 设计参数的确定

——栽培模式，番茄吊挂式栽培槽栽培；

——栽培密度，2.5 株/m²；

——每株植物布置的灌水器数量，1 个；

——灌水器流量，1.6 L/h；

——设计光辐射日累积量，查气象资料得到，2 300 J/cm²；

——最大时光照强度，查气象资料得到，800 W/m²；

——回液比，30%。

3. 主要设备的选择

(1) 灌水器　温室采用滴灌方式进行灌溉，灌水器拟选用滴箭。滴箭流量为 1.6 L/h，间距 250 mm。

(2) 管道与管件　选用国产管道与管件，其中干支管采用 1.0 MPa 的 UPVC 管，毛管采用 PE 软管。

(3) 施肥装置　采用荷兰稻燊 (Dalsem) 公司进口的水肥一体机，用于配置灌溉营养液并执行水肥一体化灌溉作业。通过自动控制系统，水肥一体机能够实现自动利用净水、回液及母液 (酸液) 配置营养液和灌溉。

(4) 消毒设备　采用荷兰 Infa-Techniek 公司进口的消毒机，用于回收的营养液进行消毒。

(5) 水处理设备　采用国产的 RO 反渗透纯水设备对地下水进行处理。

(6) 储水罐　采用荷兰稻燊 (Dalsem) 公司进口的产品，包括原水罐、净水罐、未消毒回液罐、已消毒回液罐等。原水罐用于储存水源水；净水罐用于储存经水处理设备处理后的水；未消毒回液罐用于储存未经消毒处理或消毒处理后不合格的回液；已消毒回液罐用于储存经过消毒处理后合格的回液。

(7) 其他首部设备　水泵、过滤器、测量与控制设备、安全设备等均选用国产设备。

(8) 灌溉自动控制系统　该项目拟采用荷兰豪根道 (Hoogendoorn) 公司的自动控制系统，可根据传感器采集的 pH、电导率、流量、压力、液位、基质重量等数据，基于光照及基质重量变化等灌溉策略，配合电磁阀实施温室的自动灌溉作业。

4. 灌溉制度

(1) 设计日灌溉需水量　按照作物生育周期内最大日光辐射累积量进行计算，按式 (7-32) 确定。

$$Q_d = 0.01 A q R_d = 0.01 \times 7.52 \times 2.8 \times 2\,300 = 484.29 (\text{m}^3/\text{d}) \qquad (7-32)$$

式中　Q_d——微灌系统设计日灌溉需水量，m³/d；

　　　A——微灌控制的灌溉面积，7.52 hm²；

　　　q——单位光辐射量对应的灌溉量 [mL/(J/cm²)]，一般为 2.5~3.0，结合类似项目经验取 2.8；

　　　R_d——设计光辐射日累积量 (J/cm²)，根据气象资料为 2 300。

计算得设计日灌溉需水量为 484.29 m³/d。

(2) 水源供水能力及设计回液量计算　本项目地下水经一级反渗透处理，产水率按 70% 计。考虑水处理产水率及回液消毒后循环利用 (回液比按 30% 计) 两方面的影响，设计水源日供水规模和供水流量分别按式 (7-33) 和式 (7-34) 确定。

$$Q_{sd} = \frac{Q_d (1-r)}{y\eta} = \frac{484.29 \times (1-30\%)}{70\% \times 0.9} = 538.1 (\text{m}^3/\text{d}) \qquad (7-33)$$

$$Q_{sh} = \frac{Q_{sd}}{t_d} = \frac{538.1}{20} = 26.91 (\text{m}^3/\text{h}) \qquad (7-34)$$

式中　Q_{sd}——设计水源日供水规模，m^3/d；

　　　　r——回液比，0.3；

　　　　y——产水率，一级反渗透处理按 70% 计；

　　　　η——灌溉水利用系数，0.9；

　　　　t_d——水源每日供水时数，20 h/d。

计算得设计水源日供水规模为 538.1 m^3/d，水源供水流量为 26.91 m^3/h；按 70% 产水率，设计净水日供水规模为 538.1×70%＝376.7 m^3/d。

按 30% 回液比计，设计日回液量为 376.7/70%×30%＝161.4 m^3/d。

（3）轮灌区划分　轮灌分区需要能够满足作物生育周期内最大日光辐射累积量中的光辐射照度最大的 1 h 的需水量，根据设计小时光辐射照度（W/m^2），按式（7-35）确定。

$$N \leqslant \frac{1\,000Dnq_d}{0.36qI_h} = \frac{1\,000 \times 2.5 \times 1 \times 1.6}{0.36 \times 2.8 \times 800} \approx 4 \text{（个）} \qquad (7-35)$$

式中　N——轮灌区数目，个；

　　　　D——作物栽培密度，2.5 株/m^2；

　　　　n——每株植物配置的灌水器个数，1 个；

　　　　q_d——灌水器流量，1.6 L/h；

　　　　q——单位光辐射量对应的灌溉量 [$mL/(J/cm^2)$]，一般为 2.5～3.0，结合类似项目经验取 2.8；

　　　　I_h——设计小时光辐射照度（W/m^2），根据气象资料为 800；

计算得 $N \leqslant 4$，即要求本项目的轮灌区数目 $\leqslant 4$ 个。

根据本项目温室的平面布置情况，分为两套灌溉系统，每套灌溉系统轮灌区数目为 4 个，每个种植区为 1 个轮灌区，见图 7-40。每个轮灌区设置 1 个电磁阀，通过控制系统实现自动灌溉。

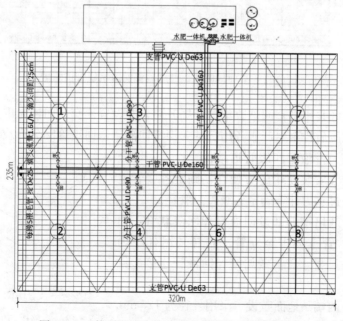

图 7-40　某项目区连栋玻璃温室滴灌系统管道布置

5. 滴灌及回液系统的布置与设计

（1）**滴灌系统布置**　本项目温室滴灌系统管道布置参见图 7-40。

储水罐、水处理设备及水肥一体机等灌溉首部设备位于温室北侧生产服务用房内，管网采用枝状布置，分为干管→分干管→支管→毛管四级管道结构。设计中结合温室栽培槽布置和安装使用的方便性，确定各级管道的布置路由，经过水力计算确定各级管道管径。

干管：从灌溉首部的水肥一体机引出两条干管，采用外径为 160 mm 的 PVC-U 给水管。

分干管：分干管垂直于干管两侧布设，采用外径为 90 mm 的 PVC-U 给水管。

支管：支管垂直于分干管两侧布设，采用外径为 63 mm 的 PVC-U 给水管。

毛管：采用 PE 材质的软管，毛管垂直于支管布置，每个栽培槽布置 1 条毛管，毛管间距 1.6 m，滴头间距为 0.25 m，滴头流量 1.6 L/h。

（2）**回液系统布置**　本项目温室回液系统管道布置参见图 7-41。

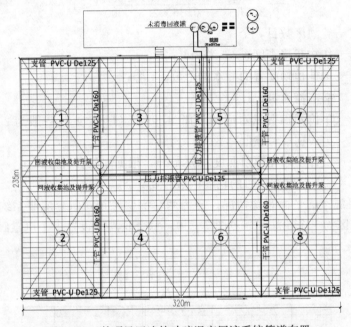

图 7-41　某项目区连栋玻璃温室回液系统管道布置

　　每两个种植区共用 1 套回液收集池及提升泵，共设置 4 套。回液先重力排至回液收集池，经提升泵加压后排至生产服务用房的未消毒回液罐。回液管网分为栽培槽回液立管→支管→干管→压力排液管四级管道结构。设计中结合温室栽培槽布置和安装使用的方便性，确定各级管道的布置路由，经过水力计算确定各级管道管径。

立管：每个栽培槽端部设回液口和回液软管，回液经回液口和软管重力排至立管，立管采用外径为 50 mm 的 PVC-U 排水管。栽培槽与回液管连接参见图 7-42。

支管：温室两端贴地面敷设，采用外径为 125 mm 的 PVC-U 排水管。

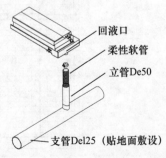

图 7-42　栽培槽与回液管连接示意图

干管：垂直于支管埋地敷设，采用外径为 160 mm 的 PVC-U 排水管。

压力排液管：将加压后的回液排至未消毒回液罐，采用外径为 125 mm 的 PVC-U 给水管。

6. 主要设备参数确定

（1）储水罐　主要包括原水罐、净水罐、未消毒回液罐、已消毒回液罐等。原水罐有效容积按储存 1 d 的水源水，即设计水源日供水规模 538.1 m³ 进行确定。净水罐有效容积按储存 2 d 的净水，即设计净水日供水规模的 2 倍，376.7×2=753.4 m³ 确定。未消毒回液罐和已消毒回液罐有效容积均按设计日回液量 161.4 m³ 确定。各水罐容积除了有效容积外，还需考虑无效容积（附加容积），结合常用水罐参数，确定各储水罐规格参数见表 7-95。

表 7-95　主要储水罐规格参数

序号	名称	容积（m³）	规格［直径（m）×高（m）］	单位	数量
1	原水罐	302	9.10×4.64	套	2
2	净水罐	434	10.92×4.64	套	2
3	未消毒回液罐	224	7.85×4.64	套	1
4	已消毒回液罐	224	7.85×4.64	套	1

（2）水处理设备　根据水源水质，选择离心过滤器和反渗透处理设备对水源水水进行处理。水处理设备日产水量按设计净水日供水规模确定，运行时间按 20 h 计算，则小时产水量为 376.7/20=18.8 m³/h。根据小时产水量确定离心过滤器型号为 3″，反渗透水处理设备产水量为 20 m³/h。

（3）水肥一体机　用于配置灌溉营养液并执行水肥一体化灌溉作业。通过自动控制系统，水肥一体机能够实现自动利用净水、回液及母液（酸液）配置营养液和灌溉。水肥一体机按最大轮灌区设计流量确定。本项目温室分为 8 个轮灌区，每个轮灌区长 115 m、宽 80 m，灌水器数量为 23 150 个，设计流量为 23 150×1.6=37.04 L/h。项目设 2 台施肥机，每台施肥机分为 4 个轮灌区，设计流量为 40 m³/h。

（4）消毒机　用于对回收的营养液进行消毒。消毒机日处理量按设计日回液量确定，每日工作时长按 20 h 确定，则每小时处理量为 161.4/20=8.07 m³/h。本项目 T10 值按 25% 取值，杀菌剂量按 250 J/cm² 计算，选择一套处理能力为 10 m³/h 的消毒机。

第八章　温室电气设计

第一节　供电系统

一、供电质量

1. 电能质量　主要是指电压质量，即电压幅值、频率和波形的质量；其主要内容包括电压偏差、频率偏差、三相电压不平衡、电压波动与闪变、谐波等。理想的电能质量是恒定频率、恒定幅值的正弦波形电压与连续供电。

供电频率由电力系统决定，当发电机与负荷间出现有功功率不平衡时，系统频率就会发生变动，出现频率偏差。偏差的大小及持续时间取决于负荷特性和发电机控制系统对负荷变化的响应能力。

我国电力系统标称频率为 50 Hz，电力系统正常运行条件下频率偏差限值为 ±0.2 Hz，当系统容量较小时，偏差限值可以放宽为 ±0.5 Hz。频率偏差过大会导致电动机转速改变，影响产品质量，也会使电子设备无法正常工作。

电力系统的调频措施通常都能保证系统频率在国家标准允许的范围之内。在配电设计中，除有特别要求的设备需采用稳频电源外，一般不必采取稳频措施。

电能质量国家标准见表 8-1。

表 8-1　电能质量国家标准

标准编号	标准名称	允许限值
GB/T 12325—2008	电能质量 供电电压偏差	① 35 kV 及以上供电电压正、负偏差绝对值之和不超过标称电压的 10%； ② 20 kV 及以下三相供电电压偏差为标称电压的 ±7%； ③ 220 V 单相供电电压偏差为标称电压的 +7%，−10%
GB/T 15543—2008	电能质量 三相电压不平衡	① 对于电力系统公共连接点，电网正常运行时，负序电压不平衡度不超过 2%，短时不得超过 4%； ② 低压系统零序电压限值暂不做规定； ③ 接于公共连接点的每个用户引起该点负序电压不平衡度允许值一般为 1.3%，短时不超过 2.6%

（续）

标准编号	标准名称	允许限值
GB/T 12326—2008	电能质量 电压波动与闪变	① 任何一个波动负荷用户在电力系统公共连接点产生的电压波动，其限值和电压变动频度、电压等级有关。电压波动限值详见表8-2； ② 以电力系统公共连接点，在系统正常运行的较小方式下，以1周（168 h）为测量周期，所有长时间闪变限值Ph应满足表8-3的要求
GB/T 15945—2008	电能质量 电力系统频率偏差	① 电力系统正常运行条件下频率偏差限值为±0.2 Hz，当系统容量较小时，偏差限值可以放宽到±0.5 Hz； ② 冲击负荷引起的系统频率变化一般不超过±0.2 Hz
GB/T 14549—2008	电能质量 公用电网谐波	①谐波电压限值详见表8-4； ②谐波电流允许值详见表8-5

表8-2 电压波动限值

r（次/h）	d（%）	
	LV、MV	HV
r≤1	4	3
1<r≤10	3*	2.5*
10<r≤100	2	1.5
100<r≤1 000	1.25	1

注：1. 很少的变动频度（每日少于1次），电压变动限值 d 还可以放宽，但不在本标准中规定。

2. 对于随机性不规则的电压波动，如电弧炉引起的电压波动，表中标有"*"的值为其限值。

3. 参照 GB/T 156—2007，本标准中系统标称电压 U_N，等级按以下划分：低压（LV）U_N≤1 kV；中压（MV）1 kV<U_N≤35 kV；高压（HV）35 kV<U_N≤220 kV。

对于 220 kV 以上超高压（EHV）系统的电压波动限值可参照高压（HV）系统执行。

表8-3 闪变限值

Ph	
≤110 kV	>110 kV
1	0.8

表8-4 谐波电压限值

电网标称电压 （kV）	电网总谐波畸变率 （%）	各次谐波电压含有率（%）	
		奇次	偶次
0.38	5.0	4.0	2.0
6 10	4.0	3.2	1.6
35 66	3.0	2.4	1.2
110	2.0	1.6	0.8

表 8-5　谐波电流允许值

标准电压（kV）	标准短路容量（MVA）	谐波次数及谐波电流允许值（A）											
		2	3	4	5	6	7	8	9	10	11	12	13
0.38	10	78	62	39	62	26	44	19	21	16	28	13	24
6	100	43	34	21	34	14	24	11	11	8.5	16	7.1	13
10	100	26	20	13	20	8.5	15	6.4	6.8	5.1	9.3	4.3	7.9
35	250	15	12	7.7	12	5.1	8.8	3.8	4.1	3.1	5.6	2.6	4.7
66	500	16	13	8.1	13	5.4	9.3	4.1	4.3	3.3	5.9	2.7	5.0
110	750	12	9.6	6.0	9.6	4.0	6.8	3.0	3.2	2.4	4.3	2.0	3.7

标准电压（kV）	标准短路容量（MVA）	谐波次数及谐波电流允许值（A）											
		14	15	16	17	18	19	20	21	22	23	24	25
0.38	10	11	12	9.7	18	8.6	16	7.8	8.9	7.1	14	6.5	12
6	100	6.1	6.8	5.3	10	4.7	9.0	4.3	4.9	3.9	7.4	3.6	6.8
10	100	3.7	4.1	3.2	6.0	2.8	5.4	2.6	2.9	2.3	4.5	2.1	4.1
35	250	2.2	2.5	1.9	3.6	1.7	3.2	1.5	1.8	1.4	2.7	1.3	2.5
66	500	2.3	2.6	2.0	3.8	1.8	3.4	1.6	1.9	1.5	2.8	1.4	2.6
110	750	1.7	1.9	1.5	2.8	1.3	2.5	1.2	1.4	1.1	2.1	1.0	1.9

2. 供电可靠性　是持续供电能力的量度。不同性质的用电负荷（一、二、三级）对供电可靠性的要求是不一样的，属于一、二级负荷的用电设备对供电可靠性的要求较高，而属于三级负荷的用电设备对供电可靠性的要求相对较低。

二、用电负荷分级

电力负荷应根据供电可靠性要求及中断供电对人身安全、经济损失造成的影响程度进行分级，并应符合下列规定。

1. 一级负荷　符合下列情况之一时，应视为一级负荷。

（1）中断供电将造成人身伤害时。

（2）中断供电将在经济上造成重大损失的。例如：中断供电使生产过程或生产装备处于不安全状态，重大产品报废，用重要原料生产的产品大量报废，生产企业的连续生产过程被打乱需要长时间才能恢复等。

（3）中断供电将影响重要用电单位的正常工作。例如：重要的交通枢纽、重要的通信枢纽、重要宾馆、大型体育场馆，以及经常用于重要活动的大量人员集中的公共场所等，由于电源突然中断造成正常秩序严重混乱的。

在一级负荷中，当中断供电将造成人员伤亡、重大设备损坏或发生中毒、爆炸和火灾等情况的负荷，以及特别重要场所的不允许中断供电的负荷，应视为一级负荷中特别重要的负荷。

2. 二级负荷　符合下列情况之一时，应视为二级负荷。

（1）中断供电将在经济上造成较大损失时，例如：中断供电使得主要设备损坏，大量产品报废，连续生产过程被打乱需较长时间才能恢复，重点企业大量减产等将在经济上造成较大损失。

（2）中断供电将影响较重要用电单位的正常工作，例如：交通枢纽、通信枢纽等用电单位中的重要电力负荷，以及中断供电将造成大型影剧院、大型商场等较多人员集中的重要的公共场所秩序混乱。

3. 三级负荷　不属于一级和二级负荷者应为三级负荷。

温室工程电气用电负荷等级一般为三级，但是对于温室主要环控设备如遮阳、开窗等设置宜备用电源。对于需要更高供电可靠性的新技术、新工艺，宜酌情提高负荷等级。

三、供配电方案

1. 供电电压选择　用电单位的供电电压应从用电容量、用电设备特性、供电距离、供电线路的回路数、用电单位的远景规划、当地公共电网现状及其发展规划以及经济合理等因素考虑决定。温室工程供电一般采取 $6\sim10$ kV，各级电压线路送电能力见表 8-6。

表 8-6　各级电压线路送电能力

序号	标称电压（kV）	线路种类	送电容量（MW）	供电距离（km）
1	6	架空线	0.1~0.2	4~15
2	6	电缆	3	3 以下
3	10	架空线	0.2~2	6~20
4	10	电缆	5	6 以下

注：表中数字计算依据如下。①架空线及 $6\sim20$ kV 电缆芯界面按 240 mm²，电压损失≤5%。②导体的实际工作温度 θ：架空线为 55 ℃、XLPE 电缆为 90 ℃。③导体间的几何均距 d_j：$6\sim10$ kV 为 1.25 m，功率因数 $\cos\varphi=0.85$。

2. 负荷计算　目的是获得供配电系统设计所需的各项负荷数据。计算内容包括最大计算负荷、平均负荷、尖峰电流、计算电能消耗、电网损耗等。计算范围是按配电点（配电箱、配电干线、变压器母线等）划分的，其配电范围即负荷计算范围，供配电系统各配电点间存在母集和子集的关系，负荷计算范围也构成相应的关系。

（1）计算负荷的分类及用途　设计中常用的计算负荷分为最大负荷、平均负荷和尖峰电流 3 类。

① 最大负荷。也称需要负荷，通称为计算负荷。此负荷用于按发热条件选择电器和导体，计算电压偏差、电网损耗、无功补偿容量等，有时也用于计算电能消耗量。此负荷的热效应与实际变动负荷产生的最大热效应相等。此负荷的持续时间应取导体发热时间常数 τ 的 3 倍。对较小截面导线（$\tau\geqslant10$ min），通常取"半小时最大负荷"，对于较大截面导线（$\tau\geqslant20$ min），宜取 1 h 计算负荷，对母线槽和变压器（$\tau\geqslant40$ min），宜取 2 h 计算负荷。

② 平均负荷。年平均负荷用于计算电能年消耗量，有时用于计算无功补偿容量。最大负荷班平均负荷用于计算最大负荷。

③ 尖峰电流。用于计算电压波动（或变动），选择和整定保护器件，校验电动机启动条件。尖峰电流取持续 1 s 左右的最大负荷电流，即启动电流的周期分量。在校验瞬动元

件时，还应考虑其非周期分量。

广义上的计算负荷是上述3类的统称，狭义是指最大负荷（或需要负荷）。计算负荷包括其有功功率、无功功率、视在功率、计算电流及功率因数。

计算电压降时应区分情况，采用不同的计算负荷。校核长时间电压水平（如电压偏差）时应采用最大负荷或需要负荷。校核短时电压水平（如电压波动）时，应采用尖峰电流。

（2）负荷计算法的选择　负荷计算一般分为3类，即单位指标法、需要系数法、利用系数法。

①单位指标法。包括负荷密度指标法（单位面积功率法）、综合单位指标法、单位产品耗电法。单位指标来源于实际数据的归纳，受多种因素的影响，变化范围很大。该种方法计算简便，但计算精度较低，适用于设备功率不明确的各类项目，尤其适用于设计前期的负荷估算和对计算结果的校核。

②需要系数法。该方法源于负荷曲线的分析。设备功率乘以需要系数得出需要功率；多组负荷相加时，再逐级乘以同时系数。此种算法计算过程较简便，计算精度与用电设备台数有关，台数多时较准确，台数少时误差较大，适用于设备功率已知的各类项目，尤其是照明、高压系统和初步设计的负荷计算。

③利用系数法。该方法基于概率论与数理统计。先求易于实测的平均负荷，再乘以最大系数求得最大负荷。最大系数取决于平均利用系数和用电设备有效台数，用电设备有效台数应考虑设备台数和各台间功率差异的影响。该方法计算精度高，计算结果比较接近实际，但计算过程较繁，利用系数的实用数据有待积累。利用系数法适用于设备功率或平均功率已知的各类项目。

（3）方案阶段温室负荷计算　在方案阶段通常采用单位指标法中的负荷密度指标法（单位面积功率法）计算温室除采暖、制冷、灌溉以外的负荷（采暖、制冷、灌溉等负荷受多种因素影响，如地理位置、气候条件、规模大小、建设标准高低等）。

计算公式为
$$P_c = \frac{p_a A}{1000} \tag{8-1}$$

式中　P_c——计算有功功率，kW；

p_a——负荷密度，W/m²；

A——建筑面积，m²。

温室单位面积负荷指标参考见表8-7。

表8-7　温室单位面积负荷指标

类别	单位建筑面积负荷指标（W/m²）
日光温室	2～4
自然通风温室	4～7
负压通风温室	7～12
正压通风温室	14～20

注：此表不包含采暖、制冷、灌溉相关的负荷。

（4）设计阶段温室负荷计算 设计阶段通常采用需要系数法，设备功率乘以需要系数得出需要功率，再逐级乘以同时系数。温室用电设备的需要系数和功率因数详见表8-8。

① 用电设备组的计算功率：

有功功率
$$P_c = K_d P_e \tag{8-2}$$

无功功率
$$Q_c = Q_c \tan\varphi \tag{8-3}$$

② 配电干线或变电站的计算功率：

有功功率
$$P_c = K_{\sum p} \sum (K_d P_e) \tag{8-4}$$

无功功率
$$Q_c = K_{\sum p} \sum (K_d P_e \tan\varphi) \tag{8-5}$$

③ 计算视在功率和计算电流：

视在功率
$$S_c = \sqrt{P_c + Q_c} \tag{8-6}$$

计算电流
$$I_c = \frac{S_c}{\sqrt{3} U_n} \tag{8-7}$$

以上各式中　P_c——计算有功功率，kW；

Q_c——计算无功功率，kVar；

S_c——计算视在功率，kVA；

I_c——计算电流，A；

P_e——用电设备组的设备功率，kW；

K_d——需要系数，见表8-8；

$\tan\varphi$——计算负荷功率因数角的正切值，见表8-8；

$K_{\sum p}$——有功功率同时系数；

$K_{\sum q}$——无功功率同时系数；

U_n——系统标称电压（线电压），kV。

同时系数也称参差系数或最大负荷重合系数，$K_{\sum p}$ 可取 0.8~0.9，$K_{\sum q}$ 可取 0.93~0.97，简化计算可与 $K_{\sum p}$ 相同。通常，用电设备数量越多，同时系数越小。对于较大的多级配电系统，可逐级取同时系数。

表8-8　温室用电设备的需要系数和功率因数

序号	用电设备组名称	需要系数 K_d	功率因数	
			$\cos\varphi$	$\tan\varphi$
1	常规照明	1	0.9	0.48
2	插座	0.2	0.85	0.62
3	卷被电机	1	0.8	0.75
4	开窗电机	0.25	0.8	0.75
5	拉幕电机	0.25	0.8	0.75
6	循环风扇	1	0.85	0.62
7	硫黄熏蒸器	1	1	0

（续）

序号	用电设备组名称	需要系数 K_d	功率因数	
			$\cos\varphi$	$\tan\varphi$
8	湿帘水泵	1	0.8	0.75
9	排风风机	1	0.8	0.75
10	送风风机	0.60~1.00	0.8~0.9	0.48~0.75
11	各种水泵	0.75~0.85	0.8	0.75
12	灌溉设备组	0.75~0.85	0.8	0.75
13	播种线设备组	0.65~0.75	0.8	0.75
14	锅炉房用电	0.75~0.8	0.8	0.75
15	制冷机组用电	0.75~0.8	0.8	0.75
16	补光灯（HID 有补偿）	1	0.9	0.48
17	补光灯（LED 有补偿）	1	0.9	0.48

3. 变压器选择 配电变压器选择应根据负荷性质和用电情况、环境条件确定，并应选择低损耗、低噪声变压器。

（1）变压器容量的确定 确定变压器的容量需要考虑的因素有用电设备需要的容量（计算负荷的大小）；变压器正常运行负荷率和过负荷运行条件；变压器台数；发展的裕度；变压器运行条件，如安装条件、保护条件等；变压器规格、参数的标准化等。

用电单位申报用电，按照用电设备容量，求出计算负荷，即供电单位的供电容量。根据负荷性质可预设负荷的功率因数，即可得视在功率。

从经济运行角度考虑，变压器长期负载率不宜大于 85%，供电半径不宜大于 250 m。

（2）变压器台数 变压器的台数应根据负荷特点和经济运行进行选择，当符合下列条件之一时，宜装设 2 台及以上的变压器：①有大量一级或二级负荷；②季节性负荷变化较大；③集中负荷较大。

当前温室建设规模越来越大，尤其在配套采暖、制冷、人工补光系统之后，单位负荷大增。一般情况下，温室冷、热源会集中设置，因此宜单独为冷、热源配套专用变压器；温室人工补光系统，宜分散设置专用变压器；温室内气候控制系统宜单独设置专用变压器。

随着农业用地政策的收紧，宜采用结构紧凑、占地面积小的预装式变电站，预装式变电站宜采用干式变压器，且距建筑的防火间距不应小于 3 m。

第二节 低压配电系统

温室低压配电设计一般可分为日光温室配电设计和连栋温室配电设计。温室低压配电设计应合理采用放射式和树干式或两者相结合的配电方式。

配电设计必须满足用户的安全、操作方便、维修方便的基本要求，应做到供电可靠并保证电源质量。

一、日光温室配电设计

1. 配电箱（兼控制）布置 日光温室配电箱（兼控制）宜设置在日光温室操作间内，如建设方要求，可每栋温室单独设置电量计量装置。

2. 典型配电系统图 随着技术的不断进步，日光温室内气候调控设备逐渐增多，除了照明、插座、卷被电机之外，有些温室还增加了外遮阳系统，原手动顶通风、底通风也被电动卷膜机构所代替。单栋日光温室用电计算负荷为 $1\sim3$ kW。如安装湿帘风机系统、灌溉系统、制冷系统、采暖系统、补光系统等，则需要按实际情况考虑。典型日光温室配电系统见图 8-1。

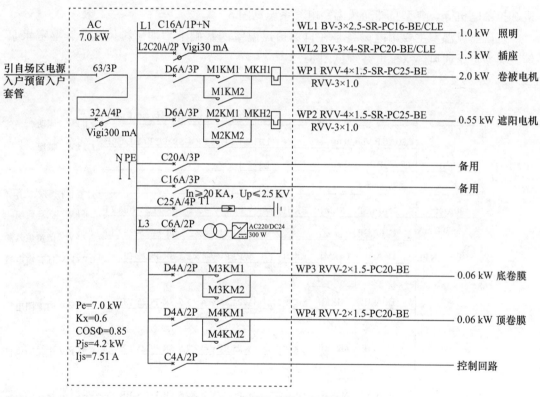

图 8-1 典型日光温室配电系统

二、连栋温室配电设计

1. 配电柜（兼控制）布置 目前，连栋温室按照工艺大致可分为 3 类，即自然通风温室、负压通风（湿帘风机）温室、正压通风（半封闭）温室。

随着温室规模越来越大，做配电设计时应先将温室分区。

当不配置计算机控制系统时，控制柜宜靠近各分区操作通道布置，方便人员操作；当配置计算机控制系统时，控制柜宜靠近各分区负荷中心布置。

自然通风温室的用电负荷较小且分散，一般将温室控制柜置于温室分区的中心且靠近操作通道处。

负压通风温室除自然通风全套的气候调控设备外，增加了湿帘风机系统，此类温室主要负荷在系统的风机侧。由于负压通风距离的限制，温室开间方向距离并不大，综合考虑供电距离、操作便利等因素，可在各分区操作通道侧集中设置控制柜，也可将湿帘风机和除湿帘风机外其他设备分开设置控制柜，分别置于风机侧及温室分区中心且靠近操作通道处。

正压送风温室负荷分布情况和负压通风相似，主要负荷在风机侧，但正压送风距离远大于负压，可超过 100 m，一般为风机和除风机外其他设备分开设置控制柜，分别置于风机侧及温室分区中心靠近操作通道处。

2. 典型配电系统图 自然通风温室主要用电设备有循环风扇、硫黄熏蒸器、开窗电机、拉幕电机等，典型自然通风温室电气系统见图 8-2。

负压通风温室主要用电设备是在自然通风温室的基础上增加了排风风机、湿帘水泵等。典型负压通风温室配电系统见图 8-3。

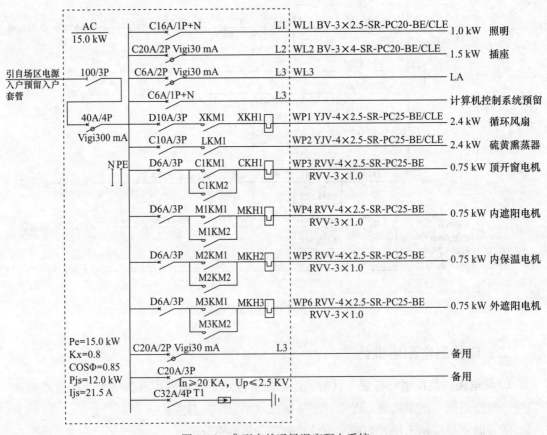

图 8-2　典型自然通风温室配电系统

正压通风温室主要用电设备在自然通风温室的基础上增加了送风风机等，且将送风风机的配电控制单独设置配电柜。典型正压通风温室送风风机配电系统见图 8-4。

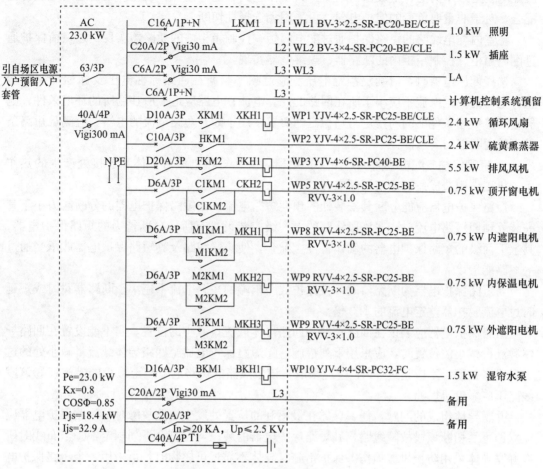

图8-3 典型负压通风温室配电系统

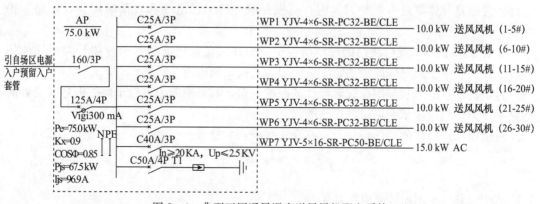

图8-4 典型正压通风温室送风风机配电系统

三、配电线路的保护

低压配电线路应根据不同故障类别和具体工程要求装设短路保护、过负荷保护等。低压配电线路采用的上、下级保护电器，其动作宜具有选择性，各级保护电器之间应能协调配合，对于非重要负荷的保护电器，可采用无选择性切断。

温室内配电线路的短路保护通过配电箱柜、控制箱柜内的断路器实现，过负荷保护通过配电箱柜、控制箱柜内的断路器、热继电器实现。

选择低压电器时，应确定额定电压、额定频率与所在回路标称电压及标称频率相适应；电器的额定电流不应小于所在回路的计算电流；电器应适应所在场所的环境条件；电器应满足短路条件下的动稳定与热稳定的要求，用于断开短路电流的电器，应满足短路条件下的通断能力要求。

1. 短路保护　配电线路的短路保护电器，应在短路电流对导体和连接处产生的热作用和机械作用造成危害之前切断电源。

短路保护电器应能分断其安装处的预期短路电流。当短路保护电器的分断能力小于其安装处预期短路电流时，在该段线路的上一级应装设具有所需分断能力的短路保护电器；其上下两级的短路保护电器的动作特性应配合，使该段线路及其短路保护电器能承受通过的短路能量。

当短路保护电器为断路器时，被保护线路末端的短路电流不应小于断路器瞬时或短延时过电流脱扣器整定电流的 1.3 倍。

短路保护电器应装设在回路首端和回路导体载流量减小的位置。当不能设置在回路导体载流量减小的位置时，应采用下列措施：①短路保护电器至回路导体载流量减小处的这一段线路长度，不应超过 3 m；②应采取将该段线路的短路危险减至最小的措施；③该段线路不应靠近可燃物。

并联导体组成的问题，任一导体在最不利的位置处发生短路故障时，短路保护电器应能立即可靠切断该段故障线路，其短路保护电器的装设，应符合下列规定：①当布线时所有并联导体采用防止机械损伤等保护措施且导体不靠近可燃物时，可采用一个短路保护电器；②两根导体并联的线路未采用防止机械损伤等保护措施且导体靠近可燃物时，应在每根并联导体的供电端装设短路保护电器；③超过两根导体的并联线路未采用防止机械损伤等保护措施且导体靠近可燃物时，应在每根并联导体的供电端和负荷端均装设短路保护电器。

2. 过负荷保护　配电线路的过负荷保护，应在过负荷电流引起的导体升温对导体的绝缘、接头、端子或导体周围的物质造成损害之前切断电源。

过负荷保护电器宜采用反时限特性的保护电器，其分断能力可低于保护电器安装处的短路电流值，但应能承受通过的短路能量。

过负荷保护电器的动作特性，应符合式（8-8）要求：

$$I_B \leqslant I_n \leqslant I_Z \tag{8-8}$$

$$I_2 \leqslant 1.45 I_Z \tag{8-9}$$

式中　I_B——回路计算电流，A；

I_n——熔断器熔体额定电流或断路器额定电流或整定电流，A；

I_Z——导体允许持续载流量，A；

I_2——保证保护电器可靠动作的电流，A。当保护电器为断路器时，I_2 为约定时间内的约定动作电流；当为熔断器时，I_2 为约定时间内的约定熔断电流。

　　过负荷保护电器，应装设在回路首端或导体载流量减小处。当过负荷保护电器与回路导体载流量减小处之间的这一段线路没有引出分支线路或插座回路，且符合下列条件之一时，过负荷保护电器可在该段回路任意处装设：①过负荷保护电器与回路导体载流量减小处的距离不超过 3 m，该段线路采取防止机械损伤等保护措施，且不靠近可燃物；②该段线路的短路保护符合相关规范规定。

　　除火灾危险、爆炸危险场所及其他有规定的特殊装置和场所外，符合下列条件之一的配电线路，可不装设过负荷保护电器：①回路中载流量减小的导体，当其过负荷时，上一级过负荷保护电器能有效保护该段导体；②不可能过负荷的线路，且该段线路的短路保护符合相关规范规定，并没有分支线路或出线插座；③用于通信、控制、信号及类似装置的线路；④即使过负荷也不会发生危险的直埋电缆或架空线路。

　　过负荷断电将引起严重后果的线路，其过负荷保护不应切断线路，可作用于信号。

　　多根并联导体组成的回路采用一个过负荷保护电器时，其线路的允许持续载流量，可按每根并联导体的允许持续载流量之和计，且应符合下列规定：①导体的型号、截面、长度和敷设方式均相同；②线路全长无分支线路引出；③线路的布置使各并联导体的负载电源基本相等。

　　3. 交流断路器（ACB、MCCB）　温室工程电气线路保护通常使用断路器，断路器应符合《低压开关设备和控制设备　第二部分：断路器》（GB 14048.2—2008）的要求。

　　断路器按使用类别可分为 A、B 两类，A 类为非选择型，B 类为选择型。按设计形式，分为开启式（ACB）和塑料外壳式（MCCB）。按操作机构控制方法，分为有关人力操作、无关人力操作，有关动力操作、无关动力操作，储能操作。按是否适合隔离，分为适合隔离、不适合隔离。按安装方式，分为固定式、插入式和抽屉式。

　　断路器的特性包括断路器的形式（极数、电流种类）、主电路的额定值和极限值（包括短路特性）、控制电路、辅助电路、脱扣器形式（分励脱扣器、过电流脱扣器、欠电压脱扣器等）、操作过电压等。主要特性说明如下。

　　（1）额定短路接通能力（I_{cm}）　在制造厂规定的额定工作电压、额定频率以及一定的功率因数（对于交流）或时间常数（对于直流）下断路器的短路接通能力值，用最大预期峰值电流表示。对于交流，断路器的额定短路接通能力不应小于其额定极限短路分段能力和表 8 - 9 中比值的乘积。

表 8 - 9 　（交流断路器）短路接通和分断能力之间的比值 n

额定极限短路分断能力 I_{cu}（kA）	功率因数	比值 n
$4.5 < I_{cu} \leqslant 6$	0.7	1.5
$6 < I_{cu} \leqslant 10$	0.5	1.7
$10 < I_{cu} \leqslant 20$	0.3	2.0
$20 < I_{cu} \leqslant 50$	0.25	2.1
$50 < I_{cu}$	0.2	2.2

　　（2）额定极限短路分断能力（I_{cu}）　制造厂按相应的额定工作电压，在规定的条件

下，应能分断的极限短路分断能力值（在交流情况下用交流分量方均根值表示）。

（3）额定运行短路分断能力（I_{cs}）　制造厂按相应的额定工作电压，在规定的条件下，应能分断的运行短路分断能力值。它可用 I_{cu} 的百分数表示。

（4）额定短时耐受电流（I_{cw}）　对于交流，为方均根值。额定短时耐受电流应不小于表 8-10 所示相应值。

表 8-10　额定短时耐受电流最小值

额定电流 I_n(A)	额定短时耐受电流 I_{cw} 的最小值（kA）
$I_n \leqslant 2\,500$	$12I_n$ 或 5 kA 中取最大
$I_n > 2\,500$	30

（5）过电流脱扣器　包括瞬时过电流脱扣器、定时限过电流脱扣器（又称短延时过电流脱扣器）、反时限过电流脱扣器（又称长延时过电流脱扣器）。瞬时或定时限过电流脱扣器在达到电流整定值时，应瞬时（固有动作时间）或在规定时间内动作。反时限过电流脱扣器在基准温度下的断开特性见表 8-11。反时限过电流脱扣时间—电流特性应以制造厂提供的曲线形式给出，这些曲线表明从冷态开始的断开时间与脱扣器动作范围内的电流变化关系。

表 8-11　反时限过电流脱扣器在基准温度下的断开动作特性

所有相极通电		约定时间
约定不脱扣电流	约定脱扣电流	(h)
1.05 倍整定电流	1.30 倍整定电流	2*

注：①如果制造商申明脱扣器实质上与周围温度无关，则表中的电流值将在制造商公布的温度带内适用，允许误差范围在 0.3%/K 内。

②温度带宽至少为基准温度±10 K。

* 当 $I_{set} \leqslant 63$ A 时，为 1 h。

4. 微型断路器（MCB）　温室工程电气线路保护通常使用微型断路器，微型断路器应符合《家用及类似场所用过电流保护断路器　第 1 部分：用于交流的断路器》（GB 10963.1—2005）的要求。

微型断路器适用于：①交流 50 Hz 或 60 Hz，额定电压不超过 400 V（相间），额定电流不超过 125 A，额定短路分断能力不超过 25 000 A 的交流空气式断路器；②隔离；③污染等级 2 的环境中；④用来保护建筑物的线路设施的过电流及类似用途，供未受过训练的人员使用，并且无须维修。不适用于：①保护电动机的断路器；②整定电流由用户能触及的可调节断路器。

微型断路器瞬时脱扣范围见表 8-12。时间-电流特性曲线见表 8-13。

表 8-12　瞬时脱扣范围

脱扣形式	脱扣范围
B	$3I_n \sim 5I_n$（含 $5I_n$）
C	$5I_n \sim 10I_n$（含 $10I_n$）
D	$10I_n \sim 20I_n$（含 $20I_n$）*

* 对特定场合，也可使用至 $20I_n$ 的值。

表 8-13 时间—电流特性曲线

形式	实验电流	起始状态	脱扣或不脱扣时间极限	预期结果	附注
B、C、D	$1.13I_n$	冷态*	$t \geqslant 1\ h\ (I_n \leqslant 63\ A)$ $t \geqslant 2\ h\ (I_n > 63\ A)$	不脱扣	
B、C、D	$1.45I_n$	紧接着前面试验	$t \geqslant 1\ h\ (I_n \leqslant 63\ A)$ $t \geqslant 2\ h\ (I_n > 63\ A)$	脱扣	电流在 5 s 内稳定上升
B、C、D	$2.25I_n$	冷态*	$1 < t < 60\ s\ (I_n \leqslant 32\ A)$ $1 < t < 120\ s\ (I_n < 32\ A)$	脱扣	
B C D	$3I_n$ $5I_n$ $10I_n$	冷态*	$t \geqslant 0.1\ s$	不脱扣	闭合辅助开关接通电源
B C D	$5I_n$ $10I_n$ $50I_n$	冷态*	$t < 0.1\ s$	脱扣	闭合辅助开关接通电源

* "冷态"指在基准校正温度下，进行试验前不带负荷。当具有多个保护极的断路器从冷态开始，仅在一个保护极上通以下电流的负荷时：对带 2 个保护极的二极断路器，为 1.1 倍约定脱口电流；对三极和四极断路器，为 1.2 倍约定脱扣电流。

5. TN 系统内用断路器做故障防护时铜芯电缆最大允许长度 TN 系统设计应考虑长导线的阻抗对短路电流值的影响，应做短路保护电气的灵敏度校验，保护电器的下游回路的导线长度最大值可参考表 8-14。

举例：某一末端回路采用 B 曲线 10 A 断路器，采用 2.5 mm² 交联聚乙烯绝缘导线敷设，B 曲线断路器瞬时脱扣电流值为 $5I_n = 50\ A$，则应从表 8-14 瞬动电流值中索引 50 A，对应列中选择 2.5 mm² 处，结果为 146 m。则此配电线路实际长度如不超过 146 m，即可认为已满足故障防护的一般要求。

表 8-14 依据下式确定：

$$L_{max} = \frac{0.8U_0 S_{ph} K_2 K_3}{\rho_1 (1+m) I_m K_1} \tag{8-10}$$

式中 L_{max}——回路允许的最大长度，m。

U_0——相电压，取 220 V。

S_{ph}——相导体截面；S_{PE} 保护导体截面；S_{PEN} 保护接地中性导体截面。

ρ_1——正常工作温度下的电阻率（按 XLPE 90 ℃），$\Omega \cdot mm^2/m$（20 ℃铜的电阻率取 1/54，铝的电阻率取 1/34，铝合金的电阻率取 1/31。考虑正常使用及短路引起的发热，电阻的增大系数取 1.25）。

I_m——断路器瞬时或短延时动作电流整定值，A。微型断路器瞬时脱扣电流值，一般 B 曲线取 $5I_n$，C 曲线取 $10I_n$，塑壳断路器随整定不同，瞬时或短延时脱扣电流常见有 5、10、11、12~15 倍 I_n 等。表 8-14 未考虑 D 曲线断路器及非常规倍数的脱扣器整定值。

K_1——可靠系数，取 1.3。

表 8-14　TN 系统内用断路器做故障防护时铜芯电缆最大允许长度 (m)

| 导体截面 (mm²) | | 断路器瞬动电流或短延时动作电流 I_m (A) | | | | | | | | | | | | | | | | | | | | | | | |
S_ph	S_PE	50	63	80	100	125	160	200	250	320	400	500	560	630	700	800	875	1000	1120	1250	1600	2000	2500	3200
1.5	1.5	88	70	55	44	35	27	22	18															
2.5	2.5	146	116	91	73	59	46	37	29	23														
4	4	234	186	146	117	94	73	59	47	37	29													
6	6	351	279	219	176	140	110	88	70	55	44	35												
10	10		351	366	293	234	183	146	117	91	73	59	52	46										
16	16					374	293	234	187	146	117	94	84	74	67	59								
25	16						305	244	195	152	122	98	87	77	70	61	56	49						
35	16								273	213	171	137	122	108	98	85	78	68	61	55				
50	25								390	305	244	195	174	155	139	122	111	98	87	78	61			
70	35										341	273	244	217	195	171	156	137	122	109	85	68		
95	50											371	331	294	265	232	212	185	165	148	116	93	74	
120	70													334	301	263	241	211	188	169	132	105	84	66
150	70															311	284	249	222	199	155	124	99	78
185	95																	289	258	231	180	144	115	90
240	120																			281	219	176	140	110

注：

① 本表考虑电源测测阻抗系数为 0.8。

② PE 与相导体截面不同于此表数值时，需根据校正系数进行长度校正。m=1 校正至 m=2 时，长度结果需乘以系数 0.67；m=2 校正至 m=1 时，系数为 1.5。

③ 本表格按保护导体为相导体为同一多芯铜电缆或多股铜导线的情况，未考虑采用独立导体的情况。

④ 本表仅考虑故障情况下的自动切断电源，选择导体尚需足够满足载流量，电压降等其他要求。

⑤ 本表为考虑常规配电情况下的一般值，非常规情况应进行计算确定。

K_2——电缆电抗校正系数，$S_{ph} \leqslant 95$ mm^2 为 1，S_{ph} 为 120 mm^2 时取 0.9，150 mm^2 时取 0.85，$S_{ph} > 185$ mm^2 取 0.8。

K_3——电缆多根校正系数，单根电缆或成束导线取 1，如为多根电缆或多束导线时，$4(n-1)/n$，$n \geqslant 2$。n 为每相导体的并联根数。

第三节 温室控制系统

一、温室控制系统概述

温室控制系统就是通过控制设备（如控制箱、控制器、计算机等）控制驱动执行机构（如风机系统、开窗系统、灌溉施肥系统等），对温室内的环境气候（如温度、湿度、光照、CO_2 等）和灌溉施肥等进行调节控制以达到栽培作物的生长发育需要。

温室控制系统根据控制方式可分为手动控制系统和自动控制系统。

1. 手动控制系统 一般由继电器、接触器、按钮、限位开关等电气元件组成。但一般来说，即使在自动控制系统中，往往也包含有手动控制方式，手动控制是温室控制系统的基础。

2. 自动控制系统 是一种专门为农业温室、农业环境控制、气象监测开发的环境自动控制系统。该系统可测量风向、风速、温度、湿度、光照、气压、雨量、太阳辐射量、土壤温湿度等农业环境要素，根据温室植物生长要求，自动控制开窗、卷膜、风机湿帘、人工补光、灌溉施肥等环境控制设备，自动调控温室内环境，达到适宜植物生长的范围，为植物生长提供最佳环境。温室自动控制系统分为数字式控制仪控制系统、控制器控制系统和计算机控制系统。

（1）数字式控制仪控制系统 这种控制系统往往只对温室的某一环境因子进行控制。控制仪用传感器监测温室内的某一环境因子，并对其设定上限值和下限值，然后控制仪自动对驱动设备进行开启或关闭，从而使温室的该环境因子控制在设定的范围内。如温控仪可通过控制风机、湿帘等手段来调节温室的温度。这种系统由于成本较低，对运行要求不高的温室来说很适用。

（2）控制器控制系统 数字式控制仪采用单因子控制，在控制过程中只对某一要素进行控制，不考虑其他要素的影响和变化，局限性非常大。实际上影响作物生长的众多环境因素之间是相互制约、相互配合的，当某一环境要素发生变化时，相关的其他要素也要相应改变才能达到环境要素的优化组合。控制器控制系统就是采用了综合环境控制，这种控制方法根据作物对各种环境要素的配合关系，当某一要素发生变化时，其他要素自动做出相应改变和调整，能更好地优化环境组合条件。控制器控制系统由单片机系统或可编程控制器与输入输出设备及驱动/执行机构组成。

（3）计算机控制系统 该系统有两类，一类由控制器控制系统与计算机系统构成，这类系统的控制器可以独立控制，将控制系统的大脑设置在计算机的主机中，计算机只需完成监视和数据处理工作，温室管理者可以利用微机进行文字处理及其他工作；另一类计算机作为专用的计算机，它是控制系统的大脑，不能用它从事其他工作。

控制器控制系统和计算机控制系统就其本质而言，它们都是计算机控制系统。计算机系统使用了微机，工作人员有了更好的界面，操作非常方便和直观。

温室控制系统根据驱动/执行机构的不同，可细分为开窗控制系统、风机控制系统、拉幕控制系统、风机湿帘水泵控制系统、喷雾控制系统、补光控制系统、灌溉施肥控制系统、CO_2 施肥控制系统、充气泵控制系统（双层充气膜温室专用）等。

在温室控制系统中，信息采集起着非常重要的作用。信息检测系统为自动控制系统提供环境要素的数据，是自动控制系统控制的依据。

二、执行机构子系统的控制

温室各执行机构构成的系统称为子系统，如拉幕系统、开窗系统、风机系统、湿帘水泵系统、喷雾系统、加温系统、补光系统、CO_2 施肥系统、充气泵系统等。每个子系统的驱动用电设备、控制对象、控制目的、控制方式都有所不同，相应每个子系统的控制原理及其控制电路图也不尽相同。但总体而言，执行机构可分为两大类：一类是正反转运行电机，如开窗、拉幕、卷被等；另一类是开/关控制设备，如风机、水泵、充气泵等。每类设备又根据不同控制方法，分为手动控制和自动控制，其中自动控制又分为按温度的自动控制、按时间控制的自动控制和与计算机连接的综合环境因子控制等，而且自动控制系统中必须还要包括手动控制的功能。

1. 正反转设备控制原理 温室中使用的正反转驱动设备主要是开窗机构和拉幕机构，日光温室卷被机控制也是典型的正反转控制。以开窗机构为例，由于窗户有开启和关闭两种相反的动作，开窗电机必须是可正反转的电动机，而且还必须有正反转的限位开关。不同类型的温室其窗户类型也不同，玻璃温室、PC 板温室的开窗基本为上悬窗。有些塑料薄膜温室采用卷膜开窗的方式，称之为卷膜开窗。上悬窗开窗电机一般选用三相电动机，卷膜开窗一般采用 24 V 电机。

（1）**手动控制** 由温室工作人员根据温室中的温度、湿度及温室外的气象条件人为地控制温室窗户和遮阳幕的开启和关闭。这种方式控制简单、经济，但是费劳动力且控制不精确。日光温室卷被机大多采用手动控制。图 8-5 为三相开窗电机手动控制开窗的控制原理图，拉幕、卷被等正反转电机控制原理均相同。

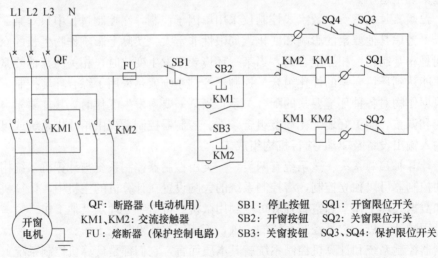

QF：断路器（电动机用）　　SB1：停止按钮　　SQ1：开窗限位开关
KM1、KM2：交流接触器　　SB2：开窗按钮　　SQ2：关窗限位开关
FU：熔断器（保护控制电路）　SB3：关窗按钮　　SQ3、SQ4：保护限位开关

图 8-5 开窗手动控制原理

（2）温度自动控制 利用温度控制仪自动控制窗户的开启或关闭。通过温室内温度传感器将温度传输到温控仪并显示出来。当温室内温度高于温控仪设定的上限温度值时，温控仪发出指令控制电动机开窗。当温室内温度下降到控温仪设定温度下限值时，温控仪发出指令控制电动机关窗，控制原理如图8-6，图中还附带有手动/自动转换开关，可手动控制开窗系统。拉幕系统采用以光照为基础的自动控制，其基本原理与之相同。

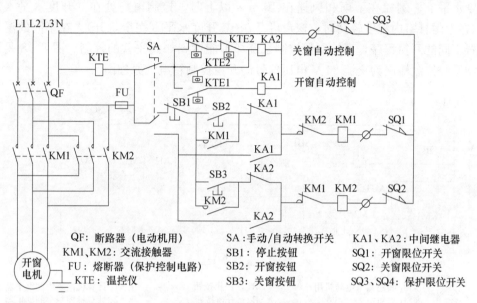

QF：断路器（电动机用）　　　SA：手动/自动转换开关　　KA1、KA2：中间继电器
KM1、KM2：交流接触器　　　SB1：停止按钮　　　　　SQ1：开窗限位开关
FU：熔断器（保护控制电路）　SB2：开窗按钮　　　　　SQ2：关窗限位开关
KTE：温控仪　　　　　　　　SB3：关窗按钮　　　　　SQ3、SQ4：保护限位开关

图 8-6 温度控制原理

（3）时间控制 以时间为基础的自动控制主要用于拉幕系统。一般将一天分为多个时间段，例如上午7:00保温幕收拢，下午7:00保温幕展开，即白天收拢夜间展开。上述时间区段的划分可根据气候条件人为改变。电气控制原理如图8-7。

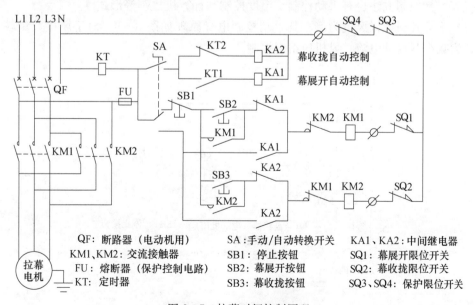

QF：断路器（电动机用）　　　SA：手动/自动转换开关　　KA1、KA2：中间继电器
KM1、KM2：交流接触器　　　SB1：停止按钮　　　　　SQ1：幕展开限位开关
FU：熔断器（保护控制电路）　SB2：幕展开按钮　　　　SQ2：幕收拢限位开关
KT：定时器　　　　　　　　　SB3：幕收拢按钮　　　　SQ3、SQ4：保护限位开关

图 8-7 拉幕时间控制原理

拉幕系统除采用时间控制外，还可以与温度联合控制。这种控制方式可以根据情况选择温度控制或选择时间控制，控制方式较为灵活。该控制箱的选择开关有 4 个位置：手动、停止、温度控制、时间控制，只是把温度控制和时间控制设计在一个控制箱中。

（4）计算机控制 这种控制系统中窗户可以开在不同的开度水平，如果把窗户完全开度水平设为10，则可以根据不同的温度、湿度、风速、风向和降雨条件控制窗户在0～10的开度水平上。例如在下雨和风速在 10 m/s 以上时，控制窗户处在 0 开度水平（即关闭）；在无雨且室内温度较高时，窗户可开在 10 开度水平（完全打开）。在不同的温度段可设置不同的开窗程序，而控制仪控制系统却不能达到如此完善的控制。图 8-8 是计算机控制系统控制输出为交流 24 V 电压信号的开窗控制箱电气原理图。

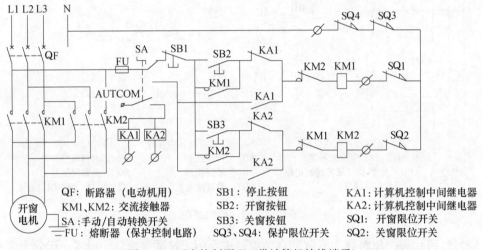

图 8-8 开窗控制原理（带计算机接线端子）

2. 开/关控制设备控制原理 温室中开/关控制设备有湿帘风机、环流风机、水泵、暖风机等。其控制方法也有手动控制、温度控制和计算机控制等形式。

（1）手动控制 以风机为例，其手动控制电气原理如图 8-9。对于风机数量较多的温室，为减小其启动电流，风机应编组控制。

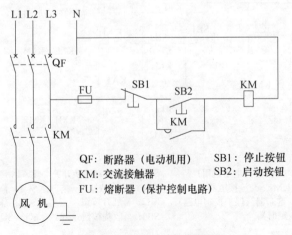

图 8-9 风机手动控制原理

（2）温度控制　利用温度控制风机启闭的控制原理基本与控制开窗原理相同，当温室内温度高于温控仪设定的上限温度值时，温控仪发出指令控制风机启动降温。当温室温度下降到设定温度下限值时，温控仪发出指令控制风机停止。其电气原理图如图 8-10。图中 1 号风机和 2 号风机分别代表了第一组和第二组风机，实际设计中也可以根据需要增加编组。需要指出的是，当温室同时配置有开窗自然通风和风机强制通风时，在风机运行时，应同时关闭屋顶窗和侧窗，开启风机进风口窗，控制系统中应增加这些机构的互锁装置。

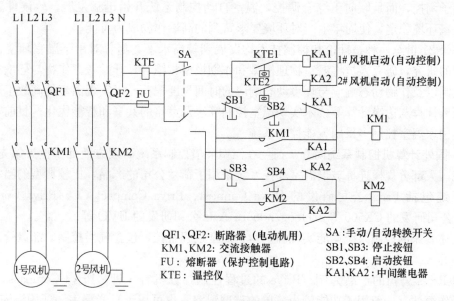

图 8-10　风机温度控制原理

（3）计算机控制　风机采用计算机控制的子系统控制电路与温控仪控制基本相同，只是温控仪的接入/接出端子换成了计算机自动控制的相应端子。需要说明的是计算机控制系统控制风机时，往往要与开窗、湿帘水泵、遮阳等联动控制。

三、计算机控制系统

1. 计算机控制系统发展概述　温室计算机控制系统是指可利用各种传感器采集与温室环境有关的参数（如空气温度、湿度、光照等），并能按照一定的规则控制温室的各种执行驱动设备（如天窗、风机、湿帘等），以达到人工控制温室环境的目的，并具有完全自动化和一定智能化的计算机系统。

温室控制技术是随着自动检测技术、过程控制技术、通信技术、计算机技术的发展而发展起来的。

在 20 世纪 70 年代之前，温室设施环境控制处于手动控制阶段。这个阶段十分依赖管理者的种植经验，而不考虑滞后性。因此调控效果并不理想，存在低效、局限性大、人为偏差大、精度低、无法平衡高产与节能、无法管理大面积生产等多种缺陷。

从 20 世纪 70 年代开始，温室控制技术在西方国家首先得到应用。最初采用现场采集技术，根据采集数据直接对温室环境进行调节，调节粗放，精度、均匀度不高，但是极大地解放了劳动力，让大规模生产管理成为可能。

随着研究的深入和控制手段的升级，从 20 世纪 80 年代开始，计算机控制技术被应用于温室控制技术中，应用最广泛的是 PID 控制，这种控制方式是对单一因子的调控，忽略了温室环境的非线性、耦合性和干扰性，所以控制精准度依然不够，但相比之前已经是跨时代的进步，在节约劳动力成本的基础上，基本稳定了温室环境，提高了作物质量和产量，已经完全可以应用于大规模生产。

到 20 世纪末，随着作物基础研究及种植工艺的不断完善，温室调控已经不局限于单环境因子调控，而是倾向于综合调控，温室自动控制系统开始迅猛发展，软硬件默契配合，温室环境稳定，使周年生产对环境要求苛刻的高端作物成为可能。

进入 21 世纪，种植理论和控制技术均发展到较高水平，随着对用于温室环境控制作物模型的研究，研究人员将温室物理模型和作物模型相结合，开始考虑作物与环境相互作用的机制以及作物动态响应与环境动态响应的时间尺度偏差，以实现温室的高效生产，同时采用云计算与边缘计算等技术实现温室控制算法及策略的共享和智能优化。目前，世界上发达国家温室控制多采用智能控制系统。

2. 国外计算机控制系统简介　荷兰在温室环境控制系统研发方面处于世界领先水平，目前我国大部分规模连栋玻璃温室环控系统采用了荷兰公司的产品，比较典型的温室环境控制系统包括 Priva 公司研发的 Priva Connext、Priva Compact CC、Priva Compass，Ridder公司研发的 CX500 等，Hoogendoorn Asia 公司研发的 IIVO 等。

上述 3 家的控制系统均能实现温室运营的全过程管控，包含气候控制、灌溉管理、能源管理等。

以 Priva 公司的产品为例，Priva 的过程控制计算机有 3 种。Priva Compass 小巧灵活、操作简便，一般用于功能较为简单的玻璃温室，也可用于日光温室、薄膜温室。Priva Compact CC 覆盖了全套种植必要过程控制，主要应用于非半封闭玻璃温室。Priva Connext 是 Priva 目前最先进的温室环控过程计算机，通常应用在半封闭温室项目中。上述 3 种系统配置的简单对比详见表 8-15。

表 8-15　Priva 的 3 种过程控制计算机配置对比

序号	基本配置		过程控制计算机名称		
			Compass 可控 20 个气候区	Compact CC 可控 40 个气候区	Priva Connext 可控 250 个气候区
1	气候 控制	迷雾	√	√	√
		天窗	√	√	√
		加热	√	√	√
		循环风机	√	√	√
		湿帘风机	√	√	√
		植物保护	√	√	√
		空气处理单元（AHU）			√
		半封闭温室管理			√
		自定义影响设置			√
		植物温度控制			√

（续）

序号	基本配置	过程控制计算机名称		
		Compass 可控 20 个气候区	Compact CC 可控 40 个气候区	Priva Connext 可控 250 个气候区
2	水管理	出水管 √	√	√
		水系统 √	√	√
		消毒	√	√
		水预处理	√	√
3	光合作用	补光 √	√	√
		二氧化碳增施 √	√	√
		帘幕 √	√	√
		PAR 控制策略		√
4	能源管理	锅炉 √	√	√
		加热管理 √	√	√
		二氧化碳气源管理 √	√	√
		二氧化碳管理	√	√
		热电联产（CHP）		√
		加热泵		√
		储能罐		√
		热交换		√
		含水层储能系统		√
		电力管理		√
5	灌溉管理	灌溉电磁阀 √	√	√
		基质称重系统	√	√

Priva Connext 过程控制计算机适用于种植蔬菜、花卉、草莓等任何种类作物的温室，智能传感器和自控技术会不断地分析温室数据，进而支持在气候、光照、灌溉、水和能源管理等方面的全过程中央调控。计算机自动预测影响种植的内外部条件以及可能发生的情况，通过控制开窗、幕布、补光、加热、加湿、空气处理、锅炉、热电联产、消毒设备以及施肥灌溉等各系统，创造出最稳定的气候。该系统还会预先计算温室的能源需求和可用的能源供应量，尽可能地做好协调以提高能源利用率。

3. 温室传感器布置 为了实现温室内环境的自动调控，感知层的硬件设备必不可少，包含温度、湿度、压力、PAR、CO_2 传感器等，以半封闭温室为例，传感器布置如图 8-11 和图 8-12。

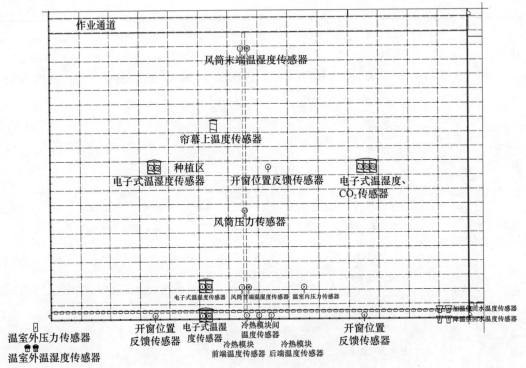

图 8-11 半封闭温室传感器平面布置示意图

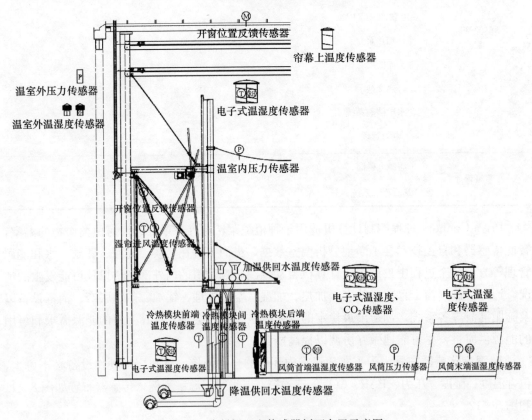

图 8-12 半封闭温室传感器剖面布置示意图

第四节 常用低压电器

温室电气工程低压电器主要有隔离开关、低压断路器、交流接触器、热继电器、中间继电器、变频器等。

隔离开关是夏季，温室内温度可能达到 40 ℃以上、湿度可能达到 90%以上，所以低压电器宜选用耐湿热的产品。

一、隔离开关

隔离开关是在正常电路条件下（包括规定的过载工作条件），能接通、承载和分断电流，并在规定的非正常电路条件下（例如短路），能在规定的时间内承载电流的一种机械开关电器。隔离开关可以接通但不能分断短路电流。在断开状态下能符合规定的隔离功能要求。隔离开关应满足距离、泄漏电流的要求，以及断开位置指示可靠性和加锁等附加要求；能承载正常电路条件下的电流和一定时间内非正常电路条件下的电流（短路电流）。隔离开关技术参数见表 8-16。

表 8-16 隔离开关技术参数

约定发热电流 I_{th}（A）	100	160	250	400	630	800～4 000		4 000～6 300
额定工作电流 I_e（A）	32, 63, 100	160	250	400	630	800, 1 000, 1 250, 1 600 2 000, 2 500, 3 200, 4 000		4 000, 5 000, 6 300
额定工作电压 U_e（V）	AC220/AC400	AC400				AC400		AC400
额定绝缘电压 U_i（V）	400	800				1 000		1 000
额定冲击耐受电压 U_{imp}（kV）	6	8				12		12
短路接通能力 I_{cm}（kA）	2.6	3.6	4.9	7.1	8.5	75		165
额定短时耐受电流 I_{cw}（kA）/1 s	20Ie	2.5	3.5	5	6	35/50		75
使用类别 AC220 V	AC-22 A	—						
使用类别 AC400 V		AC-22 A/AC-23 A				AC-23 A		AC-23 A
极数	1P/2P/3P/4P	2P/3P/4P				3P/4P		3P/4P
操作方式	手动操作	手动/电动操作				手动/电动操作		手动/电动操作
安装方式	导轨	固定式				固定、抽屉式		固定、抽屉式

注：表中为隔离开关主要技术参数，仅供参考。

二、塑壳断路器（MCCB）

一般用于温室的塑壳断路器额定工作电压 400 V，额定绝缘电压 800 V，额定冲击耐受电压 8 kV，工作温度范围−5～40 ℃，日平均温度不超过+35 ℃，海拔小于 2 000 m。电气附件可选用辅助触头、报警触头、分励脱扣器、失压脱扣器等。断路器为 A 类非选择型时，具有长延时（I_{set1}）、瞬动（I_{set3}）保护功能；断路器为 B 类选择型时，具有长延时（I_{set1}）、短延时（I_{set2}）、瞬动（I_{set3}）保护功能，断路器均具备隔离功能。安装方式分为固定式、插拔式、抽屉式。塑壳断路器技术参数见表 8-17。

表 8-17 塑壳断路器（MCCB）技术参数

壳体额定电流（A）		100	160	250	400	630
分断能力	I_{cu}（kA）U_e＝220 V/240 V	85/100/150			40/100/150	
	I_{cs}（% I_{cu}）U_e＝220 V/240 V	50%/70%/100%				
	I_{cu}（kA）U_e＝380 V/415 V	25/35/70/150			35/70/150	
	I_{cs}（% I_{cu}）U_e＝380 V/415 V	50%/70%/100%				
	I_{cu}（kA）DC	35/50/100			35/100	
	I_{cs}（% Icu）DC	50%/100%				
额定电流	热磁脱扣单元额定电流 I（A） I_{set1}＝(0.8~1) I	16, 25, 32, 40, 50, 63, 80, 100	32, 40, 50, 63, 80, 100, 125, 160	63, 80, 100, 125 160, 200, 250	—	—
	电子脱扣单元额定电流 I（A） I_{set1}＝(0.4~1) I	40, 100	40, 100, 160	40, 100, 160, 250	250, 400	250, 400, 630
使用类别		A	A	A	A/B	A/B
额定短时耐受电流 I_{cw}（kA）/1 s		—	—	—	5	8
极数		3P/4P				

注：表中为塑壳断路器（MCCB）主要技术参数，仅供参考。

三、微型断路器（MCB）

一般用于温室的微型断路器额定工作电压 230 V/400 V，额定冲击耐受电压 4 kV，工作温度范围－5~40 ℃，日平均温度不超过 35 ℃，海拔小于 2 000 m。电气附件可选用辅助触头、报警触头、分励脱扣器等，尺寸一般占用 1/2 模数，每个微型断路器最多可配 2 个附件。剩余电流动作断路器可用断路器和剩余电流动作附件组合替代，剩余电流动作附件保护类型有电子式和电磁式。微型断路器技术参数见表 8-18。

表 8-18 微型断路器（MCB）技术参数

断路器名称		微型断路器			剩余电流动作断路器		
电流（A）		32	63	125	32	63	125
额定电压（V）		230/400					
极限短路分断能力 I_{cu}（kA）		6, 10, 16 25, 32	6, 10, 16, 20, 25 32, 40, 50, 63	63, 80 100, 125	6, 10, 16 25, 32	6, 10, 16, 20, 25 32, 40, 50, 63	63, 80 100, 125
运行短路分断能力 I_{cs}（kA）		4.5	4.5/6/10	10/15	4.5/6	6	6
极数		4.5	4.5/6/10(7.5)	10/15	4.5/6	6	6
脱扣器	脱扣类别	热磁、电磁	热磁、电磁	热磁、电磁	电子	电子	电子
	瞬时脱扣形式	C	B/C/D	B/C/D	C	B/C/D	B/C/D
	瞬时脱扣器电流动作范围	C: $5I_n$~$10I_n$	B: $3I_n$~$5I_n$ C: $5I_n$~$10I_n$ D: $10I_n$~$20I_n$	B: $3I_n$~$5I_n$ C: $5I_n$~$10I_n$ D: $10I_n$~$20I_n$	C: $5I_n$~$10I_n$	B: $3I_n$~$5I_n$ C: $5I_n$~$10I_n$ D: $10I_n$~$20I_n$	C: $8I_n$(1±20%) D: $12I_n$(1±20%)

（续）

断路器名称	微型断路器			剩余电流动作断路器		
安装方式	导轨式安装	导轨式安装	导轨式安装	导轨式安装	导轨式安装	导轨式安装
接线能力	10 mm²	35 mm²	50 mm²	10 mm²	35 mm²	50 mm²

注：表中为微型断路器（MCB）主要技术参数，仅供参考。

四、接触器

温室常用的交流接触器以 CJ20 系列接触器为例，适用于交流 50 Hz 或 60 Hz、电压为 220/380、额定电流至 630 A 的电力线路中，供远距离接通、分断电路、频繁起动和控制交流电动机用。它与热继电器或电子式保护装置组合成电磁起动器，以保护电路或交流电动机可能发生过载及断相。CJ20 接触器技术参数见表 8-19。

表 8-19　CJ20 接触器技术参数

型号	I_{th}（A）	额定工作电压 U_e（V）	断续周期工作制下 I_e（A）			AC-3 的 P_e（kW）	不间断工作制 I_e（A）
			AC-1	AC-2	AC-3/4		
CJ20—6.3	10	220	10	—	6.3	1.5	10
		380		—		2.2	
CJ20—10	10	220	10	—	10	2.2	10
		380		—		4	
CJ20—16	16	220	16	—	16	4.5	16
		380		—		7.5	
CJ20—25	32	220	32	—	32	5.5	32
		380		—		11	
CJ20—32	32	220	32	—	32	7.5	32
		380		—		15	
CJ20—40	55	220	55	—	55	11	55
		380		—		22	
CJ20—63	80	220	80	63	80	18	80
		380		80		30	
CJ20—100	125	220	125	100	100	28	125
		380				50	
			AC-1	AC-2	AC-3/4		
CJ20—160	200	220	200	160	160	48	200
		380				85	
CJ20—250	315	220	315	250	250	80	315
		380				132	
CJ20—400	400	220	400	400	400	115	400
		380				200	
CJ20—630	630	220	630	630	630/500	175	630
		380				300	

注：表中为 CJ20 接触器主要技术参数，仅供参考。

五、热继电器

热继电器是用于电动机或其他电气设备、电气线路的过载保护的保护电器。温室常用的热继电器以 JR20 为例，额定电压一般为交流 220/380 V，整定电流的范围由本身的特性决定。JR20 热继电器技术参数见表 8-20。

表 8-20 JR20 热继电器技术参数

型号	热元件代号	整定电流范围（A）	型号	热元件代号	整定电流范围（A）
JR20—10	1R	0.1～0.13～0.15	JR20—25	3T	17～21～25
	2R	0.15～0.19～0.23		4T	21～25～29
	3R	0.23～0.29～0.35	JR20—63	1U	16～20～24
	4R	0.35～0.44～0.53		2U	24～30～36
	5R	0.53～0.67～0.8		3U	32～40～47
	6R	0.8～1～1.2		4U	40～47～55
	7R	1.2～1.5～1.8		5U	47～55～62
	8R	1.8～2.2～2.6		6U	55～63～71
	9R	2.6～3.2～3.8	JR20—160	1W	33～40～47
	10R	3.2～4～4.8		2W	47～55～63
	11R	4～5～6		3W	63～74～84
	12R	5～6～7		4W	74～86～98
	13R	6～7.2～8.4		5W	85～100～115
	14R	7～8.6～10		6W	100～115～130
	15R	8.6～10～11.6		7W	115～132～150
JR20—16	1S	3.6～4.5～5.4		8W	130～150～170
	2S	5.4～4.7～8		9W	144～160～176
	3S	8～10～12	JR20—205	1X	130～160～195
	4S	10～12～14		2X	167～200～250
	5S	12～14～16	JR20—400	1Y	200～250～300
	6S	14～16～18		2Y	267～335～400
JR20—25	1T	7.8～9.7～11.6	JR20—630	1Z	320～400～480
	2T	11.6～14.3～17		2Z	420～525～630

六、中间继电器

中间继电器通常用来传递信号和同时控制多个电路，也可用来直接控制小容量电动机或其他电气执行元件。中间继电器的结构和工作原理与交流接触器基本相同，与交流接触器的主要区别是触点数目多些，且触点容量小。在选用中间继电器时，主要考虑电压等级和触点数目。温室常用的中间继电器以 JZX7（PR41）系列和 JZX5（HH5）系列为主，技术参数见表 8-21 和表 8-22。

表 8 - 21　JZX7（PR41）系列小型中间继电器主要技术数据

继电器最大工作电压（V）	继电器最大接通电流（A）	继电器额定工作电流（A）	继电器线圈电压（V）		额定电压的功率损耗		继电器可靠动作电压范围	环境温度（℃）
			直流	交流	直流（W）	交流（VA）		
250	10	6	6、12、24、48、110	6、12、24、48、110、220	1.3	2	（80%～110%）U_n	-25～55

注：继电器通断能力，交流：$\cos\varphi=1$ 时 1 000 VA。

表 8 - 22　JZX5（HH5）系列小型中间继电器主要技术数据

型式	继电器型号				约定发热电流（A）	额定电压（V）
	插拔式	印制板式	法兰式	螺栓固定式		
基型	JZX5 - 2/P HH52P	JZX5 - 2/B HH52B	JZX5 - 2/S HH52B	JZX5 - 2/E HH52B	5	AC6、12、24、48、110、220 DC6、12、24、48、110
	JZX5 - 3/P HH53P	JZX5 - 3/B HH53B	JZX5 - 3/S HH53S	JZX5 - 3/E HH53E		
	JZX5 - 4/P HH54P	JZX5 - 4/B HH54B	JZX5 - 4/S HH54S	JZX5 - 4/E HH54E	3	
带动作指示灯	JZX5 - 2L/P HH52P - L	JZX5 - 2L/B HH52B - L	—	JZX5 - 2L/E HH52B - L	5	AC24、48、110、220 DC24、48、110
	JZX5 - 3L/P HH53P - L	JZX5 - 3L/B HH53B - L	—	JZX5 - 3L/E HH53E - L		
	JZX5 - 4L/P HH54P - L	JZX5 - 4L/B HH54B - L	—	JZX5 - 4L/E HH54E - L	3	
带浪涌抑制回路	JZX5 - 2F/P HH52P - F	JZX5 - 2F/B HH52B - F	JZX5 - 2F/S HH52B - F	JZX5 - 2F/E HH52B - F	5	DC24、48、110
	JZX5 - 3F/P HH53P - F	JZX5 - 3F/B HH53B - F	JZX5 - 3F/S HH53S - F	JZX5 - 3F/E HH53E - F		
	JZX5 - 4F/P HH54P - F	JZX5 - 4F/B HH54B - F	JZX5 - 4F/S HH54S - F	JZX5 - 4F/E HH54E - F	3	
带浪涌抑制回路及带动作指示灯	JZX5 - 2LF/P HH52P - FL	JZX5 - 2LF/B HH52B - FL	JZX5 - 2LF/S HH52B - FL	JZX5 - 2LF/E HH52BFL	5	DC24、48、110
	JZX5 - 3LF/P HH53P - FL	JZX5 - 3LF/B HH53B - FL	JZX5 - 3LF/S HH53S - FL	JZX5 - 3LF/E HH53E - FL		
	JZX5 - 4LF/P HH54P - FL	JZX5 - 4LF/B HH54B - FL	JZX5 - 4LF/S HH54S - FL	JZX5 - 4LF/E HH54E - FL	3	
磁保护型	JZX5 - 2R/P HH52P - R	JZX5 - 2R/B HH52B - R	JZX5 - 2R/S HH52S - R	—	3	AC24、48、110、DC12、24、48

第五节　照明器具及电器附件选择

一、概述

温室照明设计主要包括普通照明和补光照明两种类型。

1. 普通照明　对于没有夜间作业要求的温室，仅在温室走道与控制柜和配电柜处设普通照明即可，对于夜间有作业要求的温室则根据具体生产要求设计照明。本着节约电能及节省投资的原则，温室走道照度一般取 10～30 lx。普通照明光源主要使用节能荧光灯、LED 等，照明光源、镇流器的能效应符合相关能效标准的节能评价值。

2. 补光照明　温室补光是依照植物生长的自然规律，根据植物利用太阳光进行光合作用的原理，使用灯光代替太阳光为温室植物生长发育提供所需光源。补光照明主要用于温室生产反季节花卉、瓜果、蔬菜、育苗等，由于冬春两季日照时间短，作物生长缓慢，产量低，需要进行人工补光弥补自然光照的不足。补光的光源一般采用高压钠灯和 LED 灯等。补光照明辐射强度应根据具体情况确定。

二、灯具

1. 普通照明　由于温室内高温高湿及温室内可能会有喷灌作业等情况，温室内灯具应采用密闭灯具。常选用的灯具有防水防尘灯、密闭荧光灯、密闭 LED 灯等，防护等级宜 IP65 以上，日光温室的操作间及单独隔开的控制间除外。

灯具安装方式主要有柱上安装、吊链安装、吊杆安装、直附式安装等几种。

2. 补光照明　作物发育过程会受到光照、光谱和光照时间的影响，因此在自然光条件不足的情况下宜进行人工补光，以提高产品的产量和品质。

作物光合作用及生长所需的光照以光量子强度为单位，光合光量子通量（PPF，$\mu mol/s$）表征光源产生的光量子通量。在作物应用方面，相应的光强单位是作物单位面积接收的光量子通量［光合光量子通量密度，PPFD，$\mu mol/(m^2 \cdot s)$］。光量子单位中的光量子数量（μmol）类似于辐射单位中的辐射能力（J）。

照度、辐射度、光量子单位之间可以相互转换。只要知道了光谱分布，就可以根据辐射能量来量化光源发射的辐射。因此，人们采用标准传感器在光合有效辐射波段内测量并确定了一套综合转换系数，但考虑到同类型的灯之间也可能出现光谱差异以及传感器之间可能存在光谱响应差异，这些转换系数仅为近似值，在 400～700 nm 波段范围内的光量子、辐射和照度值之间的转换系数见表 8-23。

表 8-23　400～700 nm 波段范围内的光量子、辐射和照度值之间的转换系数

敷设源	乘以相应的转换系数					
	光量子转成 W/m²	W/m² 转化为光量子	光量子转化为 lx	lx 转化为光量子	W/m² 转化为 klx	klx 转化为 W/m²
太阳光	0.219	4.57	54	0.019	0.249	4.02
冷白荧光灯	0.218	4.59	74	0.014	0.341	2.93
植物生长荧光灯	0.208	4.80	33	0.030	0.158	6.34

（续）

敷设源	乘以相应的转换系数					
	光量子转成 W/m²	W/m² 转化为光量子	光量子转化为 lx	lx 转化为光量子	W/m² 转化为 klx	klx 转化为 W/m²
高压钠灯	0.201	4.98	82	0.012	0.408	2.45
高压金卤灯	0.218	4.59	71	0.014	0.328	3.05
低压钠灯	0.203	4.92	106	0.009	0.521	1.92
100 W 卤钨灯	0.200	5.00	50	0.020	0.251	3.99

补光照明的灯具也应选用密闭型灯具，防护等级宜 IP65 以上，安装方式主要为吊装、直附式安装等。补光照明灯具布置与普通照明有很大区别，补光灯布置要考虑补光照度的均匀性，要达到温室生产的均匀性要求。补光强度一般以适宜植物生长发育的光合有效辐射强度为单位，一般补光强度为 $100\sim200\ \mu mol/(m^2 \cdot s)$。

温室补光主要分为植株间补光和冠层补光两类，植株间补光主要采用 LED 灯，冠层补光主要采用高压钠灯和 LED 灯。常见的冠层补光灯具参数见表 8-24，植株间补光灯具参数见表 8-25。

表 8-24 冠层补光灯具主要技术参数

型号	类别	功率 (W)	PPF (μmol/s)	标称电压 (V)	标称电流 (A)	功率因数	总谐波失真 (%)	照射角度 (°)
GS-SHW1U13B301	高压钠灯	1 000	2 050	380	2.7	≥0.98	≤10	120
H1-1000400DW-GNE	高压钠灯	1 032	2 100	400	2.61	0.99	≤10	120
GS-LW34U21A612	LED	660	2 110	380	1.73	≥0.98	≤15	120
ML-TRV31504	LED	315	1 000	200~400	—	≥0.95	—	—
ML-TRV20004	LED	200	550~600	380~400	—	≥0.95	—	—

表 8-25 植株间补光灯具主要技术参数

型号	类别	功率 (W)	PPF (μmol/s)	标称电压 (V)	标称电流 (A)	功率因数	模组长度 (mm)	照射角度 (°)
ML-IXR10001	LED	100	310	200~400	—	≥0.9	2 480	120

三、开关、插座

1. 开关 日光温室的普通照明开关主要选用跷板开关，宜安装在操作间的墙上并采用暗装方式。开关的安装高度宜距地面 1.4 m。

连栋温室的普通照明开关主要选用密闭跷板开关，宜明装在温室结构立柱上。开关的安装高度宜距地面 1.4 m。单独隔开的控制间采用普通跷板开关即可。

2. 插座 日光温室的操作间选用普通插座，安装位置宜距地面 0.4 m 或 1.4 m，日光温室在温室内应选用密闭插座，安装高度距地面不宜少于 1.8 m。

连栋温室单独隔开的控制间选用普通插座，安装位置宜距地面高度为 0.4 m 或 1.4 m，连栋温室的生产区应选用密闭插座，安装高度宜距地面 1.4 m。

第六节 温室工程配电线路

一、电线、电缆类型的选择

1. 导体材质选择 用作电线电缆的导体材料,通常有电工铜、铝(含电工铝合金)等。导体材料应根据负荷性质、环境条件、配电线路条件、安装部位、市场价格等实际情况进行选择。温室环境高温潮湿,运动构件较多,对可靠性要求较高,且铜线缆的电导率高,机械性能优,温室工程中电缆多选用铜芯。

2. 电力电缆绝缘水平选择 电缆额定电压为 300/300 V、300/500 V、450/750 V。低压电缆额定电压 0.6/1 kV。220 V 单相供电系统可选择电缆额定电压不低于 300/300 V。220/380 V 系统接地类型 TN 系统可选择电缆额定电压不低于 300/500 V。

3. 绝缘材料及护套选择 温室内配电线路绝缘材料一般为聚氯乙烯(PVC)、交联聚乙烯(XLPE)两类。

聚氯乙烯(PVC)绝缘电线、电缆导体允许最高工作温度为 70 ℃,短路暂态温度(热稳定允许温度)截面积 300 mm^2 以下不超过 160 ℃。聚氯乙烯绝缘及护套电缆有 1 kV 和 6 kV 两级,主要优点是能耗低,制作工艺简便,没有敷设高差限制,重量轻,弯曲性能好,耐油耐酸碱腐蚀,价格便宜。缺点是对气候适应性差,低温时变硬发脆。

交联聚乙烯(XLPE)绝缘电线、电缆的导体长期允许最高工作温度 90 ℃,短路暂态温度(热稳定允许温度)不超过 250 ℃。交联聚乙烯材料对紫外线照射较敏感,因此常用聚氯乙烯作外护套材料。交联聚乙烯绝缘聚氯乙烯护套电力电缆,绝缘性能优良,介质损耗低;结构简单,制造方便;外径小,质量轻,载流量大,敷设方便,不受高差限制;电压等级全覆盖。

温室工程常用电线、电缆的型号及名称见表 8-26。

表 8-26 温室工程常用电线、电缆的型号及名称

型号	名称
BV	铜芯聚氯乙烯绝缘电线
RVB	铜芯聚氯乙烯绝缘平型连接软电线
RVS	铜芯聚氯乙烯绝缘绞型连接软电线
RVV	铜芯聚氯乙烯绝缘,聚氯乙烯护套圆型连接软电线
RVVB	铜芯聚氯乙烯绝缘,聚氯乙烯护套平型连接软电线
RV-105	铜芯耐热 105 ℃聚氯乙烯绝缘连接软电线
BX	铜芯橡皮绝缘电线
VV	铜芯聚氯乙烯绝缘聚氯乙烯护套电力电缆
VV$_{22}$	铜芯聚氯乙烯绝缘钢带铠装聚氯乙烯护套电力电缆
VV$_{23}$	铜芯聚氯乙烯绝缘钢带铠装聚乙烯护套电力电缆
YJV	铜芯交联聚乙烯绝缘聚氯乙烯护套电力电缆
YJV$_{22}$	铜芯交联聚乙烯绝缘钢带铠装聚氯乙烯护套电力电缆
YJV$_{23}$	铜芯交联聚乙烯绝缘钢带铠装聚乙烯护套电力电缆
KVV	铜芯聚氯乙烯绝缘聚氯乙烯护套控制电缆
KVVP	铜芯聚氯乙烯绝缘聚氯乙烯护套屏蔽—控制电缆

二、电线、电缆截面的选择

1. 导体截面的选择 有6个条件，将其中最大截面作为最终结果。

（1）按温升选择 导体通过负载电流时，导体温度不超过导体绝缘所能承受的长期允许最高工作温度。为保证导体实际工作温度不超过允许值，导体按发热条件允许的长期工作电流，不应小于线路的工作电流。电缆通过不同散热环境，其对应的缆芯工作温度会有差异，应按最恶劣散热环境选择截面。当负荷为断续工作或短时工作时，应折算成等效发热电流、按温升选择电线、电缆截面，或者按工作制校正电线、电缆载流量。

（2）按经济条件选择 即按寿命期内的总费用（初始投资与线路损耗费用之和，也称TOC）最少原则选择。

（3）按短路动、热稳定选择 高压电缆要校验热稳定性，母线要校验动、热稳定性，低压电线电缆要校验热稳定性。

（4）线路电压降在允许范围内 用电设备端子电压实际值偏离额定值时，其性能将受到影响，影响程度由电压偏差的大小和持续时间而定。配电设计中，按电压降校验截面时，应设各种用电设备端电压负荷电压偏差允许值。当然还应考虑设备运行状况，例如少数远离变电站的用电设备或者使用次数很少的用电设备等，其电压偏移的允许范围可适当放宽，以免过多的耗费投资。

（5）满足机械强度的要求 交流回路的相导体和直流回路中带电导体的截面不应小于表8-27的值。

（6）低压电线 电缆应符合过载保护的要求，还应保证在接地故障时保护电器能断开电路。

表 8-27 按机械强度允许的最小截面

敷设方式	绝缘子支撑点间距 L（m）	导体最小截面积（mm²）	
		铜导体	铝导体
裸导体敷设在绝缘子上	—	10	16
绝缘导体敷设在绝缘子上	$L \leqslant 2$	1.5	10
	$2 < L \leqslant 6$	2.5	10
	$6 < L \leqslant 16$	4	10
	$16 < L \leqslant 25$	6	10
绝缘导体穿导管敷设或在槽盒中敷设	—	1.5	10

2. 中性导体（N）及保护接地中性导体（PEN）的截面选择 单相两线制电路中，无论相导体截面大小，中性导体截面都应与相导体截面相同。

三相四线制配电系统中，N 导体的允许载流量不应小于线路中最大不平衡负荷电流及谐波电流之和。

当相导体为铜导体且截面积不大于 16 mm² 或者铝导体截面不大于 25 mm² 时，中性导体应与相线截面积相同。

当相导体为铜导体且截面积大于 16 mm² 或者铝导体截面大于 25 mm² 时，若 3 次谐波电流不超过基波电流的 15%，可选择小于相导体的截面积，但不应小于相导体截面积的 50%，且铜不小于 16 mm²，铝不小于 25 mm²。

3. 常用电线电缆载流量　温室供配电线路常用导体为 BV、RVV、VV、YJV 等，各类电线电缆载流量详见表 8-28 至表 8-33。

表 8-28　BV 绝缘电线敷设在明敷导管内的持续载流量（A）

型号	BV															
额定电压（kV）	0.45/0.75															
导体工作温度（℃）	70															
环境温度（℃）	25				30				35				40			
电线根数/标称截面（mm²）	2	3	4	5/6	2	3	4	5/6	2	3	4	5/6	2	3	4	5/6
1.5	18	15	13	11	17	15	13	11	15	14	12	10	14	13	11	9
2.5	25	22	20	16	24	21	19	16	22	19	17	15	20	18	16	13
4	33	29	26	23	32	28	25	22	30	26	23	20	27	24	21	18
6	43	38	33	29	41	36	32	28	38	33	30	26	35	31	27	24
10	60	53	47	41	57	50	45	39	53	47	42	36	49	43	39	33
16	80	72	63	56	76	68	60	53	71	63	56	49	66	59	52	46
25	107	94	84	74	101	89	80	70	94	83	75	65	87	77	69	60
35	132	116	106	92	125	110	100	87	117	103	94	81	108	95	87	75
50	160	142	127	111	151	134	120	105	141	125	112	98	131	116	104	91
70	203	181	162	142	192	171	153	134	180	160	143	125	167	148	133	116
95	245	219	196	171	232	207	185	162	218	194	173	152	201	180	160	140
120	285	253	227	199	269	239	215	188	252	224	202	176	234	207	187	163

表 8-29　BV 绝缘电线敷设在隔热墙中导管内的持续载流量（A）

型号	BV															
额定电压（kV）	0.45/0.75															
导体工作温度（℃）	70															
环境温度（℃）	25				30				35				40			
电线根数/标称截面（mm²）	2	3	4	5/6	2	3	4	5/6	2	3	4	5/6	2	3	4	5/6
1.5	14	13	11	9	14	13	11	9	13	12	10	8	12	11	9	8
2.5	20	19	15	13	19	18	15	13	17	16	14	12	16	15	13	11
4	27	25	21	19	26	24	20	18	24	22	18	16	22	20	17	15
6	36	32	28	24	34	31	27	23	31	29	25	21	29	26	23	20
10	48	44	38	33	46	42	36	32	43	39	33	30	40	36	31	27
16	64	59	50	44	61	56	48	42	57	52	45	39	53	48	41	36
25	84	77	67	59	80	73	64	56	75	68	60	52	69	63	55	48
35	104	94	83	73	99	89	79	69	93	83	74	64	86	77	68	60
50	126	114	100	87	119	108	95	83	111	101	89	78	103	93	82	72
70	160	144	127	111	151	136	120	105	141	127	112	98	131	118	104	91
95	192	173	153	134	182	164	145	127	171	154	136	119	158	142	126	110
120	222	199	178	155	210	188	168	147	197	176	157	138	182	163	146	127

注：①导线根数系指带负荷导线根数。②墙的内表面的传热系数不小于 10 W/(m²·K)。

表 8 - 30　RVV 等铜芯塑料绝缘软线、塑料护套线明敷设的持续载流量（A）

型号	BV							
额定电压（kV）	0.3/0.3、0.3/0.5、0.45/0.75							
导体工作温度（℃）	70							
环境温度（℃）	25	30	35	40	25	30	35	40
电线芯数/标称截面（mm²）	2				3			
0.12	4.2	4	3.7	3.5	3.2	3	2.8	2.6
0.2	5.7	5.5	5.1	4.8	4.2	4	3.7	3.5
0.3	7.4	7	6.5	6.1	5.3	5	4.7	4.3
0.4	9	8.5	8	7.4	6.4	6	5.6	5.2
0.5	10	9.5	9	8	7.4	7	6.5	6.1
1.75	13	12.5	12	11	9.5	9	8.4	7.8
1.0	16	15	14	13	12	11	10	9.5
1.5	20	19	18	16	18	17	16	15
2.0	23	22	21	19	20	19	18	16
2.5	29	27	25	23	25	24	22	21
4	38	36	34	31	34	32	30	28
6	50	47	44	41	43	41	38	36
10	69	65	61	56	60	57	53	49

表 8 - 31　VV 三芯电力电缆的持续载流量（A）

型号	VV																			
额定电压（kV）	0.6/1																			
导体工作温度（℃）	70																			
敷设方式	隔热墙中的导管内				明敷的导管内				空气中				埋地管槽内				土壤中			
土壤热阻系数［(K·m)/W］	—				—				—				1	1.5	2	2.5	1	1.5	2	2.5
环境温度（℃）/标称截面（mm²）	25	30	35	40	25	30	35	40	25	30	35	40	20				20			
1.5	13	13	12	11	15	15	14	13	19	18	16	15	21	19	18	18	28	24	21	19
2.5	18	17	15	14	21	20	18	17	26	25	23	21	28	26	25	24	36	30	26	24
4	24	23	21	20	28	27	25	23	36	34	31	29	35	33	31	30	49	42	36	33
6	30	29	27	25	36	34	31	29	45	43	40	37	44	41	39	38	61	52	45	41
10	41	38	36	33	48	46	43	40	63	60	56	52	59	55	52	50	81	69	60	54
16	55	52	48	45	65	62	58	53	84	80	75	69	75	70	67	64	105	89	78	70
25	72	68	63	59	84	80	75	69	107	101	94	87	96	90	86	82	138	117	103	92
35	87	83	78	72	104	99	93	86	133	126	118	109	115	107	102	98	165	140	123	110
50	104	99	93	86	125	118	110	102	162	153	143	133	136	127	121	116	195	166	145	130
70	132	125	117	108	157	149	140	129	207	196	184	170	168	157	150	143	243	207	181	162
95	159	150	141	130	189	179	168	155	252	238	223	207	199	185	177	169	289	247	216	193
120	182	172	161	149	218	206	193	179	292	276	259	240	226	211	201	192	330	281	246	220
150	207	196	184	170	238	225	211	195	338	319	299	277	256	238	227	217	369	314	275	246
185	236	223	209	194	270	255	239	221	385	364	342	316	286	267	255	243	417	355	311	278
240	276	261	245	227	314	297	279	258	455	430	404	374	330	308	294	280	480	409	358	320

表 8 - 32　YJV 三芯电力电缆持续载流量（A）

型号	YJV																			
额定电压（kV）	0.6/1																			
导体工作温度（℃）	90																			
敷设方式	隔热墙中的导管内				明敷的导管内				空气中				埋地管槽内				土壤中			
土壤热阻系数 [（K·m)/W]	—				—				—				1	1.5	2	2.5	1	1.5	2	2.5
环境温度（℃）/ 标称截面（mm²）	25	30	35	40	25	30	35	40	25	30	35	40	20				20			
1.5	16	16	15	14	19	19	18	17	23	23	22	20	24	23	22	21	34	29	25	23
2.5	22	22	21	20	27	26	24	23	33	32	30	29	33	30	29	28	45	38	33	30
4	31	30	28	27	36	35	33	31	43	42	40	38	42	39	37	36	58	49	43	39
6	39	38	36	34	45	44	42	40	56	54	51	49	51	48	46	44	73	62	54	49
10	53	51	48	46	62	60	57	54	78	75	72	68	66	63	60	58	97	83	72	65
16	70	68	65	61	83	80	76	72	104	100	96	91	88	82	78	75	126	107	94	84
25	92	89	85	80	109	105	100	95	132	127	121	115	113	105	100	96	160	136	119	107
35	113	109	104	99	133	128	122	116	164	158	151	143	135	126	120	115	193	165	144	129
50	135	130	124	118	160	154	147	140	199	192	184	174	159	148	141	135	229	195	171	153
70	170	164	157	149	201	194	186	176	255	246	236	223	197	183	175	167	282	240	210	188
95	204	197	189	179	242	233	223	212	309	298	286	271	232	216	206	197	339	289	253	226
120	236	227	217	206	278	268	257	243	359	346	332	314	263	245	234	223	385	328	287	257
150	269	259	248	235	312	300	288	273	414	399	383	363	296	276	263	251	430	367	321	287
185	306	295	283	268	353	340	326	309	474	456	437	414	331	309	295	281	486	414	362	324
240	359	346	332	314	413	398	382	362	559	538	516	489	382	356	340	324	562	480	420	375

表 8 - 33　10 kV YJV 三芯电力电缆持续载流量（A）

型号	YJV																	
额定电压（kV）	10																	
导体工作温度（℃）	90																	
敷设方式	空气中				土壤中					空气中				土壤中				
土壤热阻系数 [（K·m)/W]	—				0.8	1.2	1.5	2	3	—				0.8	1.2	1.5	2	3
环境温度（℃）/ 标称截面（mm²）	20	30	35	40	25					20	30	35	40	25				
25	147	140	135	129	139	132	122	116	99	147	140	135	129	139	132	122	116	99
35	180	172	165	158	169	160	149	141	121	180	172	165	158	162	153	143	135	116
50	214	204	197	188	193	183	170	161	138	206	197	190	181	184	175	463	154	132
70	261	249	240	229	235	223	207	196	168	254	243	234	223	235	223	207	196	168
95	321	307	296	282	280	266	248	234	201	314	300	289	276	280	266	248	234	201
120	368	352	339	323	316	300	279	264	227	361	345	332	317	316	300	279	264	227
150	416	397	383	365	344	327	304	287	246	408	390	375	358	338	321	298	282	242
185	475	454	437	417	390	370	344	325	279	469	449	432	412	381	362	337	318	273
240	555	530	511	487	451	428	398	376	323	548	524	505	481	451	428	398	376	323
300	636	608	585	558	513	487	453	428	368	629	601	579	552	507	482	448	423	363
400	743	710	684	652	584	555	516	487	418	736	704	678	646	578	549	510	482	414
500	850	813	783	746	662	629	585	552	474	843	806	777	740	655	622	578	546	469

4. 载流量校正系数　电力电缆多回路敷设时需进行载流量校正，不同敷设方式的校正系数详见表 8-34 至表 8-37。

表 8-34　敷设在埋地管槽内多回路电缆的降低系数

电缆根数	管槽之间距离				电缆根数	管槽之间距离			
	无间距	0.25 m	0.5 m	1.0 m		无间距	0.25 m	0.5 m	1.0 m
2	0.85	0.9	0.95	0.95	12	0.45	0.69	0.74	0.85
3	0.75	0.85	0.90	0.95	13	0.44	0.68	0.73	0.85
4	0.7	0.8	0.85	0.9	14	0.42	0.68	0.72	0.84
5	0.65	0.8	0.85	0.9	15	0.41	0.67	0.72	0.84
6	0.6	0.8	0.85	0.9	16	0.39	0.66	0.71	0.83
7	0.57	0.76	0.8	0.88	17	0.38	0.65	0.7	0.83
8	0.54	0.74	0.78	0.88	18	0.37	0.65	0.7	0.83
9	0.52	0.73	0.77	0.87	19	0.35	0.64	0.69	0.82
10	0.49	0.72	0.76	0.86	20	0.34	0.63	0.69	0.82
11	0.47	0.7	0.75	0.86					

注：①适用于埋地深度 0.7 m，土壤热阻系数为 2.5（K·m）/W 时的情况，有些情况下误差会达到＋10%。②在土壤热阻系数小于 2.5（K·m）/W 时，校正系数一般会增加，可采用 IEC 60287-2-1 中的方法进行计算。③假如回路中每相包含 m 根并联导体，确定降低系数时，该回路应认为是 m 个回路。

表 8-35　敷设在自由空气中多根多芯线缆束的降低系数

敷设方法		托盘或梯架数	每个托盘中电缆数					
			1	2	3	4	6	9
水平安装的有孔托盘（注③）	电缆相互接触	1	1	0.88	0.82	0.79	0.76	0.73
		2	1	0.87	0.8	0.77	0.73	0.68
		3	1	0.86	0.79	0.76	0.71	0.66
		6	1	0.84	0.77	0.73	0.68	0.64
	间距为 1 根电缆外径	1	1	1	0.98	0.95	0.91	—
		2	1	0.99	0.96	0.92	0.87	—
		3	1	0.98	0.95	0.91	0.85	—
垂直安装的有孔托盘（注④）	电缆相互接触	1	1	0.88	0.82	0.78	0.73	0.72
		2	1	0.88	0.81	0.76	0.71	0.7
	间距为 1 根电缆外径	1	1	0.91	0.89	0.88	0.87	—
		2	1	0.91	0.88	0.87	0.85	—
水平安装的无孔托盘	电缆相互接触	1	0.97	0.84	0.78	0.75	0.71	0.68
		2	0.97	0.83	0.76	0.72	0.68	0.63
		3	0.97	0.82	0.75	0.71	0.66	0.61
		6	0.97	0.81	0.73	0.69	0.63	0.58

（续）

敷设方法		托盘或梯架数	每个托盘中电缆数					
			1	2	3	4	6	9
水平安装的梯架和线夹等（注③）	电缆相互接触	1	1	0.87	0.82	0.8	0.79	0.78
		2	1	0.86	0.8	0.78	0.76	0.73
		3	1	0.85	0.79	0.76	0.73	0.7
		6	1	0.84	0.77	0.73	0.68	0.64
	间距为1根电缆外径	1	1	1	1	1	1	—
		2	1	0.99	0.98	0.97	0.96	—
		3	1	0.98	0.97	0.96	0.93	—

注：①表中值的误差一般小于5%。②降低系数适用于单层电缆束敷设，不适用于电缆多层相互接触敷设。③表中的数值用于2个托盘间垂直距离为300 mm，且托盘与墙之间距离不少于20 mm的情况。小于这一距离时，降低系数应当减小。④表中的数值为托盘背靠背安装，水平间距为225 mm。小于这一距离时，降低系数应当减小。

表8-36 敷设在埋地管槽内多回路电缆的降低系数

电缆根数	电缆之间间距					电缆根数	电缆之间间距				
	无间距	一根电缆外径	0.125 m	0.25 m	0.5 m		无间距	一根电缆外径	0.125 m	0.25 m	0.5 m
2	0.75	0.8	0.85	0.9	0.9	8	0.43	0.48	0.57	0.65	0.75
3	0.65	0.7	0.75	0.8	0.85	9	0.41	0.46	0.55	0.63	0.74
4	0.6	0.6	0.7	0.75	0.8	12	0.36	0.42	0.51	0.59	0.71
5	0.55	0.55	0.65	0.7	0.8	16	0.32	0.38	0.47	0.56	0.66
6	0.5	0.55	0.6	0.7	0.8	20	0.29	0.35	0.44	0.53	0.66
7	0.45	0.51	0.59	0.67	0.76						

注：同表8-34。

表8-37 多回路或多根电缆成束敷设的降低系数

排列（电缆相互接触）	回路数或多芯电缆数量											
	1	2	3	4	6	7	8	9	12	16	20	
成束敷设在空气中、沿墙、嵌入或封闭式敷设	1	0.8	0.7	0.65	0.6	0.57	0.54	0.52	0.5	0.45	0.41	0.38
单层敷设在墙上、地板或无孔托盘上	1	0.85	0.79	0.75	0.73	0.72	0.72	0.71	0.7	多于9个回路或9根多芯电缆不再减小降低系数		
单层直接固定在天花板下	0.95	0.81	0.72	0.68	0.66	0.64	0.63	0.62	0.61			
单层敷设在水平或垂直的有孔托盘上	1	0.88	0.77	0.75	0.73	0.73	0.72	0.72	0.72			
单层敷设在日佳或线夹上	1	0.87	0.82	0.8	0.8	0.79	0.79	0.78	0.78			

注：①这些系数适用于尺寸和负荷相同的线缆束。②相邻电缆水平间距超过了2倍电缆外径时，则不需要降低系数。③由两根或三根单芯电缆组成的线缆束和多芯电缆使用同一系数。④假如系统中同时有两芯和三芯电缆，以电缆总数作为回路数，两芯电缆作为两根负荷导体，三芯电缆作为三根负荷导体查取表中相应系数。⑤假如线缆束中含有 n 根单芯电缆，它可考虑为 $n/2$ 回两根负荷导体回路，或 $n/3$ 回三根负荷导体回路。⑥表中各值的总体误差在±5%以内。

三、线路电压损失

供电电压偏离额定电压值的大小，是供电质量的重要指标。为了使到达设备的供电电压偏差在允许值范围内，设计时应计算供电线路的电压损失。在温室工程中主要验算室内外供电线路电压损失。

1. 电压偏差允许值　是以 35 kV、10 kV、6 kV、380/220 V 为基准的百分数表示的值。正常运行情况下，用电设备端子处电压偏差允许值为：

（1）一般电动机为±5%。

（2）照明：在一般工作场所为±5%；在视觉要求较高的屋内为+5%、−2.5%；应急照明、道路照明和警卫照明为+5%、−10%。

（3）电子计算机，A 级为±5%；B 级为+7%、−10%；C 级为±10%。

（4）无特殊要求的其他供电设备为±5%。

2. 供电线路上电压损失的分配

（1）变压器出线处常将电压调高+5%，因此自区域变电站送出的 6～10 kV 线路至用户允许压降为额定电压的 5%，到用户处高压配电室的母线为额定电压，则用户处配出的线路可允许再压降为 5%。

（2）10/0.4 kV 变压器供分散建筑用电时，可利用调压分接头，使变压器低压出线的端电压为 400 V，因此低压外部线路允许电压损失为 5%，进户处为额定电压，则进户后干线上降 2.5%，支线上又可再降 2.5%。

（3）10/0.4 kV 变压器为单独建筑物供电，且低压出线端电压为 400 V 时，则干线上也可降压为 5%，支线上也可降压为 5%。

3. 线路电压损失计算　负载电流流过线路，就产生电压降落。

（1）终端负荷用负荷矩表示的电压损失公式

$$\Delta U\% = \Delta U P_c L \tag{8-11}$$

式中　ΔU——为 1 MW·km 或 1 kW·km 的电压损失百分值；

　　　$\Delta U\%$——为线路电压损失百分值

　　　P_c——计算有功功率，MW 或 kW 计；

　　　L——线路长度，km。

（2）终端负荷用电流矩表示的电压损失公式

$$\Delta U\% = \Delta U I_c L \tag{8-12}$$

式中　$\Delta U\%$——为 1 A·km 的电压损失百分值；

　　　I_c——计算电流，A；

　　　L——线路长度，km。

电缆线路的电压降见表 8-38 至表 8-40。

表 8-38　1 kV 铜芯交联聚乙烯绝缘电力电缆用于三相 380 V 系统的电压损失

截面 （mm²）	电阻 $\theta_n=75$℃ （Ω/km）	感抗 （Ω/km）	电压损失［%/(A·km)］					
			$\cos\varphi$					
			0.5	0.6	0.7	0.8	0.9	1.0
4	5.322	0.097	1.253	1.494	1.733	1.971	2.207	2.43

(续)

截面	电阻 $\theta_n = 75\ ℃$	感抗	电压损失 $[\%/(A \cdot km)]$					
(mm²)	(Ω/km)	(Ω/km)	$\cos\varphi$					
			0.5	0.6	0.7	0.8	0.9	1.0
6	3.554	0.092	0.846	1.005	1.164	1.321	1.476	1.62
10	2.175	0.085	0.529	0.626	0.722	0.816	0.909	0.991
16	1.359	0.082	0.342	0.402	0.46	0.518	0.574	0.619
25	0.87	0.082	0.231	0.268	0.304	0.34	0.373	0.397
35	0.622	0.08	0.173	0.199	0.224	0.249	0.271	0.284
50	0.435	0.08	0.131	0.148	0.165	0.18	0.194	0.198
70	0.31	0.078	0.101	0.113	0.124	0.134	0.143	0.141
95	0.229	0.077	0.083	0.091	0.098	0.105	0.109	0.104
120	0.181	0.077	0.072	0.078	0.083	0.087	0.09	0.082
150	0.145	0.077	0.063	0.068	0.071	0.074	0.075	0.066
185	0.118	0.077	0.057	0.06	0.063	0.064	0.064	0.054
240	0.091	0.077	0.051	0.053	0.054	0.054	0.053	0.041

表 8-39 1 kV 铜芯聚氯乙烯绝缘电力电缆用于三相 380 V 系统的电压损失

截面	电阻 $\theta_n = 75\ ℃$	感抗	电压损失 $[\%/(A \cdot km)]$					
(mm²)	(Ω/km)	(Ω/km)	$\cos\varphi$					
			0.5	0.6	0.7	0.8	0.9	1.0
2.5	7.981	0.1	1.858	2.219	2.579	2.937	3.249	3.638
4	4.988	0.093	1.173	1.398	1.622	1.844	2.065	2.273
6	3.325	0.093	0.794	0.943	1.09	1.238	1.382	1.516
10	2.035	0.087	0.498	0.588	0.678	0.766	0.852	0.928
16	1.272	0.082	0.322	0.378	0.433	0.486	0.538	0.58
25	0.814	0.075	0.215	0.25	0.284	0.317	0.349	0.371
35	0.581	0.072	0.161	0.185	0.209	0.232	0.253	0.265
50	0.407	0.072	0.121	0.138	0.153	0.168	0.181	0.186
70	0.291	0.069	0.094	0.105	0.115	0.125	0.133	0.133
95	0.214	0.069	0.076	0.084	0.091	0.097	0.101	0.098
120	0.169	0.069	0.066	0.071	0.076	0.08	0.083	0.077
150	0.136	0.069	0.058	0.062	0.066	0.068	0.069	0.062
185	0.11	0.069	0.052	0.055	0.058	0.059	0.059	0.05
240	0.085	0.069	0.047	0.048	0.05	0.05	0.049	0.039

表 8-40 10 kV 铜芯交联聚乙烯绝缘电力电缆电压损失

截面 (mm²)	电阻 $\theta_n=75\ ℃$ (Ω/km)	感抗 (Ω/km)	埋地 25 ℃时 允许负荷 (MVA)	明敷 35 ℃时 允许负荷 (MVA)	电压损失[%/(MW·km)] cos φ			电压损失[%/(A·km)] cos φ		
					0.8	0.85	0.9	0.8	0.85	0.9
16	1.359	0.133			1.459	1.441	1.423	0.02	0.021	0.022
25	0.87	0.12	2.338	2.165	0.96	0.944	0.928	0.013	0.014	0.014
35	0.622	0.113	2.771	2.737	0.707	0.692	0.677	0.01	0.01	0.011
50	0.435	0.107	3.291	3.326	0.515	0.501	0.487	0.007	0.007	0.008
70	0.31	0.101	3.984	4.07	0.386	0.373	0.359	0.005	0.005	0.006
95	0.229	0.096	4.763	4.902	0.301	0.288	0.275	0.004	0.004	0.004
120	0.181	0.095	5.369	5.733	0.252	0.24	0.227	0.004	0.004	0.004
150	0.145	0.093	6.062	6.564	0.215	0.203	0.19	0.003	0.003	0.003
185	0.118	0.09	6.842	7.482	0.186	0.174	0.162	0.003	0.003	0.003
240	0.091	0.087	7.881	8.816	0.156	0.145	0.133	0.002	0.002	0.002

四、电线敷设

布线方式应按下列条件选择：①场所环境特征；②建筑物和构筑物特征；③人与布线之间可接近程度；④短路可能出现的机械应力；⑤在安装期间或运行中，布线系统可能遭受的其他应力和导线自重；⑥布线系统中所有金属导管、金属构架的接地要求，应符合相关规定。

选择布线方式时，应防止下列外部环境带来的损害或有害影响：①由外部热源产生的热效应；②在使用过程中因水的侵入或因进入固体物而带来的损害；③外部的机械损害；④由于灰尘聚集在布线上对散热的影响；⑤强烈日光敷设带来的损害；⑥腐蚀或污染物存在的场所；⑦有植物或霉菌衍生存在的场所；⑧有动物的场所。

线路敷设方式按环境条件选择见表 8-41。

表 8-41 线路敷设方式按环境条件选择

导线类型	敷设方式	常用导线型号	环境性质									
			干燥		潮湿	特别高温	高温	多尘	化学腐蚀	户外	一般民用	进户线
			生产	生活								
塑料护套线	直敷配线	BLVV BVV	√	√	×	×	×	×	×	√	×
绝缘线	鼓形绝缘子	BLV BV BVN	+	√	×	+①	√	×	×	+	×
	蝶针式绝缘子		×	√	√	√	√	+	√④	√	√
	金属厚壁导管明敷		+	√	+	√	√	+	+②	√	√
	金属厚壁管埋地			√	√	√	√	+	+②	√	√
	金属薄壁导管明敷		+	√	+	×	√	+	×	√	×
	塑料导管明敷		+	√	√	√	×	√	√		+
	塑料导管埋地		+	+	√	√	×	+	√		×
	槽盒配线		√	√	×	×	×	×	×	√	×

(续)

导线类型	敷设方式	常用导线型号	环境性质							户外	一般民用	进户线
			干燥		潮湿	特别高温	高温	多尘	化学腐蚀			
			生产	生活								
母线槽	支架明敷	各型号	√	+			+	+	×	+		+
电缆	地沟内敷设	VLV VV YJLV YJV XLV XV	√	+		√	+			+	√	√
	支架明敷	VLV VV YJLV YJV	√	√	√							+
	直埋地	VLV₂₂ VV₂₂ YJLV₂₂ YJV₂₂								√		
	桥架敷设	各型号	√③	+③			+③	√③	+③	+		+
架空电缆	支架明敷										√	√

注：①表"√"推荐使用，"+"可以使用，"×"不允许使用。②应采用镀锌钢管并做好防腐处理。③宜采用阻燃电缆。④户外架空用裸导体，沿墙用绝缘线。

1. 绝缘导线明敷布线

（1）正常环境的户内场所，除建筑物顶棚及地沟内外，可采用绝缘导线明敷布线。

（2）户内直敷布线应采用护套绝缘导线，其截面积不宜大于 $6\ mm^2$，布线的固定点间距不应大于 300 mm。

（3）护套绝缘导线的绝缘导线至地面的最小距离，不应小于表 8-42 所列数值。

表 8-42　线路敷设方式按环境条件选择

布线方式		最小距离（mm）	布线方式		最小距离（mm）
水平敷设	户内	2 500	垂直敷设	户内	1 800
	户外	2 700		户外	2 700

（4）当导线垂直敷设时，距地面低于 1.8 m 段的导线，应用金属导管保护。

（5）导线与不发热管道紧贴交叉时，应用绝缘导管保护。

（6）导线敷设在易受机械损伤的场所，应用金属导管保护。

2. 穿管布线

（1）暗敷于干燥场所的金属导管，应采用管壁厚度不小于 1.5 mm 普通碳素钢电线套管（又称薄壁管，以下简称电线管），也可采用管壁厚度不大于 1.6 mm 的扣接式（KBG）或紧定式（JDG）镀锌电线管；明敷于潮湿场所或直接埋于素土内的金属导管，应采用低压流体输送用焊接钢管（又称厚壁管，简称黑铁管）。

（2）有酸碱腐蚀介质的环境，应采用氧指数大于 27 的阻燃中型塑料导管，但在高温和易受机械损伤的场所不宜采用明敷。暗敷或埋地敷设时，引出地面的一段管路应采取防止机械损伤的措施。

（3）3 根以上绝缘导线穿同一导管时导线的总截面积（包括外护层）不应大于管内净面积的 40%。2 根绝缘导线穿同一导管时管内径不应小于 2 根导线直径之和的 1.35 倍，当导管没有弯时长度不超过 30 m，导管有 1 个弯（90°～120°）时长度不超过 20 m，导管有 2 个弯（90°～120°）时长度不超过 15 m，导管有 3 个弯（90°～120°）时长度不超过 8 m，2 个 120°～150° 的弯相当于 1 个 90°～120° 的弯，若长度超过上述要求时应加设拉线盒、箱或加大管径。

（4）同一回路的所有相导体和中性导体，应穿于同一导管内。

（5）不同回路、不同电压、不同电流种类的导线，不得穿入同一导管内，但下列情况除外：①一台电机的所有回路（包括操作回路）；②同一设备或同一流水作业线设备的电力回路和无防干扰要求的控制回路；③无防干扰要求的各种用电设备的信号回路、测量回路、控制回路；④正常照明与应急照明线路不得共管敷设。

（6）不同回路、不同电压、不同电流种类的导线穿于同一导管内的绝缘导线，所有的绝缘导线都应采用与最高标称电压回路绝缘要求相同的绝缘等级。

（7）同一路径且无电磁兼容要求的线路，可敷设在同一导管内，导管内导线的总截面积不宜超过导管截面积的 40%。

（8）控制、信号等非电力回路导线，可敷设在同一导管内，导管内导线的总截面积不宜超过导管截面积的 50%。

（9）互为备用的线路不得共管敷设。

（10）穿管埋地敷设时不应穿过设备基础。

（11）穿线管穿过建筑物伸缩缝、沉降缝时，应采取防止伸缩或沉降的措施。

（12）采用金属导管布线，除了非重要负荷外，线路长度小于 15 m，且金属导管的壁厚不小于 2 mm，并采取可靠的防水、防腐蚀措施后，可在户外直接埋地敷设外，一般负荷的导管布线不宜在户外直接埋地敷设。

（13）塑料导管不宜与热水管、蒸汽管同侧敷设。

（14）金属导管与热水管、蒸汽管同侧敷设时，应敷设在热水管、蒸汽管下方；当有困难时，也可敷设在其上方。金属导管敷设在热水管下方时间距不宜小于 0.2 m，在上方时间距不宜小于 0.3 m；金属导管敷设在蒸汽管下方时间距不宜小于 0.5 m，在上方时间距不宜小于 1.0 m；对有保温措施的热水管、蒸汽管，其净距不宜小于 0.2 m，当不能符合要求时，应采取隔热措施。

（15）金属导管与其他管道（不包括可燃气体及易燃、可燃液体管道）的平行净距不应小于 0.1 m。

（16）金属导管与水管同侧敷设时，宜敷设在水管上方。

（17）金属导管布线与水管、蒸汽管交叉敷设时的净距，不应小于表 8-43 所列数值。

表 8-43 户内电气线路与其他管道之间的最小净距（m）

敷设方式	管道及设备名称	穿线管	电缆	绝缘线	裸导线	滑触线	母线槽	配电
平行	煤气管	0.5	0.5	1	1.8	1.5	1.5	1.5
	乙炔管	1.0	1.0	1	2.0	1.5	1.5	1.5
	氧气管	0.5	0.5	0.5	1.8	1.5	1.5	1.5
	蒸汽管（有保温层）	0.5/0.25	0.5/0.25	0.5/0.25	1.5	1.5	0.5/0.25	0.5
	热水管（有保温层）	0.3/0.2	0.1	0.3/0.2	1.5	1.5	0.3/0.2	0.1
	通风管	0.1	0.1	0.2	1.5	1.5	0.1	0.1
	上下水管	0.1	0.1	0.2	1.5	1.5	0.1	0.1
	压缩空气管	0.1	0.1	0.2	1.5	1.5	0.1	0.1
	工艺设备	0.1			1.5	1.5		
交叉	煤气管	0.1	0.3	0.3	0.5	0.5	0.5	
	乙炔管	0.1	0.5	0.5	0.5	0.5	0.5	
	氧气管	0.1	0.3	0.3	0.5	0.5	0.5	
	蒸汽管（有保温层）	0.3	0.3	0.3	0.5	0.5	0.1	
	热水管（有保温层）	0.1	0.1	0.1	0.5	0.5	0.1	
	通风管	0.1	0.1	0.1	0.5	0.5	0.1	
交叉	上下水管	0.1	0.1	0.1	0.5	0.5	0.1	
	压缩空气管	0.1	0.1	0.1	0.5	0.5	0.1	
	工艺设备	0.1			1.5	1.5		

注：①表中分子数字为线路在管道上面时的最小净距，分母数字为线路在管道下面时的最小净距；②线路与蒸汽管不能保持表中距离时，可在蒸汽管与线路之间加隔热层，平行净距可减至 0.2 m，交叉只需考虑施工维修方便；③线路与热水管道不能保持表中距离时，可在热水管道外包隔热层；④裸母线与其他管道交叉不能保持表中距离时，应在交叉处的裸母线外加装保护网或保护罩；⑤裸母线应安装在管道上方。

（18）直线段管线明敷时（沿水平或垂直方向敷设），直线段管卡间固定点的最大间距不大于表 8-44 所列数值。

表 8-44 线路敷设方式按环境条件选择

导管类别	导管直径（mm）				
	15~20	25~32	38~40	50~65(63)	>65(63)
壁厚大于 2 mm 金属导管	1 500	2 000	2 500	2 500	3 500
壁厚不大于 2 mm 金属导管	1 000	1 500	2 000	—	—
中型阻燃性塑料导管	1 000	1 500	1 500	2 000	2 000

注：①壁厚大于 2 mm 金属导管的公称直径指内径；②壁厚不大于 2 mm 金属导管和中型阻燃塑料导管管径指外径。

3. 线槽布线

（1）同一回路的所有相导体和中性导体应敷设于同一线槽内。

（2）同一路径、且无防干扰要求的线路，可敷设在同一线槽内。线槽内导线的总截面积不宜超过线槽截面积的 40%，且线槽内载流导线不超过 30 根。

（3）控制、信号等非电力回路导线，可敷设在同一线槽内。线槽内导线的总截面积不宜超过线槽截面积的 50%。

（4）除专用接线盒内外，导线在线槽内不应有接头。有专用接线盒的线槽宜布置在易于检查的场所。导线和分支接头的总截面积不应超过线槽截面积的 75%。

（5）线槽内导线应有一定余量，不得有接头。导线应按回路分段绑扎，绑扎点间距不应大于 2 000 mm。

（6）线槽垂直或倾斜安装时，应采取防止导线在线槽内移动的措施。

（7）线槽安装的吊装或支架的固定间距，直线段一般为 2 000～3 000 mm 或在线槽接头处，线槽始、末端以及进出接线盒的 500 mm 处。

（8）线槽安装的转角处应设置吊装或支架。

（9）线槽连接处不得设置在穿楼板或墙壁孔处。

（10）由线槽引出的线路，可采用金属导管、塑料导管、可弯曲金属导管、金属软导管等布线方式。导线在引出部分应有防止机械损伤的措施。

（11）线槽穿过建筑物伸缩缝、沉降缝时，应采取防止伸缩或沉降的措施。

（12）金属线槽外壳及支架应可靠接地，且全长应不少于两处与接地干线可靠连接。

（13）金属线槽与各种管道平行或交叉时，其最小净距不应小于表 8 - 45 所列数值。

（14）塑料线槽不宜与热水管、蒸汽管同侧安装。

表 8 - 45　电缆桥架与各种管道的最小净距（mm）

管道类别	平行	交叉	管道类别	平行	交叉
一般工艺管道	400	300	热力管道	500	300
具有腐蚀性气体管道	500	500		1 000	500

4. 可弯曲金属导管布线

（1）敷设在正常环境户内场所的建筑物顶棚内或暗敷于墙体、混凝土地面、楼板垫层或现浇钢筋混凝土楼板内时，可采用基本型可弯曲金属导管布线；明敷于潮湿场所或直接埋于素土内时，可采用防水型可弯曲金属导管。

（2）可弯曲金属导管布线，管内导线的总截面积不宜超过管内截面积的 40%。

（3）可弯曲金属导管布线，其与水管、蒸汽管同侧以及交叉敷设时的净距，不应小于表 8 - 42 所列数值。

5. 电线管管径　电线穿保护管敷设时，主要有低压流体输送用焊接钢管（SC）、套接紧定式钢管（JDG）、可弯曲金属导管（KJC）、聚氯乙烯硬质电线管（PC）和聚氯乙烯半硬电线管（FPC）。

电线穿保护管时，按其总截面积（包括外护层）不大于保护管内孔面积 40% 计算。当穿保护管电线根数较多或敷设转弯困难时，在选择保护管径时可放大一级。电线按以上原则穿不同电线管最小管径详见表 8 - 46 至表 8 - 49。

若按照某些地方标准，电线穿保护管时，管内容线面积≤6 mm² 时，按不大于内孔截面积的 33% 计算；10～50 mm² 时，按不大于内孔截面积的 27.5% 计算；≥70 mm² 时，按不大于内孔截面积的 22% 计算，则应根据所在地要求进行设计。

表 8-46 电线穿低压流体输送用焊接钢管最小管径

电线型号 0.45/0.75 kV	单芯电线穿管根数	电线穿低压流体输送用焊接钢管（SC）(mm) 电线截面积 (mm²)													
		1.0	1.5	2.5	4	6	10	16	25	35	50	70	95	120	150
BV	2							20	25		32	40		50	
BV-105	3						20				40				
ZRBV	4		15							40		50			
NHBV	5						25								
WDZ-BYJ(F)	6				20			32	40			65		80	
WDZN-BYJ(F)	7					25			50						
WDZN-GYGS(F)	8											80	100		
WDZN-GYGS(F)															

表 8-47 电线穿可弯曲金属导管最小管径

电线型号 0.45/0.75 kV	单芯电线穿管根数	电线穿可弯曲金属导管（KJG）(mm) 电线截面积 (mm²)													
		1.0	1.5	2.5	4	6	10	16	25	35	50	70	95	120	150
BV	2							25		32					
BV-105	3						20				40		50		
ZRBV	4		15				25								
NHBV	5							32	40	50		65			
WDZ-BYJ(F)	6			20									80		
WDZN-BYJ(F)	7					25								100	
WDZN-GYGS(F)	8													—	
WDZN-GYGS(F)															

表 8-48 电线穿套接扣压式薄壁钢管或套接紧定式钢管最小管径

电线型号 0.45/0.75 kV	单芯电线穿管根数	电线穿套接紧定式钢管（JDG）(mm) 电线截面积 (mm²)												
		1.0	1.5	2.5	4	6	10	16	25	35	50	70	95	120
BV	2						20	25			40		50	
BV-105	3		16				25							
ZRBV	4			20				32	40					
NHBV	5				25									
WDZ-BYJ(F)	6								40	50		—		
WDZN-BYJ(F)	7													
WDZN-GYGS(F)	8					32		50						
WDZN-GYGS(F)														

表 8 - 49　电线穿套接扣压式薄壁钢管或套接紧定式钢管最小管径

电线型号 0.45/0.75 kV	单芯电线穿管根数	电线穿套接紧定式钢管（JDG）(mm) 电线截面积（mm²）											
		1.0	1.5	2.5	4	6	10	16	25	35	50	70	95
BV	2						25			40		50	
BV - 105	3		16								50		
ZRBV	4			20			32						
NHBV	5				25				50				
WDZ - BYJ(F)	·6						40						
WDZN - BYJ(F)												—	
WDZN - GYGS(F)	7				32			50					
WDZN - GYGS(F)	8												

五、电缆敷设

温室工程的常用敷设方式为地下直埋、导管内敷设、桥架上敷设、电缆沟内敷设、电缆排管内敷设等。

电缆路径的选择应符合下列规定：①电缆不宜受到机械外力、过热、腐蚀等损伤；②便于敷设、维护；③避开场地规划中的施工用地或建设用地；④在满足安全的条件下，使电缆路径最短。

采用不同敷设方式时，电缆的选型宜满足下列要求：①地下直埋敷设宜选用具有铠装和防腐层的电缆；②在确保无机械外力时，应采用无铠装电缆；③易发生机械外力和振动的场所应选用铠装电缆；④排管内的电缆宜选用无铠装电缆。

电缆敷设长度的计算，除计及电缆敷设路径的长度外，还应计及电缆接头制作、电缆蛇形弯曲、电缆进入建筑物和配电箱（柜）预留等因素的裕量。

电缆通过建筑物和构筑物的基础、散水坡、楼板和贯穿墙体处，电缆引出地面 2 000 mm 至地下 200 mm 处的一段，易与人接触使电缆可能受到机械损伤的部位（电器专用房间除外），应穿保护管保护，且保护管的内径不应小于电缆外径（包括外护层）或多根电缆外径（包括外护层）的 1.5 倍。

电缆敷设时，其弯曲半径不应小于表 8 - 50 所列数值。

表 8 - 50　电缆最小允许弯曲半径（D 电缆外径）

电缆形式		多芯电缆	单芯电缆
塑料绝缘电缆	无铠装	15D	20D
	有铠装	12D	15D
橡皮绝缘电缆		10D	
控制电缆	非铠装型、屏蔽型软电缆	6D	
	铠装型、铜屏蔽型	12D	
	其他	10D	
铝合金导体电力电缆		7D	

1. 电缆地下直埋敷设

(1) 电缆直接埋地敷设时，沿同一路径敷设的电缆数不宜超过 6 根。

(2) 电缆在户外非冻土地区直接埋地敷设的深度，在人行道不应小于 700 mm，车行道或农田不应小于 1 000 mm。电缆至地下构筑物基础平行距离，不应小于 300 mm。电缆上下方应均匀铺设沙层，其厚度宜为 100 mm；电缆上方应覆盖混凝土保护板等保护层，保护层宽度应超出电缆两侧各 50 mm。

(3) 电缆在户外冻土地区直接埋地敷设时，宜埋入冻土层以下；当无法深埋时，可埋设在土壤排水性好的干燥冻土层或回填土中。也可采取其他防止电缆受到机械损伤的措施。

(4) 电缆与建筑物平行敷设时，电缆应敷设在建筑物的散水坡外。电缆引入建筑物时，保护管的长度应超出建筑物散水坡 100 mm。

(5) 直接埋地敷设的电缆，严禁位于地下管道的正上方或正下方。

(6) 位于直接埋地敷设的电缆路径上方，沿电缆路径的直线间隔 100 mm、转弯处和接头部位，应设置明显的标志。

(7) 直接埋地敷设的电缆与电缆、管道、道路、构筑物等之间的最小净距，不应小于表 8 - 51 所列数值。

表 8 - 51　直接埋地敷设的电缆与电缆、管道、道路、构筑物之间的最小净距（m）

项目	敷设条件	
	平行时	交叉时
建筑物、建筑物基础	0.6	—
电杆（1 kV 及以下）	0.6	—
乔木	1.0	—
灌木丛	0.5	
大于 10 kV 电力电缆之间及其与 10 kV 及以下和控制电缆之间	0.25	0.5(0.25)
10 kV 及以下电力电缆之间及其与控制电缆之间	0.1	0.5(0.25)
控制电缆之间	—	0.5(0.25)
通信电缆，不同使用部门的电缆	0.5(0.1)	0.5(0.25)
热力管沟	2.0	(0.5)
水管、压缩空气管	0.5(0.25)	0.5(0.25)
可燃气体及易燃液体管道	1.0	0.5(0.25)
道路（平行时与路边，交叉时与路面）	1.0	1.0
排水明沟（平行时与沟边，交叉时与沟底）	1.0	0.5

注：①表中所列净距，应各自各种设施（包括防护外层）的外缘算起；②路灯电缆与道路灌木丛平行距离不限；③表中括号内的数字，是指局部地段电缆穿管，加隔热板保护或加隔热层保护后允许的最小净距。

2. 电缆在导管内敷设

(1) 每根电缆保护管宜穿 1 根电缆。对一台电动机的所有回路或同一设备的低压电动机所有回路，可每管合穿不多于 3 根电力电缆或多根控制电缆。

(2) 电缆保护管的弯头不宜超过 3 个，直角弯不宜超过 2 个。

（3）电缆保护管直线长度不宜超过 30 m；有一个弯头时，不宜超过 20 m；有 2 个弯头时，不宜超过 15 m。如不能满足以上距离要求时，应在中间加装拉线盒。

（4）当电缆保护管在户外埋地敷设时，电缆保护管直线段间距每隔 100 m，以及在转角处应设电缆人孔井，以便于施工。

（5）电缆保护管在户外埋地敷设时，管顶距地面深度不宜小于 0.5 m。

（6）并排敷设的保护管，其间隙不宜小于 20 mm。

（7）无铠装额电缆在户内明敷，除在电气专用房间外，水平敷设时，电缆与地面的距离不应小于 2.5 m；垂直敷设时，与地面的距离不应小于 1.8 m。当不能满足时，应有防止机械损伤的措施（如穿保护管保护）。

（8）电缆在户内埋地、穿墙或穿楼板时应穿保护导管。

3. 电缆在电缆桥架（梯架或托盘）**内敷设**

（1）电缆桥架适用于电缆数量较多或较集中的场所。

（2）电缆桥架按材质分主要有钢板、铝合金或玻璃钢等，按结构形式分主要有梯架式、托盘式和网篮式等，按防火要求分有耐火型和普通型。

（3）电缆桥架水平安装时，宜根据在额定荷载下电缆桥架挠度不大于长度的 1/200，按荷载选取最佳跨距作支撑，且支撑点间距宜为 1 500～3 000 mm。垂直安装时，其固定点间距不宜大于 2 000 mm。当不能满足要求时，宜采用大跨度电缆桥架。

（4）电缆桥架多层安装时，电力电缆桥架之间不应小于 300 mm，控制电缆桥架与电力电缆桥架之间不应小于 500 mm（有屏蔽时不应小于 300 mm），控制电缆桥架支架不应小于 200 mm，电缆桥架上部距顶棚、楼板或梁等其他障碍物不宜小于 300 mm。

（5）当 2 组或 2 组以上电缆桥架在同一高度水平安装时，各相邻电缆桥架之间应留有满足维护、检修的距离。

（6）在电缆桥架内可无间距敷设电缆，电缆总截面积与电缆桥架内横断面面积之比，电力电缆不应大于 40%，控制电缆不应大于 50%。

（7）电缆桥架与各种管道平行或交叉时，其最小净距不应小于表 8-44 所列数值。

（8）电缆桥架转弯处的弯曲半径，不应小于桥架内电缆最小允许弯曲半径的最大值。

（9）电缆桥架不得在穿过楼板或穿过墙壁处进行连接。

（10）钢制电缆桥架直线段长度超过 30 m、铝合金或玻璃钢桥架长度超过 15 m 时，设置伸缩节。

（11）电缆桥架跨越建筑物变形缝时，应设置补偿装置。

（12）金属桥架及支架、玻璃钢制电缆桥架内专用的接地干线，其全长应不小于 2 处与接地保护导体（PE 线）可靠连接。

（13）热浸镀锌电缆桥架之间的连接板的两端可不跨接接地线，但连接板两端应有不少于 2 个有防松螺母或防松垫圈的连接固定螺栓。

（14）非热浸镀锌电缆桥架之间的连接板的两端跨接铜芯接地线，接地线最小允许截面积不应小于 4 mm^2。

（15）电缆在电缆桥架内敷设应排列整齐，少交叉。水平敷设的电缆，首尾两端、转弯两侧及每隔 5～10 m 处设固定点；垂直敷设时固定点间距一般为 1 m。

4. 电缆在电缆沟内敷设

（1）电缆沟可分为无支架沟、单侧支架沟、双侧支架沟 3 种。当电缆根数不多（一般不超过 5 根）时，可采用无支架沟，电缆敷设于沟底。

（2）电缆在电缆沟内敷设时，其通道宽度和支架层间垂直的最小净距，不应小于表 8-52 所列数值。

表 8-52　电缆沟通道宽度和电缆支架层间垂直的最小净距（m）

电缆沟深度	通道宽度		支架层间垂直最小净距	
H	两侧设支架	一侧设支架	电力电缆	控制电缆
H≤0.6	0.3	0.3	0.15	0.12
H>0.6	0.5	0.45	0.15	0.12

（3）电缆沟内电缆支架额长度，不宜大于 300 mm。

（4）电缆在电缆沟内敷设时，支架间或固定点间的最大间距，不应小于表 8-53 所列数值。

表 8-53　电缆在电缆沟内敷设时电缆支架间或固定点间的最大间距（m）

敷设方式		水平敷设	垂直敷设
塑料护套或钢带铠装	电力电缆	1.0	1.5
	控制电缆	0.8	1.0
钢丝铠装		3.0	6.0

（5）电缆沟内最下层支架距沟底净距，不宜小于 50 mm。

（6）电缆沟在进入建筑物处应设置防火墙。

（7）电缆沟一般采用钢筋混凝土盖板，盖板质量不宜超过 50 kg。在户内需经常开启的电缆沟盖板，宜采用花纹钢盖板，钢盖板质量不宜超过 30 kg。

（8）电缆沟内应设置接地干线，沟内金属支架应可靠接地。

（9）电缆支架之间的距离，应满足能方便地敷设电缆及其固定、设置接头的要求，且在多根电缆敷设于同层时，可方便更换或增设电缆及其接头。6 kV 以下电缆支架间距不应小于 150 mm。

（10）电缆在电缆支架上敷设应排列整齐，少交叉。水平敷设的电缆，首尾两端、转弯两侧及每隔 5～10 m 处设固定点。35 kV 以下电缆水平敷设固定点间距不应大于 400 mm，垂直敷设时固定点间距不应小于 1 000 mm。

5. 电缆在电缆排管内敷设

（1）电缆在电缆排管内敷设应采用塑料护套电缆或裸铠装电缆，同路径敷设数量一般不宜超过 12 根。

（2）电缆排管可采用混凝土管块或塑料管，并尽量采用标准孔径和孔数。

（3）电缆排管应预留备用孔，并应预留通信专用孔。

（4）电缆排管孔的内径不应小于电缆外径的 1.5 倍，且穿电力电缆的管孔内径不应小于 90 mm，穿控制电缆的管孔内径不应小于 75 mm。

（5）电缆排管在转角、分支或变更敷设方式改为直埋或电缆沟时，应设电缆人孔井。在直线段应设电缆人孔井，人孔井的间距不宜大于 100 m。

第七节　防雷与接地

温室的防雷与接地设计应符合《系统接地的型式及安全技术要求》（GB 14050—2008）、《低压配电设计规范》（GB 50054—2011）、《建筑物防雷设计规范》（GB 50057—2010）、《交流电气装置的接地设计规范》（GB/T 50065—2011）、《建筑电气工程质量验收规范》（GB 50303—2015）和《建筑物电子信息系统防雷技术规范》（GB 50343—2012）等国家有关设计规范的规定。

一、温室防雷

1. 温室的防雷分级

温室年预计雷计次数计算公式

$$N=k \times N_g \times A_e \tag{8-13}$$

式中　N——温室年预计雷击次数（次/年）；

　　　k——校正系数，在一般情况下取 1；位于河边、湖边、山坡下或山地中土壤电阻率较小处、地下水露头处、土山顶部、山谷风口等处的温室，以及表面特别潮湿的温室取 1.5；位于山顶或旷野的孤立温室取 2；

　　　N_g——温室所处地区雷击大地的年平均密度 ［次/（km² · 年）］；

　　　A_e——与温室截收相同雷击次数的等效面积（km²）。

雷击大地的年平均密度，首先应按当地气象台、站资料确定；若无此资料，计算公式

$$N_g=0.1 \times T_d \tag{8-14}$$

式中　T_d——年平均雷暴日，根据当地气象台、站资料确定（d/年）。

预计雷击次数≥0.25 次/年的温室，按第二类防雷建筑物来处理。预计雷击次数在 0.05～0.25 次/年的温室，按第三类防雷建筑物来处理。预计雷击次数＜0.05 次/年，但在平均雷暴日大于 15 d/年的地区，温室高度超过 15 m 或历史上雷害事故较多、较严重地区的温室可按第三类防雷建筑物来处理。

2. 温室供电设备的防雷措施

各类防雷温室宜直接利用温室的钢骨架作为接闪器，直接利用温室四周的钢柱作为引下线，如条件允许利用基础内钢筋作为接地极，否则采用人工接地装置与其连在一起。人工接地装置若采用垂直埋设的接地体，宜采用圆钢、钢管、角钢等；水平埋设的接地体，宜采用扁钢、圆钢等。人工接地体的尺寸不应小于下列数值：圆钢直径 10 mm，扁钢截面 100 mm²，扁钢厚度 4 mm，角钢厚度 4 mm，钢管壁厚 3.5 mm。其接地电阻不大于 10 Ω。

应尽量将所有结构钢筋和金属物连接成整体构成防雷装置的全部或一部分。当设有室外气象站时，在气象站处应设避雷针。

低压电源线引入的总配电箱、配电柜处装设Ⅰ级试验的电涌保护器。防雷装置的阶级应与电气和电子系统等接地共用接地装置，并应与引入金属管线做等电位联结。

二、温室接地与安全

为保证温室生产的正常运行和人身安全，对温室的供电系统和设备要进行必要的接地和安全设计。

对供电入温室时，采用进户接地并且设总等电位联结。为保障人身安全，防止间接触电而将设备的外漏部分（可导电）进行接地，称为保护接地。

温室内下列电力装置的外漏可导电部分，均应做保护接地：

（1）电机、电器及移动式电器；

（2）电力设备传动装置；

（3）室内、外配电装置的金属构架；

（4）配电柜和控制柜的框架；

（5）电缆的金属外皮及电缆接线盒、终端盒；

（6）电力线路的金属保护管。

不同电压和不同用途的电气设备，应合用一个总接地体，其接地电阻应不大于 4 Ω。一般开窗电机、风机、拉幕电机等均直接利用温室骨架作为接地体。

三、计算机控制系统接地与安全

1. 电气安全与保护　电子信息系统的供电接地系统应选用 TN - S 或 TN - C - S 系统，以保证人身与设备的安全。

（1）电子信息系统是一个半导体集成电路与电子器件组成的电子系统，除做好常规电气安全与保护设计外，应对线路上的过电压与电流采取抑制措施。

（2）直接在配电箱安装电涌保护器（SPD）。

2. 接地系统的设计

（1）计算机控制系统接地种类　计算机控制系统的"地"是指其直流电源的"地"，地线是指其直流电源的地线。根据计算机控制系统所包括的直流电源的种类，可分为电子信息系统中 PC 计算机的直流电源地与地线（一般称为系统地），过程控制计算机及其扩展接口的直流电源地与地线（一般称为现场地），以及隔离型通信接口法直流电源地与地线（一般称为通信地）。

（2）接地系统设计

① 系统地设计。系统地线一般不引出 PC 计算机，所以优先考虑不接地，即浮空地形式运行。有些电子信息系统中 PC 计算机的系统地与计算机金属外壳连通，这时就要求接地，应选用绝缘铜芯线或电缆直接接到建筑物等电位体上，也可接到 TN - S 或 TN - C - S 接地系统的 PE 线上。需要单独接地时，可以用绝缘铜芯线接到建筑物接地装置上。距接地装置较远时可以单独设置接地装置，接地电阻应不小于 4 Ω，或按电子信息系统要求进行设计。

② 现场地设计。现场地必须接地，以取得一个统一的参考电位。所有现场地地线必须用绝缘铜芯线或电缆，不能用屏蔽电缆的屏蔽层、铠装电缆的金属铠装层以及穿钢管敷设的钢管作为现场地的地线。现场地只能有一点接地。对于有等电位联结的建筑物，现场地集中于一点后用绝缘铜芯线或电缆直接接到等电位联结上。没有等电位联结的建筑物可

以接到 TN-S 或 TN-C-S 接地系统的 PE 线上。但 TN-S 或 TN-C-S 系统施工时应保证 PE 线在引出后不能与 N 线再有任何连接。

③ 通信电源地线设计。通信电源的地线一般不单独引出，所以都采用不接地即浮空方式运行。

④ 电缆屏蔽层的接地。同一根屏蔽电缆的屏蔽层必须可靠连接，且只能在一端接地，以防止形成回路产生的电磁干扰。

（3）接地电阻及接地要求　以上几种接地的接地电阻值一般要求均不大于 4 Ω。除了交流地与信号地不能共用外，其他接地可以采用共用接地方式。当与防雷接地系统共用时，其接地电阻值应小于或等于 1 Ω。

3. 总等电位联结　由于温室工程中有电子信息系统，温室中电气装置不仅要防间接接触，而且要防电磁干扰。因此需做总等电位联结，做法参照国家建筑标准设计图集《等电位联结安装》（15D502）。

第八节　电气节能设计

一、温室工程电气设计节能的原则

首先，应满足温室的功能。

其次，节能应按国情考虑实际经济效益，不能为了节能而过高地消耗投资增加运行费用。应该让增加的部分投资能在几年或较短的时间内可用节能减少的运行费用进行回收。

最后，节能的着眼点应是节省无谓能量的损耗。如变压器的功率损耗、传输电能线路上的有功损耗，都是无谓的能量消耗。

因此节能措施应贯彻实用、经济合理、技术先进的原则。

二、电气节能的途径

1. 减少变压器的有功功率损耗

变压器的有功损耗为：

$$\Delta P_b = P_0 + P_k \beta^2 \tag{8-15}$$

式中　ΔP_b——变压器有功损耗，kW；

　　　P_0——变压器空载损耗，kW；

　　　P_k——变压器有载损耗，kW；

　　　β——变压器的负载率。

P_0 是空载损耗，又称铁损，由铁芯的涡流损耗及漏磁损耗组成，是固定不变的部分。它的大小随硅钢片的性能及铁芯制造工艺而定。所以应选用节能型变压器，如 S11 及 SC 型等油浸变压器及干式变压器，它们都采用优质冷轧取向硅钢片，使硅钢片的磁场方向接近一致，以减少铁芯的涡流损耗；45°全斜接缝结构，使接缝密合性能好，以减少漏磁损耗。

P_k 是功率转换时的损耗，即变压器的线损，决定于变压器绕组的电阻及流过绕组电流的大小，即与负载率 β 的平方成正比。理论上负载率为 50% 时变压器的线损最小，但综合考虑铁损、变压器及其配套的投资及各项运行费用，又要使变压器在使用期内预留适当的容量，变压器的负载率以 $75\%\sim85\%$ 为宜。

为减少变压器的损耗，当容量大而需要选用多台变压器时，在合理分配负荷的情况下，尽可能减少变压器的数量，选用大容量的变压器。

在变压器的选择中，掌握好上述 3 点尺度，即可满足既节约能源又经济合理的原则。

2. 减少线路上的能量损耗　由于线路上存在电阻，有电流流过时，就会产生功率损耗：

$$\Delta P = 3I_{ph}^2 R \qquad\qquad (8-16)$$

式中　ΔP——线路功率损耗，W；

　　　I_{ph}——相电流，A；

　　　R——线路电阻，Ω。

线路上的电流是不能改变的，要减少线路损耗，只有减少线路电阻。线路电阻 $R = \rho L/S$，即线路电阻与电导率 ρ 成正比，与线路截面 S 成反比，与线路长度 L 成正比。

应选用电导率较小的材质作导线。

减少导线长度。首先，线路尽可能走直线，少走弯路，以减少导线长度；其次，低压线路应不走或少走回头线，以减少来回线路的能量损失；最后，变压器尽量接近负荷中心，以减少供电距离。

增大导线截面。对于比较长的线路，除满足载流量、热稳定、保护的配合及电压损失所选定的截面外，再加大一级截面，若增加的费用能在两年内通过节省运行费而收回，则加大一级截面。

在设计中，认真落实上述 3 条措施，即可减少线路上的能量损耗，达到线路节能的目的。

3. 提高系统的功率因数　减少无功功率在线路上的传输，可减少线路上的有功功率损耗。线路功率损耗的式（8-16）展开后得到：

$$\Delta P = 3I^2 R$$
$$= P^2 R/U_L^2 + Q^2 R/U_L^2 \qquad\qquad (8-17)$$

式中　ΔP——线路功率损耗，W；

　　　U_L——线电压，V；

　　　P——有功功率，W；

　　　Q——无功功率，Var；

　　　I——流过电缆的负荷电流，A；

　　　R——电缆电阻，Ω。

前项为线路上传输有功功率而引起的功率损耗，后项为线路上传输无功功率而引起的功率损耗。有功功率是满足建筑物功能所必需的，因此是不可变的。系统中的用电设备如电动机、变压器、线路气体放电灯中的镇流器都具有电抗，会产生滞后的无功，需要从系统中引入超前的无功相抵消，这样超前的无功功率就从系统经高低压线路传输到用电设备，在线路上就产生了无功损耗，而这部分损耗可通过以下几种措施得以改变：

提高设备的自然功率因数，以减少对超前无功的需求。采用功率因数较高的同步电动机；荧光灯可采用高次谐波系数低于 15% 的电子镇流器；使用电感镇流器的气体放电灯，可单灯安装电容器等，以上方法都可以使自然功率因数提高到 $0.85\sim0.95$，从而减少经高低压线路传输的超前的无功功率。

由于感抗产生的是滞后的无功，可采用电容器补偿，因为电容器产生的是超前的无功，两者可以相互抵消。因此，无功补偿，可以提高功率因数，同时也减少了无功的需求量。

无功补偿装置应就地安装，这样才能使线路上的无功传输减少，达到节能的目的。

4. 电动机在运行过程中的节能　对温室来说，最主要的用电设备就是电动机，因此这方面的节能显得尤为重要。对于拉幕电机、开窗电机、卷被电机及卷膜电机来说，主要是根据温室的实际情况选择功率与负载相匹配的电动机，不要出现大马拉小车的情况；对于湿帘风机降温系统来说，主要是根据温室的实际情况采用几组风机逐组启动的方式达到降温的目的，这样能节省能源。对于半封闭温室内长期运行的风机，宜根据需求合理选择风机类型，国外多选用 EC 风机，并使其运行在最高效的区间。对于温室采暖混水泵、循环泵等，宜配套变频器进行调控，提高控制精度的基础上，也能够有效节约能耗。

附 录

附录一　中国温室工程相关标准

序号	标准名称	标准号
1	农业灌溉设备 微灌用过滤器 第1部分：术语、定义和分类	GB/T 18690.1—2009
2	农业灌溉设备 微灌用过滤器 第2部分：网式过滤器和叠片式过滤器	GB/T 18690.2—2017
3	农业灌溉设备 微灌用过滤器 第3部分：自动冲洗网式过滤器和叠片式过滤器	GB/T 18690.3—2017
4	温室防虫网设计安装规范	GB/T 19791—2005
5	设施园艺工程术语	GB/T 23393—2009
6	温室节能技术通则	GB/T 29148—2012
7	湿帘技术性能测试方法	GB/T 36874—2018
8	设施农业小气候观测规范 日光温室和塑料大棚	GB/T 38757—2020
9	种植塑料大棚工程技术规范	GB/T 51057—2015
10	农业温室结构荷载规范	GB/T 51183—2016
11	农业温室结构设计标准	GB/T 51424—2022
12	农用塑料棚装配式钢管骨架	NY/T 7—1984
13	日光温室 质量评价技术规范	NY/T 610—2016
14	温室地基基础设计、施工与验收技术规范	NY/T 1145—2006
15	农业灌溉设备 微喷带	NY/T 1361—2007
16	温室用聚碳酸酯中空板	NY/T 1362—2007
17	温室用铝箔遮阳保温幕	NY/T 1363—2007
18	温室齿轮开窗机	NY/T 1364—2007
19	温室齿轮拉幕机	NY/T 1365—2007
20	农业机械化水平评价 第6部分：设施农业	NY/T 1408.6—2016
21	温室工程质量验收通则	NY/T 1420—2007
22	温室通风设计规范	NY/T 1451—2018
23	温室透光覆盖材料防露滴性测试方法	NY/T 1452—2007
24	日光温室能效评价规范	NY/T 1553—2007
25	温室覆盖材料保温性能测定方法	NY/T 1831—2009
26	温室钢结构安装与验收规范	NY/T 1832—2009
27	连栋温室采光性能测试方法	NY/T 1936—2010
28	温室湿帘风机系统降温性能测试方法	NY/T 1937—2010
29	温室覆盖材料安装与验收规范 塑料薄膜	NY/T 1966—2010

序号	标准名称	标准号
30	纸质湿帘性能测试方法	NY/T 1967—2010
31	温室灌溉系统设计规范	NY/T 2132—2012
32	温室湿帘-风机降温系统设计规范	NY/T 2133—2012
33	日光温室主体结构施工与安装验收规程	NY/T 2134—2012
34	大棚卷帘机　质量评价技术规范	NY/T 2205—2012
35	温室灌溉系统安装与验收规范	NY/T 2533—2013
36	纸质湿帘　质量评价技术规范	NY/T 2707—2015
37	温室透光覆盖材料安装与验收规范　玻璃	NY/T 2708—2015
38	温室工程　机械设备安装工程施工及验收通用规范	NY/T 2901—2016
39	连栋温室建设标准	NY/T 2970—2016
40	日光温室建设标准	NY/T 3024—2016
41	温室工程　催芽室性能测试方法	NY/T 3206—2018
42	日光温室设计规范	NY/T 3223—2018
43	温室植物补光灯　质量评价技术规范	NY/T 3657—2020
44	连栋温室能耗测试方法	NY/T 3894—2021
45	温室热气联供系统设计规范	NY/T 4317—2023
46	日光温室　技术条件	JB/T 10286—2013
47	连栋温室　技术条件	JB/T 10288—2013
48	温室工程术语	JB/T 10292—2001
49	湿帘降温装置	JB/T 10294—2013
50	温室电气布线设计规范	JB/T 10296—2013
51	温室加温系统设计规范	JB/T 10297—2014
52	温室控制系统设计规范	JB/T 10306—2013
53	日光温室与塑料大棚结构与性能要求	JB/T 10594—2006
54	寒地节能日光温室建造规程	JB/T 10595—2006
55	大棚卷帘机	JB/T 11913—2014
56	日光温室卷帘机　减速机	JB/T 12445—2015
57	设施农业装备　温室降温用纸质湿帘	JB/T 13078—2017
58	设施农业装备　温室用卷膜器	JB/T 13079—2017
59	设施农业装备　温室用固膜卡槽、卡簧	JB/T 13080—2017

附录二 中国设施农业行业协会或联盟一览表

序号	名称	会长或法人代表	成立时间
1	上海市设施农业装备行业协会	余一韩	2006 年 10 月
2	中国农业机械工业协会设施农业装备分会	田 真	2013 年 1 月
3	中国农业机械化协会设施农业分会	张跃峰	2014 年 5 月
4	杨凌设施农业协会	李建民	2014 年 10 月
5	中国蔬菜协会机械化分会	曹曙明	2014 年 11 月
6	郑州市花卉协会温室设施分会	陈新有	2016 年 1 月
7	福建长乐市设施农业蔬果产业协会	陈喜阳	2016 年 12 月
8	甘肃定西市安定区设施农业协会	石 刚	2017 年 6 月
9	深圳市设施农业行业协会	李 钶	2017 年 6 月
10	安徽省温室建造行业协会	黄国用	2017 年 6 月
11	云南省园艺学会设施农业分会	陆 琳	2017 年 12 月
12	中国设施园艺科技与产业创新联盟	李天来	2018 年 3 月
13	宁夏平罗县设施农业协会	蒋洪波	2019 年 9 月
14	江苏省设施农业装备行业协会	赵宽吉	2020 年 9 月
15	新疆阿克陶县昆仑佳苑设施农业产业协会	吕海明	2021 年 2 月
16	浙江省农业机械学会设施农业装备与流通分会	周金美	2021 年 5 月
17	北京现代温室产业协会	李 志	2022 年 7 月
18	广东省设施园艺产业技术创新联盟	辜 松	2022 年 7 月
19	云南省农业机械行业协会设施农业分会	金晓伟	2022 年 1 月

附录三　湿空气焓湿图

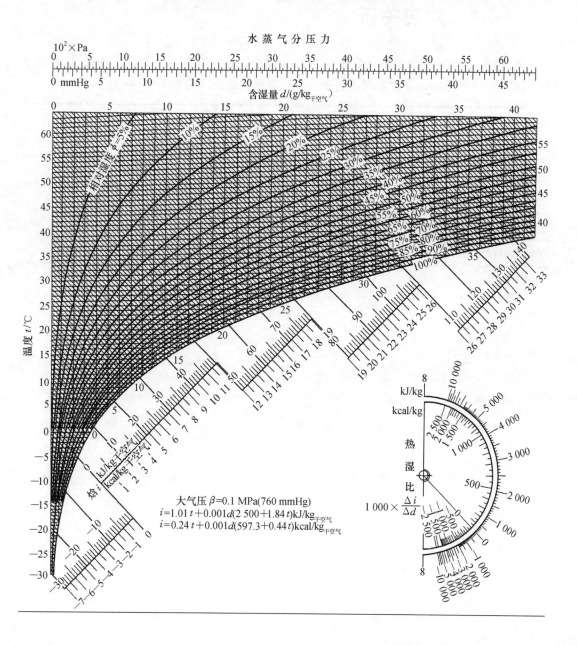

水蒸气分压力

大气压 $\beta=0.1$ MPa(760 mmHg)
$i=1.01t+0.001d(2\,500+1.84t)kJ/kg_{干空气}$
$i=0.24t+0.001d(597.3+0.44t)$kcal/kg$_{干空气}$

热湿比 $1\,000\times\dfrac{\Delta i}{\Delta d}$

附录四 钢管英制单位（in）与公制单位（mm）的对应关系

英寸（in）为我国非法定计量单位，1 in＝2.54 cm。但英寸（″）为建筑行业惯用单位，本书中予以保留，并附常用英制单位与公制单位的换算关系。

英制	1/4″	3/8″	1/2″	3/4″	1″	1-1/4″	1-1/2″	2″	2-1/2″
公制（mm）	13.7	17.1	21.3	26.7	33.4	42.2	48.3	60.3	73.0
英制	3″	3-1/2″	4″	5″	6″	8″	10″	12'	14″
公制（mm）	88.9	101.6	114.3	141.3	168.3	219.1	273.0	323.8	355.6
英制	16″	18″	20″	22″	24″	26″			
公制（mm）	406.4	457.2	508.0	558.8	609.6	660.4			

主 要 参 考 文 献

陈宝玉，1987. 温室建筑与温室植物生态 [M]. 台北：五洲出版社.

陈元丽，2000. 现代建筑电气设计实用指南 [M]. 北京：中国水利水电出版社.

初滨，1991. 地热农业利用手册 [M]. 北京：机械工业出版社.

崔引安，1994. 农业生物环境工程 [M]. 北京：中国农业出版社.

傅琳，董文楚，郑耀泉，1988. 微灌工程技术指南 [M]. 北京：水利电力出版社.

古在丰树，2001. 新设施园艺学 [M]. 东京：日本朝仓书店出版.

郭元裕，1997. 农田水利学 [M]. 北京：中国水利水电出版社.

贺平，孙刚，谷德林，等，2021. 供热工程 [M]. 5 版. 北京：中国建筑工业出版社.

郝芳洲，沈雪民，张学军，1999. 节水灌溉技术 [M]. 北京：化学工业出版社.

黄建彬，2002. 工业气体手册 [M]. 北京：化学工业出版社.

建筑工程常用数据系列手册编写组，2002. 暖通空调常用数据手册 [M]. 2 版. 北京：中国建筑工业出版社.

李鹏，王芳丽，2022. 现代温室无土栽培零排放可能性探究 [J]. 农业工程技术，42(22)：50-53.

李式军，2002. 设施园艺学 [M]. 北京：中国农业出版社.

陆耀庆，1987. 供暖通风设计手册 [M]. 北京：中国建筑工业出版社.

马承伟，苗香雯，2005. 农业生物环境工程 [M]. 北京：中国农业出版社.

美国温室制造业协会，1998. 温室设计标准 [M]. 周长吉，程勤阳，译. 北京：中国农业出版社.

穆天民，2004. 保护地设施学 [M]. 北京：中国林业出版社.

喷灌工程设计手册编写组，1989. 喷灌工程设计手册 [M]. 北京：水利电力出版社.

清华大学，1986. 空气调节 [M]. 北京：中国建筑工业出版社.

水利部国际合作与科技司，2002. 水利技术标准汇编（节水灌溉）[M]. 北京：中国水利水电出版社.

水利部国际合作与科技司，2002. 水利技术标准汇编（节水设备与材料）[M]. 北京：中国水利水电出版社.

史晋鹏，郭玲娟，李跃洋，2021. 全封闭灌溉系统在无土栽培中的应用 [J]. 农业工程技术，41(22)：43-47.

孙可群，1982. 温室建筑与温室植物生态 [M]. 北京：中国林业出版社.

孙璞，2001. 新编建筑电气工程师手册 [M]. 哈尔滨：黑龙江科学技术出版社.

孙一坚，1997. 简明通风设计手册 [M]. 北京：中国建筑工业出版社.

吴德让，1994. 农业建筑学 [M]. 北京：中国农业出版社.

吴应祥，1981. 温室工作手册 [M]. 北京：科学出版社.

徐烈，朱卫东，汤晓英，1999. 低温绝热与贮运技术 [M]. 北京：机械工业出版社.

张福墁，2001. 设施园艺学 [M]. 北京：中国农业大学出版社.

张学军，王慧梅，吴政文，等，2002. 薄壁多孔管微灌技术指南 [M]. 北京：中国科学技术协会普及部.

郑耀泉，李光永，党平，等，1998. 喷灌与微灌设备 [M]. 北京：中国水利水电出版社.

赵竞成，任晓力，等，1999. 喷灌工程技术 [M]. 北京：中国水利水电出版社.

中国航空规划设计研究总院有限公司，2016. 工业与民用供配电设计手册 [M]. 4 版. 北京：中国电力出版社.

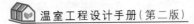

周长吉，2010. 现代温室工程 [M]. 2 版 . 北京：化学工业出版社 .

周长吉，2003. 中国温室工程技术理论与实践 [M]. 北京：中国农业出版社 .

周长吉，2005. 温室灌溉 [M]. 北京：化学工业出版社 .

周长吉，2000. 大型连栋温室设计风雪荷载分级标准初探 [J]. 农业工程学报，16(4)：103 - 105.

周长吉，杨振声，2000. 对中国温室型号规范化编制的探讨 [J]. 农业工程学报，16(6)：6 - 10.

周卫平，宋广程，邵思，等，1999. 微灌工程技术 [M]. 北京：中国水利水电出版社 .

邹志荣，2002. 园艺设施学 [M]. 北京：中国农业出版社 .

邹志荣，2001. 现代园艺设施 [M]. 北京：中央广播电视大学出版社 .

ANSI/ASAE EP406. 4JAN03，Heating，ventilation and cooling greenhouse [S]. ASAE，2003(R2008)

D. H. Willits，2003. Cooling Fan - ventilated Greenhouses：a Modelling Study [J]. Biosystems Engineering. (3)：315 - 329.

National Greenhouse Manufacturers Association Standards For ventilation and cooling greenhouse structures

Robert A. Aldrich and John W. Bartok，1994. Greenhouse Engineering [M]. Northeast Regional Agricultural Engineering Service，3rd revision.

我们的产品

根据精确的冷热负荷计算，选择合适的表冷器

根据不同温室及种植模式，选配不同风量、风压的EC风机

1. 半封闭温室EC风机+表冷器+送风风筒三件套

根据风量、风压及种植模式，选择合适的风筒开孔模式

2. 储热罐设计制作

3. 加热及冷却设备

4. CO₂设备

5s Groseason